流域水电协调智能调度

黄炜斌　陈仕军　李基栋　马光文　晋　健　著

科　学　出　版　社

北　京

内 容 简 介

随着我国水电事业的大发展、电站数目的增多、综合利用的复杂化以及市场新规则的约束，梯级水电站的联合优化调度问题越来越复杂。本书针对目前新形势下水电站协调调度问题进行研究，能够提高梯级水电站的经济效益，增发电量，同时，增发的水电能够替代火电，从而减少有害气体的排放，有利于环境保护和节能减排，具有重要的现实意义和应用价值。本书内容共分六篇二十五章，对梯级水电的协调调度问题进行深入研究，关键探讨梯级水电站电力生产中长期和短期协调智能调度、梯级水库群泄洪设施协调运行、梯级水库群水沙联合调度、界河水电站“一厂两调”协调调度。

本书可作为政府水电主管部门工作人员、电力企业水库调度或电力营销工作管理人员、高校水文或水电经济运行管理等有关专业师生的参考书籍。

图书在版编目(CIP)数据

流域水电协调智能调度 / 黄炜斌等著. — 北京：科学出版社, 2020.1
ISBN 978-7-03-060960-1
Ⅰ.①流… Ⅱ.①黄… Ⅲ.①梯级水电站-水库调度-研究 Ⅳ.①TV697.1

中国版本图书馆 CIP 数据核字 (2019) 第 057934 号

责任编辑：莫永国 刘莉莉 / 责任校对：彭 映
责任印制：罗 科 / 封面设计：墨创文化

科学出版社 出版
北京东黄城根北街16号
邮政编码：100717
http://www.sciencep.com

四川煤田地质制图印刷厂印刷
科学出版社发行 各地新华书店经销

*

2020年1月第 一 版 开本：787×1092 1/16
2020年1月第一次印刷 印张：25 1/4
字数：580 000

定价：199.00 元

前　言

随着河流水电资源的开发，我国许多流域已经和即将形成由一连串水库水电站组成的流域梯级水电站群，它改变了以往单库运行的特性，提高了水资源利用效率。但同时，梯级水电站水库往往承担着流域防洪等综合利用任务，电力生产与防洪、航运、生态、泥沙调度等之间的协调问题变得更为复杂，有些电站还存在“一厂两调”的特殊情况，增加了梯级水电运行管理的难度。随着人工智能、大数据、仿生算法等新理论、新方法、新技术的发展，新的研究成果不断出现，为梯级水电协调调度问题提供了新的解决途径。因此，对流域水电协调智能调度问题进行研究，具有重要的现实意义和应用价值。

本书主要分为6篇：

第1篇，梯级水电站协调智能调度概述。概述水库群的类型、工作特点、水力联系以及梯级电站群的运行特点；介绍协调智能调度的理论基础等。

第2篇，梯级水电站电力生产中长期协调智能调度。提出防洪、发电、生态、航运调度的目标函数；分析水库调度与电力调度的关系，提出协调调度措施；给出中长期协同调度模型，利用数据挖掘方法提出协同控制方式；分析影响梯级水电站调度效益的因素，介绍调度评价方法。

第3篇，梯级水电站电力生产短期协调智能调度。主要包括短期供需协同调度的模式与算法，发电计划的仿真模拟，基于大数据的实时协同控制，以及厂内机组负荷协调分配。

第4篇，梯级水库群泄洪设施协调运行研究。介绍梯级水库群泄洪设施联合运行控制机理；建立联合防洪调度模型，介绍求解算法，给出实例分析；介绍泄洪设施的数字化运用；提出泄洪设施联合动态控制策略，基于此给出水库群防洪调度规则。

第5篇，梯级水库群水沙联合调度研究。介绍国内外排沙减淤经验；分析上游水库蓄水后下游水库入库沙量变化；提出梯级电站水沙联合调度方案；介绍工程清淤、泥沙资源化利用途径；分析排沙清淤的发电效益、社会效益。

第6篇，界河水电站“一厂两调”协调调度研究。主要包括调峰弃水损失电量的分析及调峰协调方法，不同出力曲线下的协调发电分析，“一厂两调”调度协调机制，“一厂两调”水电站电量协调平衡方式。

本书出版得到了国家重点研发计划(2018YFB0905204、2016YFC0402205、2016YFC0402208)、美国能源基金会项目、国家电网公司总部科技项目“西南电网雅砻江风光水互补优化调度策略研究”(SGSCDK00XTJS1700047)、成都水生态文明建设研究重点基地项目(2018SST-01)、国家电网公司西南分部项目(SGSW0000DKJS1900112)、国网重庆市电力公司科技项目(2019渝电科技15#)的资助。在此，对在这一领域不懈努力的专家、学者，及对本书给予过支持和帮助的同仁们表示衷心的感谢。

限于作者水平，书中不当之处恳请同仁以及各位读者批评指正。

目　录

第1篇　梯级水电站协调智能调度概述

第2篇　梯级水电站电力生产中长期协调智能调度

第4篇　梯级水库群泄洪设施协调运行研究

第5篇 梯级水库群水沙联合调度研究

第1篇

梯级水电站协调智能调度概述

第 1 章　流域水电调度运行特点

1.1　梯级水库群的类型和特点

在河流的开发治理中，为了从全流域的角度研究防灾和兴利的双重目的，需要在河流干支流上布置一系列的水库，其在一定程度上能互相协作、共同调节径流，满足流域整体综合利用需求，这样一群共同工作的水库整体即称为水库群。水库群具有与单一水库不同的两个基本特征：一是其共同性，即共同调节径流，并共同为一些开发目标(如发电、防洪、灌溉等)服务；二是其联系性，组成库群的各水库间，常常存在着一定的水文、水力和水利上的相互联系。例如，干支流水文情势具有一定的相似性(常称同步性)、上下游水量水力因素的连续性(水力联系)，以及为共同的水利目标服务所形成的相互协作补偿关系(水利联系)。

1.1.1　水库群的类型

按照各水库的相互位置和水力联系的有无，水库群可分为下列三种类型：串联式水库群、并联式水库群及混联式水库群。

串联式水库群是指布置在同一条河流，形如阶梯的水库群，也就是我们通常所称的梯级水库。梯级水库各库的径流之间有着直接的上下游联系，有时落差和水头也互相影响。按照枯水入流和正常蓄水位时各库间回水的衔接与否，又分为衔接梯级、重叠梯级和间断梯级三种情况。

并联式水库群是指位于相邻的几条干支流或不同河流上的一排水库。并联式水库群有各自的集水面积，故并无水力上的联系，仅当为同一目标共同工作时，才有水力上的联系。

混联式水库群是串联与并联混合的更普遍的库群形式。

水库群按其主要的开发目的和服务对象，又分为水电站梯级、航运梯级，以及以防洪、灌溉和拦沙为目的的梯级水库群。由于目前大多数河流均具有综合利用目标，因此，多数情况下是综合利用的梯级水库群。

1.1.2　梯级水库群的工作特点

梯级水库群的工作特点主要表现在四个方面：

(1) 库容大小和调节程度上的不同。库容大、调节程度高的水库常可帮助调节性能相对较差的水库，发挥“库容补偿”调节的作用，提高总的开发效果或保证水量。

(2) 水文情况的差别。由于各库所处的河流在径流年内和年际变化的特性上可能存在差别，在相互联合时，就可能提高总的保证供水量或保证出力，起到“水文补偿”的作用。

(3) 径流和水力上的联系。梯级水库径流和水力上的联系将影响到下库的入库水量和上库的落差等，使各库无论在参数(如正常蓄水位、死水位、装机容量、溢洪道尺寸等)选择或控制运用时，均有极为密切的相互联系，往往需要统一研究来确定。

(4) 水利和经济上的联系。一个地区的水利任务，往往不是单一水库所能完全完成的。例如河道下游的防洪要求、大面积的灌溉需水，以及大电力网的电力供应等，往往需要由同一地区的各水库来共同解决，或共同解决效果更好，这就使组成梯级水库群的各库间具有了水利和经济上的一定联系。

1.1.3　梯级水库群的水力联系

梯级水库群最主要的特点是上下库间的水力联系。这种联系表现在以下几个方面：

(1) 位于上游的、调节程度较高的水库对天然来水起了调节作用，因而改变了下游水库的入库流量(包括洪水与枯水)在时间上的变化过程，即改变了年内分配，甚至年际分配。

(2) 梯级水库群各库的天然入流(包括区间径流)往往同步性较好，因而上游水库枯水期调节而提高的下泄流量，及洪水期通过水库之间削峰、错峰的办法减少的下泄流量，能有效减轻下游水库的调节任务。但另一方面，梯级水库群的形成，使得各水库之间基本是首尾相接，上游水库的泄洪水量直接进入下游水库，不像原来少库时上游水库洪水要经过一定的时间才能进入下游水库，使下游水库对洪水有一定的预见期和准备时间，遇特大洪水时上游万一溃坝可能引起“连锁反应”，因此库群的形成又给防洪提出了更高的要求。

(3) 上游水库的蒸发损失和耗用水量(如灌溉、供水等)使下游水库的入库径流减少。

(4) 如果梯级水库为同一用水部门服务，例如共同为下游的灌溉、航运或防洪服务时，则它们的工作情况便有密切的、常常是互为补充的关系。上游水库放水增加，就可相应减少下游水库的供水。反之，如果梯级水库各有独立的供水部门、互无关联，则情况便恰恰相反。

1.2　梯级电站群的运行特点

天然河道蕴藏着巨大的能量，因此水库的修建不仅可以储存水量，还兼有利用水能的作用，也就是水力发电。水能资源是清洁可再生的能源，充分、合理地利用水能不仅可以减少一次化石能源的消耗，还可以降低火电等其他能源造成的环境压力，因此世界各国都非常重视水电开发，各发达国家水能资源开发程度已非常高。我国水电开发起步较晚，开发利用率较低。近年来，随着我国对能源需求的快速增长，水电开发事业得到了迅猛发展，“流域、滚动、综合”开发模式也得到迅速推广，各大流域梯级水电开发正如火如荼地进行着。

与单电站的运行相比，梯级电站群的运行具有以下特点：

(1) 发电水量的联系。下游梯级电站发电水量即为上游梯级电站的下泄水量，或主要取决于上游电站下泄水量，因此，下游电站的发电水量受上游电站发电水量影响明显。此外，在汛期，应在准确进行洪水预报的基础上，实行上下游电站的联合调度，做到汛前适当提前降低水位，增加调节库容拦蓄小洪水；汛末及时拦蓄洪水尾巴，增大枯水期发电水量。

(2) 发电水头的联系。梯级电站间还存在水头的联系，下游水库若水位过高，则抬高了上游电站尾水位，降低上游水库发电水头，减少发电量；下游水库若库水位过低，则自身发电水头亦可能偏低，也导致发电量减少。

(3) 调频、调峰的联系。梯级电站群往往供电于同一电力主网，且大多承担系统的调频、调峰任务，通过联合调度，可合理分配旋转备用，减少弃水量，同时还可增大系统调峰容量，提高电网运行的安全稳定性。

第2章　协调智能调度的理论基础

2.1　协　调　学

复杂大系统的综合自动化与智能自动化，国民经济管理大系统的宏观调控，以及和谐社会、和谐世界建设等重大问题的提出，都与“多变量协调控制”有关。“协调”是社会经济、工程技术、生物生态等领域持续发展的共性问题和普遍需求。

“协调”意味着协同配合、齐心协力、分工协作、友好协商，从而做到统筹兼顾、取长补短、全面优化、合理和谐、相生相克、动态平衡、综合集成、共同进化。

1960年，涂序彦教授在第一届国际自动控制联合会(International Federation of Automatic Control，IFAC)世界大会上发表了《多变量协调控制问题》，首次提出了“多变量协调控制理论”，为研究工程技术中的“协调”问题打下了理论基础。1981年，涂序彦教授在《科学学与科学技术管理》上发表了《论协调》一文，正式提出了建立与发展“协调学”的思想，分别讨论了工程控制中的“协调”问题、管理领域的“计划协调”技术、大系统理论中的“分解—协调”方法、人体系统的“多级协调”控制、社会经济领域中的“协调”问题、“人机”系统中的“协调”问题，初步确立了协调学的基本思想。

1. 协调学的发展

随着现代科学技术的不断发展，生产工艺流程越来越复杂。工程控制中存在多变量协调，比如产品设计中存在着设计流程之间的协调、设计专业人员之间的协调、产品结构之间的协调；生态系统中存在着自然环境和人之间的协调。

工程控制中的协调问题就是要探讨多变量控制系统的协调方法和原则。在协调控制理论的基础上，将协调控制原则用于解决社会经济、工程技术、生物生态等领域中的协调问题，逐步形成协调学的思想。下面介绍协调学的发展情况。

1) 多变量协调控制理论

多变量协调控制理论要点如下：

按“协调偏差”进行反馈协调控制，自整定内部给定量。

建立各个控制器之间的“协调联系”。

采用“复合控制”，对扰动情况进行“协调补偿”。

2) 大系统的协调控制理论

协调是大系统控制的关键问题，目的是使各小系统协调工作、相互配合，从而共同完成大系统的全局总任务。协调问题有两类：任务协调和资源协调。

递阶大系统可采用“分解—协调”两步法实现协调控制。①分解。合理处理各子系统之间联系，将复杂大系统划分为一个个简单小型子系统，分别求解各个子系统的局部优化控制问题。②协调。通过目标以及模型协调，首先实现各子系统局部最优化，再实现全局大系统最优化。

对于分散大系统，可采用循环协调、导引协调、全息协调、分组协调实现协调控制。

3) 多库协同软件

将协调学方法用于智能信息处理系统，实现多库协调，典型的是四库(数据库、模型库、知识库和方法库)协调。根据客观环境条件、用户需求的不同，可采用不同的设计方案。

4) 人机协调技术

计算机辅助设计系统是典型的人机协调系统。在计算机辅助概念设计系统实现过程中，主要通过“人机友好交互、人机合理分工、人机智能集成”实现系统的人机协调。

5) 神经系统的多级协调机制

研究人体的高级神经中枢(比如大脑)的协调机制、低级神经中枢(比如脊椎)的协调机制、外周神经的协调机制以及神经细胞突触协调机制。

6) 经济系统协调控制模式

分别对计划经济的协调控制、市场经济的协调控制以及“计划—市场”经济的协调控制三种经济模式进行研究和分析。

协调学的科学方法如下：

(1) 定性定量方法。采用定量与定性相结合的方法，研究和建立协调系统的“广义模型”，从而可以进行协调过程的性能分析、评价与协调系统设计。

(2) 联想类比方法。采用联想类比方法研究社会经济、工程技术、生物生态等不同领域的协调过程的共性问题和规律，以便相互交流、相互启发、相互借鉴。

(3) 演绎归纳方法。采用“从一般到特殊”的演绎与“从特殊到一般”的归纳相结合的研究方法，研究不同协调过程的共性和个性。

(4) 分析综合方法。采用“化整为零”的分析、分解与“化零为整”的综合、集成相结合的研究方法，研究不同规模、不同层次的协调问题。

2. 协调学的研究现状

由于“协调”是生物生态、社会经济、工程技术等领域普遍存在的问题，人们在相关领域对“协调学”的应用进行了深入研究。下面简要介绍一下协调学的研究现状。

1) 智能信息“推—拉”技术

计算机网络技术的普及和广泛应用为人们提供了各式各样的信息获取和传送的方法及技术，将网络信息处理技术和“协调学”思想相结合，产生了智能信息“推—拉”技术。智能信息“推—拉”技术使“信息拉取技术”和“信息推送”相结合，并应用“知识发现”

与“机器学习”方法，提高数据库、互联网的智能水平，为广大用户发现有用的知识、提供高效率的主动信息服务。

2) 智能自律分散系统

基于“协调学”，将自律分散系统(autonomous decentralized system，ADS)和分布式人工智能(distributed artificial intelligence，DAI)相结合，提出智能自律分散系统(intelligent autonomous decentralized system，IADS)，给出基于“智体”(agent)的三种智能自律分散系统：市场式智能自律分散系统、联盟式智能自律分散系统和集团式智能自律分散系统。

3) 网络虚拟机器人群协调模式

网络虚拟机器人群的协调是指具有不同目标的多个“网络虚拟机器人”对其资源和目标等进行有序安排，从全局角度调整每个机器人的行为，以实现各个机器人的目标。网络虚拟机器人群的协作是指通过多个“网络虚拟机器人”各自协调的行为，合作完成共同目标。协作实质上是一种特殊类型的协调。研究网络虚拟机器人群协调模式，对实现其高效协作具有重要意义。

4) 多中枢自协调人工脑研究

在人脑高级神经中枢系统的功能和体系结构的研究基础上，提出了多中枢自协调人工脑(multi-center self-coordinating artificial brain，MCSCAB)的概念，以及“集中—分布”相结合的多中枢体系结构、多级自协调机制和“数字—模拟”相结合的信息模式，重点研究了多中枢自协调拟人脑的协调机制。各部分的协调功能包括：丘脑的感觉协调、延脑的脏腑协调、脑干的生理协调、小脑的行为协调、垂体的激素协调控制、大脑的全局协调。协调学的思想推动了人工脑的研究。

5) 和谐智能 CACD 系统

和谐智能 CACD(computer aided circuit design)是当前设计领域的研究热点之一，受到许多人的关注。和谐智能 CACD 系统能够将人的智能和计算机的智能有机结合，从而实现人机和谐、机机和谐、人人和谐，实现全局优化。

为了描述一个具有多层结构、每个子层次结构又具有多个特征的产品和产品设计过程中的矛盾问题，将“可拓学”的可拓集合与“协调学”的广义关系模型结合。杨国为教授、曹少中教授提出多层多维可拓集合，为建立和谐智能 CACD 系统的知识模型打下了基础。具体的研究工作如下：为了协调制造成本和产品功能之间的矛盾，研究了最经济产品概念设计问题。首先分析了最经济产品概念设计的过程，然后分析讨论了通过模糊评价选择最经济产品概念设计方案的方法，提出了通过导引协调实现最经济产品创新概念设计的理论和办法。最后，对最经济产品概念设计的具体实现提出了对应原则。

为了使对环境造成的破坏最小及生产产品消耗的能源最少，人们提出绿色设计思想，研究了“良性循环”的绿色产品创新概念设计理论和方法，将绿色设计与协调学多种广义算子模型结合，提出了“多段绿色产品创新概念设计过程的多重广义算子模型”和“多级绿色产品创新概念设计的多重广义算子模型”。

6) 多线性多变量协调控制

在多变量协调控制理论的基础上，曹少中教授研究了非线性协调控制理论、非线性多变量协调控制原则和相应的非线性协调控制系统的动力学方程，得到了该方程的任意阶近似解析解，并对解的收敛性进行了证明。

3. 协调学应用领域

1) 工程技术协调过程与协调系统应用领域

(1) 多机组负荷调度、电力系统多电站、经济运行协调控制系统。
(2) 造纸机、升船机、浆纱机、轧钢机、雷达等多电机、多机架协调控制系统。
(3) 飞机、炸弹、卫星等飞行器姿态、轨道协调控制系统。
(4) 化工、水泥、热工生产过程多参数、多成分协调控制系统。
(5) 坦克、汽车、飞船、飞机、船艇等人机系统的协调过程和系统。
(6) 自动化、计算机、通信 C3I 等分布式网络系统的协议、协商及网管系统。

2) 社会经济协调过程与协调系统应用领域

(1) 经济系统的计划协调、市场协调、“计划—市场”协调过程。
(2) 社会集团组织管理、内部矛盾、外部关系的协调过程。

3) 生物生态协调过程与协调系统应用领域

(1) 环境保护、污染控制、废物处理。
(2) 生物群体协调平衡与可持续发展。

2.2　广义智能系统

在对智能系统研究的基础上，已有对“智能系统”的模型、概念和类谱进行的研究，提出了“广义智能系统”的概念模型以及类谱表，用于对现有智能系统进行分类、聚类及研究开发新的智能系统。

1. “智能”的概念模型和类谱图

“智能”指理智、才能、智慧、能力。其中，理智、智慧是内在特性，而才能、能力则是外在表现。智能基于信息，智能寓于系统。广义智能是多种类、多模式、多层次、多特征、多阶段、多范畴的，其包含内容如式(2-1)所示：

$$GI=\{MKI,MPI,MLI,MCI,MSI,MDI\} \tag{2-1}$$

式中，GI 为广义智能；MKI 为多种类智能(multi-kind intelligence)；MPI 为多模式智能(multi-pattern intelligence)；MLI 为多层次智能(multi-layer intelligence)；MCI 为多特征智能(multi-characteristic intelligence)；MSI 为多阶段智能(multi-stage intelligence)；MDI 为多范畴智能(multi-domain intelligence)。

根据广义智能的概念及内含，可以建立广义智能的类谱图，如图 2-1 所示。

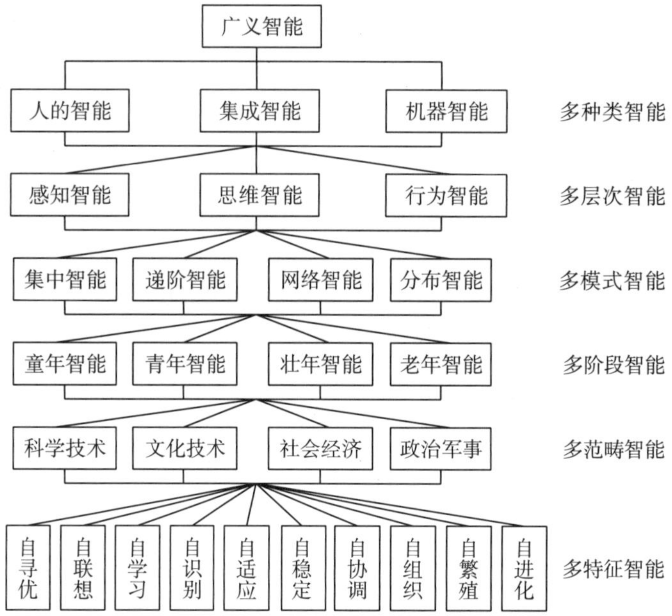

广义智能

人的智能　集成智能　机器智能　多种类智能

感知智能　思维智能　行为智能　多层次智能

集中智能　递阶智能　网络智能　分布智能　多模式智能

童年智能　青年智能　壮年智能　老年智能　多阶段智能

科学技术　文化技术　社会经济　政治军事　多范畴智能

自寻优　自联想　自学习　自识别　自适应　自稳定　自协调　自组织　自繁殖　自进化　多特征智能

图 2-1　广义智能的类谱图

2. “系统”的概念模型和类谱图

“系统”是由部件组成的有序、有组织的整体，它的概念是相对的，若部件是小系统，则整体是由小系统组成的大系统，是小系统集成；系统是相对于客观物理环境或其他系统而存在的，系统和系统之间可以组合成更大的“系统”。系统控于信息，系统基于物质。

此处，“系统”的概念是广义的。广义系统的概念模型如式(2-2)所示：

$$GS=\{VSS,VKS,VPS,VAS,VFS,VCS\} \tag{2-2}$$

式中，GS 为广义系统(generalized system)；VSS 为各规模系统(various scale system)；VKS 为各种类系统(various kind system)；VPS 为各参数系统(various parameter system)；VAS 为各结构系统(various architecture system)；VFS 为各功能系统(various function system)；VCS 为各特征系统(various characteristic system)。

根据以上概念模型，建立广义系统的类谱图，如图 2-2 所示。

3. “智能系统”的概念模型和类谱表

基于以上“智能”和“系统”的概念模型和类谱图，可以分析出“智能系统”的概念模型和类谱表。

根据广义智能 GI 的概念模型(2-1)与广义系统 GS 的概念模型(2-2)，可分析得到广义智能系统 GIS 的概念模型，如式(2-3)所示：

$$GIS=\{GI\cap GS\} \tag{2-3}$$

即

$$GIS = \{\{MKI, MPI, MLI, MCI, MSI, MDI\} \cap \{VSS, VKS, VPS, VAS, VFS, VCS\}\} \tag{2-4}$$

式(2-4)表示：广义智能系统 GIS 不仅是具有多层次、多种类、多特征、多模式、多阶段、多范畴的广义智能，而且是各规模、各种类、各参数、各结构、各功能、各特征的智能系统的体系。根据广义智能系统的概念模型可以建立广义智能系统的类谱表，如表 2-1 所示。

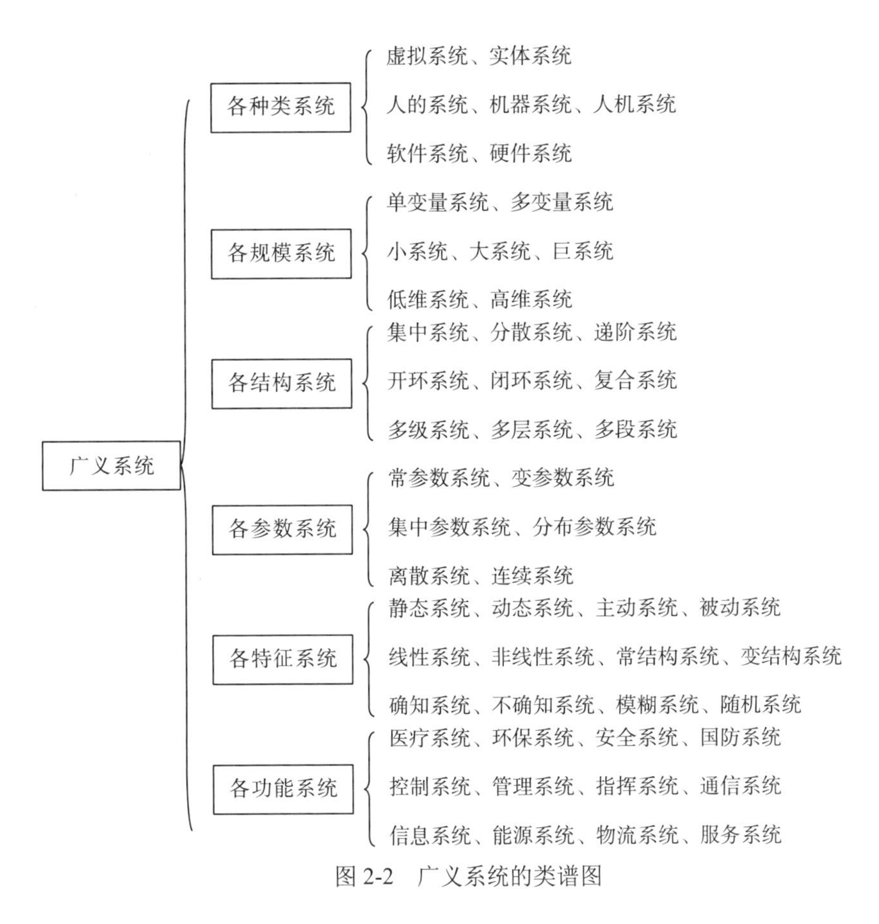

图 2-2　广义系统的类谱图

表 2-1　广义智能系统类谱表

GI	GS					
	VKS	VSS	VAS	VPS	VCS	VFS
MKI	MKI ∩ VKS	MKI ∩ VSS	MKI ∩ VAS	MKI ∩ VPS	MKI ∩ VCS	MKI ∩ VFS
MLI	MLI ∩ VKS	MLI ∩ VSS	MLI ∩ VAS	MLI ∩ VPS	MLI ∩ VCS	MLI ∩ VFS
MPI	MPI ∩ VKS	MPI ∩ VSS	MPI ∩ VAS	MPI ∩ VPS	MPI ∩ VCS	MPI ∩ VFS
MCI	MCI ∩ VKS	MCI ∩ VSS	MCI ∩ VAS	MCI ∩ VPS	MCI ∩ VCS	MCI ∩ VFS
MSI	MSI ∩ VKS	MSI ∩ VSS	MSI ∩ VAS	MSI ∩ VPS	MSI ∩ VCS	MSI ∩ VFS
MDI	MDI ∩ VKS	MDI ∩ VSS	MDI ∩ VAS	MDI ∩ VPS	MDI ∩ VCS	MDI ∩ VFS

广义智能系统的类谱表主要有两方面的功能。

1)现有“智能系统”的分类和聚类

利用表 2-1 可以对已有的“智能系统”进行分类或聚类。从表 2-1 可以得知，广义智能系统 GIS 可分为 36 大类，而每大类继续划分，可以形成许多小类。例如，在多模式、各种类智能系统(MPI∩VKS)大类中，可细分为：集中感知智能系统、集中思维智能系统、集中行为智能系统；递阶感知智能系统、递阶思维智能系统、递阶行为智能系统；网络感知智能系统、网络思维智能系统、网络行为智能系统；分布感知智能系统、分布思维智能系统、分布行为智能系统。

2)研究开发新的智能系统

在表 2-1 中，广义智能系统类谱体系中还有一些尚未研究的领域。因此，使用类谱表，科学研究者可以探索新的智能系统。

第2篇

梯级水电站电力生产中长期协调智能调度

第 3 章　防洪、发电、生态、航运协调调度

新中国成立以后，我国修建了许多水库，各种类型的水库在防洪、蓄水、发电、灌溉和提供人们日常生活用水等方面起了重要的作用。当一座水库同时承担防洪、发电、生态、航运等多方面功能时，就需要研究各项功能对水库调度的要求以及它们之间的协调关系，从而在建立数学模型时进行相应的处理。

3.1　防　　洪

我国河流众多，水能资源十分丰富，但由于各种原因，导致江河水土流失严重，对整个流域系统的防洪、发电产生不利影响。水库防洪主要内容为：水工建筑物防洪、库区上游防洪和下游防洪。在综合利用的水库中需要预留一定比例的防洪库容，会在一定程度上影响综合利用的效益。

防洪库容能否发挥最大的效用与距离防洪地区的远近距离有关。预留相同的防洪库容，距防洪地区距离越远，防洪效果就越差。比如上级水库若预留 5 亿 m^3 的防洪库容，则其防洪库容的作用不如下游水库的同等防洪库容，这是因为上游水库控制的流域面积比下游水库小，同样也有区间洪水加入的原因。但是，如果下游梯级水库多预留防洪库容，则会导致水头降低，从而影响整个梯级的发电效益，比上游梯级水库预留防洪库容水头降低造成的电量损失更大。

建立数学模型时，可以将防洪目标转化为水量或下泄流量约束。

水库蓄水量约束：

$$V_{it,\min} \leqslant V_{i,t} \leqslant V_{it,\max} \quad \forall t \in T \tag{3-1}$$

式中，$V_{it,\min}$ 为第 i 个水库第 t 时段应要求的最小蓄水量（m^3）；$V_{i,t}$ 为第 i 个水库第 t 时段的实际蓄水量（m^3）；$V_{it,\max}$ 为第 i 个水库第 t 时段允许的最大蓄水量（m^3，如汛期防洪限制等）；T 为计算总时段数。

水库下泄流量约束：

$$Q_{it,\min} \leqslant Q_{i,t} \leqslant Q_{it,\max} \quad \forall t \in T \tag{3-2}$$

$$S_{i,t} \geqslant 0 \quad \forall t \in T \tag{3-3}$$

式中，$Q_{it,\min}$、$Q_{it,\max}$ 分别为第 i 个水库第 t 时段的最小、最大下泄流量（m^3/s，通常是基于下游防洪保护对象考虑的）；$Q_{i,t}$ 为第 i 个水库第 t 时段的实际下泄流量（m^3/s）；$S_{i,t}$ 为第 i 个水库第 t 时段的弃水流量（m^3/s）。

3.2 发　电

水电站的发电任务是向电网提供可靠性、稳定性高的电能，主要体现为适应电网负荷需求变化、事故备用等。

从使经济受益最大化的角度出发，根据着眼点的差异，在未完全实行电力市场化之前，主要有以下几种最优性指标和最优准则。

首先，最常用的就是使计算周期内发电收益最大或发电量最多。

$$D=\max\sum_{i=1}^{N}\sum_{t=1}^{T}\left(A_i\cdot Q_{i,t}\cdot H_{i,t}\cdot M_t\right) \tag{3-4}$$

式中，D为电站年发电量(kW·h)；A_i为第i个电站综合出力系数(可由实际运行数据反向率定)；$Q_{i,t}$为第i个电站在第t时段通过水轮机的发电流量(m^3/s)；$H_{i,t}$为第i个电站在第t时段的平均发电净水头(m)；T为计算总时段数；N为梯级水电站的电站个数；M_t为第t时段小时数(h)。

梯级水电站发电收入最大化，即考虑电网分期上网电价的差异，通过水库调节水量的作用，使电站增发高价电、增加高电价时期发电收入。

$$E=\max F=\max\sum_{i=1}^{N}\sum_{t=1}^{T}(A_i\cdot p_t\cdot Q_{i,t}\cdot H_{i,t}\cdot M_t) \tag{3-5}$$

式中，E为电站最大化发电收入(元)；p_t为t时段电价因子；M_t为第t时段小时数(h)。

此外，水电站承担向电网提供安全稳定电能的任务。其主要优化准则为“最大化最小出力”，即使梯级水电站计算时期内出力最小时段的出力尽量大，该目标的效果能够使电站在枯水期为电网提供可靠性高的、尽可能大的出力，以充分发挥水电的调节效益。

$$\mathrm{NP}_t=\max\left[\min\sum_{i=1}^{N}\left(A_i\cdot Q_{i,t}\cdot H_{i,t}\right)\right]\quad\forall t\in T \tag{3-6}$$

式中，NP_t为整个梯级计算周期内最大化的最小出力(MW)。

3.3 生　态

以发电为主要功能的水电站，发电时首先考虑发电效益，而不重视下游河道的生态需求，发电流量有可能无法满足最低生态需水量的要求。另一种更为严重的情况是引水式水电站，电站运行时将河道内天然径流引入隧洞或压力钢管，造成下游河道干涸、断流，对河流内生存的鱼类、植物造成毁灭性的破坏。在我国北方，由于缺水，水库的兴建为供水和发展灌溉事业提供了很好的机会。但是，通过闸坝或者水库大量引水，会导致部分河段脱流、干涸，河流廊道生态系统遭到致命性破坏。

建立数学模型时，常用水库下泄流量约束满足生态目标：

$$Q_{i,t}\geqslant Q_{i,t,\min}\quad\forall t\in T \tag{3-7}$$

式中，$Q_{i,t,\min}$为第i个电站第t时段应保证的最小下泄流量(m^3/s，通常是基于生态方面考虑的，如满足多年平均流量的10%)。

3.4 航　　运

有一些河流具有航运任务，重点考虑的目标是航运安全和效益。河流航运条件在水利枢纽修建后主要产生两方面影响：第一，水库建成后，水位提升，河道航运范围增加，相应地有效提高航运等级；第二，枢纽下游河段为人工控制泄流河段，发电或泄流产生的不稳定流将对船舶航行及船舶停泊产生不利影响。例如三峡-葛洲坝梯级水利枢纽建成后，三峡-葛洲坝之间 38.4km 的通航航道，水位提升，航运等级提高，由天然河道变为人工控制河道。三峡枢纽进行调峰运行时，将对三峡、葛洲坝间河道航运产生三个方面的影响：第一，三峡枢纽进行大容量调峰运行时，使下游航道中水位变幅加大，水流提速，船只的航行变得困难；第二，三峡电站发电负荷变动，使航道水位变幅值增大，导致船只不能正常开航，航行船只可能因吃水深度不足而搁浅停航，更为严重的情况是可能会导致船只损坏事故的发生；第三，三峡枢纽发电负荷日内变化较大，径流流态发生明显变化，转弯半径、航宽等航道尺度发生变化，船只无法正常行驶。

建立数学模型时，常用下泄流量、水库蓄水量变化约束满足航运目标：

$$V_{i,t+1}-V_{i,t}\leqslant V_c\qquad\forall t\in T\tag{3-8}$$

式中，$V_{i,t+1}$ 为第 i 个水库第 $t+1$ 时段的水库蓄水量(m^3)；$V_{i,t}$ 为第 i 个水库第 t 时段的水库蓄水量(m^3)；V_c 为第 i 个电站水库蓄水量最大允许变化值(m^3，如基于航运要求等)。

$$Q_{i,t,\min}\leqslant Q_{i,t}+S_{i,t}\leqslant Q_{i,t,\max}\qquad\forall t\in T\tag{3-9}$$

$$Z_{i,t,\min}\leqslant Z_{i,t}\leqslant Z_{i,t,\max}\qquad\forall t\in T\tag{3-10}$$

式中，$Q_{i,t,\min}$ 为满足下游通航要求时第 i 个电站第 t 时段应保证的最小下泄流量$(\mathrm{m}^3/\mathrm{s})$；$Q_{i,t,\max}$ 为满足下游通航要求时第 i 个电站第 t 时段最大允许下泄流量$(\mathrm{m}^3/\mathrm{s})$；$Z_{i,t,\min}$ 为满足上游通航要求时第 i 个电站第 t 时段的最低水位(m)；$Z_{i,t}$ 为第 i 个电站第 t 时段的库水位(m)；$Z_{i,t,\max}$ 为满足上游通航要求时第 i 个电站第 t 时段最高库水位(m)；其他符号意义同前。

3.5 改进逐步优化算法

逐步优化算法(progress optimality algorithem，POA)适用于求解多阶段动态规划问题，提出者是加拿大学者 H.R.Howson 及 N.G.F.Sancho。POA 算法的基本思想来源于贝尔曼最优化原理，“最优路线具有以下特性，每对决策集合对应于自身的初始轨迹值和终止值来说是最优的”。

POA 算法在求解多阶段动态规划问题时，将其拆分为多个两阶段问题。在解决每个两阶段问题时固定其他阶段的变量，同时对该两阶段的决策变量进行轨迹寻优；寻优完成后，将此次计算的结果作为下次优化的初始条件，继续进行下一个两阶段的寻优，不停推进循环，直到达到事先设定的收敛条件为止。

考虑到发电调度中实现最小出力最大化目标，优化运算时常常将该目标转化为梯级总出力限制这一判别条件。为了达到最大化最小出力的目标，对常规 POA 算法进行如下改进：

(1) 增加梯级可靠出力限制 NP 。初始设置为一个较小的数值，每次在满足该约束条件下进行全梯级全时段多次优化，直到满足收敛条件。优化完成后，再对梯级可靠出力限制 NP 增加一个步长 ΔNP ，继续优化，如此循环反复，直到优化条件遭到破坏，无法完成梯级可靠出力限制为止。前一次优化条件不破坏时的梯级可靠出力限制就是梯级最大化最小出力。

(2) 每次进行两阶段寻优确定优化轨迹时，除了记录常规的函数目标梯级发电量或收益，同时求出此状态下的梯级总出力 $\text{tj}_{\text{output}}$ ，判断其能否满足梯级可靠出力限制 NP 这一约束。

(3) 如果总出力无法满足可靠出力限制，即 $\text{tj}_{\text{output}} < \text{NP}$ ，则在各时段目标函数(梯级发电量或发电收入)中加入罚函数 $f(\text{tj}_{\text{output}}) = A(\text{tj}_{\text{output}} - \text{NP})$ ，A 为惩罚因子，是一个正常数，则该时段目标函数可以表示为

$$E_t = \sum_{i=1}^{N}\left[\left(A_{i,t} \cdot Q_{i,t} \cdot H_{i,t} \cdot M_t\right) + A\left(\text{tj}_{\text{output}} - \text{NP}\right)\right] \tag{3-11}$$

对全时段进行寻优，求出 E_t 最大的决策变量，有

$$E = \sum_{t=1}^{T} E_t = \sum_{t=1}^{T}\sum_{i=1}^{N}\left[\left(A_{i,t} \cdot Q_{i,t} \cdot H_{i,t} \cdot M_t\right) + A\left(\text{tj}_{\text{output}} - \text{NP}\right)\right] \tag{3-12}$$

式中， E 为全梯级全时段发电量。

假设梯级水电站共有 N 级电站，依次对电站进行编号。优化调度计算周期为 1 年，根据时段为月或旬，将一年离散为 T(12 或 36) 个时段，运用该 POA 改进算法求解步骤如下：

Step 1：确定初始轨迹以及初始梯级可靠出力限制 NP 。根据常规调度、水库调度图或前次优化过程得到的结果，确定各时刻各调节水库的水位 $L_{i,t}$，并选定搜索步长、优化终止的计算精度及梯级可靠出力限制增加步长。

Step 2：按照电站自上而下的顺序，依次对所有梯级水电站寻优。例如，固定第 0 和第 2 时刻的水位 $L_{i,0}$ 和 $L_{i,2}$ 为一定值，调整中间第 1 时刻的水位 $L_{i,1}$ ，不断寻优，使得前两时段的目标函数值(电量或收入)最大。决策变量为各水库的发电过机流量 $Q_{i,1}$ 和 $Q_{i,2}$ ；状态变量为各电站第 1 时刻的水位 $L_{i,1}$ 。优化计算得各水库状态变量和相应决策变量。此时得到一条新的各水库水位轨迹为 $L_{i,0}, L_{i,1}, L_{i,2}, \cdots, L_{i,T}$ ，相应的决策变量发电过机流量则变为 $Q_{i,1}, Q_{i,2}, Q_{i,3}, \cdots, Q_{i,T}$ 。

Step 3：同样，按照电站自上而下的顺序，依次对第 i 个电站下一时段进行目标函数寻优。例如，固定第 1 和第 3 时刻的水位 $L_{i,1}$ 和 $L_{i,3}$ 为一定值，优化电站第 2 时刻的水位 $L_{i,2}$ ，使第 2 和 3 两时段的目标函数值(电量或收入)最大，寻优得到各水库第 2 时刻的水位 $L_{i,2}$ 和相应决策变量发电流量 $Q_{i,2}$ 和 $Q_{i,3}$。优化完成后，得到新的水库水位过程为 $L_{i,0}, L_{i,1}, L_{i,2}, L_{i,3}, \cdots, L_{i,T}$ ，相应的决策变量发电流程则变为 $Q_{i,1}, Q_{i,2}, Q_{i,3}, Q_{i,4}, \cdots, Q_{i,T}$ 。

Step 4：重复 Step 3，直到搜索至第 T 时刻为止。得到初始条件和约束条件下的梯级水库调度过程线、梯级总电量(发电收入)、引用发电流量过程线。

Step 5：以前次求得的梯级水电站水库调度过程线为初始轨迹，重新回到 Step 2。直到满足原先设定的迭代终止条件，从而得到满足该梯级可靠出力限制 NP 的梯级水库调度过程线、梯级总电量(发电收入)、引用发电流量过程线。

Step 6：如果前次优化不遭破坏，可求得满足梯级可靠出力限制的优化解，则将梯级可靠出力限制 NP 增加一个步长 ΔNP，以前次求得的梯级水电站水库调度过程线为初始轨迹，重新回到 Step 2。如优化遭破坏，无法求得可行解，则增加步长前的 NP 为所求的最大化最小出力，增加步长前的梯级水库调度过程为所求调度过程。

基于 POA 改进优化算法的计算流程见图 3-1。

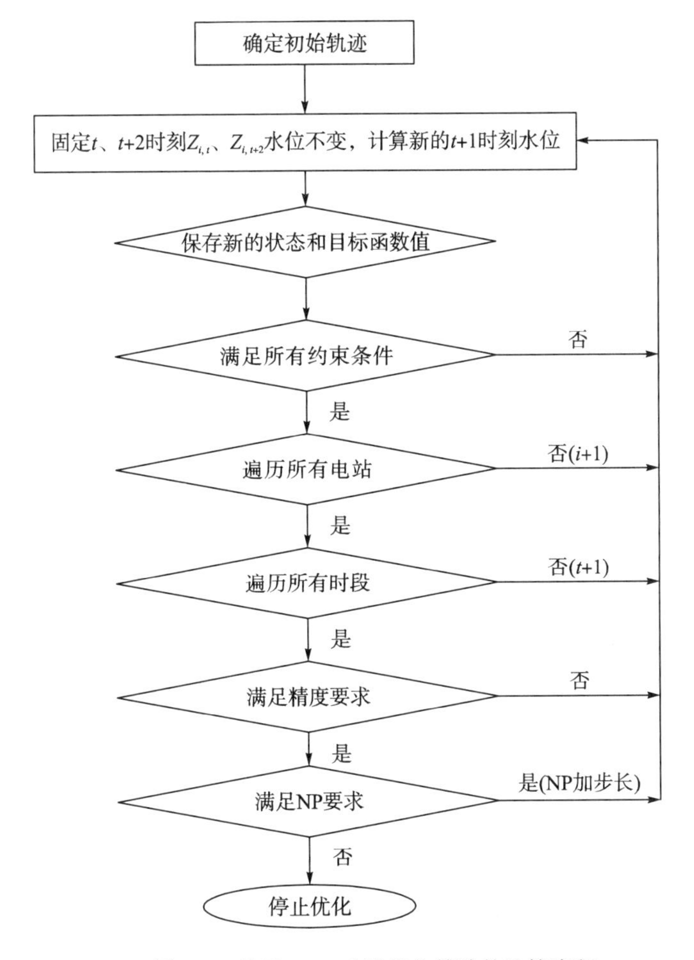

图 3-1　基于 POA 改进优化算法的计算流程

3.6　计　算　实　例

为了验证上述模型的可行性与有效性，以某流域梯级水电站为例进行计算。

该河流有 4 级电站，其中电站 P、电站 D 仅具有日调节能力，电站 L 具有年调节能力，电站 Y 具有季调节能力。各电站综合参数见表 3-1。其中，具有年调节能力的 L 电站防洪限制水位5月～7月上旬为359.3m，7月中旬～8月下旬为366m，9月之后可蓄至正常蓄水位。汛限水位可按要求设定，电站Y动态汛限水位控制见表3-2。

表3-1　梯级电站综合参数

电站	装机容量/MW	最大过机流量/($m^3 \cdot s^{-1}$)	正常蓄水位/m	死水位/m
P	405	1321	440.0	437.5
L	4900	3800	375.0	330.0
Y	1210	2268	223.0	219.0
D	566	3104	155.0	153.0

表3-2　电站Y水库汛期库水位动态控制表

项　目	调度时段			
	6月	7月	8月	9月
最高控制水位/m	222.5			
相应坝址流量/($m^3 \cdot s^{-1}$)	$Q_{坝址} \leqslant 2880$			
分月控制水位/m	220.5	219.5	220.0	221.5
相应坝址流量/($m^3 \cdot s^{-1}$)	$2880 < Q_{坝址} \leqslant 8750$	$2880 < Q_{坝址} \leqslant 10400$	$2880 < Q_{坝址} \leqslant 9400$	$2880 < Q_{坝址} \leqslant 6600$
相应风险率/%	2.25	2.26	2.42	2.91
相应破坏度/d	0.68	0.70	0.75	0.87
汛期限制水位/m	219			
相应坝址流量/($m^3 \cdot s^{-1}$)	$Q_{坝址} > 8750$	$Q_{坝址} > 10400$	$Q_{坝址} > 9400$	$Q_{坝址} > 6600$

采用2010年的逐旬径流资料进行优化计算，并与实际运行情况进行对比，用以检验中长期优化调度模型和求解算法的可行性。

为体现模型的优化效果，计算时，年初和年末水位设定为与实际运行水位一样。根据2010年的电站运行报表，2010年初电站L水位为349.6m，电站Y水位为221.4m；2010年末电站L水位为362.3m，电站Y水位为222.35m；优化时段均为一月上旬至十二月下旬(优化时段可按要求设定)。

计算结果见表3-3～表3-5和图3-2～图3-3。

表3-3　梯级电站2010年1～36旬优化计算结果(一)

时间	电站L				电站Y			梯级	电站P	电站L	电站Y	电站D
	旬末水位/m	入库流量/($m^3 \cdot s^{-1}$)	发电流量/($m^3 \cdot s^{-1}$)	弃水流量/($m^3 \cdot s^{-1}$)	旬末水位/m	入库流量/($m^3 \cdot s^{-1}$)	发电流量/($m^3 \cdot s^{-1}$)	出力/MW				
一月上旬	348.2	435	814	0	221.2	815	845	1630	74	875	496	185
一月中旬	345.5	429	1097	0	222.8	1097	893	1955	78	1151	531	195
一月下旬	345.8	547	498	0	221.2	498	682	1199	87	536	407	169
二月上旬	344.8	310	540	0	219.6	540	747	1222	56	568	435	163

续表

时间	电站L				电站Y			梯级	电站P	电站L	电站Y	电站D
	旬末水位/m	入库流量/$(m^3 \cdot s^{-1})$	发电流量/$(m^3 \cdot s^{-1})$	弃水流量/$(m^3 \cdot s^{-1})$	旬末水位/m	入库流量/$(m^3 \cdot s^{-1})$	发电流量/$(m^3 \cdot s^{-1})$	出力/MW				
二月中旬	341.6	125	874	0	221.2	874	666	1489	27	920	387	155
二月下旬	339.0	276	1003	0	222.8	1003	754	1679	53	1011	451	164
三月上旬	338.8	488	527	0	220.9	527	762	1225	81	527	452	165
三月中旬	338.0	459	635	0	220.8	637	655	1266	90	650	383	143
三月下旬	336.9	406	609	0	220.0	609	696	1263	91	617	403	152
四月上旬	335.4	358	654	0	220.0	654	660	1260	85	652	378	145
四月中旬	333.4	429	808	0	221.6	808	598	1391	104	800	350	137
四月下旬	332.0	429	701	0	221.6	701	699	1340	101	666	410	163
五月上旬	333.8	559	228	0	219.0	264	596	780	89	219	342	130
五月中旬	335.6	655	309	0	219.0	466	466	760	87	304	266	103
五月下旬	338.1	721	261	0	219.0	572	572	796	82	263	327	124
六月上旬	340.0	908	491	0	220.0	1203	1074	1428	85	508	603	232
六月中旬	344.5	1940	915	0	219.3	1630	1716	2398	101	952	943	402
六月下旬	354.8	4162	1383	0	222.5	2298	1902	3132	116	1499	1062	455
七月上旬	359.3	2857	1482	0	222.5	2129	2129	3508	129	1707	1207	465
七月中旬	362.2	2912	1940	0	222.5	2132	2132	4065	127	2270	1204	464
七月下旬	365.9	3993	2822	0	219.5	3382	2198	5315	195	3344	1210	566
八月上旬	366.0	2775	2757	0	220.0	3466	2244	5388	281	3331	1210	566
八月中旬	366.0	1993	1993	0	222.5	2168	1853	4132	246	2438	1044	404
八月下旬	369.7	1367	104	0	219.5	279	628	797	149	138	372	138
九月上旬	371.5	1137	439	0	219.1	531	581	1150	99	596	330	125
九月中旬	373.0	1179	602	0	219.0	754	761	1533	95	818	434	186

续表

时间	电站 L				电站 Y			梯级	电站 P	电站 L	电站 Y	电站 D
	旬末水位/m	入库流量/(m^3·s^{-1})	发电流量/(m^3·s^{-1})	弃水流量/(m^3·s^{-1})	旬末水位/m	入库流量/(m^3·s^{-1})	发电流量/(m^3·s^{-1})	出力/MW				
九月下旬	375.0	1558	718	0	219.0	949	949	1840	84	978	527	251
十月上旬	375.0	2277	2277	0	223.0	2491	1993	4591	85	2988	1090	428
十月中旬	375.0	1638	1638	0	223.0	1847	1847	3805	151	2192	1066	396
十月下旬	375.0	1195	1195	0	221.8	1243	1370	2841	131	1615	799	296
十一月上旬	374.1	1007	1386	0	221.8	1424	1429	3155	161	1869	809	316
十一月中旬	372.2	917	1671	0	222.2	1679	1628	3673	157	2231	937	348
十一月下旬	370.1	873	1701	0	221.8	1717	1767	3767	162	2211	1006	388
十二月上旬	367.5	826	1810	0	222.3	1862	1798	3867	161	2296	1024	386
十二月中旬	365.3	1042	1826	0	222.6	1947	1911	3964	164	2299	1093	408
十二月下旬	362.3	886	1837	0	222.4	1883	1914	3940	170	2266	1096	408

表 3-4　梯级电站 2010 年 1～36 旬优化计算结果(二)　　单位：MW·h

时间	梯级总电量	电站 P 电量	电站 L 电量	电站 Y 电量	电站 D 电量
一月上旬	391 159	17 754	209 947	119 117	44 341
一月中旬	469 048	18 661	276 171	127 424	46 792
一月下旬	316 516	23 020	141 433	107 537	44 526
二月上旬	293 319	13 430	136 271	104 492	39 126
二月中旬	357 412	6 528	220 741	92 863	37 280
二月下旬	322 110	10 084	194 033	86 505	31 488
三月上旬	294 142	19 452	126 384	108 597	39 709
三月中旬	303 722	21 503	155 902	92 017	34 300
三月下旬	333 621	24 155	162 845	106 469	40 152
四月上旬	302 450	20 486	156 409	90 731	34 824
四月中旬	333 865	25 056	191 979	83 894	32 936
四月下旬	321 558	24 294	159 731	98447	39 086
五月上旬	187 408	21 381	52 656	82 171	31 200
五月中旬	182 246	20 776	73 027	63 766	24 677
五月下旬	209 983	21 690	69 455	86 225	32 613
六月上旬	342 636	20 511	121 839	144 671	55 615

续表

时间	梯级总电量	电站 P 电量	电站 L 电量	电站 Y 电量	电站 D 电量
六月中旬	575 417	24 254	228 507	226 210	96 446
六月下旬	751 752	27 922	359 726	254 847	109 257
七月上旬	841 788	30 865	409 636	289 767	111 520
七月中旬	975 618	30 412	544 873	288 950	111 383
七月下旬	1 403 272	51 466	882 942	319 440	149 424
八月上旬	1 293 136	67 542	799 354	290 400	135 840
八月中旬	991 585	59 005	585 088	250 549	96 943
八月下旬	210 468	39 392	36 329	98 217	36 530
九月上旬	276 101	23 741	143 126	79 172	30 062
九月中旬	367 998	22 848	196 328	104 248	44 574
九月下旬	441 863	20 243	234 809	126 575	60 236
十月上旬	1 101 911	20 324	717 228	261 595	102 764
十月中旬	913 023	36 139	526 094	255 765	95 025
十月下旬	749 870	34 469	426 229	210 980	78 192
十一月上旬	756 831	38 533	448 485	194 042	75 771
十一月中旬	881 551	37 721	535 477	224 888	83 465
十一月下旬	904 010	38 902	530 728	241 342	93 038
十二月上旬	927 954	38 520	551 044	245 750	92 640
十二月中旬	951 255	39 261	551 778	262 367	97 849
十二月下旬	1 040 519	44 980	598 306	289 409	107 824

表 3-5　梯级电站 2010 年 1～36 旬优化计算结果(三)　　单位：百万元

时段	梯级收入	电站 P 收入	电站 L 收入	电站 Y 收入	电站 D 收入
全时段	5404.33	269.18	3608.76	943.3	583.09
丰期	2269.15	125.33	1454.47	417.68	271.67
平期	957.30	41.80	668.54	154.62	92.34
枯期	2177.87	102.05	1485.74	371.00	219.08

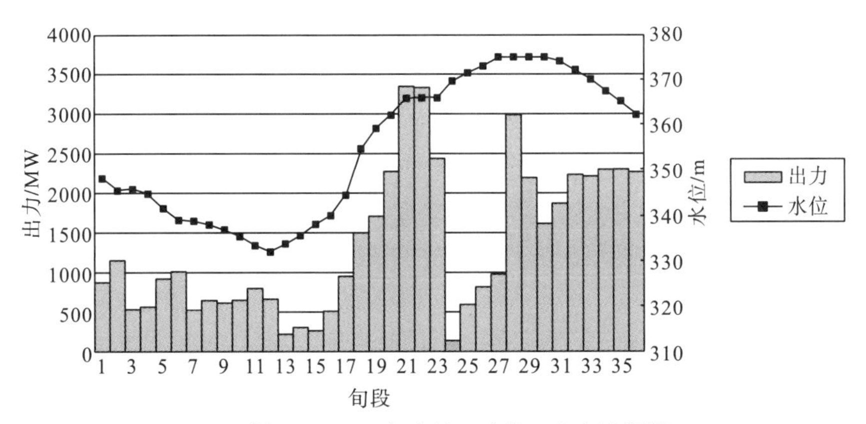

图 3-2　2010 年电站 L 水位、出力过程图

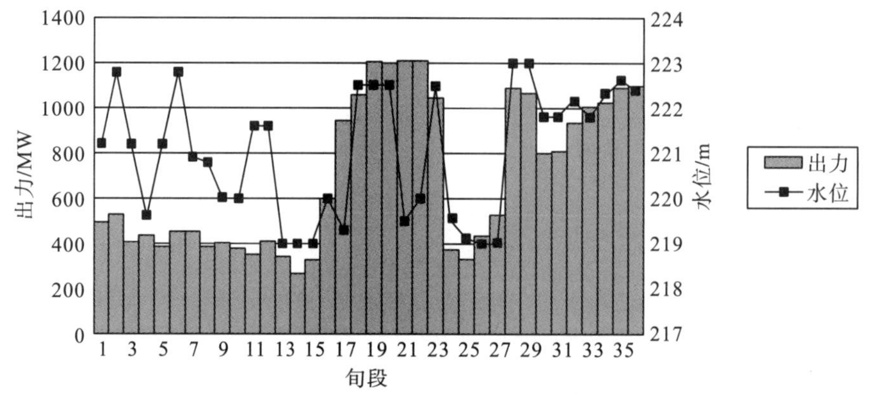

图 3-3　2010 年电站 Y 水位、出力过程图

为了评定优化计算结果，统计出该流域各电站丰、平、枯期的电量结构，结果见表 3-6～表 3-7。

表 3-6　2010 年梯级电站电量统计　　单位：MW·h

时段	梯级总电量	电站 P 电量	电站 L 电量	电站 Y 电量	电站 D 电量
全年	21 317 112	1 035 317	11 754 909	6 109 439	2 417 447
丰期	9 051 267	482 047	4 737 694	2 705 206	1 126 320
平期	3 722 675	160 767	2 177 669	1 001 412	382 827
枯期	8 543 170	392 503	4 839 546	2 402 821	908 300

表 3-7　2010 年梯级电站电量结构表　　单位：%

时段	梯级总电量比例	电站 P 电量比例	电站 L 电量比例	电站 Y 电量比例	电站 D 电量比例
全年	100	100	100	100	100
丰期	42.46	46.56	40.30	44.28	46.59
平期	17.46	15.53	18.53	16.39	15.84
枯期	40.08	37.91	41.17	39.33	37.57

从图 3-2 和图 3-3 可以看出，电站 L 在汛期蓄水，在枯水期放水，符合年调节水库运行的实际情况；从表 3-6 和表 3-7 可以看出，在 2010 年的优化结果中，电站 L 没有出现弃水，且满足汛限水位和设定的初末水位限制，调度结果是合理的。

从表 3-6 和表 3-7 中可以看出，经过优化计算后 2010 年梯级总发电量为 21 317 112MW·h。根据实际运行资料统计，2010 年实际发电量为 20 602 215MW·h，优化后梯级总电量提高了 3.47%，说明该梯级电站优化调度增发电量还有潜力可挖。从梯级电量结构表中看出，枯期电量比例较大，丰、平、枯期电量结构合理，实现了最大化最小出力和年发电量最大化的发电目标。

从表 3-6 可以看出，水库在枯期末放水至最低水位，而在汛末把水位蓄至正常蓄水位，增大了发电量。同时满足防洪对限制水位的要求，每月最小下泄流量满足生态流量、航运需求。

第4章　水库、电力协调调度

4.1　水库调度与电力调度关系分析

随着水资源短缺问题的日益突出以及社会经济发展对电力需求的快速增长，流域梯级水电站调度管理中电调与水调的矛盾日益显现。妥善协调电力调度与水库调度的关系是确保社会、经济、生态效益统一协调的关键。控制性水库的调度运行对流域水资源开发利用和防洪十分重要。因此，首先，需要认真研究流域梯级水电站防洪作用及其对生态环境的影响，在此基础上，考虑全局，按照“局部服从全局，电调服从水调，发电服从防洪和生态”的原则，研究制定以水量调度和防洪调度为重点的流域梯级水电站联合调度方案，以达到生态效益和社会效益相统一。另外，对供水需求、水环境和水资源承载能力也应进行深入研究，以供水、防洪和生态环境为约束，以发电收入为目标确定水电站优化发电调度方案。

水库调度与电力调度的目标是不同的。电力调度的最大目标是保证电网安全、稳定运行的情况下利用水能多发清洁的电能；水库调度的重点在于供水、防洪等功能。在实际运行中水库调度和电力调度有可能会出现不协调的情况。下面按照全年不同时期，进行分析。

1. 洪水期

在洪水期，水库调度必须满足防洪要求，水库的调度方式相对比较明确。水电站水库首要任务是保证水工建筑物的安全，承担有下游防洪任务的水库还必须依照经相关主管部门批准的水库防洪调度原则进行安全调度，发电调度服从于防洪调度。水电站水库必须严格遵守相应的法律法规，主要包括《中华人民共和国防洪法》《水库大坝安全管理条例》《水库调度规程编制导则》《电网调度规程》等。

2. 枯水期

在枯水期，由于水库调度与电力调度的重点不同，两者之间存在着一定程度的矛盾冲突。以岷江流域为例，紫坪铺水利枢纽工程作为都江堰灌区的水源工程，需要向下游进行流量补偿，通过加大上游径流下泄量对川西平原灌溉、城市工业、生活和环保供水进行补给。但对于电力调度而言，在枯水期加大下泄流量，进行水量补偿，将会导致以下问题：①枯水期来水较少，水电站一般需要在高水头运行，从而降低后期发电耗水率，减少水量消耗，如果在枯水期增大下泄流量，则会导致水库水位过低、水头降低、发电耗水率加大；②由于水电站特性，其枯水期需承担电力系统的调频、调峰任务及其他辅助服务，如果加大下泄流量，原本在电力系统中位于峰荷、腰荷位置工作的水电站只能移至基荷位置工作，容易造成电网调峰、调频、备用容量不足，影响电网安全；③枯水期加大下泄水量，下放水量过多，可能会导致后期水库库容不足，影响其作为电网事故备用电站的效用，从而给电网的安全稳定运行带来一定的风险；④水电站比较适合在枯水期安排检修机组，若调水期间，恰好遇到机组检修，有可能导致弃水发生，则须对水电机组的检修计划进行合理重排。

1) 水库调水对水电站发电量的影响

大部分情况下，水量调度主要发生在来水较少的枯水季节。比如珠江流域，由于每年 11 月～次年 3 月枯水季节咸潮上溯的影响，珠江上游主要水库需要进行水量调度，将会给电站供电的电网带来一定影响。对于电网，因为在 11 月～次年 3 月这段时间内需要提前加大下泄流量，对电站后期的发电耗水率变化有一定的影响，继而影响到电站的发电量。所以，对水量调度过程中珠江上游主要水电站发电量的影响程度进行定量说明是有意义的。

西江干流以天生桥一级、龙滩和岩滩水电站调节性能较好，而百色、长洲、飞来峡等水库需要配合进行水量调度。根据目前流域旱情发展和骨干水库蓄水情况，从 9 月 10 日开始，各骨干水库限制发电出力，减少水库出流，增加水库蓄水量；后期根据压咸补淡的具体要求，动态控制梧州水文站流量，同时根据咸潮发展的情况，充分利用好有限的水资源量，以满足下游的取淡需求。间断补水调度期间思贤滘流量不低于 2500m^3/s。

压咸补淡要求保证西江水系珠江下游思贤滘流量不得小于 2500m^3/s。以龙滩水电站2009 年及 2010 年为例，考虑压咸补淡的要求，10 月至次年 2 月各月最小出库流量为 800m^3/s、1000m^3/s、1150m^3/s、1200m^3/s、1100m^3/s。表 4-1 是不同年份调水压咸补淡对龙滩发电量的影响。

表 4-1　不同年份压咸补淡对电量影响情况

年份	调水对电量影响/(万 kW·h)
2009	−5608.4
2010	−6506.3

从表 4-1 中可以看出，在 2009 年由于考虑压咸补淡要求，由龙滩水库补给，其电量损失为 5608.4 万 kW·h；在 2010 年，因为来水较少，保证率较低，其电量损失有所增大，为 6506.3 万 kW·h。

枯水季节对水库进行水量调度，在来水较少的情况下，会造成很大影响。而在来水较丰、保证率较小的情况下，影响比较小。

2) 水库调水对水电站调峰容量的影响

水电站调峰是水电站在电网调度中的一项重要任务。在水量调度过程中需要提高下泄流量，会对电站调峰的容量造成一定程度的影响。在各个省份承担调峰电源的机组，主要是火电机组和水电机组。在水量调度期间，因为需要向下游补水，增加枯水期流量，对各电站的调峰能力有一定程度的影响。

以南方电网中天生桥一、二级水电站为例，由于在压咸补淡调度期间，基本上是按照电网发电调度要求运行，其调峰能力没有受到影响，可以承担电网的部分峰荷。龙滩水库承担压咸补淡的任务，下泄流量大约为 500m^3/s，略小于 1 台机组的最大过机流量(540m^3/s)，等同于多开 1 台机组。压咸补淡调度期电站通过与下游电站进行补偿调节的方式仍能完成电站调峰任务。所以，在压咸补淡期间的水量调度对调峰影响比较小。然而，水量调度对电网调峰造成的影响主要在压咸补淡结束后。由于多下泄水量，压咸补淡结束后，库存水量减少，造成后期电站参与调峰的深度减小或者历时缩短。这一点需要通过提高初期蓄水位，增大初期蓄水量，水量调度后预留一定的调峰库容来解决。

3) 水库调水对水电站机组检修计划安排的影响

水电站机组在丰水期由于来水较大，一般以装机容量发电，以便充分利用水能资源，减少电站弃水。若检修计划安排在汛期，极可能造成弃水。在水量调度期间，如果要求下泄的发电流量很大，达到甚至超过机组的最大过机流量，有可能造成无效弃水，因此也不应安排机组检修。

同样以红水河电站为例，在正常情况下，天生桥一级水电站在调度期间可以按照水电站自身的发电要求调度运行，机组检修计划安排不会受到影响，即使为了压咸补淡的需要向下游下泄水量，也可开启 3 台机组满发下泄流量，在这段时间内安排 1 台机组检修是可行的。

龙滩水电站单机最大发电引用流量为 540m^3/s，如果按照 7 台机组满发，发电流量约为 3800m^3/s，超过水量调度期间所需下泄流量。因此，即使在压咸补淡调水期间，龙滩水电站也可以同时安排多台机组进行检修。

龙滩水电站的建成，大大提高了红水河枯水期的平均流量，即使不进行水量调度的情况下，下游水电站枯水期的发电流量也会得到一定程度的增加。在对下游三角洲进行补水时，一般情况下，流量低于各水电站的满发流量，因此可以有序合理安排水电站机组按照顺序进行检修。

4) 水库调水对事故备用容量电网安全的影响

水电站事故备用容量对于电力系统中备用容量十分重要。发电设备在运行过程中可能会产生故障，所以电力系统为了保证电网安全必须预留一定容量的事故备用电源。枯水期的水量调度导致库存水量、预留水量减少。

国内许多流域都已建成梯级水电站。随着龙头水库的建成运行，枯期各河流的径流量大大增加，下游供水的保证率相应提高，在枯水年也不需上游水库补给太多的水量，因此在对各流域主要水库进行水量调度时，只要调度适当，正常情况下不会破坏水电站的运行方式。调水完成后，为保证电网的安全运行，需要预留一部分库存水量作为电力系统事故备用容量。

通过以上分析可知，在枯水期进行的水量调度，与电力调度之间的关系不是不可协调的。在实际调度过程中，要做到“精确预报、早部署”，方案及时启动，才能够使电调与水调协调共赢。做好当年的水情预报，提高预报准确率，根据水情预报成果，及时判断是否需要启动主要水库进行水量调度，使各相关部门都留有充裕时间做好准备。启动之后需要结合最新的水情滚动预报，制定水量调度方案，采用“月计划、旬调度、周调整、日跟踪”的方式，不断滚动更新，细化优化水量调度实施方案。整个调度过程做到有序、合理、有效，协调多方利益，完成流域水资源合理配置、统一管理 。

4.2　电力生产流程中水库、电力协调调度措施

在电力生产流程水资源管理中，电调和水调之间关系十分复杂。通过分析可知，水库调度与电力调度之间的利益不是不可协调的，通过水利电力部门及相关企业的协调沟通，可以将水调、电调间的矛盾冲突减至最低，实现发电效益和各种供水效益共赢的目标。因此基于电力生产流程水资源管理水调与电调的关系，提出水库、电力协调调度措施：

(1) 充分准备，各单位多方协商，保证电网安全稳定运行。根据上游来水和区间水情预测，判断确实有必要实施水量调度的情况下，及时通知电力及发电部门，从而能够调整安排电站在调度期内的运行方式，做到有序供电。调度时段内，在考虑上游调节能力水库对下游的补偿作用时，应考虑电站后期启动机组事故备用的需要，预留适当库容，以保证电网的安全。此外，承担调峰的电站，在电网安全、来水条件允许情况下，应尽量保证机组的开机状态，减少连续不过流时间，以保证下游河道用水需求。

(2) 合理制定梯级电站发电供水优化调度方案。电网部门应积极开展相关科研，以做到对梯级电站进行实时精确的调度，完成负荷调整中梯级电站之间出力水量匹配，以达到减少弃水、提高水能利用率的目的。

(3) 按照水库调度需要，科学合理安排水电站机组检修时机。在枯水期进行水库调度，水库电站需加大下泄流量，若此时机组检修，有可能导致无益弃水，水能资源浪费，发电效率降低。电站相关部门需根据调节能力及水库调度的规则，科学、合理、有序地安排各电站机组检修时间。同时提高设备的检修维护管理水平，提高发电效率，延长检修周期，缩短检修时间。

(4) 提高水情预报精度，汛后水库及时回蓄。进行流域水库调度时，在提高水雨情预报精度、保证安全的前提下，各电站可局部调整原有发电调度规则，在保证防洪安全的前提下开展水库汛限水位动态控制方案的研究，尤其在枯水年份的汛末，在水情预测无后续较大来水时，允许水库适当超过上调度线，使电站在汛后准确及时地对最后一场洪水进行拦蓄，保证水库蓄水率，在枯水期向下游补水。

(5) 枯水年份，保证供水，必要时实施流域强制性节水措施。在来水较少的枯水年份，为保障供水质量，应采取必要的限制供水措施。首先保障生活基本用水，工业用水采用必要措施进行限制。通过季节水价调节等激励机制，在政策上促进节约用水。加快建设节水型社会，完善法律法规体系，将各地万元 GDP 用水量控制在一定范围内。

(6) 重视水库水量调度的立法工作。由于许多流域工程项目归属不同的政府部门管理，行业间、部门间存在着多元利益冲突和矛盾。必须健全流域水资源管理调度法律法规，规范用水行为，合理科学用水，明确各方相关主体的法律责任，最终实现流域水资源的统一管理。

第5章 梯级水库群中长期水位协同控制与数据挖掘研究

水电资源是公认的清洁可再生能源。随着我国十三大水电能源基地的逐步建设，以及“西电东送”大规模跨地区送电工程的稳步推进，水电在我国经济社会发展以及节能减排建设中发挥了巨大的作用。未来水电开发将呈现“海拔越来越高、地质条件越来越恶劣、开发难度越来越大、开发成本越来越高”等特点，因此充分利用已建梯级电站，实现科学合理调度，充分发挥已建电站的综合效益，成为当下的重点工作任务。目前来看，大型流域水电开发以“一个龙头水库+多个控制性水库+若干调节性能较差梯级电站”的开发模式为主。流域龙头水库与控制性水库一般具有库容大、调节能力强的特点，联合运行时往往能够实现整个流域的多年调节。因此，梯级水库联合优化调度已成为研究的热点问题，对提高水资源的利用效率，实现梯级水电站的综合效益，保障电力系统安全、稳定运行，确保水电基地功效的充分发挥具有十分重要的学术意义和实用价值。

5.1 梯级水库水位协同控制方式的提出

5.1.1 单库运行水位控制方式

以流域(一)下游河段为例，该河段水量大，落差较集中，河段全长 412km，落差为930m，水能资源富集，交通条件相对较好，输电距离不长，规划有“两库五级”五座电站，从上至下依次为JY 水库、JE 水库、G 水库、E 水库和Z 水库，总装机容量1470 万 kW，其中E 水电站已于2000 年全部建成投产，JY 水电站、JE 水电站、G 水电站、Z 水电站 4 个梯级电站于2015 年前完成投产发电，各电站主要参数见表5-1。

表5-1 流域(一)梯级各电站主要参数

下游梯级开发方案	控制面积/km^2	多年平均流量/($m^3 \cdot s^{-1}$)	正常蓄水位/m	死水位/m	调节库容/亿 m^3	调节性能	装机容量/万 kW
JY	102 560	1190	1880	1800	49.1	年	360
JE	102 600	1190	1646	1640	0.0496	日	480
G	110 120	1360	1330	1328	0.284	日	240
E	116 400	1650	1200	1155	33.7	季	330
Z	127 670	1890	1015	1012	0.146	日	60

1) JY 水库蓄水消落方案

该水电站是整个流域水能资源最富集的中、下游河段五级水电开发中的第一级。JY 水电站以发电为主，兼有防洪、拦沙等作用。水库正常蓄水位 1880m，总库容 77.6 亿 m^3，调节库容 49.1 亿 m^3，为年调节水库，电站装机容量 360 万 kW，设计装机年利用小时数 4616h，年发电量 166.20 亿 kW·h。JY 水库单库蓄水消落方案如下：

(1) 6 月：在满足电力系统需求的基础上，逐步蓄水，月底水位控制在 1830～1840m 附近。

(2) 7～8 月：为掌握洪水调度的主动权，减少闸门启闭次数，同时充分利用高水头，减少弃水增发电量，JY 水库水位宜控制在 1870～1875m，其中 7 月底水位控制在 1870m 附近，8 月底水位蓄至 1875m 附近。

(3) 9 月：视来水情况，准确把握蓄水时机，月底蓄至正常蓄水位 1880m。

(4) 10～11 月：依靠来水发电，以水定电，基本维持在正常蓄水位 1880m 运行。

(5) 12～次年 5 月：JY 水库水位逐步消落，12 月、1 月、2 月、3 月、4 月底水位分别控制在 1871m、1857m、1841m、1822m、1805m 附近，5 月底水位消落至 1800m，完成枯水期供水发电任务。

2) E 水库蓄水消落方案

E 水电站于 1998 年投产发电，2000 年全面竣工。E 水电站以发电为主，坝型为混凝土双曲拱坝，最大坝高 240m，装机容量 330 万 kW(55 万 kW×6)。水库正常蓄水位 1200m，对应库容 57.9 亿 m^3，调节库容 33.7 亿 m^3，属季调节水库，多年平均发电量为 168.84 亿 kW·h。根据已有的研究成果，E 水库单库运行的蓄水消落方案如下：

(1) 6 月：在完成发电计划的前提下，库水位逐渐上升，首次泄洪时水库水位控制在 1190m，以中孔泄洪为主，利于排沙，减少有效库容淤积，在未产生弃水情况下，6 月底水位应控制在 1180～1185m。

(2) 7～8 月：为掌握洪水调度的主动权，减少闸门启闭次数，E 水库水位控制在 1190.0～1197.0m，当入库流量小于 2000m^3/s 时，水位控制范围调整为 1190～1200m。

(3) 9 月：当 E 水库入库流量大于 3000m^3/s 时，库水位控制在 1194.0～1200.0m；当 E 水库入库流量小于 3000m^3/s 时，水位控制范围调整为 1197～1200m；原则上要求 9 月底水库水位蓄至 1200.0m，但在实施洪水调度时，可视来水情况，动态确定水库蓄满时机。

(4) 10～11 月：确保 10 月底库水位蓄至正常高水位 1200.0m，并尽量保持在 1200.0m 高水位运行，11 月份充分利用高水头发电，以水定电。

(5) 12～次年 5 月：E 水库水位逐步消落，12 月、1 月、2 月、3 月、4 月底水位分别控制在 1198m、1191m、1182 m、1170 m、1161m 附近，5 月中旬水位消落至 1155m，完成枯水期供水发电任务。

5.1.2　梯级水库水位协同控制方式的提出

E 水库单库运行已有十余年历史，具有年调节能力的 JY 水库建成后，与 E 水库联合运行，总调节库容达 82.8 亿 m^3，综合库容系数 13.7%，水量调节能力大大提高，原有的梯级电站单库运行方式将不再适用。如图 5-1 所示，单库运行方案下，JY 水库与 E 水库呈现“同步蓄水，同步消落”的特点，势必不是最优的调度方式，梯级水库的综合效益有待进一步挖掘与发挥。以 6 月份为例，JY 水库 5 月底消落至死水位 1800m，6 月份蓄水并将月底水位控制在 1830～1840m；E 水库 5 月底消落至死水位 1155m，6 月份蓄水，月底水位保持在 1180～1185m。由此可见，两库 6 月份均需要大量蓄水，JY 水库蓄水 30～40m，蓄水量达到 14.7 亿～20.6 亿 m^3，转化为月平均流量为 567～763m^3/s；E 水库蓄水 25～30m，蓄水量达到 15.9 亿～20.4 亿 m^3，转化为月平均流量为 613～787m^3/s；梯级两库总蓄水流量将达 1180～1580m^3/s。根据流域多年历史径流来看，6 月份 50% 频率下的来水流量约为 1647.1m^3/s，据此推算，6 月份可供 E 水库发电流量不到 500m^3/s，对应的电站出力仅为 621MW，可见该方案运行无法满足梯级电站保证出力，严重影响梯级电站效益的发挥。

为充分发挥梯级电站的综合效益，势必要研究流域(一)梯级电站的联合优化运行方式，而枯水期消落运行方式是梯级水库联合运行中的重要课题。根据以上简要分析可以看出，随着 JY 水库的建成投产，原有的单库运行最低运行水位(JY 水库 1800m，E 水库 1155m，图 5-1)和蓄水起始时间(6 月初)将对梯级水库联合运行效益的发挥不利。为打破既有的“同步蓄水，同步消落”调度方式，谋取更大的综合效益，尝试从“适当消落、错时蓄水”的角度出发，探讨有调节能力的 JY 水库、E 水库的枯水期优化消落深度及蓄水时机两个关键性问题，并以此为基础得到流域(一)下游梯级水库联合运行水库水位协同控制方式。

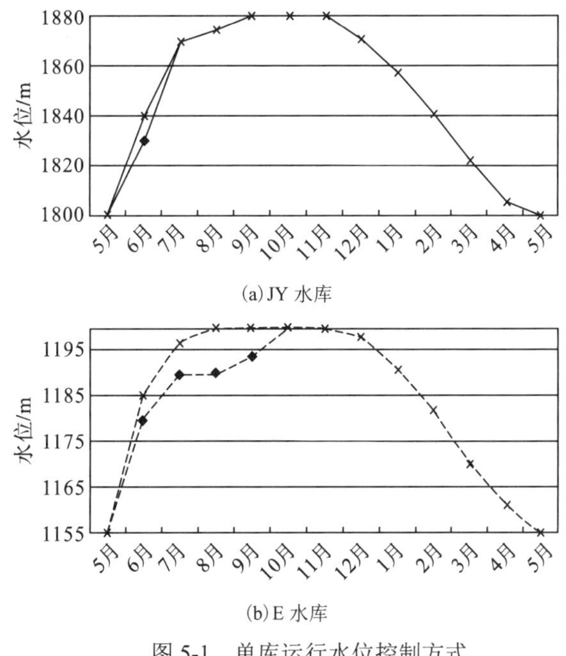

图 5-1　单库运行水位控制方式

5.2　水位协同控制方式分析方法

梯级水库水位协同控制的目的是找出梯级各库以月或旬为时段的水位控制方案，该方案必须考虑梯级上下游间的水量水力补偿作用，本质上是中长期水库优化调度问题。水库优化调度是一种过程优化，需要使调度期内的整体目标最大化，可用逐步优化算法(POA)将其分解为具有多状态变量的多阶段决策问题进行求解。如图 5-2 所示，逐步优化算法的原理就是在现有的水位过程基础上，考虑各时段的水位变化，以求找出满足各约束条件的目标函数值及各决策变量值，如发电效益、各时段水位等。具体而言，先从第一个变量值开始，在其上下一定范围内的可行域进行寻优，如果找到更优的变量值，则用优化的变量值替换当前时段变量值，否则保持当前时段变量值不变。再进行下一个变量值的寻优计算，如此循环，直到邻近两次计算的目标值满足一个足够小的范围或者循环达到最大的计算次数。

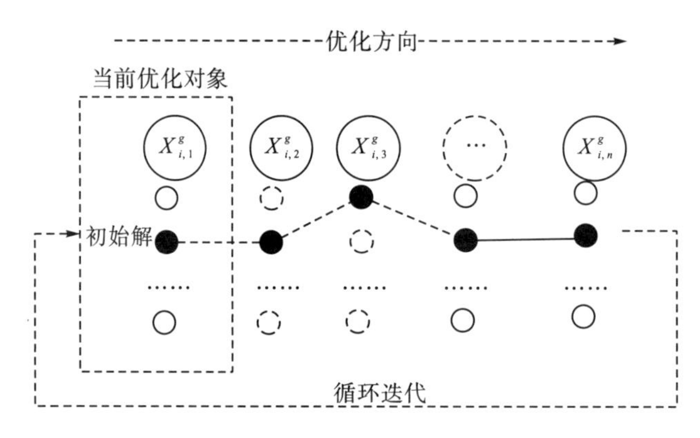

图 5-2　POA 优化计算示意图

传统年度水库蓄水消落方案制作中，采用各频率下的典型年径流资料，人为设置最低运行水位为死水位，蓄水时机为 6 月初作为限制条件，通过中长期优化调度程序计算得到的优化运行方式作为蓄水消落方案，但在考虑流域(一)下游梯级 JY 水库、E 水库的联合调度能够达到年调节能力时，梯级两库均在 5 月底消落至死水位势必不是最佳的消落运行方案。在参考 POA 依据初始轨迹在其附近变动寻优的思想基础上，提出了一种二重逐步优化分析方法，用于探求最低运行水位及优化蓄水起始时间，主要计算流程如图 5-3 所示，第一重优化是在传统限制条件下求解中长期优化调度模型得到蓄水消落方案，此方案下 JY 水库、E 水库均在 5 月底消落至设计最低运行水位(死水位)；第二重优化是将第一重优化计算得到的蓄水消落方案水位过程作为逐步优化计算的初始轨迹，取消 5 月底消落至最低运行水位的限制，动态寻找最低运行水位与蓄水起始时间。

径流是影响梯级电站运行的最主要因素，不同的径流量及不同的水量年内分配过程均会对梯级水库的水位控制方式产生影响。因此，本章根据长系列径流资料，经频率计算得到了丰水年(25%)、平水年(50%)、枯水年(75%)和特枯年(95%)四类典型年的径流过程，以探求不同年径流量下梯级水库的最低运行水位和优化蓄水起始时间。同时，为了验证相同年径流量下不同径流过程的影响，将四类典型年分别分配至七个不同的径流过程，综合探讨各来水频率下的优化消落深度和蓄水起始时间。

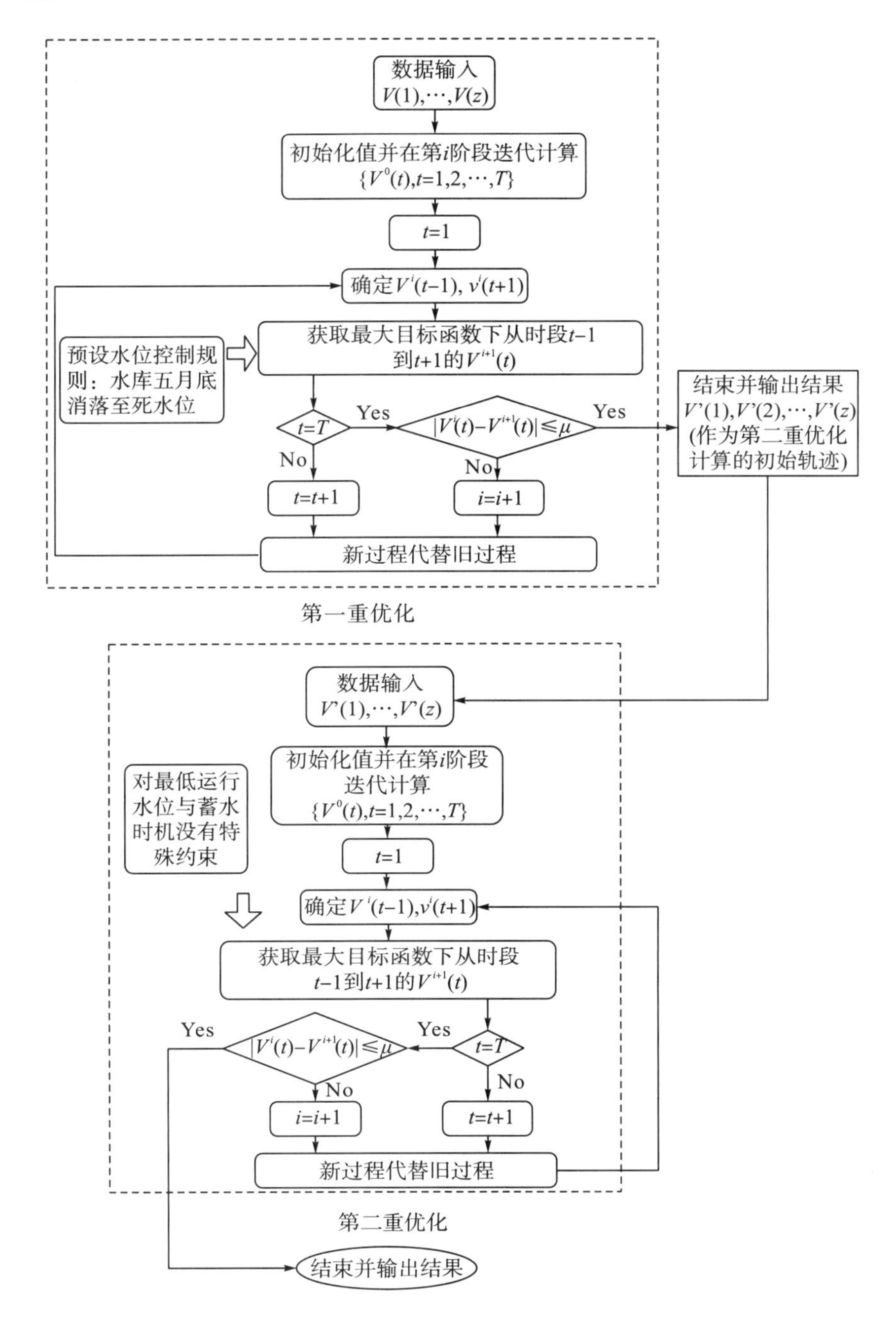

图 5-3　二重逐步优化分析方法流程图

通过如下五个步骤展开：①建立流域(一)下游梯级的中长期优化调度模型，综合考虑水位、保证出力、电价等各项约束条件；②整理和分析流域(一)下游梯级水库的长系列径流资料及相关区间径流，获取不同典型年径流量并将其分配至不同的年内径流过程；③第一重逐步优化算法求解，满足保证出力的等出力运行方案为优化计算的初始轨迹，各库最低运行水位为死水位，优化蓄水起始时间为 6 月初，得到传统约束下的梯级水库水位控制方案；④第二重逐步优化算法求解，传统约束下的梯级水库蓄水消落方案为初始轨迹，取消最低运行水位、优化蓄水时间限制，得到各典型年下的梯级蓄水消落方案；⑤总结分析最低运行水位及优化蓄水起始时间规律，并以此为基础探索梯级水库联合运行的水库水位控制方式，为流域(一)下游梯级水库群联合运行提供理论依据和科学指导。

5.3 中长期协同调度模型及求解

5.3.1 目标函数

流域(一)下游梯级水库以发电为主，故以时段末水库水位为决策变量，建立综合考虑梯级保证出力要求的梯级发电效益最大化的多目标优化调度模型。该模型能使枯水期各电站均能满足电网保证出力需求，有利于电网的安全稳定运行。选择优化目标如下：

目标一：梯级电站年发电效益尽可能大。

$$E = \max \sum_{i=1}^{n} \sum_{t=1}^{T} (N_{i,t} \cdot M_t \cdot P_{i,t}),\ \ N_{i,t} = A_i \cdot Q_{i,t} \cdot H_{i,t} \tag{5-1}$$

式中，E 为梯级电站全时段发电效益总额(元)；A_i 为第 i 个电站的出力系数；$Q_{i,t}$ 为第 i 个电站第 t 时段的发电流量(m^3/s)；$H_{i,t}$ 为第 i 个电站第 t 个时段的平均发电水头(m)；M_t 为第 t 时段的小时数；$P_{i,t}$ 为第 i 个电站第 t 时段的电价(元/kW·h)。

目标二：当电站某时段不能满足保证出力时，该电站该时段的出力与其保证出力的差值尽可能小。

$$\Delta N = \min \sum_{i=1}^{n} \sum_{t=1}^{T} [\varphi \cdot (N_{i,t} - N_{i,t(保)})] \tag{5-2}$$

式中，ΔN 为实际出力与保证出力的差值(MW)；$N_{i,t}$ 为第 i 个电站第 t 时段的出力(MW)；$N_{i,t(保)}$ 为第 i 个电站第 t 时段的保证出力(MW)；φ 为保证出力控制系数，取值规则为

$$\varphi = \begin{cases} 0, & N_{i,t} \geqslant N_{i,t(保)} \\ -1, & 其他 \end{cases} \tag{5-3}$$

5.3.2 约束条件

1) 水量平衡约束

$$V_{i,t+1} = V_{i,t} + (q_{i,t} - Q_{i,t} - S_{i,t})\Delta t \tag{5-4}$$

式中，$V_{i,t+1}$ 为第 t 时间段末第 i 个水电站的蓄水量(m^3)；$V_{i,t}$ 为第 t 时段初第 i 个水电站蓄水量(m^3)；$q_{i,t}$ 为第 t 时间段第 i 个水电站的入库流量(m^3/s)；$Q_{i,t}$ 为第 t 时间段第 i 个水电站的发电流量(m^3/s)；$S_{i,t}$ 为第 t 时间段第 i 个水电站的弃水流量(m^3/s)；Δt 为计算时段长度(s)。

2) 流量平衡约束

$$q_{i+1,t} = q_{i,t} + q'_{i,t} \tag{5-5}$$

式中，$q'_{i,t}$ 为第 i 库与第 i+1 库第 t 时段区间入库流量(m^3/s)；其他符号意义同前。

3)水库蓄水量约束

$$V_{i,t}^{\min} \leqslant V_{i,t} \leqslant V_{i,t}^{\max} \tag{5-6}$$

式中，$V_{i,t}^{\min}$ 为时段 t 第 i 个水电站最小蓄水量(m^3)；$V_{i,t}$ 为第 t 时段第 i 个水电站的蓄水量(m^3)；$V_{i,t}^{\max}$ 为时段 t 第 i 个水电站最大蓄水量(m^3)。水库蓄水量约束的本质就是水库逐月水位约束，根据水位库容关系曲线可以实现水位与蓄水量的转换，逐月最大、最小蓄水量(最高、最低水位)需要考虑发电、防洪、机组检修、冲砂调度等需求综合确定。

4)水库下泄流量约束

$$Q_{i,t}^{\min} \leqslant Q_{i,t} \leqslant Q_{i,t}^{\max} \tag{5-7}$$

式中，$Q_{i,t}^{\min}$、$Q_{i,t}^{\max}$ 分别为第 i 个电站在时段 t 的下泄流量的最小值、最大值(m^3/s)，由电站的综合利用要求、下游河段的生态、航运需水要求、电站机组过流能力或大坝泄流能力等综合确定；其他符号意义同前。

5)电站出力约束

$$P_{i,t}^{\min} \leqslant A_{i,t} \cdot Q_{i,t} \cdot H_{i,t} \leqslant P_{i,t}^{\max} \tag{5-8}$$

式中，$P_{i,t}^{\min}$、$P_{i,t}^{\max}$ 分别为第 i 个电站在时段 t 的出力的最小值、最大值(MW)，由电站机组动力特性、电网运行要求、电力市场因素及机组预想出力等综合确定；其他符号意义同前。

6)调度期初末水位约束

$$Z_{i,0}=Z_i^B,\ Z_{i,T-1}=Z_i^E \tag{5-9}$$

式中，$Z_{i,0}$、$Z_{i,T-1}$ 分别为电站 i 在调度期初末的水位(m)；Z_i^B 为电站 i 在调度期初的起调水位(m)；Z_i^E 为电站 i 在调度期末的目标水位(m)。

7)非负约束

以上变量为非负值($\geqslant 0$)。

5.3.3　模型求解算法

1. 目标函数处理

本节建立了兼顾保证出力的发电效益最大化模型，是一个多目标优化问题。传统的优化算法如线性规划、非线性规划、动态规划及其衍生算法、智能算法等，均不能直接应用于计算梯级水电站的多目标优化调度问题。为此，研究人员进行了大量的研究与探索，提出了很多适用于水库调度的多目标计算方案，从已有研究成果来看，根据对模型目标函数处理方式的不同，主要分为两类：

(1)引入 Pareto 和支配关系的理论，运用多目标智能算法实现模型求解。在多目标优化中，由于同时优化的多个子目标之间相互冲突，以多个目标的最大化问题为例，其中一个目标的计算结果的增加必然会减少其他至少一个子目标函数值。因此，多目标优化问题不存在绝对或者唯一的最优解，通常寻优过程是寻找一组均衡考虑多个目标优化结果的均衡解，叫作 Pareto 最优解(Pareto optimal solution)，其由意大利经济学家 Vilfredo Pareto 于 1896 年提出，其定义如下：

对于一个给定的多目标优化计算 $\min f(X)$，当 X^* 是其 Pareto 最优解时，必须满足如下条件：

$$\bigwedge_{i\in I}\left(f_i(X)=f_i(X^*)\right) \tag{5-10}$$

且至少存在一个 $i\in I, I=\{1,2,\cdots,r\}$，使得

$$f_i(X)>f_i(X^*) \tag{5-11}$$

从该定义可以看出，存在多个满足上述判别条件的解，因此成为最优解集，用 $\{X^*\}$ 表示。对于给定的多目标优化计算问题 $\min f(X)$，其最优解集可定义为

$$P^*=\{X^*\}=\left\{X\in\Omega \middle| \neg\exists X'\in\Omega, f_j(X')\leqslant f_j(X),(j=1,2,\cdots,r)\right\} \tag{5-12}$$

随着智能优化理论的兴起与发展，大量结合 Pareto 和支配理论的多目标智能算法被众多学者研究与提出，包括多目标进化算法(multi-objective evolutionary algorithm，MOEA)、多目标遗传算法(multi-objective genetic algorithm，MOGA)、多目标差分进化算法(multi-objective differential evolution，MODE)等。在算法寻优过程中，进化群体中的当前最优个体称为非支配解，或非劣解，所有非支配解的集合成为当前进化群里的非支配集合。多目标进化算法的寻优过程就是不断进行进化搜索并更新非支配解集，使其逼近 Pareto 真实前沿，最终达到最优。

(2)通过设定目标的权重、构造惩罚函数等手段，将多目标优化转化为单目标问题求解。通过设定各目标的权重，将多目标问题转化为单一目标优化问题是一种常见的方法，但该方法需要通过人为设定各目标的权重，因此主观因素影响计算结果，通常误差较大。构造惩罚函数通过引入确定或变动的惩罚系数，将目标函数值转化为一个与主要目标函数相悖的函数值，从而达到计算寻优的目的。利用“惩罚函数”的性质，可将一个带多个约束的复杂优化问题转化为一系列或者一个无约束或者简单约束的问题求解。

通过设置“惩罚函数”方法将梯级各电站保证出力目标函数以约束条件实现。计算过程中，计算得到某电站某时段的出力值 $N_{i,t}$，判断是否满足该电站该时段保证出力要求，若满足，则直接通过该出力值计算得到发电量及发电效益值；若小于保证出力，则采用“惩罚函数”的方式处理：

$$f(n)=\alpha\times(N_{i,t}-N_{i,t(保)}) \tag{5-13}$$

式中，$f(n)$ 为“惩罚”后的出力值；α 是惩罚系数，本次研究取值为 10 000；$N_{i,t(保)}$ 为第 i 个电站第 t 时段的保证出力。

采用“被惩罚”后的出力值，计算得到的出力、发电量和发电效益会是一个负值，这样就降低了梯级发电量和发电效益值，且 $N_{i,t}$ 比保证出力小越多，则对发电量和发电效益的惩罚越大，在寻优过程中就会将其舍弃，这样就实现了保证出力目标函数。

2. 逐步优化算法

逐步优化算法(POA)主要用于求解多状态动态规划问题，是由加拿大学者 H.R.Howson 和 N.G.F.Sancho 提出的。POA 算法假定，最优路线有以下特点：每个决策集对比它的终止值和初始值是最优的。POA 算法是将多阶段问题依据时间或状态变化等转化为很多个两阶段问题进行求解，当对某个两阶段的决策变量优化计算时，其他阶段变量不变；当前阶段计算完成后，逐个考虑下一个两阶段问题，将上次问题计算结果作为下次寻优计算的初始过程，重复前述过程直至算法收敛或达到设定的循环次数。

以流域(一)JY 水库-E 水库“两库五级”为例，计算流程如图 5-4 所示，具体计算步骤如下：

取调度期为 1 年，月为单位时段，梯级水电站数为 N，水电站序号为 i，$1 \leqslant i \leqslant N$。取两大水库各时刻水位 $Z_{i,t}$ 为状态变量，决策变量为各水电站引用发电流量 $Q_{i,t}$，假定 $i=a$、$i=b$ 为两个调节水库。

(1) 确定初始轨迹。逐步优化算法受初始轨迹的影响较大，故采用满足保证出力的梯级电站初始水位作为优化计算初始轨迹。本节采用分段搜索步长方式，前 20 000 次寻优选择步长为 0.37m，后 10 000 次寻优步长选取 0.01m。

(2) 从上游第 a(即 $i=a$) 个调节水库开始计算，固定第 0 时刻和第 2 时刻的水位 $Z_{a,0}$ 和 $Z_{a,2}$，调整第 1 时刻水位 $Z_{a,1}$ (依次取水位减 1 步长、原水位和水位加 1 步长三种状态)，计算求出该状态变量下第 0 和第 1 两时段的电站出力、发电量和发电收益，并求出决策变量 $Q_{a,0}$、$Q_{a,1}$，进入步骤(3)。当该水库第 1 时刻水位的三种状态依次遍历完后，进入步骤(6)。

(3) 水库 a、b 中间的各电站当作无调节能力径流式电站处理，利用紧邻上游电站的决策变量计算求出目标电站第 0 和第 1 两时段的出力、发电量和发电效益，并求出决策变量 $Q_{i,0}$、$Q_{i,1}$，同时累计第 0 和第 1 时段的梯级出力、发电量和发电收益。依次计算直到 $i=b$ 进入步骤(4)。

(4) 固定 $i=b$ 调节水库第 0 时刻和第 2 时刻的水位 $Z_{b,0}$ 和 $Z_{b,2}$，调整第 1 时刻水位 $Z_{b,1}$(依次取水位减 1 步长、原水位和水位加 1 步长三种状态)，计算求出该状态变量下第 0 和第 1 两时段的电站出力、发电量和发电收益，且累加出梯级电站总出力、发电量和发电收益，并求出决策变量 $Q_{b,0}$、$Q_{b,1}$，当该水库第 1 时刻水位的三种状态依次遍历完后，进入步骤(5)。

(5) 计算水库 b 下游电站动能经济指标，采用如步骤(3)所示的径流式电站处理方式，计算得到决策变量 $Q_{i,0}$、$Q_{i,1}$。

(6) 统计两个时段的梯级出力、发电量和发电效益等数据，根据发电效益最大化原则，选择各电站的决策变量。

(7) 由以上步骤得到调节水库优化水位 $Z'_{i,1}$ ($i=a$、b) 和决策变量 $Q'_{i,1}$ ($i=a$、b)。转入紧邻后一时刻的计算，即保持第 1 和第 3 时刻的水位不变，再次进行前述过程，计算到调度期末结束，从而得到满足各项约束条件的电站运行方案，如水位过程、流量过程以及统计的电量效益等。

(8) 以前次求得的各水库过程线为初始轨迹，重新回到步骤(1)，直到相邻两次迭代求得的目标函数值增量达到预先指定的精度要求或者循环次数达到一定的次数 N_x，本节研

究中 N_x=30 000。

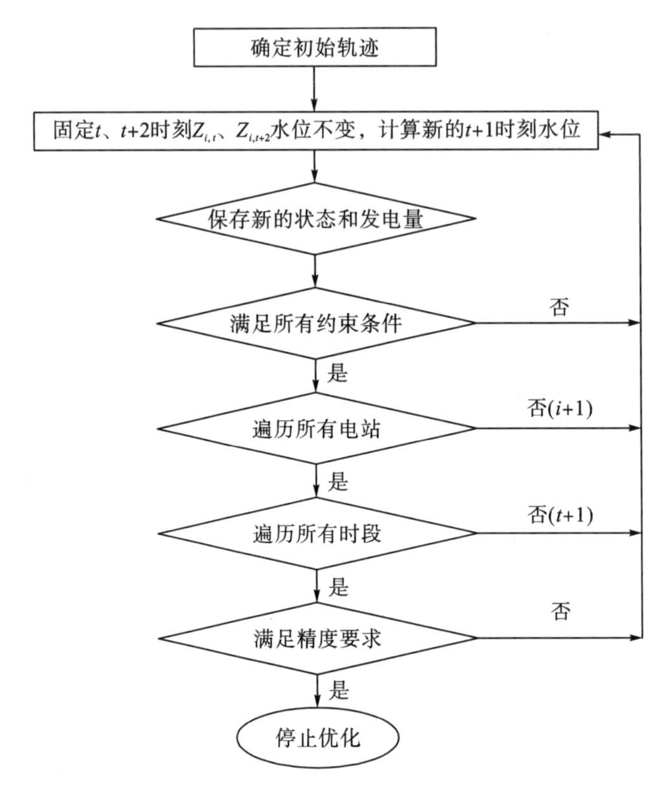

图 5-4　基于 POA 的优化算法流程图

5.4　梯级水库水位协同控制方式

5.4.1　计算时段的选择

以月为时段的蓄水消落方案不具有足够的可操作性，同时分期过短会使偶然性增大，不易控制，故研究选取以旬为计算时段。此外，计算周期的选择也是本节蓄水消落问题研究的关键步骤。传统的中长期调度模型以日历年或水利年为计算周期并不适合本节的研究，因为逐步优化算法的求解需要给定计算周期的初末水位，且为一固定值，而研究蓄水消落问题时，日历年初末（1 月初、12 月末）或水利年初末（5 月底、6 月初）的水位是无法事先预知的，因此不能人为地限定其水位。考虑到流域（一）下游梯级水库运行时将汛末（10 月底）蓄满至正常蓄水位作为一个水库运行目标，因此本节选取的计算周期为 11 月上旬至次年 10 月下旬，并在计算求解中固定水库在计算周期的初末水位为正常蓄水位。

5.4.2　径流分析

JY 坝址入库基本具有 1953～2011 年共 59 年的历史径流资料，长系列多年平均流量为 1227m^3/s，系列中涵盖了丰水年段、枯水年段，且丰、平、枯水年相间出现，系列代表性强，可以认为通过对长系列年径流量数据进行频率计算得到的典型年年径流量具有足够的代表性。JY 坝址 1953～2011 年的流量过程如图 5-5 所示。

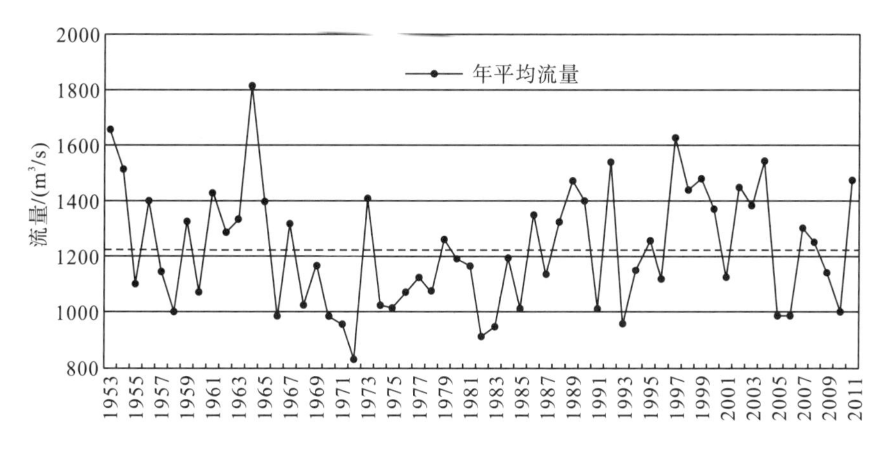

图 5-5　JY 坝址年平均流量过程

采用经验频率计算方法，对 JY 电站坝址年径流量进行频率计算，得到 JY 电站坝址丰水年(25%)、平水年(50%)、枯水年(75%)和特枯年(95%)对应的年径流量值分别为 436 亿 m³、369 亿 m³、323 亿 m³和 302 亿 m³，对应的年份分别是 2003 年 11 月～2004 年 10 月、1969 年 11 月～1970 年 10 月、1968 年 11 月～1969 年 10 月和 1993 年 11 月～1994 年 10 月。根据同倍比原则，将各频率总水量缩放至不同的年内分配过程，如表 5-2 所示。

表 5-2　流域(一)下游径流典型年选择

典型年	年平均流量/(m³/s)	实际年份	分配后的典型年份
丰水年(25%)	1382	2003	1973、1965、1990、2003、2000、1986、1963
平水年(50%)	1170	1969	2008、1984、1980、1969、1981、1994、2009
枯水年(75%)	1024	1968	1978、1976、1974、1968、1975、1991、1985
特枯年(95%)	957	1993	1970、2006、1966、1993、1971、1983、1982

注：各年份均指该年 11 月上旬至次年 10 月下旬，下同。

5.4.3　优化消落深度及蓄水时机分析

根据以上分析得到各典型年的多个径流过程，采用 5.3 节中的中长期协同优化调度模型，求解并分析得到各典型年的优化消落深度及最优蓄水时机。限于篇幅，本节以枯水年各典型过程为例，详细阐述枯水年不同来水过程下梯级水库协同控制优化消落深度及蓄水时机的分析过程。

1. 单库运行方式下的逐步优化求解

根据第一重逐步优化计算的约束条件，以梯级水库等出力运行水位过程为初始调度线，通过模型求解得到枯水年各典型过程下 JY 水库和 E 水库的水位过程。由于水库运行的最低水位和优化蓄水起始时间一般出现在5月、6月、7月，故仅列出该时段的水库水位及梯级发电效益，如表5-3所示。

表5-3 第一重优化求解流域(一)下游梯级水库水位

年份	效益/亿元	水库	5月上旬水位/m	5月中旬水位/m	5月下旬水位/m	6月上旬水位/m	6月中旬水位/m	6月下旬水位/m	7月上旬水位/m	7月中旬水位/m	7月下旬水位/m
1978	191.53	JY	1800	1800	1800	1800	1801.5	1813.4	1826.8	1828.8	1828.5
		E	1168.3	1166.8	1155	1155	1158.9	1157.6	1164.4	1175.2	1190
1976	193.06	JY	1802.9	1803.9	1800	1805.2	1817	1827.5	1827.4	1822.7	1835.8
		E	1163	1160.5	1155	1155	1155	1162.2	1174.6	1190	1190
1974	194.86	JY	1804.5	1800	1800	1800	1803	1807.8	1815.3	1829.9	1836.9
		E	1164.1	1165.3	1155	1155	1155	1166.1	1182.7	1190	1190
1968	188.01	JY	1800	1800	1800	1800	1801.8	1808.2	1823.6	1834.1	1840.8
		E	1163.7	1159.8	1155	1155	1155.3	1155	1169.5	1186.4	1190
1975	190.75	JY	1800	1800	1800	1800	1800	1800	1820	1840	1854.7
		E	1165.4	1162.5	1155	1155	1159.7	1175.8	1190	1190	1190
1991	197.07	JY	1807.3	1804.1	1800	1801.9	1800	1800.6	1819.1	1833.8	1848.8
		E	1162.7	1162.3	1155	1155.2	1155	1161	1177.9	1190	1190
1985	191.36	JY	1800	1801	1800	1800	1800	1805.5	1812.5	1830	1835.3
		E	1164.5	1163.8	1155	1155	1159.3	1165.5	1167.7	1174.2	1184.9

2. 第二重逐步优化求解

以第一重逐步优化计算得到的梯级水库运行水位过程为初始调度线，在动态控制水库最低运行水位和蓄水起始时间条件下，通过模型求解得到枯水年各典型过程下JY水库和E水库的水位，如表5-4所示。

表5-4 第二重优化求解流域(一)下游梯级水库水位

年份	效益/亿元	水库	5月上旬水位/m	5月中旬水位/m	5月下旬水位/m	6月上旬水位/m	6月中旬水位/m	6月下旬水位/m	7月上旬水位/m	7月中旬水位/m	7月下旬水位/m
1978	200.87	JY	1807.2	1803	1800	1800	1800.2	1810.9	1830.3	1837.7	1841.2
		E	1187.6	1176.9	1157.5	1155.2	1161.2	1172.8	1184.3	1180.6	1184.5
1976	203.99	JY	1810	1813.1	1815	1824.4	1838.9	1845.8	1842.2	1841.6	1851.7
		E	1180.3	1181.7	1168.9	1171.5	1169.4	1168.3	1173.6	1177.4	1185
1974	205.74	JY	1817.1	1807.2	1800.4	1800	1812.6	1827.7	1835	1846.4	1853.5
		E	1177.8	1176.2	1160.1	1163.3	1168.5	1163.9	1169.7	1178.2	1186.7
1968	197.10	JY	1815.9	1809	1800	1800	1800.5	1807.3	1823.8	1832.2	1836.7
		E	1184.7	1177.5	1158.1	1155.4	1161.4	1171.7	1174.5	1182.6	1188.9
1975	200.36	JY	1800	1800	1803.4	1807.8	1800	1800	1820	1840	1853.1
		E	1186.6	1182.1	1164.1	1168.7	1169.3	1174.9	1189.3	1190	1186.8
1991	206.70	JY	1822.1	1817.4	1813.7	1817.9	1816.7	1820.2	1834.8	1846.9	1859
		E	1183.4	1187.9	1174.1	1179.9	1172.1	1166.1	1173.5	1181.7	1190
1985	199.81	JY	1812.1	1810.3	1804.9	1800	1800	1804.2	1810	1816.5	1826.2
		E	1179.3	1182	1168	1171.6	1176.1	1186.8	1183.1	1186.9	1184

计算结果表明：JY 水库枯水年运行优化消落深度多为 80m，部分典型年消落深度为 70m 和 67m，E 水库枯水年优化消落深度分别为 44.8m、32m、40m、45m、36m、34m 和 32m，可见丰水年 E 水库的优化消落深度为 45～32m，相比常规消落深度 45m 减少了 0～13m；即使来水总量相同，不同的年内分配过程对 E 水库的优化消落深度有一定的影响，总体来看对 JY 水库消落深度影响不大。JY 水库水位变化过程表明：各典型年 JY 水库的蓄水时机分别是 6 月下旬、5 月中旬、6 月中旬、6 月下旬、7 月上旬、6 月上旬和 6 月下旬，E 水库优化蓄水时机为 6 月中旬、7 月上旬、5 月下旬、6 月上旬、5 月下旬、6 月下旬和 5 月下旬。总体来看，E 水库先蓄水，优化蓄水时机为 6 月上旬至 7 月上旬；JY 水库后蓄水，优化蓄水时机为 6 月中旬之后。部分典型年过程下，JY 水库消落深度减小，同时蓄水时间先于 E 水库，此时也能取得较大的发电效益。

实际调度过程中，给出优化消落深度的范围不具有足够可操作性，故选取各优化消落深度的均值 77m 和 38m 作为推荐消落深度。就蓄水时机而言，E 水库优先蓄水，优化蓄水起始时间平均为 6 月中旬；JY 水库后蓄水，优化蓄水起始时间约为 6 月下旬。

对比分析两次优化计算结果，如表 5-5 所示，容易看出第二重优化计算是对第一重优化计算结果的更优化计算，是对常规水位控制规则下优化水位控制方式的优化计算。计算的各年份的梯级效益均能提高 10 亿元左右，可见传统的 5 月底消落至最低运行水位(死水位)并不是梯级电站协同控制的最佳方案，同时也说明了该二重逐步优化计算方法能有效得到优化的蓄水消落方案，确定优化消落深度及优化蓄水时机。

表 5-5　枯水年梯级水库两重优化计算对比

年份	第二重优化效益提升额/亿元	优化消落深度/m		优化蓄水时机	
		JY 水库	E 水库	JY 水库	E 水库
1978	9.34	80	44.8	6 月下旬	6 月中旬
1976	10.93	70	31.7	5 月中旬	7 月上旬
1974	10.88	80	39.9	6 月中旬	5 月下旬
1968	9.09	80	44.6	6 月下旬	6 月上旬
1975	9.61	80	35.9	7 月上旬	5 月下旬
1991	9.63	67	33.9	6 月上旬	6 月下旬
1985	8.45	80	32	6 月下旬	5 月下旬

其余平水年、枯水年和特枯年各典型年的消落深度及优化蓄水时机均可用该二重逐步优化计算方法求得，如表 5-6 所示。

表 5-6　典型年梯级水库优化消落深度与优化蓄水起始时间

典型年	优化消落深度/m		蓄水起始时间	
	JY 水库	E 水库	JY 水库	E 水库
丰水年	80	37	6 月下旬	6 月上旬
平水年	79	39	7 月上旬	6 月下旬
枯水年	77	38	6 月下旬	6 月中旬
特枯年	76	38	6 月中旬	6 月上旬

JY 水库优化消落深度较传统方案下消落深度(消落至死水位)减少幅度较小，约在总水位变幅的 5%之内，且呈现来水量越大，提高幅度越小的特点；E 水库消落深度减少幅度较明显，占总水位变幅的 13%～17%。就蓄水起始时机而言，传统方案下，两库的起蓄时间为 6 月初，而联合运行时，两库蓄水起始时间总体来看均有推迟。JY 水库优化蓄水起始时间为 6 月中旬至 7 月上旬之间，而 E 水库的蓄水时间较 JY 水库蓄水起始时间提前 10d 左右，且来水量越大，提前的时间越多，因为来水量较大时，JY 水库有足够的来水量使其在更短时间内蓄满水库，故将其在低水位运行有利于减少弃水，提高水资源利用效率，增加发电量，且提早蓄水的话有可能加大汛期弃水，风险较大。

梯级水库联合运行不同于单库优化运行。在追求整体效益最大化的过程中，由于水库补偿调节作用的存在，上下游水库的运行方式会相互影响。比如，上游水位确定后，下游水库水位下降有利于增加发电流量、提高发电效益；倘若下游水库一定程度上蓄水提高水位，则可以提高发电水头，提高水能利用效率，有利于后时段的发电，也能提高发电效益，此时应视实际来水过程而定，可以认为，理论上的水位协同控制方式只针对特定的来水过程最优控制。但总体来看，通过本节的分析可以得到以下梯级水库联合运行时的水位控制规律：

(1)梯级水库联合运行时，水库的优化消落深度对应的最低运行水位一般不是死水位，因为联合运行的梯级水库调节能力大大提高，提高最低运行水位能有效提高水能资源利用效率，提升梯级电站整体效益。

(2)就优化消落深度减少幅度而言，下游水库消落深度减少幅度大于上游水库，因为上游水库运行时水位控制较低，增加了发电流量，这部分发电流量流经下游以较高水头运行的水库，水能利用效率显著提高，能有效提升梯级整体发电效益。

(3)总体来看，下游水库较上游水库优先蓄水，此举同样可以提高下游电站的运行水头，提高水能资源利用效率，对梯级整体效益有利。

5.4.4　梯级水库水位协同控制方式

根据以上分析，即使年径流量相同，不同的径流过程对梯级水库最低运行水位及蓄水起始时间均有较大影响。但在实际调度工作中，年径流量和径流过程均无法准确预测，此时就需要一个考虑各种因素影响的平均水位控制方案来指导梯级水库运行。本小节研究考虑结合各典型年的水库优化消落深度及蓄水起始时间，将其作为模型新的约束条件，对各典型年径流资料进行模拟计算，将最后取均值得到的运行过程作为流域(一)下游梯级水库水位控制方案，如图 5-6 所示。

图 5-6 表明：E 水库在枯水期前半段时间在高水位运行，这样能在满足保证出力条件下，有效提高其发电水头，提高水能利用效率，提高发电量，且 E 水库较 JY 水库先蓄满，这也有利于提高梯级电站发电量；受到电价政策的影响，E 电站各月上网电价均不相同，且 2 月份、4 月份电价较高，如表 5-7 所示，因此 E 水库 2 月下旬、4 月下旬出现集中消落现象，这对于提高电站的发电效益是有利的；总体来看 JY 水库平水期 11 月份水位维持较高，因为此时来水较大，进入枯水期后，JY 水库大致均匀消落至最低运行水位。

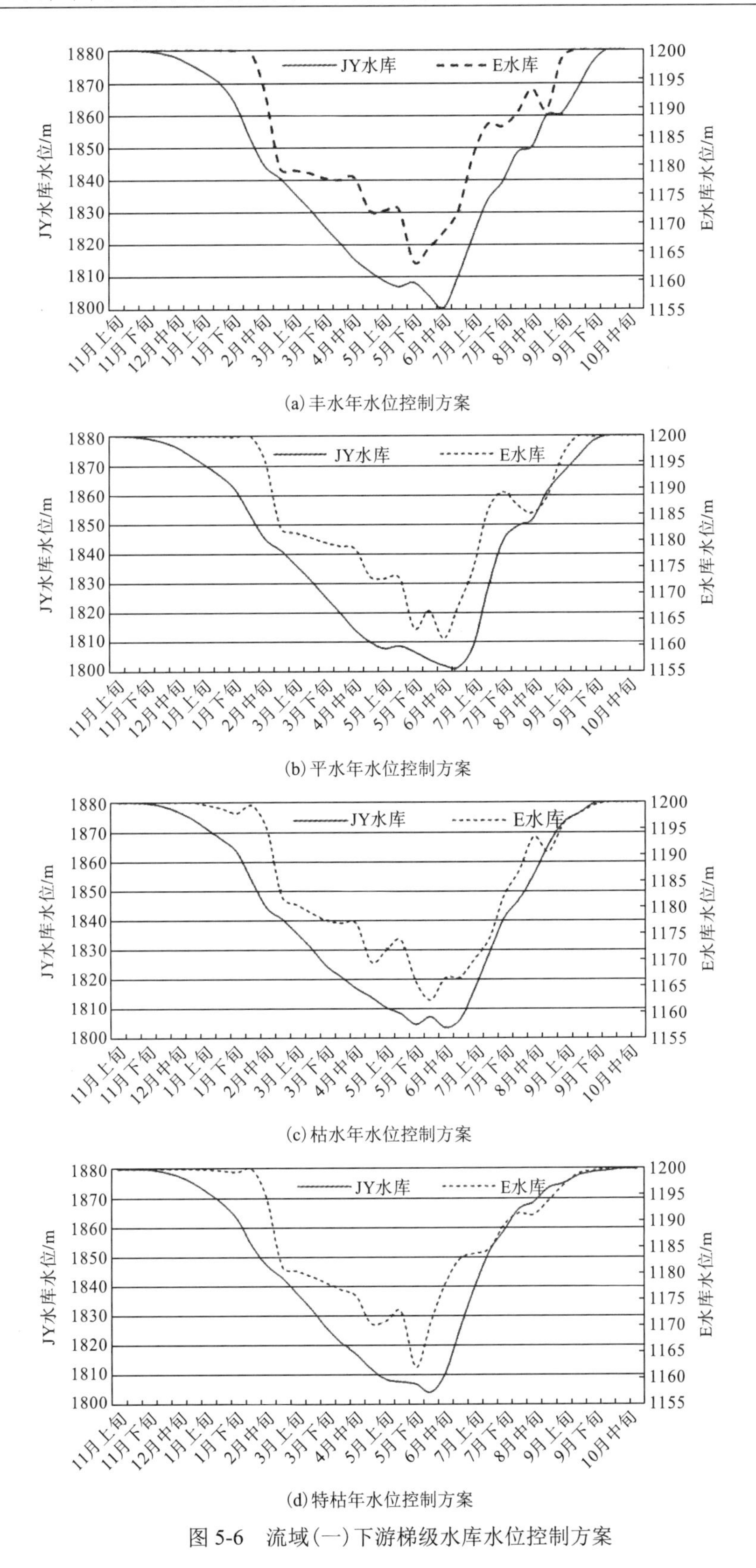

(a) 丰水年水位控制方案

(b) 平水年水位控制方案

(c) 枯水年水位控制方案

(d) 特枯年水位控制方案

图 5-6　流域(一)下游梯级水库水位控制方案

表 5-7　流域(一)下游梯级电站电价

电站	一月	二月	三月	四月	五月	六月
JY	0.3203	0.3203	0.3203	0.3203	0.3203	0.3203
JE	0.3203	0.3203	0.3203	0.3203	0.3203	0.3203
G	0.3203	0.3203	0.3203	0.3203	0.3203	0.3203
E	0.3412	0.3513	0.3036	0.3045	0.2517	0.2142
Z	0.432	0.432	0.432	0.432	0.288	0.216
电站	七月	八月	九月	十月	十一月	十二月
JY	0.3203	0.3203	0.3203	0.3203	0.3203	0.3203
JE	0.3203	0.3203	0.3203	0.3203	0.3203	0.3203
G	0.3203	0.3203	0.3203	0.3203	0.3203	0.3203
E	0.2022	0.2038	0.2041	0.2024	0.2517	0.3045
Z	0.216	0.216	0.216	0.216	0.288	0.432

5.5　水位协同控制数据挖掘研究

5.5.1　数据挖掘模型

前述可知，流域(一)下游梯级电站水力联系紧密，联合运行时，JY 与 E 水库的运行方式会相互影响。JY 水库的时段末水位不仅受其时段初水位及入库流量的影响，还受到 JY-E 区间流量及 E 水库时段初水位的影响。同样，E 水库时段末水位也主要受到这四个因素的影响。因此在基于数据挖掘的隐随机优化调度计算中，以 JY 水库、E 水库时段末水位为因变量，JY 水库时段初水位及入库流量、E 水库月初水位、JY-E 区间流量为自变量，见式(5-14)：

$$\begin{cases} Z_{j,t+1}=f_i(Z_{j,t},Q_{j,t+1}, Z_{e,t}, Q_{q,t+1}) \\ Z_{e,t+1}=f_i(Z_{j,t},Q_{j,t+1}, Z_{e,t}, Q_{q,t+1}) \end{cases} \tag{5-14}$$

式中，$Z_{j,t}$、$Z_{j,t+1}$分别为 JY 水库时段初、时段末水位(m)；$Q_{j,t+1}$为 JY 水库时段平均入库流量(m^3/s)；$Z_{e,t}$、$Z_{e,t+1}$分别为 E 水库时段初、时段末水位(m)；$Q_{q,t+1}$为 JY-E 区间时段平均来水流量(m^3/s)。

采用三种数据挖掘方法建立模型求解并进行综合对比，为梯级水库调度运行提供依据。

1. 多元线性回归模型

以 JY 水库时段初的水位 Z_{tj} 及时段平均入库流量 Q_{tj}、E 水库时段初的水位 Z_{te}、JY-E 区间入库流量 Q_{te} 为自变量，以各水库时段末的水位 Z_{t+1} 为决策变量，建立水库调度函数四元线性回归模型：

$$Z_{t+1}=a_1Z_{tj}+b_1Q_{tj}+a_2Z_{te}+b_2Q_{te}+c \tag{5-15}$$

式中，a_1、b_1、a_2、b_2、c 为系数。

2. 门限回归模型

以 JY 入库流量为Q_{tj}门限变量，自变量与决策变量的选择与前述线性回归模型相同，建立梯级水库水位数据挖掘门限回归计算模型：

$$Z_{t+1}=\begin{cases}a_1^{(1)}Z_{tj}+b_1^{(1)}Q_{tj}+a_2^{(1)}Z_{te}+b_2^{(1)}Q_{te}+c^{(1)} & \left(Q_{tj}\leqslant Q_1\right)\\ a_1^{(2)}Z_{tj}+b_1^{(2)}Q_{tj}+a_2^{(2)}Z_{te}+b_2^{(2)}Q_{te}+c^{(2)} & \left(Q_1<Q_{tj}\leqslant Q_2\right)\\ a_1^{(3)}Z_{tj}+b_1^{(3)}Q_{tj}+a_2^{(3)}Z_{te}+b_2^{(3)}Q_{te}+c^{(3)} & \left(Q_2<Q_{tj}\right)\end{cases} \tag{5-16}$$

式中，Q_1、Q_2为门限值$(\mathrm{m^3/s})$；$a_1^{(j)}$、$b_1^{(j)}$、$a_2^{(j)}$、$b_2^{(j)}$均为第j区间的回归系数；Q_{tj}为门限变量$(\mathrm{m^3/s})$。

3. BP 人工神经网络模型

自变量与决策变量的选择不变，构建梯级蓄水(消落)函数的数据挖掘 BP 模型。选择具有良好收敛性的 S 型函数作为作用函数，即

$$f(x)=1/\left[1+E(x)\right] \tag{5-17}$$

图 5-7 为 JY 水库、E 水库的 BP 神经网络结构。模型输入为：JY 时段初水库蓄水位Z_{tj}、JY 时段平均入库流量Q_{tj}、E 时段初水库蓄水位Z_{te}、JY-E 时段平均区间流量Q_{te}；模型输出为：JY 时段末水库水位或 E 时段末水位Z_{t+1}。

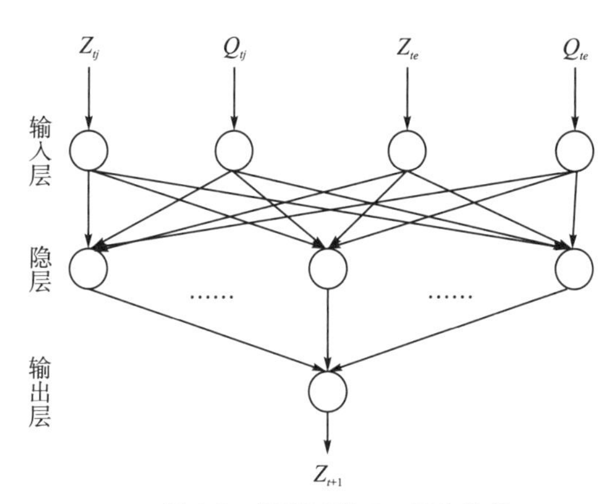

图 5-7　调度函数 BP 网络结构

5.5.2　模型求解

根据 5.3 节中的优化调度模型，对已有 59 年长系列历史资料进行模拟运行计算，统计计算的流量、水位等资料，作为挖掘计算的基础数据，并将计算资料样本分为两部分，前 50 年资料是率定期样本，用于确定各模型参数；后 9 年数据为检验期样本，用于验证模型的有效性。

1. 多元线性回归模型

将率定期长系列优化运行结果(50 组)视为最优调度方式，其中第t时段回归观测值为

$(Z_{t+1}^{(1)},Z_{tj}^{(1)},Q_{tj}^{(1)},Z_{te}^{(1)},Q_{te}^{(1)})$，$(Z_{t+1}^{(2)},Z_{tj}^{(2)},Q_{tj}^{(2)},Z_{te}^{(2)},Q_{te}^{(2)})$，…，$(Z_{t+1}^{(n)},Z_{tj}^{(n)},Q_{tj}^{(n)},Z_{te}^{(n)},Q_{te}^{(n)})$，此时不存在常数$a_1$、$b_1$、$a_2$、$b_2$、$c$，使得$Z_{t+1}^{(j)}=a_1Z_{tj}^{(j)}+b_1Q_{tj}^{(j)}+a_2Z_{te}^{(j)}+b_2Q_{te}^{(j)}+c$（$j=1,2,3,\cdots,50$）成立，所以定义$Z_{t+1}^{(j)}-(a_1Z_{tj}^{(j)}+b_1Q_{tj}^{(j)}+a_2Z_{te}^{(j)}+b_2Q_{te}^{(j)}+c)$为残差，其绝对值大小表明模型拟合的好坏。为了使残差平方和尽量小，根据最小二乘原理求解矛盾方程组的方法即可求得回归系数最优解a_1、b_1、a_2、b_2、c。

2. 门限回归模型

采用试算法确定模型门限值，以二分割为例，主要思路如下：

(1)将门限变量x_i按照从大到小顺序排列，决策变量及其他变量的顺序随门限变量相应重新排列，得到新的序列Y'，其总方差：

$$M^2=\sum_{i=1}^{N}(Y_i'-\bar{Y}')^2 \tag{5-18}$$

式中，N为样本容量；Y_i'为新序列各变量值；$\bar{Y}'$为新序列变量均值。

(2)将Y_i'分为两段，分别记为$Y_1'(t)$ $(t=1,2,\cdots,k)$、$Y_2'(t)$ $(t=k+1,\cdots,N)$，两段的组内方差和为

$$S^2=\sum_{t=1}^{k}[Y_1'(t)-\bar{Y}_1']^2+\sum_{t=k+1}^{N}[Y_2'(t)-\bar{Y}_2']^2 \tag{5-19}$$

式中，$\bar{Y}_1'$为第一段均值；$\bar{Y}_2'$为第二段均值。

组间方差为

$$B^2=M^2-S^2 \tag{5-20}$$

(3)对组间的显著性进行F检验。设第i次二分割的检验指标为

$$F_i=\frac{B^2(N-2)}{S^2} \tag{5-21}$$

若通过F检验，则保留F_i值，否则舍弃。对序列Y'共进行$N-1$次二分割，其F值为$F_1,F_2,\cdots,F_{N-1}$，最大值F_k对应的分割点k即为最优分割点，对应的最优分割点值$x_{(i,k)}$即为门限值。

3. BP人工神经网络

求解人工神经网络的方法是通过“学习”获得满足要求的网络权值和阈值。“学习”之前，将资料数据库按式(5-22)进行标准化处理，使模型的输入介于(0.1,0.9)之间，有利于加快模型收敛速度。

$$X_i'^{j}=0.1+0.8\left[X_i^j-\min(X_i)\right]/\left[\max(X_i)-\min(X_i)\right] \tag{5-22}$$

“学习”过程中先给连接权重W_{kj}及阈值误差赋值，一般为一个较小的随机值ξ，通过该权重与阈值计算得到各网络输出。根据网络输出与期望输出的误差修改网络权值与阈值，如此反复直到网络输出与期望输出的误差满足要求或达到学习次数。

试验发现本节研究取隐层单元个数为7时，“学习”收敛程度较好，计算次数和计算时间基本满足要求，同时采用自适应调节学习率方法，如下：

$$\begin{cases} R = R\times a & (a>1) \\ R = R\times b & (b<1) \end{cases} \tag{5-23}$$

5.5.3　数据挖掘效果分析

表 5-8、表 5-9 为多元线性回归、门限回归调度函数参数。为评价调度函数结果的好坏，将其模拟计算结果与用 POA 计算确定的来水优化过程相比较，用二者的拟合程度来评判，以平均相对误差 $e(\%)$ 指标表示。表 5-10 展示了 4 月各调度函数拟合效果。结果表明非线性的门限回归、BP 神经网络调度函数具有较高的合格率，误差较小。

表 5-8　多元线性回归参数

时间	JY					E				
	a_1	b_1	a_2	b_2	c	a_1	b_1	a_2	b_2	c
11 月	0	0.001 196	0	−0.000 36	1 879.05	0	0	0	0	1 200
12 月	0.751 574	0.033 639	0	0.001 555	445.098 4	0	0	0	0	1 200
1 月	0.968 256	0.040 893	0	0.002 055	34.506 58	0	0	0	0	1 200
2 月	1.254 571	0.002 782	0	0.012 988	−491.248	−0.031 85	0.007 513	0	−0.017 12	1 256.755
3 月	1.200 046	0.031 814	0.442 221	0.012 28	−925.407	0	0	0	0	1200
4 月	0.829 781	0.019 894	0	−0.019 05	288.234	0.414 567	0.006 169	0	0.026 359	418.45
5 月	1.249 944	0.037 401	−0.588 54	0.021 307	209.122 6	0.451 579	−0.009 4	0.394 058	0.034 702	−106.982
6 月	0.585 264	0.016 676	1.250 097	0.045 556	−763.409	0.277 055	0.002 393	0.463 813	0.024 81	110.548 5
7 月	0.354 945	0.010 052	0.058 259	0.003 836	1 106.7	0.076 575	0.002 424	0.194 033	0.006 16	807.913 9
8 月	0.528 887	0.003 71	−0.432 88	−0.004 67	1 400.876	0.062 586	0.003 286	0.163 825	−0.001 89	880.125 3
9 月	0.062 11	−0.001 42	−0.006 33	0.000 505	1 773.011	0.003 03	−0.000 49	0.051 064	−0.000 15	1 133.254
10 月	0	0	0	0	1 880	0	0	0	0	1 200

表 5-9　门限回归参数

时间	JY						E					
	门限值 Q	a_1	b_1	a_2	b_2	c	门限值 Q	a_1	b_1	a_2	b_2	c
11 月	$Q<712$	0	0.0118	0	−0.001	1872.4	—	0	0	0	0	1200
	$Q\geqslant 712$	0	0	0	0	1880						
12 月	$Q\leqslant 447$	0.5992	0.0360	0	0.0027	730.11	—	0	0	0	0	1200
	$447<Q\leqslant 512$	0	0.0294	0	−0.001	1860.7						
	$Q>512$	0	0.0313	0	−0.001	1859.9						
1 月	$Q\leqslant 331$	1.0365	0.0408	0	0.0022	−93.47	—	0	0	0	0	1200
	$331<Q\leqslant 384$	0.8817	0.0313	0	0.0042	199.90						
	$Q>384$	0.8714	0.0339	0	0.0040	218.27						
2 月	$Q\leqslant 306$	0.8342	0.0638	0	0.0602	267.60	$Q\leqslant 306$	−0.026	0.0137	0	−0.019	1245
	$306<Q\leqslant 344$	1.1727	0.0565	0	0.0313	−357.5	$306<Q\leqslant 344$	0.0240	0.0103	0	−0.024	1152.4
	$Q>344$	1.1618	0.0492	0	0.0294	−334.6	$Q>344$	0.0215	0.0086	0	−0.024	1157.6

续表

时间	JY						E					
	门限值 Q	a_1	b_1	a_2	b_2	c	门限值 Q	a_1	b_1	a_2	b_2	c
3月	$Q \leq 308$	1.2768	0.0474	0.4621	0.0189	−1096	—	0	0	0	0	1200
	$308 < Q \leq 349$	1.2688	0.0262	0.1419	0.0064	−690.3						
	$Q > 349$	1.2252	0.0428	0.1849	0.0110	−667						
4月	$Q \leq 395$	1.1410	−0.028	0	−0.004	−265.3	$Q \leq 395$	0.1051	0.0684	0	0.0114	964.3
	$395 < Q \leq 459$	0.7304	0.0034	0	−0.036	477.61	$395 < Q \leq 459$	0.398	0.0789	0	0.0722	410.35
	$Q > 459$	0.7821	0.0155	0	−0.043	378.64	$Q > 459$	0.4130	0.0289	0	0.0507	408.23
5月	$Q \leq 635$	1.1517	0.0542	−0.133	0.0325	−162.6	$Q \leq 635$	0.2355	0.0164	0.5401	0.1049	90.524
	$635 < Q \leq 746$	1.2694	0.0665	−0.778	0.0153	378.64	$635 < Q \leq 746$	0.3014	0.0930	0.4219	−0.055	73.177
	$Q > 746$	1.2872	0.0822	−0.653	0.0261	186.71	$Q > 746$	0.4331	0.0830	0.2324	−0.011	58.881
6月	$Q \leq 1380$	0.6496	−0.018	2.2314	0.0821	−2011	$Q \leq 1380$	0.4443	−0.011	2.1727	0.0002	−2195
	$1380 < Q \leq 1820$	0.5460	0.0353	1.8852	0.0156	−1467	$1380 < Q \leq 1820$	0.4502	−0.004	0.1431	0.0282	179.60
	$Q > 1820$	0.6423	0.0158	1.7843	0.0299	−1498	$Q > 1820$	0.3752	0.0118	0.2219	0.0171	203.26
7月	$Q \leq 2370$	0.8103	0.0114	0.7850	0.0533	−630	$Q \leq 2370$	0.1694	0.0044	0.4452	0.0102	332.51
	$2370 < Q \leq 3020$	0.6958	0.0359	0.5115	0.0160	−124.1	$2370 < Q \leq 3020$	0.0571	0.0063	0.4732	0.0146	498.08
	$Q > 3020$	0.6882	0.0366	0.5242	0.0161	−127.3	$Q > 3020$	0.0588	0.0061	0.4715	0.0146	497.34
8月	$Q \leq 1990$	1.6066	−0.015	−0.480	0.0154	−525.8	$Q \leq 1990$	−0.564	0.0080	3.4158	−0.010	−1826.74
	$1990 < Q \leq 2800$	0.8442	0.0234	0.3895	0.0175	−227.6	$1990 < Q \leq 2800$	0.2042	0.0033	−0.163	0.0018	1005.3
	$Q > 2800$	0.9349	0.0243	0.1091	0.0164	−63.84	$Q > 2800$	0.1334	0.0033	−0.023	0.0040	968.61
9月	$Q \leq 2060$	0	0	0	0	1880	$Q \leq 2060$	0.0081	0.0003	−0.006	−0.043	1191.8
	$2060 < Q \leq 2910$	0.0195	−0.007	0.0358	−0.066	1801.2	$Q > 2060$	0	0	0	0	1200
	$Q > 2910$	0.0205	−3.9	0.0349	−0.064	1800.2						
10月	—	0	0	0	0	1880	—	0	0	0	0	1200

表 5-10　调度函数拟合效果

项目	线性回归				门限回归				BP			
	JY		E		JY		E		JY		E	
	率定期	检验期	率定期	检验期	率定期	检验期	率定期	检验期	率定期	检验期	率定期	检验期
最大误差/%	12.33	14.97	10.89	12.11	10.91	10.28	10.08	11.7	10.53	9.27	11.09	11.6
最小误差/%	0.43	1.21	0.01	2.3	0.17	0.38	0.01	1.64	0.22	0.25	0.12	0
平均误差/%	7.59	8.36	5.91	7.5	6.41	6.93	4.64	6.77	4.87	6.3	5.21	6.73
合格率/%	91.84	80	93.88	90	93.88	90	95.9	90	97.9	100	97.9	90

注：相对误差小于 10%即视为合格。

图 5-8 与表 5-11 展示了 2005 年 11 月至 2006 年 10 月的调度函数模拟计算结果，并将其与 POA 优化计算的水位过程和发电效益等指标相比较，结果表明：由于样本离散程度小，故三类函数在 JY 水库蓄水期末(9～10 月)及部分消落期(11～次年 3 月)模拟计算得到的水位差异较小，但 4～8 月时间段内各函数的计算结果差异偏大，且门限回归 BP 神经网络调度函数效果优于多元线性回归调度函数。较上游 JY 水库，E 水库的模拟效果更好；在发电效益指标方面，上游水库电站的计算发电效益有所减少，非线性模型计算结果对下游水库电站的效益有所增加。与 POA 优化结果相比，三类调度函数的计算结果均小于理论优化值，其中 BP 神经网络表现最好，门限回归调度函数次之。总而言之，结合水位拟合过程及发电效益，门限回归和 BP 人工神经网络调度函数总体具有较好的效果，体现了非线性函数的优越性，能指导梯级电站的优化运行。

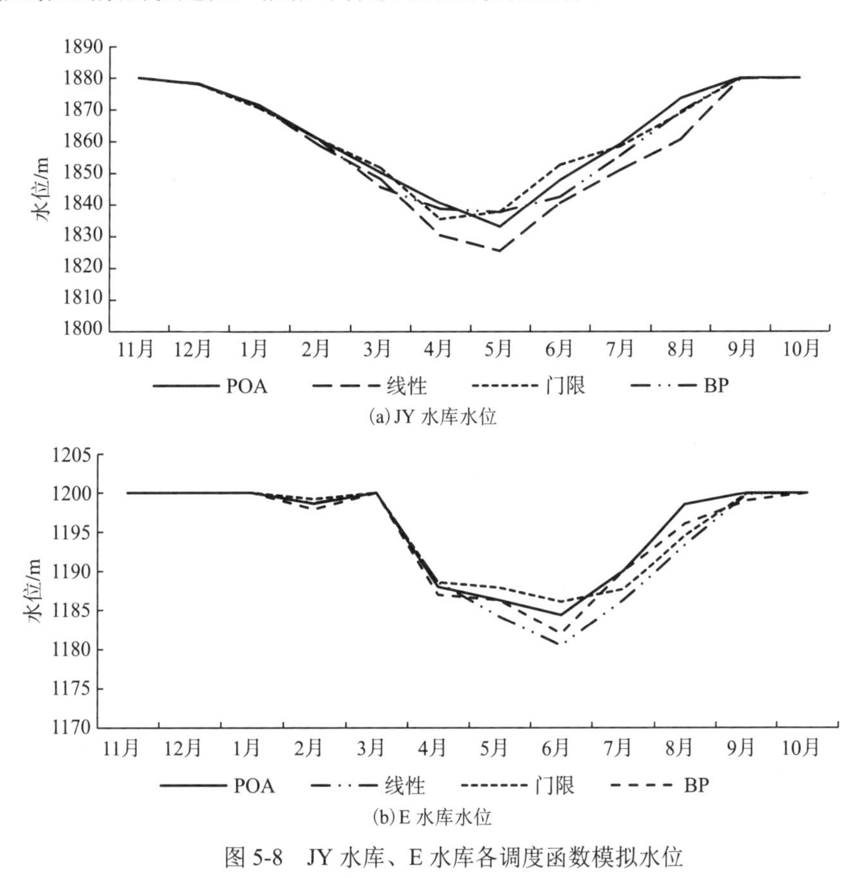

图 5-8 JY 水库、E 水库各调度函数模拟水位

表 5-11 调度函数与 POA 优化调度发电效益对比表

模型	JY/亿元	JE/亿元	G/亿元	E/亿元	梯级/亿元	与 POA 对比
POA 优化	52.02	64.18	32.75	39.10	188.05	—
多元线性回归	50.31	64.11	31.46	39.04	184.92	-1.66%
门限回归	50.20	64.05	31.43	39.33	185.01	-1.62%
人工神经网络	50.26	64.11	31.48	39.51	185.36	-1.43%

第6章 调 度 评 价

6.1 流域梯级水电站联合调度效益评价现状调查和影响因素分析

6.1.1 流域梯级水电站联合调度效益评价研究现状

1979 年起，原水利电力部开始执行国家经济委员会批转的《水电站水库经济调度试行条例》，开始指导水电站经济运行调度及考核工作。水电厂由于水头、水库调节性能和各年度径流状态的不同，一直没有确定相应的考核指标。因此，在评价水电厂水库调度工作时，一般是看发电量计划的完成情况，并习惯与去年同期或历史同期相比较，这是不大合理的。水电厂发电量的多少，与径流状态的关系十分密切，丰水年和枯水年的发电量相差很多，因而不能把发电量的多少作为评价水电厂水库经济调度方式优劣的唯一标准。一般认为，水电厂水库经济运行调度的主要指标是反映水头利用情况的发电耗水率和反映水量利用程度的水量利用率。所以水电厂的经济效益能否充分发挥，在很大程度上取决于水库的调度方式是否合理。衡量水电厂水库经济调度效果的标准应该是指在既定的径流状态下，由于调度方式优劣引起发电耗水率和水量利用率的变化，从而导致发电量的增减。但 1981 年，周稚亚、黄益芬通过对比拓溪水电站水量接近的 5 年资料及其考核结果，明确指出不能采用绝对的发电耗水率、水量利用率两项指标来考核水电站调度方式的优劣，而应以相对发电耗水率和相对水量利用率作为新的考核指标，这里所谓的“相对”，就是以实际调度结果与按调度图进行调度的结果相比较，即把实际调度运行所得到的发电耗水率和水量利用率与按调度图运行所得到的发电耗水率和水量利用率进行比较，取其比值作为考核指标。

1986 年，原国家经济委员会、水利电力部及财政部联合颁发了《水力发电节水增发电量奖励试行办法》，并开始在湖南、福建两省试点推行。文件规定，考核指标为增发电量，考核节水增发电量的依据是水电站的设计标准；水电站增发电量的考核计算，即按水电站当年的实际来水量计算电站设计电量，与当年实际发电量比较，超过设计电量部分，即为水电站的增发电量。网内统一调度的水电厂的增发电量由网局统一核定。葛洲坝电厂按此原则进行了节水增发电量考核计算。基本资料引用均以葛洲坝电厂能量指标复核采用的资料为基础，并结合葛洲坝的特点和实际情况进行处理；设计电量计算基本上按径流式电站水能计算方法进行；考核电量计算按照原水利电力部颁发的《水电站节水增发电量考核办法》进行。计算程序经华中电管局核定，每年的计算成果上报华中电管局审核批准，从计算成果分析，节水增发电量效益显著，计算成果也比较合理。

从 1978 年原水利电力部颁发《水电站水库经济调度试行条例》，到 1986 年原水利电力部、财政部、国家经济委员会联合颁发《水力发电节水增发电量奖励试行办法》，在一系列政策的指引下，水电经济运行工作取得了巨大效益。同时水能利用提高率成为衡量水库调度工作成果的重要指标，其考核工作对促进水调工作，充分利用水能资源，具有重要意义。

随着来水和负荷这两大重要条件发生较大的变化，这就要求一方面对水电站径流系列和运行策略作相应的修正，另一方面也要对水电站的运行参数和指标作合理的改进，以适应来水和运行条件的根本性变化。由于水情自动测报系统和水调自动化系统的投入使用，基本能对水电站的运行状况按小时进行监测和进行水务分析计算，若继续用总的来水量和平均入库量来描述来水已显得不够，为此应增加对来水过程的分析。2001 年，吴东平就以上变化提出了一些改进方案，引入了“可用来水”这个概念。可用来水是指水电站可用于发电的那一部分来水。对无任何调节能力的径流电站而言，可用来水是指不大于预想出力相应的最大引用流量的来水；对有调节能力的水电站来说，可用来水指不大于最大引用流量与可调库容之和的来水。这里，可调库容是指水电站在不同时期扣除防洪、防泥沙淤积等任务后所剩下的空库容。可用来水概念的建立，对以发电为主的水电站而言是比较重要的，因为可用来水之外的来水是无效的、需弃掉的来水，通过可用来水值修正以前的丰水、平水、枯水和来水保证率的概念，增加对来水过程的分析判别，就可以排除无效来水的影响，确实判定来水对水电站发电的丰枯情况，从而为确定合理的水电站运行考核指标及制定恰当的调度计划打下坚实的基础。

节水增发电工作从 20 世纪 80 年代起相继开展起来，如葛洲坝电厂、华中电网。但这些研究大多是针对径流式电站或年调节电站，而对多年调节电站几乎没有进行研究，同时未见有关水电站空耗水量考核的研究报道。2002 年，刘俊萍、黄强等根据多年调节水库的特点，对多年调节水库电站的节水增发电考核进行了深入细致的研究，提出了相应的电站节水增发电量考核计算方法，并提出多年调节水库库存水量转换成电量的方法。考核包括两部分，一部分是节水增发电考核，另一部分是空耗水量考核。同时，由于当时考核水电站节水增发情况仍多以发电量为指标，而发电量虽是一项重要指标，但其不能反映电站对水能利用的合理程度。2006 年，刘招、黄强等提出考核指标应选择能反映水能利用效率的多项指标来联合评估。他们根据生产实际要求，在深入探讨节水增发考核指标、考核计算方法和考核参数确定方法的基础上，为提高水电站的运行效率，提高水能资源的利用率，将电站发电量、相对水能利用率、水能利用提高率和反映水头利用情况的发电耗水率进行联合评估，开发出公伯峡水电站节水增发考核系统，在生产实践中取得满意的效果。

由于各水电站的调节性能、水头、机组型号不同，发电耗水率和水能利用率这两项指标差异很大，故采用这两项指标不能直接用来考核，而且在不同的水电站之间也不能用以互相比较。因此，为了有同一可比基础，畅建霞、王义民等于 2006 年提出把相对发电耗水率和相对水能利用率作为考核指标。

基于来水和电力负荷这两个重要影响因素，孙德锁、刘永前等于 2007 年引进吴东平提出的可用来水的定义，对水电站有关参数进行修正，提出新的推求考核电量方法，总结出电站节水增发电考核新指标，提出利用新指标对电站进行节水增发电考核；对电站空耗水量和弃水电量、电站可用来水与可用来水电量、考核电量等水电站节水增发电相关参数进行改进，提出采用空耗比率、发电耗水率、水能利用率及水能利用提高率、可用水能利用率这几个指标进行节水增发电考核。以上指标有效撇开了机电、水工设施条件差异，避免了由于各年来水过程不均度过大对电站节水增发电考核的影响，为评价来水年际变化大的水电站对水能利用程度提供了一个客观、合理的标准。

根据未来水电站考核工作的发展和梯级水电站群联合调度的深入，以梯级水电站群为对象的节水增发电考核将变得越来越紧迫。但是，梯级水电站群的考核办法还没有出台，也没有进行过梯级水电站群的节水增发电考核工作。2007 年，白小勇、冉本银、李广辉对黄河上游梯级水电站群的节水增发电考核进行了研究。

在同样的约束条件及运行情况下，计算出各时段实际调度方式与调度图运行所得电量的差值，用以表示水库经济调度的效益，这种排除径流状态和电力系统因素，只考察调度方式的考核思路沿用到今天，对实际中的水电站考核有着重大的借鉴和指导意义。为适应梯级电站经济运行考核评估工作的需要，以现行方法为基础，曹广晶、蔡治国于 2008 年提出将原先以常规调度为基准的考核思路改为以优化调度为基准，提出了一套新的水电站考核评估方法；提出了“理论最大发电量”和“发电完成率”的概念；理论最大发电量不是一个绝对的、唯一的值，而是相对的，相对于不同的边界条件、约束条件，相对于不同的决策偏好。因此，可以通过设置不同的边界、不同的约束得到不同的“理论最大发电量”，也正是基于这样的原理，使得能够对影响水电站效益发挥的各种因素进行定量考核评估，计算其对总的考核指标的影响程度，从而能够在今后的调度中有针对性地采取更加科学合理的措施，提高水电站调度水平，真正做到“理论上”的节水增发。

为了顺应水电站经济运行管理的需要，在上述条例及办法精神的指导下，水电站考核方法经历了从绝对考核指标向相对考核指标的发展，从单个电站考核向多个电站考核的发展。

6.1.2　影响因素

梯级水电站调度效益评价的影响因素有多种，概括起来分为内因和外因两大类。内因主要包括水电站的入库径流、径流年内分配、水工建筑物及机电设备安装、水电站调度方式；外因有水库综合利用要求和电力系统所提供的水电站外部运行条件，即电力系统对电站的负荷分配。

1. 入库径流及年内分配

入库径流是影响梯级考核结果的重要因素。入库径流丰富能够提高水库的期末水位，这将使凌期水位、综合流量、梯级出力等得到满足。由于上游水库水头上升、出力加大，下游水库会相应减小出力，导致水位上升，这样一般会导致考核电量偏低。作为年度间的考核对比，入库径流是很大的影响因素。

径流的年内分配对梯级考核结果影响很大，由于径流年内的不均匀分配，即使年入库径流总量相同，其考核结果也会不同甚至相差很大。

2. 水工建筑物及机电设备安装

水工建筑物的主要作用是壅高水位，形成有调节能力的水库，宣泄调蓄后多余的水量和非常洪水。机电设备主要涉及装机容量、过机流量、机组数和机组类型等参数。水工建筑物及机电设备安装与水电站的运行参数和指标值密切相关。各水电站正是由于调节性能、水头、机组型号的不同，造成发电耗水率和水能利用率这两项指标差异很大。

泄洪能力的不足容易造成泄洪回水壅高尾水位，局部影响正常发电，从而影响考核结果。施工堆渣未予清理或清理不彻底，造成下游低流量部分的实际尾水位高于原设计值，从而降低发电水头，导致实际发电量减少，影响考核结果。机组或机组进水系统及输电设施配套欠缺等原因，造成电站实际最大可调出力低于原设计装机容量。水电站投产后，在系统内的实际运行方式与设计要求的规定不相符合，导致出力系数降低，以及发生弃水时，机组不能按装机容量或预想出力满发，影响机组效益的充分发挥。

综合出力系数是直接体现机组效率的参数，由机组效率确定。负荷波动、机组套用、安装偏差或运行方式发生变化等，都直接影响该数值。电站综合出力系数越大，考核电量越大。

3. 水电站调度方式

梯级调度的好坏，直接影响考核的结果。诸如洪水期预降水位重复利用库容；梯级间错峰调度；拦蓄洪尾；提高水库运行水位，汛期增加机组有效水头，枯水期可减少发电耗水率；利用机组设计制造留有的裕度，弃水期适当超限运行，增加季节性电能；合理安排机组检修，尽量缩短检修工期，减少检修损失电量；枯水期开展机组经济运行，增发电量；入库流量超过一定限度时，加强拦污栅清扫，以减少水头损失等，这一系列措施能够提高发电量、降低发电耗水率。梯级调度的不合理可能造成水电站弃水，抬高下游水位，或者使上游水库处于较低水位，从而机组运行净水头变小，影响机组不能达到额定出力而造成电量损失。这些都将影响梯级考核结果。

对于调节性能很大的电站，期初水位对考核影响很大，特别是多年调节水库，期初水位越高，梯级考核出力就越大，考核电量越大；期初水位越低，考核电量越小。

4. 综合利用要求

综合利用是许多梯级电站在设计时就已经确定的主要功能。梯级调度一般也须满足综合利用，它也是影响梯级考核结果的重要因素之一，但实际调度工作仅仅按照梯级调度图和综合利用来调度，调度效果不理想。随着流域社会经济的发展，设计时所制定的综合利用功能已不能满足需要，所以实际运行时要调整综合利用流量过程。当水库综合利用要求水平提高时，如地区工农业生产和居民生活用水持续增长，自库区取水增加，导致入库径流减少，从而影响梯级考核结果。

5. 电力系统

水电站在电力系统中要担任调频、调峰、调相、备用等任务，而电力系统的电压、频率及功率因数的变化对机组运行均有影响。过去很长时期内电力供应是供不应求的，而现在许多情况是供大于求，由于负荷量的不足，使水电站实际发电量往往难以达到设计电量。现在水电站在运行期间，有时由于整个电网发电需求的限制，即使在丰水期也不能完全按装机出力，一般只能发装机出力的 70%～90%。在整个电网中，为了协调各个电站的供电平衡，电力系统对每个电站有最大发电限制，这就从根本上决定了电站的最大发电负荷率。同时电力系统为确保系统安全运行会造成弃水电量损失，水电站参加系统调峰也会造成弃水电量损失。

6.1.3　存在问题

从《水力发电节水增发电量奖励试行办法》颁布至今已有 30 余年，期间对促进水库调度工作，提高水能利用率起了积极的作用。水电在电网调峰中的作用日益重要。充分利用水能资源是节约煤、油等矿物资源，实现能源资源可持续利用的重要举措。因此，进行水电站调度效益考核评估，对促进水调工作，充分利用水能资源，具有重要意义。

现行的考核方法是与一定的历史时期以及相应的技术手段紧密联系的，在水电站的经济运行调度考核评估中，能够一定程度上反映水电站的目前调度水平以及调度水平提高的程度，调动了调度人员的积极性，发挥了很好的作用，但同时，也存在以下一些问题：

(1) 现行办法紧紧围绕常规调度的思路，与水电站优化调度的发展趋势不符。常规调度是根据历史水文资料，计算和编制水库调度图，以此作为水电站水库控制运用的工具。这种常规调度图虽然简单直观，能利用调度和决策人员的经验，对水库运行调度起到一定的指导作用，但是，其所利用的信息有限，理论上不够严密，所确定的运行调度策略和相应决策只能是相对合理的，难以达到全局最优，更难以处理多目标、多维变量等复杂问题。

(2) 考核电量的计算中，现行方法多数情况依然采用经验参数、经验公式，如水能公式。公式中参数选择的随意性较大，不同的参数会导致计算结果的迥异，势必会放大或缩小考核差距。当今技术的发展使得对电站调度出力过程进行精细模拟成为可能。精细模拟可有效避开经验参数对结果的随意干扰，使得计算结果更加符合实际。

(3) 优化调度思想的贯彻实施，使得过去很多既定的规定、做法都将逐步改变，有些过去认为无法突破的约束条件都有可能被打破。例如有学者认为传统的水电站保证出力概念对于容量逐渐增大的电力系统而言已没有太大的价值。此外实际情况千差万别，调度图、各类设计曲线、设计值往往与实际情况偏差较大。因此，以这些既定的规则为准则，以设计资料为基础的考核计算方法很难再客观准确地考核实际调度工作。

(4) 考核评估工作的目的，一方面是评估现状、调动调度人员的积极性，但更为重要的是，要能够很好地指导改进今后的调度工作，但是后者在现行考核评估方法中很难得到较好的体现。

(5) 随着梯级水电站群联合调度的深入，以梯级水电站群为对象的节水增发电考核将变得越来越紧迫，但是目前还没有梯级水电站群的考核办法，也没有进行过梯级水电站群的节水增发电考核工作。研究一套适用于梯级水电站联合调度的评价体系，具有重要意义。

6.2　梯级水电站联合调度工作评价指标及其算法研究

6.2.1　系统配置

要实现流域梯级水电站群的水电联合优化运行，先进的自动化设备是基础，其中综合自动化系统、水情自动化测报系统、水调自动化系统和通信系统四大系统是实现“流域统一调度”的关键子系统，目前国内外在这些方面技术已非常发达，为流域梯级水电站联合运行的实施奠定了设备基础。

各大流域公司在原母体水电站的建设管理过程中，由于新技术、新观念的不断应用和发展，使各水电站的水情、运行、设备维护人员等的业务素质和技术水平都有了很大的提高，从而为流域梯级水电站联合运行的实施培养了一大批高素质的人才。

1. 通信系统

随着计算机和通信技术的快速发展，水电站采用的通信手段也越来越先进。虽然不同电站由于地理位置等情况的不同，所设计的通信系统也有所不同，但目前水电站通信系统一般有光纤通信系统、微波通信系统、电力线载波通信系统、生产调度通信系统、通信电源系统等几部分。

1) 光纤通信系统

光纤通信方式是目前电力系统广泛使用的一种通信方式。

2) 微波通信系统

微波通信系统主要为用户提供可靠的无线网络支持环境，同时通过应用相关无线网络技术，实现无线网络传输安全。

3) 电力线载波通信系统

电力线载波通信是电力系统特有的通信方式，具有传输可靠、开通快、投资省等优点，其主要选用数字式设备。

4) 生产调度通信系统

生产调度通信系统将确保全厂的统一调度指挥，保证电厂安全经济运行，并为及时处理和分析事故提供必要的通信手段。

该生产调度通信系统采用数字程控调度交换机，需满足综合业务数字网的要求；支持话音、数据及图像通信；有丰富的接口和强大的组网能力，适应当前电力通信网中通道多、话务流向多、信号方式多的特点；便于使用和管理，维护功能强，可靠性高；硬件采用模块化结构，便于扩容；系统设计采用容错、纠错、部件互助及控制系统热备份等安全技术。

5) 通信电源系统

通信电源是通信系统的重要组成部分，其主要作用是保证通信设备的可靠运行。通信电源系统一般由交流自动切换配电、开关整流、保护控制、绝缘支路检测、直流配电、蓄电池、电池单节电压巡检组成。

2. 综合自动化系统

水电站的综合自动化是建立在计算机监控系统基础之上的，对整个电站(甚至梯级电站或整个流域)从水文测报；机组启、停控制，工况监视；辅助、公用设备的启、停控制，工况监视；负荷的分配，直到输电线路运行全过程的自动控制，并能准确地与上一级调度部门进行实时数据通信等全方位自动监测的控制系统。综合自动化系统一般包括如下4个子系统。

1) 计算机监控系统

这部分是综合自动化系统的核心和基础。梯级电站中心计算机监控系统应具备遥测、遥控、遥信、遥调(即“四遥”)的功能。

根据计算机在水电站监控系统中的作用及其与常规监控设备的关系，一般有以下三种模式：

(1) 以常规控制设备为主，计算机为辅。

(2) 以计算机为主，常规控制设备为辅。

(3) 取消常规控制设备的全计算机监控系统。

根据水电站的装机容量大小、在电网中的作用和各自的具体情况可分别选用不同模式的监控系统。一般新建电站和具备条件(资金、技术和发电许可等条件)的电站适合选择第三种模式，以便达到一步到位的目的。对于受其他条件限制的老式水电站的改造，可分别考虑第一、第二两种模式作为过渡。

随着多媒体技术在水电站的应用，语音、动画、可视化、视像功能也用于计算机监控系统、水情测报系统。

2) 工业电视监视系统

工业电视系统是现代化管理、监视的重要手段，它的主要用途是及时而真实准确地反映被监控对象的实际信息，从而为决策提供依据。

水电站的监控人员借助于工业电视监控系统的辅助监视作用，亲眼见到了实况，就能放心地对设备进行控制操作，能大大提高设备远程操作的安全性及生产管理效率和自动化水平，并在一定程度上起到安全保卫的作用。

3) 消防监控系统

通过设置在主、副厂房、主变区、各主要机电设备的重要部位、油库、主要建筑设施等场所的探测器，消防系统能实现对水电站主要场所进行24h不间断的火情监测。当探测器(感烟、感温、红外火焰、紫外、缆式感温探测器)检测到有火情时，通过系统总线，自动向中央控制室的集中报警控制器报警。集中报警控制器在接收到报警后，经过信息处理，在报警控制器上以数码显示方式显示出火灾的部位，并通过串行通信接口，在水电站消防计算机监视系统的 CRT 上，自动显示出火灾的部位编号及该层的平面布置图，提示火灾的处理措施，同时根据火情发生的部位，经确认及延时后，自动或手动对该部位及相关部位的防火排烟设备、灭火设备进行相应的控制，实施灭火等措施。所有的火情信息由水电站消防计算机监控系统主机经信息处理后送至计算机监控系统。该系统与计算机监控系统采用异步通信方式实现通信。另外还要求消防系统同时能实现对通风、防火排烟设备、二氧化碳灭火系统以及水喷雾灭火系统的控制。

4) 基础自动化元件及自动装置

(1) 基础自动化元件。基础自动化元件是监视水电站主、辅设备运行工况、判断和处理异常状态、执行控制操作的耳目和手脚，其运行状况直接影响着机组及辅助设备的自动控制和安全保护性能。

(2) 自动装置。自动装置是独立于计算机监控系统之外，能单独发挥作用，对相应设备进行自动控制和调节的装置或回路的逻辑组合。在水电站综合自动化系统中，必须要有快速、灵敏、安全、稳定、可靠的自动控制设备与计算机监控设备相配套，才能取得很好的经济效益。

3. 水情自动化测报系统

我国多数水电站兼有防洪、灌溉等任务，在水库调度工作中，不仅要搞好水库的发电经济调度，创造经济效益，同时还要及时、正确地掌握水情、汛情，搞好防洪渡汛工作。水情自动测报系统一方面要及时、准确、快捷地采集水情，另一方面还要通过计算机在较短的时间内做出洪水预报。该系统对水电站的防洪、排沙、发电、调峰、调频、灌溉、航运、漂木等均有十分重要的意义。

水情自动测报系统按规模和性质的不同可分为水情自动测报基本系统和水情自动测报网。水情自动测报基本系统由收集、传递和处理水情实时数据的各种传感器、通信设备和计算机等装置组合而成，分成遥测站、信息传输通道和中心控制站(简称中心站)三部分。遥测站主要用于自动收集雨量、水位和其他水文参数的实时数据，在中心站的控制下按一定方式把这些数据编排成脉冲信号，通过信道传递到中心站。遥测站的仪器设备有雨量计、水位计、编码器、数传机、电台和电源设备等，一般在有人管理无人操作情况下进行。信息传输通道简称信道，是连接遥测站与中心站之间的电波传输线，分为有线和无线两类。中心控制站的功能是集中遥测系统内各遥测站的水文数据，进行计算整理，及时做出洪水预报，并可控制闸门启闭，进行水利调度。中心站主要设备有通信电台和电子计算机等，一般采用中小微机，并配置显示器、宽行打印机和磁盘驱动器等外围设备。

水情自动测报网是通过计算机的标准接口和各种信道，把若干个基本系统联接起来，组成进行数据交换的自动测报网络。

4. 水调自动化系统

水库调度自动化系统(hydropower dispatching automation system，HDAS，简称水调自

动化系统）是电网调度自动化系统的一个重要组成部分，它集水库调度专业知识、自动化硬件设备与接口、计算机及网络通信技术、决策支持理论等多专业为一体。该系统基于对历史资料的收集整理及水电站流域的水文、气象和水库运行信息及时准确的获取，进行在线水文预报和水务综合管理等，并迅速提供包括防洪和发电在内的综合决策方案。

水调自动化系统可分为数据子系统、模型子系统、决策及信息服务子系统三个部分。

1）数据子系统

数据子系统分为以下三个层次。

（1）信息接收处理层：完成各类基础信息的接收和处理。

（2）基础数据库层：负责记录、存储及管理各类基础信息数据。

（3）专用数据库层：建立各类专用数据库，从而保证多家开发商的应用软件不至于造成基础数据库的破坏，以及保证系统的开放性和可扩展性。

2）模型子系统

模型子系统主要含有各种预报及调度决策支持的模型和算法。

3）决策及信息服务子系统

以数据库和模型库为基础，建立与开发高级会商应用系统，实现水库科学预报、调度决策；建立公共信息查询和水调业务管理系统，实现信息的共享，提高办公自动化水平；通过人机界面以菜单、窗口及对话框方式控制各模块的调用。

水调自动化系统的主要功能包括：实时数据采集及处理、实时监控、基础信息查询及维护、中长期预报、实时洪水预报、防洪调度、发电调度、防洪及发电调度会商、水务管理。

5. 电能量采集管理自动化系统

电能量采集管理自动化系统（简称电量系统）是集电能自动采集、传输、统计结算于一体的自动化系统。从结构上讲，电能量采集管理自动化系统是集主站系统、通信网络、终端系统于一体的，全面实现电能量的自动采集、分析与计量功能的自动化系统。

1）主站系统配置

主站系统管理的规模可以由一台或组成网络的多台计算机及外设组成，负责管理整个系统，通过通信网络发出数据采集、存储、分析、管理的各种指令。主站系统定时或随时抄收电能表的电量数据，对集中器设置通信参数及操作参数，与供电企业用电营业网联网后，可以实现电能量计算、票据打印、统计报表等功能。

2）通信网络

通信网络是自动采集管理系统的重要组成部分，直接关系到系统运行的性能，它承担了采集系统的通信工作，包括数据的传输、命令控制等。电厂电能量采集管理的通信系统，一般可以分为三个层次。①系统应用层，基于数据传输平台建立电能量采集系统，或负荷监控系统、GSM/SMS短信抄表软件等，实现多系统无缝结合使用。②网络传输层，负责处理各种通信信道，包括无线GPRS/CDMA、有线PSTN电话、230M无线专网、GSM移动、联通短信网关，它能够将各种通信信道转换为统一的网络通信信道，从而简化不同信道的复杂应用。③数据传输层：电厂管理部建立电能量数据传输服务中心，为客户提供统一的通信接口，客户应用系统采用该接口进行数据收发。

3) 终端系统

(1) 集中器是连接采集终端、主站系统的中心连接点设备。它是电厂电缆汇合的中心点。

(2) 电能表是电能量自动采集管理系统的基础，数量非常大。电能表要求运行稳定可靠、精度高、使用寿命长、通信可靠、易于安装维护等。电能表采集的数据包括：正向有功、反向有功、正向无功、反向无功分时电能表码、最大需量及发生时间、瞬时功率、各相瞬时电压、电流，以及电表失压报警等事件。

6.2.2 联合调度工作内容

流域梯级水电站联合调度包括梯级水库联合调度和梯级电站的联合发电调度。

水库调度按其调度目标，主要可分为兴利调度和防洪调度。兴利调度一般包括发电调度、灌溉调度以及工业、城市供水与航运对水库调度的要求等，其主要任务是利用水库的蓄水调节能力，重新分配河流的天然来水，使之符合电力系统以及其他用水部门的用水要求。防洪调度的基本任务是在确保工程安全的前提下，对调洪和兴利的库容进行合理安排，充分发挥梯级水库的综合利用效益。事实上，绝大多数水库都兼有防洪与兴利任务，是综合利用水利资源的主要部门。

水电站是电力系统中电力生产环节的重要组成部分。水电站的调度工作主要包括电力生产活动的组织、发电设施及相关辅助设备的运行操作和维护检修等。其中，电力生产活动的组织主要包括购售电合同的签订，编制年度、月度以及日发电计划，上报电网调度机构，经电网安全校核后，接收发电计划，并在实时调度运行过程中严格服从电力调度机构下达的调度指令，实现电力安全生产。

流域梯级水库和梯级电站的联合调度除了具有单一水库和电站调度的内容和要求外，还强调梯级间的联合运行，实现梯级整体效益和社会效益的最大化。

梯级水库联合调度是指将同属于某一流域水力联系紧密的水库组成梯级水库群，利用各水库的不同水文与库容特性，改变有调节能力水库的运行方式，通过各梯级水库对水资源的各自利用方式，提高对水资源的综合利用效益。梯级水库调度按其调度目标，也主要分为兴利调度和防洪调度，其工作主要包括气象、水情信息采集，短、中、长期水文预报，水库长、中、短期运行方式的研究，以及闸门操作命令的下达等。

梯级电站的联合发电调度是指，在发电调度组织过程中，充分考虑梯级电站间的水力、电力联系，通过合理分配各梯级电站的负荷，提高水电站发电水头，并减少无益弃水等，提高整个梯级的供电能力，充分利用水能资源。梯级电站的调度工作主要分为发电计划编制及电力生产组织两大部分。发电计划编制包括年度、月度及日发电计划的编制；电力生产组织工作包括对水轮机、发电机及电力变压器、开关设备、电压电流互感器等主要电气设备、相关辅助设备的监控和检修维护等。

6.2.3　联合调度工作流程

1. 洪水调度工作流程

洪水调度工作流程如图6-1所示。

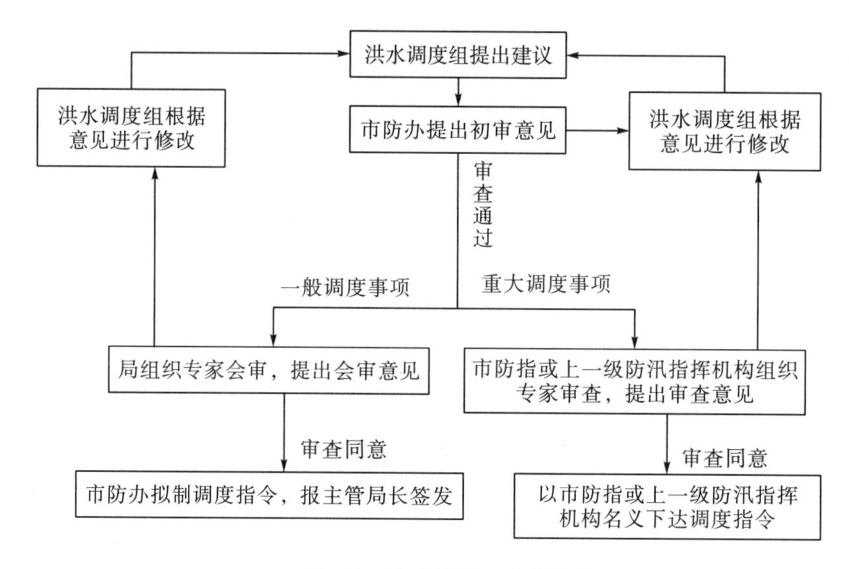

图6-1　洪水调度工作流程图

2. 发电调度工作流程

流域梯级各发电站发电机组的联合经济运行工作流程如图6-2所示：首先流域发电公司编制发电计划，并上报电网公司；然后电网公司根据上报计划确定运行方式并下发；最后流域发电公司执行电网调度命令。

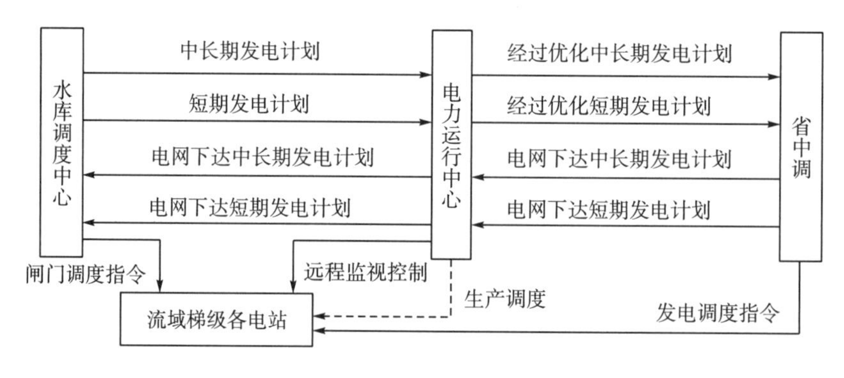

图6-2　发电调度工作流程图

6.2.4 联合调度工作要求

1. 洪水调度

梯级水库洪水调度的任务是根据设计确定的枢纽工程设计洪水、校核洪水和下游防护对象的防洪标准，按照设计的调洪原则，在保证枢纽工程安全的前提下，拦蓄洪水和按规定控制下泄流量，尽量减轻或避免下游洪水灾害。

梯级水库洪水调度的要求包括：确保大坝安全；根据设计规定的洪水补偿调节方式，制定联合洪水调度运用方案，按设计确定的目标任务或上级有关文件规定进行梯级水库的统一调度；遇下游堤防和分滞洪区出现紧急情况时在水情预报及枢纽工程可靠条件下应充分发挥梯级水库调洪作用；遇超标准洪水采取保证大坝安全非常措施时应尽量考虑下游损失；汛期应该充分发挥水库的调洪作用，在实时调度中对各种可能影响泄洪的因素要有足够的估计，汛期限制水位以上的防洪库容调度运用；应按各级防汛指挥部门的调度权限，实行分级调度。

2. 发电及其他兴利调度

梯级水库水电站兴利调度的任务是根据枢纽工程设计的开发目标、参数、指标和兴利部门间的主、次关系及要求，合理调配各水库电站水量，充分发挥水库电站的兴利效益。

梯级水库电站兴利调度要求包括：保证枢纽工程安全，按规定满足其他防护对象安全的要求；坚持计划用水、节约用水、一水多用；各综合利用部门用水要求有矛盾时，应保证重点、兼顾其他、充分协商、顾全整体利益；必须遵守设计所规定的综合利用任务，不得任意扩大或缩小供水任务、范围，库内引水应纳入水库水量的统一分配和调度；凡并入电网运行的水电站，在保证各时期控制水位及蓄水的前提下，应充分发挥其在电网运行中的调峰、调频和事故备用等作用；维护电网的安全、稳定，保证梯级电厂机组安全、稳定、可靠运行；发挥梯级水电站的发、变电设备能力，保证电力生产任务的完成；梯级水库水电站群应按设计要求以全梯级综合利用效益最佳为准则，根据各水库所处位置和特性，制定梯级水库群的调度规则及调度图；实施中应正确掌握各水库蓄放水次序，协调各水库的运行；同一电网的水库水电站群，应充分利用水库特性和水文条件的差异，进行水库群补偿调节，充分发挥水库群的兴利效益；以灌溉为主兼有发电、给水、航运等任务的水库，应按设计规定首先满足灌溉任务，并兼顾发电、给水、航运等；以给水为主兼有灌溉、发电、航运等任务的水库，应按设计规定首先满足工业及城市生活用水任务，并兼顾灌溉、发电和航运等；以航运为主兼有发电、灌溉、给水等任务的水库，应按设计规定首先满足航运任务，并兼顾发电、灌溉和给水等。

6.2.5 基础工作及调度工作评价指标及其算法研究

1. 基础工作考评指标和标准

1) 技术力量配置

(1) 目的：评价集控中心配置的工作人员技术力量。

(2) 评价指标和标准：

①好——总装机规模 1000MW 及以上的梯级水电站成立集控中心，配置工作人员 20＋$(n-2)\times5$ 人及以上，其中调度人员 $10+(n-2)\times2$ 人及以上；总装机规模 1000MW 以下的梯级水电站成立集控中心，配置工作人员 $15+(n-2)\times3$ 人及以上，其中调度人员 $8+(n-2)\times2$ 人及以上。

②一般——总装机规模 1000MW 及以上的梯级水电站成立集控中心，配置工作人员 $15+(n-2)\times4$ 人及以上，其中调度人员 $6+(n-2)\times1.5$ 人及以上；总装机规模 1000MW 以下的梯级水电站成立集控中心，配置工作人员 $12+(n-2)\times2$ 人及以上，其中调度人员 $5+(n-2)\times1.5$ 人及以上。

③差——梯级水电站未成立集控中心，或配置工作人员、调度人员未能达到一般标准。

评价标准中，n 为梯级电站数目，$n>1$。

2) 通信设施

(1) 目的：评价通信设施的通信方式。

(2) 评价指标：

①有线通信；

②无线电台；

③自动遥测报汛系统；

④微波、载波或卫星通信系统；

⑤GSM 短信通知。

(3) 评价标准：

①好——水雨情报传递有两种，对下级通信有两种；

②一般——水雨情报传递和对上下级通信，其中一项有两种，另一项有一种；

③差——水雨情报传递和对上下级通信只有一种通信方式。

3) 计算机监控系统

(1) 目的：评价计算机监控系统的功能完善程度。

(2) 评价指标：

①监控系统能实现对各被控水电厂及其主要机电设备的安全监控，包括自动巡回检测、越限报警、复限提示、运行参数和状态的记录、事件自动顺序记录等功能，也可具有事故追忆、相关量记录等功能；

②监控系统能实现对各被控水电厂及其主要机电设备的操作和调节功能；

③监控系统具有统计分析、运行管理和指导等功能；

④监控系统具有查询、显示、语音或音响报警、报表打印、限值修改、参数设置等人机交互功能；

⑤监控系统具有自诊断、自恢复与通信监视功能；

⑥监控系统具有与梯级水情自动测报系统、生产管理信息系统等的数据通信功能；

⑦监控系统具有时钟同步功能，以实现与上级调度自动化系统及各被控水电厂计算机

监控系统或监控设备的时钟同步；

⑧监控系统能与上级有关调度自动化系统及各被控水电厂的计算机监控系统或监控设备实现数据通信；

⑨监控系统具有按电站、类别、性质对报警信息进行分类检索的功能。

(3) 评价标准：

①好——满足九项指标；

②一般——满足第一～五项指标，但九项指标不全满足；

③差——第一～五项指标至少一项不满足。

(4) 参考规范：DL/T 5345—2006《梯级水电厂集中监控工程设计规范》。

4) 水调自动化系统

(1) 目的：评价水调自动化系统的功能完善程度。

(2) 评价指标：

①水情自动测报：实时自动采集、传输和接收遥测站雨量、水位等水情要素，人工置数自动传输，水情预报作业；

②数据采集：采集各水电厂水雨情、闸门启闭信息、水文预报结果和水务计算结果等，从 EMS 中采集重点水电厂机组运行信息，接收或采集卫星云图等气象信息；

③数据处理：对采集来的数据进行合理性检查，对数据进行加工、整理和必要的计算，准确及时地生成水务结果和时段统计结果；

④发电计划编制：能进行中长期、短期发电计划的编制，并可进行滚动修改。能与水情自动测报系统、计算机监控系统方便、安全交互数据；

⑤安全监控：实时显示各水电厂水雨情、闸门启闭信息、水文预报结果和水务计算结果及机组运行等信息，对水位、雨量、流量等要素实现分级越限报警，监视计算机广域网重要设备的运行状态；

⑥人机交互：通过图形、报表等方式显示重点水电厂雨情、水情、水文预报结果、调洪演算结果以及发电信息、调峰弃水损失电量等，进行画面、数据等在线编辑、修改，对越限报警进行处理，根据需要，进行各种异常及事故打印、计算统计报表打印和画面拷贝；

⑦数据通信及其他：具备向上下级、同级系统及其他系统接收、发送和转发有关数据的接口，具备供其他应用系统访问的第三方接口；支持远方查询、诊断，支持 Intranet，可用浏览器方式查询数据、图表。

(3) 评价标准：

①好——满足七项指标；

②一般——满足第一～四项指标，但七项指标不全满足；

③差——第一～四项指标至少一项不满足。

5) 电能量采集管理自动化系统

(1) 目的：评价电能量采集管理系统的功能完善程度。

(2) 评价指标：

①数据采集：数据采集具备多种通信方式，能进行定时和随机召唤，非网络通信时，速率可调整，并在 1200 波特率及以上；

②数据存储：厂站端电量采集终端或电能表应能存放带时标电量数据不少于 30 天，用于结算的原始电量数据能保存 2 年，备份电量数据长期保存；

③系统安全管理：对数据的修改、查询、数据库访问、生成都应具有权限和安全认证，系统与其他系统互联有可靠的安全隔离措施，电量系统的数据采集、计算、统计、结算都能自动进行；

④数据运算：能进行峰、平、谷、日、月、年的电量统计，能进行各类电量数据公式运算，能进行旁路代路电量计算、电量数据平衡运算和统计；

⑤数据查询：原始电量、应用电量数据、时段电量数据、统计电量、公式运算电量、旁路替代电量、备份数据、设备档案查询，系统告警信息、旁路代路、电表更换等事件信息的查询，曲线或其他图表形式显示时段电量、公式运算电量、统计电量。

(3) 评价标准：

①好——满足五项指标；

②一般——满足第一～三项指标，但五项指标不全满足；

③差——第一～三项指标至少一项不满足。

6) 水库调度规程

(1) 目的：评价水库调度规程的内容完整程度。

(2) 评价指标：

①各水库承担的任务，调度运用的原则和要求；

②主要运用指标；

③防洪调度规则；

④兴利调度规则及绘制调度图；

⑤水文情报与预报规定；

⑥水库调度的规章制度；

⑦信息收集、整理和发布。

(3) 评价标准：

①好——满足七项指标；

②一般——满足六项指标；

③差——满足五项及以下指标。

(4) 参考规范：SL224—98《水库洪水调度考评规定》。

7) 基本资料

(1) 目的：评价掌握的基础资料的内容完整程度。

(2) 评价指标：

①水库流域自然地理和社会经济资料汇编；

②水文气象资料汇编；

③规划设计资料汇编；
④各电站历年运用资料汇编；
⑤电网水调自动化系统和水电厂水情自动测报系统有关资料；
⑥与水库调度工作有关的法律法规、规程规定；
⑦与水库调度工作有关的文件、调度指令；
⑧与水库调度工作有关的科研成果。
(3) 评价标准：
①好——满足八项指标；
②一般——满足七项指标；
③差——满足六项及以下指标；
(4) 参考规范：SL224—98《水库洪水调度考评规定》。

8) 通信设施年、月系统畅通率 A_1

(1) 目的：评价通信设施的系统健康状况。
(2) 定义：系统通畅运行时间与统计时间的比值。
(3) 评价指标：

$$A_1 = \frac{T - T_{故}}{T} \tag{6-1}$$

式中，T 为时段内小时数(h)；$T_{故}$ 为设备发生故障的时间长度(h)。
(4) 评价标准：
①好——$A_1 \geqslant 0.99$；
②一般——$0.95 \leqslant A_1 < 0.99$；
③差——$A_1 < 0.95$。

9) 计算机监控系统年、月系统可用度 A_2

(1) 目的：评价计算机监控系统健康状况。
(2) 定义：系统可用时间与统计时间的比值。
(3) 评价指标：

$$A_2 = \frac{T - T_{故}}{T} \tag{6-2}$$

式中，T 为时段内小时数(h)；$T_{故}$ 为系统发生故障的时间长度(h)。
(4) 评价标准：
①好——$A_2 \geqslant 0.99$；
②一般——$0.95 \leqslant A_2 < 0.99$；
③差——$A_2 < 0.95$。

10) 水调自动化系统年、月系统可用度 A_3

(1) 目的：评价水调自动化系统健康状况。
(2) 定义：系统可用时间与统计时间的比值。

(3) 评价指标：

$$A_3 = \frac{T - T_{故}}{T} \tag{6-3}$$

式中，T 为时段内小时数(h)；$T_{故}$ 为系统发生故障的时间长度(h)。

(4) 评价标准：

①好——$A_3 \geqslant 0.95$；

②一般——$0.80 \leqslant A_3 < 0.95$；

③差——$A_3 < 0.80$。

11) 电能量采集管理自动化系统年、月系统可用度 A_4

(1) 目的：评价电能量采集管理自动化系统健康状况。

(2) 定义：系统可用时间与统计时间的比值。

(3) 评价指标：

$$A_4 = \frac{T - T_{故}}{T} \tag{6-4}$$

式中，T 为时段内小时数(h)；$T_{故}$ 为系统发生故障的时间长度(h)。

(4) 评价标准：

①好——$A_4 \geqslant 0.99$；

②一般——$0.95 \leqslant A_4 < 0.99$；

③差——$A_4 < 0.95$。

2. 调度工作考评指标和标准

1) 天气预报应用管理

(1) 目的：评价天气预报服务的内容完整程度、应用管理水平。

(2) 评价指标：

①年、季、月、旬、日天气形势、降雨过程及量级预报；

②首末场洪水峰现时间预报；

③卫星云图、雷达回波；

④天气形势、降雨实况总结；

⑤自然灾害情况、特殊天气信息及时准确通过电话或短信通知。

(3) 评价标准：

①好——满足五项指标；

②一般——满足四项指标；

③差——满足三项及以下指标。

2) 中长期入库及区间径流预报 B_1

(1) 目的：评价中长期来水预测方面的预测水平和工作成效。

(2) 定义：在某一时段内，预测平均入库流量与实测平均入库流量的绝对误差与实测入库流量多年变幅的比值。

(3) 评价指标：

$$B_1=\frac{\left|(Q_{sy}+Q'_{qj})-Q_s\right|}{Q_{变}} \tag{6-5}$$

式中，Q_{sy} 为上游电站流至该水库流量 (m^3/s)；Q'_{qj} 为预测的区间流量 (m^3/s)；Q_s 为实测的总入库流量 (m^3/s)；$Q_{变}$ 为总入库流量多年变幅 (m^3/s)。

(4) 评价标准：

①好——$B_1 \leqslant 0.1$；

②一般——$0.1 < B_1 \leqslant 0.5$；

③差——$B_1 > 0.5$。

(5) 参考标准：SL250—2000《水文情报预报规范》。

3) 短期入库及区间径流预报 B_2

(1) 目的：评价短期来水预测方面的预测水平和工作成效。

(2) 定义：在某一时段内，预测的平均入库流量与实际的平均入库流量相比较的准确程度。

(3) 评价指标：

$$B_2=1-\frac{\left|(Q_{sy}+Q'_{qj})-Q_s\right|}{Q_s}\times 100\% \tag{6-6}$$

式中，Q_{sy} 为上游电站流至该水库流量 (m^3/s)；Q'_{qj} 为预测的区间流量 (m^3/s)；Q_s 为实测的总入库流量 (m^3/s)。

(4) 评价标准：

①好——$B_2 \geqslant 0.90$；

②一般——$0.80 \leqslant B_2 < 0.90$；

③差——$B_2 < 0.80$。

(5) 参考标准：SL250—2000《水文情报预报规范》。

4) 实时洪水预报洪峰流量预报误差 B_3

(1) 目的：评价实时洪水预报对洪峰流量预报的水平和工作成效。

(2) 定义：预测洪峰流量与实测洪峰流量的绝对误差与实测洪峰流量的比值。

(3) 评价指标：

$$B_3=\frac{\left|Q_{预}-Q_{实}\right|}{Q_{实}} \tag{6-7}$$

式中，$Q_{预}$ 为预报洪峰流量 (m^3/s)；$Q_{实}$ 为实测洪峰流量 (m^3/s)。

(4) 评价标准：

对多次预报成果进行评价时，评价指标 B_3 取其均值。

①好——$B_3 \leqslant 0.10$；

②一般——$0.10 < B_3 \leqslant 0.20$；

③差——$B_3 > 0.20$。

(5) 参考规范：SL224—98《水库洪水调度考评规定》。

5) 洪水总量预报误差 B_4

(1) 目的：评价实时洪水预报对洪水总量预报的水平和工作成效。

(2) 定义：预测洪水总量与实测洪水总量的绝对误差与实测洪水总量的比值。

(3) 评价指标：

$$B_4 = \frac{\left|W_{预} - W_{实}\right|}{W_{实}} \tag{6-8}$$

式中，$W_{预}$ 为预报洪水总量(m^3)；$W_{实}$ 为实测洪水总量(m^3)。

(4) 评价标准：

对多次预报成果进行评价时，评价指标 B_4 取其均值。

①好——$B_4 \leqslant 0.10$；

②一般——$0.10 < B_4 \leqslant 0.20$；

③差——$B_4 > 0.20$。

(5) 参考规范：SL224—98《水库洪水调度考评规定》。

6) 峰现时间预报误差 B_5

(1) 目的：评价实时洪水预报对洪峰出现时间预报的水平和工作成效。

(2) 定义：预报洪峰与实测洪峰出现时间的绝对误差与编制洪水预报方案计算时段的比值。

(3) 评价指标：

$$B_5 = \frac{\left|t_{预} - t_{实}\right|}{\Delta t} \tag{6-9}$$

式中，$t_{预}$ 为预报洪峰出现的时间(h)；$t_{实}$ 为实测洪峰出现的时间(h)；Δt 为编制洪水预报方案所采用的计算时段(h)。

(4) 评价标准：

对多次预报成果进行评价时，评价指标 B_5 取其均值。

①好——$B_5 \leqslant 1.00$；

②一般——$1.00 < B_5 \leqslant 2.00$；

③差——$B_5 > 2.00$。

(5) 参考规范：SL224—98《水库洪水调度考评规定》。

7) 洪水过程预报误差 B_6

(1) 目的：评价实时洪水预报对洪水过程预报的水平和工作成效。

(2) 定义：所有时刻流量预报相对误差的平均值。

(3) 评价指标：

$$B_6=\frac{1}{N}\sum_{i=1}^{N}\frac{\left|Q_{i预}-Q_{i实}\right|}{Q_{i实}} \tag{6-10}$$

式中，N 为预报洪水过程中实测流量次数；$Q_{i预}$ 为第 i 时刻预报流量 (m^3/s)；$Q_{i实}$ 为第 i 时刻实测流量 (m^3/s)。

(4) 评价标准：

对多次预报成果进行评价时，评价指标 B_6 取其均值。

①好——$B_6 \leqslant 0.15$；

②一般——$0.15 < B_6 \leqslant 0.30$；

③差——$B_6 > 0.30$。

(5) 参考规范：SL224—98《水库洪水调度考评规定》。

8) 年度发电计划

(1) 目的：评价年度发电计划编制的合理性。

(2) 评价指标：

①充分利用天气预报、水情预报、电网负荷预测预报信息；

②调度计划编制内容符合要求；

③发电计划考虑梯级电站水库综合利用要求；

④年内根据实际来水情况，调整修改发电计划。

(3) 评价标准：

①好——满足四项指标；

②一般——满足三项指标；

③差——满足两项及以下指标。

9) 月度发电计划

(1) 目的：评价月度发电计划编制的合理性和精确度。

(2) 评价指标：

①充分利用天气预报、水情预报、电网负荷预测预报信息；

②调度计划编制内容符合要求；

③发电计划考虑梯级电站水库综合利用要求；

④上报月度发电计划总电量与梯级实际总发电量相差不超过 20%；

⑤月内根据实际来水情况，调整修改发电计划。

(3) 评价标准：

①好——满足五项指标；

②一般——满足四项指标；

③差——满足三项及以下指标。

10) 旬或周发电计划

(1) 目的：评价旬或周发电计划编制的合理性和精确度。

(2) 评价指标：

①充分利用天气预报、水情预报、电网负荷预测预报信息；

②调度计划编制内容符合要求；

③发电计划考虑梯级电站水库综合利用要求；

④上报旬或周发电计划总电量与梯级实际总发电量相差不超过 25%；

⑤根据实际来水情况，调整修改发电计划。

(3) 评价标准：

①好——满足五项指标；

②一般——满足四项指标；

③差——满足三项及以下指标。

11) 日发电计划

(1) 目的：评价日发电计划编制的合理性和精确度。

(2) 评价指标：

①充分利用天气预报信息、水情预报信息、电网负荷预测信息；

②调度计划编制内容符合要求；

③发电计划考虑梯级电站水库综合利用要求；

④上报日发电计划总电量与梯级实际总发电量相差不超过 30%；

⑤根据实际来水情况，调整修改发电计划。

(3) 评价标准：

①好——满足五项指标；

②一般——满足四项指标；

③差——满足三项及以下指标。

12) 年计划电量完成率 B_7

(1) 目的：评价对年发电计划的完成情况。

(2) 评价指标：

$$B_7 = \frac{E_{实}}{E_{计}} \tag{6-11}$$

式中，$E_{实}$ 为年实发总电量(kW·h)；$E_{计}$ 为年计划总电量(kW·h)。

(3) 评价标准：

①好——$1.00 \leqslant B_7 < 2.00$；

②一般——$0.90 \leqslant B_7 < 1.00$；

③差——$B_7 < 0.90$ 或 $B_7 > 2.00$。

13) 月计划电量完成率 B_8

(1) 目的：评价对月发电计划的完成情况。

(2) 评价指标：

$$B_8=\frac{E_{实}}{E_{计}} \tag{6-12}$$

式中，$E_{实}$ 为月实发总电量(kW·h)；$E_{计}$ 为月计划总电量(kW·h)。

(3)评价标准：

①好——$0.90 \leqslant B_8 < 1.10$；

②一般——$0.80 \leqslant B_8 < 0.90$ 或 $1.10 \leqslant B_8 < 1.20$；

③差——$B_8 < 0.80$ 或 $B_8 > 1.20$。

14)实时调度

(1)目的：反映实时调度工作的合理性。

(2)评价指标：

①信息收集、整理和发布，及时收集、核查和整理水电厂运行情况、水文气象情报预报等信息，并按规定进行报送、发布；

②水调自动化系统的巡查和维护，对水调自动化相关系统的运行情况进行日常检查，定时巡视和检查系统设备，发现异常及时联系有关人员处理，并做好相关记录；

③梯级电站未出现开闸弃水情况，如出现弃水原因为电网安全因素或其他原因，而非调度不当；

④未出现公司梯级电站有 30%以上机组有功出力同时低于 20%额定出力运行情况(因电网安全约束、电网投入 PSS 机组台数要求、机组试验等其他特殊情况，造成有功出力低于 20%额定出力的机组，不计入机组台数)；

⑤梯级电站机组正常运行及天气较好情况下未出现按检修、试验等相关规程规定以外的开机空载带厂用电运行；

⑥在新老机组同时可调的时间范围内，新机组发电量占新老机组总发电量的比例，大于或者等于新机组装机容量占新老机组总装机容量的比例。

(3)评价标准：

①好——满足六项指标；

②一般——满足第一～三项指标，但六项指标不全满足；

③差——第一～三项指标至少一项不满足。

15)洪水调度

- 次洪水起涨水位指数 B_9

(1)目的：评价洪水调度工作中，洪水来临前对水库水位控制工作的成效。

(2)定义：次洪水起涨水位相应库容减去防洪限制水位相应库容的差值与防洪库容(调洪库容)的比值。

(3)评价指标：

$$B_9=\frac{V_{起}-V_{防限}}{V_{防调}} \tag{6-13}$$

式中，$V_{防限}$ 为防洪限制水位相应的库容或经过批准的浮动防限水位相应库容(m^3)；$V_{起}$ 为次洪水起涨水位相应库容(m^3)；起涨水位：一次洪水过程中，涨水前最低的水位；$V_{防调}$为有防洪库容的水库为防洪库容，无防洪库容的水库为调洪库容(m^3)。

(4)评价标准：

对多次洪水调度进行评价时，评价指标B_9取其均值。

①好——$B_9 \leqslant 0.00$；

②一般——$0.00 < B_9 \leqslant 0.02$；

③差——$B_9 > 0.02$。

(5)参考规范：SL224—98《水库洪水调度考评规定》。

(6)指标特性：这一指标与水资源高效利用存在一定矛盾。当次洪水起涨水位过低时，前期放水较多，过多的水量在低水头状况下发电，虽然此项指标评价为“好”，却造成了耗水率的提高。

- 次洪水最高水位指数B_{10}

(1)目的：评价洪水调度工作中，对水库最高水位控制工作的成效。

(2)定义：次洪水最高水位相应库容减去按调洪规则计算得最高水位相应库容的差值与防洪库容(调洪库容)的比值。

(3)评价指标：

$$B_{10} = \frac{V_{实} - V_{相应}}{V_{防调}} \tag{6-14}$$

式中，$V_{实}$为实测次洪水最高水位相应库容值(m^3)；$V_{相应}$为次洪水相应洪水频率(或按调洪规则计算的)最高水位相应库容值(m^3)；$V_{防调}$为有防洪库容的水库为防洪库容，无防洪库容的水库为调洪库容(m^3)。

(4)评价标准：

对多次洪水调度进行评价时，评价指标B_{10}取其均值。

①好——$B_{10} \leqslant 0.00$；

②一般——$0.00 < B_{10} \leqslant 0.20$；

③差——$B_{10} > 0.20$。

(5)参考规范：SL224—98《水库洪水调度考评规定》。

- 次洪水最大下泄流量指数B_{11}

(1)目的：评价洪水调度工作中，对水库最大下泄流量控制工作的成效。

(2)定义：次洪水实测最大下泄流量或水库下游防洪控制点的流量与根据批准的调洪规则计算得到的最大下泄流量或水库下游防洪控制点的流量的比值。

(3)评价指标：

$$B_{11} = \frac{Q_{实}}{Q_{设}} \tag{6-15}$$

式中，$Q_{实}$为次洪水实测最大下泄流量或水库下游防洪控制点的流量(m^3/s)；$Q_{设}$为根据批准的调洪规则，计算最大下泄流量或水库下游防洪控制点的流量(m^3/s)。

(4) 评价标准：

对多次洪水调度进行评价时，评价指标 B_{11} 取其均值。

①好——$B_{11} \leqslant 1.00$；

②一般——$1.00 < B_{11} \leqslant 1.10$；

③差——$B_{11} > 1.10$。

(5) 参考规范：SL224—98《水库洪水调度考评规定》。

● 预泄调度指数 B_{12}

(1) 目的：评价洪水调度工作中，预泄腾库工作的成效。

(2) 定义：预泄所腾出的库容与防洪库容(调洪库容)的比值。

(3) 评价指标：

$$B_{12} = \frac{V_{\text{预}}}{V_{\text{防调}}} \tag{6-16}$$

式中，$V_{\text{预}}$ 为预泄所腾出的库容(m^3)；$V_{\text{防调}}$ 为有防洪库容的水库为防洪库容，无防洪库容的水库为调洪库容(m^3)。

(4) 评价标准：

对多次洪水调度进行评价时，评价指标 B_{12} 取其均值。

①好——$B_{12} \geqslant 0.05$；

②一般——$0.01 \leqslant B_{12} < 0.05$；

③差——$B_{12} < 0.01$。

(5) 参考规范：SL224—98《水库洪水调度考评规定》。

(6) 指标特性：这一指标与水资源高效利用存在一定矛盾。当预泄所腾出的库容过大时，过多的水量在低水头状况下发电，虽然此项指标评价为“好”，却造成了耗水率的提高。

● 次洪削峰率 B_{13}

(1) 目的：评价洪水调度工作中，对洪水洪峰流量消减工作的成效。

(2) 定义：次洪水实测最大下泄流量与次洪水实测最大入库流量的差值和次洪水实测最大下泄流量的比值。

(3) 评价指标：

$$B_{13} = \frac{Q_{\text{入}} - Q_{\text{实}}}{Q_{\text{入}}} \tag{6-17}$$

式中，$Q_{\text{实}}$ 为次洪水实测最大下泄流量或水库下游防洪控制点的流量(m^3/s)；$Q_{\text{入}}$ 为次洪水实测最大入库流量(m^3/s)。

(4) 评价标准：

对多次洪水调度进行评价时，评价指标 B_{13} 取其均值。

①好——$B_{13} \geqslant 0.50$；

②一般——$0.30 \leqslant B_{13} < 0.50$；

③差——$B_{13} < 0.30$。

(5) 参考规范：SL224—98《水库洪水调度考评规定》。

- 洪水调度流程

(1) 目的：评价洪水调度流程的规范性。

(2) 评价指标：

①进行洪水预报会商；

②制定洪水调度方案；

③洪水调度方案会商；

④洪水调度方案报批；

⑤洪水调度方案跟踪。

(3) 评价标准：

①好——满足五项指标；

②一般——满足四项指标；

③差——满足三项及以下指标。

16) 信息报送合格率 B_{14}

(1) 目的：反映各相关单位报送数据的正确性和及时性。

(2) 定义：合格及时地报送各种信息的次数与需报送总次数的比值。

(3) 评价指标：

$$B_{14}=\frac{n_{报}}{n_{应}} \tag{6-18}$$

式中，$n_{报}$ 为合格及时地报送各种信息的次数； $n_{应}$ 为需报送的各种信息的总次数。

(4) 评价标准：

①好——$B_{14}=1.00$；

②一般——$0.98\leqslant B_{14}<1.00$；

③差——$B_{14}<0.98$。

17) 检修调度管理

(1) 目的：评价检修调度工作的完成情况。

(2) 评价指标：

①每年准时完成年度检修计划的上报、下达；

②每月准时完成月度检修计划的上报、下达；

③统筹协调安排临时检修、事故检修的检修申请、检修批复、检修执行。

(3) 评价标准：

①好——满足三项指标；

②一般——满足两项指标；

③差——满足一项及以下指标。

18) 专业工作总结

(1) 目的：反映专业工作总结的完成情况。

(2) 评价指标：

①对各预报时段水文气象预报工作分析总结；

②对各时段防汛工作进行分析总结；

③对各时段调度运行分析总结；

④根据水库调度运行工作的实际需要，必要时对供水、航运、防凌、排沙等工作进行专题分析总结。

(3) 评价标准：

①好——满足四项指标；

②一般——满足三项指标；

③差——满足两项及以下指标。

19) 调峰弃水电量损失率 B_{15}

(1) 目的：反映梯级水电站调峰弃水电量损失情况。

(2) 定义：调峰弃水损失电量占总可发电量(实际发电量加上调峰弃水损失电量)的百分比。其中，调峰弃水损失电量是指水电厂因参与电网调峰而损失的电量。

(3) 评价指标：

$$B_{15}=\frac{E_{调损}}{E_{调损}+E_{实}} \tag{6-19}$$

式中，$E_{调损}$ 为调峰弃水损失电量(kW·h)；$E_{实}$ 为实发电量(kW·h)。

(4) 评价标准：

①好——$B_{15}\leqslant 0.02$；

②一般——$0.02< B_{15}\leqslant 0.05$；

③差——$B_{15}>0.05$。

20) 年梯级综合耗水率 B_{16}

(1) 目的：反映梯级水电站发电运行的能耗水平。

(2) 定义：所有水电厂发出单位电能所消耗的发电水量。

(3) 评价指标：

$$B_{16}=\frac{\sum_{i=1}^{n}W_{\mathrm{fd},i}}{\sum_{i=1}^{n}E_{i}} \tag{6-20}$$

式中，$W_{\mathrm{fd},i}$ 为第 i 个水电站的发电水量(m^3)；E_i 为第 i 个水电站的发电量(kW·h)。

(4) 评价标准：

①好——$B_{16}\leqslant\gamma_{定}$；

②一般——$\gamma_{定}< B_{16}\leqslant 1.2\cdot\gamma_{定}$；

③差——$B_{16}>1.2\cdot\gamma_{定}$。

$\gamma_{定}$ 为本时段计算水能利用提高率时得出的计算发电耗水率。

21) 年、月水量利用率 B_{17}

(1) 目的：反映梯级水电站在一定时期内可发电水量的利用程度。

(2) 定义：水电厂的实际发电水量与时段库容差之和占总可发电水量的百分比。

(3) 评价指标：

$$B_{17}=\frac{\sum_{i=1}^{n}(W_E^i+\Delta W^i)}{\sum_{i=1}^{n}W_{\mathrm{kf}}^i}\times 100\% \tag{6-21}$$

式中，W_E^i 为第 i 个水电站在统计时段内的发电水量(m^3)；ΔW^i 为第 i 个水电站在统计时段期末与期初的库容差(m^3)；W_{kf}^i 为第 i 个水电站在统计时段可发电水量(m^3)；n 为参与统计的水电站的个数。

(4) 评价标准：

年调节及年调节以上电站：

①好——$B_{17}\geqslant 0.95$；

②一般——$0.80\leqslant B_{17}<0.95$；

③差——$B_{17}<0.80$。

季调节及季调节以下电站：

①好——$B_{17}\geqslant 0.70$；

②一般——$0.50\leqslant B_{17}<0.70$；

③差——$B_{17}<0.50$。

22) 年平均洪水利用率 B_{18}

(1) 目的：反映对年内洪水的平均利用程度。

(2) 定义：入库洪水总量与弃洪量之差和入库洪水总水量的比值。

(3) 评价指标：

$$B_{18}=\frac{V_{\text{入洪}}-V_{\text{弃洪}}}{V_{\text{入洪}}} \tag{6-22}$$

式中，$V_{\text{弃洪}}$ 为弃洪量(m^3)；$V_{\text{入洪}}$ 为入库洪水总水量(m^3)。

(4) 评价标准：

①好——$B_{18}\geqslant 0.80$；

②一般——$0.60\leqslant B_{18}<0.80$；

③差——$B_{18}<0.60$。

23) 年机组可调小时数 B_{19}

(1) 目的：反映机组的健康状况。

(2) 定义：机组的平均可调小时数。

(3) 评价指标：

$$B_{19}=\frac{\sum_{i=1}^{n}T_{可,i}}{n} \tag{6-23}$$

式中，$T_{可,i}$ 为第 i 台机组可调小时数(h)； n 为机组台数。

(4)评价标准：

①好——$B_{19}\geqslant 8000$；

②一般——$7000\leqslant B_{19}<8000$；

③差——$B_{19}<7000$。

24)装机平均利用小时数 B_{20}

(1)目的：反映对机组的平均利用情况。

(2)定义：机组的平均可调小时数。

(3)评价指标：

$$B_{20}=\frac{\sum_{i=1}^{n}E_i}{\sum_{i=1}^{n}N_i} \tag{6-24}$$

式中，E_i 为第 i 个水电站的年发电量(kW·h)； N_i 为第 i 个水电站的装机容量(MW)； n 为参与统计的水电站的个数。

(4)评价标准：

①好——$B_{20}\geqslant 1.05\cdot h_{省均}$；

②一般——$0.90\cdot h_{省均}\leqslant B_{20}<1.05\cdot h_{省均}$；

③差——$B_{20}<0.90\cdot h_{省均}$。

$h_{省均}$ 为全省水电装机平均利用小时数。

25)汛期机组等效可用系数 B_{21}

(1)目的：反映汛期机组降低出力运行情况。

(2)定义：汛期机组等效可用小时数与统计期小时数的比值。

(3)评价指标：

$$B_{21}=\frac{\sum_{i=1}^{n}\left(T_{可,i}-T_{停,i}\right)}{\sum_{i=1}^{n}T_{统,i}}\times 100\% \tag{6-25}$$

式中，$T_{可,i}$ 为第 i 台机组在该时期的可用小时数(h)； $T_{停,i}$ 为第 i 台机组在该时期的降低出力等效停运小时数(h)； $T_{统,i}$ 为第 i 台机组在该时期的统计期小时数(h)； n 为参与统计的机组台数。

(4)评价标准：

①好——$B_{21}\geqslant 0.95$；

②一般——$0.80\leqslant B_{21}<0.95$；

③差——B_{21} <0.80。

26) 弃水期负荷率 B_{22}

(1) 目的：反映水电厂弃水期的发电负荷率情况。

(2) 定义：统计时期内所有弃水水电站发电负荷率的平均值。

(3) 评价指标：

$$B_{22}=\frac{\sum_{i=1}^{n}\sum_{j=1}^{m}\left(N_{i,j}^{弃均}\times t_{i,j}\right)}{\sum_{i=1}^{n}\sum_{j=1}^{m}\left(N_{i,j}^{弃\max}\times t_{i,j}\right)}\times 100\% \tag{6-26}$$

式中，$N_{i,j}^{弃均}$ 为发生第 j 次弃水的第 i 个水电厂在该时期的平均出力(MW)；$N_{i,j}^{弃\max}$ 为发生第 j 次弃水的第 i 个水电厂在该时期的最大出力(MW)；$t_{i,j}$ 为发生第 j 次弃水的第 i 个水电厂该时期内小时数(h)；n 为弃水水电厂的个数；m 为弃水水电厂的弃水次数。

(4) 评价标准：

①好——B_{22} ≥90%；

②一般——80%≤ B_{22} <90%；

③差——B_{22} <80%。

27) 年检修计划完成率 B_{23}

(1) 目的：反映梯级水电站检修计划的完成情况。

(2) 定义：实际检修总次数与计划检修总次数的比值。

(3) 指标计算：

$$B_{23}=\frac{N_{实}}{N_{计}} \tag{6-27}$$

式中，$N_{实}$ 为各电站实际检修总次数；$N_{计}$ 为各电站计划检修总次数。

6.3　梯级水电站联合调度效益评价指标及算法研究

6.3.1　经济效益指标

1) 年水能利用提高率 C_1

(1) 目的：反映综合评价水电厂运行的节水增发成效。

(2) 定义：水电厂的实际发电量与考核发电量相比的提高程度，用节水增发电量占考核发电量的百分比来表示。

(3) 评价指标：

$$C_1=\frac{\sum_{i=1}^{n}\left(E_{实,i}-E_{考,i}\right)}{\sum_{i=1}^{n}E_{考,i}}\times 100\% \tag{6-28}$$

式中，$E_{实,i}$ 为第 i 个水电站的实际发电量(kW·h)；$E_{考,i}$ 为第 i 个水电站的考核发电量(包含库容电量差)(kW·h)；n 为水电厂个数。

(4) 评价标准：

$$\eta_{考}=\frac{\sum_{i=1}^{n}E_{考,i}\cdot\eta_i}{\sum_{i=1}^{n}E_{考,i}} \tag{6-29}$$

式中，$\eta_{考}$ 为综合水能利用提高率考核值；η_i 为单站利用提高率考核值，多年调节水库取 5%，其他调节性能水库取 2%。

①好—— $C_1\geqslant\eta_{考}$；

②一般——$0.00\leqslant C_1<\eta_{考}$；

③差—— $C_1<0.00$。

2) 年节水增发电经济效益 C_2

(1) 目的：反映通过优化调度增发电量的经济效益。

(2) 指标计算：

$$C_2=\sum_{i=1}^{n}\left[\left(E_{实,i}-E_{考,i}\right)\cdot\eta_i\right] \tag{6-30}$$

式中，C_2 为节水增发电经济效益(元)；$E_{实,i}$ 为第 i 个水电站的实际发电量(kW·h)；$E_{考,i}$ 为第 i 个水电站的考核发电量(kW·h)；η_i 为第 i 个水电站电价(元/kW·h)；n 为水电厂个数。

3) 年电价差效益 C_3

(1) 目的：反映因调度人员协调，电量由低电价机组转移至高电价机组所产生的经济效益。

(2) 定义：实际收入与理论收入的差值，理论收入为各机组加权电量与电价乘积(加权电量比例由各机组设计电量占总设计电量的比例确定)。

(3) 指标计算：

$$C_3=\sum_{j=1}^{m}\left(S_j-\sum_{i=1}^{n}\left(\frac{E_{设,i,j}}{E_{设,j}}\cdot E_{实,j}\cdot\eta_{i,j}\right)\right) \tag{6-31}$$

式中，S_j 为第 j 个电站实际总收入(元)；$E_{设,i,j}$ 为第 j 个电站第 i 台机组设计电量(kW·h)；$E_{设,j}$ 为第 j 个电站设计电量(kW·h)；$E_{实,j}$ 为第 j 个电站实发电量(kW·h)；$\eta_{i,j}$ 为第 j 个电站第 i 台机组平均电价(元/kW·h)；m 为梯级电站的电站数目；n 为电站机组台数。

4) 洪水补偿调节效益 C_4

(1) 目的：评价因合理利用区间洪水，减少上游电站放水，加大本库电站出力，而取得的效益。

(2) 定义：减少本库电站弃水与耗水率比值。

(3) 指标计算：

$$C_4 = \left[\left(W_1 - W_2 \right) + \left(W_3 - W_4 \right) + \left(V_1 - V_2 \right) \right] / \left(W_5 / W_p \right) \tag{6-32}$$

式中，W_1为上游水库调整前出力对应的发电水量(m^3)；W_2为上游水库实际出力对应的发电水量(m^3)；W_3为本库电站实际出力对应的发电水量(m^3)；W_4为本库电站调整前出力对应的发电水量(m^3)；V_1为本库时段末实际蓄水量(m^3)；V_2为本库段内允许最高水位对应库容(m^3)；W_5为本库电站前一日发电水量(m^3)；W_p为本库电站前一日发电量(kW·h)。

5) 实时协调优化电量 C_5

(1) 目的：反映因调度人员协调，梯级水电站增发的电量。

(2) 定义：实时协调优化电量包括直接增加电量、提高机组负荷降低耗水率增发电量、减少空载耗水折算电量、多开新机组产生效益电量、减少主变空载损耗折算电量、减少下游电站弃水效益电量。

(3) 指标计算：

$$C_5 = C_{T,5a} + C_{T,5b} + C_{T,5c} + C_{T,5d} + C_{T,5e} + C_{T,5f} \tag{6-33}$$

式中，C_5为实时协调优化电量(kW·h)；$C_{T,5a}$为直接增加电量(kW·h)；$C_{T,5b}$为提高机组负荷降低耗水率增发电量(kW·h)；$C_{T,5c}$为减少空载耗水折算电量(kW·h)；$C_{T,5d}$为多开新机组产生效益折算电量(kW·h)；$C_{T,5e}$为减少主变空载损耗折算电量(kW·h)；$C_{T,5f}$为减少下游电站弃水电量(kW·h)。

$$C_{T,5a} = \sum_{i=1}^{n} \left(N_{增,i} \cdot T_{增,i} \right) \tag{6-34}$$

式中，$N_{增,i}$为第i个水电站增加的平均出力(kW)；$T_{增,i}$为第i个水电站增加出力的持续时间(h)；n为参与统计的水电站的个数。

$$C_{T,5b} = \sum_{i=1}^{n} \left[\frac{\left(\gamma_{前,i} - \gamma_{后,i} \right) \cdot E_i}{\gamma_{均,i}} \right] \tag{6-35}$$

式中，$\gamma_{前,i}$为第i个水电站提高负荷前平均耗水率(m^3/kW·h)；$\gamma_{后,i}$为第i个水电站提高负荷后平均耗水率(m^3/kW·h)；E_i为第i个水电站提高负荷后时段积分电量(kW·h)；$\gamma_{均,i}$为第i个水电站当日平均耗水率(m^3/kW·h)；n为参与统计的水电站的个数。

$$C_{T,5c} = \sum_{i=1}^{n} \left(\frac{q_{空,i} \cdot T_i}{\gamma_{均,i}} \right) \tag{6-36}$$

式中，$q_{空,i}$为第i个水电站机组空载流量(m^3/s)；T_i为第i个水电站减少空载运行时间(s)；$\gamma_{均,i}$为第i个水电站当日平均耗水率(m^3/kW·h)；n为参与统计的水电站的个数。

$$C_{T,5d} = \sum_{i=1}^{n} \left[\frac{E_{新,i} \cdot \left(\eta_{新,i} - \eta_{老,i} \right)}{\eta_{老,i}} \right] \tag{6-37}$$

式中，$E_{新,i}$为第i个水电站多发新机组电量(kW·h)；$\eta_{新,i}$为第i个水电站新机组平均电价(元/kW·h)；$\eta_{老,i}$为第i个水电站老机组平均电价(元/kW·h)；n为参与统计的水电站的个数。

$$C_{T,5e} = \sum_{i=1}^{n} \left(N_{损,i} \cdot T_{损,i} \right) \tag{6-38}$$

式中，$N_{损,i}$ 为第 i 个水电站主变空载损耗(kW)；$T_{损,i}$ 为第 i 个水电站减少主变空载运行时间(h)；n 为参与统计的水电站的个数。

$$C_{T,5f}=\sum_{i=1}^{n}\frac{W_{弃,i}}{\gamma_{均,i}} \tag{6-39}$$

式中，$W_{弃,i}$ 为第 i 个水电站减少下游电站弃水水量(m^3)；$\gamma_{均,i}$ 为第 $(i+1)$ 个水电站平均耗水率(m^3/kW·h)；n 为参与统计的水电站的个数。

6) 调洪优化增发率 C_6

(1) 目的：反映水电厂优化洪水调度所取得的电量增发效益。

(2) 定义：水电厂通过采取拦蓄洪尾、动态控制汛限水位等洪水优化调度措施，增加水库的可发电水量所产生的增发电量与实际发电量的比值。

(3) 指标计算：

$$C_6=\sum_{i=1}^{n}\left(E_{拦蓄洪尾}^{i}+E_{动态控制}^{i}\right) \tag{6-40}$$

$$C_7=\frac{\sum_{i=1}^{n}\left(E_{拦蓄洪尾}^{i}+E_{动态控制}^{i}\right)}{\sum_{i=1}^{n}E_{年}^{i}}\times 100\% \tag{6-41}$$

式中，C_6 为调洪优化增发电量；C_7 为调洪优化增发率；$E_{拦蓄洪尾}^{i}$ 为第 i 个电站在全年所有场次洪水中拦蓄洪尾的增发电量(kW·h)；$E_{动态控制}^{i}$ 为第 i 个电站在全年所有场次洪水中动态控制汛限水位的增发电量(kW·h)；$E_{年}^{i}$ 为第 i 个电站全年实际发电量(kW·h)；n 为参与统计的水电站的个数。

6.3.2　社会效益指标

1) 年防洪效益 D_1

(1) 目的：反映梯级水电站在防洪方面取得的社会效益。

(2) 指标计算：

$$D_1=\sum_{i=1}^{n}\left(B_{0,i}\times(1+r_i)^{y}\times\frac{W_x}{W_0}\right) \tag{6-42}$$

式中，$B_{0,i}$ 为第 i 个电站对应淹没面积的基准年损失值(万元)；r_i 为第 i 个电站对应淹没面积内国民经济增长率；y 为基准年与统计年间隔年份；W_x 为统计年物价指数；W_0 为基准年物价指数；n 为梯级电站数目。

(3) 指标特性：年防洪效益 D_1 计算过程中，水文要素——淹没面积关系曲线较难得到，同时国民经济增长率和统计年物价指数等经济指标无法及时获得(统计局发布数据具有滞后性)，因此年防洪效益 D_1 指标无法及时准确反映梯级水电站在防洪方面取得的社会效益，评价时常采用定性描述反映水电站的防洪效益。

(4) 定性描述：年内最大洪水频率由 PL_1 转化为 PL_2 。PL_1 为经径流还原计算得到的年内最大洪水的洪水频率；PL_2 为年内实测最大洪水的洪水频率。

2）年节水增发电社会效益

（1）目的：反映通过优化调度增发电量的社会效益。

（2）指标计算：

$$D_2 = \alpha \times \sum_{i=1}^{n}\left(E_{实,i} - E_{考,i}\right) \tag{6-43}$$

$$D_3 = \beta \times \sum_{i=1}^{n}\left(E_{实,i} - E_{考,i}\right) \tag{6-44}$$

$$D_4 = \chi \times \sum_{i=1}^{n}\left(E_{实,i} - E_{考,i}\right) \tag{6-45}$$

$$D_5 = \delta \times \sum_{i=1}^{n}\left(E_{实,i} - E_{考,i}\right) \tag{6-46}$$

式中，D_2 为节水增发电 CO_2 减排效益（g）；D_3 为节水折合标煤（g）；D_4 为节水增发电 SO_2 减排效益（g）；D_5 为节水增发电 NO_x 减排效益（g）；$E_{实,i}$ 为第 i 个水电站的实际发电量（kW·h）；$E_{考,i}$ 为第 i 个水电站的考核发电量（kW·h）；n 为水电厂个数；α 为 CO_2 减排系数（g/kW·h）；β 为节水折合标煤系数（g/kW·h）；χ 为 SO_2 减排系数（g/kW·h）；δ 为 NO_x 减排系数（g/kW·h）。

3）调度配合工程施工的效益

（1）目的：反映因集控中心配合工程施工对工程工期的影响。

（2）定性描述：由于集控中心配合工作，某项工程提前完工 n 天。

4）生态效益

（1）目的：反映因优化调度工作对河道内最小流量的提高情况。

（2）定性描述：河道年内最小流量由 $Q_{还}$ 提高到 $Q_{实}$。$Q_{还}$ 为经径流还原计算得到的河道天然年内最小径流量；$Q_{实}$ 为河道实测年内最小径流量。

6.3.3　关键参数的计算

1. 水库入库流量计算

1）收集水库各特性曲线资料

水库各特性曲线包括水库的库容曲线、下游水位流量关系曲线、各类型机组 NHQ 曲线或电站综合 NHQ 曲线。

2）水库实际运行数据

水库实际运行数据包括水电站库水位整点水位、坝下水位过程、日平均库水位和尾水位、水电站日发电量和发电小时数等。

3) 水库实际入库流量计算

根据发电流量和泄流流量计算方法，采用以上数据，应用水量平衡公式(6-47)逐时段迭代反推入库流量：

$$\overline{Q}_{入,t}=\overline{Q}_{出,t}+(V_{t+1}-V_t)/(\alpha\times\Delta t) \tag{6-47}$$

其中，α 为单位换算系数；$\overline{Q}_{入,t}$ 为 t 时段平均入库流量；$\overline{Q}_{出,t}$ 为 t 时段平均出库流量；V_t、V_{t+1} 为 t 时段初、末库容；Δt 为单位时段长(1 小时或日)。

计算中，常把 $\overline{Q}_{出,t}$ 分为发电流量和泄洪流量两个部分计算，即

$$\overline{Q}_{出,t}=\overline{Q}_{fd,t}+\overline{Q}_{泄洪,t} \tag{6-48}$$

其中，$\overline{Q}_{fd,t}$ 为 t 时段发电流量；$\overline{Q}_{泄洪,t}$ 为 t 时段泄洪流量。则 $\overline{Q}_{入,t}$ 可用下式计算：

$$\overline{Q}_{入,t}=\overline{Q}_{fd,t}+\overline{Q}_{泄洪,t}+\frac{V_{t+1}-V_t}{\alpha\times\Delta t} \tag{6-49}$$

由于水电站发电机组段尚未安装流量观测仪器，无法直接获取机组发电流量观测值，则水库发电流量可按如下步骤计算得出：

t 时段工作毛水头 H_t 为

$$H_t=\overline{Z}_{SH,t}-\overline{Z}_{X,t} \tag{6-50}$$

其中，H_t 为 t 时段工作毛水头；$\overline{Z}_{SH,t}$ 为 t 时段坝上水位；$\overline{Z}_{X,t}$ 为 t 时段下游水位。

根据电站综合 NHQ 曲线，由电站机组平均出力及毛水头查流量，即得 t 时段的电站平均发电流量 $\overline{Q}_{fd,t}$。加上水库泄洪流量 $\overline{Q}_{泄洪,t}$ 即得 t 时段总出库流量 $\overline{Q}_{出,t}$，根据水量平衡公式得 t 时段的入库流量 $\overline{Q}_{入,t}$。

2. 出力系数率定

根据电站实际运行求得的逐小时发电流量、各机组的平均发电水头、电站机组的出力过程等，利用公式 $N=K_0Q_{fd}H$，反求电站综合出力系数 K_0。

可以通过对历史资料的分析计算及共同讨论来确定梯级各电站的综合出力系数。

3. 水库调度图的使用

对于调节性能好的水库，采用设计复核的水库调度图进行计算；对于调节性能差或无调节性能的水库，则采用其相应的特征水位按调度规则进行计算。

4. 水能利用提高率

根据实际水库运行资料和水电站考核电量计算方法，计算水电站在任意计算时段内的增发电量和水能利用提高率。

水能利用提高率与节能增发电量的计算过程主要包括以下几个主要内容：实际发电量计算、考核电量计算、水能利用提高率与节能增发电量计算。

1) 季及季以上调节电站计算

(1) 实际年发电量计算。

根据年内逐日逐时段各台机组负荷资料，剔除低出力机组的出力(主要用于电网调频)，形成电厂逐日总负荷过程，得出电厂逐月负荷过程，计算出实际年发电量 $E_{年}$。

(2) 考核电量计算。

对任一时段 t，考核电量的计算步骤如下(图 6-3)：

Step 1：读取 $Q_{入,t}, \gamma_{核,t}, K_{核,t}$，令上一时段末水位为本时段初水位 Z_t；

Step 2：根据 Z_t 查常规调度图，得时段平均出力 N_t；

Step 3：假定时段出库流量为 $Q_{出,t}=Q_{fd,t}=Q_{max}$；

Step 4：由水量平衡方程计算得时段末库蓄水量 V_{t+1}。若 $V_{t+1}>V_{max,t}$，则 $V_{t+1}-V_{max,t}$ 作为弃水量(并计算 $Q_{泄流,t}$)，且 $Q_{出,t}=Q_{fd,t}+Q_{泄流,t}$，并使得 $V_{t+1}=V_{max}$；

Step 5：由 V_{t+1} 查库容曲线得时段末库水位 Z_{t+1}；

Step 6：由 $Q_{出,t}$ 查下游水位流量关系曲线得时段平均下游水位 $Z_{x,t}$；

Step 7：计算水头 $H_{均,t}=(Z_t+Z_{t+1})/2-Z_{x,t}$；

Step 8：由 $H_{均,t}$ 查预想出力曲线得 $N_{预,t}$；

Step 9：由时段负荷率 $\gamma_{核,t}$ 计算得时段可调出力 $N_{max,t}=\gamma_{核,t}\times N_{预,t}$；

Step 10：$N_{核,t}=\min(N_t, N_{max,t})$；

Step 11：计算发电流量 $Q'_{fd,t}=\dfrac{N_{核,t}}{K_{核,t}\times H_{均,t}}$；

Step 12：如果 $\left|Q'_{fd,t}+Q_{泄流,t}-Q_{出,t}\right|<\xi$ (允许误差)，则记录 $Q_{fd,t}$、$Q_{出,t}$、V_{t+1}、Z_{t+1}，进入下一时段迭代计算；否则，重新假定 $Q_{出,t}$，返回 Step 4；

Step 13：计算期内所有时段计算完毕后，计算结束，输出各时段末水库水位 Z_{t+1} 和各时段的平均出力 $N_{核,t}$；

Step 14：考核电量为各时段电量之和，$E_{核}=\sum(N_{核,t}\times\Delta t)$。

以上，$Q_{入,t}$ 为时段平均入库流量；Z_t 为时段初坝上水位；$\gamma_{核,t}$ 为时段核定负荷率；$K_{核,t}$ 为时段核定综合出力系数；Z_{t+1} 为时段末坝上水位；V_t 为时段初库容；$Q_{出,t}$ 为时段平均出库流量；$Q_{fd,t}$ 为时段平均发电流量；$Q_{泄流,t}$ 为时段弃水流量；$Z_{x,t}$ 为时段平均坝下水位；$H_{均,t}$ 为时段平均毛水头；N_t 为调度图指示出力；$N_{max,t}$ 为时段可调出力；$N_{预,t}$ 为时段预想出力；$N_{核,t}$ 为时段考核出力；$E_{核}$ 为时段考核电量；Q_{max} 为最大过机流量。

(3) 节能增发电量及水能利用提高率计算。

节水增发电量 $\Delta E_{年}$ 计算公式如下：

$$\Delta E_{年}=E_{实际}+\Delta E_{库蓄}-E_{考核} \tag{6-51}$$

其中，$\Delta E_{年}$ 为增发电量；$E_{实际}$ 为年实际发电量；$\Delta E_{库蓄}$ 为库蓄电量；$E_{考核}$ 为年考核电量。

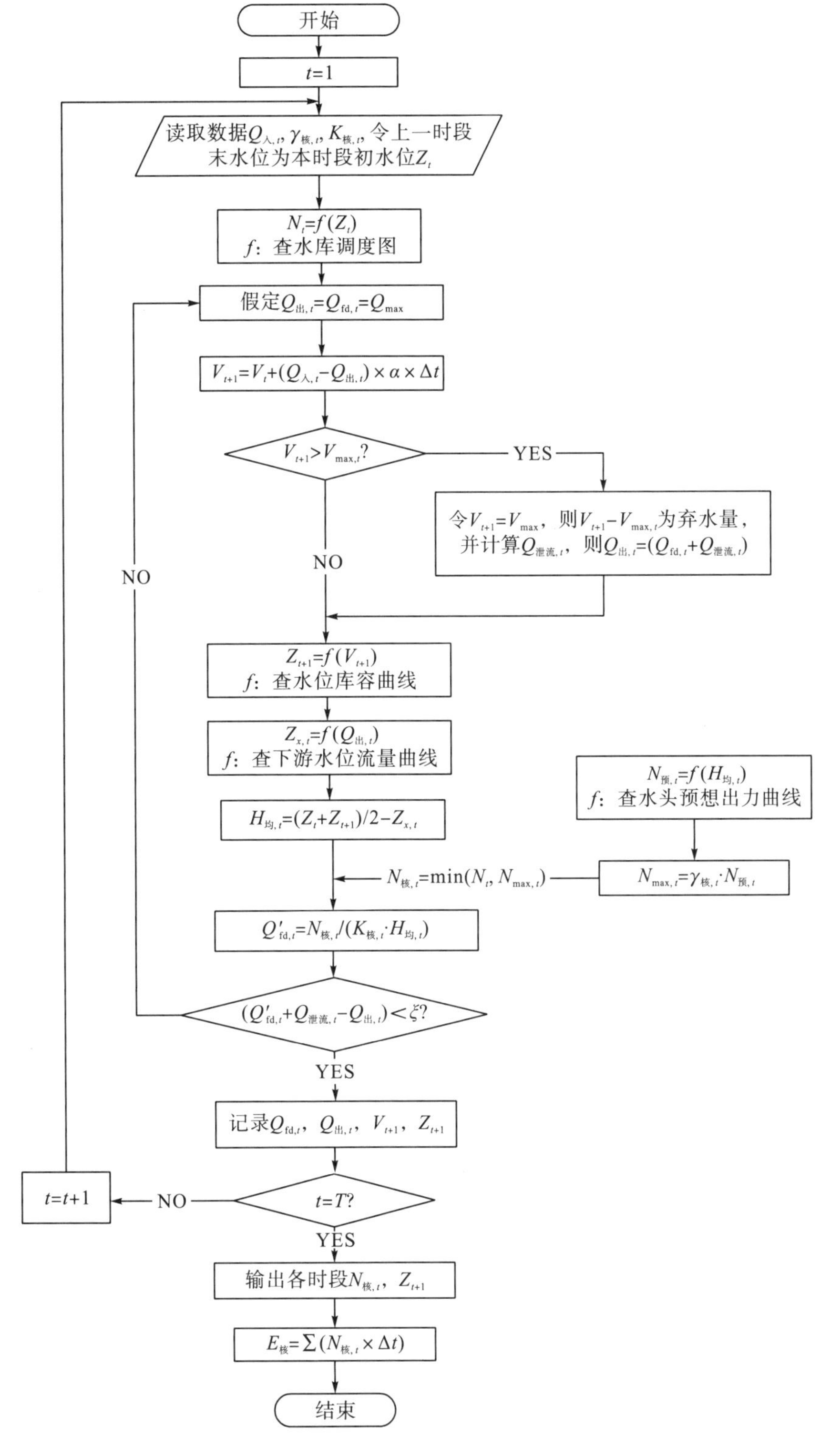

图 6-3　季及季以上调节电站考核电量计算流程图

库蓄电量 $\Delta E_{库蓄}$ 为

$$\Delta E_{库蓄} = \frac{V_{实际} - V_{考核}}{\gamma_{发电}} \tag{6-52}$$

其中，$V_{实际}$ 为实际的年末水库蓄水量；$V_{考核}$ 为校核计算的年末水库蓄水量；$\gamma_{发电}$ 为实际年均耗水率。

根据水能利用提高率计算公式，计算水能利用提高率。

2) 日及日以下调节电站计算

(1) 实际日发电量计算。

计算实际日发电量，需要收集实际运行资料(即水库日内各时段的初末水位、来水与出库、发电流量与弃水流量、发电量与发电用水量资料)得出电厂日内负荷过程，计算出日发电量 $E_{日}$。

(2) 日考核电量计算(图 6-4)。

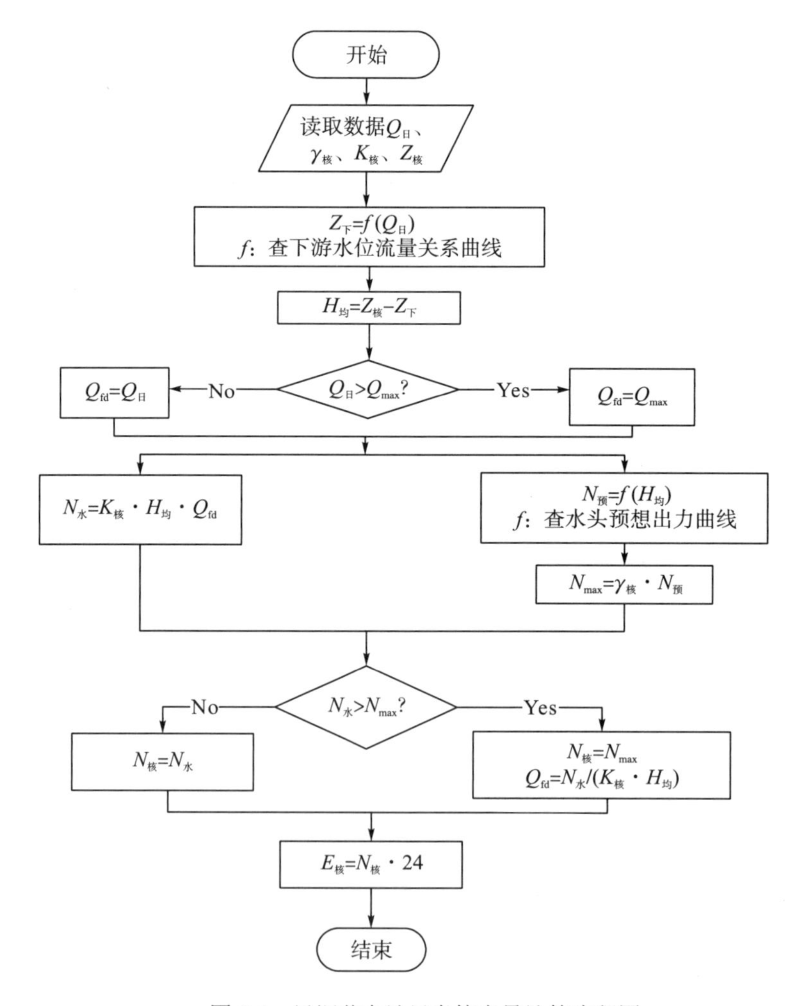

图 6-4　日调节电站日考核电量计算流程图

Step 1：读取日均入库流量 $Q_{日}$、$Z_{核}$、$K_{核}$ 和 $\gamma_{核}$。对日调节电站而言，日均出库流量等于日均入库流量；

Step 2：根据下游水位流量关系曲线，得日均下游水位 $Z_{下}=f(Q_{日})$；

Step 3：计算日平均毛水头 $H_{均}=Z_{核}-Z_{下}$；

Step 4：令 $Q_{fd}=Q_{日}$，若 $Q_{日}>Q_{max}$，$Q_{fd}=Q_{max}$；

Step 5：计算日平均出力 $N_{水}=K_{核}\cdot Q_{fd}\cdot H_{均}$；

Step 6：查预想出力曲线，得日均预想出力 $N_{预}=f(H_{均})$；

Step 7：由负荷率 $\gamma_{核}$ 求得最大日均出力 $N_{max}=\gamma_{核}\cdot N_{预}$；

Step 8：若 $N_{水}>N_{max}$，令 $N_{核}=N_{max}$；否则令 $N_{核}=N_{水}$；

Step 9：考核电量为 $E_{核}=N_{核}\times 24$。

以上，$Q_{日}$ 为日平均入库流量；Q_{fd} 为日发电流量；$\gamma_{核}$ 为日负荷率；Q_{max} 为电站最大过机流量；$K_{核}$ 为核定综合出力系数；$Z_{核}$ 为核定初始水位；$Z_{下}$ 为日平均尾水水位；$H_{均}$ 为日平均毛水头；$N_{水}$ 为出库可发出力；$N_{预}$ 为预想出力；N_{max} 为日均最大出力；$N_{核}$ 为日考核出力；$E_{核}$ 为日考核电量。

(3) 节能增发电量及水能利用提高率计算。

根据节能增发电量和水能利用提高率计算公式，计算节能增发电量和水能利用提高率。

6.4　梯级水电站联合调度效益评价管理办法

6.4.1　总则

(1) 为了提高梯级水电站优化调度工作管理水平，促进梯级水电站科学合理地进行优化调度，充分利用梯级水能资源，特制定本办法。

(2) 梯级水电站优化调度工作是保障电网和水电厂安全、稳定、经济运行，实现能源资源优化配置和水资源综合利用的重要工作，主要内容包括梯级水电站调度运行、防汛管理、水文气象预报管理、水调自动化管理和水库调度专业管理等。

(3) 根据我国目前梯级水电站优化调度的实际情况，梯级水电站优化调度评价工作在梯级水电站中进行。

(4) 梯级水电站优化调度评价的依据是水库规划设计的运行指标、优化调度方式与规则或经上级批准的当年优化调度方案，充分考虑有关优化调度的各种因素，分项评分，综合评价，力求科学、合理。

如果原设计成果由于情况变化已不适用，暂以经过主管部门批准的当年优化调度方案作为考核依据。通常，当发生以下情况变化时进行复核：

①水文情况发生较大变化；

②由于人类经济活动的影响，使流域状况发生变化；

③由于国民经济发展和工农业生产的需要，水库综合利用任务顺序发生变化或增加新

的任务。

水库主管部门组织设计、管理部门对水库所在流域自然和社会经济情况进行认真分析研究，制定新的优化调度方案，经批准后作为新的评价依据。

(5) 进行评价工作除符合本办法外，还要符合已颁布的相关规范。

6.4.2 评价内容

1. 基础工作

1) 集控中心

梯级水电站配备的技术力量关系到梯级水电站优化调度工作的优劣，这是做好梯级水电站联合调度工作的前提条件。梯级水电站优化调度工作必须配备一定数量的专业技术人员，如果不是相近专业要经过半年以上专业培训。为保证梯级水电站调度工作的正常开展，梯级水电站需设置集控中心。

集控中心的主要工作职责如下：

(1) 对尚未远程控制的电站，集控中心负责根据上级调度机构当班调度员的调度命令向电站下达集控管辖范围内设备的操作指令。

(2) 对已经远程控制的电站，集控中心负责根据上级调度机构当班调度员的调度命令向电站下达在集控管辖范围、但不在远程控制范围内设备的操作指令，负责指令电站对远程控制范围内的设备进行本地操作或直接对远程控制范围内的设备进行远程操作。

(3) 负责对梯级电站运行方式、梯级电站实时发电量、梯级电站旋转备用、与公司梯级电站直接相关的电网关键点潮流、电网实时供需态势、网内大型火电厂负荷等情况进行监视。

(4) 集控中心对电站设备的调度运行管理，须遵守现场运行规程的相关规定。

(5) 使用工业电视对重点生产部位进行机动检查，发挥遥视功能的辅助巡视作用。

(6) 电站发生事故时，集控中心将事故的发生、处理的实际情况，及时汇报上级调度机构当班调度员，并协调平衡、调整梯级水电站出力。

(7) 发生电网事故时，指令电站进行本地操作或直接进行远程开停机、调频调压、主系统开关分合闸等处理工作。

(8) 统一协调电站主设备的计划检修及临时检修工作。

(9) 对影响电站主设备运行方式、影响机组出力以及其他可能对主设备正常运行造成影响的工作进行批复。

(10) 电站对属于集控管辖范围内设备的继电保护、自动装置、调度自动化和通信等二次系统的整定值进行调整后，集控中心负责与上级调度机构核对整定书。

(11) 根据电站运行状况、电网供求态势，进行实时优化协调、调整电站发电方式。

(12) 负责收集、整理电站发电运行信息，对发电运行指标和调度信息进行统计分析。

2) 通信手段

梯级水电站通信设施是保证水情信息传递及时准确、防洪调度与发电调度指挥命令畅通无阻的关键手段，对梯级水电站优化调度关系重大。根据实际通信情况，一种通信手段往往不能完全可靠，应设置多种通信手段。

3) 计算机监控系统

梯级水电站计算机监控系统是提高水电站运行可靠性、保证供电电能质量、改善运行人员工作条件的关键手段，对梯级水电站优化调度关系重大。大中型水电站须采用计算机监控系统，有条件按集中控制设计的梯级水电站宜采用计算机监控系统。

4) 水调自动化系统

水调自动化系统关系到水文、工情、机组、气象、预报、计划等多种信息的数据采集，将为梯级水电站调度和决策分析提供有效的信息支持和充分的理论依据，对梯级水电站优化调度关系重大。

5) 电能量采集管理自动化系统

电能量采集管理自动化系统是集电能自动采集、传输、统计结算于一体的自动化系统，是集主站系统、电能量采集终端、电能表于一体的，全面实现发、输电网用户电能量的自动采集、分析与计量功能的自动化系统，对梯级水电站优化调度关系重大。

6) 水库调度规程

水库调度规程是《综合利用水库调度通则》中规定要编制的，具体要求见该通则。水库调度运用规程是进行水库优化调度的具体依据，方案可适应多种可能出现的来水情况，使水库调度均有所遵循。

7) 基础资料

基础资料是梯级水电站优化调度基础工作之一。梯级水电站优化调度工作必须收集、统计、计算、整理一套完整的水库调度基础资料，这是行之有效的经验。这些资料主要有：

(1) 水库流域自然地理和社会经济：水库控制区内的地形、地质、植被、土壤分布、水系情况、泥沙、污染源、有关地区的社会经济情况等。

(2) 水文气象：水库流域内降雨、蒸发、气温、风向、风力和冰冻情况等。

(3) 规划设计资料：包括水库及建筑物主要设计参数、水库及电站能量指标、水利规划综合指标、设计洪水各种频率曲线和典型设计洪水、水库库容曲线、泄流曲线、水库下游河道安全泄量以及防洪要求。

(4) 水库历年运用资料。资料汇编形式可以是印刷成册，也可在计算机内建立数据库存储。

(5) 电网水调自动化系统和水电厂水情自动测报系统有关资料。

(6) 与水库调度工作有关的法律法规、规程规定。

(7) 与水库调度工作有关的文件、调度指令。

(8) 与水库调度工作有关的科研成果。

2. 日常调度工作

1)气象预报应用管理

(1)每日接收未来一周形势预报并存档，遇以下特殊天气时短信通知相关单位与人员：
①流域内将有中到大雨天气过程；
②流域内将有雷暴或强对流天气过程；
③流域内将出现滑坡、泥石流、凝冻、冰灾等自然灾害情况；
④省气象台电话通知的特殊天气信息。

(2)每月上中下旬旬末，接收次旬天气预报并上网。

(3)每月月末，接收次月天气预报并上网。

(4)每年2月末、5月末、8月末、11月末，接收季度天气预报并上网。

(5)每年3月中旬、8月中旬接收首、末次洪水预报及流域平均降雨量≥20mm所出现的时间并上网。

(6)每年11月末，接收次年天气预报并上网。

2)梯级水电站径流预报

(1)集控中心每年与当地专业气象台签订气象预报服务协议，充分利用水文、气象网站信息，开展中长期、短期水文预报工作。

(2)中长期来水预测，定量分析逐月区间来水预测。

(3)短期来水预测，定量分析短期区间来水预测。

(4)集控中心进行洪水预报，采用多种方法，预报洪水过程(洪量)、峰值及峰值出现时间。

(5)发生5年一遇以上洪水时，预报成果需经会商后才能发布。

3)梯级水电站发电计划制定

(1)每年1月中旬根据正式发布的年度来水预测，参考电网年度发电形势分析，制定年度梯级发电计划；每年1月下旬完成年度梯级发电计划会商，并将会商成果上报公司，根据公司意见进行调整。集控中心根据电网调度部门要求及时上报梯级年度发电建议计划，并进行沟通协调，为公司发电争取有利条件。

(2)年度梯级中长期来水预测进行调整后，集控中心及时根据调整后的预测来水调整年度发电计划。

(3)每月中旬收集全流域天气预报、梯级水电站运行情况、电网月负荷需求预测、检修方式、电网需要；每月下旬，完成下月梯级发电计划的制定及会商。集控中心根据电网调度部门要求及时上报梯级月度发电建议计划，并进行沟通协调，为公司发电争取有利条件。月发电计划由以下三部分组成：梯级水电站运行方式会签表、梯级水电站月度运行方式建议计划、梯级水电站月发电计划表。

(4)在电网调度部门下达月度计划后进行监视，并及时向电网调度部门反馈信息，对发电计划进行调整。若由于工程建设要求采取梯级补偿调度方案，集控中心及时提出发电建议计划报电网调度部门并进行协调。若预测流域内将出现大暴雨时，协调电网调度部门重新安排检修计划，同时加大机组出力，提前腾空库容迎接洪水。

(5) 每周周三收集资料，包括近期电网运行情况、梯级运行方式、后期负荷预测、天气预报、火电煤情、检修方式等。周四上午 10:30 前完成未来 10 天或 7 天的发电建议短期计划，并组织相关技术人员进行会商。集控中心根据电网调度部门要求及时上报梯级短期发电建议计划，并进行沟通协调，为公司发电争取有利条件。

(6) 若在运行过程中，实际短期运行方式与计划运行方式出现较大偏差时，需查明原因，及时与相关部门协调。

(7) 每日收集资料，包括气象预报信息、梯级水电站 48 小时入库流量预报和电站设备工况等。结合短期(旬或周)发电计划和电网实际情况，11:30 以前完成次日梯级日计划，报集控中心领导批准后发布。集控中心根据电网调度部门要求及时上报梯级日发电建议计划，并进行沟通协调，为公司发电争取有利条件。

(8) 集控中心在电力调度通讯局下达日计划后进行跟踪监视，并及时反馈信息。若由于工程建设要求采取梯级补偿调度方案，集控中心及时提出日发电建议计划报电网调度部门并进行协调。若流域内出现大暴雨时，集控中心根据短期洪水预报信息，运用梯级补偿调度原则，编制洪水期日发电计划，协调电网调度部门及时调整梯级电站机组出力，力争少弃水、多发电。

4) 梯级水电站实时调度

梯级水电站实时调度是梯级水电站优化调度中很重要的一项工作。实时调度根据水库实际来水、用水、蓄水及电网负荷需求情况随时调整蓄泄量，以充分发挥发电效益，切实保证电网、水库安全运行。实时调度包括：

(1) 实时水库调度主要以日计划为依据进行实时跟踪。

(2) 水位跟踪。当发现某水库运行水位，特别是日调节水库运行水位偏离计划较多时，值班人员应弄清原因，向相关部门及人员提出建议方案，并向相关领导汇报。

(3) 负荷跟踪。当发现某厂实际运行负荷与计划负荷存在重大偏差时，值班人员应弄清原因，并提出建议方案。

(4) 当某厂正处于溢洪时，该厂满负荷一条线运行，值班人员密切监视机组负荷运行情况，当降低负荷运行时，及时弄清原因，向相关部门及人员提出建议方案，并向相关领导汇报。

(5) 水库处于正常高水位或接近正常高水位运行，当预计流域将发生大到暴雨的降雨过程时，及时提出建议运行方案，协调加大出力降低水位运行，并向相关领导汇报。

(6) 日调节水库，当预计流域将发生大到暴雨的降雨过程时，及时提出建议运行方案，实时协调加大出力降低水位运行，并向相关领导汇报。

(7) 当洪水即将结束，及时提出建议运行方案，与相关部门及人员协调，及时调整运行方式，并向相关领导汇报。

实时梯级水电站调度运行值班联系工作，是保证电网及水电厂安全、经济运行的很重要的一项工作。

梯级水电站调度运行值班工作一般包括信息收集、整理和发布，监督水电厂发电计划执行，下达水库调度指令，工作联系与协调，水调自动化系统的巡查和维护等内容。

(1)信息收集、整理和发布。

梯级水电站调度运行值班人员及时收集、核查和整理各水电站运行情况、水文气象情报预报等信息，并按规定进行报送、发布，具体内容包括：

①按时收集、统计、整理各水电站水库运行情况、流域内有关水雨情信息及水库调度运行报表，对数据进行必要的合理性检查，对异常信息或数据做进一步核实，做到准确无误，重大情况及时向有关部门和领导汇报；

②按规定向有关单位和部门报送统一规范的水库调度报表。

(2)监督水电厂发电计划执行、下达水库调度指令。

调度运行值班人员监督水电厂发电计划执行情况，并按规定下达水库调度指令，主要工作内容包括：

①调度运行值班人员监视水电厂发电计划的执行情况，并根据流域水雨(沙、冰)情、电网及水电站发输电设备运行情况、水库上下游防洪及综合利用要求等情况，会同电网调度有关人员适时进行调整；

②具有大坝闸门操作权限的电网调度机构，调度运行值班人员严格按照有关规程规定下达水电厂大坝泄水闸门操作等有关指令；

③调度运行值班人员坚守岗位，按照有关规程规定精心调度，确保不发生水电厂水库调度责任事故。

(3)工作联系与协调。

调度运行值班人员做好与水电厂、防汛和用水部门、上级和下级调度机构、公司有关部门的工作联系与协调，联系中做到用语规范、表达准确、文明礼貌，主要工作内容包括：

①会同有关人员受理与水库调度有关的设备检修、临时工作申请等，并按规定程序处理；

②积极与防汛和用水部门联系沟通，跟踪了解情况变化，征求与水库运行有关的意见和建议；

③协调处理有关突发事件，答复有关问询；

④按规定进行重要事项的请示汇报。

(4)水调自动化系统的巡查和维护。

调度运行值班人员对水调自动化相关系统的运行情况进行日常检查，定时巡视和检查系统设备，发现异常及时联系有关人员处理，并做好相关记录。

水库调度运行值班实行电话录音制度，并建立值班日志，对水库调度指令的发布和执行、水库运行、工作联系及水调自动化相关系统运行等情况进行认真记录，值班日志尽量采用电子版记录，并长期保存。

5)洪水调度

洪水调度是流域防洪的首要任务，包括利用水库的库容滞蓄洪水，以统筹防洪全局，适当照顾局部，按照设计标准和调度方案，保证水工建筑物及有关地区的安全。

洪水调度的原则如下：

(1) 水库大坝安全第一。

(2) 按设计确定的目标和任务、上级有关文件进行洪水调度，服从有管辖权的防汛部门的指挥。

(3) 遇水库下游堤防出现紧急情况时，在水情预报可靠及枢纽工程安全的前提下，充分发挥水库的调洪作用，尽力拦蓄洪水。

(4) 遇超标准洪水，采取保证大坝安全非常措施时，考虑尽量减少下游的洪涝损失。

(5) 为避免给下游造成人为伤害，在进行洪水调度时，原则上水库最大下泄流量不超过本次洪水的入库洪峰流量。

对具有合格洪水预报方案的水库，可采用以下几种主要的洪水调度方式，在用洪水预报成果时，要充分计及预报误差并留有余地。

(1) 预泄调度：在洪水入库前，可利用洪水预报提前加大水库的下泄流量(但最大下泄流量不超过下游河道的安全泄量)，腾出部分库容用于后期防洪。

(2) 补偿和错峰调度：在确保水库大坝安全的前提下，可采用前错或后错的方式为水库下游错(洪)峰，并根据洪水的情况确定错峰的起止时间和下泄流量。

(3) 实时预报调度：根据水库实时水位、入库洪水预报和规定的各级控制泄量的判别条件，确定水库下泄流量的量级，实施水库预报调度。

(4) 梯级优化调度：根据各水库的预报入库洪水、调蓄能力和梯级水电站洪水联合调度方案，合理确定各水库下泄流量，确保各水库大坝安全和协调运行。

6) 信息报送管理

集控中心按以下要求向相应电网调度机构报送流域区间来水预测和水库发电运用建议计划：

(1) 每日 9 时前报送次日(包括节假日期间及节假日后一工作日，下同)入库流量、机组出力以及日发电量建议。

(2) 每周四 12 时前报送未来一周逐日入库流量预报和未来一周天气预报。

(3) 每月底前 3 个工作日报送次月来水预测和水库运行建议计划。

(4) 每年 4 月中旬报送本年汛期来水预测和汛期水库防洪抗汛方案。

(5) 每年 10 月中旬报送次年包括汛期防洪限制水位在内的各阶段水库运行限制性要求、各月来水预测以及年度水库运用建议计划。

集控中心按以下要求向电网调度机构报送水库运行情况：

(1) 每日 8 时 30 分前报送前一日水库运行日报。

(2) 每月上中下旬旬初报送前一旬的水库运行旬报。

(3) 每月 1 日 12 时前报送前一月的水库运行月报，每月 3 日 12 时前报送前一月的水库运行总结。

(4) 每年 1 月中旬报送上年度水库运行总结，7 月上旬报送上半年的水库运行总结；每年 3 月底前报送前一年的水库运行整编资料。

(5) 每年 10 月中旬报送汛期水库运行总结。

7) 梯级水电站检修管理

集控中心根据设备的定检、预试、维护、试验、大修技巧、基建配合、新设备启动调试等相关工作安排检修工作，并上报上级调度部门。其他需要改变或限制设备运行方式或状态的检修工作也应纳入设备检修管理。设备检修分为计划检修、临时检修、事故检修。

(1) 统筹安排，编制年度检修计划，每年 9 月下旬上报上级调度部门；协调落实检修时间安排，每年 11 月下旬向电厂下达下一年度检修计划，并纳入年度方式执行。

(2) 根据年度检修计划和实际运行情况，在每月下旬上报上级调度部门次月的月度检修计划；协调落实检修时间安排，每月最后一个工作日前向电厂下达下一月度检修计划，并纳入月度方式执行。

(3) 统筹安排电站上报的临时检修、事故检修，及时上报上级调度部门，尽快协调落实检修时间安排，并下达电厂。

8) 分析总结优化调度工作

(1) 对各预报时段水文气象预报工作分析总结：

①实际天气、降雨、来水情况统计及分析；

②降雨、来水预报与实况的比较分析；

③重大天气过程、灾害性天气等预报与实况的比较分析；

④各预报方法预报效果分析评价及有关经验；

⑤存在的问题和有关建议。

(2) 每年汛期结束后，及时对当年度防汛工作进行分析总结：

①每场洪水后需按规范规定编写洪水总结；

②各梯级水电站水雨情及有关分析说明；

③各梯级水电站主要洪水调度过程分析，包括十年一遇及以上洪水特征值表、调度过程图等；

④洪水期间水文气象预报成果误差分析，包括汛期洪水场次、洪水预报精度等；

⑤发电及减灾效益分析，统计最大一场洪水削峰率、平均削峰率，以及取得的经济效益和社会效益等；

⑥防汛管理工作经验、存在问题及建议；

⑦存在的问题和有关建议。

(3) 调度运行分析总结，结合水库调度日常工作，以水库调度日报、周报、旬报、月报、季报、年报等形式，通过统计报表和全面、翔实的运行统计数据和文字分析，对水电厂调度运行工作进行分析和总结。主要内容包括：

①前阶段梯级水电站主要调度运行过程，包括来水、发电、蓄水等；

②前阶段各梯级水电站经济运行指标(包括节水增发电量、水能利用提高率)、弃水损失电量及成因、兴利减灾效益、重大问题分析等；

③下阶段各梯级水电站运行面临的问题与建议等。

(4) 根据水库调度运行工作的实际需要，必要时还可对供水、航运、防凌、排沙等工作进行专题分析总结。

6.4.3　评价指标和评分办法

1. 评价指标

全部评价内容共 43 个项目，表 6-1 列出了各项目相应的指标。按是否达到这些指标进行评价，分为好、一般和差三个等级。

基础工作，共 11 个项目，各个项目按指标达标程度进行评价。

调度工作，共 31 个项目。按公式计算各项指标指数，并据此做出评价。

效益指标，1 个项目。按公式计算指标指数，并据此做出评价。

2. 评分办法

单项评分。根据各项目的重要性，确定各类指标的权重系数，见表 6-1。评价时根据各项目由表 6-1 查出单项评分。因某项工作失误，造成公司重大损失的，对应单项指标评分计为 0 分。

综合评分。电厂、集控中心、某些专项工作，可根据部门性质或工作性质，挑选出密切相关的评价指标，进行综合评分。综合评分计算办法如下：

$$Z = \frac{\sum_{i=1}^{n}(D_i \times \eta_i)}{\sum_{i=1}^{n}\eta_i} \tag{6-53}$$

式中，D_i 为第 i 项指标实得评分；η_i 为第 i 项指标权重系数，可自行决定；n 为参与评价的指标数。

综合评价。按总分的多少，评价为优、良、合格、不合格四个等级。90 分以上为优；75～89 分为良；60～74 分为合格；60 分以下为不合格。

6.4.4　评价组织和管理

梯级水电站优化调度效益评价工作的组织和管理由梯级水电站行政或上级主管部门负责，对某些专项工作、电厂、集控进行评价。

评价时间。基础工作，每年评价一次，对每个项目的达标程度按好、一般和差三个等级进行评价；调度工作、效益指标，可按各项工作的工作周期，每周期做出一次评价。

评价流程：

(1) 被考核的部门按照考核工作要求做好自查自评，并向负责考核具体工作的上级主管部门书面报送自查自评情况。

(2) 上级主管部门组织评价组，对被考核部门、工作进行评价。

(3) 上级主管部门对评价情况进行综合评定，拟定综合评价意见。

(4) 上级主管部门领导小组审定。

(5) 评价结果经梯级水电站上级主管部门审批后，正式公布。

奖惩标准：

(1) 部门年度评价不合格者，当年不得评为优秀部门，并制定措施，限期整改。

(2) 部门年度评价为优者，具有参评优秀部门资格，并给予一定的物质奖励。

(3) 个人年度评价与干部任免挂钩。年度评价不合格的，当年不得评为优秀员工。

(4) 个人年度评价为优者，具有参评优秀员工资格。由公司或部门奖金中，根据个人贡献，给予一定的物质奖励。

6.4.5 直观评价及评分标准表

表 6-1 为考虑评价所有项目，给出的推荐评分标准表。对电厂、集控中心、某些专项工作进行评价时，可根据部门性质或工作性质，挑选出密切相关的评价指标，进行综合评分。根据各指标的重要性，确定各类指标的权重系数。因某项工作失误，造成公司重大损失的，对应单项指标评分计为 0 分。

表 6-1　直观评价及评分标准表(非最终评分比例表，仅供参考)

分类	序号	评价项目名称	评分依据	评分
(一)基础工作(30)	1	1) 技术力量配置	总装机 1000MW 及以上的梯级水电站成立集控中心，配置工作人员 $20+(n-2)\times 5$ 人及以上，其中调度人员 $10+(n-2)\times 2$ 人及以上；总装机 1000MW 以下的梯级水电站成立集控中心，配置工作人员 $15+(n-2)\times 3$ 人及以上，其中调度人员 $8+(n-2)\times 2$ 人及以上	8.0
			总装机 1000MW 及以上的梯级水电站成立集控中心，配置工作人员 $15+(n-2)\times 4$ 人及以上，其中调度人员 $6+(n-2)\times 1.5$ 人及以上；总装机规模 1000MW 以下的梯级水电站成立集控中心，配置工作人员 $12+(n-2)\times 2$ 人及以上，其中调度人员 $5+(n-2)\times 1.5$ 人及以上	6.0
			梯级水电站未成立集控中心，或配置工作人员、调度人员未能达到一般标准	2.0
	2	2) 通信设施	水雨情报传递有两种，对下级通信有两种	2.0
			水雨情报传递和对上下级通信，其中一项有两种，另一项有一种	1.5
			水雨情报传递和对上下级通信只有一种通信方式	1.0
	3	3) 计算机监控系统	满足九项指标	2.0
			满足第一～五项指标，但九项指标不全满足	1.5
			第一～五项指标至少一项不满足	1.0
	4	4) 水调自动化设施	满足七项指标	2.0
			满足第一～四项指标，但七项指标不全满足	1.5
			第一～四项指标至少一项不满足	1.0
	5	5) 电能量采集管理自动化系统	满足五项指标	2.0
			满足第一～三项指标，但五项指标不全满足	1.5
			第一～三项指标至少一项不满足	1.0
	6	6) 水库调度规程	满足七项指标	2.0
			满足六项指标	1.5

续表

分类	序号	评价项目名称	评分依据	评分
			满足五项及以下指标	1.0
	7	7) 基本资料	满足八项指标	4.0
			满足七项指标	2.0
			满足六项及以下指标	1.0
	8	8) 通信设施年、月系统畅通率	$A_1 \geqslant 0.99$	2.0
			$0.95 \leqslant A_1 < 0.99$	1.5
			$A_1 < 0.95$	1.0
	9	9) 计算机监控系统年、月系统可用度	$A_2 \geqslant 0.95$	2.0
			$0.80 \leqslant A_2 < 0.95$	1.5
			$A_2 < 0.80$	1.0
	10	10) 水调自动化系统年、月系统可用度	$A_3 \geqslant 0.95$	2.0
			$0.80 \leqslant A_3 < 0.95$	1.5
			$A_3 < 0.80$	1.0
	11	11) 电能量采集管理自动化系统年、月系统可用度	$A_4 \geqslant 0.99$	2.0
			$0.95 \leqslant A_4 < 0.99$	1.5
			$A_4 < 0.95$	1.0
(二) 调度工作 (60)	12	1) 天气预报应用管理	满足五项指标	1.0
			满足四项指标	0.5
			满足三项及以下指标	0.3
	13	2) 中长期入库及区间径流预报	$B_1 \leqslant 0.1$	2.0
			$0.1 < B_1 \leqslant 0.5$	1.5
			$B_1 > 0.5$	1.0
	14	3) 短期入库及区间径流预报	$B_2 \geqslant 0.90$	2.0
			$0.80 \leqslant B_2 < 0.90$	1.5
			$B_2 < 0.80$	1.0
	15	4) 洪峰流量预报误差	$B_3 \leqslant 0.10$	2.0
			$0.10 < B_3 \leqslant 0.20$	1.5
			$B_3 > 0.20$	1.0
	16	5) 洪水总量预报误差	$B_4 \leqslant 0.10$	2.0
			$0.10 < B_4 \leqslant 0.20$	1.5
			$B_4 > 0.20$	1.0
	17	6) 峰现时间预报误差	$B_5 \leqslant 1.00$	2.0
			$1.00 < B_5 \leqslant 2.0$	1.5
			$B_5 > 2.00$	1.0
	18	7) 洪水过程预报误差	$B_6 \leqslant 0.15$	2.0
			$0.15 < B_6 \leqslant 0.30$	1.5

续表

分类	序号	评价项目名称	评分依据	评分
			$B_6>0.30$	1.0
	19	8)年度发电计划	满足四项指标	2.0
			满足三项指标	1.5
			满足两项及以下指标	1.0
	20	9)月度发电计划	满足五项指标	2.0
			满足四项指标	1.5
			满足三项及以下指标	1.0
	21	10)旬或周发电计划	满足五项指标	2.0
			满足四项指标	1.5
			满足三项及以下指标	1.0
	22	11)日发电计划	满足五项指标	2.0
			满足四项指标	1.5
			满足三项及以下指标	1.0
	23	12)年计划电量完成率	$1.00\leqslant B_7<2.00$	2.0
			$0.90\leqslant B_7<1.00$	1.5
			$B_7<0.90$ 或 $B_7>2.00$	1.0
	24	13)月计划电量完成率	$0.90\leqslant B_8<1.10$	2.0
			$0.80\leqslant B_8<0.90$ 或 $1.10\leqslant B_8<1.20$	1.5
			$B_8<0.80$ 或 $B_8>1.20$	1.0
	25	14)实时调度	满足六项指标	2.0
			满足第一～三项指标，但六项指标不全满足	1.5
			第一～三项指标至少一项不满足	1.0
	26	15)次洪水起涨水位指数	$B_9\leqslant 0.00$	2.0
			$0.00<B_9\leqslant 0.02$	1.5
			$B_9>0.02$	1.0
	27	16)次洪水最高水位指数	$B_{10}\leqslant 0.00$	2.0
			$0.00<B_{10}\leqslant 0.20$	1.5
			$B_{10}>0.20$	1.0
	28	17)次洪水最大下泄流量指数	$B_{11}\leqslant 1.00$	2.0
			$1.00<B_{11}\leqslant 1.10$	1.5
			$B_{11}>1.10$	1.0
	29	18)预泄调度指数	$B_{12}\geqslant 0.05$	2.0
			$0.01\leqslant B_{12}<0.05$	1.5
			$B_{12}<0.01$	1.0
	30	19)次洪削峰率	$B_{13}\geqslant 0.50$	2.0
			$0.30\leqslant B_{13}<0.50$	1.5

续表

分类	序号	评价项目名称	评分依据	评分
			$B_{13} \leqslant 0.30$	1.0
	31	20) 洪水调度流程	满足五项指标	2.0
			满足四项指标	1.5
			满足三项及以下指标	1.0
	32	21) 信息报送合格率	$B_{14}=1.00$	2.0
			$0.98 \leqslant B_{14} < 1.00$	1.5
			$B_{14} < 0.98$	1.0
	33	22) 检修调度管理	满足三项指标	2.0
			满足两项指标	1.5
			满足一项及以下指标	1.0
	34	23) 专业工作总结	满足四项指标	2.0
			满足三项指标	1.5
			满足两项及以下指标	1.0
	35	24) 调峰弃水电量损失率	$B_{15} \leqslant 0.02$	2.0
			$0.02 < B_{15} \leqslant 0.05$	1.5
			$B_{15} > 0.05$	1.0
	36	25) 年梯级综合耗水率	$B_{16} \leqslant \gamma_{定}$	2.0
			$\gamma_{定} < B_{16} \leqslant 1.2 \cdot \gamma_{定}$	1.5
			$B_{16} > 1.2 \cdot \gamma_{定}$	1.0
	37	26) 年、月水量利用率	年及年调节以上电站：$B_{17} \geqslant 0.95$ 季调节及季调节以下电站：$B_{17} \geqslant 0.70$	2.0
			年及年调节以上电站：$0.80 \leqslant B_{17} < 0.95$ 季调节及季调节以下电站：$0.50 \leqslant B_{17} < 0.70$	1.5
			年及年调节以上电站：$B_{17} < 0.80$ 季调节及季调节以下电站：$B_{17} < 0.50$	1.0
	38	27) 年平均洪水利用率	$B_{18} \geqslant 0.80$	2.0
			$0.60 \leqslant B_{18} < 0.80$	1.5
			$B_{18} < 0.60$	1.0
	39	28) 年机组可调小时数	$B_{19} \geqslant 8000$	1.0
			$7000 \leqslant B_{19} < 8000$	0.5
			$B_{19} < 7000$	0.3
	40	29) 年装机平均利用小时数	$B_{20} \geqslant 1.05 \cdot h_{省均}$	2.0
			$0.90 \cdot h_{省均} \leqslant B_{20} < 1.05 \cdot h_{省均}$	1.5
			$B_{20} < 0.90 \cdot h_{省均}$	1.0

续表

分类	序号	评价项目名称	评分依据	评分
			$B_{21} \geq 0.95$	2.0
	41	30）汛期机组等效可用系数	$0.80 \leq B_{21} < 0.95$	1.5
			$B_{21} < 0.80$	1.0
			$B_{22} \geq 90\%$	2.0
	42	31）弃水期负荷率	$80\% \leq B_{22} < 90\%$	1.5
			$B_{22} < 80\%$	1.0
			$C_1 \geq \eta_{考}$	10.0
（三）效益指标（10）	43	1）年水能利用提高率	$0.00 \leq C_1 < \eta_{考}$	6.0
			$C_1 < 0.00$	4.0

第3篇

梯级水电站电力生产短期协调智能调度

第7章　中长期、短期协调智能调度

7.1　中长期优化调度

梯级水电站中长期联合优化调度需考虑以下问题：

第一，要综合考虑梯级电站的总体情况，实行联合调度，以实现资源的优化配置。梯级各水电站之间电力、水力联系紧密，即梯级中上游水电站的发电和泄流将对下游水电站的发电和泄流产生影响。

第二，必须重视可能发生的弃水现象。在正常情况下，尽量避免弃水现象发生。如果因为汛期季节来水过多，或者因为一定时段内系统容量不足，而上游水电站最大发电流量超过水电站最大发电流量而导致上游电站加大出力造成下游电站不得不弃水等情况时，则属于例外。

第三，梯级水电站之间的约束限制条件比单个独立水电站要复杂得多。

1. 梯级水电站之间的水力联系

流量联系可以用式(7-1)表示：

$$q_i = Q_{i-1} + q_{i-1,i} = q_{i-1} + q_{i-1,i} - \frac{\mathrm{d}V_{i-1}}{\mathrm{d}t} \tag{7-1}$$

式中，q_{i-1}为第$i-1$个水库来水；V_{i-1}为第$i-1$个水库蓄水量；$q_{i-1,i}$为第$i-1$个水库与第i个水库间的区间入库流量；q_i为第i个水库来水；Q_{i-1}为第$i-1$个水库下泄流量。

水头联系可以用下式表示：

$$Z_{i-1,d} = Z_{i-1,d}\left(Q_{i-1}, V_i\right) \tag{7-2}$$

式中，$Z_{i-1,d}$为第$i-1$个水库下游水位。

2. 梯级水电站中长期优化运行模型

我国四川省等地区实行分时上网电价政策，即提高年内枯水期电价，降低丰水期电价，降低日内谷段电价，提高峰段电价，形成季节间电价有差异的电价结构，其目的是通过合理的丰平枯、峰平谷上网电价，调动水电充分利用调节库容，缓解电力系统峰荷压力。在这种情况下，梯级水电站中长期优化调度必须考虑丰平枯期电价的差异。

1) 模型目标

常用的目标有以下两项：

目标Ⅰ：“最大化最小出力”，即梯级水电站计算时期内出力最小时段的出力尽可能大，该目标的效果能够使电站在枯水期为电网提供可靠性高的、尽可能大的出力，达到充分发挥水电的调节效益。

$$\mathrm{NP}_t = \max\left(\min\sum_{i=1}^{N}\left(A_i \cdot Q_{i,t} \cdot H_{i,t}\right)\right) \quad \forall t \in T \tag{7-3}$$

式中，NP_t 为整个梯级计算周期内最大化的最小出力(MW)；A_i 为第 i 个电站综合出力系数；$Q_{i,t}$ 为第 i 个电站在第 t 时段通过水轮机的发电流量(m^3/s)；$H_{i,t}$ 为第 i 个电站在第 t 时段水轮机发电水头(m)；T 为计算总时段数(可用旬或月作为计算时段)；N 为梯级电站总数。

目标Ⅱ：梯级水电站发电收入最大化，即考虑电网分期上网电价的差异，通过水库调节水量的作用，使电站增发高价电，增加高电价时期发电收入。

$$E = \max F = \max\sum_{i=1}^{N}\sum_{t=1}^{T}(A_i \cdot p_t \cdot Q_{i,t} \cdot H_{i,t} \cdot M_t) \tag{7-4}$$

式中，E 为电站第 i 年最大化年发电收入；p_t 为 t 时段电价因子；M_t 为第 t 时段小时数(h)。

2) 约束条件

水量平衡约束：

$$V_{i,t+1} = V_{i,t} + (q_{i,t} - Q_{i,t} - S_{i,t})\Delta t \qquad \forall t \in T \tag{7-5}$$

式中，$V_{i,t+1}$ 为第 i 个水电站第 t 时段末库存水量(m^3)；$V_{i,t}$ 为第 i 个水电站第 t 时段库存水量(m^3)；$q_{i,t}$ 为第 i 个水电站第 t 时段水库平均入库径流量(m^3)；$S_{i,t}$ 为第 i 个水电站第 t 时段平均弃水流量(m^3/s)；Δt 为所采用的计算时段长度(s)。

水库蓄水量约束：

$$V_{i,t,\min} \leqslant V_{i,t} \leqslant V_{i,t,\max} \quad \forall t \in T \tag{7-6}$$

式中，$V_{i,t,\min}$、$V_{i,t,\max}$ 分别为第 i 个水库第 t 时段要求的最小、最大蓄水量(m^3)；$V_{i,t}$ 为第 i 个水库第 t 时段的实际蓄水量(m^3)。

水库下泄流量约束：

$$Q_{i,t,\min} \leqslant Q_{i,t} \leqslant Q_{i,t,\max} \quad \forall t \in T \tag{7-7}$$
$$S_{i,t} \geqslant 0 \qquad \forall t \in T$$

式中，$Q_{i,t,\min}$ 为第 i 个电站第 t 时段的最小下泄流量(m^3/s)；$Q_{i,t,\max}$ 为第 i 个电站第 t 时段最大下泄流量(m^3/s，通常是基于下游防洪保护对象或生态需求考虑的)。

电站出力约束：

$$N_{i,\min} \leqslant A_i \cdot Q_{i,t} \cdot H_{i,t} \leqslant N_{i,\max} \quad \forall t \in T \tag{7-8}$$

式中，$N_{i,\min}$ 为第 i 个水电站必须达到的最小出力(MW)；$N_{i,\max}$ 为第 i 个水电站的装机容量(MW)。

非负条件约束：

上述所有变量均为非负变量($\geqslant 0$)。

7.2 基于发电模式自动识别的短期优化调度

基于不同角度出发能够构造不同的水电站短期优化调度目标，常见的有从资源优化配置和发电企业运营两个不同的角度来考虑水电站短期优化调度目标。

(1)基于水电站短期优化运行目标。从水资源最优配置的角度出发，水电站短期优化可运用以下两类准则：其一，梯级水电站在计算周期内发电量(收入)最大；其二，梯级水电站调度期末蓄能最大。

(2)基于发电企业运行的水电站短期优化运行目标。我国四川省等地区实行分时上网电价政策，即年内丰水期上网电价降低，枯水期上网电价提高，日内谷段电价降低，峰段电价提高，形成季节间电价有差异的电价结构，其目的是通过合理的丰平枯、峰平谷上网电价，调动水电充分利用调节库容，缓解电力系统峰荷压力。在这种情况下，发电企业的发电策略由追求发电量最大变为追求发电收入最大，在满足安全的前提下，多发高价电、少发低价电，以实现发电收入最大的目标。

但是以上两种模型，在我国目前电力生产流程中均不适用。目前国内短期优化调度，主要由各电站向电网公司上报发电计划，电网公司根据负荷需求、潮流等电网情况对发电计划进行调整。由于电网公司管辖水电站较多，无法全面详实地了解每个水电站的径流、机组等情况，且实际电网负荷、潮流等情况也十分复杂，电网公司可能会对发电计划进行较大调整。如果按照传统发电量或发电收入最大模型制作上报发电计划，必然与电网公司的负荷需求相矛盾，导致发电计划被大幅调整，而调整后的负荷曲线无法保证电站的经济稳定运行。应用协调智能调度模式的自动识别技术，对发电计划采用的模式进行自动识别，以选取合适的发电模式。基于发电模式自动识别的水电站短期优化调度，将自动采集电站运行的客观物理环境参数，搜索历史数据库，对发电模式进行自动识别(图 7-1)。在此基础上，合理制定水电站发电计划，保证发电计划的较高采用率。即使电网公司需要根据电网情况进行调整，调整的幅度一般较小，能够较好地保证水电站的经济运行，保证电网企业与发电企业的协调运行。

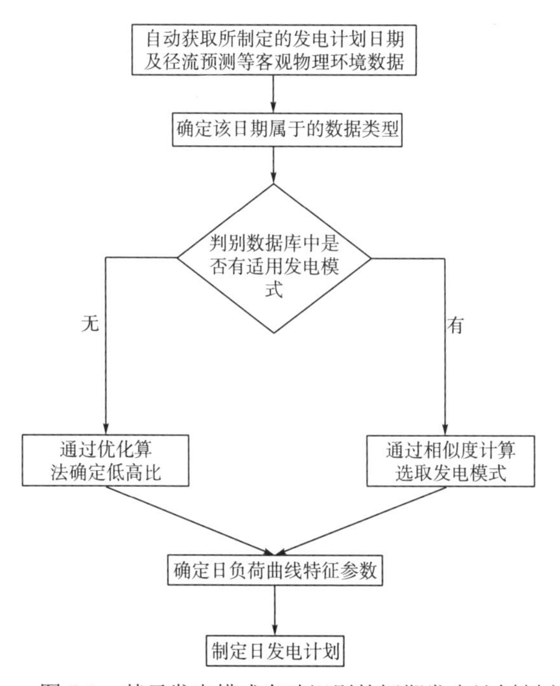

图 7-1　基于发电模式自动识别的短期发电计划制定

发电模式库的建立。通过对历史负荷数据的分析发现，由于政府形成了长假调整休息日政策，每年相同日期休息与否不尽相同，而且中国传统春节、中秋等节假日对应的公历日期不尽相同。在这些节假日，由于出现大规模的工厂负荷减少，负荷水平与平时相差较大，此时负荷水平的变化与用户放假的安排方式有关。本研究首先将发电模式库分为工作日、周六、周日、假日四个子库，分别存储不同日期的发电模式等。考虑随着社会经济的发展、网内装机情况的变化，选取较远日期的发电曲线作为自动发电模式数据库代表性较差，因此只选离制定日期最近的 30 个成功案例作为发电模式。进行发电模式判别时，选取与负荷关系最大的最高、最低气温作为判别属性，计算制定日与发电模式库中数据的属性相似度。

设制定日发电模式 D_i 与数据库某发电模式 D_j 的第 b 个属性的取值分别为 Z_{ib} 、 Z_{jb} ，则制定日发电模式 D_i 与数据库某发电模式 D_j 第 b 个属性的相似度为

$$\mathrm{sim}(D_{ib},D_{jb})=1-\left|Z_{ib}-Z_{jb}\right|/Z_{ib} \tag{7-9}$$

得到了两者各属性的相似度以后，通过对各属性相似度相加，可以得到两个事例之间的相似度为

$$\mathrm{sim}(D_i,D_j)=\sum_{k=1}^{n}\mathrm{sim}(D_{ik},D_{jk}) \tag{7-10}$$

由计算数据库中各发电模式与制定日的事例相似度，从中选取相似度最高的发电模式，提取日负荷曲线特征参数，用于指导短期优化调度。

1. 数学模型

研究具有调节能力的梯级水电站，在对电站次日 96 点径流预测的基础上，考虑水库蓄水位、电站出力、电站下泄流量、流达时间、日负荷曲线特征参数等约束，以日发电收入最大化为计算目标，建立数学模型。

目标函数：调度期内梯级水电站发电收入总和最大。

$$E=\max\sum_{i=1}^{N}\sum_{t=1}^{T}(A_i\cdot p_t\cdot Q_{i,t}\cdot H_{i,t}\cdot M_t) \tag{7-11}$$

式中，E 为水电站日最大化发电收入(元)； A_i 为第 i 个水电站综合出力系数(可通过反向率定求得)； p_t 为 t 时段系统电价值； $Q_{i,t}$ 为第 i 个电站在第 t 时段通过水轮机的发电流量($\mathrm{m^3/s}$)； $H_{i,t}$ 为第 i 个电站在第 t 时段水轮机发电平均水头(m)； M_t 为第 t 时段小时数(每个时段 15min，即 0.25h)；T 为日内计算时段数(日内 96 点则 T=96)； N 为梯级水电站总数。

2. 约束条件

水量平衡约束：

$$V_{i,t+1}=V_{i,t}+(q_{i,t}-Q_{i,t}-S_{i,t})\Delta t \qquad \forall t\in T \tag{7-12}$$

水库蓄水量约束：

$$V_{it,\min}\leqslant V_{i,t}\leqslant V_{it,\max} \quad \forall t\in T \tag{7-13}$$

水库下泄流量约束：

$$Q_{it,\min} \leqslant Q_{i,t} \leqslant Q_{it,\max} \quad \forall t \in T \tag{7-14}$$

$$S_{i,t} \geqslant 0 \qquad \forall t \in T$$

电站出力约束：

$$N_{i,\min} \leqslant A_i \cdot Q_{i,t} \cdot H_{i,t} \leqslant N_{i,\max} \quad \forall t \in T \tag{7-15}$$

非负条件约束：

上述所有变量均为非负变量（≥0）。

日负荷曲线特征参数约束：

$$\frac{N_{i,t}}{\sum_{i=1}^{T} N_{i,t}} = \frac{N'_{i,t}}{\sum_{i=1}^{T} N'_{i,t}} \tag{7-16}$$

式中，$N_{i,t}$ 为第i个电站在第t时段的出力（MW）；$N'_{i,t}$ 为选取的发电模式第i个电站在第t时段的出力（MW）。

为说明模型的可行性，选取某代表日位于同一流域上的 4 座梯级水电站进行计算，P 电站起始水位设为 438.04m，日末水位设为 437.55m，最高水位限制为 440m，最低水位限制为 437.5m；L 电站起始水位设为 354.81m，日末水位为 355.10m，最高水位限制为 370m，最低水位限制为 330m；Y 电站起始水位设为 221.60m，日末水位为 221.44m，最高水位限制为 223m，最低水位限制为 219m；D 电站起始水位设为 153.70m，日末水位为 154.11m，最高水位限制为 155m，最低水位限制为 153m。计算假定为 P 来水 360m^3/s，P-L 区间来水 2000m^3/s，L-Y 区间来水 150m^3/s，Y-D 区间来水 120m^3/s。

另外考虑到上游电站的下泄流量流达下游电站的滞时影响，选取梯级电站在优化调度开始时刻前 12 小时的下泄流量，即优化日期前一天 12:00～24:00 的下泄流量。假定如下：T 二级电站的发电流量在 12:00～24:00 为 100m^3/s，所有时段弃水为 0m^3/s；J 电站的发电流量在 12:00～24:00 为 100m^3/s，所有时段弃水为 0m^3/s；P 电站的发电流量在 12:00～24:00 为 100m^3/s，所有时段弃水为 0m^3/s；L 电站的发电流量在 12:00～18:00 为 2000m^3/s，18:00～24:00 为 1000m^3/s，所有时段弃水为 0m^3/s；Y 电站的发电流量在 12:00～24:00 为 1200m^3/s，所有时段弃水为 0m^3/s。

各电站日内出力约束假定如下：P 电站日内各时段最大出力均为 405MW，最小出力均为 0MW；L 电站日内各时段最大出力均为 4900MW，最小出力均为 0MW；Y 电站日内各时段最大出力均为 1210MW，最小出力均为 0MW；D 电站日内各时段最大出力均为 566MW，最小出力均为 0MW。

求解模型，计算出该代表日各电站发电量结果见表 7-1、表 7-2，及图 7-2～图 7-5（曲线代表水位，柱状图代表出力）。

表 7-1 梯级电站日模型计算结果(一)

时段	P 水位/m	L 水位/m	Y 水位/m	D 水位/m	P 出力/MW	L 出力/MW	Y 出力/MW	D 出力/MW	梯级总出力/MW	P 入库流量/$(m^3 \cdot s^{-1})$	L 入库流量/$(m^3 \cdot s^{-1})$	Y 入库流量/$(m^3 \cdot s^{-1})$	D 入库流量/$(m^3 \cdot s^{-1})$	P 发电流量/$(m^3 \cdot s^{-1})$	L 发电流量/$(m^3 \cdot s^{-1})$	Y 发电流量/$(m^3 \cdot s^{-1})$	D 发电流量/$(m^3 \cdot s^{-1})$	P 弃水/m^3	L 弃水/m^3	Y 弃水/m^3	D 弃水/m^3
0:00	438.04	354.81	221.60	153.70	225	229	939	347	1740	360	2600	1150	1320	782	195	1641	1760	0	0	0	0
1:00	437.90	354.84	221.58	153.61	200	226	941	351	1718	360	2600	1150	1320	695	193	1646	1795	0	0	0	0
2:00	437.79	354.88	221.57	153.52	111	226	940	369	1646	360	2600	1150	1320	361	193	1645	1958	0	0	0	0
3:00	437.79	354.91	221.55	153.38	48	227	938	347	1560	360	2400	1150	1320	151	193	1642	1795	0	0	0	0
4:00	437.86	354.94	221.53	153.29	44	226	938	248	1456	360	2267	1150	1320	137	193	1641	1134	0	0	0	0
5:00	437.93	354.97	221.52	153.33	23	227	936	314	1500	360	2133	1150	1984	72	193	1637	1547	0	0	0	0
6:00	438.03	355.00	221.50	153.41	32	227	935	311	1505	360	2200	150	1770	101	193	1636	1525	0	0	0	0
7:00	438.11	355.03	221.45	153.47	59	225	934	307	1525	360	2200	345	1764	186	192	1637	1494	0	0	0	0
8:00	438.17	355.06	221.41	153.52	23	1084	936	259	2302	360	2200	343	1759	72	941	1642	1181	0	0	0	0
9:00	438.26	355.07	221.37	153.64	23	2196	933	267	3419	360	2200	343	1760	72	1953	1637	1224	0	0	0	0
10:00	438.36	355.08	221.32	153.75	13	2757	933	243	3946	360	2934	343	1754	40	2488	1638	1083	0	0	0	0
11:00	438.46	355.08	221.28	153.88	55	2752	932	344	4083	360	2701	343	1756	170	2483	1638	1705	0	0	0	0
12:00	438.52	355.09	221.24	153.89	109	1944	932	336	3321	360	2242	343	1757	349	1718	1639	1653	0	0	0	0
13:00	438.53	355.09	221.19	153.91	145	1672	933	393	3143	360	2193	343	1765	479	1469	1641	2105	0	0	0	0
14:00	438.49	355.10	221.15	153.84	194	2731	935	308	4168	360	2168	3033	1754	661	2463	1645	1467	0	0	0	0
15:00	438.39	355.10	221.20	153.90	200	2744	934	378	4256	360	2151	2841	1759	685	2476	1642	1977	0	0	0	0
16:00	438.28	355.09	221.24	153.86	87	2754	936	364	4141	360	2137	2633	1758	276	2485	1644	1861	0	0	0	0
17:00	438.31	355.09	221.27	153.84	141	2749	935	363	4188	360	2072	1384	1760	466	2481	1643	1859	0	0	0	0
18:00	438.28	355.08	221.26	153.82	144	2750	936	231	4061	360	2101	1323	1763	478	2482	1645	1014	0	0	0	0
19:00	438.24	355.08	221.25	153.97	108	2753	936	242	4039	360	2186	3393	1767	348	2484	1644	1065	0	0	0	0
20:00	438.24	355.07	221.31	154.11	115	2753	935	221	4024	360	2072	2626	1761	372	2485	1640	947	0	0	0	0
21:00	438.24	355.07	221.34	154.26	227	2585	936	327	4075	360	2072	2635	1766	785	2322	1643	1552	0	0	0	0
22:00	438.10	355.07	221.37	154.30	339	1617	937	304	3197	360	2040	2631	1761	1206	1418	1643	1404	0	0	0	0
23:00	437.82	355.07	221.41	154.37	334	934	940	368	2576	360	2170	2632	472	1200	808	1647	1843	0	0	0	0

表 7-2　梯级电站日模型计算结果(二)

P 电量/(MW·h)	L 电量/(MW·h)	Y 电量/(MW·h)	D 电量/(MW·h)	梯级总电量/(MW·h)	弃水电量/(MW·h)
3 001	38 587	22 461	7 541	71 590	0
P 收入/元	L 收入/元	Y 收入/元	D 收入/元	梯级总收入/元	弃水损失/元
780 387	11 846 348	3 467 907	1 819 006	17 913 648	0

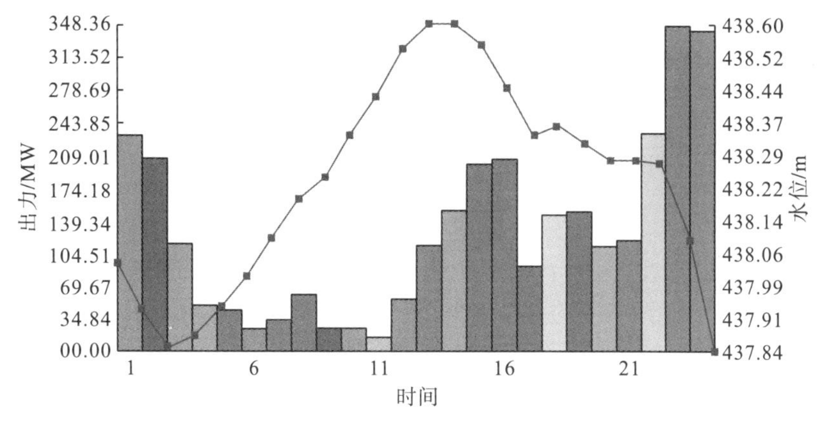

图 7-2　P 水库水位出力日变化过程图

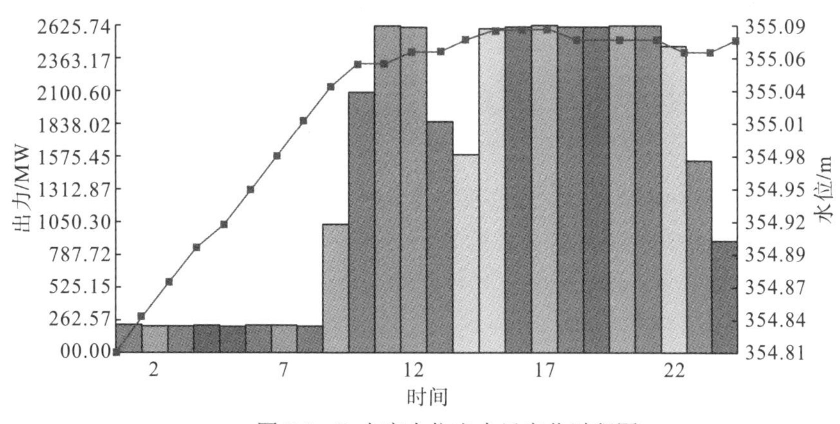

图 7-3　L 水库水位出力日变化过程图

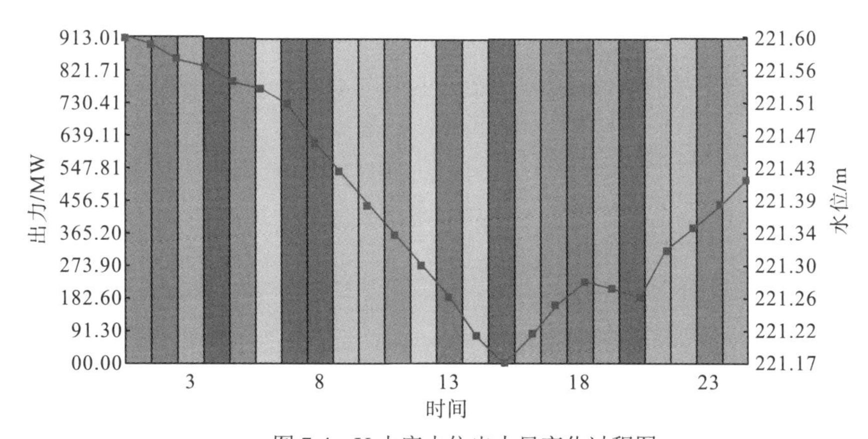

图 7-4　Y 水库水位出力日变化过程图

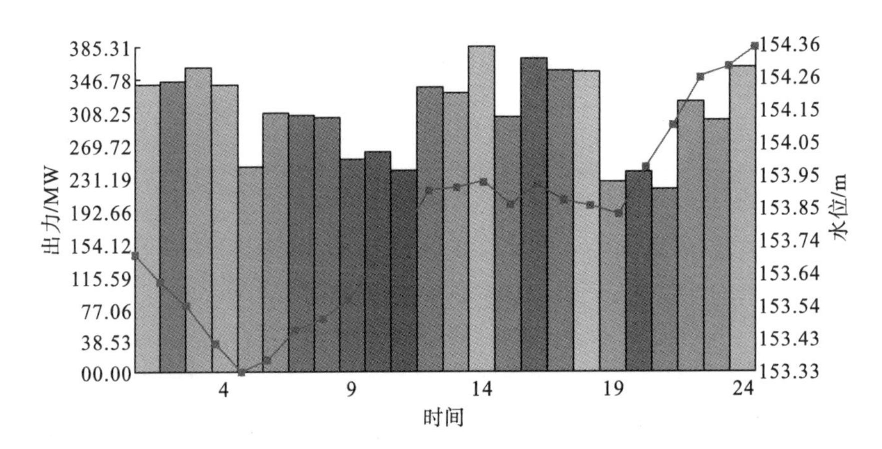

图 7-5　D 水库水位出力日变化过程图

为检验制定计划的拟合程度，对上报与下达发电计划拟合度进行计算，采用相对平均误差对上报计划拟合度指标进行分析(相对平均误差即上报发电计划与下达发电计划之间的相对误差)，计算公式如下：

$$e=\frac{\left|\dfrac{N_{i,上}}{E_{上}}-\dfrac{N_{i,下}}{E_{下}}\right|}{\dfrac{N_{i,下}}{E_{下}}}\times 100\% \tag{7-17}$$

其中，$N_{i,上}$为i时段上报发电出力(kW)；$N_{i,下}$为i时段电网下达发电出力(kW)；$E_{上}$为上报总发电量(kW·h)；$E_{下}$为下达总发电量(kW·h)。

从优化结果中可以看出，根据自动选取发电模式所制定的梯级水电站日发电计划，梯级各电站都没有发生弃水，出力过程比照典型日负荷曲线确定，相对平均误差较小，仅为16%，采用度较高达 84%。在电网负荷高峰段出力较大，在电网负荷低谷段出力较小，符合电网的日负荷需求特性，同时没有弃水，优化结果合理。

7.3　电力生产流程中中长期、日发电计划协调器

电力生产流程中中长期发电计划是根据收集的全流域天气预报、梯级水电站运行情况、电网中长期负荷需求预测、检修方式、电网需要，制定未来一段时间内以旬或月为计算时段的发电计划。

对于日发电计划，每日收集资料包括气象预报信息、梯级水电站 48 小时入库流量预报和电站设备工况等。结合中长期发电计划和电网实际情况，完成次日梯级水电站日计划。

制定的中长期发电计划是以旬或月为计算时段的发电计划，考虑了水库蓄水、放水规律，保证水库在汛前将水位拉低，水库在汛期时不因水库水位过高而造成弃水或防洪风险；在汛末将水库水位抬升，抬高水头，保证水库在枯期有足够的水量和足够的水头进行发电。

日发电计划是以小时或 15 分钟为计算时段、未来一天的发电计划。制定日发电计划时，应充分考虑与中长期发电计划的协调，不应过早或过晚抬升或拉低水库水位，导致旬

末或月末水位与中长期发电计划制定的水位不符，影响水库的蓄水或放水计划。

在电力生产流程中，需要协调好中长期与日发电计划的关系。如果日发电计划制定不合理，而且不加以合理调整，将导致调度期内末水位与中长期发电计划制定的末水位严重不符，影响水库蓄水或消落计划的完成，将对电站发电供水产生不利影响，甚至威胁水库安全。

运用协调智能调度的协调器原理，设计中长期、日发电计划协调器：

$$Z_1 = Z_0 + Q_{r,1} \times 86400 - Q_{c,1} \times 86400 \tag{7-18}$$

$$Q_{c,1} = \frac{D_1}{\sum_{i=1}^{T} D_i} \times \left(Z_0 + \sum_{i=1}^{T} \left(Q_{r,i} \times 86400 \right) - Z_T \right) \tag{7-19}$$

式中，Z_1 为未来一天日末水位；Z_0 为未来一天日初水位；$Q_{r,1}$ 为未来一日预测平均入库流量；$Q_{c,1}$ 为未来一日平均出库流量；$Q_{r,i}$ 为第 i 日预测平均入库流量；D_i 为未来第 i 天电网需求购电量；T 为明日起至旬末或月末的天数；Z_T 为中长期发电计划制定的旬末或月末的水位。

进行中长期发电计划与日发电计划的协调时，应注意随着径流预测更新，协调器应进行滚动决策。

协调器的滚动决策需要根据不断滚动更新的径流预测信息来修正余留时段的水电站最优中长期发电运行策略。对由计算时段（日为计算时段）$t_1, t_2, \cdots, t_T$ 组成的计算期，根据所选择的目标和最新调度边界条件进行优化计算，得出由最优水位值序列 $Z_{1,1}, Z_{1,2}, \cdots, Z_{1,T}$ 构成的初始的最优中长期发电运行策略。调度运行过程中，随着时间的推进和径流预报的更新，对初始最优调度策略（水库运行方式）进行修正，从而优化计算得到面临日的新的最优决策。这样，逐次从最新的水库边界条件出发，采用最新的水情预报信息进行协调器的更新，能够得到以下不断修正模式的协调器矩阵：

$$\begin{bmatrix} Z_{1,1} & Z_{1,2} & Z_{1,3} & \cdots & Z_{1,T} \\ & Z_{2,2} & Z_{2,3} & \cdots & Z_{2,T} \\ & & Z_{3,3} & \cdots & Z_{3,T} \\ & & & \cdots & \vdots \\ & & & & Z_{T,T} \end{bmatrix} \tag{7-20}$$

在式(7-20)中，随着面临逐时段边界条件确定以及预报信息的更新，计算期由长变短（同时对协调器矩阵进行滚动），协调器矩阵中相应行的列数也相应减少。因此，由矩阵(7-20)主对角线相应的各协调器构成的协调调度策略 $Z_{1,1}, \cdots, Z_{T,T}$ 即为实际采用的水库的最优日发电运行方式，$Z_{T,T}$ 较为接近中长期发电调度策略所制定的水库水位计划，达到了中长期和短期发电协调调度。

第8章　梯级水电站短期供需协同调度研究

电力电量平衡是对多种一次发电能源形成的电能进行跨区域、跨季节的统筹调配，实现全网内发电资源在一定周期内总体优化利用的重要举措，其作为调度计划核心业务之一，也是实现电力科学调度的关键决策依据。近年来，持续、快速、不均衡的电力需求增长以及可再生能源的迅猛发展，促使中国能源和电力的发展出现了新趋势和新变化。

水电是公认的清洁可再生能源，在我国能源、大区电网互联以及电网安全和高效运行中发挥不可替代的重要作用，在水能资源富集的西南地区，如四川、云南等地，水电在全网所占比重甚至超过七成，因此水电与其余火电风电等电源之间、水电各发电厂之间的电力电量平衡显得十分重要。此外，电力电量平衡不仅是电力调度部门合理安排各电站运行的重要手段，在目前水电富余、弃水较严重的大背景下，更是电力调度部门进行效益均衡的经济杠杆。西部山区水电开发以梯级开发形式为主，站间水力联系紧密，因此经常作为一个整体参与全网的电力电量平衡。发电计划的优化编制是电网调度运行的基础环节，如何在考虑全网电力电量平衡的基础上，合理安排发电计划，实现资源的优化利用是一个重要并且现实的问题。

梯级水电站短期优化调度包含两个厂间负荷分配问题，一是电网下达日发电计划曲线后，各时段总负荷在梯级各电站间的分配；二是拟定发电预计划过程中，梯级日总负荷在梯级各电站之间的分配。目前国内外学者针对梯级水电站厂间负荷分配问题进行的研究较多，但总体来看，关注的重点多在电网下达梯级日负荷曲线后的分配，亦或是电网实时调整负荷指令后的梯级总负荷实时分配，是计划执行过程中的负荷分配，而对发电计划制定过程中的总负荷供需协同分配研究鲜有涉及。

针对前述问题，本章基于新形势下发电计划生成中“供”“需”要求的特点，进行了供需协同调度方面的研究，在建立短期优化调度模型的基础上，结合日总负荷在梯级电站之间的分配及电站日总电量在日内96时段的过程分配的双重任务属性，提出了模型求解的嵌套优化算法，同时开展了工程实用化方面的工作，以期为实际调度提供良好参考。

8.1　短期供需协同调度模式

8.1.1　供需协同的含义

传统梯级水电站日度发电计划的形成通过如下几个步骤实现：①梯级电站运行人员依据预测来水及中期调度的水量安排，向电力调度部门申报发电计划；②电力调度部门审批各梯级电站上报的发电计划，并依据电站承担任务的差别及电网负荷的需求等实际情况进行调整后，以单站或梯级96点负荷曲线的形式下达发电计划。梯级水电站短期优化调度的研究多关注于步骤①中的"以水定电"问题，根据调节性水库的中期调度水量安排，结合预测来水情况，充分发挥日调节及以上水库的调节能力，以日发电量最大、发电效益最大等为优化目标，建立数学模型，优化计算得到各水电站日内 96 点的优化发电过程，并以此作为发电计划上报电网审批，主要流程如图 8-1 所示。该模式对提高梯级水电站综合效益，保障水能资源高效利用起到了积极的作用。

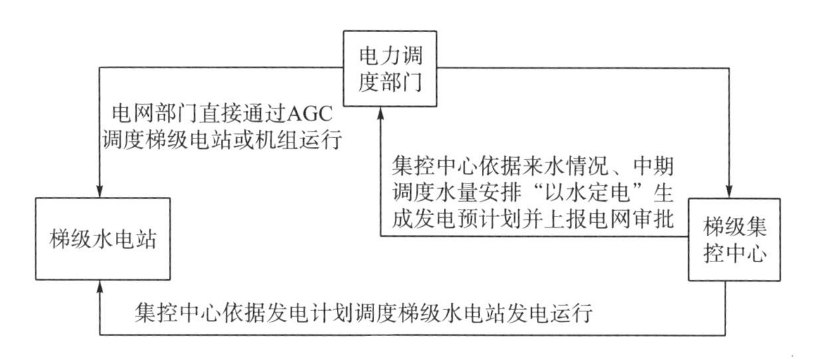

图 8-1　优化发电计划形成模式

"十二五"以来，西南地区电源建设速度较快，水电建设超前、集中投产，水电发电能力不断加强，大规模新投水电并网发电。此外，国民经济形势下行压力逐渐加大，产能过剩、结构性矛盾突出等问题逐渐显现，导致电力需求增速减缓，西南水电整体呈现"供大于求"的严峻形势，且伴随着西南水电外送通道建设滞后、水电消纳政策不完善等一系列现实问题，西南地区发生了大规模的"弃水窝电"现象。因此造成了水电行业"僧多粥少"的局面：一方面是社会电力需求增速减缓，甚至部分年份呈现电力消费"负增长"态势，导致梯级水电站发电售电形势严峻，整体市场份额减小；二是大规模新投水电挤占市场份额，直接压低了所有水电站平均市场份额。

在如今新的市场环境下，采用电力电量平衡的方式均衡各水电企业的发电效益来保障企业的生存与正常运行显得尤为重要，原有"以水定电"依据自身发电能力，从效益最大化、水资源高效利用的角度优化生成发电计划的模式将不再适用。在新的环境下，发电计划的生成需要综合考虑电力电量平衡后电网对梯级电站的电量"需求"，以及梯级电站发电能力与站间出力的协调"供应"，实现"供需协同"，其流程如图 8-2 所示。

新电力市场形势下的梯级水库供需协同发电计划形成主要通过四个过程实现：①梯级电站工作人员依据预测来水、中期调度的水量安排及检修计划安排等，向电力调度部门申报发电计划，该计划通常是中时间尺度的发电计划，以周、日总发电量的形式存在；②电力调度中心根据市场电力需求预测及各发电主体效益均衡进行电力电量平衡后，确定对各梯级电站的电力电量需求，通常为日发电任务(总出力或日总电量)的形式；③梯级电站调度工作人员依据下达的发电任务以总蓄能最大、发电效益最大或调峰量最大为目标，优化形成发电预计划后并上报电网；④电力调度部门审核各梯级电站上报的发电计划，并进行相应调整，以单站或梯级 96 点负荷曲线的形式下达发电计划。

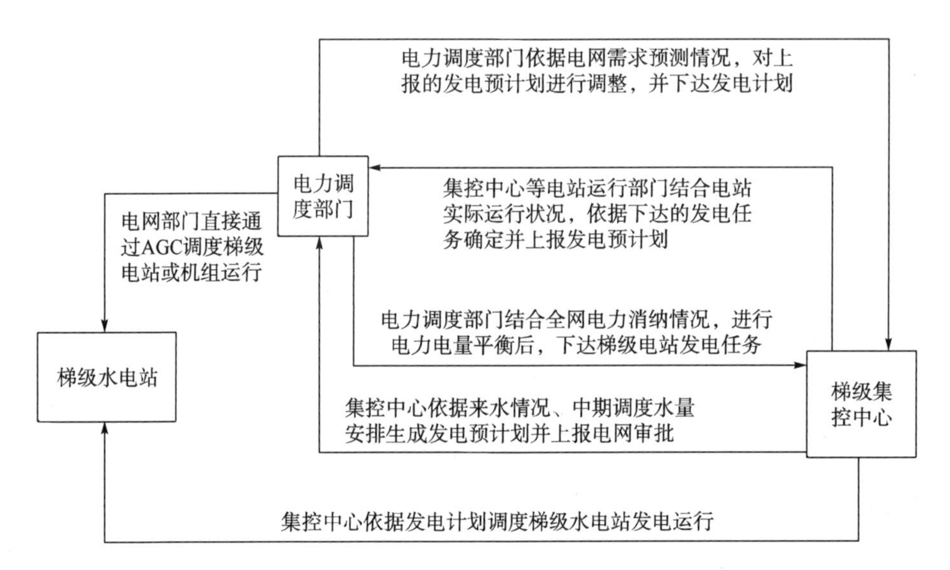

图 8-2　新形势下供需协同发电计划形成模式

过程③中依据发电任务优化生成发电预计划是一个供需协同控制问题。电网对梯级电站的发电任务可视为“需”，而优化生成的梯级电站运行过程就是“供”，如何确保给定发电任务与追求资源优化利用的梯级电站发电运行过程的匹配，实现“供需协同”，既能保障电网运行安全，又能实现梯级水电站之间的水量与电量匹配，在有限的发电任务要求下达到水资源的合理高效利用是梯级水库联合运行的一个重要命题。

8.1.2　供需协同调度的实现

短期优化中的供需协同调度的实现主要是指实现两大目标：一是实现梯级各站间发电过程的协调匹配，达到梯级层面水能资源高效利用的目的，也就是通常所说的“以水定电”问题，结合梯级电站的来水情况及自身的调节能力，以效益最大化或水能资源转换效率最高为原则确定梯级各电站的发电运行过程。二是梯级整体优化后的发电能力必须与电网给定的发电任务需求相匹配，是一个“以电定水”的问题，根据电网给定的发电任务确定梯级水电站的运行方式。可见新形势下梯级水电站的短期供需协调调度既有“以水定电”过程又有“以电定水”方式，不能通过传统单一模式的计算方法实现，且已有的研究成果中，鲜有针对此类问题的计算方式的详细报道，因此本节研究结合该新模式下“供需协同”的特点开发了基于“嵌套”思想的优化计算方式，其原理与过程将在 8.2.2 节中详细阐述。

8.2　短期供需协同调度模型与算法

8.2.1　数学模型

前述表明梯级水电站短期供需协同调度模式下的日总负荷的分配可以看作是日总负

荷在电站之间的分配和各电站总负荷日内 96 点的分配两个问题的综合。本节梯级日总负荷的站间分配研究以在满足各用水部门要求的前提下，梯级总蓄能最大为优化目标，通过“以电定水”的方式进行优化分配计算，安排各电站的发电水量。以梯级蓄能最大为目标可以在满足电力系统要求后使梯级电站储存更多的能量。在实际优化调度时，可通过水位和出力的“动态”控制有效限制某一级水库的集中放空现象。此外，日总负荷分配后，梯级各站日发电过程的确定是常规的短期优化调度“以水定电”问题，以梯级总发电量最大为优化准则实现。模型如下：

1. 目标函数

1) 梯级蓄能最大

$$\max F = \max[V_{1,T} \cdot \sum_{i=1}^{n} \bar{H}_i + V_{2,T} \cdot \sum_{i=2}^{n} \bar{H}_i + \cdots + V_{n,T} \cdot \bar{H}_n] \tag{8-1}$$

其中，F 为梯级电站调度期末总蓄能(kW·h)；$V_{1,T}, V_{2,T}, \cdots, V_{n,T}$ 分别是梯级各电站的时段末水库蓄水量(m^3)；$\bar{H}_i$ 为第 i 个电站的平均水头(m)；T 为研究时段数，也可认为是调度期末时段。

2) 梯级发电量最大准则

$$\max E = \max \sum_{i=1}^{N} \sum_{t=1}^{T} (K_i \cdot Q_{i,t} \cdot H_{i,t} \cdot M_t) \tag{8-2}$$

其中，E 为梯级水电站日总发电量(kW·h)；K_i 为第 i 个电站的出力系数；$Q_{i,t}$ 为第 i 个电站在 t 时段的发电流量(m^3/s)；$H_{i,t}$ 为第 i 个电站在 t 时段的平均水头(m)；M_t 为 t 时段的小时数；N 为梯级电站个数；T 为研究时段数。

2. 约束条件

1) 电量(负荷)平衡

$$\sum_{t=1}^{N} \sum_{i=1}^{T} P_{i,t} = P_z \tag{8-3}$$

其中，$P_{i,t}$ 为电站 i 在时段 t 内的电量(或负荷)(MW)；P_z 为系统在时段 t 内对梯级发电量(或负荷)的总要求(MW)。

2) 水量平衡

$$Q_{i,t} + S_{i,t} = q_{i,t} + Q_{i-1,t-\tau} + S_{i-1,t-\tau} + (V_{i,t-1} - V_{i,t}) / \Delta t \tag{8-4}$$

其中，$V_{i,t}$ 为电站 i 在 t 时段末的库容(m^3)；$V_{i,t-1}$ 为电站 i 在 t 时段初的库容(m^3)；由于水流滞时的存在，电站 i 在时段 t 的入库流量应当是该电站 t 时段的坝前区间流量与其上游电站 τ 时段之前的出库流量之和，$q_{i,t}$ 为电站 i 在 t 时段的坝前区间流量(m^3/s)；$S_{i,t}$ 为电站 i 在 t 时段的弃水流量(m^3/s)；$Q_{i-1,t-\tau}$ 为电站 $i-1$ 在 $t-\tau$ 时段的出库流量(m^3/s)；$S_{i-1,t-\tau}$ 为电站 $i-1$ 在 $t-\tau$ 时段的弃水流量(m^3/s)；τ 为电站 i 与电站 $i-1$ 之间的水流滞时(s)。

3) 电站过机流量约束

$$Q_{i,t}^{\min} \leqslant Q_{i,t} \leqslant Q_{i,t}^{\max} \tag{8-5}$$

其中，$Q_{i,t}^{\min}$、$Q_{i,t}^{\max}$ 分别为第 i 个电站在时段 t 的过机流量的最小值、最大值(m^3/s)，由电站的综合利用要求、下游河段的生态、航运需水要求、电站机组过流能力或大坝泄流能力等综合确定；其他符号意义同前。

4) 电站出力约束

$$P_{i,t}^{\min} \leqslant P_{i,t} \leqslant P_{i,t}^{\max} \quad (i=1,2,\cdots,N) \tag{8-6}$$

其中，$P_{i,t}^{\min}$ 和 $P_{i,t}^{\max}$ 为电站 i 的最小出力和最大出力(MW)。

5) 电站水量限制

$$V_{i,t}^{\min} \leqslant V_{i,t} \leqslant V_{i,t}^{\max} \quad (i=1,2,\cdots,N) \tag{8-7}$$

其中，$V_{i,t}^{\min}$ 和 $V_{i,t}^{\max}$ 为电站 i 的最小库容和最大库容(m^3)。

6) 变量非负约束

上述所有变量均为非负变量。

8.2.2　嵌套优化算法

针对短期供需协同调度的两大任务，目前实际操作过程中采用分阶段计算的方法：先是将日总负荷任务分配至各电站，得到各站日发电任务；再以水资源利用效率最高为优化准则，由上至下逐电站优化日内发电运行过程。该方式逻辑简单、实现方便，容易被人接受，但是该方法无法考虑流达时间的影响，将造成“水量不平衡”或者个别电站日末水位无法满足初设要求的现象。梯级水电站之间水力联系紧密，并且受到梯级水库之间水流滞时的影响，上述两个问题不能分阶段实现，而是一个耦合的问题。本节研究提出了用于求解梯级日总负荷分配模型的嵌套优化算法，其主要思想是将梯级总蓄能最大的优化计算作为外层，每次优化过程中嵌套一个短期优化计算单元作为内层，在内层短期优化计算单元中考虑水流滞时等的影响，实现梯级各站之间发电运行过程的相互匹配。该算法主要思想如图 8-3 所示。

1. 外层优化计算

外层寻优过程追求的是梯级总蓄能的最大，目前对以梯级总蓄能最大为目标的优化调度研究比较多，采用的方法也比较成熟，如动态规划算法、遗传算法、粒子群算法等。粒子群算法(particle swarm optimization，PSO)通过个体间的协作与竞争，在复杂的解集空间中搜索最优解。PSO 首先生成初始种群，即在可行解空间中随机初始化一群粒子，每个粒子都为优化问题的一个潜在可行解，并通过目标函数为之确定一个适应度值(fitness value)。每个粒子将在空间中运动，并经逐代搜索得到最优解。在每一代中，粒子群将追踪两个极值，一个是粒子本身迄今为止找到的最优解(Pbest)，另一个是全粒子迄今找到的最优解(Gbest)。

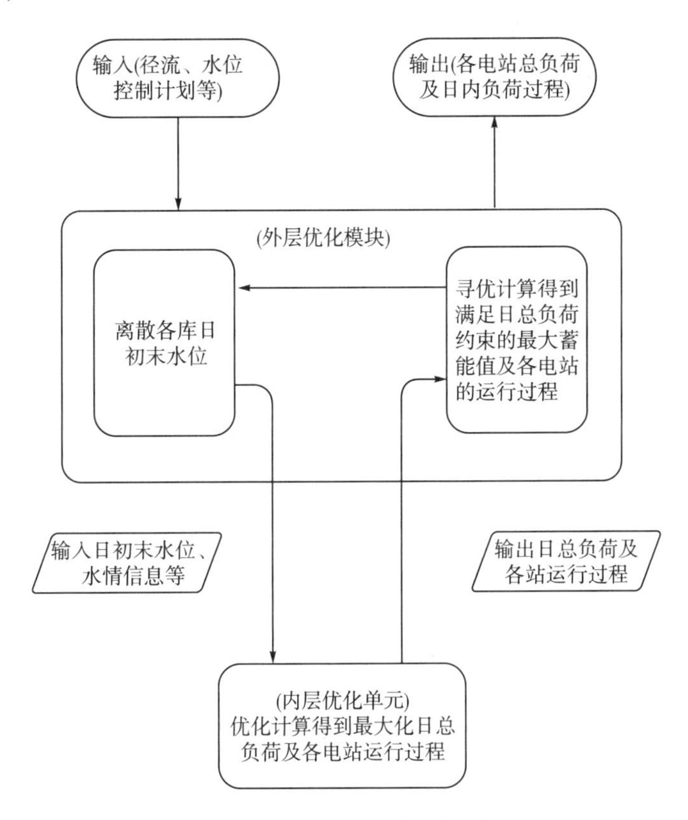

图 8-3　嵌套优化算法示意图

PSO 的数学描述可以表示为：设在一个 n 维的搜索空间中，由 m 个粒子组成的种群 $\boldsymbol{X}=\{x_1,x_2,\cdots,x_m\}$，其中第 i 个粒子的位置为 $\boldsymbol{x}_i=\{x_{i1},x_{i2},\cdots,x_{in}\}^{\mathrm{T}}$，其速度为 $\boldsymbol{v}_i=\{v_{i1},v_{i2},\cdots,v_{in}\}^{\mathrm{T}}$。它的个体极值为 $\boldsymbol{p}_i=\{p_{i1},p_{i2},\cdots,p_{in}\}^{\mathrm{T}}$，种群的全局极值为 $\boldsymbol{p}_g=\{p_{g1},p_{g2},\cdots,p_{gn}\}^{\mathrm{T}}$。群体进化过程中追随当前最优粒子，粒子 x_i 将按式(8-8)、式(8-9)进行速度与位置的更新。式(8-8)为三部分之和，第一部分为粒子变动前的原有速度，第二部分为“认知(cognition)”部分，第三部分为“社会(social)”部分，体现了粒子间的信息共享与相互合作。

$$v_{id}^{(t+1)}=v_{id}^{(t)}+c_1r_1\left(p_{id}^{(t)}-x_{id}^{(t)}\right)+c_2r_2\left(p_{gd}^{(t)}-x_{id}^{(t)}\right) \tag{8-8}$$

$$x_{id}^{(t+1)}=x_{id}^{(t)}+v_{id}^{(t+1)} \tag{8-9}$$

式中，d 为搜索空间维数，$d=1,2,\cdots,n$；i 为粒子序号，$i=1,2,\cdots,m$，m 为粒子种群规模；t 为当前进化代数；r_1、r_2 为分布于[0，1]之间的随机数；c_1、c_2 为学习因子(learning factor)或加速常数(acceleration constant)。

2. 内层优化计算

内层优化实现了给定梯级电站日初末水位及入流过程后的日总负荷最大化寻优计算，前述遗传算法、粒子群算法等都是能有效实现的智能算法，但是这些算法在一定程度上存在参数确定复杂、易产生"早熟收敛"等问题。一般来看，以追求资源利用效率最大化的梯级水电站短期运行方案多存在日内负荷变动大、水位"大起大落"的现象，对发电机组的长期稳定运行不利，因此实际调度中较多地是希望电站出力保持平稳，此举不仅有利于减少频繁变动负荷的机组损耗，也有利于减轻调度人员的工作压力；此外日内电力需求一般存在早高峰、平、晚高峰、谷四类时段，高峰时段电力需求大，低谷时段电力需求小，该电力需求峰谷差异决定了电力调度部门要求各电站上报的发电计划需满足该类"峰-平-峰-谷"的特性。本节研究针对前述现实情况提出了更简便的定出力与 POA 结合的优化算法。

该方法作了如下两个假设：假设 1：电站出力在同一个"峰平谷"时段内出力不变；假设 2：梯级各站峰平出力比为(1～2)：1，谷平出力比为(0.5～1)：1。

定出力算法的思想是：通过确定的峰平出力比、谷平出力比(在约束范围之内)以及平段出力，可确定电站日内 96 点出力过程，根据给定的初始水位及入库流量过程可逐时段推求末水位，通过不断地调整平段出力的值，使计算的日末水位与预先设置的日末目标水位相等。再采用 POA 调整峰、平、谷出力比寻优，以实现日发电量最大的优化目标。POA 的原理与计算流程在第 2 篇 5.3.3 节中已经详细阐述，此处不再赘述。该定出力算法与 POA 结合的实现过程如图 8-3 中"内层优化单元"所示。

3. 内外层优化的嵌套耦合

本节研究提出的嵌套优化计算方法的核心是对外层优化根据发电任务确定的各站发电水量安排与该水量安排下追求发电量最大化的发电运行过程的科学匹配。本节研究采用类似"惩罚函数"思想解决这一难题，如式(8-10)所示：

$$F(i)=\alpha\times\left(-\left|E_a-E_b\right|\right) \tag{8-10}$$

其中，$F(i)$为"惩罚"后的适应度；α是惩罚系数，经试算，本节取值 100 可取得良好效果；E_a为内层优化单元计算得到的样本日总负荷；E_b为梯级给定的日总负荷任务。采用"被惩罚"后的样本适应度是一个负值，且计算得到的负荷与需要分配的负荷差别越大，则对负荷和适应度的惩罚越大，在寻优过程中就会将其舍弃，如此实现了给定日负荷与优化计算日负荷的匹配。

本节研究提出的嵌套优化算法在外层优化每一次计算过程中嵌套了内层优化计算单元，并通过惩罚函数实现了内层优化与外层优化的动态关联，理论上实现了给定的日总负荷在梯级各电站的分配，并同步得到了各电站的日内 96 点的负荷过程及水位控制过程，实现了供需平衡，其计算实现方法伪代码可描述如图 8-4 所示。

需要指出的是：径流式电站的水库水位在日内保持不变，在没有尾水位顶托的条件下可视作在固定发电水头下运行，日调节电站日初、末水位变动过大不利于下一日发电运行，因此本节研究中概化考虑认为日调节电站初末水位相等，仅利用其日内调节能力。当梯级水电系统中仅有一座调节水库具有日以上调节能力时，以龙头水库与下游多座日调节水库电站组成的水电系统为例。

```
嵌套优化计算:
While(Counter1<MaxInteration)    do
{
        Counter1=1;
        Initialize[X];        //初始化种群
        While(Counter2<Num)
        {
            GA(X');               //遗传算法交叉、变异等操作
            E(X')=Calculate(X');       //内层短期优化计算单元计算
            F(X')=a*(-|E(X')-E|);         //罚函数确定适应度
            If(F(X')>F(X));        //判断适应度更优
        }
            X=X';          //新的个体替代原有个体
        }
        Counter2++;
    }
    Counter1++;
}
```

图 8-4　嵌套优化算法伪代码

此时优化目标式(8-1)可以用其等价的梯级总蓄能增加值最大化表示，即

$$\max\sum_{t=1}^{T}\sum_{i=1}^{N}F_{i,t}=\max\left\{\sum_{t=1}^{N}\left[\left(K_1H_{1t}+K_2H_{2t}+\cdots+K_nH_{nt}\right)\left(Q_{r1t}-Q_{1t}\right)+\right.\right.$$
$$\left.\left.\sum_{t=1}^{T}\left(K_2H_{2t}+K_3H_{3t}+\cdots+K_nH_{nt}\right)\left(Q_{r2t}-Q_{2t}\right)+\cdots+K_nH_{nt}\left(Q_{rnt}-Q_{nt}\right)\right]\right\}\cdot\Delta t \tag{8-11}$$

式中，$F_{i,t}$ 为梯级电站 i 在 t 时段的总蓄能增加值(kW·h)；$K_1,\cdots,K_n$ 分别是 n 个电站的出力系数；$H_{1t},\cdots,H_{nt}$ 为梯级 n 个电站在时段 t 的水头(m)；$Q_{r1t},Q_{1t},\cdots,Q_{rnt},Q_{nt}$ 分别是 n 个电站的入库流量与出库流量(m^3/s)；Δt 为时段长(s)；T 为研究时段数。式(8-11)表示的物理含义是梯级总蓄能值为梯级各电站蓄能增加值之和。日调节能力水库电站调度期末蓄能增加值可以表述为

$$\begin{aligned}\sum_{t=1}^{T}F_{2t}&=\sum_{t=1}^{T}\left(K_2H_{2t}+K_3H_{3t}+\cdots+K_nH_{nt}\right)\left(Q_{r2t}-Q_{2t}\right)\\&=\left(K_2\overline{H}_{2t}+K_3\overline{H}_{3t}+\cdots+K_n\overline{H}_{nt}\right)\sum_{t=1}^{T}\left(Q_{r2t}-Q_{2t}\right)\\&=\left(K_2\overline{H}_{2t}+K_3\overline{H}_{3t}+\cdots+K_n\overline{H}_{nt}\right)\Delta W\end{aligned} \tag{8-12}$$

式中，$\overline{H}_{nt}$ 为电站调度期内的平均水位值(m)；ΔW 为调度期内水库蓄水量的变化值(m^3)；日调节水库时段初、末水位相等，故 $\Delta W=0$，因此认为其蓄能增加值为零，故梯级水电站调度期末蓄能增加值仅由龙头水库调度期内的蓄水量变化量决定，即

$$\max\sum_{t=1}^{T}\sum_{i=1}^{T}F_{i,t}=\left(K_2\overline{H}_{2t}+K_3\overline{H}_{3t}+\cdots+K_n\overline{H}_{nt}\right)\max\left(\Delta W\right) \tag{8-13}$$

$$\max\left(\Delta W\right)=\max\left[f\left(Z_e\right)-f\left(Z_b\right)\right]=\max\left[f\left(Z_e\right)\right] \tag{8-14}$$

龙头水库蓄水量的变化取决于调度期末的水位变化，调度期水库初水位是已知的，因此模型总蓄能最大化目标可等价转换为计划期末的调节水库水位最高[式(8-14)]，即计划期末的调节水库存水量尽可能大。此时外层优化可转化为维度较低的单站优化问题，其计算方法也可以对应简化，可采用启发式的逐次逼近寻优算法。

8.3 梯级水电站短期协同调度

8.3.1 供需协同调度实例

某流域(二)下游河段水量大，落差较集中，从上至下依次投产运行了 S 水电站、B 水电站、A 水电站、ZY 水电站、C 水电站、F 水电站梯级六站，总装机容量 897.5 万 kW，其中 B 水电站是一座以发电为主，兼有防洪、拦沙等综合利用效益的大型水电工程，同时也是某省电网调峰调频骨干电源。各电站主要参数见表 8-1。

表 8-1 流域(二)下游梯级各电站主要参数

电站	多年平均流量 /($m^3 \cdot s^{-1}$)	正常蓄水位 /m	死水位 /m	调节库容 /亿 m^3	调节性能	装机容量 /万 kW
S	1010	1130	1120	1.16	日	260
B	1230	850	790	38.94	不完全年	360
A	1350	660	655	0.081	日	66
ZY	1360	624	618	0.123	日	72
C	1450	528	520	0.87	日	77
F	1456	474	469	0.48	日	62.5

基于前述短期供需协同控制的模型与算法设计研究成果，建立流域(二)下游干流协同控制日总负荷分配模型，选择 4 月某日的径流及发电任务，以 15min 为计算时段模拟计算。梯级计划日总负荷为 4500 万 kW·h，该日 S、B、A、ZY、C、F 水库初水位分别为 1129.20m、803.12m、658.08m、620.76m、526.96m、473.62m，计划日末水位分别为 1129.20m、803.12m、658.08m、620.76m、526.96m、473.62m。S 水库天然来水 426m^3/s，S-B 区间来水 10m^3/s，B-A 区间来水 10m^3/s，A-ZY 区间来水 19m^3/s，ZY-C 区间来水 133m^3/s，C-F 区间来水 35m^3/s。模型计算采用前述嵌套优化方法，计算流程如图 8-5 所示。

外层：S 及以下梯级电站仅 B 电站具有较好调节性能，因此外层优化计算可以简化并采用逐次逼近寻优方式进行求解计算，设梯级要求日总负荷为 E_M，B 电站日总调蓄水流量为 Q_{tiao}，日末水位用 Z_p 表示，若水库蓄水，则 $Q_{\text{tiao}}<0$，即 $Z_p=Z_p+\Delta z$；若水库供水，则 $Q_{\text{tiao}}>0$，即 $Z_p=Z_p-\Delta z$，Δz 为水位离散幅度，本节研究取 Δz=0.01m。求解过程如下：

Step1 初设 B 水库不蓄不供，$Q_{\text{tiao}}>0$，下游梯级各电站日末水位等于设定的目标水位，此时 B 水库出库流量等于入库流量，通过内层嵌套的短期优化计算模块计算梯级发电量 E_T；

Step2 判断发电任务与计算发电量差异：若 $E_T-E_M<0$，则 B 水库供水，$Q_{\text{tiao}}>0$，令 $Z_p=Z_p-\Delta z$；若 $E_T-E_M>0$，则 B 水库蓄水，$Q_{\text{tiao}}<0$，令 $Z_p=Z_p+\Delta z$；

Step3 调用内层计算模块：通过内层嵌套的短期优化计算模块计算 B 水库调蓄后的梯级总电量 E_T，若在差异精度控制范围内，$|E_T-E_M|<e$（e 为一较小的常数），负荷分配计算结束，并输出计算结果；否则返回 Step2。

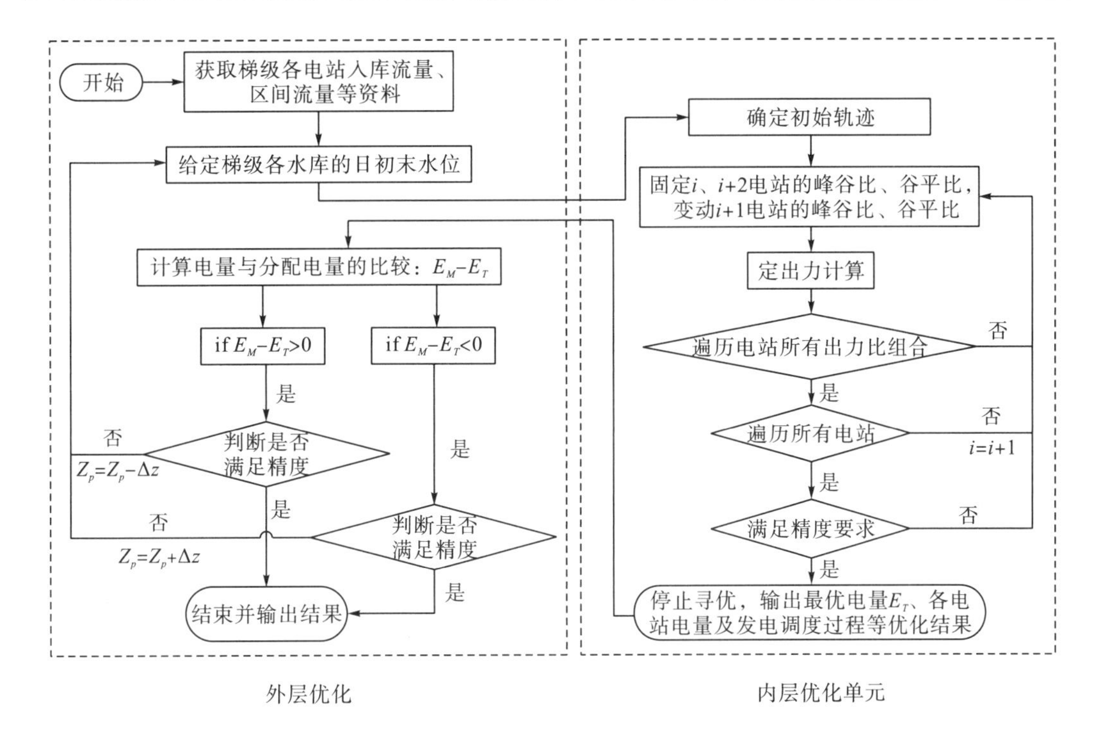

图 8-5　嵌套优化算法计算流程

内层：根据外层输入的各水库日初末水位和入库流量区间流量等数据，以日发电量最大为优化目标，采用 POA 优化计算得到该水位控制方式下的总负荷。主要计算流程如下：

Step1　依据 POA 计算原则在满足各项约束的条件下，选择一组峰平出力比 $a_{i,t}\in(a,b)$ 和谷平出力比 $c_{i,t}\in(c,d)$ 作为初始轨迹，同时根据电站计划最大最小出力的平均值设定平段出力的初始试算值，即 $NP^0=(N_{i,\max}+N_{i,\min})/2$；

Step2　根据输入的平段出力及峰平谷出力比计算得到峰段和谷段出力值，进而得到调度期内的出力曲线 $N_{i,t}$；

Step3　根据初始水位 $Z_{i,0}$、入库流量 Q_{rit} 和出力过程 $N_{i,t}$ 进行“以电定水”的水能计算，可以计算得到各时段末水位，并求得最后时段的末水位 $Z_{i,96}$；

Step4　对比电站计算的最后一个时段的末水位 $Z_{i,96}$ 与预设的日末目标水位 $Z_{i,\text{end}}$。若 $Z_{i,96}>Z_{i,\text{end}}$，则应增加平时段出力值，采用二分法将其设定为上次平段出力值与最大出力的平均值；若 $Z_{i,96}<Z_{i,\text{end}}$，此时应减小平时段出力值，同样采用二分法思路将其设定为前次计算平段出力值与最小出力的平均值。后转入 step2 迭代计算；

Step5　当滚动计算得到的最后一个时段的末水位与计算前设定的日末水位值相等，即 $Z_{i,96}=Z_{i,\text{end}}$ 时，当前电站计算结束；

Step6　依据 step1 至 step5 从上至下遍历梯级所有电站，得到梯级发电量与各站发电运行过程；

Step7　利用逐步优化算法规则获取不同的负荷峰平、谷平出力比，循环 step1 至 step6，找出最优的出力比组合，并输出该水位计划下的最大发电量及对应的发电运行过程用于外层优化计算。

模型计算后的梯级日总负荷分配结果如表 8-2 所示，同时图 8-6 展示了梯级各站的运行过程。

表 8-2　流域（二）下游梯级日总负荷分配结果表

电站	S	B	A	ZY	C	F	合计
电量/(万 kW·h)	1459.6	1240.6	338.6	331.1	634.1	503.2	4507.2
日均出力/MW	608.2	516.9	141.1	138	264.2	209.7	1878.1
日末水位/m	1129.2	803.03	658.05	620.73	526.94	473.6	
入库流量/($m^3 \cdot s^{-1}$)	426	402	469	489	599	641	
发电流量/($m^3 \cdot s^{-1}$)	426	459	469	489	599	641	
弃水流量/($m^3 \cdot s^{-1}$)	0	0	0	0	0	0	
弃水电量/(kW·h)	0	0	0	0	0	0	
峰段出力/MW	829.3	732.3	188.5	165.6	382.7	314.5	2612.9
平段出力/MW	552.9	430.8	134.7	138	273.3	209.7	1739.4
谷段出力/MW	442.3	387.7	100	110.4	136.7	104.8	1281.9
峰平比	1.5∶1	1.7∶1	1.4∶1	1.2∶1	1.4∶1	1.5∶1	1.5∶1
平谷比	1∶0.8	1∶0.9	1∶0.7	1∶0.8	1∶0.5	1∶0.5	1∶0.7

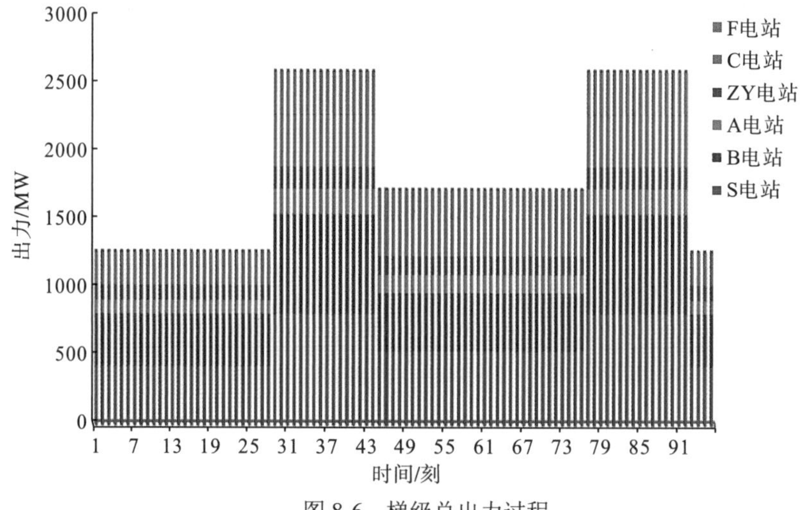

图 8-6　梯级总出力过程

如表 8-2 所示，供需协同调度模式下计算的梯级日电量为 4507.2 万 kW·h，满足给定日发电任务 4500 万 kW·h 的要求，另外从图 8-7 所示的梯级电站的运行过程来看，按照梯级电站日末水位计划，梯级发电无法满足日总发电任务要求。因此 B 作为控制性水库，充分发挥了其控制性水库的水量调节能力，日末水位相比目标水位降低了 0.09m，以增加梯级发电量满足电网需求。除 B 外的梯级各站经过一日的运行，日末回到日初水位附近运行，且日内水位变化过程较为合理，不仅有效利用了水库的日调节能力，还有利于保证其下一调度日内具备充足的水量调节能力；另外梯级六站均无弃水，负荷过程在同一峰平谷时段内平稳，并且满足一定的峰谷比要求，能为电网制定并下达梯级发电计划提供实用参考。总体来看，本章研究提出的短期供需协同调度模式下的嵌套优化计算方法原理较简单、易于实现，并且能“一步到位”实现日总负荷在梯级各站间的分配与电站日优化发电计划的生成，具有较好的实用价值。

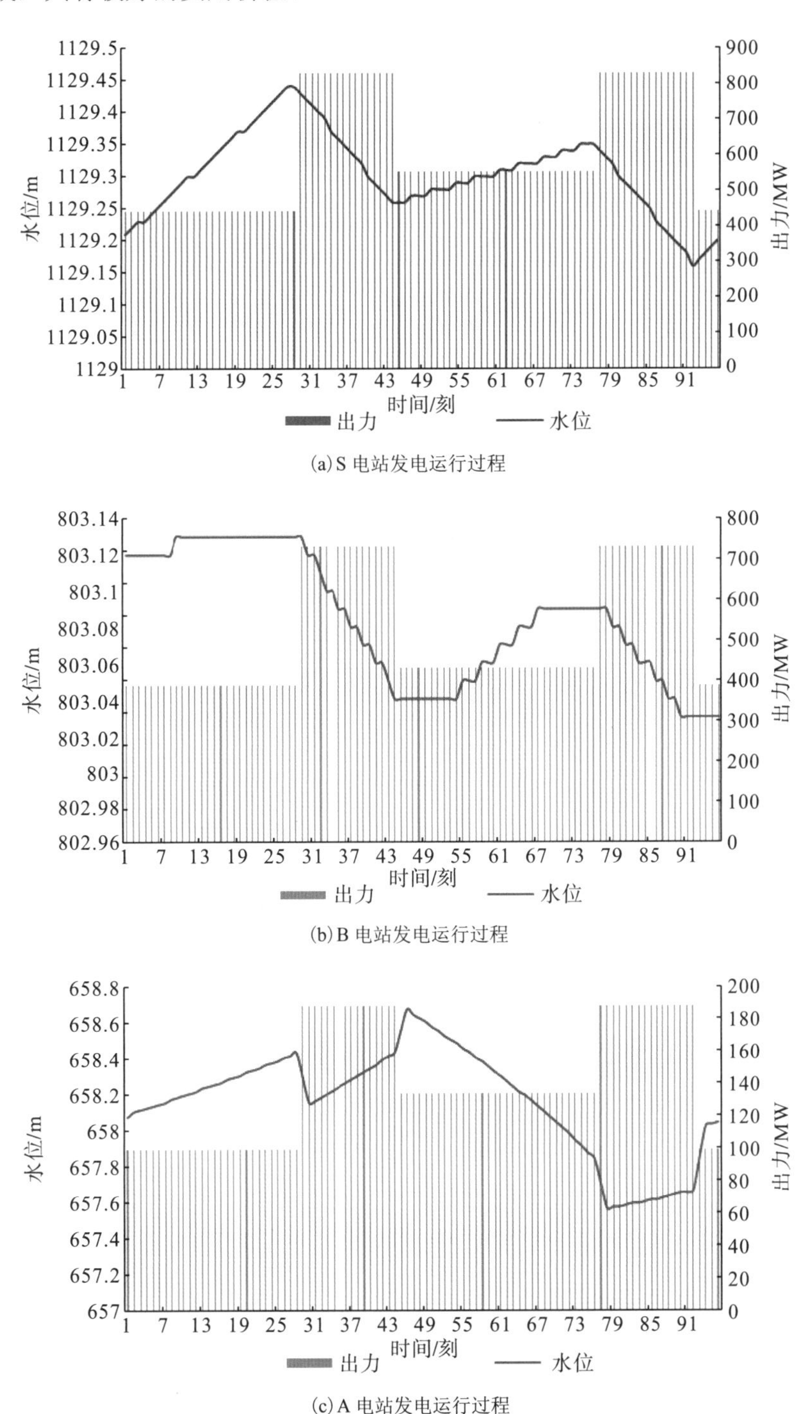

(a) S 电站发电运行过程

(b) B 电站发电运行过程

(c) A 电站发电运行过程

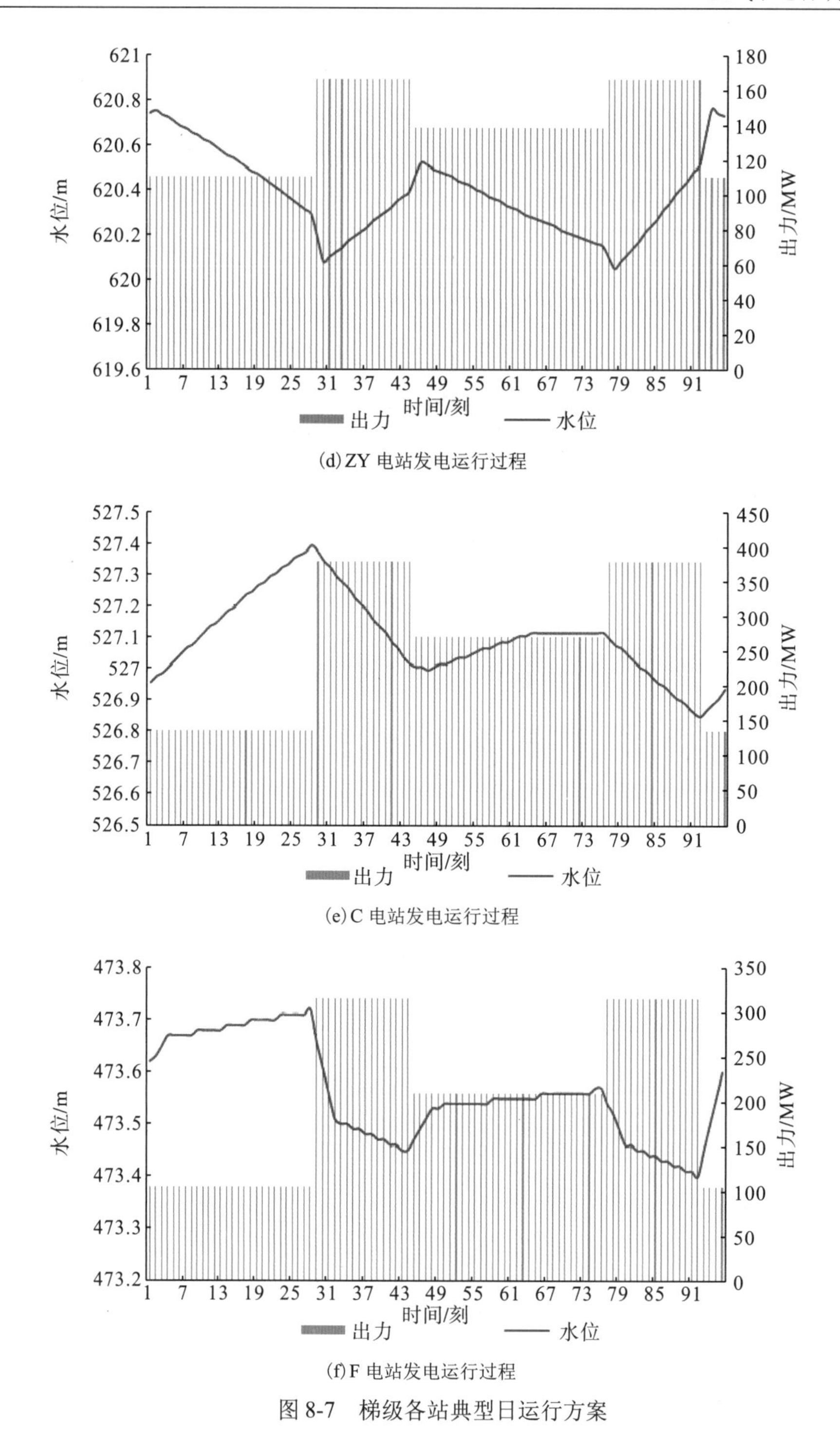

(d) ZY 电站发电运行过程

(e) C 电站发电运行过程

(f) F 电站发电运行过程

图 8-7　梯级各站典型日运行方案

8.3.2　供需协同调度系统集成研发

以前述研究成果为基础，将梯级水电站供需协同调度模式集成应用于某公司流域(二)干流 S 电站及以下梯级水电站经济运行决策支持系统中的一个功能模块，包括供需协同调度演算、日发电计划编制等子模块。该部分人机交互界面与功能展示如图 8-8～图 8-10 所示。

图 8-8　流域(二)S 电站及以下梯级电站日总负荷分配参数设置界面

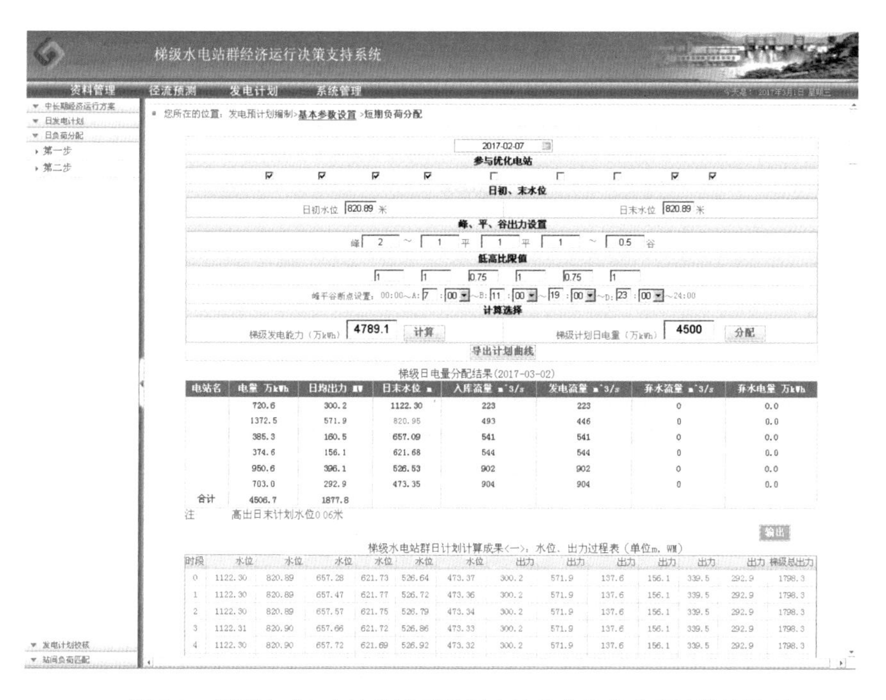

图 8-9　流域(二)S 电站及以下梯级电站日总负荷分配计算结果(1)

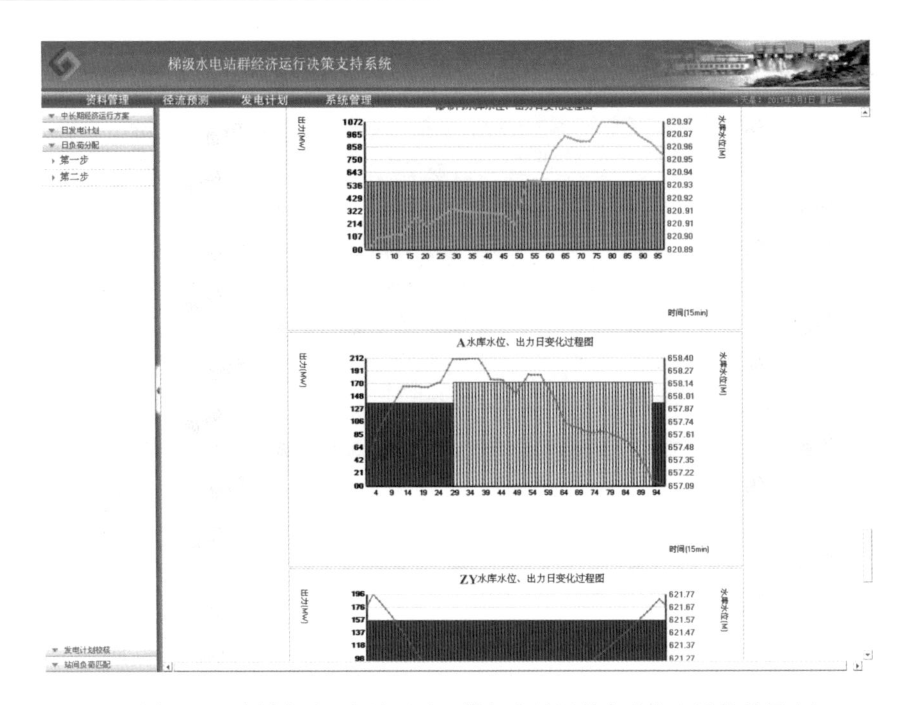

图 8-10　流域(二)S 电站及以下梯级电站日总负荷分配计算结果(2)

第9章　发电计划模拟仿真

9.1　发电计划模拟仿真功能

目前国内短期优化调度，主要由各电站上报电网公司发电计划，电网公司根据负荷需求、潮流等电网情况对发电计划进行调整。由于电网公司管辖水电站较多，无法全面详实地了解每个水电站的径流、机组等情况，导致直接下达或者修改的发电计划与水电站的经济运行产生矛盾。当电网公司下达了各电站日(年)内发电计划之后，各电站需要判断该发电计划的合理性(是否会出现弃水、库水位是否会拉空至死水位以下、机组是否会在振动区运行)。应用协调智能调度的模拟仿真，对发电计划进行仿真。发电计划模拟仿真主要是基于电网公司下达的各电站日(年)内发电计划，模拟计算出各水库日(年)内调度过程，并根据电网公司下达的出力变更计划进行滚动计算，计算结果还可以与发电计划编制系统制定的日(年)内发电计划对比，以分析电网公司下达负荷的合理性、经济性等。

发电计划模拟仿真具有以下功能：

(1)基于电网公司下达的各电站发电计划和来水情况，模拟计算出各水库日(年)内调度过程。

(2)当发电计划不合理时，提醒集控中心值班人员，向上级电网调度部门提出发电计划修改建议。

(3)提供梯级各电站入库流量、出力、前期放水流量、电站基本资料等的编辑、修改功能。

9.2　数 学 模 型

1. 目标函数

通过对发电计划模拟仿真，计算每个电站每个时段完成电网下达的发电任务需要的发电流量以及形成的调度过程。目标函数如下：

$$Q_{i,t} \cdot H_{i,t} = P_{i,t} / A_i \qquad \forall i \in N, t \in T \tag{9-1}$$

式中，A_i为第i个水电站综合出力系数(可通过反向率定求得)；$Q_{i,t}$为第i个电站在第t时段通过水轮机的发电流量(m^3/s)；$H_{i,t}$为第i个电站在第t时段水轮机发电平均水头(m)；$P_{i,t}$为电网下达的第i个电站在第t时段的出力计划；T为日内计算时段数(日内96点则T=96)；N为梯级水电站总数。

2. 约束条件

1) 水量平衡约束

$$V_{i,t+1} = V_{i,t} + \left(q_{i,t} - Q_{i,t} - S_{i,t}\right)\Delta t \qquad \forall t \in T \tag{9-2}$$

2) 水库蓄水量约束

$$V_{i,t,\min} \leqslant V_{i,t} \leqslant V_{i,t,\max} \qquad \forall t \in T \tag{9-3}$$

3) 水库下泄流量约束

$$Q_{i,t,\min} \leqslant Q_{i,t} \leqslant Q_{i,t,\max} \qquad \forall t \in T \tag{9-4}$$

$$S_{i,t} \geqslant 0 \qquad \forall t \in T$$

4) 电站出力约束

$$N_{i,t,\min} \leqslant A_{i,t} \cdot Q_{i,t} \cdot H_{i,t} \leqslant N_{i,t,\max} \qquad \forall t \in T \tag{9-5}$$

5) 非负条件约束

上述所有变量均为非负变量（$\geqslant 0$）。

模拟仿真具体计算步骤如下：

Step 1：读取 A、Z_t 等数据，令上一时段末水位为本时段初水位。

Step 2：根据电网下达发电计划得时段指示出力 N_t。

Step 3：假定时段出库流量 $Q_{出,t}$ 为最大过机流量 $Q_{\max}$，由水量平衡方程计算时段末库蓄水量 V_{t+1}。

Step 4：检查时段末库蓄水量 V_{t+1} 是否满足当前时段库容约束。若 $V_{t+1} < V_{\min,t}$，则重新假定 $Q_{出,t}$，返回 Step 3；若 $V_{t+1} > V_{\max,t}$，则 $V_{t+1} - V_{\max,t}$ 作为弃水量（并计算 $Q_{弃,t}$），且 $Q_{出,t} = Q_{出,t} + Q_{弃,t}$，并使得 $V_{t+1} = V_{\max,t}$。

Step 5：由 V_{t+1} 查水位库容关系曲线，得时段末坝上水位 Z_{t+1}。

Step 6：由 $Q_{出,t}$ 查下游水位流量关系曲线得时段平均下游水位 $Z_{x,t}$，并计算时段平均发电水头 $H_{均,t} = (Z_{t+1} + Z_t)/2 - Z_{x,t}$。

Step 7：计算时段发电流量 $Q_{fd,t} = N_t/(K'H_{均,t})$，如果 $|Q_{fd,t} + Q_{弃,t} - Q_{出,t}| < \xi$，则记录 $Q_{fd,t}$、$Q_{出,t}$、N_t、Z_{t+1}，进入下一时段迭代计算；否则，重新假定 $Q_{出,t}$，返回 Step 3。

Step 8：计算期内所有时段计算完毕后，计算结束，输出各时段 $Q_{fd,t}$、$Q_{出,t}$、N_t 和各时段末坝上水位 Z_{t+1}。

其中，A 为出力系数；Z_t 为时段初坝上水位；Z_{t+1} 为时段末坝上水位；$Q_{出,t}$ 为时段平均出库流量；$Q_{\max}$ 为最大过机流量；$Q_{弃,t}$ 为时段弃水流量；$Q_{fd,t}$ 为时段平均发电流量；ξ 为允许误差；$Z_{x,t}$ 为时段平均坝下水位；$H_{均,t}$ 为时段平均毛水头；N_t 为时段指示出力；V_{t+1} 为时段末库容；$V_{\min,t}$ 为时段最小库容约束；$V_{\max,t}$ 为时段最大库容约束；K' 为综合出力系数。

9.3　计 算 实 例

下面以某一日的计算实例说明发电计划校核计算的具体功能。

电网公司下达的各电站发电计划见表 9-1。某梯级电站水位为：P 电站初始水位 438.82m，最低水位 437.5m，最高水位 440m；L 电站初始水位 362.23m，最低水位 330m，最高水位 375m；Y 电站初始水位 222.45m，最低水位 219m，最高水位 223m；D 电站初始水位 154.12m，最低水位 153m，最高水位 155m。梯级电站入库及区间径流见表(9-2)。另外考虑到上游电站的下泄流量流达下游电站的滞时影响，选取梯级电站在优化调度开始时刻前 12 小时的下泄流量，即优化日期前一天 12:00～24:00 的下泄流量，如表 9-3 所示。

表 9-1　电网公司下达的各电站发电计划

时段	P 出力/MW	L 出力/MW	Y 出力/MW	D 出力/MW
0:15	100	480	600	180
1:15	100	480	611	100
2:15	100	480	600	180
3:15	80	480	600	180
4:15	80	480	600	180
5:15	80	480	600	180
6:15	80	480	600	198
7:15	80	480	600	250
8:15	85	505	600	250
9:15	80	680	600	220
10:15	80	1350	600	210
11:15	90	1675	600	250
12:15	102	750	600	250
13:15	140	550	600	250
14:15	140	575	600	242
15:15	140	1175	600	220
16:15	80	2050	600	250
17:15	125	2675	600	272
18:15	198	2950	600	325
19:15	145	2900	600	330
20:15	80	2175	600	320
21:15	80	1275	600	320
22:15	80	575	600	285
23:15	80	550	600	250

表 9-2　梯级各电站入库及区间径流

T 电站至 P 电站区间径流 /$(m^3 \cdot s^{-1})$	P 电站至 L 电站区间径流 /$(m^3 \cdot s^{-1})$	L 电站至 Y 电站区间径流 /$(m^3 \cdot s^{-1})$	Y 电站至 D 电站区间径流 /$(m^3 \cdot s^{-1})$
400	20	110	10

表 9-3　梯级各电站发电计划校核计算前期放水流量

时间	T 电站放水流量/$(m^3·s^{-1})$	J 电站放水流量/$(m^3·s^{-1})$	P 电站放水流量/$(m^3·s^{-1})$	L 电站放水流量/$(m^3·s^{-1})$	Y 电站放水流量/$(m^3·s^{-1})$	D 电站放水流量/$(m^3·s^{-1})$
12:00	100	100	246	1173	1026	487
13:00	100	100	246	750	1025	1339
14:00	100	100	361	396	1027	712
15:00	100	100	440	446	1029	634
16:00	100	100	307	927	1029	785
17:00	100	100	225	1682	1028	1162
18:00	100	100	679	1946	1028	1957
19:00	100	100	688	2071	1028	2322
20:00	100	100	461	2066	1029	1594
21:00	100	100	426	1421	1030	2133
22:00	100	100	692	751	1031	1704
23:00	100	100	600	389	1032	917

流达时间关系见表 9-4～表 9-7。根据电网给定的发电计划进行校核计算，结果见表 9-8。从模拟仿真计算结果来看，各电站仿真计算结果水位均在许可范围内，无弃水现象产生，说明电网公司下达的发电计划合理。应用协调智能调度的模拟仿真，对发电计划进行仿真可以有效分析电网公司下达负荷的合理性、经济性等。

表 9-4　J 电站—L 电站厂址流达时间关系

流量/$(m^3·s^{-1})$	200	500	800	1000	1300	1600	2000	3000	4000	5000	6000
流达时间/h	12	11	10	10	9	8	8	7	7	7	6

表 9-5　P 电站—L 电站厂址流达时间关系

流量/$(m^3·s^{-1})$	200	500	800	1000	1300	1600	2000	3000	4000	5000	6000
流达时间/h	12	11	10	10	9	9	8	8	7	6	5

表 9-6　L 电站—Y 电站厂址流达时间关系

流量/$(m^3·s^{-1})$	500	1000	1500	2000	2500	3000	3500	4000	4500	5000
流达时间/h	7	6	5.5	5	5	4	4	3.5	3.5	3

表 9-7　Y 电站—D 电站厂址流达时间关系

流量/$(m^3·s^{-1})$	500	1000	1500	2000	3000	4250
流达时间/h	6	5.6	5.3	5	4.6	4.2
流量/$(m^3·s^{-1})$	6100	7000	9250	10500	12000	15000
流达时间/h	3.6	3.4	2.8	2.5	2.2	1.8

表 9-8 梯级电站日发电计划校核计算结果

时段	P 水位/m	L 水位/m	Y 水位/m	D 水位/m	P 入库流量/($m^3\cdot s^{-1}$)	L 入库流量/($m^3\cdot s^{-1}$)	Y 入库流量/($m^3\cdot s^{-1}$)	D 入库流量/($m^3\cdot s^{-1}$)	P 发电流量/($m^3\cdot s^{-1}$)	L 发电流量/($m^3\cdot s^{-1}$)	Y 发电流量/($m^3\cdot s^{-1}$)	D 发电流量/($m^3\cdot s^{-1}$)	P 弃水/m^3	L 弃水/m^3	Y 弃水/m^3	D 弃水/m^3
0:15	438.84	362.23	222.46	154.13	500	366	2601	1038	313	402	1110	726	0	0	0	0
0:30	438.85	362.23	222.47	154.15	500	366	2181	1038	313	402	1110	726	0	0	0	0
0:45	438.87	362.23	222.48	154.16	500	366	2181	1038	313	402	1110	725	0	0	0	0
1:00	438.88	362.23	222.49	154.18	500	366	2181	1038	313	402	1110	725	0	0	0	0
1:15	438.90	362.23	222.50	154.21	500	366	2176	1038	313	402	1131	382	0	0	0	0
1:30	438.91	362.23	222.51	154.24	500	419	2176	1038	313	402	1131	382	0	0	0	0
1:45	438.93	362.23	222.52	154.27	500	727	2176	1041	313	402	1130	382	0	0	0	0
2:00	438.94	362.23	222.53	154.30	500	576	2176	1039	312	402	1130	381	0	0	0	0
2:15	438.96	362.23	222.52	154.32	500	569	110	1039	312	402	1109	720	0	0	0	0
2:30	438.97	362.23	222.51	154.34	500	868	110	1039	312	402	1109	720	0	0	0	0
2:45	438.99	362.23	222.51	154.35	500	560	1082	1042	312	402	1109	720	0	0	0	0
3:00	439.00	362.23	222.51	154.37	500	560	1531	1040	312	402	1109	719	0	0	0	0
3:15	439.02	362.23	222.52	154.38	400	472	1531	1040	247	402	1109	719	0	0	0	0
3:30	439.03	362.23	222.52	154.40	400	120	1531	1040	247	402	1109	718	0	0	0	0
3:45	439.04	362.23	222.52	154.41	400	251	559	1043	247	402	1109	718	0	0	0	0
4:00	439.05	362.23	222.51	154.43	400	427	110	1041	247	402	1109	717	0	0	0	0
4:15	439.07	362.23	222.50	154.44	400	427	110	1041	247	402	1109	717	0	0	0	0
4:30	439.08	362.23	222.49	154.46	400	690	116	1041	247	402	1109	716	0	0	0	0
4:45	439.09	362.24	222.49	154.47	400	975	861	1044	246	402	1110	716	0	0	0	0
5:00	439.10	362.24	222.49	154.49	400	874	861	1042	246	402	1110	715	0	0	0	0
5:15	439.12	362.24	222.48	154.50	400	1024	861	1042	246	402	1110	715	0	0	0	0
5:30	439.13	362.24	222.48	154.52	400	1110	855	1042	246	402	1110	715	0	0	0	0
5:45	439.14	362.24	222.47	154.55	400	1033	110	1303	246	402	1110	714	0	0	0	0
6:00	439.15	362.24	222.46	154.57	400	958	110	1119	246	402	1110	713	0	0	0	0

续表

时段	P水位/m	L水位/m	Y水位/m	D水位/m	P入库流量/($m^3 \cdot s^{-1}$)	L入库流量/($m^3 \cdot s^{-1}$)	Y入库流量/($m^3 \cdot s^{-1}$)	D入库流量/($m^3 \cdot s^{-1}$)	P发电流量/($m^3 \cdot s^{-1}$)	L发电流量/($m^3 \cdot s^{-1}$)	Y发电流量/($m^3 \cdot s^{-1}$)	D发电流量/($m^3 \cdot s^{-1}$)	P弃水/m^3	L弃水/m^3	Y弃水/m^3	D弃水/m^3
6:15	439.17	362.25	222.46	154.58	400	808	499	1119	246	402	1110	794	0	0	0	0
6:30	439.18	362.25	222.45	154.60	400	459	499	1119	246	402	1110	793	0	0	0	0
6:45	439.19	362.25	222.45	154.62	400	120	499	1195	246	402	1110	793	0	0	0	0
7:00	439.20	362.24	222.44	154.63	400	120	499	1140	246	402	1110	792	0	0	0	0
7:15	439.22	362.24	222.44	154.64	400	341	512	1140	246	402	1110	1039	0	0	0	0
7:30	439.23	362.24	222.43	154.64	400	581	512	1140	246	402	1110	1039	0	0	0	0
7:45	439.24	362.25	222.43	154.64	400	581	512	1064	245	402	1111	1039	0	0	0	0
8:00	439.25	362.25	222.42	154.65	400	581	512	1119	245	402	1111	1039	0	0	0	0
8:15	439.27	362.25	222.42	154.65	400	365	512	1119	261	423	1111	1039	0	0	0	0
8:30	439.28	362.25	222.41	154.65	400	934	512	1119	261	423	1111	1038	0	0	0	0
8:45	439.29	362.25	222.41	154.66	400	1238	512	1119	261	423	1111	1038	0	0	0	0
9:00	439.30	362.25	222.40	154.66	400	1238	512	1119	261	423	1111	1038	0	0	0	0
9:15	439.31	362.25	222.39	154.67	400	1232	512	1119	245	571	1111	892	0	0	0	0
9:30	439.33	362.25	222.39	154.68	400	425	512	1119	245	571	1111	892	0	0	0	0
9:45	439.34	362.25	222.38	154.69	400	320	512	1120	245	571	1111	892	0	0	0	0
10:00	439.35	362.25	222.38	154.70	400	720	512	1120	245	571	1111	891	0	0	0	0
10:15	439.36	362.25	222.37	154.71	400	720	512	1120	245	1147	1112	844	0	0	0	0
10:30	439.38	362.25	222.37	154.73	400	720	512	1120	245	1147	1112	844	0	0	0	0
10:45	439.39	362.25	222.36	154.74	400	520	512	1120	244	1147	1112	843	0	0	0	0
11:00	439.40	362.25	222.36	154.75	400	120	512	1120	244	1147	1112	843	0	0	0	0
11:15	439.41	362.24	222.35	154.76	400	120	512	1120	276	1432	1112	1034	0	0	0	0
11:30	439.42	362.24	222.35	154.76	400	120	512	1120	276	1432	1112	1033	0	0	0	0
11:45	439.43	362.23	222.34	154.77	400	281	512	1120	276	1432	1112	1033	0	0	0	0
12:00	439.44	362.23	222.34	154.77	400	433	512	1120	276	1432	1112	1033	0	0	0	0

续表

时段	P 水位 /m	L 水位 /m	Y 水位 /m	D 水位 /m	P 入库流量 /($m^3 \cdot s^{-1}$)	L 入库流量 /($m^3 \cdot s^{-1}$)	Y 入库流量 /($m^3 \cdot s^{-1}$)	D 入库流量 /($m^3 \cdot s^{-1}$)	P 发电流量 /($m^3 \cdot s^{-1}$)	L 发电流量 /($m^3 \cdot s^{-1}$)	Y 发电流量 /($m^3 \cdot s^{-1}$)	D 发电流量 /($m^3 \cdot s^{-1}$)	P 弃水 /m^3	L 弃水 /m^3	Y 弃水 /m^3	D 弃水 /m^3
12:15	439.45	362.23	222.33	154.77	400	333	512	1120	314	631	1112	1033	0	0	0	0
12:30	439.46	362.23	222.33	154.78	400	333	512	1121	314	631	1112	1033	0	0	0	0
12:45	439.46	362.23	222.32	154.78	400	332	512	1121	314	631	1112	1032	0	0	0	0
13:00	439.47	362.23	222.32	154.79	400	332	512	1121	314	631	1113	1032	0	0	0	0
13:15	439.47	362.23	222.31	154.79	400	332	512	1121	445	461	1113	1032	0	0	0	0
13:30	439.46	362.23	222.30	154.79	400	332	512	1121	445	461	1113	1032	0	0	0	0
13:45	439.46	362.23	222.30	154.80	400	332	512	1121	446	461	1113	1032	0	0	0	0
14:00	439.46	362.23	222.29	154.80	400	332	512	1121	446	461	1113	1031	0	0	0	0
14:15	439.45	362.23	222.29	154.81	400	332	512	1121	446	482	1113	992	0	0	0	0
14:30	439.45	362.23	222.28	154.82	400	331	512	1121	446	482	1113	991	0	0	0	0
14:45	439.44	362.22	222.28	154.82	400	179	512	1121	446	482	1113	991	0	0	0	0
15:00	439.44	362.22	222.27	154.83	400	175	512	1121	446	482	1113	991	0	0	0	0
15:15	439.44	362.22	222.27	154.84	400	267	533	1122	446	996	1113	886	0	0	0	0
15:30	439.43	362.22	222.26	154.85	400	267	533	1122	446	996	1113	886	0	0	0	0
15:45	439.43	362.22	222.26	154.86	400	267	533	1122	446	996	1114	885	0	0	0	0
16:00	439.43	362.21	222.26	154.87	400	266	1534	1122	446	996	1114	885	0	0	0	0
16:15	439.44	362.21	222.27	154.88	400	266	1828	1122	244	1767	1113	1028	0	0	0	0
16:30	439.45	362.21	222.27	154.88	400	266	1829	1122	244	1767	1113	1028	0	0	0	0
16:45	439.46	362.20	222.29	154.89	400	266	2871	1122	244	1767	1113	1028	0	0	0	0
17:00	439.48	362.20	222.30	154.89	400	266	2260	1122	244	1767	1113	1027	0	0	0	0
17:15	439.48	362.19	222.30	154.89	400	266	1542	1122	391	2338	1113	1139	0	0	0	0
17:30	439.48	362.18	222.31	154.89	400	266	1542	1122	391	2338	1113	1139	0	0	0	0
17:45	439.48	362.18	222.30	154.89	400	266	499	1122	391	2338	1113	1139	0	0	0	0
18:00	439.48	362.17	222.29	154.89	400	266	110	1123	391	2339	1113	1139	0	0	0	0

续表

时段	P水位/m	L水位/m	Y水位/m	D水位/m	P入库流量/($m^3 \cdot s^{-1}$)	L入库流量/($m^3 \cdot s^{-1}$)	Y入库流量/($m^3 \cdot s^{-1}$)	D入库流量/($m^3 \cdot s^{-1}$)	P发电流量/($m^3 \cdot s^{-1}$)	L发电流量/($m^3 \cdot s^{-1}$)	Y发电流量/($m^3 \cdot s^{-1}$)	D发电流量/($m^3 \cdot s^{-1}$)	P弃水/m^3	L弃水/m^3	Y弃水/m^3	D弃水/m^3
18:15	439.46	362.16	222.28	154.87	400	266	110	1123	652	2596	1113	1433	0	0	0	0
18:30	439.44	362.16	222.28	154.86	400	266	110	1123	653	2597	1113	1434	0	0	0	0
18:45	439.42	362.15	222.27	154.84	400	265	140	1123	653	2597	1113	1435	0	0	0	0
19:00	439.40	362.14	222.26	154.83	400	265	741	1123	653	2597	1113	1436	0	0	0	0
19:15	439.39	362.13	222.26	154.81	400	265	741	1123	464	2550	1114	1468	0	0	0	0
19:30	439.39	362.13	222.26	154.80	400	265	741	1123	464	2550	1114	1469	0	0	0	0
19:45	439.38	362.12	222.25	154.78	400	265	711	1123	464	2550	1114	1471	0	0	0	0
20:00	439.38	362.11	222.24	154.76	400	330	110	1123	464	2550	1114	1472	0	0	0	0
20:15	439.39	362.11	222.24	154.75	400	281	571	1123	244	1881	1114	1413	0	0	0	0
20:30	439.40	362.10	222.23	154.74	400	281	571	1124	244	1881	1114	1414	0	0	0	0
20:45	439.41	362.10	222.23	154.72	400	281	571	1124	244	1881	1114	1415	0	0	0	0
21:00	439.43	362.09	222.23	154.71	400	216	571	1124	244	1881	1114	1416	0	0	0	0
21:15	439.44	362.09	222.23	154.69	400	265	1670	1124	244	1083	1114	1417	0	0	0	0
21:30	439.45	362.09	222.25	154.68	400	265	3355	1124	244	1083	1114	1418	0	0	0	0
21:45	439.46	362.09	222.27	154.67	400	264	3355	1123	244	1083	1114	1419	0	0	0	0
22:00	439.48	362.08	222.29	154.65	400	264	3355	1123	244	1083	1113	1420	0	0	0	0
22:15	439.49	362.08	222.32	154.65	400	264	4131	1123	244	483	1113	1221	0	0	0	0
22:30	439.50	362.08	222.33	154.65	400	264	2448	1122	244	483	1112	1222	0	0	0	0
22:45	439.52	362.08	222.34	154.64	400	268	2448	1123	244	483	1112	1222	0	0	0	0
23:00	439.53	362.08	222.37	154.64	400	396	4449	1123	244	483	1112	1222	0	0	0	0
23:15	439.54	362.08	222.38	154.64	400	296	2710	1123	243	461	1112	1039	0	0	0	0
23:30	439.55	362.08	222.40	154.64	400	296	2710	1123	243	461	1111	1039	0	0	0	0
23:45	439.57	362.08	222.41	154.65	400	458	2710	1123	243	461	1111	1039	0	0	0	0
24:00	439.58	362.08	222.41	154.61	400	169	696	153	243	461	1111	1040	0	0	0	0

第10章 基于大数据流处理理论的梯级水电站实时协同控制研究

10.1 梯级水电站实时发电协同控制的条件

随着我国水电开发进程的不断推进，我国已建、在建流域梯级电站数量越来越多，装机规模也越发庞大，多数梯级电站已实现梯级集中控制，具备梯级联合调度条件。但现行体制下，国内建成的梯级集控中心均尚未纳入电力调度体系中，因此多数场景下的调度模式是电力调度部门下达梯级各水电站的负荷指令而非整个梯级的负荷指令。该模式能有效维持电网的安全稳定运行，但是对梯级电站之间的水力电力联系及负荷与水量的匹配问题考虑相对较少，容易导致梯级水库产生弃水或长时间位于低水位运行，不仅不利于水资源的高效利用，同时也不利于梯级电站的经济运行。为此，电网调度梯级电站给梯级整体下发负荷指令的调度模式以其能够达到降低单位电能成本、增加整体发电效益的优势越来越受到重视。

电网调度梯级整体调度模式下，下达的负荷指令并不是平稳不变的，尤其是承担电网调峰调频任务的大型梯级水电站，调度部门将根据电网实时运行情况随时给梯级电站下达新的负荷指令。可以认为，该调度模式的梯级水电站运行是一个实时协同控制的过程。电网下达梯级整体负荷指令后，梯级管控中心需要在秒级时间内给出梯级整体调度方式与实际控制的动态响应，实现梯级水电站厂间负荷的实时分配，以确保在电力系统安全的前提下不会出现非正常弃水、水库拉空等不合理现象，从而达到科学、经济的目的。

梯级水电站实时协同控制既与电力系统紧密相连，同时也与水库的水情息息相关，需要根据流域水情和梯级各电厂的实际运行情况进行负荷的厂间动态匹配。与短期优化调度中的“以电定水”模式不一样的是，梯级厂间负荷实时分配中，梯级总出力值实时跟踪电网负荷指令变化难以事先预测。因此不仅需要综合考虑电网、水库、机组等多方面的约束，更要求在线实时平衡电力系统负荷的变化，同时兼顾各电站的厂内经济运行，这对实时协同控制模式的安全、时效、实用等方面提出了更高的要求。

本章通过大数据流式处理方法，建立了梯级实时协同控制模式，同时开发了实时协同控制软件系统，一是用于对新到负荷指令的实时自动响应，实现梯级总负荷的厂间实时分配；二是实时监控梯级水电站的运行状态，当按照既定模式运行，出现弃水或低水位运行等影响经济调度的工况时，实时调整梯级厂间负荷，达到在提高水量利用率，增加发电效益的同时，减少调度人员工作量，提高调度运行水平的目的。取得的成果可为这类承担调峰调频任务的巨型梯级水电系统的实时经济控制提供借鉴参考。

1. 完善的水情信息测报系统

具备完善的水情信息自动测报系统是实现梯级水电站实时协同控制的首要条件。以流域(二)为例：早在2004年就已经建立了电站B水情测报系统，为电站B、电站A及电站S工程建设提供水情服务。随着水情气象测报系统在全流域的铺设，截至2015年，流域(二)建立了包含82个遥测站点的水情信息测报系统，包括水文站21个、雨量站49个、水位站12个。根据流域(二)干流开发时序规划，结合流域水文气象特征，流域(二)水情测报系统各站点布设呈现“上疏下密”的特点，基本覆盖了全流域。

系统采用“北斗卫星+GSM”双信道传送信息和“横向隔离、纵向认证”安全访问方式交互数据，采取集群、存储、自动备份等措施，同时具有多模型水情气象会商预报功能，能够及时准确地完成数据推送，供调度人员与计算机系统实时、全面掌握流域的水情信息。流域(二)水情测报系统自建成运行以来，系统功能稳定，水情信息畅通率高达98%以上，日水情预报精度达92%以上。另外，通过与地区水文局水情资料互报，增加了重要水文站点水情资料来源；与气象局签订了气象信息服务，与流域水文局开展中长期水情预报合作，通过日预报、周预报、月预报及关键节点会商，增强了流域水情气象趋势的判断。其水情信息自动测报系统功能齐全，能够满足梯级水电站实时发电协同控制的需求。

2. 成熟的集中控制运行模式

实时发电协同控制的实现需要成熟的集中控制运行模式支撑，主要有三层含义：

一是必须具备集中控制运行的技术力量和丰富的集中控制运行经验。实时发电协同控制是集中控制运行的一种高级形式，且涉及整个电力系统的安全稳定运行，对发电实时控制的安全性提出了极高的要求。因此，不仅需要具备集中控制运行的专业技术力量，更需要具备应急突发事件的处理能力。

二是具备良好的通信条件。电网运行的特点与负荷指令响应的时效性要求决定了梯级实时发电协同控制必须具有极高的实时性，也对其实时数据的高效传输提出了更高的要求。为了保证各种信息数据的及时准确传达，集控中心、各电站监控系统及电力调度部门三者之间必须建立良好的信息传输线路，包括光纤通道、卫星通道、电信通道等多种形式的通信主通道与备用通道，同时应制定翔实的数据传输策略及建立数据传输突发情况应急处置机制。

三是具备坚实可靠的自动监测与自动控制条件。按照梯级电站并网调度管理要求，需设置电站、集控、电力调度部门等多层次的计算机监控功能，实现对各梯级电站的远程控制，如远控实现对接入厂站开关、刀闸等一、二次设备的操作；远控电站开停机、调整有功和无功出力；远控机组运行状态等。目前流域(二)B、A、ZY三站集控中心监控系统直接接收并实时处理省调下发单机、单个电厂及多个电厂三种控制方式控制命令值，实现了各电站的自动发电控制(AGC)，同时，集控中心具备对电站AGC的远方控制和调节功能。

3. 梯级电站为同一个并网点

梯级水电站实时协同控制的核心工作是梯级总负荷的实时厂间分配。当梯级电站为非同一并网点时，负荷分配方式的不同对电网潮流分布、走向等造成的影响不同，容易引起电网频率、电压等波动，这对电网的安全稳定运行不利；反之，只要梯级总负荷不变，不同的分配方式均不会影响电网潮流。可见梯级电站的并网方式也是影响实时协同控制能否实现的重要方面。

10.2　流处理理论在梯级水电站实时协同控制中的拓展

前述表明梯级水电站实时协同控制就是根据实时的电站运行工况数据、水情信息数据、负荷指令数据等通过实时计算得到实时负荷经济分配方案(数据)，再据此调整电站运行状态。整个处理流程具有典型的“流数据”处理的特点：首先是数据源源不断输入，如梯级电站的实时运行工况数据会持续由监控系统进行采集，并源源不断推送至流处理平台；再是计算分析具有极强的实时性需求，电网运行特性要求给定新的负荷指令后，在几十秒甚至几秒内完成梯级电站运行状态的调整；最后是梯级水电的实时控制不间断(人为中止除外)伴随整个运行的过程。

流处理方式是实现实时计算的有效数据处理模式，该模式下流数据持续实时传入、实时处理、实时展示，因此梯级水电站的实时协同控制也可用该类大数据流处理方式实现。但是梯级水电站负荷实时分配中的流计算问题具有如下一些特点，所以与现有的流处理框架存在较多的不同：

一是“流”中的数据随着时间均匀分布。以大数据流处理应用较多的互联网领域的twitter为例，数据“流”中数据输入的速度随时间呈现为非均匀分布，可能某一时刻获取并传输的数据很多，达几十万条每秒，有时又很少甚至只有几万条每秒。而梯级水电站实时协同控制中的数据“流”则不一样，如负荷指令、流量信息、水位信息等，某一时刻的数据“流”中有且仅有一个信息。

二是在传统的大数据流处理方案中，重要的是对数据进行分析、过滤、筛选等操作，或进行一些数据挖掘以获取有价值的信息，而梯级水电站实时协同控制的最终目的是实现优化控制。因此其流处理框架不仅需要实现数据的查询与可视化展示功能，更重要的是通过计算得到优化运行方案和给电站AGC下达运行指令，也就是说要能实现实时决策与辅助决策功能。

鉴于以上不同之处，本章研究拓展了流处理理论的应用领域，在已有数据采集、计算、展示流程之外增加了实时决策与辅助决策的过程，建立了适用于梯级水电站实时协同控制的实时流处理框架，首次将大数据“流”处理理论应用于梯级水电系统的实时控制之中，实现了梯级水电系统对电网负荷指令的实时动态响应及梯级水电站运行的经济调度控制目标。如图10-1所示，梯级水电站实时协同控制的流处理主要通过四个过程实现，分别是数据实时采集、数据实时处理、数据实时查询与展示以及实时决策与辅助决策。

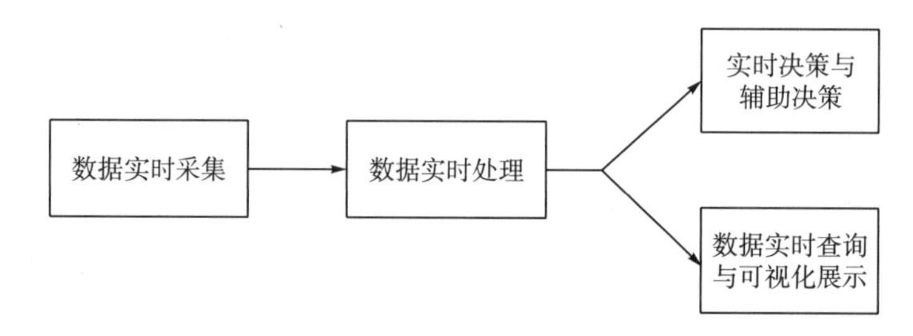

图 10-1 梯级水电站实时协同控制的流处理实现

10.2.1 数据实时采集

梯级水电站发电实时协同控制是一个系统工程问题，数据来源众多，与梯级水电站发电实时协同控制相关的数据主要包括静态信息数据与实时动态数据，如图 10-2 所示。静态信息数据是指与电站运行相关的长期不变或者持续一段时间不变的信息数据，如水库运行水位限制及特征曲线信息数据、电站运行状态限制信息数据等。实时动态数据主要是指与梯级水电站运行相关并且随时间实时变动的信息，主要有三个部分的数据来源：实时水情信息数据、电站运行状态数据和电网负荷指令数据。

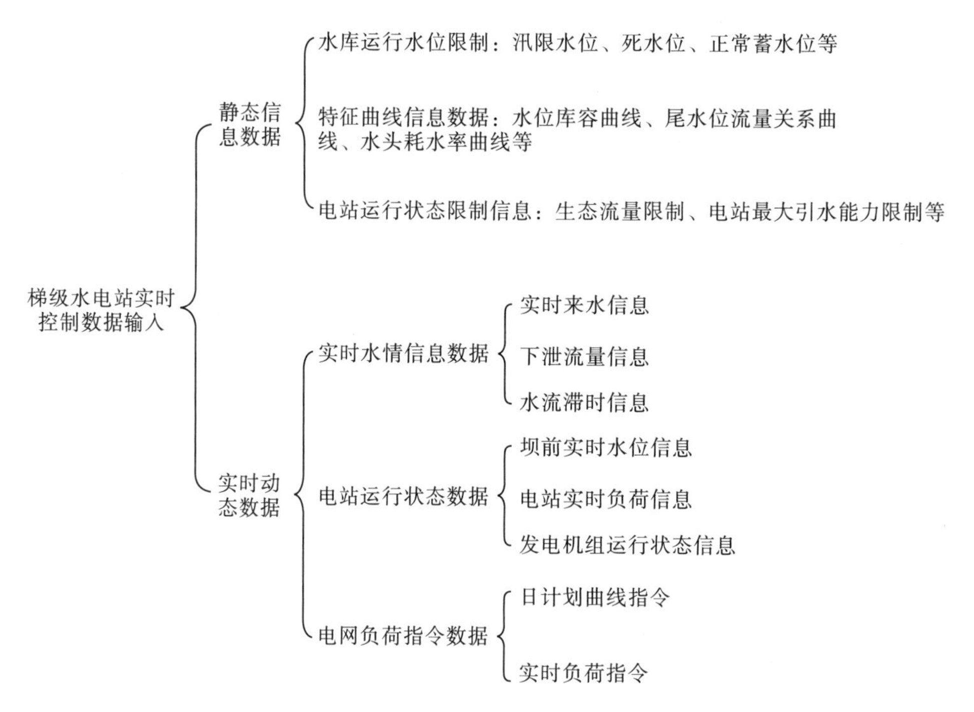

图 10-2 梯级水电站实时协同控制的数据输入

水情信息数据主要包含梯级各电站的实时来水信息如天然来水数据、区间来水信息，下泄流量信息如实时发电流量、生态流量、弃水流量数据等，以及各区间水流滞时信息等。

电站运行状态数据主要包括坝前实时水位信息、电站实时负荷信息、发电机组运行状态信息等。

电网负荷指令是指电网给机组或梯级电站下达的发电任务调令。通常水电站的电力生产调度由如下几个环节确定：先是电站根据中长期调度计划及水位控制安排，结合预测来水情况，计算生成下一日的发电预计划曲线并上报电网部门；再是电力调度部门根据各梯级或电站上报的发电预计划曲线，结合全网所有电源的电力电量平衡及负荷需求形势的预测，进行一定的修改之后下达给各电站或梯级作为下一日的发电任务曲线；最后是在实时调度中，电力调度部门根据实时电力供需平衡状况随时下达新的发电任务指令，在实际运行过程中，调度部门需要根据电网运行实际情况实时调整电站的出力过程。因此一般来看发电任务指令分为两类：①电站日前下达的梯级或电站发电日计划曲线；②电网根据全网调度情况及负荷需求形势下达的实时负荷指令。

以上实时数据主要由水情数据测报系统、水电站监测系统、电力生产调度系统等进行收集与整理。

10.2.2　数据实时处理

数据实时计算是大数据“流”处理的核心环节，主要是对数据进行筛选、过滤、统计操作或进一步实现聚类分析、回归分析计算等数据挖掘功能。流数据实时处理理论在不同的应用场景中，必须根据需要自定义不同的实时计算方式。在梯级水电站实时协同控制中，主要任务是根据梯级总负荷指令，采用一定的分配计算原则，计算得到各电站负荷实时分配方案。本节研究依据实际调度工作中“安全第一、效率优先、兼顾经济”的原则，提出了一套“安全-高效-经济”的实时负荷流分配计算策略，各策略的计算方法将在 10.3.1 节中详细阐述。

1. 梯级水电站实时负荷流分配计算策略

流域(二)B、A、ZY 梯级中，B 电站水库库容较大，具有季调节能力，短期内水库水位变动不大，而 A、ZY 电站水库库容较小，水库水位易在 B 负荷调整的影响下出现剧烈变动的情况。为了很好地控制 A、ZY 水库水位的变化，避免不必要的弃水或水库拉空现象发生，本节研究分别在其死水位 $Z_{s,死}$ (A 水库死水位)、$Z_{z,死}$ (ZY 水库死水位)与正常蓄水位 $Z_{s,正}$ (A 水库正常蓄水位)、$Z_{z,正}$ (ZY 水库正常蓄水位)之间设置了一个水位控制范围 $Z_{s,\mathrm{down}} \sim Z_{s,\mathrm{up}}$、$Z_{z,\mathrm{down}} \sim Z_{z,\mathrm{up}}$。如图 10-3 所示，如果 A 实时水库水位 $Z_{s,t}$ 满足 $Z_{s,\mathrm{up}} < Z_{s,t} \leqslant Z_{s,正}$，则认为进入了高水位运行区；如果 $Z_{s,死} \leqslant Z_{s,t} < Z_{s,\mathrm{down}}$，则认为进入了低水位运行区；如果 $Z_{s,\mathrm{down}} \leqslant Z_{s,t} \leqslant Z_{s,\mathrm{up}}$，则认为在安全运行区；采用同样的方法，可将 ZY 水库划分为高水位运行区、低水位运行区及安全运行区。

流域(二)B-A-ZY 三站实时负荷流分配计算策略依据面临场景的不同，又分为五项子策略，如图 10-4 所示，分别是实时负荷流安全分配策略、实时负荷流高效分配策略、大负荷实时流优化分配策略、小负荷实时流分配策略及固定负荷实时流跟踪策略。其中实时负荷流安全分配策略优先级最高(安全第一)，其次是实时负荷流高效分配策略(效率优先)，最后是大负荷实时流优化分配策略和小负荷实时流分配策略(兼顾经济)。

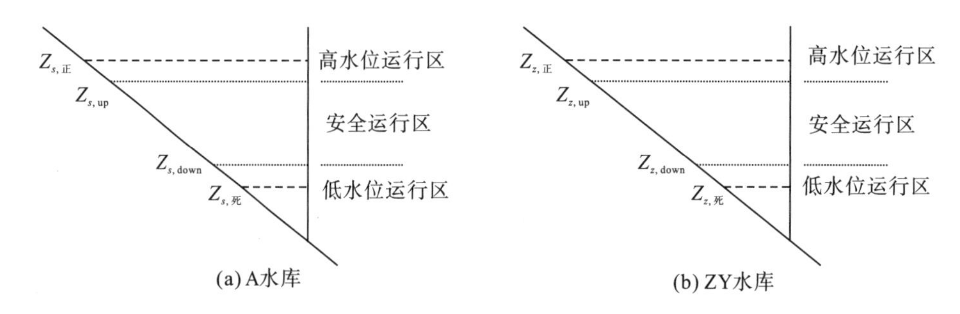

图 10-3　A、ZY 两站水库水位分区示意图

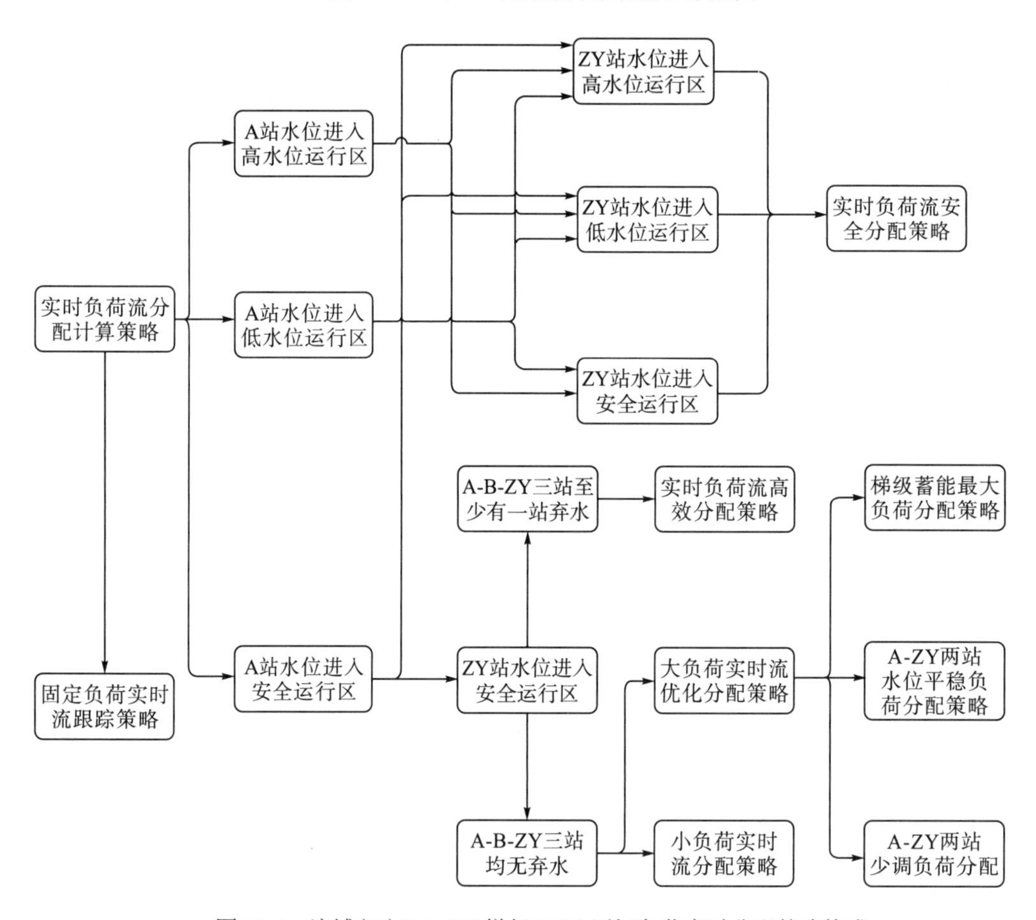

图 10-4　流域(二)B-A-ZY 梯级 EDC 厂间负荷实时分配策略构成

实时负荷流安全分配策略:当 A 或 ZY 任一水库水位进入高水位运行区或者死水位运行区，且没有返回安全运行区的趋势时，认为此时水库运行进入水位异常运行区域，电站将可能产生弃水或进入低水头运行，处于高风险运行状态，采用实时负荷流安全分配策略，以使得 B、A、ZY 厂间负荷重新匹配后的异常水库水位可尽快返回其安全运行区。

实时负荷流高效分配策略：若 A、ZY 水库水位均在可运行区，且 B、A、ZY 电站至少有一个电站有弃水时，采用实时负荷流高效分配策略，可以充分利用弃水水量，减少电站弃水损失，达到水能资源高效利用与梯级整体经济调度的目的。

大负荷实时流优化分配策略与小负荷实时流分配策略：当 A、ZY 两站水库水位都处于安全运行区，且 B、A、ZY 三站均无弃水时，根据 B-A-ZY 梯级总发电负荷指令值相对于其当前实际总出力的变化幅度大小，分别采用大负荷实时流优化分配策略与小负荷实时流分配策略。大负荷实时流优化分配策略控制模式认为此时电站运行状态良好，可以采用梯级蓄能最大、水位平稳或少调负荷等原则进行负荷的优化分配，达到梯级整体经济运行的目的。小负荷实时流分配策略则认为新的负荷指令与当前实际负荷差别较小，且小负荷差额不管由哪级电站承担均不会对电站运行造成较大影响，此时应该以简单高效的原则进行负荷分配。

固定负荷实时流跟踪策略：本章研究提出的梯级水电站实时协同控制模式贯穿于梯级运行的整个过程，在调度部门未下达新的负荷指令时，需要实时跟踪当前负荷指令下梯级电站的运行状态，当电站进入异常运行状态时进行负荷的再分配与运行状态的调整。

2. 滑动窗口控制机制

流数据的潜在大小是无穷大的，无法在有限的物理空间及逻辑空间中对其进行全局处理，为此在流数据查询处理中，广泛采用“窗口”的概念，以分段的模式进行近似处理。窗口将数据流的无界序列模型变换为有穷元组集合的一个无穷序列，可以将数据流的持续查询变换为连续区间上的查询处理，如此大大降低了查询处理所需要的计算资源，同时也为人们思考与实现数据流处理问题提供了基本概念结构。

窗口实质是一种变换，它将无界的数据流变换为有穷集合的无穷序列。实现这种变换窗口需要具备以下要素：

(1) 窗口端点：窗口的端点确定了窗口对数据流进行截取的起始和终止位置。两个端点之间的距离就是窗口大小。

(2) 窗口单元：窗口截取数据流的区间大小需要采用一定的标准来衡量，即窗口的度量单位。

(3) 窗口移动：窗口必须移动才能产生有穷集合的无穷序列，窗口移动反映有穷集合变化的频率，窗口移动的大小是窗口滑距。

在流数据的查询处理中，通过对窗口内的数据进行组合分类、统计挖掘等处理，用得到的结果来近似反映整个流数据的状态、规律等信息，更重要的是通过窗口向未来的滑动来实现结果的实时更新。窗口是指整个潜在大小为无限大的数据流中一段特定长度的数据，滑动窗口模型仅关心对窗口内的数据进行挖掘与处理，随着时间流逝不断有新的数据到达，窗口中的数据也不断平移：假设窗口的大小是 W，在某一个时间点 n，采用滑动窗口方式的查询处理范围是 $\left\{a_{\max(0,a-W+1)},\cdots,a_n\right\}$，在时间点 $\max(0, a-W+1)$ 前的数据全部忽略不计。

本章研究引入数据实时流查询中的滑动窗口概念进行梯级水电站的负荷协同控制流计算。在实际运行决策中，较多的是关心采用相关决策之后取得的效果，为此该窗口是一个以当前决策时间为起点，向未来延伸一定长度的区间，只需要对窗口内的运行过程进行控制：在前述负荷流分配策略中，如安全流分配策略，异常水位需要在一定的时间长度后回到安全运行区运行，此外 B-A 及 A-ZY 区间的水流滞时平均为 30min。所以，本章研究的滑动窗口是一个以当前时间为起点，窗口长度为 W=30min，并依据时间不断向未来滑动的一个动态控制区间，如图 10-5 所示。实时协同控制的主要目的是根据实时负荷流分配策略控制在窗口内梯级各站实现水位返回安全运行区、减少弃水损耗、蓄能最大等目标。

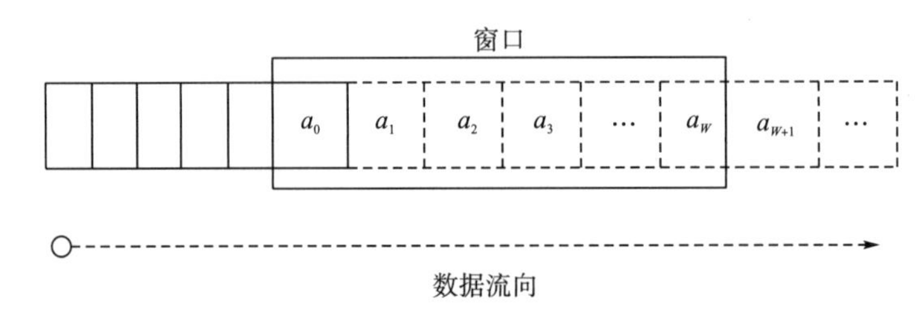

图 10-5　实时计算滑动窗口架构图

3. 约束条件

梯级水电站实时协同控制需要考虑的约束条件较多，包括水力联系类、水库运行限制类及发电运行限制类等多方面的约束。

1) 水力联系类

(1) 水量平衡约束：

$$V_{i,t+1} = V_{i,t} + \left(Q_{i,t}^{\text{in}} - Q_{i,t}^{\text{out}}\right)\Delta t \tag{10-1}$$

式中，$V_{i,t}$、$V_{i,t+1}$为i电站t时段初、末水库蓄水量(m³)；$Q_{i,t}^{\text{in}}$为i电站t时段内的平均入库流量(m³/s)；$Q_{i,t}^{\text{out}}$为i电站t时段内的平均出库流量(m³/s)；Δt为t时段时长(s)，本研究中取$\Delta t = W$，W为滑动窗口长度。

(2) 流量平衡约束：

$$Q_{i,t}^{\text{out}} = Q_{i,t} + S_{i,t} \tag{10-2}$$

$$Q_{i,t}^{\text{in}} = Q_{i-1,t-\tau}^{\text{out}} + q_{i,t} \tag{10-3}$$

式中，$Q_{i,t}$为i电站t时段内的平均发电流量(m³/s)；$S_{i,t}$为i电站t时段内的平均弃水流量(m³/s)；$q_{i,t}$为i电站t时段内的平均区间来水流量(m³/s)；$Q_{i-1,t-\tau}^{\text{out}}$为$i-1$电站$t-\tau$时刻的出库流量(m³/s)。

2) 水库运行限制类

(1) 水位约束：

$$Z_{i,t}^{\min} \leqslant Z_{i,t} \leqslant Z_{i,t}^{\max} \tag{10-4}$$

式中，$Z_{i,t}$、$Z_{i,t}^{\max}$、$Z_{i,t}^{\min}$分别为i电站t时段初的水库水位及其上、下限(m)。

(2) 发电流量约束：

$$Q_{i,t}^{\min} \leqslant Q_{i,t} \leqslant Q_{i,t}^{\max} \tag{10-5}$$

式中，$Q_{i,t}^{\max}$、$Q_{i,t}^{\min}$为i电站t时段内所允许的最大过机流量和最小过机流量(m³/s)。

(3) 出库流量约束：

$$Q_{i,t}^{\text{out}} \geqslant Q_{i,t}^{\min} \tag{10-6}$$

式中，$Q_{i,t}^{\min}$ 为 i 电站 t 时段内应保证的最小下泄流量(m^3/s)。

3) 发电运行限制类

(1) 出力平衡约束：

$$P_{c,t} = \sum_{i=1}^{n} P_{i,t} \tag{10-7}$$

式中，$P_{c,t}$ 为 t 时段电网下达给梯级整体的发电负荷指令(MW)；$P_{i,t}$ 为 t 时段负荷流分配计算后给 i 电站的发电负荷(MW)；n 为参与负荷分配的梯级电站个数，本章研究中 n=3。

(2) 有功可调区间约束：

$$N_{i,t}^{\min} \leqslant P_{i,t} \leqslant N_{i,t}^{\max} \tag{10-8}$$

式中，$N_{i,t}^{\max}$、$N_{i,t}^{\min}$ 为 i 电站 t 时段内的有功可调区间上、下限(MW)，由 i 电站 t 时段内开机机组的有功可调区间组合求解得到。

(3) 电站出力变幅约束：

$$\left| P_{i,t} - N_{i,t} \right| \leqslant \Delta N_i \tag{10-9}$$

式中，$N_{i,t}$ 为 i 电站当前时刻的实发出力(MW)；ΔN_i 为 i 电站允许的最大出力变幅(MW)，以防止电站的分配负荷相对于当前实发出力变化过大而不被电站 AGC 接受，由电站 AGC 的系统特性决定。

(4) 避开振动区约束：

$$\left(P_{i,t} - \underline{N}_{i,t}^{m} \right)\left(P_{i,t} - \overline{N}_{i,t}^{m} \right) > 0 \tag{10-10}$$

式中，m 为 i 电站 t 时段存在于有功可调区间内的振动区个数；$\overline{N}_{i,t}^{m}$、$\underline{N}_{i,t}^{m}$ 分别为 i 电站 t 时段第 m 个振动区的上、下限(MW)，由电站开机组合下各机组在实时水头下的振动区组合求解得到。

(5) 站间负荷转移约束：

$$\left| P_{i,t} - N_{i,t} \right| \leqslant \Delta P_t \tag{10-11}$$

式中，ΔP_t 为 t 时段梯级发电负荷指令值相对于当前总实发出力值的变化量(MW)。

4) 其他

以上所有变量均为非负变量($\geqslant 0$)。

10.2.3　数据实时查询与展示

数据实时查询与展示是“流”数据处理结果的展现，主要包括应对查询请求的实时结果展示与流处理结果的主动可视化展示。在梯级水电站协同控制实时流处理中主要包括实时负荷流分配方案的展示及梯级电站实时运行状况的实时可视化表现两个方面。电网未下达新的负荷指令之前，“流”处理系统需要跟踪当前负荷指令，实时监测与展示梯级各电站的发电运行状况，包括梯级各水库电站的库水位、尾水位、下泄流量等；当某一时刻电网给定了新的负荷指令之后，梯级电站需要根据电网当前时刻的运行状态及给定的新负荷指令选择合适的负荷分配策略，通过相对应的策略计算出负荷分配方案，同时模拟按照负荷分配方案运行的梯级电站发电运行状况，并通过动态表格及图形进行相关展示。

10.2.4 实时决策与辅助决策

梯级水电站实时协同控制的主要目的是根据某种计算原则或策略，计算得到梯级各电站运行方案，指导梯级电站的实际发电运行。因此，在梯级水电站实时负荷分配“流”处理方式中，除了要进行数据的实时查询与展示之外，更重要的是要能够通过数据挖掘(数据实时计算)，得到梯级负荷分配方案并给梯级各站 AGC 系统发布出力指令。同时，通过电站 AGC 系统实现对发电过程的控制，也就是说梯级水电站实时协同控制的“流”处理方式的落脚点是实现实时决策与辅助决策，形成运行方案并给各电站提供运行计划与指令。

10.2.5 梯级水电站实时流处理框架设计

梯级水电站实时协同控制中的流处理框架是一个集中了数据采集、数据实时计算、数据实时查询与展示、实时决策与辅助决策等的复杂处理系统，如图 10-6 所示。

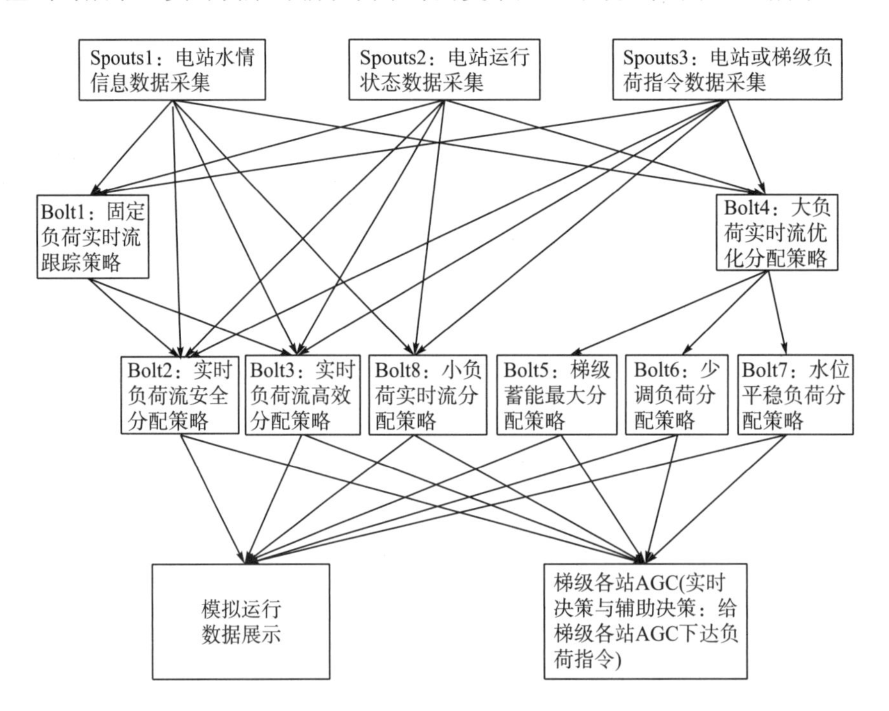

图 10-6 梯级水电站实时协同控制流处理拓扑

数据源(Spout)：由梯级水电站运行监控系统、水情信息自动测报系统等数据采集系统收集实时数据，并以三类 Spouts 的形式传入流数据处理框架内，见表 10-1。各类 Spouts 又包含如实时水位信息、实时入库流量信息、实时电网负荷指令信息等诸多小数据源(Spout)。

表 10-1　梯级水电站实时流处理框架元素构成表

类型	元素
Spout	Spouts1：水情信息数据采集 Spouts2：电站运行状态数据采集 Spouts3：电站或梯级负荷指令数据采集
Bolt	Bolt1：固定负荷实时流跟踪策略 Bolt2：实时负荷流安全分配策略 Bolt3：实时负荷流高效分配策略 Bolt4：大负荷实时流优化分配策略 Bolt5：梯级蓄能最大分配策略 Bolt6：少调负荷分配策略 Bolt7：水位平稳负荷分配策略 Bolt8：小负荷实时流分配策略
Output	Output1：模拟运行数据展示 Output2：给各站 AGC 下达负荷指令

螺栓(Bolt)：框架内共含有 8 个数据实时处理 Bolt，如表 10-1 所示，分别是固定负荷实时流跟踪策略、实时负荷流安全分配策略、实时负荷流高效分配策略、大负荷实时流优化分配策略、小负荷实时流分配策略等。其中大负荷实时流优化分配策略又通过梯级蓄能最大分配策略、少调负荷分配策略和水位平稳负荷分配策略实现。

输出(Output)：框架含有两个数据输出，一个是用于负荷分配后的梯级水电站运行模拟仿真计算，并且将实时计算的水位信息、流量信息、机组运行工况信息等详细展示；另一个是用于数据的实时决策与辅助决策，将 Bolt 计算的负荷分配方案，以负荷指令的形式实时下达给梯级各电站 AGC 系统，并通过控制电站 AGC 系统来达到梯级水电站实时协同控制的目的。

拓扑(Topology)：梯级水库实时流处理框架由 3 类 Spouts、8 个 Bolt 和 2 个 Output 构成，如图 10-6 所示通过“流”将各个节点单元连成了一个复杂的网络关系，这个网络关系就是梯级水库实时流处理的拓扑。拓扑决定了这个梯级水库实时流处理框架的实现方式，即决定了采集什么样的数据、传送给怎样的数据处理螺栓及数据处理后传输给何种输出模块。

流分组策略(Stream Grouping)：梯级水库实时流处理框架中，Spout 并不会将流数据推送至所有的 Bolt，会根据面临实际情况有选择地推送，可见数据流在各数据源与数据处理螺栓之间及数据处理螺栓与输出模块之间的传递并不是随机无序进行的，而是遵循梯级水库负荷实时分配策略的规则。具体如图 10-7 所示。

图 10-7 中展示了流数据在框架内各个环节的数据传输规则，也就是各个负荷分配策略处理螺栓的启动条件。总体来看，梯级水电站实时协同控制流处理框架流分组策略共有如下五项规则：

(1) 负荷指令与梯级电站当前负荷无异，此时进入 Bolt1(固定负荷实时流跟踪策略)；此时若电站水位异常，则进入 Bolt2(实时负荷流安全分配策略)，若电站弃水则进入 Bolt3(实时负荷流高效分配策略)。

(2) 负荷指令与梯级电站当前负荷有异，且梯级有电站处于水位异常运行状态，此时进入 Bolt2(实时负荷流安全分配策略)。

(3) 负荷指令与梯级电站当前负荷有异，梯级所有电站均处于安全运行区运行，且梯级有电站存在弃水，此时进入 Bolt3(实时负荷流高效分配策略)。

(4) 负荷指令与梯级电站当前负荷有异，梯级所有电站均处于安全运行区运行，梯级所有电站均不存在弃水，且当前梯级实发出力与梯级负荷指令值差异较大，此时进入 Bolt4(大负荷实时流优化分配策略)；在该策略下，可以视需要选择进入 Bolt5(梯级蓄能最大分配策略)、Bolt6(少调负荷分配策略)或 Bolt7(水位平稳负荷分配策略)。

(5) 负荷指令与梯级电站当前负荷有异，梯级所有电站均处于安全运行区运行，梯级所有电站均不存在弃水，且当前梯级实发出力与梯级负荷指令值差异较小，此时进入 Bolt8(小负荷实时流分配策略)。

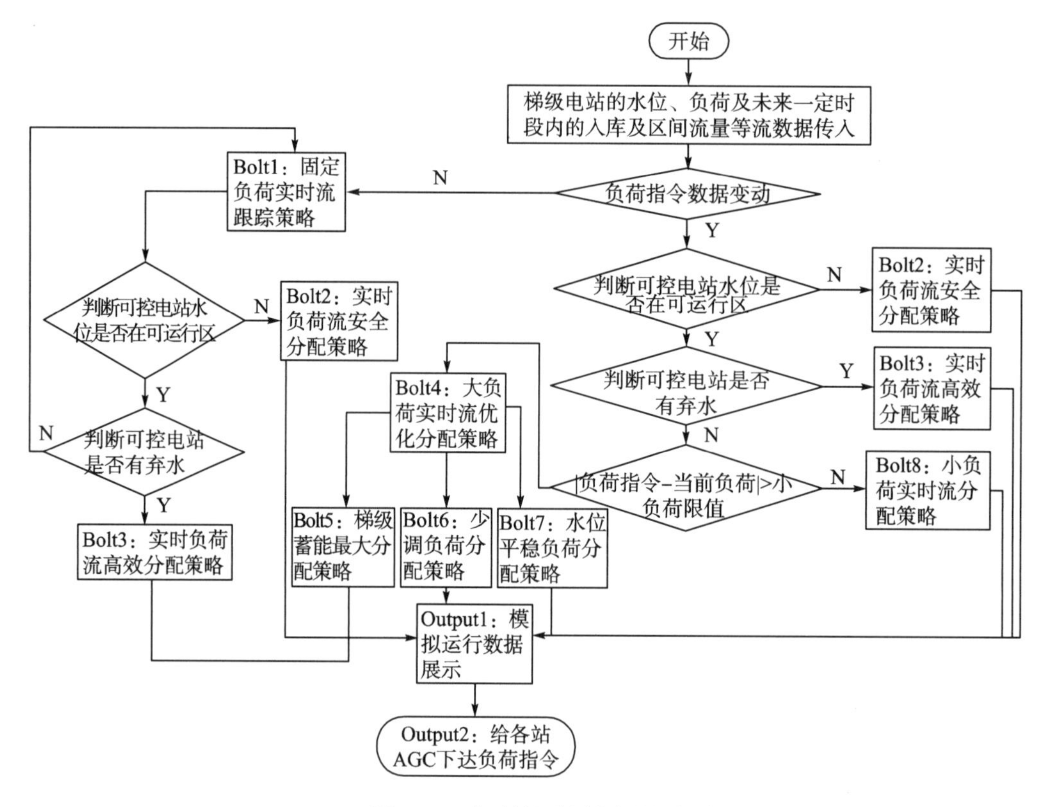

图 10-7　实时协同控制流分组策略

10.3　梯级水电站实时协同控制流计算方法

10.3.1　实时负荷流安全分配策略

在实时调度控制中，安全性第一，其次才是经济性。由于 A、ZY 两站的水库库容小、调节性能差，当其水库进入高水位运行区时，若此时上游来水较大，则容易引起电站弃水；当水库进入低水位运行区，来水较小则容易引起电站拉空库容无水可发，这些都对电网及电站的安全稳定运行不利，需要及时将进入异常运行区的水库水位控制回正常运行区运行。本节提出了实时负荷流安全分配策略，其目标函数如式(10-12)所示，该策略实现的目标是通过实时协同控制重新分配各电站负荷任务，使得按负荷分配计算方案运行窗口长度 W 后，A 和 ZY 的水库水位尽可能靠近其安全区的中间值，达到返回安全运行区的目的。

$$F=\min\left(\alpha\left|Z_{s,t+W}-\frac{Z_{s,\mathrm{down}}+Z_{s,\mathrm{up}}}{2}\right|+\beta\left|Z_{z,t+W}-\frac{Z_{z,\mathrm{down}}+Z_{z,\mathrm{up}}}{2}\right|\right) \tag{10-12}$$

其中，α、β 为安全控制系数，取值规则为

$$\alpha=\begin{cases}0, & Z_{s,\mathrm{down}}\leqslant Z_{s,t}\leqslant Z_{s,\mathrm{up}}\\ 1, & 其他\end{cases} \tag{10-13}$$

$$\beta=\begin{cases}0, & Z_{z,\mathrm{down}}\leqslant Z_{z,t}\leqslant Z_{z,\mathrm{up}}\\ 1, & 其他\end{cases} \tag{10-14}$$

式中，$Z_{s,t}$、$Z_{z,t}$ 为当前时刻 A、ZY 两站的水库水位(m)；$Z_{s,t+W}$、$Z_{z,t+W}$ 为 A、ZY 两站按照 t 时刻的协同控制方案运行到 $t+W$ 时刻对应的水库水位(m)，可根据水能计算原理和水量平衡原理计算得到；其他符号意义同前文。

梯级电站厂间负荷实时分配是一个典型的复杂非线性优化问题，具有多约束、高维、动态的特性，常用的求解方法有经典数学算法如线性规划、动态规划等和基于等微增率原则的可行搜索迭代算法。其中线性规划算法求解速度较快，但其线性化假设将导致模型的计算结果与实际差别较大；动态规划算法能保证找到理论的最优解，但“维数灾”使其在高维的应用中受到局限；等微增率方法主要适用于厂内经济运行中机组间的负荷分配计算；利用人工智能求解的思路进行这类负荷分配问题的求解已经得到较多的应用，如采用蚁群算法，通过合理处理约束条件与目标函数，综合考虑系统的高维、非凸等特性，得到的计算结果优于传统计算方法；采用遗传算法，沿多路径搜索最优值，计算过程不需要存储决策变量的离散点，减少了对计算机内存的占用。从算法原理来看，人工智能型算法可不依赖于具体问题，适用于多维优化问题的求解计算，但是由于其不能确保每次都收敛于最优解，在负荷分配计算过程中容易引起分配方案的不确定性。

目前 B、A、ZY 三站均已投入使用 AGC 系统，从工程上实现了给电站下达总负荷后，电站 AGC 自动分配机组负荷、确定机组组合与机组启停，并自动实时调整机组运行状态，采用“分层确定、分步控制”的原则。本节研究的梯级水电站实时协同控制可只考虑总负荷的厂间实时分配，各电站负荷在机组间分配的厂内经济运行由各电站 AGC 系统实现，此外研究对象仅有三站，且窗口时间跨度较小。本节研究采用逻辑简单、高效实用的离散枚举类工程化计算方法，其计算逻辑如图 10-8 所示。后续工程应用实际也证实了该类计算方法能在 1s 内完成方案计算，能够很好地满足实际调度的要求。

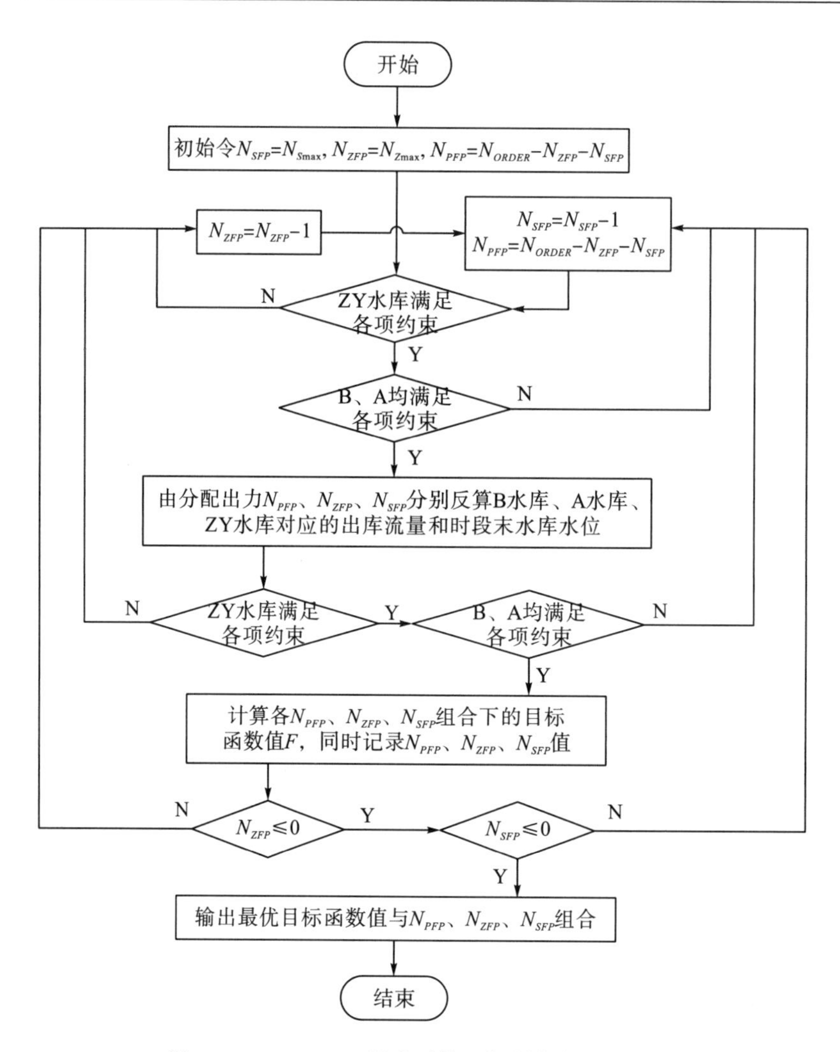

图 10-8　B-A-ZY 三站实时协同控制负荷分配计算流程

10.3.2　实时负荷流高效分配策略

一般来说，弃水可以分为有效弃水和无效弃水。从发电角度而言，当电站所带负荷对应的下泄流量无法满足电站生态流量或下游用水需求而产生的弃水就是无效弃水，为了充分利用这部分水量，减少电站弃水产生的电能损失，本节研究提出了实时负荷流高效分配策略。该策略在负荷分配方案计算过程中，按照梯级弃水损失电量最小原则进行，如式(10-15)所示，其优化计算同样可以采用图 10-8 所示的流程实现。

$$F=\min\sum_{i=1}^{n}\left(S_{i,t}\cdot W/A_{i,t}\right) \tag{10-15}$$

式中，$S_{i,t}$为 i 电站在窗口时段内的平均弃水流量(m^3/s)；$A_{i,t}$为 i 电站在窗口时段内的平均耗水率($m^3/kW\cdot h$)；n 为梯级电站个数。

需要注意的是，在实时负荷流高效分配策略中，不能为了减少弃水损失而使 A、ZY 两站水位进入高水位运行区或低水位运行区，也就是说在负荷分配计算过程中，仍需要保证窗口内 A、ZY 两站水库水位满足如下约束条件：

$$Z_{s,\mathrm{down}} < Z_{s,t+W} < Z_{s,\mathrm{up}} \tag{10-16}$$

$$Z_{z,\mathrm{down}} < Z_{z,t+W} < Z_{z,\mathrm{up}} \tag{10-17}$$

10.3.3　大负荷实时流优化分配策略

1. 梯级蓄能最大分配策略

当梯级电站运行状态良好，各站水位均在安全运行区，且无弃水场景下，可以窗口末时刻梯级总蓄能最大为原则进行负荷分配计算，如式(10-18)所示。计算过程中同样需要 A、ZY 两站满足式(10-16)与式(10-17)的水位约束条件。

$$F=\max\left[V_{p,W}\cdot\left(H_p+H_s+H_z\right)+V_{s,W}\cdot\left(H_s+H_z\right)+V_{z,W}\cdot H_z\right] \tag{10-18}$$

其中，$V_{p,W}$、$V_{s,W}$、$V_{z,W}$ 分别表示 B、A、ZY 三站窗口末时刻的水库蓄水量(m^3)；H_p、H_s、H_z 为 B、A、ZY 三站窗口末时刻的水库水头(m)；其他符号意义同前。

2. A、ZY 两站少调负荷分配策略

在实际调度运行中，负荷的频繁变动加大了发电机组的损耗，对经济运行不利，因此有 A、ZY 电站的负荷尽量少变动的需求。为此本节提出了 A、ZY 两站少调负荷分配策略，策略目标如式(10-19)所示。该策略在实时的负荷厂间分配中，以 A、ZY 的分配负荷与当前负荷的变化最小为原则进行，达到 B 电站多调负荷，A、ZY 电站少调负荷的目的，同样，在计算过程中需要使 A、ZY 两站满足式(10-16)与式(10-17)的水位约束条件。

$$F=\min\left(\left|P_{s,t}-N_{s,t}\right|+\left|P_{z,t}-N_{z,t}\right|\right) \tag{10-19}$$

其中，$P_{s,t}$、$P_{z,t}$ 分别是 A、ZY 电站在时段 t 分配的负荷指令值(MW)；$N_{s,t}$、$N_{z,t}$ 分别是 A、ZY 电站在 t 时段初的实际负荷值(MW)。

在式(10-19)的控制下，并不是严格要求 A、ZY 电站按照当前状态保持负荷不变，不参与梯级整体的负荷调配，而是当按负荷分配方案窗口内 A 和 ZY 水库水位依然在其可运行区内，且满足其他各项约束条件时，维持 A、ZY 电站的负荷不变；若无法满足水位控制等约束条件，则允许 A、ZY 电站所带的负荷发生变化，目标是在满足了其他各项约束条件下的 A、ZY 两站承担的负荷变化最小。

3. A、ZY 两站水位平稳负荷分配策略

在实际调度运行中，水库水位保持稳定有利于库区边坡稳定及电站的安全运行，因此有必要让 A、ZY 的水库水位不变或者变化幅度较小。本节研究提出了 A、ZY 两站水位平稳负荷分配策略，策略目标如式(10-20)所示。该策略在负荷厂间分配中，以 A、ZY 的水库水位变化最小为原则，按入库等于出库的流量平衡方式进行计算，实现负荷任务与下泄流量的相互匹配，达到 A、ZY 水库水位尽量保持平稳运行的目的，计算过程中同样要求 A、ZY 两站满足式(10-16)与式(10-17)的约束条件。

$$F=\min\left(\left|Z_{s,t+W}-Z_{s,t}\right|+\left|Z_{z,t+W}-Z_{z,t}\right|\right) \tag{10-20}$$

式中，符号意义及其取值同前。

在式(10-20)的控制下，并不意味着A、ZY的水库水位保持不变，一直按照流量平衡进行负荷的厂间分配，这与实际情况不符。当以A、ZY的水库水位平稳控制按流量平衡分配的负荷不满足其他各项约束条件时，是允许A、ZY的水库水位发生变化的，追求的是在满足了其他各项约束条件下A、ZY的水库水位变化尽可能小。

需要说明的是：大负荷实时流优化分配策略本质上是一个追求蓄能最大、水位平稳及少调负荷三个目标的多目标优化问题，已有对多目标计算的有效方式是采用多目标遗传算法、多目标粒子群算法等多目标优化算法拟合解集空间中的Pareto前沿，但是这类启发式智能算法多存在求解时间较长的问题，而实时调度控制中的时效性要求极高，要求下达负荷后在很短的时间内做出相应的出力调整，留给方案计算的时间则更少。为此本节研究将其拆分为三项独立的分配策略，供实际调度工作人员自行选择，各策略的计算同样可以通过图10-8所示的流程实现。

10.3.4　小负荷实时流分配策略

当电网下达的发电负荷指令值相对于当前梯级总实发出力差异小于设定的临界值时，为了减少频繁调节电站负荷引起的损耗，可采用小负荷实时流分配策略，即将小负荷差额由一个电站来负担，如决策树图10-9所示。其主要思路是：当梯级总负荷调增时，若有电站位于高水位区运行，则小负荷差额分配给高水位区运行电站；当梯级总负荷调减时，若有电站处于低水位区运行，则将小负荷差额分配给低水位区运行电站；若A、ZY两站水位均位于安全运行区，不论梯级总负荷调增还是调减，此时需要调度工作人员预先设定由某一站承担该小负荷差额，因为此时负荷变化较小，不会对电站的运行状态造成较大影响。

梯级总负荷调增，A、ZY两站均处于高水位运行区场景下，承担梯级小负荷差额的电站可由梯级损失电量最小的原则确定。依据确定梯级蓄放水次序判别式法的思路，假定梯级电站调增负荷差额为ΔE，并由第i水库承担，则

$$\Delta E=0.00272\cdot\eta\cdot F_i\cdot \mathrm{d}H_i\cdot\sum H \tag{10-21}$$

其中，$\mathrm{d}H_i$为i水库因承担增加负荷引起的水头减少量(m)；η为电站的效率；$\sum H$为i电站及其下游有水力联系的各站的平均发电水头之和(m)；F_i为i水库窗口内的平均库水面面积(m^3)。

因i电站的水头降低而引起的窗口末时刻梯级系统的能量损失包括两个部分：一是i电站本时段来水量X_i发电产生的电能损失ΔE_1，见式(10-22)；二是i电站上游各水库可供发电水量$\sum V$的蓄能减少值ΔE_2，见式(10-23)。因此，i电站承担调增小负荷引起的梯级整体的额外电能损失可以用式(10-24)表示，Δe最小的电站承担调增负荷差额较有利。在B-A-ZY三站实时协同控制中，A、ZY两站水库库容较小，但是水头较大，因此$\sum V$与$\sum H$是决定Δe的主要参数，由式(10-24)的各项意义可知，上游水库$\sum V$的值总是小于下游水库，同时上游水库$\sum H$值总是大于下游水库，于是较多情况下，上游水库的额外损失电能Δe小于下游水库。综上所述，梯级总负荷调增，A、ZY两站均处于高水位运行区场景

下，上游 A 站承担调增小负荷差额。

$$\Delta E_1=0.00272\cdot\eta\cdot X_i\cdot \mathrm{d}H_i \tag{10-22}$$

$$\Delta E_2=0.00272\cdot\eta\cdot\sum V\cdot \mathrm{d}H_i \tag{10-23}$$

$$\Delta e=\left(\Delta E_1+\Delta E_2\right)\div\Delta E=\left(X_i+\sum V\right)\div\left(F_i\times\sum H\right) \tag{10-24}$$

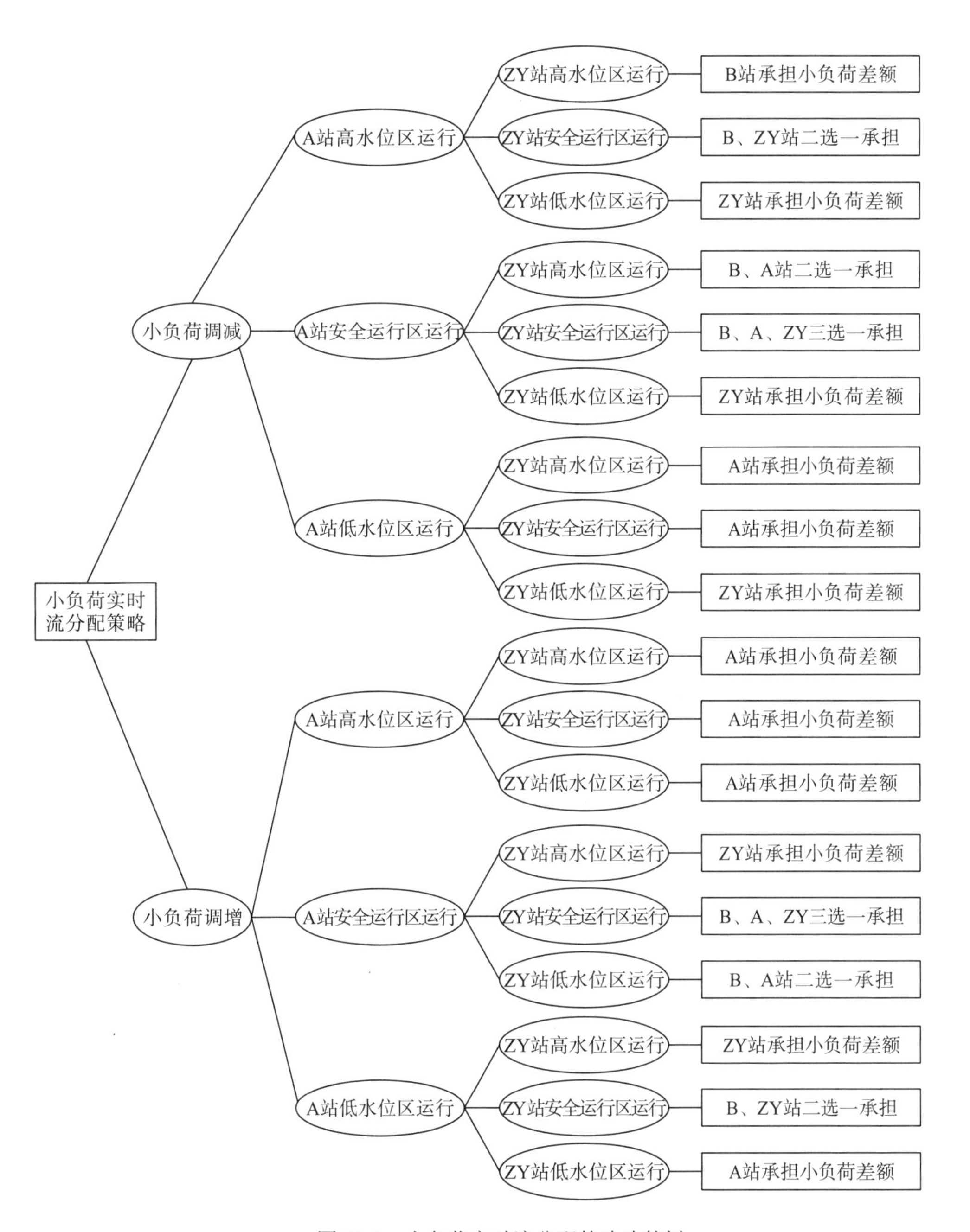

图 10-9　小负荷实时流分配策略决策树

梯级总负荷调减，A、ZY 两站均处于低水位运行区场景下，承担梯级小负荷差额的电站可由梯级额外能量增量最大的原则确定。假定梯级电站调减负荷差额为ΔG，并由第 i 水库承担，则

$$\Delta G=0.00272\cdot\eta\cdot F_i\cdot \mathrm{d}h_i\cdot\sum H \tag{10-25}$$

其中，$\mathrm{d}h_i$ 为 i 水库因承担减少负荷引起的水头增加量，其他符号意义同前。

因 i 电站的水头增加而引起的窗口末时刻梯级系统的能量增加包括两个部分：一是 i 电站本时段来水量 X_i 发电产生的电能增加ΔG_1，见式(10-26)；二是 i 电站上游各水库可供发电水量$\sum V$ 的蓄能增加值ΔG_2，见式(10-27)。因此 i 电站承担调减小负荷引起的梯级整体的额外电能增加可以用式(10-28)表示，Δg 最大的电站承担调减负荷差额较有利。比较式(10-24)与式(10-28)可以发现，二者形式完全一样，同样，在 B-A-ZY 三站实时协同控制中，较多情况下下游水库 ZY 的额外电能增加值Δg 大于下游 A 水库。综上所述，梯级总负荷调减，A、ZY 两站均处于低水位运行区场景下，下游 ZY 水库承担调减小负荷差额。

$$\Delta G_1=0.00272\cdot\eta\cdot X_i\cdot \mathrm{d}h_i \tag{10-26}$$

$$\Delta G_2=0.00272\cdot\eta\cdot\sum V\cdot \mathrm{d}h_i \tag{10-27}$$

$$\Delta g=\left(\Delta G_1+\Delta G_2\right)/\Delta G=\left(X_i+\sum H\right)/\left(F_i\times\sum H\right) \tag{10-28}$$

另外，当梯级总负荷调增时，若 A、ZY 两站均处于低水位运行区，则将小负荷差额分配给 B 电站承担，以避免 A、ZY 两站的水位进一步拉低，影响电站经济运行；若梯级总负荷调减，且 A、ZY 两站均处于高水位运行区，则将小负荷差额交由 B 电站承担，以免 A、ZY 两站水库水位进一步抬高，可以减少弃水产生。

10.3.5 固定负荷实时流跟踪策略

梯级水电站实时协同控制不仅仅是电网下达新的负荷指令后的负荷实时分配与梯级发电控制，更是整个发电过程的实时控制：在电网未下达新的负荷指令或电网下达负荷指令为一条直线不存在变动时，应该实时跟踪电站运行状态，并且在梯级水库运行进入风险运行状态或产生弃水时，实时调整负荷使其回归至安全运行区运行或减少弃水。为此本节研究提出了梯级水库实时协同控制的固定负荷实时流跟踪策略。该策略主要通过如下四个步骤实现：

Step1：获取梯级各站实时状态信息，关注实时水情及下泄流量工况。

Step2：判断当前是否有电站进入异常水位运行区，若有，则采用实时负荷流安全分配策略，按式(10-12)进行负荷流分配计算，并进入 Step4；否则进入 Step3。

Step3：判断电站当前是否会产生弃水，若产生了弃水则根据式(10-15)采用实时负荷流高效分配策略进行负荷分配计算，并进入 Step4；否则将窗口依据时间向未来滑动，同时进入 Step1。

Step4：输出负荷分配方案，并给各站 AGC 下发运行指令，同时将窗口向未来滑动，并进入 Step1。

10.4 梯级水电站实时协同控制流处理工程实现

本节在前述梯级水电站实时控制流处理理论与负荷实时分配流计算方法的理论研究成果基础上，进行了系统集成研究，开发了“流域(二)B-A-ZY 三站实时经济调度控制(EDC)系统”，并通过一系列的开环闭环在线测试，在某公司集控中心获得了工程应用。

10.4.1 三站实时 EDC 的定位

集控模式下梯级电站控制方式一般有两种。一种是以机组作为单位进行调控，该模式具有控制灵活但实现方式复杂的特点，每台机组一个控制权并且每个电站一个控制权。集控各电站的控制权分为电站控制权和机组控制权，当两项调度控制权都在集控侧时，集控中心能对受控机组进行实时控制、安全监视与调度运行管理，与各电站中控室操作员工作站的控制职能相同，若调度机组的控制权在电站中控室，而电站的控制权在集控中心，此时只能由电站对该受控机组进行控制，不存在机组的控制权在集控中心而电站的控制权却在电站这类交叉控制的情况。另一种是以电站为单位，每个电站一个控制权。集控各电站的控制权在集控中心时，由集控中心对集控层电站进行与集控层电站中控室操作员工作站完全相同的实时控制、安全监视及调度管理，当控制权切回电站后即由电站中控室操作员工作站完成控制，这类模式控制简单，实现方式也较简便。

B-A-ZY 三站实时经济调度控制(EDC)是指根据梯级水电站水情自动测报系统、运行监控系统等采集与推送的实时数据和电力系统的梯级负荷指令的要求，通过实时负荷流分配计算策略，从调度运行方案上实现对整个梯级电站的实时联合优化调度。电站 AGC 是在满足各项约束的前提下，以迅速、经济的方式控制整个电站的发电负荷来满足电力系统的需求，是在水轮发电机自动控制的基础上实现整个水电站自动化控制的一种方式。主要包括如下任务：①根据给定的负荷指令，考虑调频和备用容量的需要，确定当前运行条件下的电站最佳机组启停方案，包括确定机组台数及根据供电的可靠性和设备的实际运行工况确定最优运行的机组台号；②以经济运行为原则，确定运行机组间的负荷指令分配；③校核各项限制条件，若不满足给予修正。目前 B、A、ZY 三站均已投入电站 AGC 系统，满足站内自动发电控制的要求。EDC 将优化后的运行方案以电站实时负荷指令的形式下达给各站 AGC，通过 AGC 系统实现对各站机组启停、避开振动区、调整出力等操作，如此通过 EDC 与 AGC 的配合实现梯级水电站的实时协同控制，主要工作流程如图 10-10 所示。

EDC 系统运行在某公司调度控制中心，负责整个梯级联合调度的具体实现：从站间水量电量匹配与协同调度的角度，以电站为单位实现联合调度控制，提高整体发电效益。电站 AGC 系统则在梯级各站内运行，负责站内机组优化控制的实现：在机组设备安全运行的前提下，通过开停机操作与优化机组组合实现厂内经济运行。

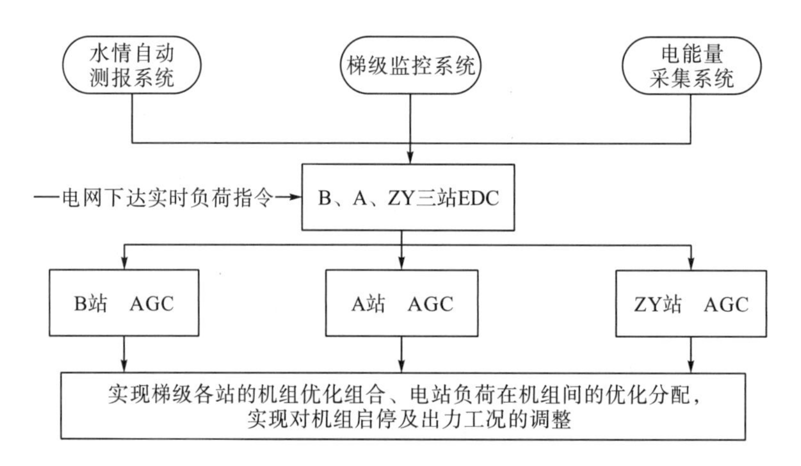

图 10-10　EDC 与 AGC 协同工作流程

10.4.2　三站实时 EDC 系统简介

1. 系统架构与实时特性

B-A-ZY 三站实时 EDC 系统是运行于某公司集控中心的经济运行控制系统，通过与流域水情自动测报系统、计算机监控系统、各站 AGC 系统等协同配合，从充分利用水能资源、提高调度水平的角度实现梯级水库的实时协同控制，不仅能够实时响应电网下达的实时负荷指令，做到在线实时计算方案和动态调控机组，也能跟踪电站的运行状态，当电站处于风险运行状态时及时通过负荷的再分配实现电站平稳经济运行，具有降低复杂程度、提高可靠性、分散计算量、提高响应速度及实时调控电站机组运行等诸多优点。

流域(二)B-A-ZY 三站实时 EDC 系统是基于 Eclipse 平台，采用 Java 语言编程实现的三层 C/S 结构系统，其三层 C/S 结构如图 10-11 所示。

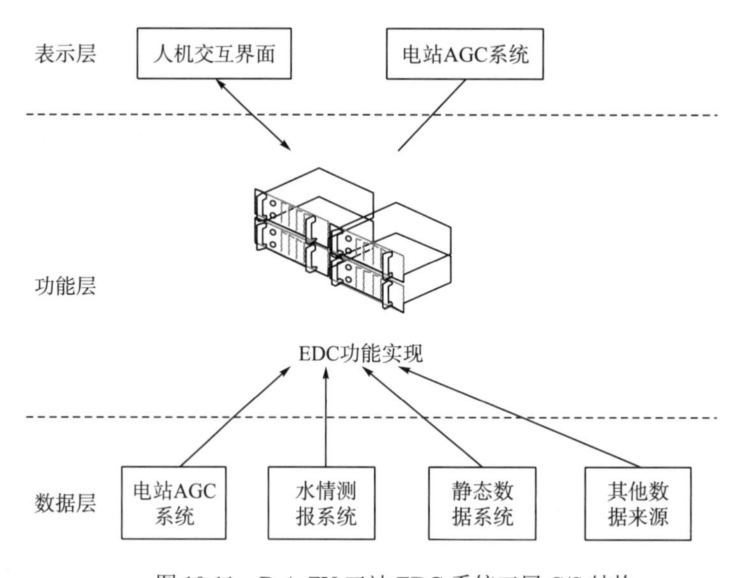

图 10-11　B-A-ZY 三站 EDC 系统三层 C/S 结构

B-A-ZY 三站 EDC 系统的实时流处理特性主要体现在如下两个方面：

(1) 给系统提供数据支撑的并不仅仅是存储前述静态数据的本地数据库，更多的是来自水情自动测报系统、电能量采集系统、电站 AGC 系统等采集或演算的实时数据，包括实时入库出库流量数据、水库实时运行水位数据、电站实时负荷数据、电站 AGC 系统计算的实时电站振动区数据等。

(2) 已有的梯级电站应用的决策支持系统等调度运行系统，多是通过表示层的人机交互发出任务请求之后才开始启动系统的核心计算功能。B-A-ZY 三站 EDC 系统不仅可以通过表示层的人机交互功能发出任务请求，更多的是在功能层通过监测数据流的变化自行启动任务：如新的负荷指令下达，功能层监测到负荷指令流的变化后会启动相应的流处理策略；未有新的负荷指令下达时，功能层监测到有电站水库进入异常水位运行区，则自动启动固定负荷实时流跟踪策略中的负荷分配计算等。

2. 系统工作结构

流域(二)B-A-ZY 三站实时 EDC 系统是根据模块化的软件开发思想开发建设的调度控制系统，其系统功能包括主运行监控、模型与策略计算、数据传输、故障报警处理和资料管理五大模块，通过不同模块的协同配合实现整个系统的稳定运行。

主运行监控模块：是系统运行的主线程，可供调度运行人员对系统运行方式、电站运行参数等进行修改，对电站运行历史数据进行查询，并能实时动态显示梯级各水库电站的运行工况与流量、水位等信息。

模型与策略计算模块：是负荷实时分配策略的流计算实现模块，承担了主要的优化计算工作，将给定的负荷指令依据当前实际运行工况及对相应的负荷分配策略分配至三个电站并给各站 AGC 下达运行负荷指令。

数据传输模块：根据实际运行状态与计算需求实现各类实时数据的流传输与交互，并依据流处理框架的流分组策略完成实时数据采集、数据实时计算、实时展示与运行指令下达等功能模块之间的实时流传输。

故障报警处理模块：监视 EDC 系统的实时运行状态，若出现任何异常错误，则通过监控系统迅速给出报警并提示错误信息。此外，根据设定的安全闭锁约束条件当梯级 EDC 在正常运行状态下突发一些符合退出逻辑的异常事件时，系统自行退出，并及时报警提醒调度人员，以确保电站、电网保持安全稳定的状态运行。

资料管理模块：资料管理模块实现了实时数据的读取、中间数据的存储、模拟计算结果的展示与分配后负荷指令的下达等多个环节，是整个梯级水电 EDC 系统全过程资料数据的管理模块。

10.4.3 三站实时 EDC 系统运行实例

三站实时 EDC 系统已经在某公司集控中心投入了实际应用，系统主要参数及其取值如表 10-2 所示。为了说明前述实时负荷流分配策略及系统控制的有效性，本节研究根据梯级 EDC 闭环运行下的实际运行数据，截取了两个场景下部分策略的分配计算与负荷控制结果。

表 10-2　实时 EDC 系统主要参数

参数	取值
A 安全运行区	[656，659]m
A 高水位运行区	(659，660]m
A 低水位运行区	[655，656)m
ZY 安全运行区	[619，623]m
ZY 高水位运行区	(623，624]m
ZY 低水位运行区	[618，619)m
梯级小负荷调节门槛	50MW
单站有功调整死区	2.5MW
梯级有功调整死区	7.5MW

1)场景一

B 电站三台机组运行(3#、5#、6#)，有功可调区间[45MW，1392.4MW]，初水位 805.6m，入库流量 356m^3/s；A 电站一台机组运行(3#)，有功可调区间[70MW，165MW]，初水位 657.5m。ZY 电站一台机组运行(2#)，有功可调区间[80MW，180MW]，初水位 623m。小负荷分配差额由 B 电站承担，分别采用小负荷流分配策略、大负荷实时流优化分配策略进行控制，相关负荷分配方案与控制结果如表 10-3 所示。

表 10-3　场景一实时协同控制

调节前			调节后		调节时间/s	EDC 分配情况(B/A/ZY)/MW			电站实发值(B/A/ZY)/MW			B/A/ZY 分配负荷对应出库流量/(m^3·s^{-1})		
设定值/MW	实发值/MW	初始时刻	实发值/MW	调节到位时刻										
蓄能最大控制														
700	599	16:32:36	701	16:33:59	83	417	120	162	418	120	161	420	381	525
800	699	16:36:28	807	16:37:35	67	488	136	180	491	136	177	464	427	583
700	805	16:39:50	692	16:40:40	50	417	121	149	415	123	149	420	381	482
600	688	16:44:31	592	16:45:33	62	344	107	134	347	107	135	376	339	434
740	717	16:49:36	738	16:50:00	24	416	144	177	420	144	175	418	142	178
785	738	16:51:30	785	16:52:26	56	440	165	177	444	165	178	433	524	575
750	786	16:53:18	748	16:53:54	36	408	165	177	407	165	176	415	526	577
710	748	16:54:57	708	16:55:44	47	368	165	177	367	164	176	391	526	578
少调负荷控制														
设定值/MW	实发值/MW	初始时刻	实发值/MW	调节到位时刻	调节时间/s	EDC 分配情况(B/A/ZY)/MW			电站实发值(B/A/ZY)/MW			B/A/ZY 分配负荷对应出库流量/(m^3·s^{-1})		
800	709	17:05:09	799	17:06:00	51	455	165	177	459	164	177	442	526	589
800	700	17:17:26	806	17:18:02	36	550	70	180	550	72	177	506	226	589
720	802	17:07:20	723	17:08:03	43	455	85	180	459	86	177	442	274	590
650	722	17:09:44	651	17:10:23	39	400	70	180	402	71	176	410	228	590

续表

少调负荷控制								
调节前			调节后		调节时间/s	EDC 分配情况(B/A/ZY)/MW	电站实发值(B/A/ZY)/MW	B/A/ZY 分配负荷对应出库流量/($m^3 \cdot s^{-1}$)
设定值/MW	实发值/MW	初始时刻	实发值/MW	调节到位时刻				
690	647	17:11:45	691	17:12:20	35	440 70 180	441 71 177	433 228 590
735	692	17:14:01	733	17:14:30	29	485 70 180	489 71 177	463 227 590
700	733	17:15:37	698	17:16:10	33	450 70 180	451 72 177	438 226 589
920	949	17:20:14	918	17:20:44	30	670 70 180	669 72 177	584 226 588
水位平稳控制								
调节前			调节后		调节时间/s	EDC 分配情况(B/A/ZY)/MW	电站实发值(B/A/ZY)/MW	B/A/ZY 分配负荷对应出库流量/($m^3 \cdot s^{-1}$)
设定值/MW	实发值/MW	初始时刻	实发值/MW	调节到位时刻				
1000	920	17:27:43	998	17:29:04	81	670 165 168	667 164 170	584 521 548
1060	999	17:30:40	1053	17:31:19	39	715 165 180	712 163 180	613 522 590
950	1052	17:32:34	944	17:33:17	43	623 165 154	625 163 156	554 524 505
890	948	17:34:45	885	17:35:20	35	569 165 159	567 162 157	519 524 522
1000	963	17:43:13	1002	17:44:02	49	742 100 158	745 100 159	629 315 521
1030	1003	17:47:19	1034	17:47:46	27	772 100 158	778 101 158	650 314 523
990	1037	17:48:58	988	17:49:33	35	732 100 158	731 101 158	62 314 521
950	993	17:50:33	946	17:51:10	37	692 100 158	684 101 159	599 314 521

2) 场景二

B 电站三台机组运行(3#、5#、6#)，有功可调区间[45MW，1384MW]，初水位 805.1m，入库流量 367m^3/s；A 电站两台机组运行(1#、3#)，有功可调区间[140MW，330MW]，初水位 658.1m。ZY 电站两台机组运行(2#、4#)，有功可调区间[160MW，360MW]，初水位 622.3m。小负荷分配差额由 B 电站承担，相关负荷分配方案与控制结果如表 10-4 所示。

表 10-4 场景二实时协同控制

蓄能最大控制								
调节前			调节后		调节时间/s	EDC 分配情况(B/A/ZY)/MW	电站实发值(B/A/ZY)/MW	B/A/ZY 分配负荷对应出库流量/($m^3 \cdot s^{-1}$)
设定值/MW	实发值/MW	初始时刻	实发值/MW	调节到位时刻				
1200	1104	14:20:52	1207	14:21:44	52	777 197 227	783 196 227	655 619 765
1120	1207	14:23:40	1122	14:24:30	50	721 184 201	722 186 202	619 582 679
少调负荷控制								
调节前			调节后		调节时间/s	EDC 分配情况(B/A/ZY)/MW	电站实发值(B/A/ZY)/MW	B/A/ZY 分配负荷对应出库流量/($m^3 \cdot s^{-1}$)
设定值/MW	实发值/MW	初始时刻	实发值/MW	调节到位时刻				
1170	1107	13:22:22	1169	13:22:16	54	700 200 270	701 202 268	605 627 911
1100	1174	13:27:21	1100	13:28:18	57	702 140 259	702 140 260	606 447 879

续表

水位平稳控制														
调节前			调节后		调节时间/s	EDC 分配情况（B/A/ZY）/MW			电站实发值（B/A/ZY）/MW			B/A/ZY 分配负荷对应出库流量/($m^3 \cdot s^{-1}$)		
设定值/MW	实发值/MW	初始时刻	实发值/MW	调节到位时刻										
1200	1097	13:32:54	1205	13:34:06	72	791	216	188	797	212	193	665	671	644
1180	1115	13:49:13	1177	13:49:57	44	777	208	195	782	208	191	655	655	656
1120	1201	13:37:24	1127	13:38:12	48	736	200	177	738	198	179	628	629	605
1100	1183	13:51:47	1094	13:52:41	54	721	196	173	726	197	174	618	617	584
1400	1330	16:08:57	1396	16:09:46	49	932	242	226	933	267	225	766	763	770
1300	1404	16:11:05	1288	16:12:17	72	863	228	196	862	228	195	717	712	667
1340	1286	16:13:30	1337	16:14:10	40	889	235	216	885	242	213	735	737	737
1300	1345	16:15:05	1302	16:15:42	37	849	235	216	838	234	216	707	735	737

从两个典型运行场景下负荷分配方案及实时控制结果可以看出，B-A-ZY 三站 EDC 实时控制系统能依据选择的策略与当前时段的电站运行状态及机组运行工况进行计算，获取的运行方案结果满足预定的负荷实时分配策略目标，实现了梯级水电站的实时协同控制。经统计，各类方案的计算均能在 1s 内完成，通过 EDC 计算负荷分配方案及与各站 AGC 系统联合运行，能在 100s 内完成计算与机组运行工况响应，满足实际调度与应用要求。使用电站 EDC 系统不仅能实时响应负荷指令，精准实现电站运行控制，更能减少调度人员工作强度，提高调度水平，实用性较强。

第 11 章　基于协调混沌粒子群智能算法求解水电站厂内机组负荷协调分配

水电站厂内机组负荷分配是据电力系统在某一时段给定的负荷任务，通过计算合理制定水电站机组的开机台数和启停次序，实现机组间负荷的最优分配，在完成发电任务的同时使全厂耗水量最小，并且保证机组尽量在稳定、高效区域运行。水电站厂内机组负荷分配是一个复杂优化问题，具有离散、非线性、高维数、非凸特征，全局最优解较难求得。目前，动态规划是水电站机组组合常用的算法。动态规划算法是一种经典的优化算法，在许多领域有着成熟应用。运用动态规划算法求解该问题具有一定的优势，能够一次解决由哪些机组承担负荷以及如何分配，并能够给出较好的结果，但它也有自身很难克服的缺点。动态规划求解问题时需将机组流量特性曲线离散化，离散精度越高，解的精度越高，因此离散的精度就直接关系到求解的精度和时间。在计算过程中需要大量的内存存储离散点，机组数量多时需要花费大量的时间，有时甚至无法实现。

本研究利用传统粒子群优化算法收敛效果好及混沌搜索遍历随机性的优点，再对粒子群进行协调划分为子粒子群，提出一种基于协调和混沌思想的混合算法——混沌粒子群算法，将其应用在机组负荷分配中。其特点是：利用粒子群优化算法的快速收敛性、混沌搜索的遍历随机性和子粒子群的功能协调，既保证了算法的收敛速度，又有效避免了传统粒子群算法的早熟收敛现象。

11.1　数 学 模 型

1. 目标函数

水电站实行经济运行的主要准则是：在满足各种电站电网安全约束的前提下，保证水电站的经济效益。例如，对于具有调节能力的水电站，可采用在电站日负荷给定的条件下，降低耗水率，使电站一天的总耗水量最小为准则。可建立以下目标函数：

$$C=\min\sum_{t=1}^{T}\sum_{i=1}^{N}\left[X_{i,t}F\left(P_{i,t}\right)+\mathrm{ST}_i X_{i,t}\left(1-X_{i,t-1}\right)\right] \tag{11-1}$$

其中，$P_{i,t}$ 为第 t 时段内第 i 台机组的发电出力；$X_{i,t}$ 为第 t 时段内第 i 台机组状态（1 表示开机，0 表示关机）；N 为参与经济运行机组数量；T 为日内时段数，常分为 24 或 96；$F\left(P_{i,t}\right)$ 为第 t 时段内第 i 台机组为满足功率输出的耗水量；$F\left(P_{i,t}\right)=Q\left(P_{i,t},H_t\right)\times 86.4/T$，$Q\left(P_{i,t},H_t\right)$ 为 t 时刻水头 H_t 的流量-出力关系，由机组动力特性决定，可通过水轮机原型或模型机试验修正获得，实际运行过程中同一型号机组也存在动力特性差异；ST_i 为第 i 台机组的启动成本的水量损失折算。

2. 约束条件

(1) 水电站有功功率平衡：

$$\sum_{i=1}^{N} P_{i,t} = N(t) \qquad \forall t \in T \tag{11-2}$$

其中，$N(t)$ 为 t 时段全厂承担的总负荷。

(2) 机组出力限制：

$$P_{i,t,\min} \leqslant P_{i,t} \leqslant P_{i,t,\max} \qquad \forall t \in T \tag{11-3}$$

其中，$P_{i,t,\min}$ 为第 t 时段内第 i 台机组要求的最小出力；$P_{i,t,\max}$ 为第 t 时段内第 i 台机组能够达到的最大出力。

(3) 机组过流能力：

$$Q_{i,t,\min} \leqslant Q_{i,t} \leqslant Q_{i,t,\max} \qquad \forall t \in T \tag{11-4}$$

其中，$Q_{i,t,\min}$ 为第 i 台机组第 t 时段内最小过机流量；$Q_{i,t,\max}$ 为第 i 台机组第 t 时段内最大过机流量；$Q_{i,t}$ 为第 i 台机组第 t 时段过机流量。

(4) 旋转备用要求：

$$\sum_{i=1}^{N} X_{i,t} P_{i,t}^{\max} - P_t \geqslant \mathrm{SR}_t \qquad \forall t \in T \tag{11-5}$$

其中，$P_{i,t}^{\max}$ 为第 t 时段内第 i 台机组允许的最大出力；SR_t 为第 t 时段内电网对机组的旋转备用要求；P_t 为第 t 时段机组发电出力。

11.2　协调混沌粒子群智能算法

1. 粒子群算法

粒子群优化算法是来自于人工生命演化计算理论的智能算法，它是基于对鸟类捕食行为的研究。鸟类在寻找食物的过程中，假如搜索区域内仅有一份食物，则找到目标的最佳策略是找寻目前离目标最近的鸟的附近区域。粒子群优化算法首先由一组随机解出发，通过不断迭代寻得最优解。粒子群中每一个粒子都具有两个重要的属性，位置和速度；粒子位置表示求解问题的解；计算粒子的位置坐标求得目标函数，并以此作为适应度判断粒子优劣；粒子利用位置和速度，不断跟踪个体极值和全局极值，更新粒子在解空间中的位置，最终获得求解任务的最优解。

PSO 优化算法不断改进，目前主要适用的更新粒子速度和粒子位置的公式如下：

$$V_{i+1} = wV_i + c_1 r\left(p_{\text{best}} - P_i\right) + c_2 r\left(g_{\text{best}} - P_i\right) \tag{11-6}$$

$$P_{i+1} = P_i + V_{i+1} \tag{11-7}$$

式中，P_i 是当代粒子位置；P_{i+1} 是下一代粒子位置；V_i 是当代粒子移动速度；V_{i+1} 是下一代粒子移动速度；w 是惯性因子；c_1 和 c_2 为学习因子；r 为在[0,1]上产生的随机数；p_{best} 是个体极值(粒子自身寻找的最优位置)；g_{best} 是全局极值(整个种群目前寻找的最优位置)。

此外，粒子(由 n 维空间组成)更新过程中每一维的速率要限制在一定范围内 $\left[-V_{\max}, V_{\max}\right]$。

2. 协调混沌粒子群智能算法

粒子在进行搜索任务时，当前全局最优点及目前搜索到的最优点总是搜索的目标，所以粒子们的速度将很有可能很快慢慢下降直至为零，致使种群粒子陷入局部极小而无法继续寻找全局最优点。这样粒子的搜索范围就受到限制，要扩大搜索范围有两种途径，一是从数量上增加粒子数，二是减小对当前搜索到的全局最优点的追逐趋势。两种途径都对计算不利，前者将会使计算时间变长，而后者可能会使算法不易收敛。

协调粒子群算法的主要理论是：把粒子群进行协调分类，划分为 o 个粒子群，前 $o-1$ 个子粒子群的作用是利用局部最优点对群中粒子的速度进行修正，第 o 个子粒子群的作用是利用全局最优值对粒子的速度进行修正。协调粒子群同时保证搜索的精度及效率，前 $o-1$ 个子粒子群通过独立搜索可以获取较大的搜索空间，而第 o 个子粒子群寻找当前全局最优点的搜索是能够提高算法的收敛性。

鉴于粒子群在搜索过程中易于陷入局部最优，提出了在协调粒子群智能算法中增加混沌因子的策略。混沌是自然界常见的非线性现象，其行为复杂且类似随机。由于混沌具有精致的遍历性、随机性、规律性特点，混沌优化搜索与随机搜索相比更具有优势，易于跳出局部最优解，是避免优化算法陷入局部最优的良好途径。

选择式(11-8)的 Logistic 映射来产生混沌变量，其中 u 是控制参量，设 $0 < y_i < 1$，已经证明，当 $u=4$ 时，式(11-7)完全处于混沌状态。

$$y_{i+1} = u \times y_i \times \left(1 - y_i\right) \tag{11-8}$$

式中，y_i 是变量 y 在第 i 次的迭代值；y_{i+1} 是变量 y 在第 $i+1$ 次的迭代值；u 是控制参量。

水电站厂内机组负荷分配是一个十分复杂的组合优化问题，可以将其表述为：找到一机组出力变化序列($N_1, N_2, \cdots, N_n$)在满足各种约束条件下使总耗水量最小。用协调混沌粒子群算法对数学模型进行求解时，粒子表示水电站机组运行的运行策略，粒子位置向量的元素就是各水轮机组各时段末出力，速度向量的元素表示机组各时段末出力的变化速度，其变化必应满足各种约束条件。算法步骤如下：

Step1：在各时段允许的出力变化范围内，利用式(11-8)的 Logistic 映射随机生成 m 组时段末出力变化序列 $\left(N_1^1, N_2^1, \cdots, N_D^1\right), \cdots, \left(N_1^m, N_2^m, \cdots, N_D^m\right)$，随机初始化 m 个粒子，即时段末出力速度变化序列 $\left(V_1^1, V_2^1, \cdots, V_D^1\right), \cdots, \left(V_1^m, V_2^m, \cdots, V_D^m\right)$，并对其进行协调分类成 o 个独立的子粒子群，前 o-1 个子粒子群利用局部最优点对群中粒子的速度进行修正，第 o 个子粒子群利用全局最优值对粒子的速度进行修正。粒子 k 的 p_k 坐标设置为粒子的当前位置 $p_k = Z_t^k\left(k=1,2,\cdots,m;\ t=1,2,\cdots,D\right)$，并按式(11-1)计算出各自的个体极值 $E\left(k\right)$。找出粒子中极值最大的一个，计算使其全局极值 $E_g = \max\left\{E\left(k\right), k=1,2,\cdots,m\right\}$，记录其序号 l，设置该粒子的位置为 $g_{\text{best}} = Z_t^l\left(t=1,2,\cdots,D\right)$。

Step2：按式(11-1)计算所有粒子的目标函数值，如果目标函数值大于粒子当前的个体极值 $E\left(k\right)$，则对个体极值进行更新，同时将 p_{best} 设置为这个粒子的位置。如果全部个体极值中最好的好于当前的全局极值 E_g，则对全局极值进行更新，同时将 p_g 设置为这个粒子的位置。

Step3：按式(11-6)和式(11-7)对粒子的速度及位置进行更新。

Step4：计算群体的适应度方差。f_k 是第 k 个粒子的适应度(此处为耗水量)，$\overline{f}$ 表示目前所有粒子的平均适应度，σ^2 为粒子群的群体适应度方差，$\sigma^2 = \sum\left[\left(f_k - \overline{f}\right)/f\right]^2$，其中 f 为归一化因子：

$$f = \begin{cases} \max\left\{\left|f_k - \overline{f}\right|\right\}, & \max\left\{\left|f_k - \overline{f}\right|\right\} \geq 1 \\ 1, & \text{其他} \end{cases} \tag{11-9}$$

若方差小于设定值，则执行利用 Logistic 映射更新粒子的位置，否则利用式(11-7)更新粒子的位置。

Step5：检验迭代是否达到终止条件。迭代次数满足最大迭代次数要求，或者两次迭代之间差值小于最小误差要求，则完成计算，计算最终结果，否则进行 Step2，继续迭代。

迭代完成后，粒子群中最优值点的位置即为水电站机组负荷分配的最优出力分配过程。

11.3　计 算 实 例

为了验证本章所提结合混沌搜索的协调混沌粒子群算法在求解水电站厂内机组负荷分配问题时的有效性和可行性，以四川省某中型水电站为例进行计算，该水电站总装机容量为 320MW(4 台装机容量为 80MW 的机组)。负荷输入为某日 96 个时段电网下达发电计划，初始水位为 2100m，平均入库流量为 20m^3/s，机组流量出力特性曲线见图 11-1 所示。

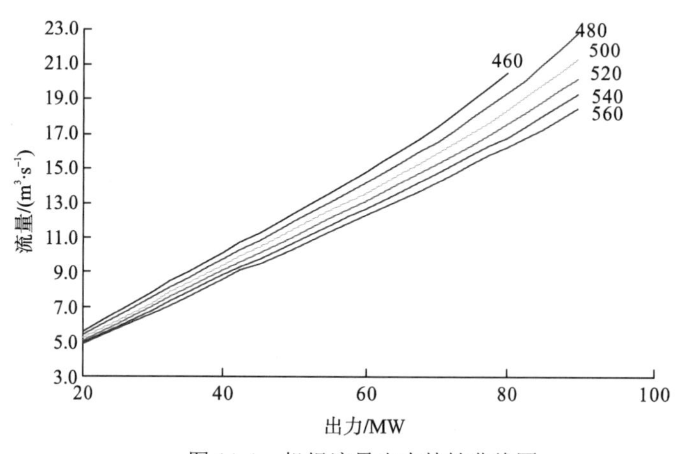

图 11-1　机组流量出力特性曲线图

设定粒子群规模 M=300，惯性因子 w=0.85，学习因子 c_1=c_2=2，速度限定 $V_{\max}$=15，采用本章提出的协调混沌粒子群算法的优化结果如表 11-1 所示。同时为了验证算法的有效性，在初始条件及约束条件完全一致的条件下，采用传统粒子群算法、协调混沌粒子群算法分别求解同一问题，结果如表 11-2 所示。

表 11-1 优化结果

时间	日负荷/MW	1#/MW	2#/MW	3#/MW	4#/MW	耗水量/(10^3m^3)
0:15:00	160	50	50	30	30	32.5
0:30:00	160	50	50	30	30	32.5
⋮	⋮	⋮	⋮	⋮	⋮	⋮
7:00:00	160	50	50	30	30	32.5
7:15:00	240	60	60	60	60	48.4
7:30:00	240	60	60	60	60	48.4
⋮	⋮	⋮	⋮	⋮	⋮	⋮
11:00:00	240	60	60	60	60	48.5
11:15:00	180	50	50	50	30	36.3
11:30:00	180	50	50	50	30	36.3
⋮	⋮	⋮	⋮	⋮	⋮	⋮
19:00:00	180	50	50	50	30	36.4
19:15:00	240	60	60	60	60	48.5
19:30:00	240	60	60	60	60	48.5
⋮	⋮	⋮	⋮	⋮	⋮	⋮
23:00:00	240					48.5
23:15:00	60	20	20	20	0	12.1
23:30:00	60	20	20	20	0	12.1
23:45:00	60	20	20	20	0	12.1
24:00:00	60	20	20	20	0	12.1

日耗水量：3 672 603m^3，平均计算时间：7605ms

表 11-2 传统粒子群算法、协调混沌粒子群算法对比表

优化算法	离散点数	耗水量/m^3	优化计算时间/s
传统粒子群算法	80	3 676 523	10.4
协调混沌粒子群算法	80	3 672 603	7.6

从表 11-1 中的数据可以看出，在考虑各种安全运行约束的条件下，应用本章提出的协调混沌粒子群算法求解水电站厂内机组负荷分配问题得到的结果合理可行。从表 11-2 可以看出，在出力离散点相同时，协调混沌粒子群算法求解结果耗水量为 3 672 603m^3，比传统粒子群算法少 3920m^3，且计算时间仅为传统粒子群算法的近 3/4。对比传统粒子群算法，协调混沌粒子群算法求解结果略优，且计算时间较短，说明协调混沌粒子群算法易于跳出局部最优解，收敛性、稳定性较好。

本章提出了用于求解水电站厂内机组负荷分配的协调混沌粒子群算法，该算法对传统粒子群算法进行了改进，算法有以下优点：搜索效率高，计算速度较快；收敛性能好，不易陷入局部最优解；原理简单，容易编程实现。

协调混沌粒子群算法是对传统粒子群算法的一种改进，既保证了算法的收敛速度，又有效避免了传统粒子群算法的早熟收敛现象，用于求解水电站厂内机组负荷协调分配问题具有良好的效果。

第4篇

梯级水库群泄洪设施协调运行研究

第12章　梯级水库群泄洪设施联合运行控制机理研究

由于目前泄洪设施运行控制主要依靠人工进行经验操作，不仅操作控制的准确性低，而且工作量大，还会影响泄洪设施的维护成本和防洪安全。为了实现泄洪设施运行控制的精细化和智能化，更好地发挥梯级水库群的洪水调蓄能力，提高梯级水库群的运行管理水平，开展梯级水库群泄洪设施联合运行控制研究具有十分重要的意义。

本章将通过对洪水调度准则、模型求解算法、泄洪设施运用等方面的分析，对梯级水库群泄洪设施联合运行控制的机理进行探索研究，为提高泄洪设施利用技术和水平，增强梯级水库群防洪度汛能力，提升流域水库群调度管理水平提供重要支撑。

12.1　梯级水库群洪水调度理论

12.1.1　洪水调度准则

水库洪水调度的目标是拦蓄洪水、削减洪峰、错开洪峰，最大程度降低洪水灾害造成的损失。洪水优化调度主要包括以下两种情况：一是通过进行合理的防洪调度避免造成洪水灾害损失；二是当洪水灾害十分严重，确实不可避免地要产生洪水灾害损失时，在保证水库安全的前提下，使下游防洪断面成灾时间最短，即最短成灾历时准则。其中，第一种情况下的防洪调度目标又可归纳为三种：①防洪大坝自身的防洪安全；②下游防洪保护区的防洪安全；③上游库区的防洪安全。目标①和目标③能够通过水库上游水位得以体现，可以通过控制水库最高水位尽可能低来确保这两个目标的实现，即最高水位最低化准则；目标②能够通过下泄流量得以体现，可以通过控制水库最大下泄流量尽可能小来实现，即最大下泄流量最小化准则。本节将分别对上述最短成灾历时准则、最高水位最低化准则和最大下泄流量最小化准则下的洪水调度模型进行研究。

1. 最短成灾历时准则

最短成灾历时准则以水库下游防洪保护区的连续洪灾时间最短为水库防洪优化调度求解目标，其实质是在保证大坝(库区)防洪安全前提下，但下游防洪安全不能得到保证时，利用水库的防洪库容调节洪水使水库下泄流量超过水库下游防洪断面安全泄量的历时越短越好，即尽量减轻下游洪水灾害损失。

最短成灾历时准则的表达式如下：

(1)无区间洪水时：

$$\min\{T_{灾}\}=\left\{\underset{t\in[t_0,t_d]}{t}\middle|\left[q(t)>q_{安}\right]\right\} \tag{12-1}$$

(2) 有区间洪水时：

$$\min\{T_{灾}\}=\left\{\underset{t\in[t_0,t_d]}{t}\middle|\left[\left(q(t)+Q_{区}(t)\right)>q_{安}\right]\right\} \tag{12-2}$$

式中，$T_{灾}$为成灾时间；t_0、t_d 分别为成灾期的始、末时刻；$q(t)$ 为t时刻经水库调蓄后的下泄流量；$q_{安}$为下游容许的安全泄量；$Q_{区}(t)$ 为t时刻区间流量。

在式(12-1)中，对于一场特定洪水的成灾水量是一个定值，设为W，则有

$$\int_{t_0}^{t_d}\left(Q(t)-q_{安}\right)\mathrm{d}t=W \tag{12-3}$$

式中，$Q(t)$ 为来洪流量。

$t_0\to t_d$ 为成灾期（$Q(t)\geqslant q_{安}$），但是由于防洪库容的调节，实际成灾历时（$q(t)\geqslant q_{安}$）应短于 t_d-t_0，设实际成灾历时为t_2-t_1，即有

$$\int_{t_1}^{t_2}\left(q(t)-q_{安}\right)\mathrm{d}t=W-V_{防}=C \tag{12-4}$$

式中，$V_{防}$ 为防洪库容；C 为常数。

最短成灾历时计算，实际上是在保持式(12-4)积分值不变的前提下，在$\left[t_0,t_d\right]$区间内确定一个最短的积分限。设 $f(t)=q(t)-q_{安}$，据 Schwarz 不等式：

$$\int_{t_1}^{t_2}\left[f(t)\right]^2\mathrm{d}t\cdot\int_{t_1}^{t_2}\left[g(t)\right]^2\mathrm{d}t\geqslant\left[\int_{t_1}^{t_2}f(t)g(t)\mathrm{d}t\right]^2 \tag{12-5}$$

取 $g(t)\equiv1$，则有

$$\left(t_2-t_1\right)\int_{t_1}^{t_2}\left[f(t)\right]^2\mathrm{d}t\geqslant\left[\int_{t_1}^{t_2}f(t)\mathrm{d}t\right]^2 \tag{12-6}$$

所以有

$$\left(t_2-t_1\right)\geqslant\frac{\left[\int_{t_1}^{t_2}f(t)\mathrm{d}t\right]^2}{\int_{t_1}^{t_2}\left[f(t)\right]^2\mathrm{d}t} \tag{12-7}$$

将式(12-4)代入，则有

$$\left(t_2-t_1\right)\geqslant\frac{\left(W-V_{防}\right)^2}{\int_{t_1}^{t_2}\left[f(t)\right]^2\mathrm{d}t} \tag{12-8}$$

$T_{灾}=t_2-t_1$ 最小等价于 $\int_{t_1}^{t_2}\left[f(t)\right]^2\mathrm{d}t$ 最大，即

$$\min\{T_{灾}\}\Leftrightarrow\max\int_{t_0}^{t_d}\left[q(t)-q_{安}\right]^2\mathrm{d}t \tag{12-9}$$

对于有区间洪水的，可以考虑做如下变换：

$$q'(t)=q(t)+Q_{区}(t) \tag{12-10}$$

具体步骤与没有区间洪水时相同，同理可得

$$\min\{T_{灾}\} \Leftrightarrow \max\int_{t_0}^{t_d}\left[q'(t)-q_{安}\right]^2\mathrm{d}t \tag{12-11}$$

即

$$\min\{T_{灾}\} \Leftrightarrow \max\int_{t_0}^{t_d}\left[q(t)+Q_{区}(t)-q_{安}\right]^2\mathrm{d}t \tag{12-12}$$

综上所述，没有区间洪水和有区间洪水时，最短成灾历时准则的表达式分别等价于式(12-9)和式(12-12)。

由于 $q_{安}$ 通常为一常量，因此可以对式(12-9)和式(12-12)进一步简化。

由水库水量平衡有

$$\int_{t_0}^{t_d}\left[Q(t)-q(t)\right]\mathrm{d}t=\int_{t_0}^{t_d}Q(t)\mathrm{d}t-\int_{t_0}^{t_d}q(t)\mathrm{d}t=V_{防} \tag{12-13}$$

式中，$\int_{t_0}^{t_d}Q(t)\mathrm{d}t$ 为发生洪水的时段内入库洪水总量。

在式(12-13)中，对于特定洪水，$\int_{t_0}^{t_d}Q(t)\mathrm{d}t$ 为已知常量。所以有

$$\int_{t_0}^{t_d}q(t)\mathrm{d}t=\int_{t_0}^{t_d}Q(t)\mathrm{d}t-V_{防}=C \tag{12-14}$$

则对式(12-9)有

$$\begin{aligned}z&=\int_{t_0}^{t_d}\left[q(t)-q_{安}\right]^2\mathrm{d}t\\&=\int_{t_0}^{t_d}\left[q(t)\right]^2\mathrm{d}t-2q_{安}\int_{t_0}^{t_d}q(t)\mathrm{d}t+q_{安}^2\left(t_d-t_0\right)\\&=\int_{t_0}^{t_d}\left[q(t)\right]^2\mathrm{d}t-2q_{安}\cdot C+q_{安}^2\left(t_d-t_0\right)\end{aligned} \tag{12-15}$$

所以式(12-9)等价于：

$$\min\{T_{灾}\} \Leftrightarrow \max\int_{t_0}^{t_d}\left[q(t)\right]^2\mathrm{d}t \tag{12-16}$$

同理可得式(12-12)等价于：

$$\min\{T_{灾}\} \Leftrightarrow \max\int_{t_0}^{t_d}\left[q(t)+Q_{区}(t)\right]^2\mathrm{d}t \tag{12-17}$$

在梯级水库群防洪优化调度中，若梯级水库群至下游防洪控制点之间均没有区间洪水，则 n 个串联水库，n 个防洪控制点的防洪系统最短成灾历时准则调度的目标函数为

$$\max\int_{t_0}^{t_d}\left\{q_1^2(t)+\cdots+q_i^2(t)+\cdots+q_n^2(t)\right\}\mathrm{d}t \tag{12-18}$$

式中，$q_i(t)$ 为第 i 个水库第 t 时刻的下泄流量。

实际使用中可采用以下离散形式：

$$\max\sum_{j=1}^{M}\sum_{i=1}^{n}q_{j,i}^2\Delta t \tag{12-19}$$

式中，j 为时段数，$j=1,2,\cdots,M$，其中 $M=\dfrac{t_d-t_0}{\Delta t}$；$\Delta t$ 为计算时间间隔；$q_{j,i}$ 为第 i 个水库第 j 个时段的下泄流量；i 为梯级水库序号，$i=1,2,\cdots,n$。

在梯级水库群防洪优化调度中，若梯级水库群至下游防洪控制点之间均没有区间洪

水，则 n 个并联水库，n+1 个防洪控制点的防洪系统最短成灾历时准则调度的目标函数为

$$\max\int_{t_0}^{t_d}\left\{q_1^2(t)+\cdots+q_i^2(t)+\cdots+q_n^2(t)+\left[q_1(t)+\cdots+q_i(t)+\cdots+q_n(t)\right]^2\right\}\mathrm{d}t \tag{12-20}$$

实际使用中可采用以下离散形式：

$$\max\sum_{j=1}^{M}\left[\sum_{i=1}^{n}q_{j,i}^2+\left(\sum_{i=1}^{n}q_{j,i}\right)^2\right]\Delta t \tag{12-21}$$

在梯级水库群防洪优化调度中，若梯级水库群至下游防洪控制点之间有区间洪水，则 n 个串联水库，n 个防洪控制点的防洪系统最短成灾历时准则调度的目标函数为

$$\max\int_{t_0}^{t_d}\left\{\left[q_1(t)+Q_{\text{区},1}(t)\right]^2+\cdots+\left[q_i(t)+Q_{\text{区},i}(t)\right]^2+\cdots+\left[q_n(t)+Q_{\text{区},n}(t)\right]^2\right\}\mathrm{d}t \tag{12-22}$$

式中，$Q_{\text{区},i}(t)$ 为第 i 个水库至下游防洪控制点之间第 t 时刻的区间流量。

实际使用中可采用以下离散形式：

$$\max\sum_{j=1}^{M}\sum_{i=1}^{n}\left(q_{j,i}+Q_{\text{区},j,i}\right)^2\Delta t \tag{12-23}$$

式中，$Q_{\text{区},j,i}$ 为第 i 个水库至下游防洪控制点之间第 j 个时段的区间流量。

在梯级水库群防洪优化调度中，若梯级水库群至下游防洪控制点之间有区间洪水，则 n 个并联水库，n+1 个防洪控制点的防洪系统最短成灾历时准则调度的目标函数为

$$\max\int_{t_0}^{t_d}f\left[q_i(t),Q_{\text{区},i}(t)\right]\mathrm{d}t \tag{12-24}$$

其中，

$$\begin{aligned}f\left[q_i(t),Q_{\text{区},i}(t)\right]=&\left[q_1(t)+Q_{\text{区},1}(t)\right]^2+\cdots+\left[q_i(t)+Q_{\text{区},i}(t)\right]^2+\cdots+\left[q_n(t)+Q_{\text{区},n}(t)\right]^2\\&+\left[q_1(t)+\cdots+q_i(t)+\cdots+q_n(t)+Q_{\text{区},1}(t)+\cdots+Q_{\text{区},i}(t)+\cdots+Q_{\text{区},n}(t)\right]^2\end{aligned}$$

实际使用中可采用以下离散形式：

$$\max\sum_{j=1}^{M}\left[\sum_{i=1}^{n}\left(q_{j,i}+Q_{\text{区},j,i}\right)^2+\left[\sum_{i=1}^{n}\left(q_{j,i}+Q_{\text{区},j,i}\right)\right]^2\right]\Delta t \tag{12-25}$$

实际应用中可依据上面式(12-18)～式(12-25)组合出所需的目标函数，当梯级水库群中某个水库下游无防洪任务时，可去除积分号下(或离散形式中)的相应项。

2. 最高水位最低化准则

最高水位最低化准则以大坝(库区)在调度过程中最安全为水库防洪优化调度求解目标，即在满足下游防洪控制断面安全泄量约束的条件下，尽可能多地下泄洪水，使水库水位尽可能低，预留出尽可能多的防洪库容，以迎接后续可能发生的大洪水过程。

最高水位最低化准则的表达式如下：

$$\min\left\{\max_{t\in[t_0,t_d]}\left[Z(t)\right]\right\} \tag{12-26}$$

根据水位和库容的一一对应关系，最高水位最低化等价于最大库容最小化，即

$$\min\left\{\max_{t\in[t_0,t_d]}\left[V(t)\right]\right\} \tag{12-27}$$

因为：

$$V(t)=V(0)+\Delta V(t) \tag{12-28}$$

由于初始水位 $Z(0)$ 确定，因此与之对应的初始库容 $V(0)$ 也是固定的，所以式(12-27)等价于：

$$\min\left\{\max_{t\in[t_0,t_d]}\left[\Delta V(t)\right]\right\} \tag{12-29}$$

根据水量平衡原理有

$$\left[Q(t)-q(t)\right]\Delta t=\Delta V(t) \tag{12-30}$$

左右两边同时对整场洪水的历时积分，则有

$$\int_{t_0}^{t_d}\left[Q(t)-q(t)\right]\mathrm{d}t=\int_{t_0}^{t_d}\Delta V(t)\mathrm{d}t \tag{12-31}$$

同时目标函数受约束于：

$$\int_{t_0}^{t_d}\left[Q(t)-q(t)\right]\mathrm{d}t=V_{防} \tag{12-32}$$

根据式(12-31)和式(12-32)，易得

$$\int_{t_0}^{t_d}\Delta V(t)\mathrm{d}t=V_{防} \tag{12-33}$$

由于初始水位和结束水位都是确定的，也就是说初始库容和结束库容都是确定的，即整个过程启用的防洪库容 $V_{防}$ 为已知常量 C，所以有

$$\int_{t_0}^{t_d}\Delta V(t)\mathrm{d}t=V_{防}=C \tag{12-34}$$

设 $X=\max\limits_{t\in[t_0,t_d]}\left[\Delta V(t)\right]$，则有

$$\int_{t_0}^{t_d}\Delta V(t)\mathrm{d}t=V_{防}\leqslant X(t_d-t_0) \tag{12-35}$$

易知：

$$X\geqslant\frac{V_{防}}{t_d-t_0} \tag{12-36}$$

式中，$\dfrac{V_{防}}{t_d-t_0}$ 实际上是 $t_0\to t_d$ 时段内水库启用防洪库容的均值，记作 $\overline{V}_{防}$。所以 X 的最小值为 $\overline{V}_{防}$。

当 $X=\overline{V}_{防}$ 时，有

$$\int_{t_0}^{t_d}\overline{V}_{防}(t)\mathrm{d}t=\overline{V}_{防}(t_d-t_0)=V_{防} \tag{12-37}$$

又因为：

$$\int_{t_0}^{t_d}\Delta V(t)\mathrm{d}t=\overline{V}_{防}(t_d-t_0)=V_{防} \tag{12-38}$$

所以有

$$\int_{t_0}^{t_d}\Delta V(t)\mathrm{d}t=\int_{t_0}^{t_d}\overline{V}_{防}\mathrm{d}t \tag{12-39}$$

由上式可知，必有

$$\Delta V(t) \equiv \overline{V}_{防} \tag{12-40}$$

即当每个时刻的库容变化等于调度期内启用的平均防洪库容时，可使调度期内启用的防洪库容最小化，即等价于水库最高水位最低化，式(12-40)是最高水位最低化准则的“理想最优解”，当遭遇其他约束条件无法实现式(12-40)时，应尽可能使 $\Delta V(t)$ 接近 $\overline{V}_{防}$ ，这一过程可用广义距离最小表示，即通过以下目标函数获得

$$\min z=\int_{t_0}^{t_d}\left[\Delta V(t)-\overline{V}_{防}\right]^2 \mathrm{d}t \tag{12-41}$$

又由式(12-38)有

$$\begin{aligned} z&=\int_{t_0}^{t_d}\left[\Delta V(t)-\overline{V}_{防}\right]^2 \mathrm{d}t \\ &=\int_{t_0}^{t_d}\left[\Delta V(t)\right]^2 \mathrm{d}t-2\overline{V}_{防}\cdot\int_{t_0}^{t_d}\Delta V(t)\mathrm{d}t+\overline{V}_{防}^2\left(t_d-t_0\right) \\ &=\int_{t_0}^{t_d}\left[\Delta V(t)\right]^2 \mathrm{d}t-\overline{V}_{防}^2\left(t_d-t_0\right) \end{aligned} \tag{12-42}$$

对特定洪水，$\overline{V}_{防}^2\left(t_d-t_0\right)$ 为常数，因而，式(12-41)等价于：

$$\min z=\int_{t_0}^{t_d}\left[\Delta V(t)\right]^2 \mathrm{d}t \tag{12-43}$$

根据水位和库容的一一对应关系，式(12-43)等价于：

$$\min z=\int_{t_0}^{t_d}\left[\Delta Z(t)\right]^2 \mathrm{d}t \tag{12-44}$$

由此可知，最高水位最低化准则的表达式等价于式(12-44)，即

$$\min\left\{\max_{t\in[t_0,t_d]}\left[Z(t)\right]\right\} \Leftrightarrow \min\int_{t_0}^{t_d}\left[\Delta Z(t)\right]^2 \mathrm{d}t \tag{12-45}$$

在梯级水库群防洪优化调度中，n 个水库，n 个防洪控制点的防洪系统最高水位最低化准则调度的目标函数为

$$\min\int_{t_0}^{t_d}\left\{\Delta Z_1^2(t)+\Delta Z_2^2(t)+\cdots+\Delta Z_n^2(t)\right\}\mathrm{d}t \tag{12-46}$$

该目标函数在实际应用中常取如下离散形式：

$$\min\sum_{j=1}^{M}\sum_{i=1}^{n}\Delta Z_{j,i}^2\Delta t \tag{12-47}$$

式中，j 为时段数，$j=1,2,\cdots,M$ ，其中 $M=\dfrac{t_d-t_0}{\Delta t}$ ；t_d 、t_0 分别为洪水的结束和开始时刻；Δt 为计算时间间隔；$\Delta Z_{j,i}$ 为第 i 个水库第 j 个时段的水位变幅；i 为梯级水库序号，$i=1,2,\cdots,n$ 。

3. 最大下泄流量最小化准则

最大下泄流量最小化准则以入库洪峰流量削减最多为水库防洪优化调度求解目标，即在保证大坝(或库区)防洪安全的前提下，尽可能满足下游防洪要求，充分利用防洪库容使洪峰流量得到最大程度的削减，确保水库出库流量过程尽可能的均匀。

最大下泄流量最小化准则的表达式如下：

(1) 无区间洪水时：

$$\min\left\{\max_{t\in[t_0,t_d]}\left[q(t)\right]\right\} \tag{12-48}$$

(2) 有区间洪水时：

$$\min\left\{\max_{t\in[t_0,t_d]}\left[q(t)+Q_{区}(t)\right]\right\} \tag{12-49}$$

式中，$q(t)$ 为 t 时刻经水库调蓄后的下泄流量；t_0、t_d 分别为洪水的开始和结束时刻；$Q_{区}(t)$ 为 t 时刻区间流量。

式(12-48)和式(12-49)均受约束于：

$$\int_{t_0}^{t_d}\left[Q(t)-q(t)\right]\mathrm{d}t=V_{防} \tag{12-50}$$

式中，$V_{防}$ 为防洪库容，是已知量，在实际调度中，可由防洪控制水位确定；$Q(t)$ 为入库流量过程。

由式(12-50)可得

$$\int_{t_0}^{t_d}q(t)\mathrm{d}t=\int_{t_0}^{t_d}Q(t)\mathrm{d}t-V_{防} \tag{12-51}$$

式中，$\int_{t_0}^{t_d}Q(t)\mathrm{d}t$ 为发生洪水的时段内入库洪水总量。

在式(12-48)中，对特定洪水 $\int_{t_0}^{t_d}Q(t)\mathrm{d}t$ 为已知常量。所以式(12-51)可写成下式：

$$\int_{t_0}^{t_d}q(t)\mathrm{d}t=C \tag{12-52}$$

设 $X=\max_{t\in[t_0,t_d]}\left[q(t)\right]$，则有

$$\int_{t_0}^{t_d}q(t)\mathrm{d}t=C\leqslant X\left(t_d-t_0\right) \tag{12-53}$$

易知：

$$X\geqslant\frac{C}{\left(t_d-t_0\right)} \tag{12-54}$$

式中，$\frac{C}{\left(t_d-t_0\right)}$ 本质上是 $t_0\rightarrow t_d$ 时段内水库下泄流量的均值，可记作 $\overline{C}$。所以 X 的最小值为 $\overline{C}$。

当 $X=\overline{C}$ 时，有

$$\int_{t_0}^{t_d}\overline{C}\mathrm{d}t=\overline{C}\left(t_d-t_0\right) \tag{12-55}$$

又因为：

$$\int_{t_0}^{t_d}q(t)\mathrm{d}t=\overline{C}\left(t_d-t_0\right) \tag{12-56}$$

所以有

$$\int_{t_0}^{t_d}q(t)\mathrm{d}t=\int_{t_0}^{t_d}\overline{C}\mathrm{d}t \tag{12-57}$$

由上式可知，必有

$$q(t) \equiv \overline{C} \tag{12-58}$$

即当每个时刻的下泄量等于成灾期内的平均下泄量时，可使下泄过程中的最大下泄量最小化，式(12-58)是最大下泄流量最小化准则的“理想最优解”，当遭遇其他约束要求无法实现式(12-58)时，应尽可能使 $q(t)$ 接近 $\overline{C}$，这一过程可用广义距离最小表示，即通过以下目标函数获得

$$\min z = \int_{t_0}^{t_d} \left[q(t) - \overline{C} \right]^2 \mathrm{d}t \tag{12-59}$$

又由式(12-56)有

$$\begin{aligned} z &= \int_{t_0}^{t_d} \left[q(t) - \overline{C} \right]^2 \mathrm{d}t \\ &= \int_{t_0}^{t_d} \left[q(t) \right]^2 \mathrm{d}t - 2\overline{C} \cdot \int_{t_0}^{t_d} q(t) \mathrm{d}t + \overline{C}^2 (t_d - t_0) \\ &= \int_{t_0}^{t_d} \left[q(t) \right]^2 \mathrm{d}t + \overline{C}^2 (t_d - t_0) \end{aligned} \tag{12-60}$$

对特定洪水，$\overline{C}^2 (t_d - t_0)$ 为常数，因而，式(12-59)等价于：

$$\min z = \int_{t_0}^{t_d} \left[q(t) \right]^2 \mathrm{d}t \tag{12-61}$$

由此可知，最大下泄流量最小化准则的表达式等价于式(12-61)，即

$$\min \left\{ \max_{t \in [t_0, t_d]} \left[q(t) \right] \right\} \Leftrightarrow \min \int_{t_0}^{t_d} \left[q(t) \right]^2 \mathrm{d}t \tag{12-62}$$

对于有区间洪水的，可以考虑做如下变换：

$$q'(t) = q(t) + Q_{区}(t) \tag{12-63}$$

具体步骤与没有区间洪水时相同，同理可得

$$\min \left\{ \max_{t \in [t_0, t_d]} \left[q'(t) \right] \right\} \Leftrightarrow \min \int_{t_0}^{t_d} \left[q'(t) \right]^2 \mathrm{d}t \tag{12-64}$$

即

$$\min \left\{ \max_{t \in [t_0, t_d]} \left[q(t) + Q_{区}(t) \right] \right\} \Leftrightarrow \min \int_{t_0}^{t_d} \left[q(t) + Q_{区}(t) \right]^2 \mathrm{d}t \tag{12-65}$$

综上所述，没有区间洪水和有区间洪水时，最大下泄流量最小化准则的表达式分别等价于式(12-62)和式(12-65)。

在梯级水库群防洪优化调度中，若梯级水库群至下游防洪控制点之间均没有区间洪水，则 n 个串联水库，n 个防洪控制点的防洪系统最大下泄流量最小化准则调度的目标函数为

$$\min \int_{t_0}^{t_d} \left\{ q_1^2(t) + \cdots + q_i^2(t) + \cdots + q_n^2(t) \right\} \mathrm{d}t \tag{12-66}$$

式中，$q_i(t)$ 为第 i 个水库第 t 时刻的下泄流量。

实际使用中可采用以下离散形式：

$$\min \sum_{j=1}^{M} \sum_{i=1}^{n} q_{j,i}^2 \Delta t \tag{12-67}$$

式中，j 为时段数，$j=1,2,\cdots,M$，其中 $M=\dfrac{t_d-t_0}{\Delta t}$；$\Delta t$ 为计算时间间隔；$q_{j,i}$ 为第 i 个水库第 j 个时段的下泄流量；i 为梯级水库序号，$i=1,2,\cdots,n$。

在梯级水库群防洪优化调度中，若梯级水库群至下游防洪控制点之间均没有区间洪水，则 n 个并联水库，n+1 个防洪控制点的防洪系统最大下泄流量最小化准则调度的目标函数为

$$\min\int_{t_0}^{t_d}\left\{q_1^2(t)+\cdots+q_i^2(t)+\cdots+q_n^2(t)+\left[q_1(t)+\cdots+q_i(t)+\cdots+q_n(t)\right]^2\right\}\mathrm{d}t \tag{12-68}$$

实际使用中可采用以下离散形式：

$$\min\sum_{j=1}^{M}\left[\sum_{i=1}^{n}q_{j,i}^2+\left(\sum_{i=1}^{n}q_{j,i}\right)^2\right]\Delta t \tag{12-69}$$

在梯级水库群防洪优化调度中，若梯级水库群至下游防洪控制点之间有区间洪水，则 n 个串联水库，n 个防洪控制点的防洪系统最大下泄流量最小化准则调度的目标函数为

$$\min\int_{t_0}^{t_d}\left\{\left[q_1(t)+Q_{区,1}(t)\right]^2+\cdots+\left[q_i(t)+Q_{区,i}(t)\right]^2+\cdots+\left[q_n(t)+Q_{区,n}(t)\right]^2\right\}\mathrm{d}t \tag{12-70}$$

式中，$Q_{区,i}(t)$ 为第 i 个水库至下游防洪控制点之间第 t 时刻的区间流量。

实际使用中可采用以下离散形式：

$$\min\sum_{j=1}^{M}\sum_{i=1}^{n}\left(q_{j,i}+Q_{区,j,i}\right)^2\Delta t \tag{12-71}$$

式中，$Q_{区,j,i}$ 为第 i 个水库至下游防洪控制点之间第 t 个时段的区间流量。

在梯级水库群防洪优化调度中，若梯级水库群至下游防洪控制点之间有区间洪水，则 n 个并联水库，n+1 个防洪控制点的防洪系统最大下泄流量最小化准则调度的目标函数为

$$\min\int_{t_0}^{t_d}f\left[q_i(t),Q_{区,i}(t)\right]\mathrm{d}t \tag{12-72}$$

其中，

$$\begin{aligned}f\left[q_i(t),Q_{区,i}(t)\right]=&\left[q_1(t)+Q_{区,1}(t)\right]^2+\cdots+\left[q_i(t)+Q_{区,i}(t)\right]^2+\cdots+\left[q_n(t)+Q_{区,n}(t)\right]^2\\&+\left[q_1(t)+\cdots+q_i(t)+\cdots+q_n(t)+Q_{区,1}(t)+\cdots+Q_{区,i}(t)+\cdots+Q_{区,n}(t)\right]^2\end{aligned}$$

实际使用中可采用以下离散形式：

$$\min\sum_{j=1}^{M}\left\{\sum_{i=1}^{n}\left(q_{j,i}+Q_{区,j,i}\right)^2+\left[\sum_{i=1}^{n}\left(q_{j,i}+Q_{区,j,i}\right)\right]^2\right\}\Delta t \tag{12-73}$$

实际应用中可依据上面式(12-66)～式(12-73)组合出所需的目标函数，当梯级水库群中某个水库下游无防洪任务时，可去除积分号下(或离散形式中)的相应项。

12.1.2　调度模型求解算法

水库调度模型的求解算法数量众多，其中经典的数学方法有线性规划、非线性规划、动态规划等，这些算法各具优缺点，有些算法虽能找到全局最优解，但耗时很长，有些算法虽耗时较少，但找到的解为局部最优解。水库优化调度问题求解的最理想情况是快速地找到全局最优解，但对于复杂的优化调度问题，很难找到收敛速度快且能满足全局最优的

方法。通过国内外学者的大量研究表明，动态规划算法是求解单一水库优化调度的一种有效方法，但其求解梯级水库群联合调度模型时将不可避免地面临“维数灾”的问题；梯级水库群联合调度模型的求解目前最常用的确定性优化算法是逐步优化算法(progressive optimality algorithm，POA)。近年来，人们受到动物群体或个体行为启发，提出了同时具有局部搜索和全局搜索能力的仿生学智能算法，利用生物种群中所有个体之间的协作与竞争实现对解空间的搜索来确定问题最优解，具有极强的搜索能力。应用仿生学智能算法求解梯级水库群优化问题逐渐成为学者们关注的热点。因此，本节将对逐步优化算法、粒子群算法、蝙蝠算法等几种算法进行系统的介绍。

1. 逐步优化算法

逐步优化算法(POA 算法)是 1975 年由加拿大学者 H.R.Howson 和 N.G.F.Sancho 提出的，用于求解多状态的动态规划问题。POA 算法按照贝尔曼最优化的思想，深入阐述了逐步最优化的原理，即“在最优路线中，每一对决策集合相对于其起始轨迹值与终止值都是最优的”。

逐步优化算法(POA 算法)是将多阶段的问题分解为多个子问题(两阶段问题)，子问题之间用状态变量来联系。解决两阶段问题只是对所选的两阶段的决策变量进行搜索寻优，同时固定其他阶段的变量；在解决完该阶段问题之后，再去考虑下一个两阶段，将优化上一次的结果作为下一次优化过程的初始可行解，进行寻优，就这样不断循环，直至收敛为止。

以梯级水电站群中长期发电优化调度模型求解为例，将调度期离散为T个时段，梯级电站总数为N，电站序号为p（$0<p<N$），则逐步优化算法求解的步骤主要如下：

(1) 初始化逐步优化算法的参数，包括搜索步长、优化终止精度。

(2) 确定初始轨迹。采用逐步优化算法求解多阶段、多约束优化问题时，初始轨迹的选取至关重要，好的初始轨迹可以加快迭代收敛速度，不好的初始轨迹容易导致迭代过早收敛于局部最优解。

(3) 依照电站从上至下的顺序，固定p电站的第 0 时刻和第 2 时刻的水位$Z_{p,0}$和$Z_{p,2}$不变，调整第 1 时刻的水位$Z_{p,1}$(分别取原水位减 1 步长、原水位和原水位加 1 步长三个方案)，那么梯级水电站水位变化方案有 3^N 种，N为梯级水电站级数。计算各方案的第 0 和 1 两时段的梯级水电站的发电量，选择发电量最大的方案作为梯级各水电站在第 1 时段的新水位，进入步骤(4)。

(4) 同理，依次对梯级水电站下一时刻进行寻优计算。固定第 1 时刻和第 3 时刻的水位$Z_{p,1}$和$Z_{p,3}$不变，调整第 2 时刻的水位$Z_{p,2}$，使第 1 和 2 两时段的梯级水电站发电量最大，优化计算得各水电站第 2 时刻的水位$Z_{p,2}$。

(5) 重复步骤(4)，直到遍历所有时刻为止，完成一次循环，得到梯级各水电站在各计算时段末的新水位。

(6) 判断是否满足终止条件，如不满足，则将本次求得的梯级水电站水位过程线作为下一次计算的初始轨迹，重新回到第(3)步；否则退出循环，最后一次循环得到新水位即为梯级水电站的最优蓄放水策略。

实际应用中，可根据具体情况设置终止条件，常见的终止条件设定形式有：

(1) 给定最大迭代次数，此方法最简单，容易实现，但是最大次数设定不合理时不能保证搜寻到的解为全局最优值。

(2) 给定误差精度，适用于已知最优解取值范围的情况，然而，实际应用中绝大多数情况下事先不确定最优解的取值范围，因而难以设定误差精度。

(3) 设定极值变化幅度，此方法在应用中最为常见，通过这种方式可以判断给定迭代次数内极值的变化范围，若变化很小或者没有变化，则算法终止。

逐步优化算法求解水电站优化调度问题的主要流程如图 12-1 所示。

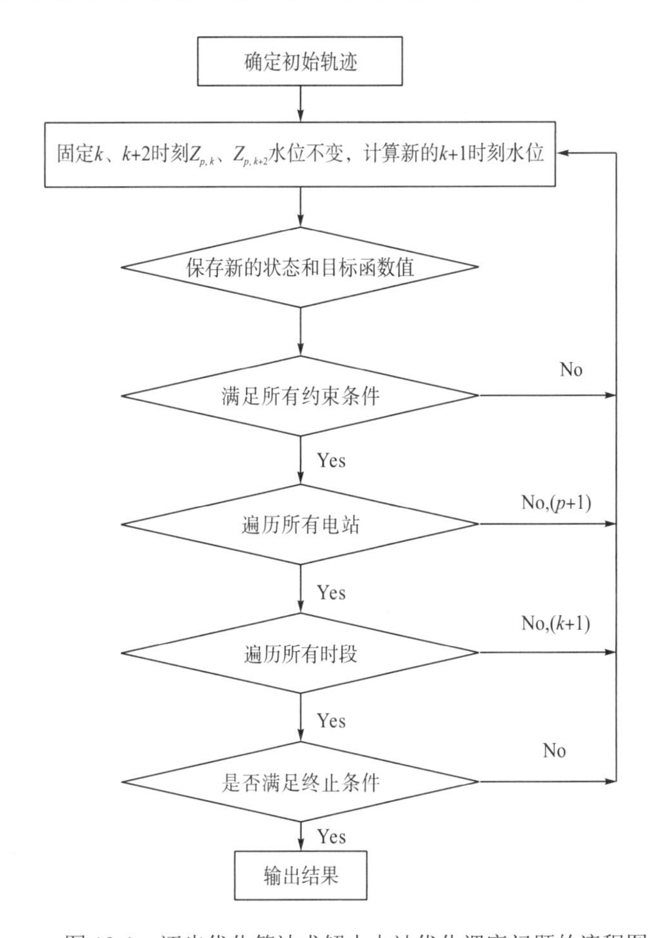

图 12-1　逐步优化算法求解水电站优化调度问题的流程图

Howson 和 Sancho 通过逐步优化算法的收敛性研究指出，当多阶段决策问题的阶段指标函数呈严格凸性，同时具有连续一阶偏导数时，逐步优化算法能够收敛至全局最优解。此外，逐步优化算法本身具有隐性并行搜索的特性，因而效率很高，消耗的时间比较短；逐步优化算法不需要离散状态变量，因此不仅能够获得比较精确的解，而且还克服了动态规划算法求解梯级水库群优化调度问题时的“维数灾”困难。

2. 粒子群算法

粒子群算法(particle swarm optimization，PSO)最早由 Kennedy 和 Eberhart 两位博士于

1995 年提出，是基于鸟群觅食行为的仿生学智能算法。粒子群算法将鸟群抽象为没有体积、质量的“粒子”，粒子的空间位置代表优化问题的可行解，用粒子的飞行速度控制飞行的方向和距离，以适应度函数值判别粒子所在位置的优劣程度。粒子飞行过程中，所处位置较劣的粒子根据自身以及种群的历史最优位置对当前位置和速度进行调整，通过粒子的自我“认知”和向“社会”学习两个方面的协调来平衡全局搜索和局部搜索，以免陷入局部最优。

基本粒子群算法状态更新公式定义为

$$v_{i,j}^{t+1} = wv_{i,j}^{t} + c_1 r_1 \left(p_{i,j}^{t} - x_{i,j}^{t}\right) + c_2 r_2 \left(p_{g,j}^{t} - x_{i,j}^{t}\right) \tag{12-74}$$

$$x_{i,j}^{t+1} = x_{i,j}^{t} + v_{i,j}^{t+1} \tag{12-75}$$

式中，$v_{i,j}^{t}$ 表示第 i 个粒子在第 t 次迭代过程中的第 j 维速度；i 为粒子的序号，$i \in [1,n]$；n 为粒子种群数；j 为维度序号，$j \in [1,d]$；d 为粒子所处空间维数；w 为惯性权重因子，反映粒子当前状态对下一状态的影响，具有平衡全局搜索和局部搜索的作用；c_1 为加速因子，通常为大于 0 的常数，也叫认识学习因子，反映粒子本身记忆的影响，主要影响局部搜索，提高搜索精度；c_2 为加速因子，通常为大于 0 的常数，c_2 也叫社会学习因子，反映粒子间协同合作和知识共享的群体历史经验，有利于全局搜索；r_1、r_2 为 $[0,1]$ 间服从均匀分布的随机数；$p_{i,j}^{t}$ 为第 i 个粒子在第 t 次迭代过程中个体最优位置的第 j 维坐标；$p_{g,j}^{t}$ 为所有粒子在第 t 次迭代过程中全局最优位置的第 j 维坐标；$x_{i,j}^{t}$ 表示第 i 个粒子在第 t 次迭代过程中第 j 维坐标。

在迭代过程中，为保证算法的收敛性，一般要设置速度的上限 $v_{\max}$，并设速度下限 $v_{\min} = -v_{\max}$，当粒子速度 v 超出规定的范围时，即 $v > v_{\max}$ 或者 $v < v_{\min}$，则令 $v = v_{\max}$ 或者 $v = v_{\min}$。

PSO 算法求解优化问题的具体步骤为：

(1) 确定目标函数(适应度函数) $f(x)$，$\boldsymbol{x} = (x_1, x_2, \cdots, x_d)^{\mathrm{T}}$，$d$ 为求解问题的维数；特征参数赋值，包括种群数量(n)、惯性权重(w)、加速因子(c_1、c_2)以及粒子的最大速度($v_{\max}$)；给定计算精度要求、最大迭代次数以及待优化问题相关的参数。

(2) 随机初始化种群，包括种群中每个粒子的位置和速度。

(3) 根据目标函数计算粒子的初始适应度，并由此确定初始全局最优解和初始个体最优解。

(4) 依据公式(12-74)、式(12-75)对粒子位置和速度进行更新，并计算更新后的适应度值。

(5) 将位置更新后的适应度值和历时个体极值比较，确定当前个体最优位置。

(6) 将每个粒子当前适应度值和全局历时最优位置的适应度值进行比较，确定当前全局最优位置。

(7) 判断是否满足终止条件，若满足，则输出最优解；否则，返回步骤(4)进入下一次迭代，直到满足终止条件为止。

粒子群算法(PSO)优化计算的主要流程如图 12-2 所示。

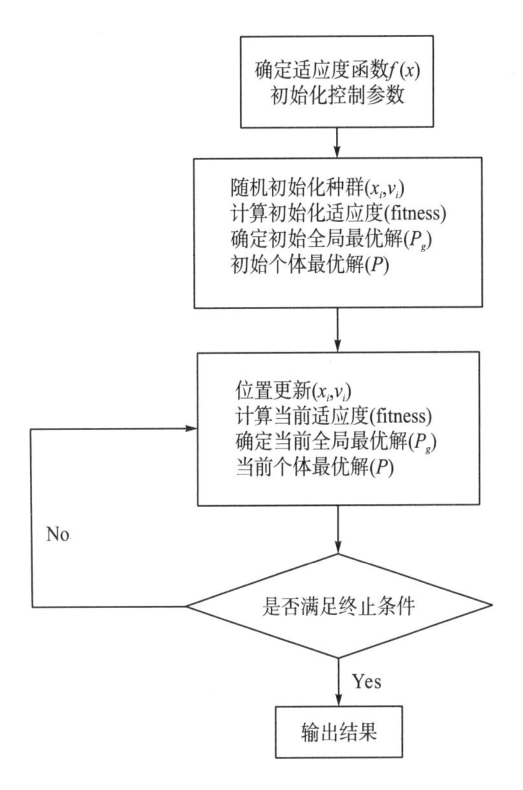

图 12-2　粒子群算法(PSO)优化计算的流程图

3. 蝙蝠算法

蝙蝠算法(bat algorithm，BA)是模拟微型蝙蝠回声定位技术的仿生优化算法，最早由剑桥大学杨新社教授于 2010 年提出。现实世界中的蝙蝠在飞行时会不断发出声波，当声波遇到物体后立即反射回来，蝙蝠通过感知声波反射回来的方位和时间间隔对目标所处的位置进行判断，并可以通过反射声波的长度判断所遇物体的大小及种类。抽象为 BA 算法时用蝙蝠的空间位置代表优化问题的可行解，用适应度函数判别解的好坏。算法中，蝙蝠一旦发现食物便立即朝着目标靠近，并在移动的同时不断发出声波，通过不断改变声波的频率、响度以及脉冲发射率来完成对目标的搜索。具体表现为越靠近目标响度越来越小而脉冲发射率越来越大，完全接近目标时响度接近零，脉冲发射率达到最大值。BA 算法中，通过脉冲发射率和响度两个参数实现全局搜索和局部搜索的切换，从而控制蝙蝠的位置更新，不易陷入局部最优。

BA 算法中的每只蝙蝠为一个基本单元，其位置表示优化问题的一组可行解，位置的好坏用适应度函数值判断。算法寻找最优解的过程就是蝙蝠群跟随最优蝙蝠不断调整自己位置的过程，蝙蝠位置根据下列公式进行调整。

$$f_i = f_{\min} + \left(f_{\max} - f_{\min}\right)\beta \tag{12-76}$$

$$v_i^t = v_i^{t-1} + \left(x_i^t - x_*\right) f_i \tag{12-77}$$

$$x_i^t = x_i^{t-1} + v_i^t \tag{12-78}$$

式中，f_i 表示第 i 只蝙蝠所发出的超声波脉冲的频率；$f_{\max}$、$f_{\min}$ 分别表示频率的最小值和最大值；β 是满足均匀分布的随机数，$\beta \in [0,1]$；v_i^t 表示蝙蝠 i 在第 t 次迭代过程中的飞行速度；x_i^t 表示蝙蝠 i 在第 t 次迭代过程中所在的位置，在具体优化问题中表示待求解参数；x_* 表示本次迭代前所有蝙蝠的最佳位置。

同时，BA 算法还具有局部搜索能力，在满足一定的条件时，即：随机产生一个[0,1]之间的随机数，用之与当前蝙蝠脉冲发射率进行比较，若随机数大于脉冲发射率，则蝙蝠将进入局部搜索状态，其位置更新公式为

$$x_{\text{new}} = x_{\text{old}} + \theta A_t \tag{12-79}$$

式中，x_{new} 代表新位置；x_{old} 代表从当前解集里随机抽取的一个解；$\theta \in [-1,1]$，是满足均匀分布的随机数；A_t 为在第 t 次迭代中所有蝙蝠的平均响度。

在蝙蝠捕食过程中响度和脉冲发射率并不是一成不变，而是会随着蝙蝠与猎物(食物)的相对位置的改变而发生变化，具体表现为一旦发现食物，所发出的响度会逐渐减小，而脉冲发射率逐渐增加。因此，杨新社教授提出了响度和脉冲发射率的更新公式：

$$A_i^{t+1} = \alpha A_i^t \tag{12-80}$$

$$r_i^{t+1} = r_i^0 \left[1 - \exp(-\gamma t)\right] \tag{12-81}$$

式中，A_i^t 为蝙蝠 i 在第 t 次迭代时发出声波的响度；α 为响度衰减系数，为一常数，其取值范围为 $0 < \alpha < 1$；r_i^{t+1} 为蝙蝠 i 在第 $t+1$ 次迭代中的脉冲发射率；r_i^0 为蝙蝠 i 的最大脉冲发射率，通常为1；γ 为脉冲增加系数，为一常数，其取值范围为 $\gamma > 0$。在实际应用中，通常令 $\alpha = \gamma$，并在[0.90,0.98]之间取值。

利用 BA 算法求解优化问题的具体步骤为：

(1)确定目标函数(适应度函数)$f(x)$，$\boldsymbol{x} = (x_1, x_2, \cdots, x_d)^{\mathrm{T}}$，$d$ 为求解问题的维数；初始化特征参数，包括蝙蝠数量 n、最大频率 $f_{\max}$、最小频率 $f_{\min}$、初始响度 A_0、响度衰减系数 α、最大脉冲发射率 r_i^0、脉冲增加系数 γ；给定计算精度要求、最大迭代次数以及待优化问题相关的参数。

(2)随机生成初始种群，包括蝙蝠位置、飞行速度和脉冲频率，计算蝙蝠初始适应度，并确定初始最优解。

(3)全局搜索，根据式(12-77)、式(12-78)对所有蝙蝠位置和速度进行更新，计算当前适应度值。

(4)局部搜索，依据式(12-79)对满足局部搜索条件(rand>r)的蝙蝠进行状态更新，得到蝙蝠的新位置，计算局部更新后的适应度。

(5)判断是否接受局部更新的解，对比局部更新前后蝙蝠适应度函数值，对于满足条件的蝙蝠，接受局部更新的解；反之拒绝局部更新的解；并根据式(12-80)、式(12-81)对响度 A_i 和脉冲发射率 r_i 进行更新。

(6)对于种群中的所有蝙蝠，将位置更新后的适应度值与历史全局最优值进行比较，确定当前最优解。

(7)判断是否满足终止条件，若满足，输出最终结果；否则，返回步骤(3)进入下一次迭代，直到满足终止条件为止。

蝙蝠算法优化计算的主要流程如图 12-3 所示。

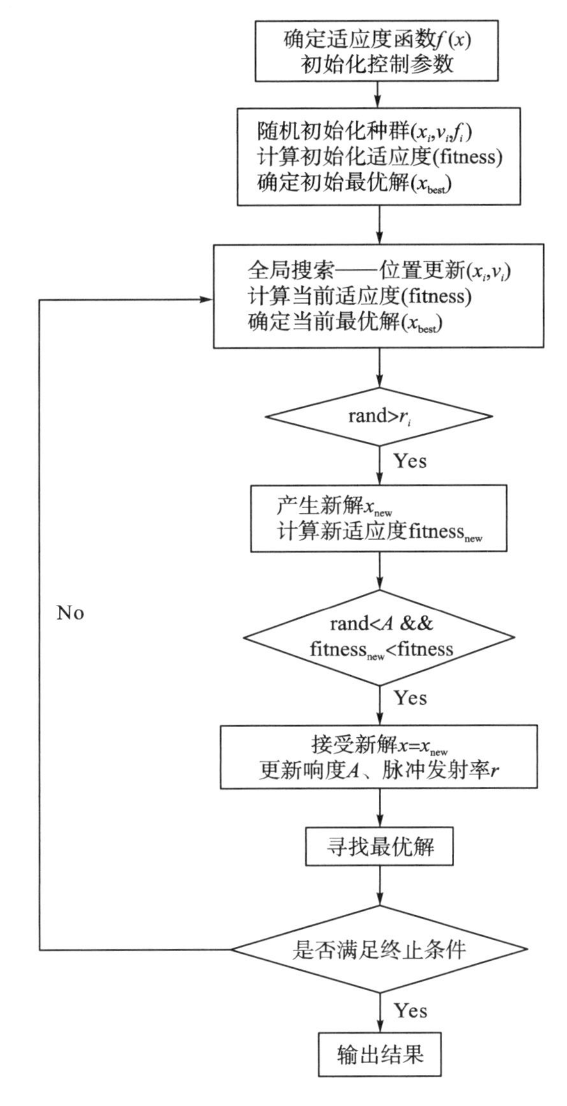

图 12-3　蝙蝠算法(BA)优化计算的流程图

12.2　泄洪设施运用数字化原理

12.2.1　泄洪设施运用数字化的提出

水库泄洪设施的下泄流量随着水库水位和泄洪设施开度等因素的变化而变化，对应不同的水库水位和泄洪设施开度组合有不同的下泄能力。一个水库往往具有多个表孔、中孔、底孔、泄洪洞或泄洪闸等泄洪设施，水库的泄流能力随着其泄洪设施的开度和水库水位的组合变化而变化，对于梯级水库群而言，随着泄洪设施数量和种类的增多，其组合变化也变得更加复杂。在汛期防洪调度中如何适当地选择各泄洪设施的开度组合，实现水库防洪调度的精细化和智能化是梯级水库群防洪调度的一个重要方向。

目前，在水库防洪调度中，对于泄洪设施的操作主要是依靠经验进行人工操作，工作烦琐且误差较大。这主要是由于各水库泄洪设施的泄流曲线精度比较低，且多为单一设施的泄流能力曲线，缺乏整个水库各泄流设施在不同水库水位和泄洪设施开度组合下的总体泄流能力，即使有总泄流能力，往往又缺少该泄流能力对应的各泄洪设施开度组合，而水库的泄洪设施运行规则往往只是通过文字定性描述进行泄洪设施的流量分配，因此，凭借人工经验难以实现下泄流量的准确控制。针对这一现实难题，本节提出泄洪设施运用数字化的概念，首先通过离散设计报告中精度较低的单一泄洪设施的泄流能力曲线得到精度更高的泄流曲线，然后根据各水库泄洪设施运行规则，对不同水位下水库所有泄洪设施的泄流能力曲线进行组合，得到不同水位下水库总的泄流能力曲线以及相应下泄流量下可行的泄洪设施组合方案，建立泄洪设施运用数据库，以指导水库，特别是梯级水库群防洪调度中泄洪设施的精细化运行。

12.2.2 泄洪设施运用数据库

1. 泄洪设施运行规则分析

梯级水库群各个泄洪设施的运行原则和要求各不相同，为了更好地指导梯级水库群泄洪设施联合运用控制，实现泄洪设施精细化和智能化操作，提高梯级水库群泄洪设施运用管理水平，迫切需要对梯级水库群各个泄洪设施的运行要求进行全面系统的分析总结。

通过分析梯级水库群中各水库泄洪设施组成情况，按照各个水库关于泄洪设施运行的手册或规则，对各个泄洪设施的启用条件、运用方式进行总结，逐个梳理各水库中所有泄洪设施能够采用的组合方案，明确各组合方案中需满足的控制条件、启用顺序和关闭顺序等要求，建立梯级水库群中各水库在不同水位下可采用的泄洪设施组合方案表，为梯级水库群泄洪设施运用数据库的构建提供重要基础。

2. 泄流曲线精度提升

结合梯级各水库泄洪设施的运用规则，对梯级水库群中各水库精度较低的单一泄洪设施的泄流能力曲线，从水位间距、开度间距两个维度分别选择合适的精度进行离散处理，提升各条泄流能力曲线的精度。例如，某水库设计资料中某泄流设施现有的泄流能力曲线的水位间距是 0.1m、开度间距是 1m 或 10%，可以根据实际需要，采用等间距离散等手段将其进一步离散为水位间距 0.01m、开度间距 0.1m 或 1%。

由于同一水库中泄洪曲线往往有多条，泄流曲线无法直接进行简单的差值处理，通过对水库现有各条泄流能力曲线的精度逐条进行进一步的离散提升，为梯级水库群泄洪设施运用数据库提供尽可能翔实、精确的基础数据，是提高泄洪设施运用数据库使用效果的重要手段。

3. 泄洪设施运用数据库构建

构建梯级水库群泄洪设施运用数据库的目的是为梯级水库群防洪调度，特别是梯级各水库泄洪设施运行控制决策提供准确的数据支撑。通过水库群防洪优化调度模型确定梯级各水库当前状态下需要控制下泄的流量后，可以根据各水库当前的水位从泄洪设施运用数据库中准确地找出所有可行的泄洪设施组合方案，并根据相应的原则确定最终的泄洪设施运行控制方案。泄洪设施运用数据库主要由水库名称及编号、水库水位、水库泄流能力、水库泄洪设施、水库泄洪设施组合方案等信息组成，其中泄洪设施组合方案又包含该方案下各个设施的开度和泄流能力。

由于各个水库的泄洪设施数量往往比较多，若采用启发式智能算法等对所有泄洪设施的组合方案进行搜索计算，则计算的复杂度随着泄洪设施个数的增加呈指数增加，计算的难度非常大。通过分析发现：对于同一水库水位条件下下泄某一特定流量，能够满足泄洪设施运行规则和要求的泄洪设施组合方案往往不止一个，这些满足要求的泄洪设施组合方案从完成这个下泄任务的角度来说是等效的，不存在哪种组合方案比较优，哪种比较劣。因此，本节采用对泄洪设施组合方案进行合理分类的方法来简化处理、降低计算的难度。

本节所提出的分类计算法以某水库水位下、特定流量范围内的泄洪设施组合方案为一个单元(其中特定流量范围可根据实际情况确定，本研究选择流量范围时，主要是考虑水库下泄流量偏差在较小的范围内对水库防洪安全不会有明显的影响，例如，需要下泄 90m^3/s，实际下泄了 100m^3/s，但通过采用流量范围却可以大大地减小计算量)，对于特定的水库，按照其泄洪设施运用规则和要求，在给定单元下泄洪设施的组合类型是固定的；随后对每一种组合类型，列出其中几种代表性的组合方案，便可通过调整各个泄洪设施的开度，采用式(12-82)进行计算，从而迅速地确定同种组合类型下的所有泄洪设施组合方案；最后分别逐步调整水库水位和流量范围遍历所有可能的情况，将得到的所有泄洪设施组合方案依次按照水库水位、下泄流量、泄洪设施启用数量和开度等指标进行排序，便可以得到该水库的泄洪设施运用数据库。

$$q=\sum_{i=1}^{I}O_i\left(Z,j\right) \tag{12-82}$$

式中，I 为水库的泄洪设施总数；q 为在该组合方案下所有泄洪设施的下泄流量；$O_i\left(Z,j\right)$ 为第 i 个泄洪设施在开度为 j 、水位为 Z 时的下泄流量； j 为泄洪设施的开度，其取值从 0 到泄洪设施全开(若为相对开度，则最大值取 100%，若为绝对开度，则最大值取泄洪设施的最大开度)。

对梯级水库群的所有水库都结合各自的泄洪设施运用规则和要求，按照上述分类计算法进行分析，得到各水库的泄洪设施运用数据库，按照水库编号排序，即可得到完整的梯级水库群泄洪设施运用数据库，为梯级水库群防洪优化调度中泄洪设施运行控制决策提供重要支撑。

12.3　泄洪设施联合调控策略

12.3.1　组合方案查询

在梯级水库群防洪调度中，根据调度模型确定梯级各水库的防洪调度运行方式后，如何利用梯级水库群泄洪设施运用数据库迅速查询确定所有可行的泄洪设施组合方案是实现梯级水库群泄洪设施精细化和智能化运行的关键问题之一。虽然梯级水库群泄洪设施运用数据库中数据量较大，但其存储时是按照水库编号、水库水位、下泄流量的优先顺序依次从小到大的结构存储的。因此，在查询泄洪设施组合方案时应当结合泄洪设施运用数据库的这个结构特点，选取搜索效率较高的算法查询梯级水库群各水库可行的泄洪设施组合方案。

1. 折半查找算法

折半查找算法(binary search algorithm)，也称为二分查找法，是在有序数组中查找某一特定元素的常用搜索算法。查找计算中从有序数组的中间元素开始，若中间元素恰好是查找的目标元素，则查找完毕；若目标元素大于或者小于中间元素，则在数组中大于或小于目标元素的那部分继续查找；不断重复上述过程，直到查找成功。若计算时数组为空，则代表数组中没有目标元素。折半查找算法的每一次比较都能够缩小一半的查找范围，顺序查找的时间复杂度为 $O(n)$，折半查找算法的时间复杂度为 $O(\log_2 n)$。由此可见，折半查找算法的查找效率得到较大幅度的提高，是效率较高的一种查找方法。

2. 插值查找算法

对于有序表的查找，虽然折半查找算法的查找效率较顺序查找有了显著的提升，但折半查找算法有时仍存在一定的局限性。例如，从取值范围为 0～100 000 的 100 个元素组成的有序列表中查找元素 5，从列表中元素较小的一端开始查找，势必比从中间开始查找要更加迅速。

插值查找算法(interpolation search algorithm)是折半查找算法的改进算法之一。插值查找算法是综合考虑查找的目标元素 key 与查找列表中最大、最小元素比较结果的一种查找方法，其核心是插值的计算公式：

$$[\text{key}-a(\text{low})]/[a(\text{high})-a(\text{low})] \tag{12-83}$$

即

$$\text{mid}=\text{low}+[\text{key}-a(\text{low})]/[a(\text{high})-a(\text{low})] \tag{12-84}$$

插值查找算法的适用条件是列表长度较大、目标元素分布比较均匀的有序列表，其计算的时间复杂度为 $O(\log_2 n)$。

3. 斐波那契查找算法

斐波那契查找算法(Fibonacci search algorithm)是运用斐波那契数列对折半查找算法进行改进的查找算法。其主要查找过程如下：

(1) 在斐波那契数列中查找等于或略大于查找列表中元素个数的元素 $F(n)$，将原查找列表的长度扩展为 $F(n)$ (如果需要补充元素，则补充重复原查找列表中的最后一个元素)。

(2) 进行斐波那契分割，将原查找列表中的 $F(n)$ 个元素分割为 $F(n-1)$ 个元素(前半部分)和 $F(n-2)$ 个元素(后半部分)。

(3) 比较分割点两端的元素与目标元素的大小，判断目标元素在哪一部分。

(4) 对目标元素所在的部分，不断重复上述步骤，直至找到目标元素。

斐波那契查找算法的时间复杂度还是 $O(\log_2 n)$，但与差值查找算法和折半查找算法相比，斐波那契查找算法只涉及加减法运算，运算的时间更少，因此，斐波那契查找算法理论上的搜索速度更快。实际应用中，应结合具体情况加以判断。

12.3.2　组合方案选取原则

由于符合条件的泄洪设施组合方案对于水库完成下泄任务而言是等效的，因此，在实际的水库防洪调度时，以什么原则从可行的泄洪设施组合方案中选取最合适的组合方案来完成水库洪水流量的下泄需要进行深入的研究。

梯级水库群泄洪设施的操作频率是影响其使用寿命的一个重要因素，如果泄洪设施操作过于频繁，则势必影响其使用寿命，因此，在梯级水库群防洪优化调度中应该尽量减少泄洪设施的操作频率，避免因频繁的开启、关闭等操作影响泄洪设施的正常使用寿命。此外，如果泄洪设施操作过于频繁、操作的泄洪设施数量过多，势必增加人力成本(如果采用人工操作的话)或自动控制系统的负担。综上分析，在泄洪设施组合方案选取时应尽量减少上一时段到下一时段泄洪设施开度的变化程度，采取泄洪设施开度离差平方和最小以及泄洪设施开度变化个数最少的原则，选取与上一个时段泄洪设施开启方式最接近的泄洪设施组合方案，其中泄洪设施开度变化个数最少的原则优先级高于泄洪设施开度离差平方和最小原则。

上述两个泄洪设施组合方案选取原则的具体表达式分别如下：

$$\min S=\sum_{a=1}^{I}\left(O_{t+1,a}-O_{t,a}\right)^2 \tag{12-85}$$

式中，$O_{t+1,a}$, $O_{t,a}$ 分别为泄洪设施 a 在 $t+1$ 和 t 时段的开度；I 为水库泄洪设施的总个数；S 为 $t+1$ 时段与 t 时段泄洪设施开度离差平方和。

$$\min N=\sum_{a=1}^{I}\mathrm{BOOL}\left(\left|O_{t+1,a}-O_{t,a}\right|\right) \tag{12-86}$$

式中，$O_{t+1,a}$, $O_{t,a}$ 分别为泄洪设施 a 在 $t+1$ 和 t 时段的开度；I 为水库泄洪设施的总个数；$\mathrm{BOOL}(i)$ 为逻辑运算符号，当 i 为 0 时，其取值为 0，否则为 1；N 为 $t+1$ 时段与 t 时段泄洪设施开度变化的个数。

12.3.3　泄洪设施调控策略

结合水库泄洪设施实际操作的经验，泄洪设施运行状态变化既不能过于频繁也不能长时间不变，否则都将影响泄洪设施的使用寿命，增加泄洪设施的运行维护成本。因此，在梯级水库群防洪优化调度中，应结合各水库的实际情况，设置水库泄洪设施运行状态最小保持时间(如 6h)和最大保持时间(如 36h)等指标来限制泄洪设施的操作频率，降低梯级各水库的运行成本。

针对一场洪水过程，需要研究泄洪设施的调控策略，明确整个洪水调度过程中泄洪设施的使用方式，确定泄洪设施组合方案的变化次数。因此，需要对洪水优化调度计算后的水库下泄流量过程进行分析，识别和检验下泄流量过程中的跳跃成分。

采用有序聚类分析法对整个洪水期的下泄流量过程进行分析，设突变点为τ，则突变点前后下泄流量的离差平方和分别为

$$V_{\tau}=\sum_{i=1}^{\tau}\left(x_i-\overline{x}_{\tau}\right)^2 \tag{12-87}$$

$$V_{n-\tau}=\sum_{i=\tau+1}^{n}\left(x_i-\overline{x}_{n-\tau}\right)^2 \tag{12-88}$$

式中，x_i为i时刻的下泄流量；$\overline{x}_{\tau}$、$\overline{x}_{n-\tau}$分别为突变点τ前后两部分下泄流量的均值；V_{τ}、$V_{n-\tau}$分别为突变点τ前后两部分下泄流量的离差平方和；n为下泄流量过程的时段总数。

由此可知，整场洪水过程中下泄流量的离差平方和为

$$S_n\left(\tau\right)=V_{\tau}+V_{n-\tau} \tag{12-89}$$

式中，$S_n\left(\tau\right)$为以τ为突变点的整场洪水下泄流量的离差平方和。

对满足水库泄洪设施运行状态最小保持时间和最大保持时间约束的所有时间点i，分别计算以其为突变点时整场洪水的下泄流量离差平方和$S_n\left(i\right)$。比较$S_n\left(i\right)$的大小，当离差平方和$S_n\left(\tau\right)$最小时，τ即为最优分割点，可作为突变点。

按照上述方法，对整场洪水进行分段，直到每个分割点时长在最小保持时间(如 6h)和最大保持时间(如 36h)之间。对于分割点时长在允许范围之内，但是可以继续分割的部分(如时长为 12～36h)，比较继续分割后前后两个部分的相似度，若分割后，前后两个部分的相似度小于设定的值，则认为前后两部分相似度较高，不进行继续分割。

对整场洪水下泄流量过程进行分割后，可以通过查找梯级水库群泄洪设施运用数据库确定各部分平均流量和平均水位下的泄洪设施组合方案。通过该方案泄洪，与用优化算法计算得到的下泄流量过程不完全一致，存在一定的误差。因此，需要按照泄洪设施的开度去查询泄洪设施的水位流量曲线，重新计算泄洪设施的泄流量，并与优化算法计算得到的下泄流量进行比较，将相应的误差分摊到下一个时段，直到计算出所有时段的泄洪设施组合方案，确定泄洪设施调控策略。

第 13 章　梯级水库群联合防洪调度研究

水库防洪调度首要目标是保证大坝的安全运行，其次是减轻防洪保护区的洪水灾害和库区的淹没损失。随着水电开发的不断推进，大中型梯级水库群正逐渐形成。由于梯级水库群之间各水库存在着复杂的水力和电力联系，梯级水库群联合防洪优化调度的复杂度和难度显著增加。求解梯级水库群联合防洪调度模型时，由于防洪调度模型的计算量很大，目前梯级水库调度中常用的逐步优化算法占用计算机内存增大，计算速度明显降低，计算时间大大增加，难以满足模型求解的需求，而仿生学智能优化算法求解模型时，计算结果不稳定，在实际应用中受到了一定的限制。因此，本章将采用多步长逐步优化算法(multi-step progress optimization algorithm，MSPOA)来求解梯级水库群联合防洪调度模型。

为了验证多步长逐步优化算法求解梯级水库群联合防洪调度模型的效果，本章将以长江某流域(一)下游梯级水库群为例，对多步长逐步优化算法和逐步优化算法的求解结果进行对比分析。

13.1　研究区域概况

1. 梯级水库概况

流域(一)下游梯级有 5 个水库，分别为：JY 水库、JE 水库、G 水库、E 水库和 Z 水库，如图 13-1 所示。其中，JY 水库为年调节水库，E 水库为季调节水库，其余 3 个水库调节性能较差，均为日调节水库。由于 Z 水库投产运行时间较短，实际运行资料比较缺乏，本节研究主要考虑前面 4 个水库，将来 Z 水库实际运行资料充实后，可结合水库实际情况，采用本节的方法进一步补充完善。

JY 水库是流域(一)下游河段梯级水库群的控制性水库，为下游河段五级水电开发中的第一级。JY 水库坝址以上流域面积占流域(一)的 75.4%，多年平均流量为 1220m^3/s。JY 水库大坝坝顶高程 1885m，正常蓄水位 1880m，设计洪水位 1880.37m，校核洪水位 1883.62m，死水位 1800m，总库容 77.6 亿 m^3，调节库容 49.1 亿 m^3。

JE 水库系下游河段五级水电开发中的第二级。JE 水库利用该流域 150km 的天然落差，通过截弯取直开挖隧洞引水发电。JE 水库正常蓄水位 1646m，设计洪水位 1648.83m，校核洪水位 1650.64m，死水位 1640m，总库容 0.14 亿 m^3，调节库容 0.0496 亿 m^3。

G 水库是下游河段五级水电开发中的第三级。坝址控制集水面积 110 117km^2。G 水库正常蓄水位 1330m，设计洪水位 1330.18m，校核洪水位 1330.44m，死水位 1321m，水库总库容 7.6 亿 m^3，调节库容 1.23 亿 m^3。

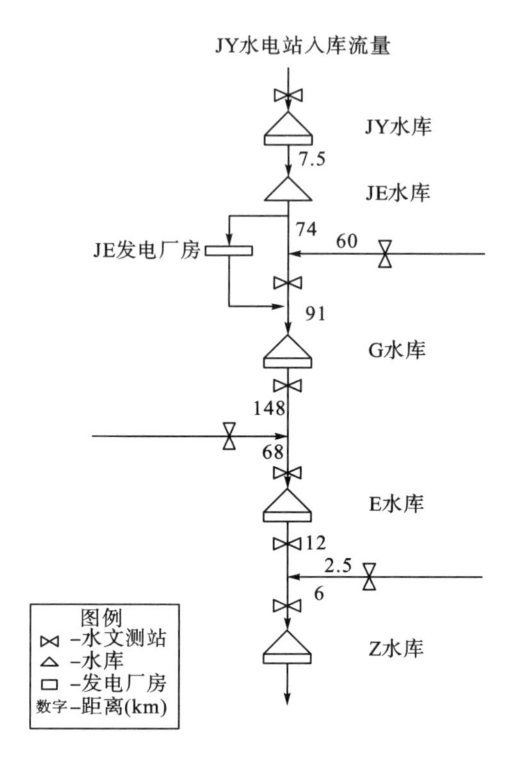

图 13-1　流域(一)下游梯级水库示意图

E 水库是下游河段五级水电开发中的倒数第二级，是流域(一)干流上第一座坝高 240m 的混凝土双曲拱坝。E 水库正常蓄水位 1200m，设计洪水位 1200m，校核洪水位 1203.5m，死水位 1155m，总库容 58 亿 m^3，调节库容 33.7 亿 m^3。

2. 防洪任务

由于流域(一)下游梯级各水库主要位于山区，且下游没有明确的防洪目标，因此，流域(一)下游梯级水库群的主要目标是充分利用水能资源发电，没有明确的防洪目标。但根据国务院 2008 年 7 月正式批准的《长江流域防洪规划》(国函[2008]62 号)，流域(一)下游梯级水库群需预留 25 亿 m^3 的防洪库容(其中 JY 水库预留 16 亿 m^3，E 水库预留 9 亿 m^3)以配合三峡等水库对长江中下游进行防洪调度。综合上述分析，本节主要研究流域(一)下游梯级水库群在保证《长江流域防洪规划》规定的 25 亿 m^3 防洪库容前提下，确保梯级各水库大坝安全的防洪调度方案及泄洪设施调控方式。

13.2　联合防洪调度模型及求解算法

13.2.1　梯级水库群联合防洪调度模型

1. 目标函数

由于流域(一)下游梯级水库群的防洪任务是配合相关水库对长江中下游进行防洪调

度，考虑到流域(一)至相关水库之间干支流较多，各个干支流上往往都有调节性能较好的控制性水库，因此，流域(一)下游水库群配合长江中下游防洪调度，主要是避免因本流域出库洪峰与其他干支流洪水的洪峰遭遇而增加下游相关水库的防洪压力。

流域(一)下游梯级水库群防洪调度主要是通过充分利用 JY 水库和 E 水库的调节库容进行洪水优化调度，使流域(一)下游梯级水库群的出库流量过程尽可能的均匀，最大程度地降低下游防洪度汛压力。本节结合流域(一)下游梯级水库群的实际情况，以下一级水库作为上一级水库的防洪控制点，根据最大下泄流量最小化准则构建梯级水库群联合防洪模型，具体目标函数如下：

$$\min\sum_{t=1}^{M}\sum_{n=1}^{4}\left(q_{t,n}+Q_{区,t,n}\right)^{2}\Delta t \tag{13-1}$$

式中，t 为时段数，$t=1,2,\cdots,M$ ；$M=\dfrac{t_d-t_0}{\Delta t}$ ，其中 t_0 、t_d 分别为洪水的开始和结束时刻；Δt 为计算时间间隔；n 为梯级水库序号，$n=1,2,\cdots,4$ ；$q_{t,n}$ 为第 n 个水库第 t 时段的平均出库流量；$Q_{区,t,n}$ 为第 n 个水库至第 $n+1$ 个水库之间第 t 时段区间流量。

2. 约束条件

(1) 防洪库容约束：

$$\sum_{t=1}^{M}\left(Q_{t,n}-q_{t,n}\right)\Delta t=\Delta V_n \tag{13-2}$$

式中，$Q_{t,n}$ 为第 n 个水库第 t 时段的平均入库流量；ΔV_n 为第 n 个水库的库容变化。

(2) 水库水量平衡约束：

$$\frac{Q_{t,n}+Q_{t+1,n}}{2}-\frac{q_{t,n}+q_{t+1,n}}{2}=\frac{\Delta V_{t,n}}{\Delta t} \tag{13-3}$$

式中，$\Delta V_{t,n}$ 为第 n 个水库第 t 时段的库容变化。

(3) 水库水位约束：

$$Z_{t,n}^{\min}\leqslant Z_{t,n}\leqslant Z_{t,n}^{\max} \tag{13-4}$$

式中，$Z_{t,n}$ 为第 n 个水库第 t 时段的平均水位；$Z_{t,n}^{\min}$ 为第 n 个水库第 t 时段允许的最低水位；$Z_{t,n}^{\max}$ 为第 n 个水库第 t 时段允许的最高水位。

(4) 出库流量约束：

$$\begin{cases}q_{t,n}^{\min}\leqslant q_{t,n}\leqslant q_{t,n}^{\max}\\ q_{t,n}=\displaystyle\sum_{a=1}^{I_n}Q_{t,a}\left(Z_{t,n},\text{size}\right)\end{cases} \tag{13-5}$$

式中，$q_{t,n}^{\min}$ 为第 n 个水库第 t 时段允许的最小出库流量；$q_{t,n}^{\max}$ 为第 n 个水库第 t 时段允许的最大出库流量；a 为泄洪设施的编号，$a=1,2,\cdots,I_n$ ；I_n 为第 n 个水库泄洪设施的总个数，包括机组、表孔、中孔、底孔、深孔、泄洪洞等；size 为泄洪设施的开度；$Q_{t,a}\left(Z_{t,n},\text{size}\right)$ 为第 a 个泄洪设施第 t 时段在水位 $Z_{t,n}$ 和开度 size 下的泄流量。

(5) 流量平衡约束：

$$Q_{t,n+1} = q_{t-\tau_n,n} + Q_{区,t,n} \tag{13-6}$$

式中，τ_n 为第 n 个水库至第 n+1 个水库之间洪水传播时间。

(6) 非负条件约束：

上述所有变量均为非负变量（$\geqslant 0$）。

13.2.2　多步长逐步优化算法

利用常规动态规划求解梯级水电站优化调度问题，“维数灾”将成为实际计算中难以克服的障碍；而人工智能算法求解防洪优化调度模型时，虽然能克服“维数灾”问题，但算法具有较大的不确定性。为了克服以上问题，本节采用多步长逐步优化算法(MSPOA 算法)。

MSPOA 算法是逐步优化算法(POA 算法)的改进算法。逐步优化算法将多阶段问题分解成许多子问题，子问题之间用状态变量来联系，每个子问题仅考虑某个时段的状态变量和相邻两个时段的子目标值，将此次优化结果作为下个子问题的初始可行解，如此逐时段进行寻优，直到收敛。与其他改进动态规划方法相比，POA 算法本身具有收敛性，在目标函数为凸函数时，可以得到全局最优解，且该算法容易编程实现。

考虑到 POA 算法，采用人工经验或者是简单的随机搜索选取初始解，算法容易陷入局部最优。本节所采用的多步长逐步优化算法通过将优化问题分解为一系列大尺度时间步长的优化问题，利用 POA 算法获得较大步长的最优解，再将大尺度时间步长优化问题的最优解作为较小时间步长的初始解来提高收敛速度，避免陷入局部最优，直到获得优化问题的最优解。MSPOA 算法求解梯级水库联合防洪调度的流程如图 13-2 所示，具体步骤如下：

(1) 以 3h、6h 和 12h 为优化问题的时间步长。首先计算 12h 时间步长的优化问题，对状态变量 v_t^l 赋初值，l 为寻优次数，初值取 0。

(2) 固定 v_1^l 和 v_3^l，即固定第 1 和 3 时段的总库水量，调整各水库第 2 时段的库水量 v_2^l，用新值 v_2^{l+1} 代替 v_2^l，使第 1 和 3 两阶段内的目标函数值最优，优化计算确定梯级各水库第 2 时段的库水量 v_2^{l+1}。

(3) 同样可得，第 t 和 $t+1$ 两阶段内的目标函数值最优，依此类推，直到 $M-2$ 时段为止。得到新的状态变量 v_{t+1}^{l+1} 和相应的决策变量 q_{t+1}^{l+1}。

(4) 给目标函数 F 赋一个很大的初值，参数 k 初值取 0，比较目标函数值 F^l 和 F，如果 $F^l < F$，则 $F = F^l$，$k = l$。如果计算次数 l 达到了设定的计算次数，则状态变量 v_l^k 和决策变量 q_l^k 即为所求；否则重新回到步骤(2)继续计算。

(5) 将步骤(4)得到的结果作为 6h 时间步长优化问题的初始解，代入上述步骤进行迭代计算。直到获得时间步长 3h 的最优解，计算结束。

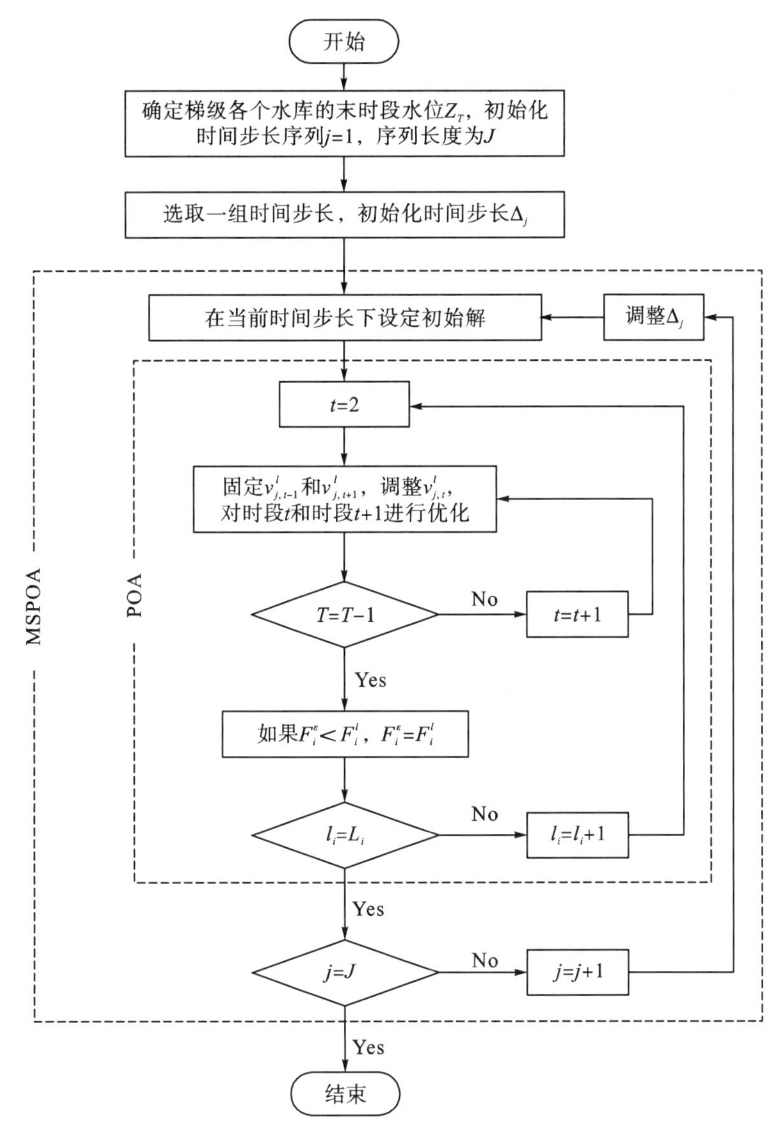

图 13-2　MSPOA 算法防洪优化调度流程图

13.3　实例计算及结果分析

为了验证多步长逐步优化算法的效果，通过分析某流域(一)下游梯级水库群的基本参数和典型洪水，并选取具有代表性的历史典型洪水进行梯级水库群联合防洪调度实例计算。通过实例计算结果的分析，总结梯级水库群联合防洪调度的规律，并对多步长逐步优化算法求解梯级水库群联合防洪调度模型的效率和准确性进行分析。

13.3.1　梯级水库基本参数

流域(一)下游梯级各水库的特征水位、特征库容以及主要动能参数如表 13-1 所示。

表 13-1　流域(一)下游梯级各水库特征水位及特征库容表

名 称	JY 水库	JE 水库	G 水库	E 水库
死水位/m	1800	1640	1321	1155
正常蓄水位/m	1880	1646	1330	1200
设计洪水位/m	1880.54	1648.83	1330.18	1200.0
校核洪水位/m	1882.60	1650.64	1330.44	1203.5
死库容/亿 m^3	28.54	0.0905	6.060	24.2
调节库容/亿 m^3	49.1	0.0496	1.232	33.7
正常蓄水位以下库容/亿 m^3	77.6	0.14	7.292	57.9
总库容/亿 m^3	80.68	0.192	7.597	61.375
总装机容量/MW	3600	4800	2400	3300
综合出力系数	8.5	8.6	8.5	8.5
发电引用流量/($m^3 \cdot s^{-1}$)	2024	1860	2344	2400

13.3.2　典型洪水

流域(一)记录资料比较完善的典型洪水有两场，一场是 1965 年 8 月 3 日至 1965 年 8 月 18 日的洪水，简称 1965 洪水；另一场是 1998 年 8 月 27 日至 1998 年 9 月 9 日的洪水，简称 1998 洪水。由于 1965 洪水发生时间较早，当时的水文监测技术相对落后，数据的准确性和完整性均不如 1998 洪水，因此，本节实例计算选用 1998 洪水。

该流域下游梯级各水库的坝址来水由图 13-1 所示的水文站测得。由于 JY 坝址和 JE 坝址相距很近，区间流量可忽略不计，取值为 $0m^3/s$。对水文站测得的数据进行分析，采用洪水起涨点和洪水过程拟合，得到 JE 至 G 水库的洪水传播滞时约为 6 小时，G 至 E 水库的洪水传播滞时约为 3 小时，JY 至 JE 水库洪水传播滞时忽略不计。JY 水库入库流量以及各个水库之间的区间流量如图 13-3 所示。

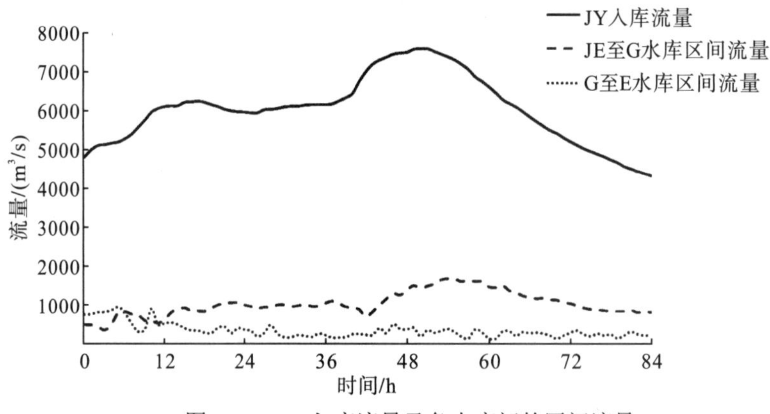

图 13-3　JY 入库流量及各水库间的区间流量

由图 13-3 可知，JE 至 G 水库的区间流量比 G 至 E 水库的区间流量大，且 JE 至 G 水库区间流量的峰值与 JY 水库入库洪峰重合。

13.3.3　联合防洪调度结果

1. 边界条件设置

根据《长江流域防洪规划》的要求，JY 水库和 E 水库均有预留防洪库容配合承担长江中下游防洪调度的任务，JY 水库预留的防洪库容为 16 亿 m^3，E 水库预留的防洪库容为 9 亿 m^3。根据水位库容曲线进行换算，可知 JY 水库和 E 水库汛期预留防洪库容后相应的限制水位分别为 1859m 和 1190m。在防洪调度过程中，梯级各水电站的出力负荷由电网的要求确定，本节从充分利用汛期洪水资源出发，按机组满负荷出力考虑，发电流量取发电机组的最大发电引用流量。优化计算的最大迭代次数取 1500，其中多步长逐步优化算法步长为 12 小时、6 小时和 3 小时的最大迭代次数分别取 400、600 和 500。优化计算的起始水位、结束水位等边界条件如表 13-2 所示。

表 13-2　某流域下游梯级各水库的边界条件设置

水库	起始水位/m	结束水位/m	正常蓄水位/m	死水位/m	发电流量/($m^3 \cdot s^{-1}$)
JY	1859.00	1859.00	1880.00	1800.00	2024
JE	1644.00	1644.00	1646.00	1640.00	1860
G	1324.00	1324.00	1330.00	1321.00	2344
E	1190.00	1190.00	1200.00	1155.00	2400

2. 优化结果

为了验证多步长逐步优化算法的有效性和可行性，以某流域下游梯级水库群 1998 年洪水的防洪调度为例，分别采用逐步优化算法和多步长逐步优化算法对联合防洪调度模型进行求解，两种算法的计算结果对比如表 13-3 和图 13-4 所示。按照上述两种算法对梯

表 13-3　两种算法求解结果对比表

算法	目标函数/(10^{12} $m^6 \cdot s^{-1}$)	计算时间/s
多步长逐步优化算法	160.51	161
逐步优化算法	160.89	203

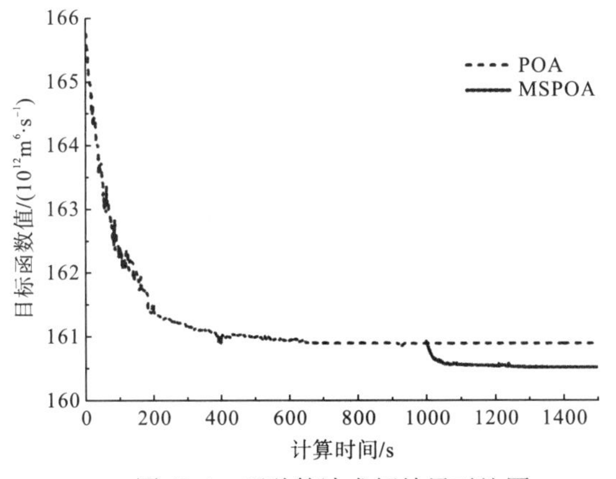

图 13-4　两种算法求解结果对比图

级联合防洪调度模型进行求解，得到某下游梯级各水库的水位过程和出库流量过程分别如图 13-5～图 13-12 所示。

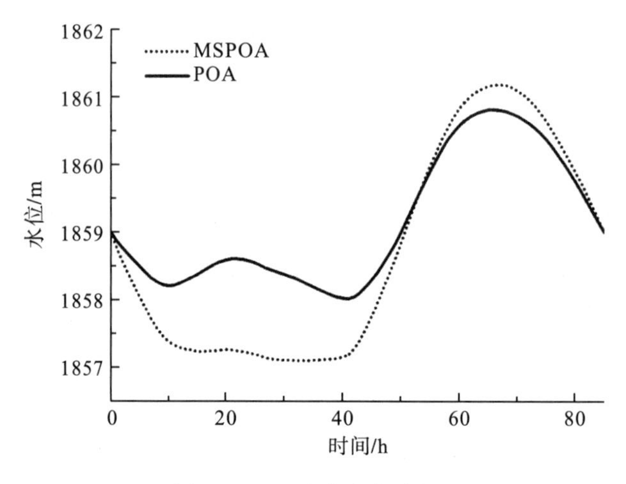

图 13-5　JY 水库水位过程对比图

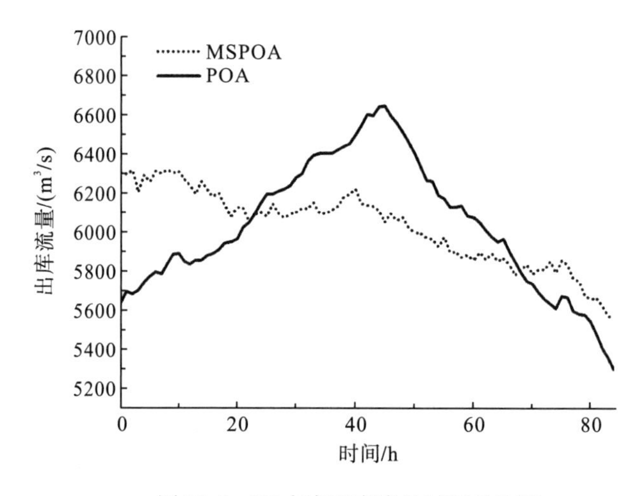

图 13-6　JY 水库出库流量过程对比图

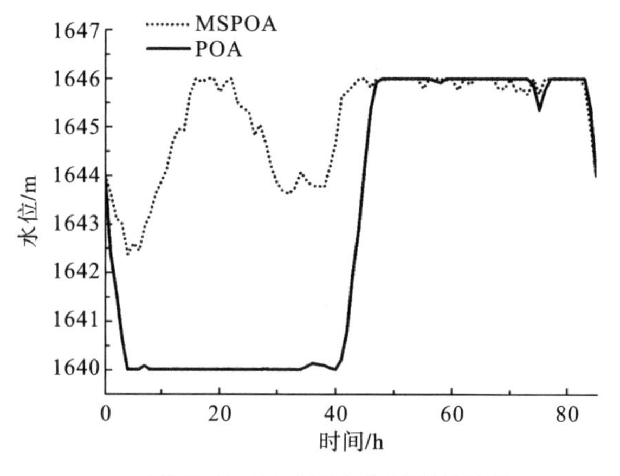

图 13-7　JE 水库水位过程对比图

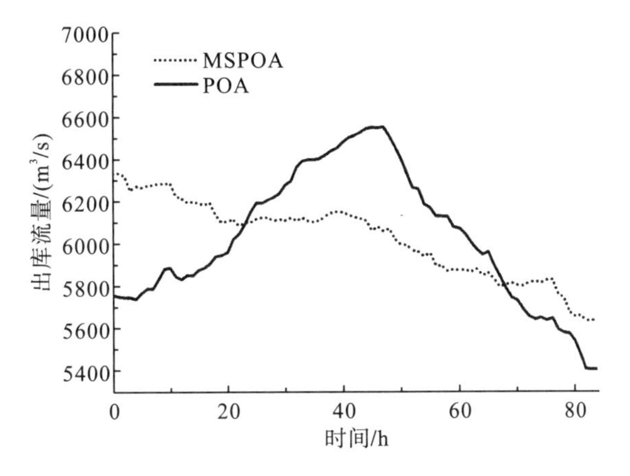

图 13-8　JE 水库出库流量过程对比图

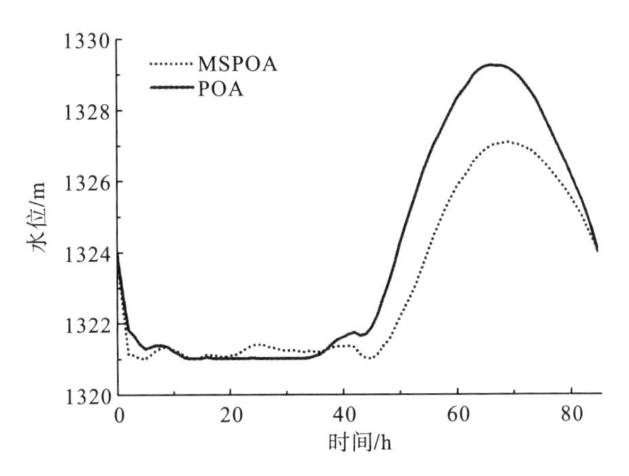

图 13-9　G 水库水位过程对比图

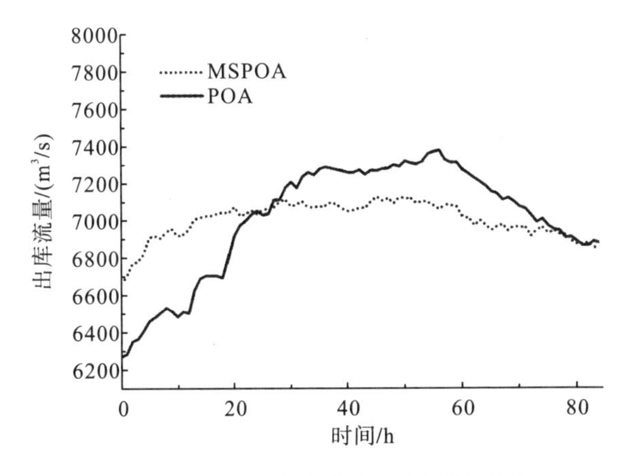

图 13-10　G 水库出库流量过程对比图

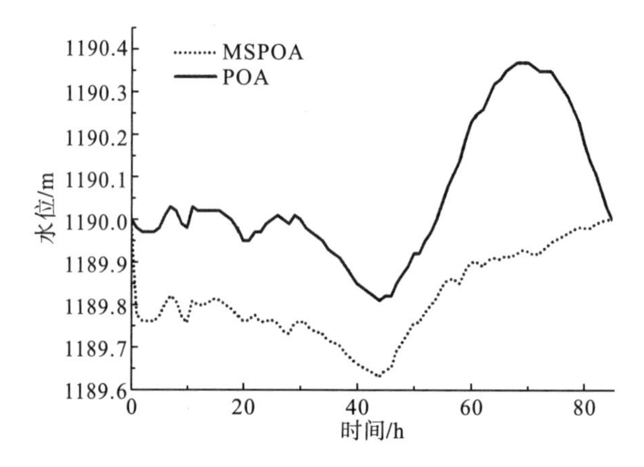

图 13-11　E 水库水位过程对比图

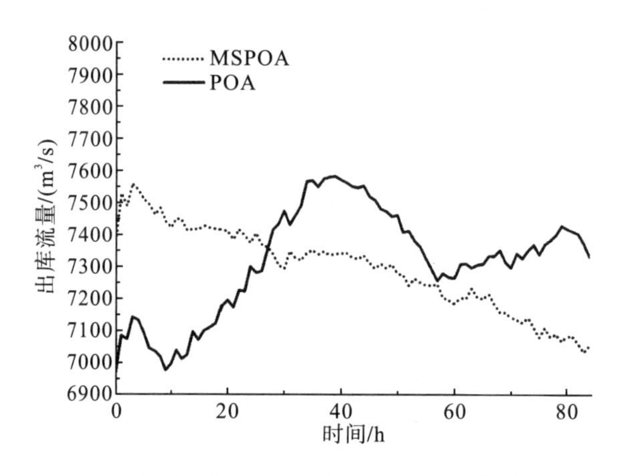

图 13-12　E 水库出库流量过程对比图

13.3.4　结果分析

由表 13-3 可知，多步长逐步优化算法求解某流域下游梯级水库群联合防洪调度模型的计算时间较逐步优化算法求解的计算时间明显减少，减少了近 21%。此外，多步长逐步优化算法求解计算的目标函数结果也比逐步优化算法求解的目标函数结果有所提升。由图 13-4 可知，逐步优化算法比多步长逐步优化算法更容易陷入局部最优解，同时迭代计算的速度也明显慢于多步长逐步优化算法。上述结果表明：多步长逐步优化算法的求解效率和准确性明显优于逐步优化算法；对于计算量比较大的大中型梯级水库群优化调度问题的求解，多步长逐步优化算法将具有更好的应用前景。

由图 13-5～图 13-12 可知，多步长逐步优化算法的求解结果为，在前期下泄更多的洪水，腾出更多的水库库容进行洪水调节，使得梯级各水库的出库流量过程更加均匀。由于 JE 水库的调节库容明显小于其他三个水库，JE 水库水位对库容的变化更加敏感。与逐步优化算法的求解结果相比，多步长逐步优化算法的求解结果中 JE 水库前期出库流量明显增大，此外，受 JY 水库前期出库流量增大的影响，JE 水库前期入库流量也相应增大。JE 水库前期入库流量大于出库流量导致其前期出现一个明显的蓄水过程。因此，多步长逐步优化算法的求解结果中 JE 水库前期水位高于逐步优化算法的求解结果，而其他三个水库前期水位整体都是低于逐步优化算法的求解结果。

由上述结果可知，多步长逐步优化算法和逐步优化算法求解梯级水库群联合防洪调度模型都能够取得比较理想的效果，都能够削减梯级各水库的出库洪峰流量，使得梯级各水库的出库流量过程更加平稳，有效减轻下游水库和防洪控制点的防洪压力。但多步长逐步优化算法的求解结果明显优于逐步优化算法的求解结果，使得梯级各水库的出库流量过程更均匀，同时多步长逐步优化算法的计算时间更短，优化计算的效率更高。

第 14 章　梯级水库群泄洪设施运用数字化研究

水库往往具有多个泄洪设施，水库的泄流能力随着其泄洪设施的开度和水库水位的变化而变化。梯级水库群中随着泄洪设施数量和种类的增多，泄洪设施组合变化也更加复杂。在梯级水库群防洪优化调度中，如何适当地选择泄洪设施的开度组合方案，实现防洪调度的精细化和智能化是梯级水库群防洪优化调度的一个重要方向。

当前，水库泄洪设施的控制主要是依靠经验进行人工操作，而水库的泄洪设施运行规则往往只是通过文字进行定性描述，凭借人工经验难以实现下泄流量的准确控制。因此，本章将在系统总结各水库泄洪设施运行规则的基础上，运用分类计算法先将泄洪设施划分为泄洪设施组合单元和组合类型，再计算确定所有可行的泄洪设施组合方案，最终建立泄洪设施运用数据库，为梯级水库群泄洪设施的精细化运行提供重要支撑。

14.1　梯级水库群泄洪建筑物

1. JY 水库泄洪建筑物参数

JY 水库枢纽泄洪建筑物由坝身 4 个表孔、5 个深孔、2 个放空底孔和 1 条右岸泄洪洞组成。

抛物线双曲拱坝坝身设 4 个表孔，孔口尺寸 11.00m×12.00m，弧门挡水，堰顶高程 1868.00m；坝身泄洪深孔共 5 个，孔口尺寸为 5.00m×6.00m，孔底高程 1789.00～1792.00m；放空底孔 2 个，孔口尺寸为 5.00m×6.00m，孔底高程 1750.00m。右岸泄洪洞采用有压隧洞转弯后接无压隧洞、洞内“龙落尾”形式。泄洪洞进口底板高程 1830.00m，事故闸门尺寸为 12.00m×15.00m，弧形工作闸门孔口尺寸为 13.00m×10.50m，出口采用挑流消能。泄洪洞泄量为 3254～3311m^3/s（设计～校核），总长约 1400m。

2. JE 水库泄洪建筑物参数

JE 水库泄洪建筑物由 5 个泄洪闸及舌瓣门、2 个生态流量泄放洞组成。其中，泄洪闸闸孔每孔净宽 13m，底长 47m，闸顶高程 1654m，堰顶高程 1626m。

3. G 水库泄洪建筑物参数

G 水库泄洪建筑物由 5 个溢流表孔和 2 个中孔组成。

表孔为开敞式，溢流坝堰顶高程 1311.00m，孔口尺寸 15.00m×19.00m（宽×高）。中孔均采用有压深式进水孔形式，进口高程为 1240.00m，孔口进口尺寸为 5.00m×10.00m（宽×高），出口尺寸 5.00m×8.00m（宽×高），其功能为放空水库、中期导流以及校核洪水时参加泄洪。

4. E 水库泄洪建筑物参数

E 水库泄洪建筑物由 7 个坝身表孔、6 个坝身中孔和 2 个泄洪洞组成。

坝身中孔 1#、6#进口底坎高程 1119m，2#、5#进口底坎高程 1115m，3#、4#进口底坎高程 1110m，孔口尺寸均为 6m×5m(宽×高)；表孔底坎高程 1188.5m，孔口尺寸 11m×11.5m(宽×高)；泄洪洞底坎高程 1163m，孔口尺寸 13m×13.5m(宽×高)。

14.2　梯级水库群泄洪设施运行规则

梯级水库群泄洪设施的调度运用，应按上下游防洪和减少泥沙淤积的要求，控制运行库水位和枢纽下泄流量，做到安全、准确、可靠。根据各个水库水位和下泄流量的不同要求，通过合理编制泄洪设施启闭方案，力求实现梯级上下游水流流态的平稳顺畅。在确保大坝、尾水洞出口、泄洪洞出口等水工建筑物安全的条件下，满足和改善发电、排沙、航运等的安全运行条件。

1. JY 水库

1) 泄洪设施运行原则

JY 水库泄洪消能建筑物按照“多种设施，分散泄洪；双层多孔，水舌无撞击；分区消能，按需防护”的布置原则设计。在泄洪运行中，拱坝表孔、深孔、泄洪洞等泄洪建筑物可单独或联合运行，泄洪设施开启顺序应根据入库流量、水库水位和泄洪建筑物当时的具体情况(如拱坝的安全状况，启闭设备的检修情况、运用时的可靠性和灵活性，电站的运行条件，混凝土和钢衬的气蚀情况，各冲刷区的冲蚀情况，雾化区的危害程度等)灵活运行，尽量使用有利的组合，避开不利的条件。各泄洪设施运行原则主要如下：

(1) 宣泄百年一遇以下洪水时，优先采用坝身泄洪建筑物。

(2) 表孔、深孔和放空底孔均以对称、均匀、同步开启为基本运行方式。

(3) 泄洪设施工作闸门均为动水启闭，表孔、泄洪洞工作闸门允许局部开启，但须避开闸门强振区，深孔、放空底孔不允许局部开启。

(4) 表孔和深孔的开启顺序为从中间到两边，关闭顺序与开启顺序相反。

(5) JY 水库泄洪设施工作闸门最多允许 2 孔工作闸门同时操作。

2) 泄洪设施运行要求

(1) 表孔运行要求。

根据需要宣泄的流量，可采用 2#、3#双孔，1#、4#双孔，全开 1#～4#四孔泄洪。

(2) 深孔运行要求。

①深孔运行水位不得低于 1807.0m；

②深孔运行工况为全开、全关方式，根据需要宣泄的流量，可采用 3#单孔，2#、4#双孔，2#、3#、4#三孔和 1#～5#五孔四种工况泄洪；

③尽量减少 4#、5#深孔工作闸门的操作频次。

(3)泄洪洞运行要求。

①泄洪洞运行水位不得低于1850.0m；

②库水位在1850.0～1855.00m之间时，泄洪洞工作闸门须在25%～50%开度运行；

③库水位在1855.0～1865.00m之间时，泄洪洞工作闸门须在25%～75%开度运行；

④库水位高于1865.00m时，泄洪洞工作闸门须在25%～100%开度运行。

(4)放空底孔运行要求。

①放空底孔的作用是放空水库，一般不参与泄洪；

②放空底孔工作闸门最高操作水位为1830.0m，最低运行水位不得低于1765.0m；

③放空底孔的运行工况为全开、全关方式。

(5)水库水位上升及下降速率控制要求。

①水库水位在1860.0～1880.0m之间时，水库水位上升及下降速度按不大于1m/d控制；

②水库水位在 1840.0～1860.0m 之间时，水库水位上升及下降速度按不大于1.5m/d控制；

③水库水位在1800.0～1840.0m之间时，水库水位上升及下降速度按不大于2m/d控制。

2. JE水库

1) 泄洪设施运行原则

(1)生态流量通过生态流量泄放洞按要求泄放，发电多余水量主要通过生态流量泄放洞或舌瓣门泄放，洪水则通过泄洪闸下泄。

(2)当水库水位抬升超过1646.0m，舌瓣门开始参与泄水；当水库水位达到1646.5m，应密切注视水库水位涨落情况，并采取措施控制水库水位，库水位控制在1647.5m以下。

2) 泄洪设施运行要求

(1)泄洪闸正常泄洪运行要求。

①泄洪闸门开启前，先关闭舌瓣门；

②当泄洪闸下泄流量小于等于200m³/s时，允许单个泄洪闸(2#泄洪闸或3#泄洪闸或4#泄洪闸)开启运行，若长时间运行，宜采用3#泄洪闸运行；

③当泄洪闸下泄流量在200m³/s至600m³/s之间时，泄洪闸优先考虑2孔泄洪闸(2#和4#泄洪闸)或3孔泄洪闸(可采用2#、3#、4#泄洪闸或1#、3#、5#泄洪闸)对称运行；

④当泄洪闸下泄流量在600m³/s至1000m³/s之间时，泄洪闸允许3孔泄洪闸(可采用2#、3#、4#泄洪闸或1#、3#、5#泄洪闸)对称开启或5孔泄洪闸均匀开启运行；

⑤当泄洪闸下泄流量大于1000m³/s时，要求5孔泄洪闸均匀开启运行；

⑥5孔泄洪闸闸门开启按3#泄洪闸→1#泄洪闸→5#泄洪闸→2#泄洪闸→4#泄洪闸的顺序操作，闸门开度最大可按3m级差控制，直至闸门全部开启，关闭顺序按上述开启的反向依次逐级关闭；

⑦在5孔泄洪闸均局部开启的条件下，可通过调节其中部分闸门开度，以适应上游来水的变化，闸门之间开度差控制在3m以内，对称闸门开度一致；

⑧当入库流量达到或大于2年一遇标准洪水5390m³/s时，5孔泄洪闸门全开敞泄冲沙。

(2) 泄洪闸非泄洪时段运行要求。

①当入库流量突然增大或发电流量突然减小需要泄水，在生态流量泄放洞闸门现地控制或者其泄流能力不能满足紧急泄水要求时，允许短时间单独开启 3#泄洪闸工作闸门运行；

②当需要开 3 孔泄洪闸泄水时，依次均匀开启 3#、1#、5#泄洪闸工作闸门，单门最大开度不超过 2m，运行时间不超过 2 小时；

③当 3#泄洪闸工作闸门出现故障，需要局部开启其他泄洪闸工作闸门时，可视需要依次均匀开启 2#和 4#泄洪闸工作闸门，单门最大开度不超过 2m，时长不超过 2 小时。

(3) 生态流量泄放洞运行要求。

①生态流量泄放洞一般情况下要求两孔闸门同步操作；

②泄洪闸开启泄洪时，生态流量泄放洞闸门关闭，不参与泄洪。

(4) 泄洪闸、生态流量泄放洞工作闸门在运行时须避开有害振区运行。

(5) 水库水位上升及下降速率控制要求。

水库水位下降速度不大于 10m/d。

3. G 水库

1) 泄洪设施运行原则

当水库入库流量小于设计标准的洪水时，以表孔为主要泄洪通道；入库流量大于等于设计标准的洪水时，增加中孔参与泄洪。

2) 泄洪设施运行要求

(1) 表孔运行要求。

①表孔泄洪以对称、均匀、同步开启为基本运行方式；

②单独开启 3#表孔时的开度禁止超过 5.5m，单独开启 2#或 4#表孔时的开度禁止超过 2.6m，禁止单独开启 1#或 5#表孔；

③表孔泄流避开闸门相对开度 e/H(e 为闸门开度，H 为水库水位与表孔堰顶高程的水位差) 接近 0.65～0.75(堰流～孔流过渡区)；

④同时开启两个以上的表孔闸门，必须保持同时开启闸门的速度基本相同(对称表孔泄洪闸门在开启过程中的最大允许开度差禁止大于 1.0m，相邻表孔最终开度的最大允许开度差禁止大于 2.5m)；

⑤开启两个、三个或者五个表孔，须保证 2#和 4#的开度基本相同，1#和 5#的开度基本相同；

⑥表孔闸门开启顺序为从中间向两边，关闭顺序与开启顺序相反，同时遵守对称、均匀、同步的原则。

(2) 中孔运行要求。

中孔泄洪以 2 个中孔同步、均匀开启为基本运行方式。

(3) 水库水位上升及下降速率控制要求。

水库水位上升及下降速度不大于 4m/d。

4. E 水库

1) 泄洪设施运行原则

根据水库水位和消能方式要求，灵活运用各套泄洪设施，合理分摊水库的下泄流量。

2) 泄洪设施运行要求

(1) 表孔运行要求。

①表孔闸门允许在部分开度条件下运行，避开在闸门振动区运行；

②表孔泄洪时，必须对称开启运行，即先开中间孔，随泄洪流量增大逐渐向两侧依次对称开启，关闭顺序和开启顺序相反。

(2) 中孔运行要求。

①中孔工作闸门不允许在部分开度工况运行；

②中孔泄洪时，分对称和不对称两种运行方式；

③对称运行方式：先同时开启中间两孔，随泄洪流量增加，逐步向两侧依次对称开启；

④不对称运行方式：先开启中间对称孔，随泄洪流量增加，再开启不对称孔；

⑤关闭顺序和开启顺序相反。

(3) 泄洪洞运行要求。

①1#泄洪洞的闸前运行水位应在 1170.0m 以上；

②泄洪洞工作闸门在 1/4 开度至全开度工况运行，推荐部分开度大于 1/2 开度运行，以免泄洪洞发生空蚀破坏。

(4) 表、中孔联合启闭顺序。

①先开启 4#表孔，再开启 3#、5#表孔，然后开启 3#、4#中孔，使水流能及时在空间碰撞；

②随后再开启 2#、5#中孔及 2#、6#表孔(或 2#、6#表孔及 2#、5#中孔)；

③最后开启 1#、6#中孔及 1#、7#表孔；

④关闭顺序和开启顺序相反。

(5) 水库水位上升及下降速率控制要求。

①水库水位上升速度不大于 5m/d；

②水库水位下降速度不大于 2m/d。

通过对各个水库泄洪设施进行总结，得到梯级各水库泄洪设施安全运行条件如表 14-1 所示。

表 14-1　流域(一)下游梯级水库群泄洪设施安全运行条件

水库	泄洪设施	底坎高程/m	停用水位/m	开启顺序	关闭顺序	备注
JY	表孔	1868	1882.6	采用表、深孔单独或联合泄洪时，应遵循从中间到两边的闸门开启顺序	关闭顺序按开启的反向依次逐级关闭	表孔局部开启泄流时，发现异常的振动加剧，应迅速避开该开度
	深孔	1790～1792	1882.6			深孔的运行水位不宜低于 1807.00m 高程，应尽量减少 4#、5#深孔的操作频次，并避免洞内明满流交替的流态运行

续表

水库	泄洪设施	底坎高程/m	停用水位/m	开启顺序	关闭顺序	备注
	泄洪洞	1830	1882.6			宜泄百年一遇以下洪水时，尽量不开启
JE	泄洪闸	1626	1647.5	5 孔泄洪闸闸门要求均匀开启，泄洪闸按 3#→1#→5#→2#→4#的顺序操作，闸门开度最大可按 3m 级差控制，直至闸门全部开启	关闭顺序按开启的反向依次逐级关闭	闸门之间开度差控制在 3m 以内，对称闸门开度一致
G	表孔	1311	1331	从中间向两边，对称、均匀、同步开启为基本运行方式	关闭顺序与开启顺序相反，同时遵守对称、均匀、同步的原则	单独开启 3#表孔时的开度禁止超过 5.5m；单独开启 2#或 4#表孔时的开度禁止超过 2.6m；禁止单独开启 1#或 5#表孔；对称表孔泄洪闸门在开启过程中的最大允许开度差禁止大于 1.0m；相邻表孔最终开度的最大允许开度差禁止大于 2.5m
	中孔	1240	1331	中孔泄洪以 2 个中孔同步、均匀开启为基本运行方式		入库流量大于等于设计标准的洪水时，增加中孔参与泄洪
E	表孔	1188.5	1203.9	先开启 4#表孔，再开启 3#、5#表孔，然后开启 3#、4#中孔，使水流能及时在空间碰撞；随后再开启 2#、5#中孔及 2#、6#表孔（或 2#、6#表孔及 2#、5#中孔）；最后开启 1#、6#中孔及 1#、7#表孔	与开启顺序相反	表孔闸门允许在部分开度条件下运行，避开在闸门振动区运行；表孔泄洪时，必须对称开启运行，即先开中间孔，随泄洪流量增大逐渐向两侧依次对称开启
	中孔	1110～1119	1203.9			中孔工作闸门不允许在部分开度工况运行；中孔泄洪时，分对称和不对称两种运行方式。对称运行方式：先同时开启中间两孔，然后随泄洪流量增加，逐步向两侧依次对称开启；不对称运行方式：先开启中间对称孔，然后随泄洪流量增加，再开启不对称孔
	泄洪洞	1163	1203.9	1#泄洪洞闸前运行水位应在 1170m 以上		泄洪洞工作闸门在 1/4 开度至全开度工况运行，推荐泄洪洞工作闸门开度大于 1/2 开度工况运行，以免泄洪洞发生空蚀破坏

14.3　泄洪设施运用数据库构建

14.3.1　泄流曲线离散

梯级各水库的泄洪设施泄流曲线的数量各不相同。JY 水库和 E 水库属于调节性水库、水库库容大，泄洪设施较多；JE 水库和 G 水库基本上没有调节能力，库容小，泄洪设施少。JY 水库用于汛期的泄洪设施有 10 个，泄流曲线 5 条；JE 水库和 G 水库用于汛期的泄洪设施都为 5 个，泄流曲线各 1 条；E 水库用于汛期的泄洪设施有 15 个，泄流曲线有 5 条。梯级各水库泄洪设施的泄流曲线条数及对应的泄洪设施编号如表 14-2 所示。

表 14-2　梯级各水库泄洪设施的泄流曲线情况统计

水库	泄洪闸门个数	泄流曲线条数	曲线对应的泄洪闸门
JY	10	5	一号曲线：1#～4#表孔；二号曲线：泄洪洞；三号曲线：1#、5#深孔；四号曲线：2#、4#深孔；五号曲线：3#深孔
JE	5	1	一号曲线：1#～5#泄洪闸
G	5	1	一号曲线：1#～5#表孔
E	15	5	一号曲线：1#～7#表孔；二号曲线：1#、2#泄洪洞；三号曲线：1#、6#中孔；四号曲线：2#、5#中孔；五号曲线：3#、4#中孔

泄流曲线是一个与水库水位和泄洪设施开度有关的二维表，泄洪设施在不同水位和开度下具有不同的泄流能力。以 G 水库表孔的泄流能力为例，G 水库不同水位下单个表孔全开的泄流曲线如图 14-1 所示，G 水库在正常蓄水位下表孔的泄流能力如图 14-2 所示。

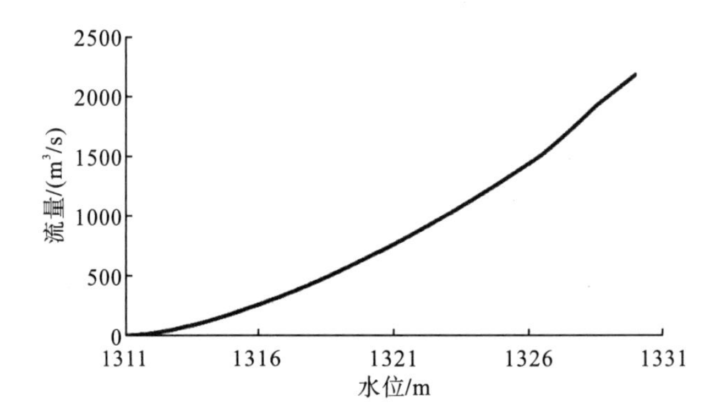

图 14-1　G 水库单表孔全开时的泄流曲线

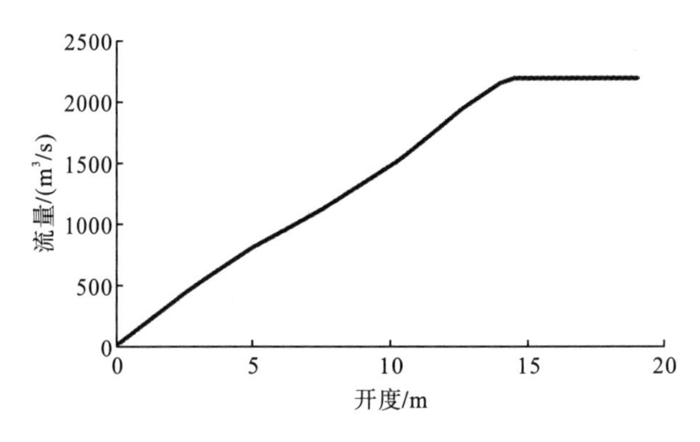

图 14-2　G 水库正常蓄水位下表孔泄流曲线

从图 14-1 和图 14-2 可以看出，泄洪设施的泄流曲线是非线性的。水库的泄洪曲线往往有多条，无法直接对水库的泄流曲线进行差值处理，因此，选用离散处理的方法来提升各水库泄流曲线的精度，促进泄洪设施的精细化运行。

泄流曲线离散处理包括水位离散和开度离散。对水库水位进行等间距离散，离散间隔为 0.1m，离散的范围为泄洪设施底坎高程到停用水位。例如，G 水库表孔闸门运行的水位范围为 1311～1331m，则其离散个数为 201 个。

开度离散根据设计资料中水库泄洪设施开度方式的不同，又分为相对开度和绝对开度。例如，JY 水库和 E 水库的泄洪设施按照相对开度开启，对开度进行等间距离散，离散间隔为 1%；JE 水库和 G 水库的泄洪设施按照绝对开度开启，对开度进行等间距离散，离散间隔为 0.1m。各水库泄洪设施开度离散个数不同，除泄洪设施运行要求规定的不能局部开启的泄洪设施外，泄洪设施的开度范围为 0m 到全开，离散个数最少的水库为 101 个。

泄洪设施的泄流曲线是个很大的二维表，本节分别选取 G 水库表孔和 E 水库表孔的部分泄流曲线进行展示，如表 14-3 和表 14-4 所示。由于泄流曲线数据量非常大，而泄洪设施运行规则往往只是由文字进行定性描述，水库下泄流量的分配非常复杂，难以通过人工操作实现泄洪设施的快速准确分配。因此，本节将结合泄洪设施运行规则，运用梯级水库群各泄洪设施的泄流曲线建立泄洪设施运用数据库，为泄洪设施的精细化和智能化运行提供技术支撑。

表 14-3　G 水库表孔的部分泄流曲线　泄流量/($m^3 \cdot s^{-1}$)

水位/m	开度/m															
	0.1	0.2	0.3	0.4	0.5	0.6	0.7	0.8	0.9	1	1.1	1.2	1.3	1.4	1.5	1.6
1325.0	14.2	28.4	42.5	56.7	70.9	85.1	99.3	113.4	127.6	141.8	156.0	170.2	184.3	198.5	212.7	226.9
1325.1	14.2	28.5	42.7	57.0	71.1	85.4	99.6	113.9	128.1	142.4	156.6	170.9	185.1	199.3	213.5	227.8
1325.2	14.3	28.6	42.9	57.2	71.5	85.8	100.0	114.4	128.7	143.0	157.2	171.5	185.9	200.2	214.5	228.7
1325.3	14.4	28.7	43.0	57.4	71.7	86.1	100.5	114.8	129.2	143.6	157.9	172.3	186.6	200.9	215.3	229.7
1325.4	14.4	28.8	43.3	57.6	72.1	86.5	100.9	115.3	129.7	144.1	158.6	173.0	187.4	201.8	216.2	230.6
1325.5	14.4	28.9	43.4	57.9	72.3	86.8	101.3	115.8	130.3	144.7	159.2	173.6	188.2	202.6	217.1	231.5
1325.6	14.5	29.1	43.6	58.1	72.7	87.2	101.7	116.2	130.7	145.2	159.8	174.3	188.8	203.4	217.9	232.4
1325.7	14.6	29.1	43.8	58.3	72.9	87.5	102.1	116.7	131.2	145.8	160.4	175.0	189.6	204.1	218.7	233.4
1325.8	14.6	29.3	43.9	58.6	73.2	87.9	102.5	117.2	131.8	146.4	161.0	175.7	190.3	205.0	219.7	234.3
1325.9	14.7	29.4	44.1	58.8	73.5	88.2	102.9	117.6	132.3	147.0	161.7	176.4	191.1	205.8	220.5	235.2
1326.0	14.8	29.5	44.3	59.0	73.8	88.5	103.3	118.0	132.8	147.6	162.4	177.1	191.9	206.6	221.3	236.1
1326.1	14.8	29.7	44.4	59.3	74.1	88.9	103.7	118.5	133.4	148.2	163.0	177.7	192.6	207.4	222.2	237.0
1326.2	14.9	29.7	44.6	59.5	74.3	89.2	104.1	118.9	133.8	148.7	163.5	178.4	193.4	208.2	223.1	238.0
1326.3	15.0	29.9	44.8	59.7	74.7	89.6	104.5	119.4	134.3	149.3	164.2	179.2	194.0	209.0	223.9	238.9

表 14-4　E 水库表孔的部分泄流曲线　泄流量/($m^3 \cdot s^{-1}$)

水位/m	开度/%									
	10	20	30	40	50	60	70	80	90	100
1194.0	54	108	162	216	258	258	258	258	258	258
1194.1	55	109	164	219	266	266	266	266	266	266
1194.2	55	111	166	222	275	275	275	275	275	275
1194.3	56	112	168	224	281	283	283	283	283	283
1194.4	57	114	171	228	285	292	292	292	292	292

续表

水位/m	开度/%									
	10	20	30	40	50	60	70	80	90	100
1194.5	58	115	173	230	288	300	300	300	300	300
1194.6	58	117	175	233	291	309	309	309	309	309
1194.7	59	118	176	235	294	317	317	317	317	317
1194.8	60	119	179	238	298	326	326	326	326	326
1194.9	60	120	180	240	300	334	334	334	334	334
1195.0	61	121	182	243	303	343	343	343	343	343
1195.1	62	123	185	246	308	353	353	353	353	353
1195.2	62	125	187	249	312	363	363	363	363	363
1195.3	63	126	189	252	315	373	373	373	373	373

14.3.2　泄洪设施运用数据库设计思路

不同水库、不同泄洪设施有不同的运行原则和要求，泄洪设施运用数字化的计算也不同，采用 C 语言编程进行泄洪设施运用数字化的计算。流域(一)下游梯级各个水库泄洪设施个数较多，每个泄洪设施的开度范围也较大，相应的泄洪设施组合方案也较多。然而，在特定水位下泄放某一流量时，符合要求的泄洪设施组合方案是等效的，不存在组合方案优劣的问题。若采用启发式智能算法等对所有泄洪设施的组合方案进行搜索计算，则计算的复杂度随着泄洪设施个数的增加呈指数增加，计算的难度非常大。因此，本节采用泄洪设施组合方案的分类计算法来简化处理、降低计算的难度。

1. 分类计算法的具体思路

分类计算法的主要思路如下：

(1) 泄洪设施运用数据库由很多个单元组成，每个单元由某水位下特定流量范围内的泄洪设施组合方案组成，特定流量范围可以根据水库泄洪设施等实际情况选定，本节研究过程中取为 100 个流量。例如，在水库水位为 a、流量级别为 b 时(其中 b 为 100 的倍数)，即泄洪设施的组合流量在 $[b-50,b+50]$ 范围内的所有组合方案为一个单元。

(2) 由于在水库水位为 a、泄洪设施的组合流量为 $\left[b-50,b+50\right]$ 范围内的泄洪设施组合方案单元中，泄洪设施的组合方案较多，计算量也较大，因此，本节采取按泄洪设施组合类型简化计算的策略。

(3) 根据每个水库的具体要求，在同一单元中，可能有多个泄洪设施组合类型。但对于某个水库，在给定的单元中，泄洪设施的组合类型是固定的。例如，G 水库在水位为 1324.9m、流量级别为 3100m^3/s 的单元中，泄洪设施允许的组合类型为：2#、3#和 4#表孔，1#、3#和 5#表孔，1#、2#、4#和 5#表孔，1#、2#、3#、4#和 5#表孔四种组合类型。

(4) 对于每一种泄洪设施的组合类型，先列出其中几种有代表性的组合方案，便可通过调整各个泄洪设施的开度，采用式(14-1)进行计算，迅速地找到同一组合类型中所有可行的泄洪设施组合方案。

$$q = \sum_{i=1}^{I} O_i(Z, j) \tag{14-1}$$

式中，I 为水库的泄洪设施总数；q 为在该组合方案下所有泄洪设施的下泄流量；$O_i(Z,j)$ 为第 i 个泄洪设施在开度为 j 、水位为 Z 时的下泄流量；j 为泄洪设施的开度，其取值从 0 到泄洪设施全开(若采用相对开度，则 j 的最大值取 100%，若采用绝对开度，则 j 的最大值取决于各个泄洪设施的最大开度)。

(5)通过搜索计算确定同一单元中所有组合类型的可行的泄洪设施组合方案。

(6)最后分别逐步调整水库水位和流量范围遍历所有单元，确定所有可行的泄洪设施组合方案，并将其依次按照水库水位、下泄流量、泄洪设施启用数量和开度等指标进行排序，便可以得到该水库的泄洪设施运用数据库。

(7)对梯级水库群的所有水库都结合各自的泄洪设施运用规则和要求，按照上述分类计算法进行分析，得到各水库的泄洪设施运用数据库，再按照水库编号排序，由此便建立了梯级水库群泄洪设施运用数据库。

2. 泄洪设施运用数据库构建的流程

以 E 水库为例，介绍泄洪设施运用数据库建立的主要步骤。E 水库泄洪设施运用数据库构建的流程如图 14-3 所示。

1) 输入数据

采用.text 文件输入数据，E 水库有 5 条泄流曲线，表孔泄流曲线水位范围为 1188.5～1203.3m，水位等间距离散间隔为 0.1m，表孔可以局部开启，开启范围为 0%～100%，开度等间距离散间隔为 1%；中孔泄流曲线水位范围为 1120.0～1203.3m，水位等间距离散间隔为 0.1m，中孔不能局部开启；泄洪洞泄流曲线水位范围为 1163.0～1203.3m，水位等间距离散间隔为 0.1m，泄洪洞可以局部开启，开启范围为 0%～100%，等间距离散间隔为 1%。

2) 计算过程

(1)对水位 i (代表水位为 $1142.0 + i/10$ m，最大水位为 1203.3m，i 最大值为 614)赋初值，初值为 0。

(2)判断水位 i 。当水位 $i < 210$ (即水位小于 1163.0m)时，则由中孔泄洪；当水位 $210 \leqslant i \leqslant 465$ (即水位大于等于 1163.0m 且小于 1188.5m)时，则有①泄洪洞泄洪、②中孔泄洪、③泄洪洞和中孔泄洪等 3 种泄洪方式；当水位 $i \geqslant 465$ (即水位大于等于 1188.5m)时，则有①泄洪洞泄洪、②中孔泄洪、③泄洪洞和中孔泄洪、④表孔泄洪、⑤表孔和中孔泄洪及⑥表孔、泄洪洞和中孔泄洪等 6 种泄洪方式。不同水位下的泄洪设施组合类型如表 14-5 所示。

(3)计算各泄洪设施组合类型下的最大下泄流量，对流量进行分组，最大组数为 LS 。例如，最大下泄流量为 5000，最大分组数为 50，则泄洪设施分组以 100 个流量为间隔，各组具体的流量范围分别为[50,150],(150,250],(250,350],…,(4950,5050]。计算时可以根据实际需要选取适当的分组流量间隔 LLLS，如以 200 个流量或 60 个流量为间隔。对流量进行分组处理，是为了在给定流量和水位时，迅速查找出可行的泄洪设施组合方案。

(4) 对流量分组序号 j 赋初值，初值为 1。流量分组 j 的流量范围为 $\left[j\cdot\text{LLLS}-\frac{\text{LLLS}}{2}, j\cdot\text{LLLS}+\frac{\text{LLLS}}{2}\right]$；当 LLLS=100 时，则有 $\left[j\cdot100-50, j\cdot100+50\right]$。

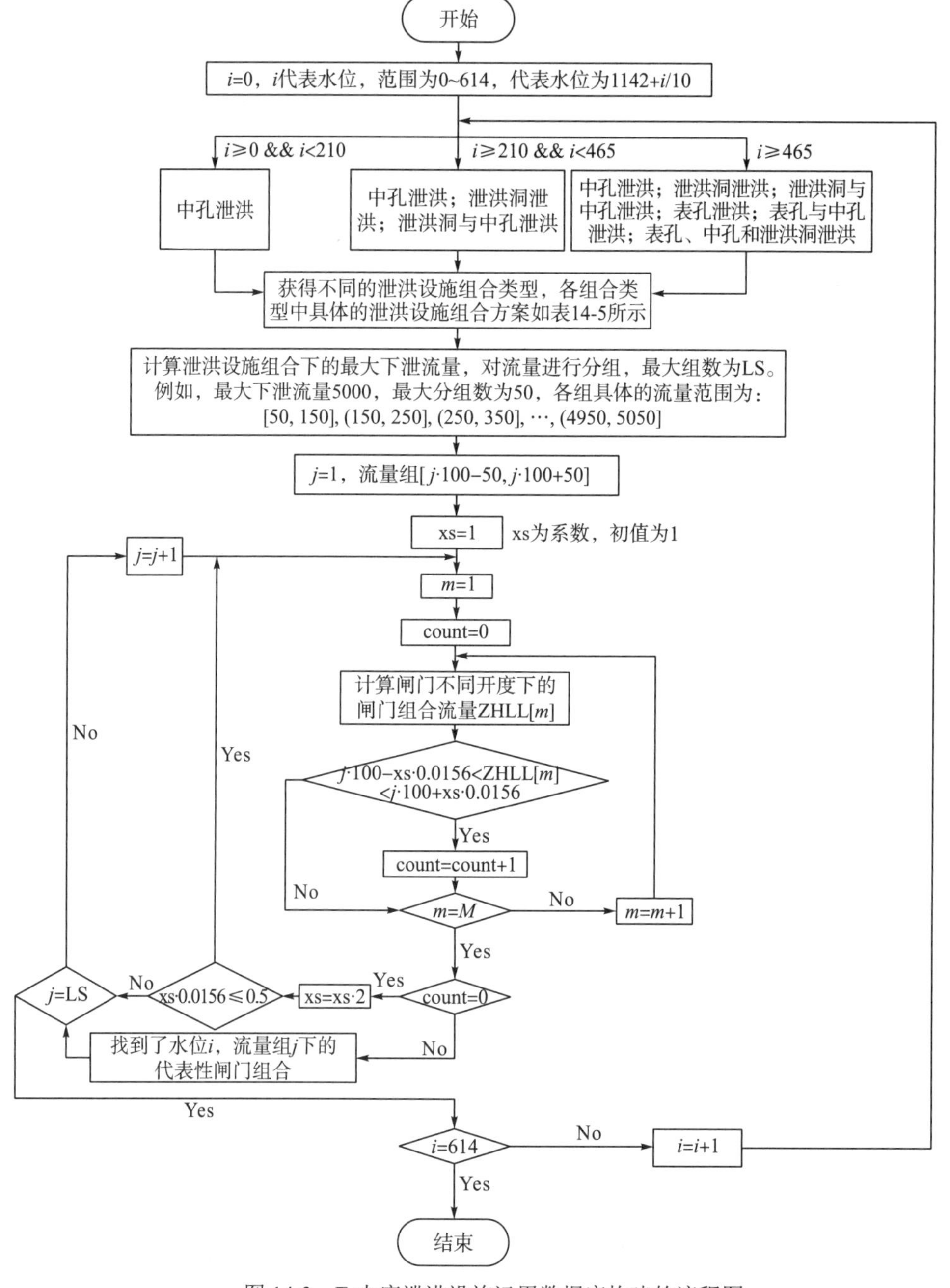

图 14-3　E 水库泄洪设施运用数据库构建的流程图

(5) 根据 (2) 中得到的泄洪设施组合类型，计算所有泄洪设施组合类型中下泄流量是否在流量分组的范围内。例如，水位在 1188.5～1203.3m 时，有 6 种泄洪设施组合方式泄洪，6 种方式都需要计算泄洪设施组合下泄流量是否在流量组的范围内。当计算 7 个表孔和 6 个中孔组合的下泄流量时，根据泄洪设施运用规则，中孔只能全开，表孔需要对称开启，因此，只有 4 组表孔开度可以变化，调整表孔的开度，计算所有可能的泄洪设施组合方案及其下泄流量，比较下泄流量是否在 $\left[j\cdot 100-0.0156\cdot \mathrm{xs}\cdot \mathrm{LLLS}, j\cdot 100+0.0156\cdot \mathrm{xs}\cdot \mathrm{LLLS}\right]$ 之间，其中系数 xs 为可变值，初值为 1，可以根据需要调整。当泄洪设施组合下泄流量不在这个范围内时，逐渐增大 xs (随着 xs 的增大，流量范围变大，偏离 $j\cdot 100$ 越大)，直到 0.0156·xs 大于 0.5；如果找不到泄洪设施组合流量，则说明此泄洪设施组合方案不能下泄该流量组的流量，找到足够数量的代表性泄洪设施组合就终止循环，并按照泄洪设施组合的泄流量对泄洪设施组合方案排序。其中，0.0156·xs 初值取 1/64，是为了让 xs 增大时，0.0156·xs 恰好可以等于 0.5。

(6) 增大 j，遍历水位 i 下的所有流量组；增大 i，遍历所有水位。

表 14-5　E 水库不同水位下的泄洪设施组合类型

水位范围/m	组合类型	具体泄洪设施组合
1122.0～1203.3	中孔	3#中孔
		3#、4#中孔
		3#、4#、5#中孔
		2#、3#、4#、5#中孔
		2#、3#、4#、5#、6#中孔
		全部中孔
1163.0～1203.3	泄洪洞	2#泄洪洞
	泄洪洞和中孔	2#泄洪洞和 3#中孔
		2#泄洪洞和 3#、4#中孔
		2#泄洪洞和 3#、4#、5#中孔
		2#泄洪洞和 2#、3#、4#、5#中孔
		2#泄洪洞和 2#、3#、4#、5#、6#中孔
		2#泄洪洞和全部中孔
1170.0～1203.3	泄洪洞	1#泄洪洞
		1#、2#泄洪洞
	泄洪洞和中孔	1#泄洪洞和 3#中孔
		1#、2#泄洪洞和 3#中孔
		1#泄洪洞和 3#、4#中孔
		1#、2#泄洪洞和 3#、4#中孔
		1#泄洪洞和 3#、4#、5#中孔
		1#、2#泄洪洞和 3#、4#、5#中孔
		1#泄洪洞和 2#、3#、4#、5#中孔

续表

水位范围/m	组合类型	具体泄洪设施组合
		1#、2#泄洪洞和 2#、3#、4#、5#中孔
		1#泄洪洞和 2#、3#、4#、5#、6#中孔
		1#、2#泄洪洞和 2#、3#、4#、5#、6#中孔
		1#、2#泄洪洞和全部中孔
1188.5～1203.3	表孔	4#表孔
		3#、4#、5#表孔
		2#、3#、4#、5#、6#表孔
		全部表孔
	表孔和中孔	3#、4#、5#表孔和 3#、4#中孔
		3#、4#、5#表孔和 2#、3#、4#、5#中孔
		2#、3#、4#、5#、6#表孔和 3#、4#中孔
		2#、3#、4#、5#、6#表孔和 2#、3#、4#、5#中孔
		全部表孔和 2#、3#、4#、5#中孔
		2#、3#、4#、5#、6#表孔和全部中孔
		全部表孔和全部中孔
	泄洪洞、表孔和中孔	2#泄洪洞和 3#、4#、5#表孔及 3#、4#中孔
		2#泄洪洞和 3#、4#、5#表孔及 2#、3#、4#、5#中孔
		2#泄洪洞和 2#、3#、4#、5#、6#表孔及 3#、4#中孔
		2#泄洪洞和 2#、3#、4#、5#、6#表孔及 2#、3#、4#、5#中孔
		2#泄洪洞和全部表孔及 2#、3#、4#、5#中孔
		2#泄洪洞和 2#、3#、4#、5#、6#表孔及全部中孔
		2#泄洪洞和全部表孔及全部中孔
		1#、2#泄洪洞和 3#、4#、5#表孔及 3#、4#中孔
		1#、2#泄洪洞和 3#、4#、5#表孔及 2#、3#、4#、5#中孔
		1#、2#泄洪洞和 2#、3#、4#、5#、6#表孔及 3#、4#中孔
		1#、2#泄洪洞和 2#、3#、4#、5#、6#表孔及 2#、3#、4#、5#中孔
		1#、2#泄洪洞和全部表孔及 2#、3#、4#、5#中孔
		1#、2#泄洪洞和 2#、3#、4#、5#、6#表孔及全部中孔
		1#、2#泄洪洞和全部表孔及全部中孔

14.3.3　泄洪设施运用数据库的合理性分析

参照 E 水库泄洪设施运用数据库建立步骤和流程，可以建立梯级各水库的泄洪设施运用数据库，并由此建立梯级水库群泄洪设施运用数据库，为梯级水库群泄洪设施联合运行控制提供重要支撑。由于泄洪设施运用数据库中数据量比较大，难以全部在本节中进行展示，因此，本节选取梯级各水库正常蓄水位下的部分泄洪设施组合数据成果进行展示，如表 14-6～表 14-9 所示。

表 14-6　JY 水库正常蓄水位下部分泄洪设施组合数据

泄流量/($m^3 \cdot s^{-1}$)	开度/%									
	bk1#	bk2#	bk3#	bk4#	xhd	sk1#	sk2#	sk3#	sk4#	sk5#
9698.7	83	86	86	83	30	100	100	100	100	100
9698.7	84	85	85	84	30	100	100	100	100	100
9698.7	83	86	86	83	30	100	100	100	100	100
9698.7	82	87	87	82	30	100	100	100	100	100
9698.7	81	88	88	81	30	100	100	100	100	100
9698.7	80	89	89	80	30	100	100	100	100	100
9699.2	82	82	82	82	33	100	100	100	100	100
9699.2	81	83	83	81	33	100	100	100	100	100
9699.2	80	84	84	80	33	100	100	100	100	100
9699.2	79	85	85	79	33	100	100	100	100	100
9699.2	78	86	86	78	33	100	100	100	100	100
9798.6	91	91	91	91	93	0	100	100	100	0
9798.6	90	92	92	90	93	0	100	100	100	0
9798.6	89	93	93	89	93	0	100	100	100	0
9798.6	88	94	94	88	93	0	100	100	100	0
9798.6	87	95	95	87	93	0	100	100	100	0
9800.5	90	91	91	90	26	100	100	100	100	100
9800.5	89	92	92	89	26	100	100	100	100	100
9800.5	86	95	95	86	26	100	100	100	100	100
9801	88	88	88	88	29	100	100	100	100	100
9801	87	89	89	87	29	100	100	100	100	100

表 14-7　JE 水库正常蓄水位下部分泄洪设施组合数据

泄流量/($m^3 \cdot s^{-1}$)	开度/m				
	xhz1#	xhz2#	xhz3#	xhz4#	xhz5#
3495.6	13.4	0	13.4	0	13.4
3495.6	0	13.4	13.4	13.4	0
3495.6	13.3	0	13.6	0	13.3
3495.6	0	13.3	13.6	13.3	0
3495.6	13.2	0	13.8	0	13.2
3495.6	0	13.2	13.8	13.2	0
3495.6	13.1	0	14	0	13.1
3495.6	0	13.1	14	13.1	0
3498.7	4.9	6.4	6.5	6.4	4.9
3498.7	4.9	6.3	6.7	6.3	4.9
3499.5	5.3	6.1	6.1	6.1	5.3
3499.5	5.3	6	6.3	6	5.3
3499.5	5.4	5.9	6.3	5.9	5.4

续表

泄流量/(m³·s⁻¹)	开度/m				
	xhz1#	xhz2#	xhz3#	xhz4#	xhz5#
3499.5	5.5	5.8	6.3	5.8	5.5
3499.5	5.6	5.7	6.3	5.7	5.6
3499.5	4.6	6.7	6.7	6.7	4.6
3499.6	5.1	6.2	6.4	6.2	5.1
3499.6	5.1	6.1	6.6	6.1	5.1
3501.4	4.8	6.5	6.6	6.5	4.8
3501.4	4.8	6.4	6.8	6.4	4.8

表 14-8　G 水库正常蓄水位下部分泄洪设施组合数据

泄流量/(m³·s⁻¹)	开度/m				
	bk1#	bk2#	bk3#	bk4#	bk5#
2994.0	0	6.6	6.6	6.6	0
2994.0	6.6	0	6.6	0	6.6
2994.0	0	6.4	7	6.4	0
2994.0	6.4	0	7	0	6.4
2994.0	0	6.2	7.4	6.2	0
2994.0	6.2	0	7.4	0	6.2
2994.1	0	6.5	6.8	6.5	0
2994.1	6.5	0	6.8	0	6.5
2994.1	0	6.3	7.2	6.3	0
2994.1	6.3	0	7.2	0	6.3
3003.3	0	10.2	0	10.2	0
3004.3	3.5	3.7	4	3.7	3.5
3004.4	3.6	3.7	3.8	3.7	3.6
3004.4	3.5	3.8	3.8	3.8	3.5
3004.4	3.4	3.7	4.2	3.7	3.4
3004.4	3.3	3.8	4.2	3.8	3.3
3004.5	3.6	3.6	4	3.6	3.6
3004.5	3.4	3.8	4	3.8	3.4
3006.4	0	6.6	6.7	6.6	0
3006.4	6.6	0	6.7	0	6.6
3006.4	0	6.4	7.1	6.4	0
3006.4	6.4	0	7.1	0	6.4
3006.4	0	6.3	7.3	6.3	0
3006.4	6.3	0	7.3	0	6.3

表 14-9　E 水库正常蓄水位下部分泄洪设施组合数据

	泄流量/($m^3 \cdot s^{-1}$)	9897	9897	9897.5	9897.5	9899.1	9899.1	9901.2
开度/%	bk1#	0	0	45	40	0	0	10
	bk2#	25	25	45	45	0	0	15
	bk3#	30	25	45	50	95	95	15
	bk4#	30	40	55	55	100	100	15
	bk5#	30	25	45	50	95	95	15
	bk6#	25	25	45	45	0	0	15
	bk7#	0	0	45	40	0	0	10
	xhd1#	60	60	75	75	70	75	75
	xhd2#	60	60	0	0	70	65	0
	zk1#	0	0	0	0	0	0	100
	zk2#	100	100	100	100	0	0	100
	zk3#	100	100	100	100	100	100	100
	zk4#	100	100	100	100	100	100	100
	zk5#	100	100	100	100	0	0	100
	zk6#	0	0	0	0	0	0	100

由表 14-5～表 14-9 可知，梯级各水库的泄洪设施运用数据库均符合各水库泄洪设施的运用要求。JY 水库泄洪设施的组合方案符合表孔、深孔、泄洪洞对称、均匀、同步开启的基本运行方式，表孔、深孔和泄洪洞也满足各自泄洪闸门的运行要求。JE 水库泄洪设施的组合方案符合 3 孔泄洪闸泄洪和 5 孔泄洪闸泄洪的原则，相邻泄洪闸门开度小于 3m 级差。G 水库泄洪设施的组合方案符合从中间向两边，对称、均匀、同步开启的基本运行原则，相邻表孔最终开度差小于 2.5m。E 水库泄洪设施的组合方案符合先开启 4#表孔，再开启 3#、5#表孔，然后开启 3#、4#中孔，使水流能及时在空间碰撞；随后开启 2#、5#中孔及 2#、6#表孔(或 2#、6#表孔及 2#、5#中孔)，最后开启 1#、6#中孔及 1#、7#表孔的原则。

以 G 水库为代表，对泄洪设施运用数据库的合理性进行进一步分析。从泄洪设施运用数据库中查找出 G 水库正常蓄水位下可行的泄洪设施组合方案，确定不同流量级时推荐的表孔组合方案，如表 14-10 所示。由设计院编制的该电站运行说明书中提供的 G 水库正常蓄水位运行时表孔泄洪优先运行方式和相应参考开度如表 14-11 所示。

表 14-10　G 水库正常蓄水位下不同流量级时推荐的表孔组合方案

泄流量/($m^3 \cdot s^{-1}$)	开度/m				
	bk1#	bk2#	bk3#	bk4#	bk5#
500	0	0	2.5	0	0
	0	1.2	0	1.2	0
	0	0.8	0.9	0.8	0

续表

泄流量/($m^3 \cdot s^{-1}$)	开度/m				
	bk1#	bk2#	bk3#	bk4#	bk5#
1000	0	0	5.3	0	0
	0	2.5	0	2.5	0
	0	1.5	2	1.5	0
	1.5	0	2	0	1.5
2000	1.9	2	2.1	2	1.9
	0	3.4	3.4	3.4	0
	3.4	0	3.4	0	3.4
	0	5.3	0	5.3	0
3000	2.8	3.2	3.2	3.2	2.8
	0	4.9	6.2	4.9	0
	4.9	0	6.2	0	4.9
	0	8.5	0	8.5	0
4000	4.1	4.2	4.2	4.2	4.1
	0	7.4	7.9	7.4	0
	7.4	0	7.9	0	7.4
	0	11.4	0	11.4	0
5000	5.3	5.3	5.4	5.3	5.3
	0	9.5	9.5	9.5	0
	9.5	0	9.5	0	9.5
6000	6.6	6.7	6.8	6.7	6.6
	0	11.4	11.5	11.4	0
	11.4	0	11.5	0	11.4
7000	7.9	8	8	8	7.9
8000	9.1	9.1	9.2	9.1	9.1
9000	10.2	10.3	10.4	10.3	10.2
10000	11.6	11.7	11.7	11.7	11.6
11000	全开	全开	全开	全开	全开

表 14-11　G 水库正常蓄水位运行时表孔泄洪优先运行方式和相应参考开度

泄流量/($m^3 \cdot s^{-1}$)	开度/m				
	bk1#	bk2#	bk3#	bk4#	bk5#
500	0	0	2.5	0	0
	0	1.24	0	1.24	0
1000	0	0	5.3	0	0
	0	1.2	2.6	1.2	0
	0	2.5	0	2.5	0
	1.2	0	2.6	0	1.2

续表

泄流量/(m³·s⁻¹)	开度/m				
	bk1#	bk2#	bk3#	bk4#	bk5#
2000	1.1	2.6	2.6	2.6	1.1
	0	2.8	4.6	2.8	0
	2.8	0	4.6	0	2.8
	0	5.3	0	5.3	0
3000	2.6	2.6	4.8	2.6	2.6
	0	5.5	4.8	5.5	0
	5.5	0	4.8	0	5.5
4000	4.1	4.1	4.1	4.1	4.1
	0	7.6	7.6	7.6	0
	7.6	0	7.6	0	7.6
5000	5.3	5.3	5.3	5.3	5.3
	0	9.7	9.7	9.7	0
	9.7	0	9.7	0	9.7
6000	6.6	6.6	6.6	6.6	6.6
	0	11.5	11.5	11.5	0
	11.5	0	11.5	0	11.5
7000	8	8	8	8	8
	0	全开	12	全开	0
	全开	0	12	0	全开
8000	9.3	9.3	9.3	9.3	9.3
9000	10.5	10.5	10.5	10.5	10.5
10000	全开	全开	全开	全开	全开

通过表 14-10 和表 14-11 的对比可知，G 水库在正常蓄水位下需要的下泄流量小于 7000m³/s 时，通过查找泄洪设施运用数据库推荐的表孔组合方案与该水电站运行说明书中提供的表孔泄洪优先运行方式基本相同，其中由泄洪设施运用数据库推荐的表孔组合方案更加齐全，开度也更加均匀。当需要的下泄流量大于 7000m³/s 时，该水电站运行说明书中提供的表孔泄洪优先运行方式建议的表孔开度略大于查找泄洪设施运用数据库推荐的表孔开度，这主要是由于泄流量较大时，该水电站运行说明书建议的表孔开度偏大。这点可以从该水电站运行说明书中确定，当需要的下泄流量为 10 000m³/s 时，该水电站运行说明书的建议开度为 5 个表孔全开，此时对应的水库水位为 1327.52m。由此可见，水库的泄流量大于来水量，5 个表孔全开泄流量大于 10 000m³/s，该水电站运行说明书建议的表孔开度偏大。

综合上述分析，本节所构建的泄洪设施运用数据库是科学合理的，通过泄洪设施运用数据库确定梯级各水库的泄洪设施组合方案是切实可行的。

第 15 章　梯级水库群泄洪设施联合动态控制研究

研究如何应用泄洪设施运用数据库实现梯级水库群泄洪设施的联合动态控制，最核心的问题是研究如何利用泄洪设施运用数据库将梯级水库群联合防洪调度模型计算的泄洪流量分配到各个泄洪设施。

本章将对泄洪设施组合方案查询方法、泄洪设施组合方案选取原则和泄洪设施调控策略进行深入研究，通过泄洪设施运用数据库在流域(一)E 水库的应用实例分析利用泄洪设施运用数据库进行泄洪设施控制方案分配的可行性。在此基础上，结合梯级水库群联合防洪调度模型，开展流域(一)下游梯级水库群泄洪设施联合控制方案研究。

15.1　泄洪设施运用数据库应用策略

15.1.1　泄洪设施组合方案查询

在梯级水库群防洪优化调度中，根据优化调度模型确定梯级各水库的防洪调度运行方式，如何利用梯级水库群泄洪设施运用数据库迅速查询确定所有可行的泄洪设施组合方案是实现梯级水库群泄洪设施精细化运行的关键问题之一。虽然梯级水库群泄洪设施运用数据库中数据量较大，但其数据是按照水库编号、水库水位、泄流量的优先顺序依次从小到大的结构存储的。因此，本节选用折半查找算法进行泄洪设施组合方案的查询。

由于泄洪设施运用数据库是按照水库编号、水库水位和泄流量等指标有序排列的，其中水库编号的优先级高于水库水位，水库水位的优先级高于泄流量。为了迅速地根据各时段的水库水位和需要的泄流量确定合理可行的泄洪设施组合方案，可以利用折半查找算法先后根据水库编号、水库水位和泄流量对应的流量级等指标从泄洪设施运用数据库中搜索出所有可行的泄洪设施组合方案。

以流量级 Q 指标的搜索为例，折半查找算法搜索过程如式(15-1)所示，具体步骤如下：

(1)根据最小流量和最大流量所在行的序号 a、c，确定中间行的行号 b，从而确定中间行的流量 Q_b。

(2)比较搜索的流量级 Q 与 Q_b 的大小。若 Q_b 大于流量级 Q，则将中间行的行号 b 赋值给最大流量的行号 c，重新回到步骤(1)；若 Q_b 小于流量级 Q，则将中间行的行号 b 赋值给最小流量的行号 a，重新回到步骤(1)。

(3)如此不断重复，直到 Q_b 与流量级 Q 相等，则该流量级下所有的泄洪设施组合方案均为可供选择的泄洪设施组合方案。

$$
\begin{cases}
b = \left[\left(a+c\right)/2\right] \\
\text{if} \;\; Q_b > Q \qquad c = b, b = \left[\left(a+b\right)/2\right] \\
\text{else if} \;\; Q_b < Q \quad a = b, b = \left[\left(b+c\right)/2\right] \\
\text{end} \;\; Q_b = Q
\end{cases}
\tag{15-1}
$$

式中，[ ]为取整运算。

15.1.2　泄洪设施组合方案选取原则

由于泄洪设施的操作频率是影响其使用寿命的一个重要因素，在梯级水库群防洪优化调度中应该尽量减少泄洪设施的操作频率，因此，在泄洪设施组合方案选取时应尽量减少上一时段到下一时段泄洪设施开度的变化程度。本节选取泄洪设施开度离差平方和最小以及泄洪设施开度变化个数最少作为泄洪设施组合方案选取的原则，选取与上一个时段泄洪设施开启方式最接近的泄洪设施组合方案，其中泄洪设施开度变化个数最少的原则优先级高于泄洪设施开度离差平方和最小原则。上述两个原则的具体计算如式(15-2)和式(15-3)所示：

$$
\min S = \sum_{a=1}^{I}\left(O_{t+1,a} - O_{t,a}\right)^2 \tag{15-2}
$$

式中，$O_{t+1,a}$、$O_{t,a}$ 分别为泄洪设施 a 在 $t+1$ 和 t 时段的开度；I 为水库泄洪设施的总个数；S 为 $t+1$ 时段与 t 时段泄洪设施开度离差平方和。

$$
\min N = \sum_{a=1}^{I} \mathrm{BOOL}\left(\left|O_{t+1,a} - O_{t,a}\right|\right) \tag{15-3}
$$

式中，$\mathrm{BOOL}(i)$ 为逻辑运算符号，当 i 为 0 时，其取值为 0，否则为 1；N 为 $t+1$ 时段与 t 时段泄洪设施开度变化的个数。

15.1.3　泄洪设施调控策略

实际调度中，泄洪设施状态变化的时间间隔应满足相应的限制，既不能频繁变化，也不能长时间不变。泄洪设施状态若在短时间内发生较大变化，必将引起坝的流场的巨大变化，对大坝的安全直接构成威胁，而且非稳定流的骤增对下游的安全十分不利。因此，实际调度操作中，不能任意频繁地变动泄洪设施的开度状态，泄洪设施操作时需要满足一定的时间间隔要求。同时泄洪设施在工作一定时间后，需要进行相应的维护保养，也不能连续长时间运行。本节通过限定水库泄洪设施运行状态最小保持时间 $\mathrm{dur}_{\min}$ 和最大保持时间 $\mathrm{dur}_{\max}$ 来限制泄洪设施的操作时间间隔。

为了分析确定一场洪水过程中泄洪设施组合方案的调整次数，本节采用有序聚类分析法对水库下泄流量的跳跃成分进行识别和检验。设突变点为 τ，则突变点前后下泄流量的离差平方和分别如式(12-87)和式(12-88)所示，整场洪水过程中下泄流量的离差平方和如式(12-89)所示。

对整个洪水过程中满足水库泄洪设施运行状态最小保持时间 $\mathrm{dur}_{\min}$ 和最大保持时间

dur_{max} 约束的所有时间点i，分别用式(12-87)～式(12-89)计算以其为突变点时整场洪水的下泄流量离差平方和$S_n(i)$。比较各时间点i对应的$S_n(i)$的大小，离差平方和最小的时间点即为最优分割点，可作为突变点。

运用上述方法对整场洪水进行分段，直至每个分割点时长在最小保持时间(如12h)和最大保持时间(如72h)之间。对于分割点时长在允许范围之内，但还可以继续分割的部分(如时长在24～72h之间)，通过比较继续分割后的前后两个部分的相似度来确定。若继续分割前后两个部分的相似度小于设定的值(如前后两个部分的流量平均值相差在200个流量之内，或者分段的两部分中分段方差较大值与分段方差较小值的比值小于1.2)，则认为前后两部分相似度较高，不进行继续分割；反之，则继续分割。

对整场洪水下泄流量过程进行分割后，不难计算出各部分的平均流量和平均水位，再根据平均水位和平均流量采用折半查找算法从泄洪设施运用数据库中查询出所有可行的泄洪设施组合方案，最后根据水库当前的泄洪设施状态，按照泄洪设施开度离差平方和最小以及泄洪设施开度变化个数最少的原则，选取合适的泄洪设施组合方案。如此对各部分的平均水位和平均流量充分按上述步骤进行运算，理论上便可以得到整场洪水过程中的泄洪设施控制策略。但实际操作中，由于是根据平均流量和平均水位来确定各部分的泄洪设施组合方案，泄洪设施按照该组合方案控制时的下泄流量过程势必与优化计算得到的下泄流量过程有所偏差。因此，需要按照泄洪设施的组合方案和该部分第一个时段起始水位与入库洪水过程，逐时段计算水库的下泄流量和时段末水位，直至该部分的最后一个时段，并与优化算法计算得到的水位和下泄流量进行比较，得到相应的偏差；再将相应的偏差分摊到下一个部分，直到计算出所有时段的泄洪设施组合方案，确定整场洪水的泄洪设施控制策略。

泄洪设施运用数据库应用的流程如图15-1所示，具体步骤如下：

(1)根据整场洪水的入库洪水过程和水库的初水位，在给定水库末水位、水位限制等边界条件和约束条件的情况下，利用MSPOA算法求解防洪优化调度模型，计算得到各时段的优化水位Z_t^*和优化下泄流量q_t^*(其中$t=1,2,\cdots,T$)。

(2)设优化下泄流量为一个类$Q\{q_1,q_2,q_3,\cdots,q_T\}$，采用有序聚类法对这个类进行聚类分析，直到每个小类的时段数在最小保持时段数dur_{min}(如12h)和最大保持时段数dur_{max}(如72h)之间，且均达到不继续划分的条件。

(3)设有序聚类得到的n个小类为($Q_1,Q_2,Q_3,\cdots,Q_n$)，计算每个小类的平均下泄流量$\overline{q}_1,\overline{q}_2,\overline{q}_3,\cdots,\overline{q}_n$和始末时段的平均水位$\overline{Z}_1,\overline{Z}_2,\overline{Z}_3,\cdots,\overline{Z}_n$。

(4)对类的序号i赋初值，初值为1，根据$\overline{q}_i+\Delta\overline{q}_{i-1}$，$\overline{Z}_i+\Delta\overline{Z}_{i-1}$，利用折半查找算法和泄洪设施组合方案选取的原则，从泄洪设施运用数据库中确定类Q_i所在时段内的泄洪设施组合方案(为一个该类所在时段内不变的泄洪设施组合)。

(5)根据泄洪设施的启闭状态和Q_i类所在时段的初始水位，重新计算Q_i内各时段的水位和下泄流量，由Q_i时段的$\overline{q}_i+\Delta\overline{q}_{i-1}$、$\overline{Z}_i+\Delta\overline{Z}_{i-1}$和新的水位与下泄流量，分别计算得到误差$\Delta\overline{q}_i$和$\Delta\overline{Z}_i$(即用$\overline{q}_i+\Delta\overline{q}_{i-1}$、$\overline{Z}_i+\Delta\overline{Z}_{i-1}$减去新得到的水位与下泄流量)，$\Delta\overline{q}_i$和$\Delta\overline{Z}_i$是为了修正因泄洪设施不能下泄优化流量而产生的偏差($\Delta\overline{q}_0$和$\Delta\overline{Z}_0$为防洪调度初始误差，

取值都为 0)。

(6)令 $i=i+1$，重新回到步骤(4)进行计算，直到遍历所有类为止。

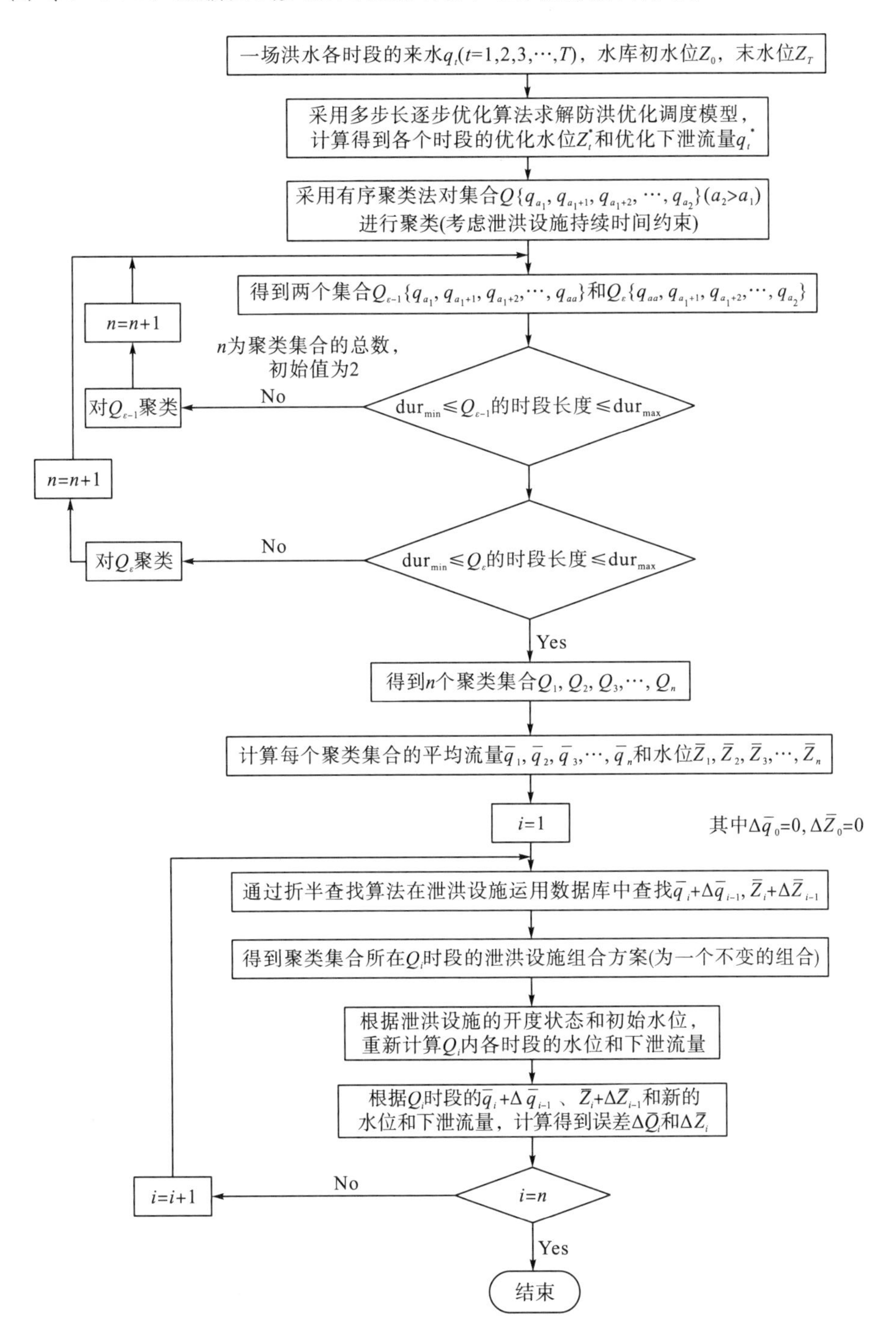

图 15-1　泄洪设施运用数据库应用的流程图

15.2　泄洪设施运用数据库应用实例分析

流域(一)下游梯级水库群为新建梯级，梯级各水库正常运行期的运行资料比较缺乏，梯级各水库中只有E水库运行时间较长，有较完整的泄洪设施运行资料。因此，本节以E水库为例，对应用泄洪设施运用数据库计算得到的泄洪设施组合方案与E水库实际运行的泄洪设施组合方案进行比较，分析应用泄洪设施运用数据库进行泄洪设施分配的可行性。

15.2.1　水库运行资料的选取

为了便于结果对比分析，本节选取E水库2005年8月4日至2005年8月17日洪水期间的运行资料进行计算。选取时主要考虑以下因素：①该场洪水资料齐全，以3小时为间隔记录了各个泄洪设施的启闭情况及持续时间，各个时段的平均水位、尾水位，各机组的发电流量、运行负荷以及发电量，各个水文站的降雨量、径流量，水库的入库水量和出库水量；②该场洪水为单峰，洪峰流量为9465m^3/s，与1998年典型洪水的洪峰流量比较接近，符合典型洪水选取的要求。具体的入库流量、发电流量和泄洪流量如图15-2所示。

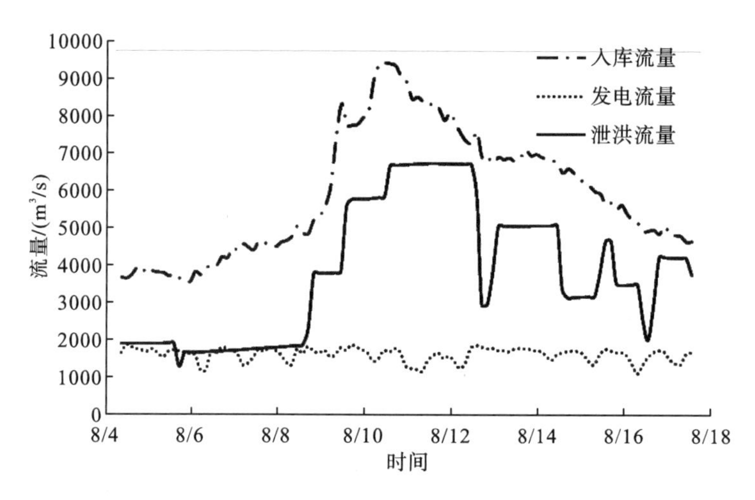

图15-2　E水库实际运行流量过程

图15-2中，E水库泄洪流量变化的时刻正是泄洪设施开度调整的时刻。泄洪设施的开度调整是一个渐变的过程，相应的泄洪流量变化也是一个渐变的过程。通过总结E水库实际运行资料，得到E水库泄洪设施开度大小和变化情况，如表15-1所示。

表15-1　E水库实际运行中泄洪设施开度变化表

时间	泄洪洞1#		泄洪洞2#		中孔2#		中孔3#		中孔4#		中孔5#	
	Q	O	Q	O	Q	O	Q	O	Q	O	Q	O
08/04 08:00	0	0	0	0	0	0	940	100	940	100	0	0
08/05 20:00	0	0	1631	63	0	0	0	0	0	0	0	0

续表

时间	泄洪洞 1#		泄洪洞 2#		中孔 2#		中孔 3#		中孔 4#		中孔 5#	
	Q	O	Q	O	Q	O	Q	O	Q	O	Q	O
08/08 20:00	0	0	1854	63	0	0	966	100	966	100	0	0
08/09 17:00	0	0	1908	63	964	100	971	100	971	100	964	100
08/10 14:00	0	0	2786	90	964	100	971	100	971	100	964	100
08/12 17:00	0	0	0	0	974	100	981	100	981	100	0	0
08/13 02:00	0	0	1140	36	978	100	985	100	985	100	978	100
08/14 17:00	0	0	1154	36	0	0	989	100	989	100	0	0
08/15 14:00	1489	45	1182	36	0	0	996	100	996	100	0	0
08/15 23:00	1488	45	0	0	0	0	996	100	996	100	0	0
08/16 11:00	0	0	0	0	0	0	999	100	999	100	0	0
08/16 20:00	2237	68	0	0	0	0	999	100	999	100	0	0
变化次数	3		5		2		2		2		4	

其中，O 代表开度，单位为%；Q 代表流量，单位为 m^3/s。在不同水位下同一泄洪设施同一开度的泄流量不同。

15.2.2　泄洪设施运用数据库应用结果分析

对 2005 年 8 月 4 日至 2005 年 8 月 17 日的洪水过程，运用 MSPOA 算法求解防洪调度模型，并应用泄洪设施运用数据库确定水库泄洪设施组合方案，实现下泄流量的泄洪设施分配，确定各时刻的水库水位、泄洪设施泄洪流量以及各个泄洪设施的启闭情况。应用泄洪设施运用数据库分配的泄洪流量与水库实际运行的泄洪流量如图 15-3 所示，E 水库各个时刻的坝前水位如图 15-4 所示，应用泄洪设施运用数据库分配的泄洪设施开度大小和变化情况如表 15-2 所示。

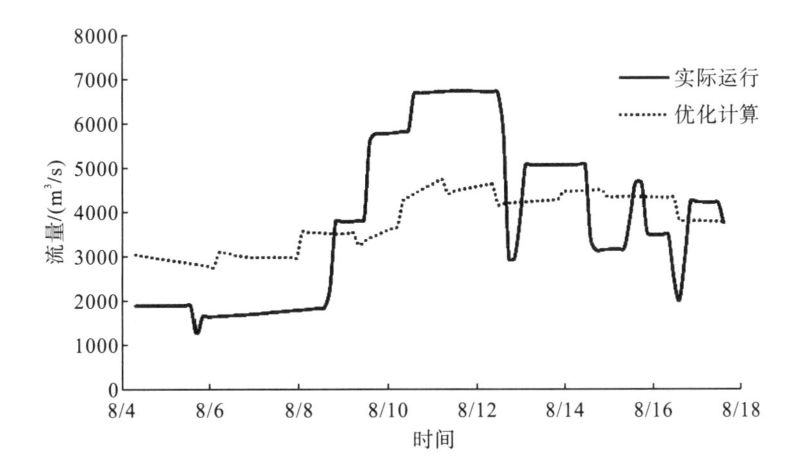

图 15-3　E 水库泄洪设施泄洪流量对比图

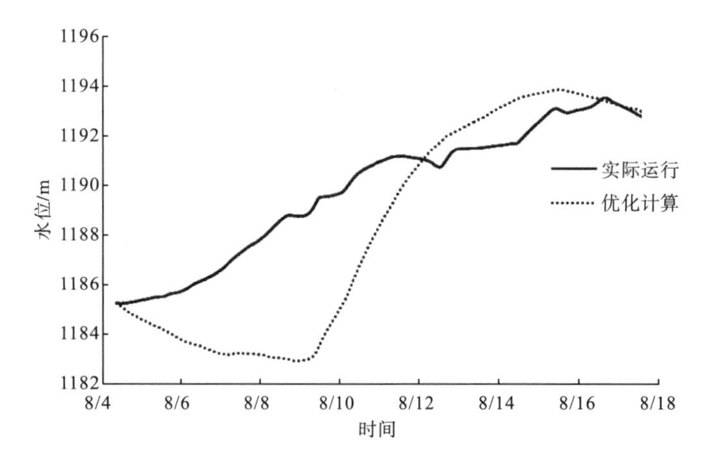

图 15-4　E 水库坝前水位对比图

表 15-2　应用泄洪设施运用数据库分配的泄洪设施开度变化表

时间	泄洪洞 1#		泄洪洞 2#		中孔 3#	
	Q	O	Q	O	Q	O
08/04 08:00	1643	65	1393	55	0	0
08/06 05:00	1717	75	1372	60	0	0
08/08 02:00	1321	60	1321	60	909	100
08/09 08:00	1224	55	1113	50	918	100
08/10 08:00	2261	85	1995	75	0	0
08/11 08:00	1957	65	1505	50	962	100
08/12 11:00	1598	50	1598	50	976	100
08/13 23:00	1818	55	1653	50	986	100
08/14 23:00	1673	50	1673	50	989	100
08/16 14:00	2156	65	1659	50	0	0
变化次数	9		4		4	

其中，O 代表开度，单位为%；Q 代表流量，单位为 m^3/s。

通过对比分析应用泄洪设施运用数据库的优化调度结果和水库实际运行情况，可以得出以下几点结论：

(1) 由图 15-3 可知，应用泄洪设施运用数据库的优化调度结果中，水库的下泄流量更加均匀；水库实际运行的下泄流量过程变化较大。这说明应用泄洪设施运用数据库的防洪优化调度计算削峰明显，使水库下泄流量过程更加平稳，有利于降低下游水库和防洪控制点的防洪压力。

(2) 由图 15-4 可知，应用泄洪设施运用数据库的优化调度结果中，洪水前期，水库坝前水位下降明显，为拦蓄洪峰流量腾出了更多的库容；洪水中后期，优化计算的水库水位高于水库的实际运行水位，能够更加充分地利用水库防洪库容拦蓄洪水，实现削减下游洪峰、降低下游防洪压力的目标。

(3) 由表 15-1 可知，水库实际运行中，有 1#、2#泄洪洞和 2#～5#中孔等 6 个泄洪设施参与泄洪，泄洪设施开度变动次数为 18 次；根据 E 水库泄洪设施运行要求，“泄洪洞在部分开度运行时，推荐部分开度大于 1/2 开度运行，以免泄洪洞发生空蚀破坏”，而水库实际运行中，有部分时段泄洪洞运行开度小于 1/2。由表 15-2 可知，应用泄洪设施运用数据库的优化调度结果中，只有 1#、2#泄洪洞和 3#中孔等 3 个泄洪设施参与泄洪，泄洪设施开度变化次数为 17 次，所有时段泄洪洞均在 1/2 以上开度运行。对比分析表明，应用泄洪设施运用数据库的优化调度结果中，动用的泄洪设施数量更少，泄洪设施开度变化次数也有所减少，且所有泄洪设施开度均更加符合 E 水库泄洪设施运行要求，可见应用泄洪设施运用数据库进行分配的泄洪设施控制方案更加合理，利用泄洪设施运用数据库进行泄洪设施操作控制的方法切实可行。

15.3　梯级水库群泄洪设施调控方案

本节以流域(一)下游梯级水库群为例，利用泄洪设施运用数据库对梯级水库群防洪调度模型计算的下泄流量进行泄洪设施分配，实现梯级水库群泄洪设施联合调控，并将联合调控方案与常规调度方法的控制结果进行对比分析。

15.3.1　边界条件设置

本节梯级水库群防洪调度计算采用第 13 章建立的梯级水库群联合防洪调度模型和多步长逐步优化算法，洪水资料采用 1998 年洪水资料(详见图 13-11)。根据 JY 水库和 E 水库预留防洪库容配合承担长江中下游防洪调度任务的要求，JY 水库和 E 水库的限制水位分别为 1859m 和 1190m。JE 水库和 G 水库库容小，受泄洪设施泄流能力的影响，即泄洪设施的开度是离散的，泄洪设施的下泄流量也是离散的，利用泄洪设施下泄流量时，势必存在一定的偏差，因此，JE 水库和 G 水库末水位的取值均设为一个水位范围。

从充分利用汛期洪水资源出发，防洪调度过程中按发电机组满负荷运行考虑，发电流量取发电机组的最大发电引用流量。梯级各水库优化调度计算的边界条件如表 15-3 所示。

表 15-3　梯级各水库的边界条件

水库	初水位/m	末水位/m	正常蓄水位/m	死水位/m	发电流量/($m^3 \cdot s^{-1}$)
JY	1859.00	1859.00	1880.00	1800.00	2024.00
JE	1644.00	1643.00～1645.00	1646.00	1640.00	1860.00
G	1324.00	1323.00～1325.00	1330.00	1321.00	2344.00
E	1190.00	1190.00	1200.00	1155.00	2400.00

15.3.2　调度结果及分析

按照上述资料和边界条件，采用多步长逐步优化算法进行联合防洪调度模型求解，得到梯级各水库的防洪调度运行方式后，利用泄洪设施运用数据库实现梯级各水库下泄流量的分配，确定流域(一)下游梯级水库群泄洪设施调控方案，并将其与流域(一)当前调度工作中采用的常规调度方法的调度结果进行比较。梯级各水库泄流量和水位对比结果如图 15-5～图 15-12。本节所指的泄流量包含通过机组泄放的流量，即为发电流量和泄洪设施弃水流量之和。

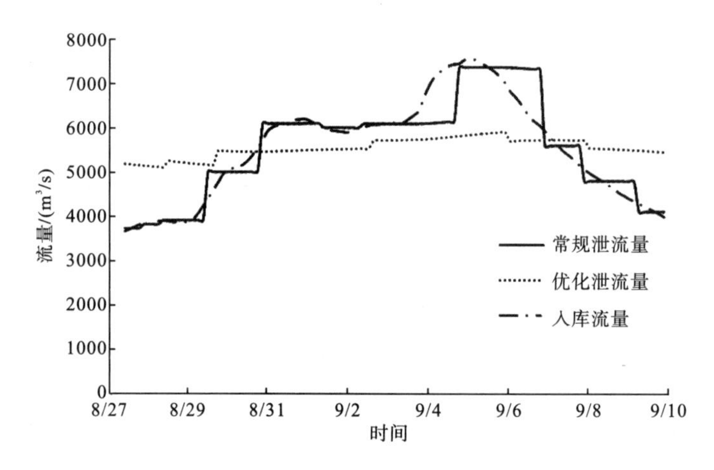

图 15-5　JY 水库泄流量对比

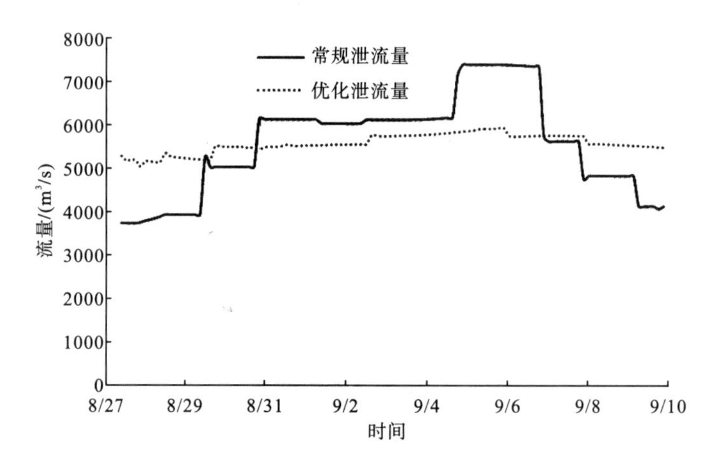

图 15-6　JE 水库泄流量对比

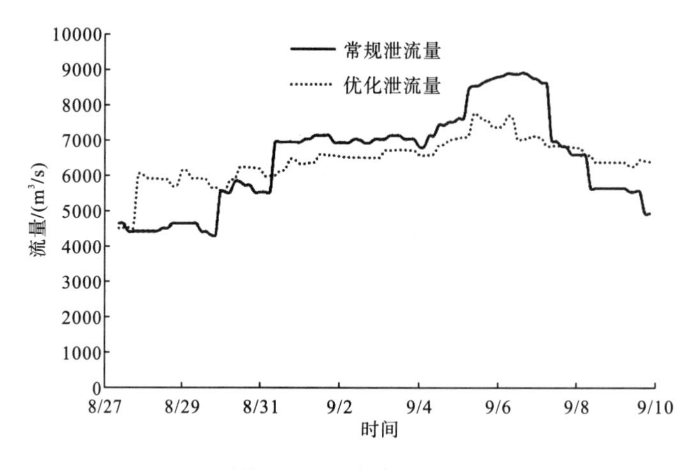

图 15-7　G 水库泄流量对比

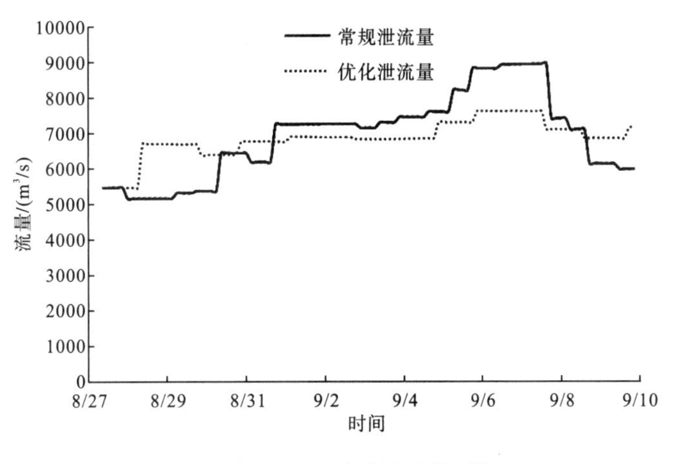

图 15-8　E 水库泄流量对比

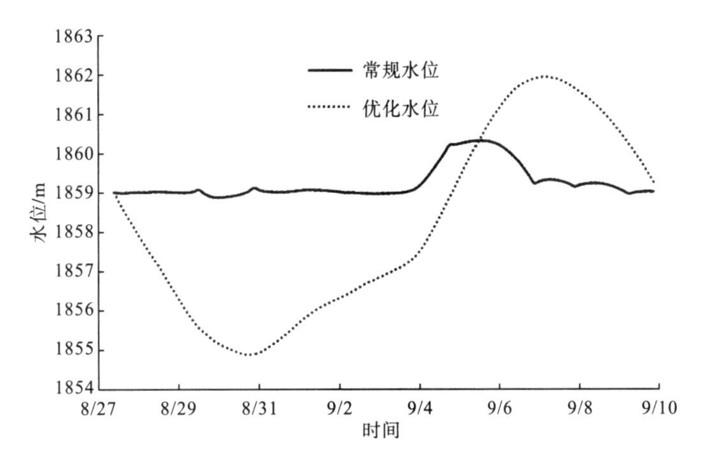

图 15-9　JY 水库水位对比

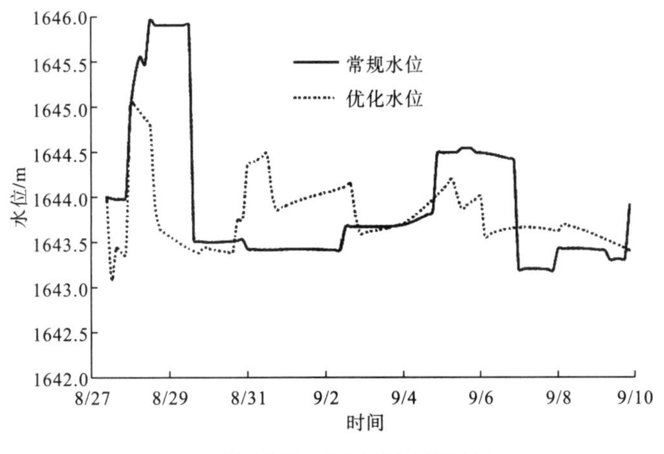

图 15-10　JE 水库水位对比

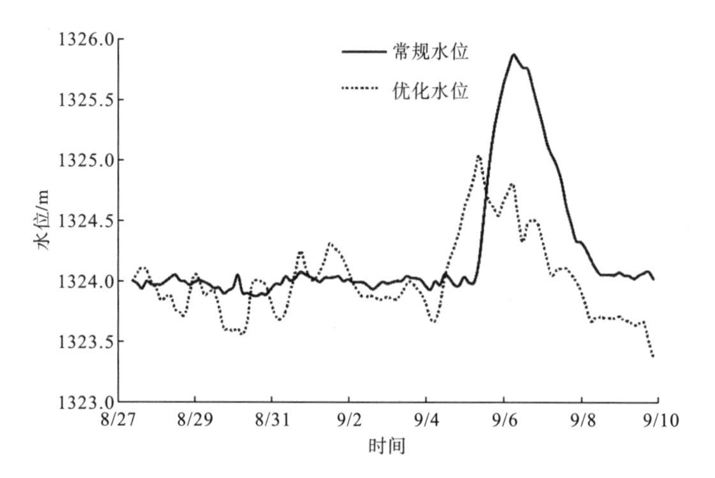

图 15-11　G 水库水位对比

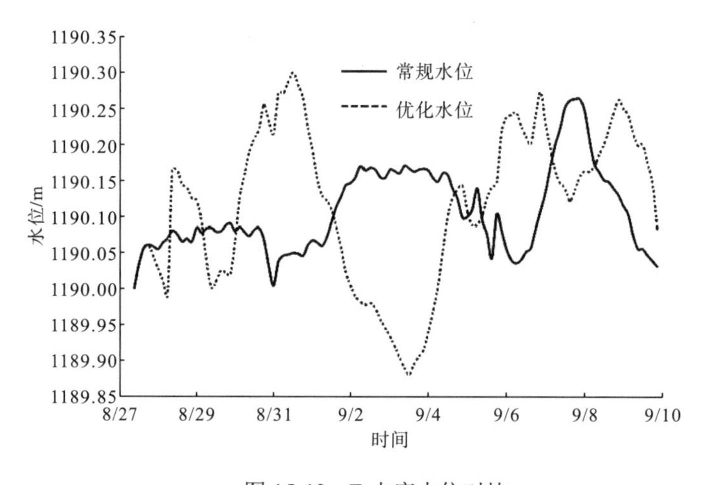

图 15-12　E 水库水位对比

由图 15-5～图 15-12 中梯级各水库常规调度和优化调度的水位和泄流量过程对比分析可知：

(1) 优化调度的泄流量过程比常规调度更加均匀合理，优化调度方案充分利用了梯级水库的防洪库容进行洪水调蓄，极大程度地削减了洪峰流量，降低了下游水库和防洪控制点的防洪压力。

(2) 优化调度方案中，JY 水库作为具有年调节能力的龙头水库，通过在洪水前期降低水库的水位，腾出库容供中后期拦蓄洪水，在中后期又利用水库库容拦蓄洪水，削减出库洪峰流量，确保水库泄流量更加均匀平稳。

(3) JE 水库和 G 水库由于库容小，调蓄洪水的能力较弱，但由于 JY 水库的调蓄作用，其优化调度的泄流量也比常规调度的泄流量更均匀平稳，且水位变幅也优于常规调度。

(4) E 水库在 JY 水库调蓄的基础上，利用自身的库容对来水流量进行更进一步的调蓄，削减洪峰流量，使得水库的泄流量更加均匀平稳，进一步降低下游防洪压力。

(5) 由梯级各水库的泄流量过程可知，JY 水库和 E 水库的泄流量过程比较平坦，不像 JE 水库和 G 水库的泄流量过程那样出现频繁小幅波动。这主要是由于 JE 水库和 G 水库库容小，水位变化敏感，需要改变泄洪设施开度来调整下泄流量；而 JY 水库和 E 水库库容大，水位变化不太敏感，相同泄洪设施开度下，下泄流量相对稳定。

(6) 在前几个计算时段，G 水库和 E 水库的优化调度结果和常规调度基本相同。这是由于梯级各水库之间存在洪水流量传播滞时，上游水库优化计算后的出库流量尚未传到下游，前几个时段这两个水库尚未参与优化计算。

常规调度和优化调度方案下 JY 水库和 E 水库泄洪设施开度变化如表 15-4 至表 15-7 所示。由于 JE 水库和 G 水库库容较小，需要比较频繁地改变泄洪设施状态来调整下泄流量，泄洪设施开度变化次数比较多，因此，本节分别统计了常规调度和优化调度方案下 JE 水库和 G 水库泄洪设施开度变化的次数，如表 15-8 和表 15-9 所示。此外，为便于整体效果的对比，本节还对常规调度和优化调度方案下梯级各水库泄洪设施开度变化的总次数分别进行统计，如表 15-10 所示。

表 15-4　JY 水库常规调度泄洪设施开度变化表

时段	水位/m	总流量/(m³/s)	泄洪洞 1#		深孔 1#		深孔 2#		深孔 3#		深孔 4#		深孔 5#	
			Q	O	Q	O	Q	O	Q	O	Q	O	Q	O
08/27 09:00	1859.00	1712	756	33	0	0	0	0	955	1	0	0	0	0
08/27 21:00	1859.01	1804	848	37	0	0	0	0	955	1	0	0	0	0
08/28 09:00	1859.02	1896	940	41	0	0	0	0	956	1	0	0	0	0
08/29 12:00	1859.07	3005	1101	48	0	0	952	1	0	0	952	1	0	0
08/30 21:00	1859.11	4102	1241	54	0	0	952	1	956	1	952	1	0	0
09/01 09:00	1859.06	4008	1147	50	0	0	952	1	956	1	952	1	0	0
09/02 09:00	1858.99	4096	1238	54	0	0	951	1	955	1	951	1	0	0
09/04 18:00	1860.20	5375	590	25	949	1	961	1	965	1	961	1	949	1
09/06 21:00	1859.22	3602	738	32	0	0	954	1	957	1	954	1	0	0
09/07 21:00	1859.14	2803	897	39	0	0	953	1	0	0	953	1	0	0
09/09 06:00	1858.96	2101	1146	50	0	0	0	0	955	1	0	0	0	0
泄洪设施开度变化次数			10		2		2		4		2		2	

其中，O 代表开度，单位为%；Q 代表流量，单位为 m³/s。

表 15-5　JY 水库优化调度泄洪设施开度变化表

时段	水位/m	总流量/(m³/s)	泄洪洞 1#		深孔 2#		深孔 3#		深孔 4#	
			Q	O	Q	O	Q	O	Q	O
08/27 09:00	1859.00	3181	1281	56	951	100	0	0	951	100
08/28 15:00	1856.91	3236	1366	63	935	100	0	0	935	100
08/29 18:00	1855.33	3479	706	34	923	100	927	100	923	100
09/02 15:00	1856.67	3713	908	42	934	100	938	100	934	100
09/06 00:00	1861.16	3707	797	33	969	100	972	100	969	100
09/08 00:00	1861.56	3548	633	26	970	100	974	100	970	100
泄洪设施开度变化次数			5		0		1		0	

其中，O 代表开度，单位为%；Q 代表流量，单位为 m³/s。

表 15-6　E 水库常规调度泄洪设施开度变化表

时段	水位/m	总流量 /(m³/s)	泄洪洞 1#		泄洪洞 2#		中孔 2#		中孔 3#		中孔 4#	
			Q	*O*	*Q*	*O*	*Q*	*O*	*Q*	*O*	*Q*	*O*
08/27 09:00	1190	3063	1532	50	1532	50	0	0	0	0	0	0
08/28 00:00	1190.05	2760	2760	90	0	0	0	0	0	0	0	0
08/29 06:00	1190.08	2915	2915	95	0	0	0	0	0	0	0	0
08/29 18:00	1190.09	2969	1994	65	0	0	0	0	975	100	0	0
08/30 09:00	1190.07	4042	3068	100	0	0	0	0	974	100	0	0
08/31 03:00	1190.04	3784	1838	60	0	0	0	0	974	100	974	100
08/31 18:00	1190.05	4861	2913	95	0	0	0	0	974	100	974	100
09/02 21:00	1190.15	4760	1844	60	0	0	968	100	975	100	975	100
09/03 09:00	1190.17	4915	1997	65	0	0	968	100	975	100	975	100
09/03 21:00	1190.17	5068	2151	70	0	0	968	100	975	100	975	100
09/04 15:00	1190.14	5220	2302	75	0	0	968	100	975	100	975	100
09/05 06:00	1190.14	5833	2916	95	0	0	968	100	975	100	975	100
09/05 18:00	1190.1	6445	1994	65	1534	50	967	100	975	100	975	100
09/06 12:00	1190.05	6548	2453	80	2147	70	0	0	974	100	974	100
09/07 18:00	1190.26	5031	1540	50	1540	50	0	0	975	100	975	100
09/08 21:00	1190.13	3739	2764	90	0	0	0	0	975	100	0	0
09/09 12:00	1190.06	3580	2606	85	0	0	0	0	974	100	0	0
泄洪设施开度变化次数			16		5		2		1		1	

其中，*O* 代表开度，单位为%；*Q* 代表流量，单位为 m³/s。

表 15-7　E 水库优化调度泄洪设施开度变化表

时段	水位/m	总流量 /(m³/s)	泄洪洞 1#		泄洪洞 2#		中孔 2#		中孔 3#		中孔 4#	
			Q	*O*	*Q*	*O*	*Q*	*O*	*Q*	*O*	*Q*	*O*
08/27 09:00	1190	3063	3063	100	0	0	0	0	0	0	0	0
08/28 09:00	1190.16	4305	2306	75	1999	65	0	0	0	0	0	0
08/29 21:00	1190.02	3985	1993	65	1993	65	0	0	0	0	0	0
08/30 21:00	1190.23	4361	1846	60	1539	50	0	0	976	100	0	0
09/01 03:00	1190.15	4508	1997	65	1536	50	0	0	975	100	0	0
09/02 18:00	1189.96	4435	2447	80	1988	65	0	0	0	0	0	0
09/04 21:00	1190.14	4915	2458	80	2458	80	0	0	0	0	0	0
09/05 21:00	1190.22	5235	2771	90	2463	80	0	0	0	0	0	0
09/07 15:00	1190.12	4713	2763	90	0	0	0	0	975	100	975	100
09/08 15:00	1190.22	4456	1537	50	0	0	968	100	975	100	975	100
09/09 18:00	1190.15	4760	1843	60	0	0	967	100	975	100	975	100
泄洪设施开度变化次数			8		5		1		3		1	

其中，*O* 代表开度，单位为%；*Q* 代表流量，单位为 m³/s。

表 15-8　JE 水库泄洪设施开度变化次数对比

项目	泄洪闸 1#	泄洪闸 2#	泄洪闸 3#	泄洪闸 4#	泄洪闸 5#
常规调度泄洪设施变化次数	8	9	8	9	8
优化调度泄洪设施变化次数	8	6	9	6	8

表 15-9　G 水库泄洪设施开度变化次数对比

项目	表孔 1#	表孔 2#	表孔 3#	表孔 4#	表孔 5#
常规调度泄洪设施变化次数	16	24	13	24	16
优化调度泄洪设施变化次数	16	21	18	21	16

表 15-10　梯级各水库泄洪设施开度变化总次数对比

项目	JY 水库	JE 水库	G 水库	E 水库
常规调度泄洪设施变化总次数	22	42	93	25
优化调度泄洪设施变化总次数	6	37	92	18

通过对比分析表 15-4～表 15-10 中梯级各水库常规调度和优化调度方案下的泄洪设施开度情况可知：

(1) 优化调度方案的梯级水库群泄洪设施变化总次数明显小于常规调度的梯级水库群泄洪设施变化总次数。这主要是由于优化调度方案中梯级各水库的泄洪流量更加平稳均匀，泄洪设施组合方案调整的频率明显降低。

(2) JY 水库通过利用防洪库容进行洪水调蓄，优化调度方案较常规调度方案少启用了 1#深孔和 5#深孔，泄洪设施变化次数少了近 73%。由此可见，利用防洪调度模型和泄洪设施运用数据库进行泄洪设施运行控制有利于提升泄洪设施操作控制水平，降低泄洪设施的运行维护成本和人力成本，延长泄洪设施的使用寿命。

(3) JE 水库和 G 水库的泄洪设施开度变化总次数明显多于 JY 水库和 E 水库。这主要是由于 JE 水库和 G 水库库容较小，水位变化比较敏感，需要比较频繁地变化泄洪设施开度以调整泄洪流量，确保水库水位始终满足水位约束的要求。

(4) 优化调度方案下 JE 水库和 G 水库的泄洪设施开度变化次数较常规调度中泄洪设施变化次数有所减少，但相差不大。这主要是由于 JE 水库和 G 水库库容小，在优化调度中水库库容对洪水的调蓄能力比较弱，为了确保水库水位在合理区间运行，势必需要比较频繁地调整泄洪设施开度。

第16章　基于泄洪设施控制的梯级水库群防洪调度规则研究

由于当前各水库的防洪调度规则多为单一水库调度规则，且往往只是水位控制方案，缺乏泄洪设施运用规则。为了充分利用梯级上下游水库泄洪设施的联动规律，提高防洪调度规则的实用性和可操作性，本章将利用泄洪设施运用数据库研究考虑泄洪设施控制方案的梯级水库群防洪调度规则。

本章将以流域(一)下游梯级水库群为例，分别通过历史洪水和频率洪水制定梯级水库群防洪调度规则，并在规则中提供建议的泄洪设施控制方案，提高防洪调度规则的可操作性。同时，本章还将利用梯级水库群防洪调度规则进行洪水调度分析，并与优化调度结果进行比较，分析运用梯级水库群防洪调度规则进行洪水调度的可行性和合理性。

16.1　实测洪水分析

16.1.1　实测洪水选取

流域(一)洪水由暴雨形成，洪水季节性变化与暴雨变化基本一致。进入雨季后，降雨频繁，连绵不断的降雨使得流域内土壤含水量趋于饱和，致使江河底水逐渐抬高，在此基础上若发生1～3天较集中的暴雨过程便可形成洪水。通过分析历史洪水资料发现，流域年最大流量出现时间主要集中在7～9月，洪水年际变化较小。由于流域内大部分区域降雨强度不大，再加上流域面积较大，且呈狭长带状，非常不利于洪水汇集，因此，洪水一般具有峰低、量大、历时长(单峰过程约7～9天，双峰过程约13～17天)、底水高等特点。

为了进一步分析流域(一)的洪水特点和梯级水库群防洪调度规则，本节选取2000年后流域(一)发生的48场不同大小的实测洪水以及1965年和1998年2场典型洪水共50场洪水作为研究对象，洪水资料采用某水文站的实测数据，洪峰流量范围为2000～8000m^3/s。50场洪水的起止时间、峰现时间以及洪峰流量如表16-1所示。

表16-1　流域(一)某水文站洪水资料

编号	洪水起始时间	洪水结束时间	洪水峰现时间	洪峰流量/(m^3·s^{-1})
1	1965/8/3 12:00	1965/8/18 0:00	1965/8/10 21:00	7820
2	1998/8/27 9:00	1998/9/9 21:00	1998/9/5 3:00	7580
3	2000/6/12 15:30	2000/6/18 3:00	2000/6/14 23:00	5090
4	2000/7/6 20:00	2000/7/23 2:00	2000/7/13 6:00	6598
5	2000/8/23 0:00	2000/9/5 16:30	2000/8/29 23:00	5510

续表

编号	洪水起始时间	洪水结束时间	洪水峰现时间	洪峰流量/($m^3 \cdot s^{-1}$)
6	2000/9/6 8:00	2000/9/22 14:00	2000/8/29 23:00	5510
7	2001/6/20 5:00	2001/7/5 8:00	2001/6/30 2:00	5540
8	2001/7/29 11:00	2001/8/3 20:00	2001/7/31 14:00	2720
9	2001/8/22 3:00	2001/9/16 20:00	2001/8/30 3:00	6040
10	2002/6/14 3:00	2002/6/24 11:00	2002/6/17 20:00	2870
11	2002/7/3 23:00	2002/7/13 14:00	2002/7/9 20:00	4080
12	2002/7/30 8:00	2002/8/7 8:00	2002/8/2 2:00	3805
13	2002/8/10 2:00	2002/8/20 8:00	2002/8/14 8:00	4710
14	2003/6/16 2:00	2003/6/25 2:00	2003/6/19 20:00	3400
15	2003/6/26 2:00	2003/6/30 8:00	2003/6/27 20:00	3450
16	2003/7/1 8:00	2003/7/19 5:00	2003/7/5 23:00	5290
17	2003/8/14 11:00	2003/8/27 17:00	2003/8/18 23:00	5010
18	2003/8/30 2:00	2003/9/20 23:00	2003/9/10 8:00	6670
19	2004/7/7 23:00	2004/7/13 14:00	2004/7/10 8:00	4990
20	2004/7/14 8:00	2004/7/21 23:00	2004/7/17 17:00	4070
21	2004/8/27 23:00	2004/9/15 11:00	2004/9/9 8:00	5040
22	2005/6/19 5:00	2005/7/1 23:00	2005/6/26 8:00	3390
23	2005/7/8 23:00	2005/7/20 5:00	2005/7/12 14:00	4320
24	2005/8/5 20:00	2005/8/18 5:00	2005/8/10 23:00	6500
25	2005/8/21 5:00	2005/9/11 14:00	2005/8/28 11:00	6850
26	2006/6/12 8:00	2006/6/22 17:00	2006/6/16 2:00	3520
27	2006/7/4 20:00	2006/7/14 20:00	2006/7/9 8:00	3400
28	2006/9/11 8:00	2006/9/22 14:00	2006/9/15 20:00	2330
29	2007/7/20 11:00	2007/7/28 5:00	2007/7/23 23:00	4690
30	2007/8/1 2:00	2007/8/7 2:00	2007/8/2 23:00	2650
31	2007/8/31 23:00	2007/9/7 23:00	2007/9/4 5:00	2810
32	2007/9/9 11:00	2007/9/22 8:00	2007/9/14 23:00	4460
33	2008/6/23 2:00	2008/7/1 2:00	2008/6/27 20:00	3550
34	2008/7/3 5:00	2008/7/10 14:00	2008/7/5 14:00	4190
35	2008/7/14 20:00	2008/7/21 14:00	2008/7/18 14:00	3720
36	2008/8/10 2:00	2008/8/21 20:00	2008/8/16 20:00	4360
37	2008/8/25 5:00	2008/9/10 20:00	2008/8/31 20:00	5750
38	2008/9/14 5:00	2008/9/21 20:00	2008/9/15 14:00	3450
39	2009/7/3 8:00	2009/7/19 8:00	2009/7/12 15:00	4650
40	2009/7/26 17:00	2009/8/9 2:00	2009/8/5 23:00	4750
41	2009/8/9 23:00	2009/8/24 20:00	2009/8/13 14:00	7020
42	2010/6/22 17:00	2010/7/3 14:00	2010/7/1 2:00	3020
43	2010/7/16 2:00	2010/7/24 2:00	2010/7/20 5:00	4370
44	2010/8/20 23:00	2010/8/30 17:00	2010/8/27 14:00	4690
45	2010/8/31 23:00	2010/9/10 2:00	2010/9/7 11:00	3460

续表

编号	洪水起始时间	洪水结束时间	洪水峰现时间	洪峰流量/($m^3 \cdot s^{-1}$)
46	2010/9/11 23:00	2010/9/20 8:00	2010/9/14 14:00	3030
47	2011/7/12 14:00	2011/7/21 17:00	2011/7/14 18:00	5970
48	2011/8/4 20:00	2011/8/12 5:00	2011/8/6 14:00	3190
49	2012/7/11 8:00	2012/8/2 2:00	2012/7/25 2:00	7450
50	2012/8/30 23:00	2012/9/8 20:00	2012/9/3 2:00	4340

16.1.2　梯级各水库洪水传播滞时

通过对上述 50 场不同量级洪水的洪水过程线进行分析，计算不同量级洪水在梯级各水库间的洪水传播滞时，并参照上下游水库之间河道距离、比降、河道形态、断面流速等因素，综合确定上下游水库平均洪水传播滞时。对于有支流且支流流量较大或区间流量不可忽略的干流河道，读取相应支流水文站的数据，用干流流量减去支流流量，获得消除支流影响后的干流流量数据，再按无支流河段计算上下游水库的洪水平均传播滞时；对于有些支流受干流影响较大，缺乏支流数据的河段，其洪水传播滞时可由相邻(相近)河段洪水传播滞时按河道长度进行折算，并根据河道比降、河道形态等因素综合确定。

50 场洪水过程对应的支流或区间流量均有水文站观测记录，梯级各水库之间的洪水传播滞时率定主要有以下 3 种方案：①根据上下游洪峰出现时刻间隔进行滞时率定；②根据上下游洪水起涨点出现时刻间隔进行滞时率定；③通过比较偏离不同时间间隔后上下游各水库洪水过程的接近程度进行滞时率定。综合考虑以上 3 种方案的率定结果，结合流域(一)的实际情况，得到流域(一)下游各相邻水库间洪水传播滞时，如表 16-2 所示。滞时率定结果与流域(一)已有成果基本一致。

表 16-2　梯级各相邻水库洪水传播滞时

洪水编号	洪峰流量/($m^3 \cdot s^{-1}$)	E 水位/m	JE 至 G 滞时/h	G 至 E 滞时/h
28	2330	1191	13	7
30	2650	1196.49	12	7
8	2720	1189.33	12	6
31	2810	1197.73	12	6
10	2870	1163.19	12	6
42	3020	1174.85	12	6
46	3030	1197.05	12	6
48	3190	1197.42	12	6
22	3390	1168.13	12	6
14	3400	1165.31	12	6
27	3400	1188.91	12	6
15	3450	1186.25	12	6
38	3450	1197.88	12	6
45	3460	1196.96	12	6
26	3520	1175.27	12	6

续表

洪水编号	洪峰流量/($m^3 \cdot s^{-1}$)	E 水位/m	JE 至 G 滞时/h	G 至 E 滞时/h
33	3550	1172.97	12	6
35	3720	1194.87	12	5
12	3805	1176.52	11	6
20	4070	1185.44	12	5
11	4080	1173.64	11	6
34	4190	1186.85	12	6
23	4320	1187.84	11	6
50	4340	1199.1	11	5
36	4360	1197.38	11	6
43	4370	1196.47	11	5
32	4460	1198.61	11	6
39	4650	1177.2	10	5
29	4690	1190.25	9	5
44	4690	1198.15	10	6
13	4710	1176.21	10	5
40	4750	1195.64	9	5
19	4990	1185.86	10	5
17	5010	1193.18	10	5
21	5040	1195.08	9	5
3	5090	1174.87	9	5
16	5290	1186.62	10	5
5	5510	1182.48	9	5
6	5510	1184.16	9	4
7	5540	1184.36	9	5
37	5750	1197.75	9	4
47	5970	1186.33	9	4
9	6040	1193.08	9	4
24	6500	1185.65	8	4
4	6598	1174.51	8	4
18	6670	1199.13	8	4
25	6850	1193.24	8	4
41	7020	1194.58	8	4
49	7450	1192.83	8	3
2	7580	/	8	3
1	7820	/	7	3

第 1、2 场洪水是历史洪水，E 水库于 1998 年 8 月开始并网发电，第 1 场洪水没有坝前水位，第 2 场洪水的坝前水位缺乏记录。由表 16-2 可以看出，洪峰流量越大，洪水传播滞时越短；G 水库到 E 水库的洪水传播滞时还与 E 水库的坝前水位有关，坝前水位越

低，洪水传播滞时越短。由于JY水库到JE水库距离较短，洪水传播滞时可忽略不计。

16.2　梯级水库群防洪调度规则制定

本节分别通过不同流量和不同频率洪水的优化调度，总结防洪调度结果，进而分别提取历史洪水和频率洪水的防洪调度规则，指导流域(一)常规洪水和设计洪水的调度管理。

16.2.1　基于历史洪水的防洪调度规则

所选取的流域(一)50场洪水的洪峰流量范围为2000～8000m^3/s，按洪峰流量将这50场洪水分为6组，即以洪峰流量在2000～3000m^3/s、3000～4000m^3/s、4000～5000m^3/s、5000～6000m^3/s、6000～7000m^3/s和7000～8000m^3/s的范围内各为一组。以洪峰流量、洪量和洪水集中程度作为选取代表性洪水的主要指标，选取各组洪水中的代表性洪水，其中洪水集中程度采用1d、3d和5d洪量占总洪量的比例来衡量。根据各个指标对水库防洪的不利程度来确定各个指标权重的大小，采用模糊识别理论来选取各组的代表性洪水，各流量分组的代表性洪水如表16-3所示。

表16-3　各流量分组的代表性洪水

流量级别/(m^3·s^{-1})	洪水编号	洪峰流量/(m^3·s^{-1})	JE至G滞时/h	G至E滞时/h
2000～3000	31	2810	12	6
3000～4000	26	3520	12	6
4000～5000	29	4690	9	5
5000～6000	7	5540	9	5
6000～7000	25	6850	8	4
7000～8000	1	7820	7	3

根据表16-3中各流量分组的代表性洪水，对不同流量级的洪水分别制定防洪调度规则，具体方法和步骤如下：

(1)选择起调水位。JY水库和E水库起调水位为汛限水位，即分别为1859m和1990m；JE水库和G水库库容小，基本无调节能力，没有汛限水位，起调水位根据水库运行需要选取，本节分别取1644m和1329m。

(2)假定调度规则，并根据假定的调度规则调节代表性洪水，判断调度过程是否满足约束条件。

(3)调整调度规则，用调整后的调度规则重新对代表性洪水进行调度，再判断调度过程是否满足约束条件，并与优化调度结果进行比较。

(4)不断重复步骤(3)，直至找到满意的调度规则为止。

根据上述方法和步骤计算，可得到基于历史洪水的流域(一)下游梯级水库群防洪调度规则，如表16-4所示。

表 16-4　基于历史洪水的梯级水库群防洪调度规则

水库	洪峰量级/($m^3 \cdot s^{-1}$)	起调水位/m	最高控制水位/m	推荐的泄洪设施控制方案
JY	2000～3000	1859	1859.66	3#深孔泄洪
JE		1644	1646	3#泄洪闸泄洪
G		1329	1330	3#表孔泄洪
E		1190	1190.89	1#泄洪洞(4#表孔辅助)泄洪
JY	3000～4000	1859	1859.71	3#深孔泄洪
JE		1644	1646	2#、3#和 4#泄洪闸泄洪
G		1329	1330	2#和 4#表孔泄洪
E		1190	1191.28	1#泄洪洞和 4#中孔泄洪
JY	4000～5000	1859	1861.02	2#、3#、4#深孔
JE		1644	1646	2#、3#和 4#泄洪闸泄洪
G		1329	1330	2#、4#表孔泄洪
E		1190	1191.29	1#泄洪洞和 4#中孔泄洪
JY	5000～6000	1859	1861.04	2#、3#、4#深孔泄洪
JE		1644	1646	5 孔泄洪闸泄洪
G		1329	1330	2#、3#和 4#表孔泄洪
E		1190	1191.31	1#泄洪洞和 3#、4#中孔泄洪
JY	6000～7000	1859	1861.10	1#泄洪洞和 3#深孔泄洪
JE		1644	1646	5 孔泄洪闸泄洪
G		1329	1330	2#、3#和 4#表孔泄洪
E		1190	1191.37	1#泄洪洞和 2#、3#、4#中孔泄洪
JY	7000～8000	1859	1861.15	1#泄洪洞和 2#、3#、4#深孔泄洪
JE		1644	1646	5 孔泄洪闸泄洪
G		1329	1330	2#、3#、4#表孔泄洪
E		1190	1191.41	1#、2#泄洪洞和 3#、4#中孔泄洪

最高控制水位为历史洪水按照调度规则进行调度控制的过程中不能超过的水位，其目的是为了使水库水位尽快回到汛限水位，减少水库的调度风险。最高控制水位是通过分析总结水库常规调度结果和优化调度计算结果确定的。

16.2.2　基于频率洪水的防洪调度规则

本节选取流域(一)1998 年典型洪水进行同频率放大，得到重现期为 200 年、100 年、50 年、30 年和 20 年的设计洪水过程，JY 水库设计洪水成果如表 16-5 所示。

表 16-5　JY 水库设计洪水成果表

项目	均值	变差系数	偏态系数/变差系数	某一洪水频率/%				
				0.5	1	2	3.33	5
洪峰流量/($m^3 \cdot s^{-1}$)	5700	0.29	4	11 700	10 900	10 000	9 370	8 850
最大一日洪量径流深/m	4.72	0.28	4	9.47	8.82	8.15	7.64	7.17
最大三日洪量径流深/m	13.4	0.28	4	26.9	25	23.1	21.7	20.5
最大七日洪量径流深/m	27.9	0.31	4	59.9	55.4	50.8	47.3	44.3
最大十五日洪量径流深/m	53	0.32	4	116	107	98.1	91.2	85.5

不同频率洪水防洪调度规则的制定方法和步骤与前述历史洪水计算相同，基于频率洪水的流域(一)下游梯级水库群防洪调度规则如表 16-6 所示。

表 16-6　基于频率洪水的梯级水库群防洪调度规则

水 库	洪水频率/%	起调水位/m	最高控制水位/m	推荐的泄洪设施控制方案
JY	0.5	1859	1870.69	1#泄洪洞和 1#～5#深孔泄洪
JE		1644	1649.31	全部泄洪闸泄洪
G		1329	1330	全部表孔泄洪
E		1190	1193.14	1#、2#泄洪洞和 1#～6#中孔泄洪
JY	1	1859	1864.81	1#泄洪洞和 1#～5#深孔泄洪
JE		1644	1648.34	全部泄洪闸泄洪
G		1329	1330	全部表孔泄洪
E		1190	1192.47	1#、2#泄洪洞和 1#～6#中孔泄洪
JY	2	1859	1862.03	1#泄洪洞和 1#～5#深孔泄洪
JE		1644	1647.34	全部泄洪闸泄洪
G		1329	1330	全部表孔泄洪
E		1190	1192.23	1#、2#泄洪洞和 1#～5#中孔泄洪
JY	3.33	1859	1861.18	1#泄洪洞和 1#～5#深孔泄洪
JE		1644	1646.35	全部泄洪闸泄洪
G		1329	1330	全部表孔泄洪
E		1190	1191.39	1#、2#泄洪洞和 2#～5#中孔泄洪
JY	5	1859	1861.11	1#泄洪洞和 1#～5#深孔泄洪
JE		1644	1646.26	全部泄洪闸泄洪
G		1329	1330	全部表孔泄洪
E		1190	1191.32	1#、2#泄洪洞和 2#～4#中孔泄洪

由表 16-6 可知，随着洪水频率的减小，JY 水库和 E 水库的最高控制水位逐渐增高。这主要是由于随着洪水频率的减小，洪水量级逐渐增大，进行洪水调度控制时需要动用更多的防洪库容，所以相应的最高控制水位也逐渐增高。其中频率为 3.33% 和 5% 的洪水

对应的 JY 水库和 E 水库的最高控制水位变化不大，且两个水库的最高控制水位都比较接近起调水位，这说明进行 30 年一遇以下洪水的调度控制时，JY 水库和 E 水库动用的防洪库容都比较少，基本没有动用。

16.3　基于梯级水库群防洪调度规则的洪水调度研究

通过上述分析可知，进行 30 年一遇以下洪水调度控制时，基本上不需要动用 JY 水库和 E 水库的防洪库容。因此，为了分析梯级水库群防洪调度规则的适用性，本节利用梯级水库群防洪调度规则分别对重现期为 50 年、100 年和 200 年的洪水进行洪水调度计算，并与优化调度计算的结果进行对比分析，如表 16-7 所示。

表 16-7　洪水调度结果对比

电站	重现期/年	优化调度		调度规则调度		差值	
		最高水位/m	最大泄量/($m^3 \cdot s^{-1}$)	最高水位/m	最大泄量/($m^3 \cdot s^{-1}$)	最高水位/m	最大泄量/($m^3 \cdot s^{-1}$)
JY	200	1866.98	9598	1867.16	9674	0.18	76
JE		1648.85	9597	1648.9	9665	0.03	70
G		1329.67	11201	1329.71	11238	0.04	37
E		1192.86	13831	1192.92	13887	0.06	56
JY	100	1861.70	8697	1861.78	8765	0.08	68
JE		1647.78	8690	1647.80	8751	0.02	61
G		1329.91	10681	1329.92	10715	0.01	34
E		1192.30	11231	1192.34	11272	0.04	41
JY	50	1861.50	8227	1861.61	8291	0.11	64
JE		1647.11	8226	1647.13	8287	0.02	61
G		1329.74	9566	1329.76	9621	0.04	55
E		1191.69	11166	1191.72	11187	0.03	21

通过对比分析表 16-7 中基于防洪调度规则的洪水调度结果与优化调度结果可知：

(1) 优化调度和调度规则调度的结果中，各水库的最高水位和最大下泄流量均非常相近，都能很好地满足梯级水库群的防洪调度要求，可见利用梯级水库群防洪调度规则进行洪水调度控制是切实可行的。

(2) JY 水库和 JE 水库的最大泄流量非常接近，这主要是由于 JE 水库调节库容很小，且基本没有区间流量，JE 水库对洪水的调节作用非常小，基本上是来多少水放多少水。

(3) 受 JY 水库调节作用的影响，E 水库优化调度和调度规则调度的结果更加接近，明显小于 JY 水库两种调度结果的差值。

第5篇

梯级水库群水沙联合调度研究

第 17 章　国内外水库水沙联合调度及排沙减淤经验

17.1　国内外研究状况

17.1.1　泥沙淤积研究概况

泥沙淤积是使水库有效库容不断减少，兴利效益逐年下降，甚至导致水库报废或溃坝失事的关键因素之一。我国一些河流泥沙之多是世界著名的，其中黄河名列首位。从河流含沙量来说，辽河排位世界第三，其次长江位列十三，西江第十四位。不少中小河流泥沙淤积更为严重(王新军，2003)。

随着我国水库的大量建设，水库泥沙以及泥沙淤积问题逐渐突现出来。尤其是在一些多沙河流上修建的水库，淤积速率相当惊人。从表 17-1 中可以看出，华北、西北和东北西部河流上水库泥沙淤积问题十分严重。黄河干流上的盐锅峡水电站运行 4 年，损失库容 68.2%；青铜峡水电站运行 4 年，损失库容 86%；特别是三门峡水库，因其淤积发展快、影响大而受到了水利界，乃至社会各个方面的高度关注。中小河流上，水库泥沙淤积问题同样不容忽视。根据宁夏 1992 年现存水库中 187 座水库的调查资料，淤积量占总库容的 70.23%。山西省对 1958 年以后兴建的 43 座大中型水库进行调查，到 1974 年底泥沙淤积约 7 亿 m^3，占总库容的 31.5%。内蒙古调查 19 座 100 万 m^3 以上的水库，淤积量占总库容的 31.4%。陕西榆林、延安两地区水库泥沙的淤积量分别占总库容的 74.6%和 88.3%。

表 17-1　我国部分大中型水库库容淤损情况表

水库名称	省(区)	原始库容/亿 m^3	统计年数(起止年份)	总淤积量	
				绝对量/亿 m^3	占总库容百分数/%
三门峡	豫、晋、陕	77.00	7.5(1958～1966) 7(1967～1973)	33.91 11.64	44.00 15.0
官厅	河北	22.70	24(1953～1977)	5.53	24.40
青铜峡	宁夏	6.07	5(1967～1971)	5.27	86.82
刘家峡	甘肃	57.20	8(1969～1976)	5.22	9.13
丹江口	鄂、豫	160.00	15	6.25	3.91
大伙房	辽宁	20.10	16	0.29	1.45
丰满	吉林	107.80	27	1.42	1.32
盐锅峡	甘肃	2.20	4(1962～1965)	1.50	68.20
新桥	陕西	2.00	14(1960～1973)	1.56	78.00
石峡口	宁夏	1.70	33(1959～1992)	1.41	82.90
三盛公	内蒙古	0.80	11(1961～1971)	0.44	54.90
新安江	浙江	178.00	16	0.20	0.11

由于水土流失严重，我国多沙河流众多，水库泥沙淤积现象普遍，有的工程如黄河三门峡水库泥沙淤积已严重影响到工程的正常运行而被迫进行改建。为解决水利工程建设中面临的诸多工程泥沙问题，众多学者对泥沙运动基本理论及水库泥沙淤积进行了长期的研究。

在水库淤积形态方面，我国研究较早的是三角洲淤积。20 世纪 50 年代末 60 年代初根据官厅水库的资料，水利水电科学研究院河渠所对三角洲的淤积形态及计算做了初步研究。20 世纪 60 年代张威提出了三角洲的一种计算方法，但早期水库泥沙淤积计算的理论基础均是平衡输沙的理论。均匀流及均匀沙的不平衡输沙研究大致始于 20 世纪 60 年代，此后，韩其为针对实际非均匀沙和非均匀流首次通过积分二维扩散方程得到了一维非均匀沙不平衡输沙方程(1979 年)，后来又进一步利用悬沙与床沙交换的统计理论(2002 年)，给出了二维扩散方程的一般边界条件。相对于平衡输沙理论，不平衡输沙理论的提出无疑是泥沙基本理论的一个重要进步。此外，在水库异重流研究方面，范家骅于 20 世纪 50 年代连续到官厅水库进行观测和室内试验，做了较深入的研究，给出了异重流的潜入条件和异重流排沙及孔口出流计算方法。1988 年，韩其为对水库异重流的潜入条件进行了进一步研究，认为必须补充均匀流条件，否则潜入不成功。对于干支流向异重流倒灌，谢鉴衡、范家骅、金德春、韩其为、秦文凯等都有所研究。吕秀贞按势流理论针对排泄异重流的孔口提交了专门成果。

水库淤积计算是水库淤积和工程泥沙的重要内容之一，我国对水库泥沙淤积的计算方法大致分为两类。一种为经验方法，一般是通过对水库淤积规律的研究，得出排沙、淤积年限及水库淤积平衡纵比降等各种参数的直接计算方法，这种计算方法的优点是计算简捷快速，但难以描述水库淤积的过程细节，且这类公式一般都有其适应的范围和地区，不能不加考证地任意推广使用。第二种为河流动力学数学模型法，这种方法一般是采用适当的数值方法，求解河流动力学的水流及泥沙偏微分方程，详细求解在某个时间段水库内的冲淤发展过程，这种方法的优点是可以对水库的冲淤发展过程进行详细的描述，这种计算方法一方面需要较多的计算资料，另一方面在使用前一般需要使用该地区或类似该地区的水库资料对数学模型进行验证。

水库排沙是水库淤积中颇为重要的一环，除一般的依靠水流冲刷外，对小水库尚有水力吸泥泵及高渠拉沙冲滩等。三门峡水库是进行排沙研究最多的一个水库，其中水电部第十一工程局勘测设计研究院、黄委会规划设计大队、清华大学水利系治河泥沙教研组(1972 年)等均有专门研究。溯源冲刷作为水库排沙的一种重要形式，研究成果较为丰硕。将挟沙能力方程和河床变形方程适当简化后，可将溯源冲刷的纵剖面方程化为二阶常系数热传导(偏微分)方程，在数学物理方程中对此已有成熟的解法。1981 年，彭润泽、常德礼、白荣隆等最早对推移质进行了这方面的试验研究和求解，得到的结果与实际颇为符合。1983 年，曹叔尤对这种方法做了进一步研究，按一般的初始条件和边界条件，求出了分析解，并且对悬移质的溯源冲刷进行了检验。此外还有一些对溯源冲刷进行数字解的成果。2015 年，刘茜利用一维有限体积法数值模型模拟了河道中彩砂坑跌坎上的溯源冲刷。研究溯源冲刷的另一种方法是在对冲刷总剖面进行假设的基础上可导出一些冲刷的参数。一些学者因此求出了冲刷量的变化等，其中韩其为认为采用恰当的冲刷纵剖面也可使其与实际符合得很好，甚至在一些条件下其精度与二阶偏微分方程求和结果不相上下；对此，1989年他得到了一套详细的反映溯源冲刷的成果。2011 年，范家骅在纵剖面为平行倾斜直线的假定下给出了出库沙量的计算方法。

在水库下游河道冲刷和变形方面，具有代表性的研究成果有水利水电科学研究院河渠所对官厅水库下游永定河，钱宁、麦乔威、赵业安等对三门峡水库下游黄河，韩其为等对丹江口水库下游汉江所做的研究。对下游河道清水冲刷时床沙粗化，尹学良给出了其计算方法。1983年，韩其为提出了交换粗化，同时给出了六种粗化现象和两种机理，并且给出了相应的计算方法。1987年，钱宁研究了滩槽水沙交换，认为它导致了水库下游河道长距离冲刷。韩其为证实了清水冲刷中粗细泥沙不断交换，才是下游河道冲刷距离很长的基本原因。2009年，韩其为对三门峡水库排沙比与下游排沙比关系进行研究，同时利用小浪底水库数据验证了该关系，并强调其调水调沙的重要作用。2017年，耿旭等总结四种床沙粗化计算方法，利用实测资料验证后表明韩其为所提方法能较客观地反映三峡水库下游河道的冲刷粗化过程。

在长期的科研及生产实际中，众多的学者对泥沙运动的基本理论及水库泥沙问题进行了不同程度的系统总结，这方面有代表性的著作有：张瑞瑾主编的《河流动力学》(1961)、窦国仁的《泥沙运动理论》(1963)、沙玉清的《泥沙运动力学》(1965)、侯晖昌的《河流动力学基本问题》(1982)、钱宁和万兆惠的《泥沙运动力学》(1983)、韩其为和何明民的《泥沙运动统计理论》(1984)、张瑞瑾和谢鉴衡等的《河流泥沙动力学》(1989)、韩其为的《水库淤积》(2003)、曹文洪和张晓明的《流域泥沙运动与模拟》(2014)、钟德钰和王广谦等的《泥沙运动的动理学理论》(2015)等。

17.1.2　水沙联合调度发展概况

水库淤积与水库运行方式关系密切。多年来人们对水库调度与淤积的关系一直非常关注，国内外许多水利专家进行了关于水库防淤减淤措施的研究，许多水库也都开展了排沙减淤和调水调沙试验，并获得大量的宝贵经验和研究成果。实践证明，通过积极主动地调整水库运行方式是进行水库防淤减淤的有效措施之一。

国外方面，印度河上巴基斯坦的塔贝拉水库在开始运行的 20 年中，水库淤积形成一个大的泥沙三角洲，有 95%的悬沙淤积在水库中，库容损失了四分之一，泥沙问题比较严重。其对策是采用控制水位，使库区河道自行形成河槽，保持一定槽库容，并可继续发电、灌溉，所需调节库容，通过旁侧河谷水库解决。美国在密苏里河上修筑大坝，仅干流上的 6 座水库，总库容达到 933.3 亿 m^3，水库群基本上拦截了上游泥沙，建库后 20 多年平均损失库容 5%，即使不采取措施，库容完全淤积也需要几百年的时间。锡尔河上修建的水库存在的泥沙淤积问题，采用水力冲洗或汛期低水位运用冲刷泥沙。非洲东北部的尼罗河为世界第一长河，流域各国均属于发展中国家，且为农业国，尼罗河的开发目标主要为灌溉，部分发电，为了防治水库的泥沙淤积，一般采用“蓄清排浑”的运行方式。

我国早期修建的水库，由于对排沙考虑相对较少，导致水库淤积严重，大部分为了减缓水库的淤积速度，对水库进行改造并对水库调度方式进行改进。三门峡水库由于泥沙淤积严重，两次大改建主要目的就是为了扩大泄流排沙规模(陈建，2007)。水电部第十一工程局勘测设计研究院(1978)通过对北方多沙河流水库泥沙淤积与运用方式的研究，提出水库减淤不仅需要合理运用方式，还需要泄流规模配合。1978年，内蒙古红领巾水库管理所等通过对红领巾水库水沙调节方式的探讨，认为要增大水库排沙能力，必须打通导流底孔，降低底孔高程。姜乃森等(1990)对红山水库淤积进行的研究表明，即便采用泄空冲刷，效果也极为有限，主要原因就是现有泄流设施不能满足排沙需要。张毅(1999)对盐锅峡水库淤积的分析表明，由于水库没有考虑排沙设施，运用仅3年库容损失达70%以上。刘书榜等(2002)对鱼岭水库淤积的分析发现，由于建坝时没有设置排沙设施，造成引水洞前淤积面高出洞口12m的严重局面。李贵生等(2001)对刘家峡水库泥沙淤积分析后指出，洮河口沙坎淤积造成阻水；过机含沙量增大致使发电机组磨损严重；泄水建筑物前的淤积已严重影响闸门正常使用，威胁水库安全度汛；建议立即增建洮河口排沙洞，扩大泄流排沙能力。金宝琛等(1999)认为白石水库泄流规模及底孔高程是水库排沙调度得以实施的重要条件。杨方社等对新桥水库(2003)淤积的分析指出，水库泥沙设计的关键是泄流排沙设施的安排。对这些实际水库的研究表明，在水库设计过程中，泄流排沙设施是不容忽视的，对水库的淤积量及长期运用有重要影响。

同时，在水库淤积上延问题的研究中，赵宝信(1980)认为淤积洲面不断抬高，促使回水也相应抬高；二者相互作用是红山水库淤积上延的重要原因。陈文彪(1984)认为泄流设施及其规模对淤积上延有重大影响，而水库运行方式可能是淤积上延的决定因素。姜乃森(1985)对官厅水库淤积上延问题的研究表明，河道整治工程使过水面积缩窄可能是淤积上延的主要原因。曹如轩等(2001)通过分析三门峡水库渭河下游实测资料，认为前期淤积是渭河下游淤积上延的根本原因。因此，要控制淤积上延，既要安排足够的泄流排沙设施，也要采取合理的调度方式。

张振秋等(1984)对以礼河空库冲刷的研究显示，虽然减淤效果良好，但由于会消耗大量上游水库清水，代价十分昂贵。彭润泽等(1985)对东方红水库运用的分析说明，空库冲刷不但严重影响水库发电效益，而且下泄水流含沙量远大于天然情况(最大达700倍以上)，引起下游河道淤积严重。李天全(1998)对青铜峡水库空库冲刷研究表明，下泄水流含沙量可以达到来沙的200倍左右。大江大河的水库常由于发电或航运等限制实际并不允许有空库的条件。因此，多沙河流水库日常调度中应及时采取有效调度方式减淤，避免淤积恶化出现空库冲刷。

1978年，长办丹江水文总站针对丹江口水库滞洪运用期有关特性进行讨论，得到坝前壅水高度与水库淤积量的关系。同年，黄委会兰州水文总站等对巴家嘴水库不同运用方式水库排沙效果进行了分析，得出在采用蓄水运用、滞洪运用和小河槽(出现滩槽)运用时排沙比分别为14.9%、52.0%和91.5%，说明在库区初步形成高滩深槽对增大水库排沙比、减少淤积非常重要。陕西省石门水库从1972年至2000年29年内，一直采用拦洪蓄水运用，只调节径流，不调节泥沙。夏迈定(2002)分析以后认为，这种只顾眼前利益，不顾长远利益的运用方式必然导致泥沙淤积严重，为延长水库寿命，采用“蓄清排浑”运行方式刻不容缓。

“蓄清排浑”运行方式是我国科研工作者利用水库淤积和排沙规律摸索出的一套使水

库淤积大大减缓，甚至不再淤积的行之有效的运行模式。其中较典型的有对黑松林、恒山、闹德海等水库的研究。陕西省黑松林水库，从 1962 年开始，根据来沙集中、来水相对分散的特点，将原来“拦洪蓄水”运用方式，改变为“蓄清排浑”运用方式，从而使水库淤积量由过去每年 54 万 m^3，减少到 9.2 万 m^3，水库寿命由 16 年延长到 80 年以上。同时，水库排沙减淤下泄的泥沙全被引入灌区利用。山西省恒山水库在 1965～1974 年蓄洪运用，1974 年以后为保持有效库容采用“蓄清排浑，多年调节泥沙”运用方式，即“常年蓄洪排沙、结合引洪用沙、自然空库调沙，多年冲淤平衡”。在蓄洪运用期通过库区主槽调节泥沙，排沙水量 3～10m^3/t，空库期排沙水量 2～5m^3/t，有效地节省了水资源，增加了水库蓄水量。与此同时，从理论上研究大型水库的淤积控制也在一些研究者中间展开。从 20 世纪 60 年代开始，唐日长、林一山根据闹德海水库和黑松林水库的成功经验，提出了水库长期使用的设想和概念(唐日长，1964；林一山，1978)。后来韩其为进一步从理论上阐述了水库长期使用的原理和根据，并给出了保留库容的计算方法(韩其为，1971)。与此同时，一些单位也开始对三门峡水库保持有效库容的问题进行了探索。韩其为(1978)从理论上详细论证了水库长期使用的根据、技术上的可行性和经济上的合理性以及最终保留形态的确定。三门峡水库改建并运行成功，从实践上证实了大型水库长期使用的可能性。黄河上的一些大型水库如青铜峡、三盛公等，在采取这种运行方式后水库淤积也得到了控制。至此在我国泥沙界，对水库的长期使用，无论在理论上或实践上均获得了共识。20 世纪 70 年代，长江科学院在以往研究的基础上对水库长期使用的平衡形态及冲淤变形计算进行了研究，编写了报告(韩其为，1978)。报告中对水库淤积过程和相对平衡的阶段，以及悬移质泥沙淤积平衡纵剖面、横剖面、保留库容、推移质泥沙淤积纵剖面、水库淤积平衡后年内冲淤变化等问题进行了研究，提出了计算方法。长江三峡水库淤积控制的研究，使水库长期使用的研究进一步深入。韩其为(1993)给出了长期使用水库的造床特点和建立平衡的过程、相对平衡纵横剖面的塑造及第一、第二造床流量的确定等。我国水利工作者经过长期探索所创造的水库长期使用的运行模式，无论在理论上和解决实际问题上都已颇为成熟。水库长期运用方式的研究使我们对蓄清排浑运用的认识进一步深入。

现阶段，我国修建的多目标运用的大中型水库都吸取了以往水库运用的经验教训，从水库的长期使用出发，采用蓄清排浑运用方式。同时，为了进一步发挥水库的效益或者减小水库的淤积及回水上延，众多学者对各个水库具体的蓄清排浑方式进行优化研究，主要从以下两个方面进行：

(1) 对特征水位选择的研究。这些研究主要是在水库设计初期结合防洪、发电、水库淤积、航运以及生态等诸多方面进行的或者在水库运行过程中根据实际运用的需要而进行的。例如，三峡水库在设计论证阶段正常蓄水位曾经提出过 150m、160m、170m 及 180m 方案，汛限水位曾经提出过 135m、140m 及 150m 等，并从防洪、发电、航运等方面进行论证，对于泥沙淤积的研究主要是不同方案情况下的淤积分布、变动回水区泥沙冲淤及回水影响。三门峡等水库在运行过程中根据实际工程需要也对特征水位进行调整，对泥沙淤积产生明显的影响(张翠萍等，2004；段敬望等，2004；袁峥，2005；姜乃迁，2004)。

(2) 对特征水位部分变动的研究。为了减小水库淤积或者充分发挥水库效益，众多学者对调度方案进行优化研究，并对其中的泥沙淤积问题进行分析。王士强认为适当提高三门峡水库 3～5 月库水位，利用桃汛后期洪水将库水位从 315m 抬至 319m，则在净增加三门峡和小浪底两库总发电量的同时，对潼关河床高程在丰水年比目前水平低的情况下仍无不利影响。在三峡水库论证初期，为了减小和减缓水库的淤积，多家单位对推迟蓄水方案进行了论证［长江科学院，1993；中国水利水电科学研究院(北京)，1993］。在水库长期使用的研究中，周建军等(2000，2002)针对三峡水库后期淤积仍然突出的问题，提出“双汛限”与“多汛限”运用方案，建议在汛期大流量时采用 143m 低水位运行，在汛期一般流量情况下采用 148～151m 水位运行，可以增大防洪库容，减少水库淤积，有利于增加发电量和改善航运。为了进一步发挥水库的综合效益，李义天等(2004)建议在不影响防洪的情况下在三峡水库施行汛后提前蓄水，结果表明，提前蓄水可以增加发电量，并不会对防洪产生太大影响，仅改变了水库的淤积速率，其航运补偿不大，是完全可行的。黄仁勇等(2018)在对三峡蓄水运用后入出库沙量特性分析对比基础上提出了三峡汛期“蓄清排浑”动态运用的泥沙调度方式。

以上对蓄清排浑运用方式的研究基本上综合考虑了防洪、发电及航运的影响，对水库淤积及航运的影响研究侧重于具体运行方式情况下的结果阐述。童思陈等(2006)采用一维不平衡泥沙数学模型，以溪洛渡水库为案例，从汛后蓄水时间和汛期限制水位两个方面对水库淤积过程、三角洲推进、横断面发展和排沙比变化等淤积特性的影响进行了分析，总结了其中表现出来的变化规律。

总的说来，水库水沙联合调度研究的发展，离不开水库淤积研究的发展，离不开水库调度研究的发展；反过来，水库水沙联合调度研究的发展，又能促进水库淤积研究和水库调度研究的发展。这三者是相辅相成的、互相促进的，是促使水库泥沙问题解决的主要技术手段。

17.2 目前水库排沙减淤措施

从我国以及世界其他国家在治理水库泥沙淤积问题方面的经验来看，防范和治理水库淤积的途径主要分为：减少泥沙入库、机械清淤和水库调水调沙等。

减少泥沙入库主要有三种方式，一是实行清混分离；二是采取生物工程措施；三是加强水土保持。清混分离是通过一定的工程措施，对携带大量泥沙的洪水进行处理，避免其进入水库，将河道清水放入水库蓄存。该法主要有“库首导洪，绕库排浑”“坝库联用，引洪放淤”“库建河傍，引清入库”“相邻河道，蓄清滞洪”“建库拦泥，水沙分离”等几种方式。生物拦沙坝是目前较为经济实用的一种减淤生物工程措施。生物拦沙坝能减小洪水流速、拦淤泥沙、固定与抬高侵蚀基准面、防治河床下切。通过拦沙坝的滤洪减沙，降低河道洪水泥沙含量，减少下游库坝的淤积。水土保持措施需要因地制宜，合理布局。

清除库内淤积的机械措施主要有水力吸泥、气力泵清淤、挖泥船清淤等，本研究第 20 章中有详细介绍，此处不再赘述。

以下重点阐述通过水库调水调沙治理水库淤积的方法。根据水沙条件和水库运行状态，在不增加额外工程投资的情况下，采取适当运行方式将部分入库泥沙或淤积物排泄出库是一种不错的选择。

1. 滞洪排沙

蓄清排浑运用的水库中，洪水到来时，必须空库迎洪，或者降低水位运用。当入库洪水流量大于泄水流量时，便会产生滞洪壅水；有时为了减轻下游的洪水负担，也要求滞留一部分洪水。滞洪期内，整个库区保持一定的行进流速，粗颗粒泥沙淤积在库中，细颗粒泥沙可被水流带至坝前排出库外，避免蓄水运用可能产生的严重淤积，这就是滞洪排沙。滞洪过程中，洪峰沙峰的改变程度及库区淤积和排沙情况不同，水库的不同滞洪排沙过程可能差别很大，但总的说来，相对蓄水水库而言，排沙效果是显著的。

大量实测资料表明，滞洪排沙的效率受排沙时机、滞洪历时长短、开闸时间、泄量大小等因素影响。一般河流泥沙的特点是汛期含沙量比较集中，因此，利用汛期滞洪排沙的方式往往能得到较好的排沙效果，特别是在空库迎洪的情况下，若开闸及时、下泄量大和滞洪历时短则排沙效果更好。如陕西黑松林水库，建成后最初三年淤积量达 162 万 m^3，损失库容 19%，实行“蓄清排浑”后，每年淤积量不到 10 万 m^3，排沙比达到 80%以上；位于渭河支流散渡河上的锦屏水库，从 1980 年到 1986 年 7 年之间进行滞洪排沙试验 42 次，共排出洪水 934 万 m^3，排沙量为 156 万 t，平均排沙比为 13.49%，平均耗水率为 5.98m^3/t。

虽然此法排沙效果较好，但耗水率也较大，在干旱地区不宜经常使用。

2. 异重流排沙

在水库蓄水时，泥沙大部分沉淀，库水的重率与清水相近。洪水期携带大量细泥沙的水流，进入水库以后，较粗泥沙首先在库首淤积，较细泥沙随水流继续前进。这种浑水与原水库中原有的清水相比，重率较大。在一定条件下，浑水水流便可插入库底，以异重流的形式向前运动。如果洪水能持续一定的时间，库底又有足够的比降，异重流则能运行到坝前。如在坝体设有适当孔口并能及时开启的条件下，异重流便可排出库外。

利用异重流排沙是减少水库淤积的一条有效途径。清浑水的重率差是产生异重流的根本原因，若位于垂直交界面两侧的流体具有不同的重率，显然，交界面上任意点所承受的压力两侧是不同的。由于浑水的重率较清水大，浑水一侧的压力应大于清水一侧的压力。这种压力差的存在必然促使浑水向清水一侧流动。由于越接近河底，压力差越大，因此流动又必然采取向下潜入形式。这就是产生异重流的物理实质。

水库异重流的运动过程是：当异重流潜入库底以后，在其向坝前流动的过程中，泥沙将逐渐沉淀，形成沿程淤积，分布比较均匀。当异重流到达坝前时，其含沙量已较入库时少，此时，若及时打开泄水孔闸门，则泥沙将随异重流排出库外。在水库蓄水期间，当洪水具有产生异重流的条件时，则洪水入库后将以异重流的形式向库底坝前运动。这时若及时打开闸门宣泄异重流，便可将一部分泥沙排走，从而减少水库的淤积量。黑松林水库异重流排沙的 7 次观测结果表明，进库沙量为 95.39 万 t，排走的沙量为 58.27 万 t，平均排沙效率为 61.2%，最高可达 91.4%。由此可见，异重流排沙效果是较好的。考察锦屏水库 1980～1986 年 12 场异重流排沙情况，排泄总沙量 1.91 万 t，平均排沙比为 36.5%，平均耗水率为 59.2m^3/t。

3. 浑水排沙

当水库蓄有清水，洪水入库时往往形成异重流。当异重流运行到坝前时，如果不及时开闸泄洪，或泄量比来水量小得多，坝前就会发生壅水。随着聚积浑水的增加，清浑界面逐渐升高，在浑水面以下将形成浑水水体。蓄洪运用水库有时库内没有清水，汛期拦蓄全部或大部分浑水，如不排泄或泄量很小，则浑水内泥沙逐渐沉降，表面澄出部分清水，也形成清浑界面，下部的浑水部分也叫浑水水库。在形成浑水水库后，水库中上层的泥沙沉积，无形中就对浑水压缩，增大下层浑水泥沙的含量。此时再进行水库调度，通过泄流来排沙，就会提高排沙效率。这种方法耗水率最低，值得进一步研究。黑松林水库在 1964 年 8 月的一场洪水中，浑水水库排沙比达 87.6%。锦屏水库在 1980 年到 1986 年五次浑水排沙中，水库平均流量一般为 0.2～2m^3/s，来沙总量 15.01 万 t，排泄沙量为 14.28 万 t，平均排沙比为 87.88%，平均排沙耗水率为 7.53m^3/t，收到了很好的效果。

4. 泄空冲刷

泄空冲刷主要是利用水库泄空过程中产生的溯源冲刷和沿程冲刷作用恢复库容，排除泥沙，可以分为两种情况。一种是上游未发生洪水，靠泄空时的溯源冲刷和沿程冲刷恢复库容，其泄流量应该先小后大，逐渐增加；第二种情况是汛期低水位运行，上游发生暴雨时提前泄空水库，随后利用暴雨形成的洪水冲刷排沙，这种方法能很好地恢复库容。三门峡水库 1964 年至 1972 年采用泄空冲刷，恢复库容近 10 亿 m^3，一日冲刷量达到 1300 万 t。王瑶水库 1988～1990 年及 1996 年两次进行泄空冲刷，排沙比均大于 200%。在 1980～1986 年，锦屏水库运用此种方法共排出泥沙 124 万 t，平均排沙比为 196%，平均耗水率为 4.69m^3/t。

5. 基流冲刷

当水库泄空后，利用具有富余挟沙力的清水基流，对主槽进行溯源冲刷和沿程冲刷。冲刷主槽，形成槽库容。山西省红旗水库从 1984 年开始，曾采取此种措施排沙。根据 1987 年 6、7 月份的实测资料，基流冲刷主槽 43 天，用水 45.0 万 m^3，出库泥沙 1.46 万 m^3，平均每天清除泥沙 340m^3，水沙比为 31∶1。孙台水库 1993 年至 1999 年，敞泄运用，充分利用基流冲刷，主槽长由 240m 增加至 2km，槽库容也增大至 145 万 m^3。王瑶水库 1985 年汛期基流冲沙 16 天，冲出库内泥沙 287.43 万 t，冲沙效果显著。

另外，对于中小水库还可进行人工排沙。即在水库泄空期间，人工将主槽两侧的淤泥推向主槽，或将水流导入在滩地上预先挖好的新主槽内，依靠清水基流或洪水的冲刷作用，将泥沙排出库外。也可采用放炮炸滩的方式，使多年淤积的老泥层松散，滑动入槽，辅以人工推挖，扩大主槽，再设法引入清水，增大冲淤流量。山西红旗水库，1982 年、1983 年两年进库泥沙 43.53 万 m^3，采用该方法排除泥沙 31.06 万 m^3，减淤效果显著。

17.3　典型河流水库水沙联合调度经验及排沙效果

17.3.1　青铜峡排沙措施及效果

1. 工程概况

青铜峡水库是黄河上游一座日(周)调节水库，设计洪水位 1156.0m，校核洪水位 1158.0m，总库容 7.35 亿 m^3。坝址以上 8km 范围为峡谷段，河面宽 300～400m；峡谷以上为开阔段，河面宽约 4000m。其中开阔段又可分为过渡段、开阔段和尾部段。在黄河的兰州—青铜峡区间汇入的较大支流有祖厉河、清水河。水库运用后的 1967～1984 年间，进库年平均流量为 1060m^3/s，年径流量 334 亿 m^3，含沙量 3.63kg/m^3，年输沙量 1.21 亿 t。

青铜峡水库自 1967 年 4 月开始蓄水运用。运用初期由于缺乏经验，至 1971 年 9 月，水库淤积量占到总库容的 74%。为此，自 1972 年汛期起，在水库总的调度运用方式的前提下，各泄水建筑物又灵活地采取了各种排沙运行措施，减缓了水库的淤积，收到较好的效果。

2. 排沙措施及效果

1) 汛期降低水位进行排沙

汛期坝前水位控制在 1154m 以下，水位降落越低，排沙效益越好。如 1972 年 7 月 5 日～7 月 15 日，由于采取低水位运用，水库的排沙比达到 146%，见表 17-2。

2) 汛期泄放沙峰进行排沙

汛期沙峰多、沙量大，入库沙量约占全年沙量的 90%，是水库严重淤积的时期。如在沙峰期能根据上游泥沙预报，在沙峰进库之前及时降低坝前水位和开启各种泄水设施，排沙效益是显著的，一般来讲，排沙比可达 70%～90%及以上。如 1972 年 8 月 23 日，清水河出现沙峰 729kg/m^3，8 月 25 日，黄河干流出现沙峰 27.9kg/m^3。上述二沙峰几乎同时进库，因此从 8 月 23 日始水库降低水位运行，排沙比达 132%，具体见表 17-3。

3) 汛期采取连续、反复升降水位排沙

利用水位的连续、反复升降，使库区比降和流速突然增大或减小，增强水流紊动作用，将泥沙排出库外。该措施排沙分高、低水位两种情况。如 1972 年 8 月 26 日～9 月 1 日，系低水位运行，坝前平均水位为 1152.25m，水位日变幅最大达 2.35m，排沙比 128%；1982 年 9 月 27 日，高水位运行，坝前平均水位为 1154.47m，水位日变幅最大为 5.52m，排沙比 386%。

应当指出的是，当汛期坝前水位超过 1155～1156m，或水库入库流量超过 4000m^3/s，此时易产生滩面淤积，因此高水位运行期不是最佳排沙时机，而采用低水位连续、反复升降来排沙为好。

4) 利用大流量进行排沙

蓄水运用以来，曾多次利用洪水期含沙量较小的天然入库流量和汛末刘家峡水库泄放的大流量进行冲刷，最大流量达 4010～5780m^3/s。其中以 1982 年 9 月 8 日～9 月 22 日冲刷较典型。这次冲刷，坝前水位较高，出库沙量与入库流量相应，说明库区冲刷主要受大流量的影响，具体见表 17-4。

5) 非汛期骤降水位进行冲刷

非汛期入库含沙量小，有计划地骤降水位开启泄水管排沙的方法，是一种行之有效的排沙措施。为了不影响水库的调节和发电，骤降水位的时间不宜太长，可采取间断骤降水位的办法。如 1968 年 4 月 2 日～4 月 9 日，坝前水位骤降 10.8m，平均入库含沙量 0.98kg/m^3，而库区冲刷量达 183 万 t，排沙比达 586%。又如 1970 年 11 月 10 日～11 月 15 日骤降水位，造成了库区大量冲刷。

表 17-2　汛期降低水位运用排沙效果统计表

时段	坝前水位/m			平均入库流量/(m^3·s^{-1})	平均含沙量/(kg·m^{-3})		输沙量/万 t		库区冲淤量/万 t	排沙比/%	泄水建筑物开启情况
	最高	最低	平均		入库	出库	入库	出库			
1972.7.5～7.15	1154.31	1153.36	1153.78	1590	3.67	5.37	554	811	−257	146	泄水管 4 孔，溢流坝 1 孔
1972.7.23～8.5	1155.83	1154.02	1154.63	2670	1.67	4.55	538	1380	−842	257	泄水管 2 孔，溢流坝 2 孔
1980.9.25～10.4	1155.40	1148.90	1153.63	1780	2.95	14.8	453	2280	−1830	503	泄水管 6 孔，溢流坝 3 孔

表 17-3　汛期沙峰期间排沙效果统计表

时段	坝前水位/m	平均入库流量/(m^3·s^{-1})	平均含沙量/(kg·m^{-3})		输沙量/万 t		库区冲淤量/万 t	排沙比/%	泄水建筑物开启情况
			入库	出库	入库	出库			
1972.8.23～9.5	1152.50	1310	8.27	10.4	1310	1730	−420	122	泄水管 3 孔，泄洪闸 1 孔
1975.7.29～8.5	1154.18	2570	3.88	4.69	690	788	−98.0	114	泄水管 7 孔，泄洪闸 3 孔，溢流坝 1 孔
1981.7.13～7.23	1155.15	2220	15.9	17.0	3360	3500	−140	104	泄水管 4 孔，泄洪闸 2 孔，溢流坝 5 孔

表 17-4　大流量冲沙效果统计表

时段	坝前水位/m	平均入库流量/(m^3·s^{-1})	平均含沙量/(kg·m^{-3})		输沙量/万 t		库区冲淤量/万 t	排沙比/%	泄水建筑物开启情况
			入库	出库	入库	出库			
1978.9.8～9.17	1152.50	1310	8.27	10.4	1310	1730	−420	122	泄水管 3 孔，泄洪闸 1 孔
1981.9.4～9.24	1154.18	2570	3.88	4.69	690	788	−98.0	114	泄水管 7 孔，泄洪闸 3 孔，溢流坝 1 孔

17.3.2　黄河中下游水库水沙联合调度

1. 黄河中下游水利枢纽工程概况

1) 万家寨水利枢纽

万家寨水利枢纽位于黄河北干流托克托至龙口河段内，是黄河中游梯级开发规划的第 1 级。枢纽的主要任务是供水结合发电调峰，同时兼有防洪、防凌作用。水电站装有 6 台单机容量为 180MW 的立轴混流式水轮发电机组，总装机容量 1080MW。电站为不完全季调节电站(7、8 月份排沙期间为日调节)，在电网中主要起调峰、调频和事故备用作用。设计年发电量为 27.5 亿 kW·h，保证出力为 185MW，年利用小时为 2546h。

万家寨水利枢纽属一等大(Ⅰ)型工程，枢纽永久建筑物为Ⅰ级水工建筑物。拦河坝正常运用(设计)洪水重现期为 1000 年，非常运用(校核)洪水重现期为 10 000 年。水库最高蓄水位 980.0m，正常蓄水位 977.0m。

2) 小浪底水利枢纽

小浪底水库设计总库容 126.5 亿 m^3，包括拦沙库容 75.5 亿 m^3，防洪库容 40.5 亿 m^3，调水调沙库容 10.5 亿 m^3。泄洪建筑物有 3 条明流洞、3 条排沙洞、3 条孔板洞和正常溢洪道。孔板洞进口高程 175m，运用高程 200m 以上。其中 1#孔板洞按工程设计要求在水位超过 250m 时不能使用；排沙洞进口高程 175m，运用高程 186m 以上；1#、2#、3#明流洞进口高程分别为 195m、209m、225m；正常溢洪道堰顶高程为 258m。

小浪底水库 1999 年 9 月下闸蓄水运用，至 2002 年汛前库区累计淤积泥沙约 7.3 亿 m^3，至 2003 年汛前库区累计淤积泥沙约 9.2 亿 m^3。2003 年入汛以来至 9 月 5 日，淤积泥沙约 3.4 亿 m^3。2003 年 9 月 5 日，小浪底坝前淤积面高程 182.8m，按照设定的淤积面高程达到 183m 时要进行防淤堵排沙的运用。

小浪底水库运用初期各年的防洪限制水位因水库淤积、发电和调水调沙运用的要求而不同。2002 年主汛期(7 月 11 日～9 月 10 日)防洪限制水位为 225m，相应库容 29.2 亿 m^3。后汛期(9 月 11 日～10 月 23 日)防洪限制水位为 248m，相应库容 62.4 亿 m^3。2003 年根据国家防汛抗旱总指挥部办公室“关于小浪底水库 2003 年汛期运用方式的批复”(办库〔2003〕39 号)意见，小浪底水库 2003 年前汛期防洪限制水位抬高至 240m，自 9 月 1 日开始向后汛期防洪限制水位 248m 过渡。

3) 三门峡水利枢纽

三门峡水库泄水建筑物有 1 条钢管、2 条隧洞、12 个深孔、12 个底孔，共 27 个孔洞。防洪运用水位 335.0m(大沽标高)，相应库容 55.1 亿 m^3，防洪限制水位 305m，相应库容约 0.1 亿 m^3，防洪库容 55.0 亿 m^3。

三门峡水库按“蓄清排浑”方式进行运用，汛期敞泄。为降低潼关高程，当潼关站出现大于 2000～2500m^3/s 洪水时，水库开始排沙运用。

4) 陆浑水库

陆浑水库泄洪建筑物有泄洪洞、输水洞、溢洪道、灌溉洞。前汛期(7 月 1 日～8 月 20 日)防洪限制水位 315.5m；后汛期(8 月 21 日至汛末)防洪限制水位 317.5m。由于水库属病险库，汛期按敞泄方式运用。下游河道过流能力为 $1000m^3/s$ 流量。

水库历史最高蓄水位为 318.84m(2000 年 11 月)，鉴于水库属病险库及库区移民等情况，在不超过历史最高运用水位前提下也可适当拦蓄，洪水过后尽快回降至防洪限制水位 317.5m。

5) 故县水库

故县水库的泄洪建筑物有两底孔、一中孔、五孔溢洪道和三台发电机组。水位超过 528m 中孔可投入使用。水库蓄洪限制水位 548m，相应库容 10.1 亿 m^3。前汛期(7、8 月份)防洪限制水位 524m，库容为 4.7 亿 m^3；后汛期 9、10 月份防洪限制水位分别为 527.3m 和 534.3m，相应库容分别为 5.2 亿 m^3 和 6.4 亿 m^3。前汛期防洪库容 5.4 亿 m^3，后汛期防洪库容分别为 4.9 亿 m^3 和 3.7 亿 m^3。在防洪蓄水位达 20 年一遇水位 535m 以前，按本流域防洪方式运用。当预报花园口站洪水流量达 12 000m^3/s 且有上涨趋势时，配合黄河防洪运用。根据调查分析，水库下游河道当前的过流能力为 $1000m^3/s$ 流量。

故县水库历史最高蓄水位为 534.49m(1996 年 11 月)，征地水位 534.8m，考虑水库水面比降及风浪影响，水库在 9 月 21 日以前可以短期超 527.3m 运行，但最高不超过 534.3m。洪水过后尽快回降至防洪限制水位 527.3m。

2. 黄河中下游水库水沙联合调度简介

2002 年，为寻求试验条件下黄河下游泥沙不淤积的临界流量和临界时间，实现下游河道(特别是艾山至利津河段)不淤积或尽可能冲刷，并检验河道整治成果、验证数学模型和实体模型、深化认识黄河水沙规律，对黄河中下游进行了首次调水调沙试验。本次试验针对小浪底水库初期运用的特点，实施小浪底和三门峡两库联合调度方式。试验预案为：以小浪底水库蓄水为主或小浪底至花园口区间(简称小花区间或小花间)来水为主水库相继调水调沙，控制花园口临界流量 $2600m^3/s$ 的时间不少于 10 天，平均含沙量不大于 $20kg/m^3$，相应艾山站流量为 $2300m^3/s$ 左右，利津站流量为 $2000m^3/s$ 左右。试验结束后控制花园口流量不大于 $800m^3/s$。

2002 年黄河首次调水调沙试验成功后，又开始寻找时机准备第二次调水调沙试验。根据气象预报，2003 年 9 月 5 日至 6 日，山陕区间局部、汾河、北洛河大部分地区有小到中雨；泾渭河大部分地区有中到大雨，渭河局部有暴雨；三门峡至花园口区间(简称三花间)将普降小到中雨，伊洛河个别站有大雨。这就为黄河第二次调水调沙试验创造了条件。通过水情分析，认为小浪底水库需要防洪预泄，并有可能结合预泄实施一次小浪底、陆浑、故县、三门峡四库水沙联合调度的调水调沙。第二次调水调沙试验预案为：利用小浪底、三门峡、陆浑、故县水库进行水沙联合调控，结合防洪预泄实现多目标调度。在调控期间，有效利用小花间的清水，与小浪底水库下泄的高含沙量水流在花园口进行水沙“对接”，为将来调水调沙进行水沙精细调度积累经验。通过对首次调水调沙试验成果分析，第二次调水调沙仍控制花园口断面流量在 2600m^3/s 左右，平均含沙量不大于 30kg/m^3，调控历时为 15 天左右。

2004 年 6 月 19 日～7 月 13 日，在黄河进行了第三次调水调沙试验，本次试验实现了以下四项主要目标：一是调整小浪底库尾泥沙淤积形态及排沙出库；二是增大下游河道两处卡口河段的过洪能力；三是通过干流水库群的联合调度，塑造具有“和谐”水沙关系的人造洪峰，使黄河下游河道主河槽全线冲刷并输沙入海；四是通过人工异重流的塑造、库区及河道水沙演进和空间对接、人工扰动加沙使水沙平衡等过程的实现，进一步深化对黄河水沙运动规律的认识并上升为理论，以此指导今后的治黄实践。为了实现上述试验目标，在黄河水库泥沙、河道泥沙、水沙联合调控等领域多年研究成果与实践的基础上，实施了万家寨、三门峡和小浪底水库群水沙联合调度。

2002 年至 2004 年，水利部黄河水利委员会连续三年成功地进行了调水调沙试验，在此基础上，2005 年正式转入生产运行。本次调水调沙分为两个阶段：自 6 月 9 日至 6 月 16 日为预泄阶段，即在中游不发生洪水的情况下，利用小浪底水库下泄一定流量的清水，冲刷下游河槽，同时，逐步加大小浪底水库的泄放能量，以此逐步检验调水调沙期间下游河道水流是否出槽，确保调水调沙生产运行的安全，破坏前阶段较小流量形成的粗化层，提高冲刷效率；自 6 月 16 日至 7 月 1 日为调水调沙阶段，即在小浪底水库水位降至 230m 时，利用万家寨、三门峡水库蓄水及三门峡库区非汛期拦截的泥沙，通过水库联合调度，塑造有利于在小浪底库区形成异重流排沙的水沙过程。调水调沙期间，小浪底水库共下泄水量大于 38 亿 m^3，排沙出库超过 20 万 m^3。

2006 年第五次调水调沙试验以实现黄河下游河道主槽的全线冲刷，扩大主河槽的排洪输沙能力，进一步深化对河道、水库水沙运动规律的认识为目标，实施了万家寨、三门峡和小浪底水库群水沙联合调度。6 月 10 日至 6 月 14 日为调水调沙预泄期。调水调沙自 6 月 15 日正式开始，至 6 月 29 日小浪底库水位降至汛限水位水库调度结束，7 月 3 日，调水调沙过程水沙安全入海。与 2005 年相比，本次调水调沙下游各水文控制站相同最高水位下相应流量均有不同程度增大；同流量水位都有不同程度的下降。自 6 月 10 日预泄开始至调水调沙结束，三门峡水库出库沙量 0.0235 亿 t，小浪底水库出库沙量 0.0841 亿 t，利津站输沙量 0.648 亿 t，考虑河段引沙，小浪底—利津河段冲刷 0.601 亿 t。

2007 年黄河中下游共进行了两次调水调沙试验，即第六次和第七次试验。2007 年汛前调水调沙(第六次)自 6 月 19 日 9 时开始，至 7 月 3 日 9 时结束，整个调水调沙调度分为调水期与排沙期两个阶段，小浪底水库出库沙量为 0.2611 亿 t，利津站输沙量为 0.5240 亿 t，考虑河段引沙，小浪底—利津河段冲刷 0.2880 亿 t。2007 年汛期调水调沙(第七次)自 7 月 29 日开始至 8 月 7 日结束，小浪底水库出库总沙量 0.459×10^8t。

2008 年 6 月 19 日至 7 月 3 日，水利部黄河水利委员会实施了黄河第八次调水调沙，进一步扩大了黄河下游主要河槽行洪排沙能力，成功塑造了小浪底库区异重流并排沙出库，小浪底水库以下至入海口全程通过了 4000m^3/s 以上的流量。小浪底水库最大下泄流量 4280m^3/s，下游主河槽最小平滩流量由 2002 年首次调水调沙时的 1800m^3/s 增大到 3810m^3/s。6 月 29 日 18 时，小浪底水库人工塑造异重流排沙出库。6 月 30 日 12 时，高含沙异重流出库，排沙洞出库含沙量高达 350kg/m^3。此次排沙过程一直持续到 7 月 3 日 8 时，共排沙 5165 万 t，排沙比高达 89%，为历次汛前调水调沙排沙比的最大值。6 月 19 日至 7 月 6 日，黄河花园口以下河段共冲刷泥沙 2007 万 t。本次调水调沙期间，下游河势归顺、平稳，无漫滩情况发生。

黄河来水来沙特点总体表现为水少沙多，水沙不平衡。这里的不平衡主要体现在两个方面：一是“水沙异源”，即水沙地区来源不平衡。进入黄河的水量主要来自上游地区，而泥沙却基本来自中游的黄土高原地区。二是水沙时间分配不平衡。据统计，黄河汛期(7～10 月)来水量占全年水量的 60%，而汛期来沙量更是占到全年来沙量的 85%以上，并且常常集中于几场暴雨洪水。这种“水少沙多、水沙不协调”的状况，正是黄河淤积问题的症结所在，而相应的解决措施便是通过调水调沙，人工塑造协调的水沙关系，让洪水冲刷河槽，挟沙入海，恢复河槽的过流能力。

从 2002 年至 2008 年，水利部黄河水利委员会共进行的三次调水调沙试验和五次生产实践，取得了丰硕的成果，从多方面深化了对黄河水沙规律的认识，取得的主要成果与认识如下：

(1) 黄河下游主槽实现全线冲刷。三次调水调沙试验进入下游总水量为 100.4 亿 m^3，总沙量为 1.11 亿 t。试验期入海总沙量为 2.57 亿 t，下游河道共冲刷 1.48 亿 t；五次调水调沙生产运行进入下游总水量 215.8 亿 m^3，总沙量为 1.31 亿 t。调水调沙期入海总沙量为 2.88 亿 t，下游河道共冲刷 1.75 亿 t，均实现了下游主槽全线冲刷。

(2) 黄河下游主槽行洪排沙能力显著提高，河槽形态得到调整。经过三次试验和五次生产运行，黄河下游主槽过洪能力由试验前的 1800m^3/s 恢复到 2008 年的 4000m^3/s 左右，过流能力显著提高。

(3) 成功塑造人工异重流，提高小浪底水库排沙效率。2004 年实施黄河第三次调水调沙试验，根据对异重流规律的研究和前两次调水调沙试验的成果，首次提出了利用万家寨、三门峡蓄水和河道来水，冲刷小浪底水库淤积三角洲，形成人工异重流的技术方案。通过对水库群实施科学的联合水沙调度，成功地在小浪底库区塑造出了人工异重流并排沙出库，标志着对水库异重流运行规律的认识得到了扩展和深化。

(4) 调整了小浪底库区淤积形态，验证了在水库拦沙初期乃至拦沙后期的运用过程中，入库泥沙可以进行多年调节，为实现水库泥沙的多年调节提供了依据。

第 18 章　上游水库蓄水后下游水库入库沙量分析

18.1　水库淤积情况及分析

某日调节 C 水库以发电为主，控制流域面积 76 130km^2，占流域（一）流域面积的 98%。电站总装机容量 700MW，保证出力 179MW，设计年发电量 34.178 亿 kW·h，年利用小时数约 4900h。C 水库原始总库容为 37 370 万 m^3，设计正常蓄水位（528.0m）高程以下库容为 34 500 万 m^3，死水位（520.0m）以下沉沙库容为 24 320 万 m^3，520～528m 高程调节库容为 10 180 万 m^3。水库自 1971 年蓄水运用至 2009 年底，泥沙淤积总量为 25 018 万 m^3，占原始总库容的 66.95%；调节库容内淤积 1864 万 m^3，占原始调节库容的 18.31%；520m 高程以下沉沙库容内淤积 23 117 万 m^3，占原始死库容的 95.05%，淤积状况较为严重。

F 水电站位于 C 水电站坝址以下 31.74km，控制流域面积 76 420km^2，占全流域面积的 98.7%。电站总装机容量 600MW，多年平均发电量 32.1 亿 kW·h。F 水库正常蓄水位（474m）以下原始库容为 21 170 万 m^3，死水位（469m）以下库容为 15 940 万 m^3，469～474m 高程调节库容为 5232 万 m^3。水库自 1994 年全部机组投产运行至 2009 年底，泥沙淤积总量为 13 218 万 m^3，占相应原始库容（474m）的 62.44%。在调节库容内泥沙淤积总量为 468.9 万 m^3，占相应原始调节库容的 8.97%。死库容内泥沙淤积总量为 12 479 万 m^3，占相应原始死库容的 79.98%，淤积情况亦十分严重。

水库冲淤年内变化过程主要受来水、来沙和水库运行方式的影响。汛期 6～9 月运行水位较低，也是来水、来沙集中的时段，造床作用强，是水库冲淤变化的主要时期；其余时段运行水位较高，但入库水沙量也大量减少，淤积数量较小，对全年的冲淤变化影响不大。鉴于资料及篇幅所限，下面仅从泥沙淤积数量、淤积分布、冲淤形态、淤积物组成及库容变化等方面，对近年来（2001～2009 年）水库 B 下游 C、F 水库的淤积状况做简要总结。

18.1.1　水库淤积情况

1. C 水库淤积情况

1）淤积数量

（1）历年淤积量。截至 2009 年，C 水库历年总淤积量为 25 018 万 m^3，占相应原始库容（530m 高程以下）的 66.95%；死库容（520m 高程以下）内淤积 23 117 万 m^3，占相应原始死库容的 95.05%；调节库容（520～528m）内淤积 1864 万 m^3，占相应调节库容的 18.31%，还有 8316 万 m^3 的库容可供调节使用。

C 水库 2001～2009 年年内淤积量及历年总淤积量见表 18-1。

表 18-1　C 水库 2001～2009 年年内淤积量及历年总淤积量统计表

高程/m	原始库容/万 m³	2001～2009 年年内淤积量/万 m³									历年淤积总量	
		2001	2002	2003	2004	2005	2006	2007	2008	2009	数量/万 m³	比例/%
530	37 370	90.85	−22.32	405.4	−32.44	613.6	110.3	−209.7	221	−39.5	25 018	66.95
528	34 500	90.33	−11.95	391.4	−43.93	602.6	140.3	−209.92	203.6	−29	24 982	72.41
520	24 320	8.76	54.69	138.1	28.5	149	222.2	−43.62	100.4	−13.88	23 117	95.05
520～528	10 180	81.57	−66.64	253.3	−72.43	453.6	−81.9	−166.3	103.2	−15.12	1 864	18.31

(2) 2009 年淤积量。2009 年 C 水库总体表现为冲刷，530m 高程以下水库总冲刷量为 39.50 万 m³(其中主河道冲刷 51.1 万 m³，支沟(1)淤积 11.8 万 m³，支沟(2)冲刷 0.2 万 m³)，520～528m 的调节库容内冲刷 15.12 万 m³，死库容内冲刷 13.88 万 m³，具体见表 18-2。

表 18-2　2009 年 C 水库淤积量统计表

高程/m	原始库容/万 m³	2009 年库容/万 m³	2009 年淤积量/万 m³	2009 年库容占相应原始库容百分比/%
520	24 320	1 203	−13.88	4.95
528	34 500	9 518	−29	27.59
530	37 370	12 352	−39.5	33.05
520～528	10 180	8 316	−15.12	81.69

2) 淤积分布

(1) 沿高程分布。2001～2009 年 C 水库泥沙淤积在沿高程分布上主要集中在 528m 高程以下，淤积总量为 1133.45 万 m³，具体表现为：2001 年有少量淤积，主要集中在 514～518m 和 520～528m 高程间；2002 年主要表现为冲刷，且集中在 520～528m 高程间，冲刷量为 66.64 万 m³；2003 年的淤积主要集中在 518～528m 高程之间，淤积量为 336.1 万 m³；2004 年死库容内淤积 28.5 万 m³，520～528m 调节库容内冲刷 72.43 万 m³，528～530m 高程内淤积了 11.49 万 m³；2005 年泥沙淤积主要集中在调节库容内，淤积量达 453.6 万 m³；2006 年淤积主要集中在死库容(520m)以下，淤积量达 222.2 万 m³(其中主河道淤积 229.2 万 m³)；2007 年泥沙除在 516m 以下有一定淤积外，主要表现为冲刷，全库冲刷量达 209.7 万 m³(其中主河道冲刷 224.9 万 m³)，在调节库容(520～528m)内冲刷量达 166.3 万 m³；2008 年各高程均有不同程度淤积，且以 518～528m 高程间淤积最为严重，淤积量达 143.6 万 m³；2009 年各高程则均表现为冲刷，总冲刷量为 39.5 万 m³(530m 以下)。详见表 18-3。

表 18-3　C 水库 2001～2009 年泥沙淤积沿高程分布统计表　单位：万 m³

年份	高程/m									
	514	516	518	520	522	524	526	528	530	520～528
2001	−4.85	26.56	58.66	8.76	—	67.07	—	90.33	90.85	81.57
2002	−11.89	0.59	21.45	54.69	—	20.56	—	−11.95	−22.32	−66.64

续表

年份	高程/m									
	514	516	518	520	522	524	526	528	530	520～528
2003	18.65	25.18	55.28	138.1	—	320.4	—	391.4	405.4	253.3
2004	—	—	—	28.5	-16.44	-56.78	-60.97	-43.93	-32.44	-72.43
2005	-5.09	-21.26	32.43	149	328	519.3	582.3	602.6	613.6	453.6
2006	48.0	99.0	172.3	222.2	261.2	184.1	145.1	140.3	110.3	-81.9
2007	-0.19	7.31	-6.33	-43.6	-143.8	-183.4	-202.55	-209.9	-209.7	-166.3
2008	12.08	21.82	60.04	100.4	151.5	169.3	181.8	203.6	221	103.2
2009	-12.24	-23.86	-34.82	-13.88	-9.1	-15.09	-32.7	-29	-39.5	-15.2
合计	44.47	135.34	359.01	644.17	571.36	1025.46	612.98	1133.45	1137.19	489.2

(2)沿流程分布。2001～2008 年 C 水库泥沙淤积在沿流程分布上表现为全线淤积，且淤积主要集中在距坝 28.4km 的 GK66#断面以下和支沟(1)内，GK66#断面以上至库尾有少量淤积，其中：2001 年泥沙淤积主要集中在 GK12#～GK43#和 GK55#～GK81#断面间，且量少；2002 年泥沙淤积主要集中在坝前段 GK0#～GK12#断面间，淤积量为 50.30 万 m^3，其中调节库容内淤积 23.04 万 m^3；2003 年，泥沙淤积主要集中在 GK28#～GK81#断面间，淤积量为 347.1 万 m^3；2004 年泥沙淤积主要集中在 GK9#～GK28#断面间，淤积量为 58.20 万 m^3；2005 年泥沙主要淤积在 GK43#～GK81#断面区间 17km 范围内，淤积量达 525.9 万 m^3，其中调节库容(520～528m)内淤积量达 390.9 万 m^3，占年度总淤积量的 63.7%；2006 年泥沙主要淤积在 GK5#～GK18#断面区间 5.1km 范围内，淤积量达 156.8 万 m^3；2007 年泥沙主要淤积在 GK0#～GK5#、GK18#～GK40#断面及支沟(1)，淤积量达到 83.5 万 m^3，其中调节库容(520～528m)内淤积量为 69.49 万 m^3，其余断面表现为冲刷，冲刷量达 293.9 万 m^3，其中调节库容内冲刷 236.4 万 m^3；2008 年泥沙主要淤积在 GK0#～GK40#库段，淤积量为 180.1 万 m^3，其中调节库容(520～528m)内淤积 74.32 万 m^3，库段 GK40#～GK55#有少量冲刷，冲刷量为 12.2 万 m^3。

2001～2008 年 C 水库沿流程淤积情况见表 18-4～表 18-6。

表 18-4　2001～2003 年 C 水库沿流程淤积量统计表　单位：万 m^3

起止断面		0～12	12～28	28～43	43～55	55～66	66～81	81 以上	Z1～0	0～Z2
年份	库段/km	5.5	5.7	5.6	6	5.7	5.3	4.3	2.1	0.74
2001	530	3.3	10.6	11.4	1.2	26.3	20.91	5.04	5.1	7
	520～528	16.17	-17.8	8.52	26.04	30.24	13.45	3.54	-5.59	7
2002	530	50.3	7.4	-29.1	-4.4	-5.6	-31.21	-0.71	-2.4	-6.6
	520～528	23.04	19.98	-35.86	-25.07	-10.7	-33.74	-0.51	2.93	-6.71
2003	530	6.7	15.5	112	100.9	46.5	87.7	15.6	12.2	8.3
	520～528	-12.75	-15.78	63	64.93	49.5	81	15.7	-1.43	9.17

表 18-5　2004～2005 年 C 水库沿流程淤积量统计表　　单位：万 m^3

起止断面		0～9	9～28	28～43	43～55	55～66	66～81	81 以上	Z1～0	0～Z2
年份	库段/km	4.1	7	5.6	6	5.7	5.3	4.3	2.1	0.74
2004	530	-13.4	58.2	-27.7	-32.5	-28.8	-3.52	-0.16	1.2	6.7
	520～528	-8.42	3.69	-29.97	-14.36	-28.28	4.69	-2.13	-3.2	5.55
2005	530	-43.2	-2.4	95.3	148	206	171.9	24.6	15.8	-2.4
	520～528	-27.36	33.6	38.54	101.1	152.2	137.6	22	-1.72	-2.36

表 18-6　2006～2008 年 C 水库沿流程淤积量统计表　　单位：万 m^3

起止断面		0～5	5～18	18～40	40～55	55～73	73 以上	Z1～0	0～Z2
年份	库段/km	2.7	5.1	7.8	7.2	15.2	11.1	2.13	0.74
2006	530	62	156.8	6.3	8.6	-71.6	-36.2	-16.7	2.6
	520～528	33.76	32.34	-63.7	8.6	-70.9	-33.4	10.7	2.22
2007	530	24.2	-59.1	44.8	-66.2	-136.7	-31.9	14.5	0.7
	520～528	5.09	-38.37	53.45	-57.56	-112.1	-28.33	10.95	0.59
2008	530	52.7	65.9	61.5	-12.2	34.6	-1.1	4.4	15.2
	520～528	11.71	27.58	35.03	-3.33	29.61	-7.91	4.6	5.88

2009 年 C 水库主河道 530m 以下泥沙冲淤沿流程分布表现为冲淤交替：GK0#～GK14#、GK23#～GK35#及 GK43#～GK51#表现为淤积，泥沙淤积量分别为 27.8 万 m^3、23.9 万 m^3 和 14.2 万 m^3；GK14#～GK23#、GK35#～GK43#及 GK51#～库尾表现为冲刷，冲刷量分别为 34.4 万 m^3、37.3 万 m^3 及 45.3 万 m^3，详见表 18-7。

表 18-7　2009 年 C 水库沿流程淤积量统计表　　单位：万 m^3

起止断面		0～14	14～23	23～35	35～43	43～51	51 以上	支沟	
年份	库段/km	6.363	2.833	4.653	2.89	3.803	21.185	(1)	(2)
2009	530	27.8	-34.4	23.9	-37.3	14.2	-45.3	11.8	-0.2
	520～528	6.13	-1.08	11.24	-22.73	26.73	-34.15	-1.2	-0.06

3) 纵向淤积

C 水库悬沙淤积已趋于平衡，从 2001～2009 年各年淤积资料来看，除 2009 年水库河道最低河底高程部分断面较 2008 年发生明显的下切现象外，均表现为有冲有淤。由于不同的来水、来沙、底孔运用及坝前水位控制等因素的影响，河床仍有缓慢抬高趋势，详见图 18-1。

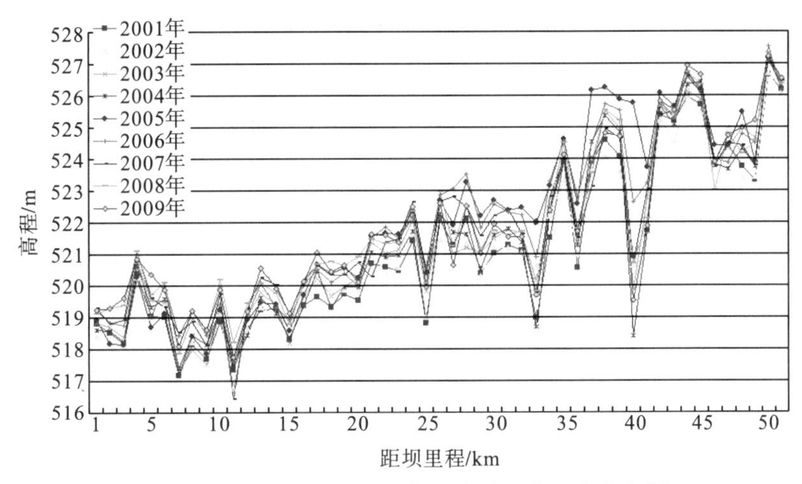

图 18-1　2001～2009 年 C 水库平均河底高程图

4) 横断面冲淤形态

C 水库共有 56 条泥沙监测断面，其断面形态主要是沿河床表面冲刷或淤积。根据实测横断面资料分析，与 2007 年、2008 年相比，2009 年 C 水库横断面形态表现为河槽下切、河槽平移、沿主河槽冲刷、沿全断面冲淤四种趋势。

(1) 河槽下切，如 GK40#河槽左岸表现为明显下切，下切深度近 10m，见图 18-2。

(2) 河槽平移，如 GK64#向右平移了约 40m，GK71#向右平移了约 150m，且在右岸形成了一个下切河槽，见图 18-3、图 18-4。

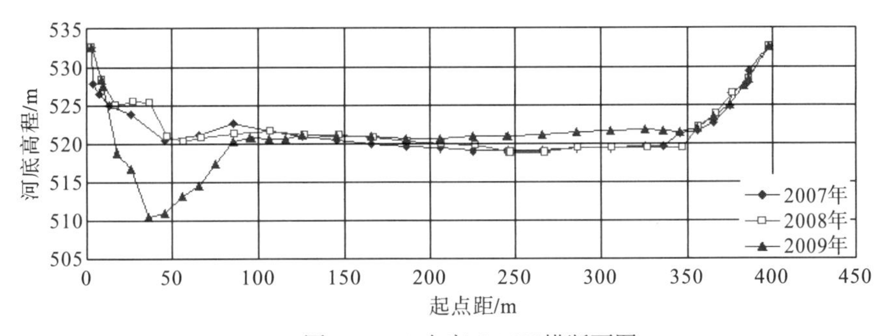

图 18-2　C 水库 GK40#横断面图

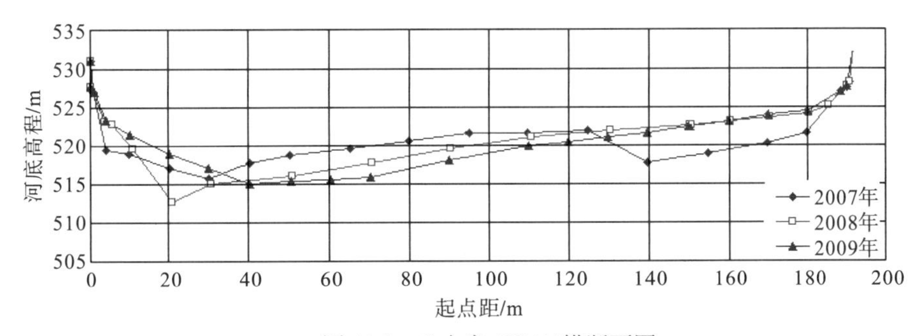

图 18-3　C 水库 GK64#横断面图

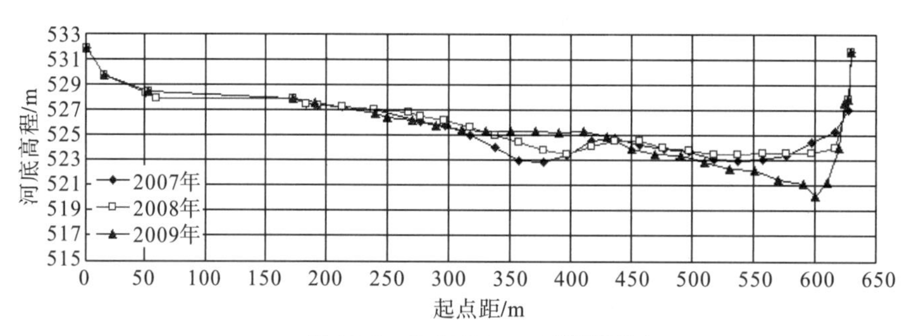

图 18-4　C 水库 GK71#横断面图

(3)沿主河槽冲刷，如 GK4#、GK20#、GK71+1#。GK4#主河槽被冲刷了 2～3m，GK20#、GK71+1#主河槽被冲刷了约 3m，见图 18-5～图 18-7。

(4)沿全断面冲淤，如 GK5#、GKZ1#，见图 18-8、图 18-9。

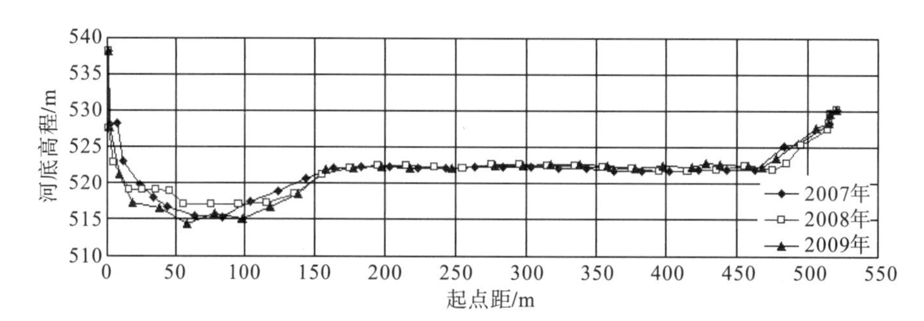

图 18-5　C 水库 GK4#横断面图

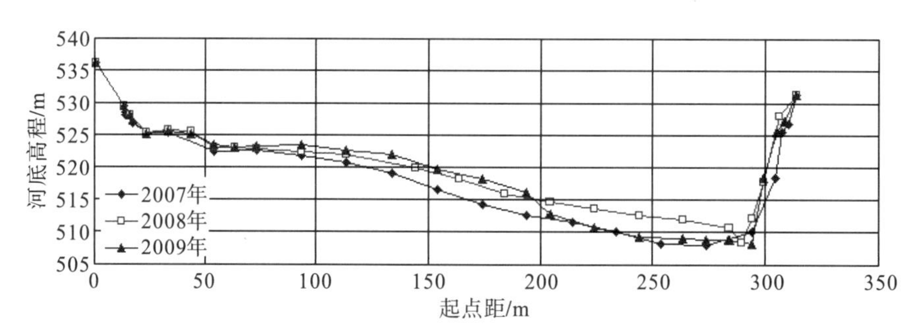

图 18-6　C 水库 GK20#横断面图

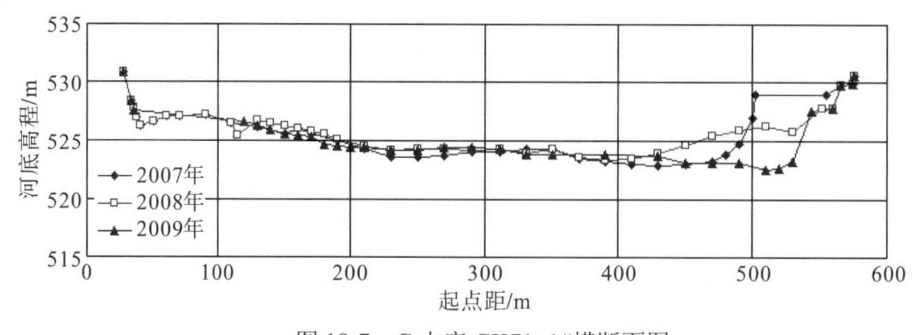

图 18-7　C 水库 GK71+1#横断面图

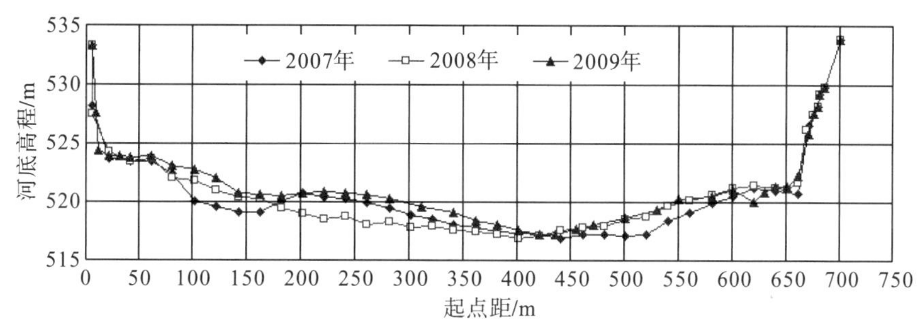

图 18-8　C 水库 GK5#横断面图

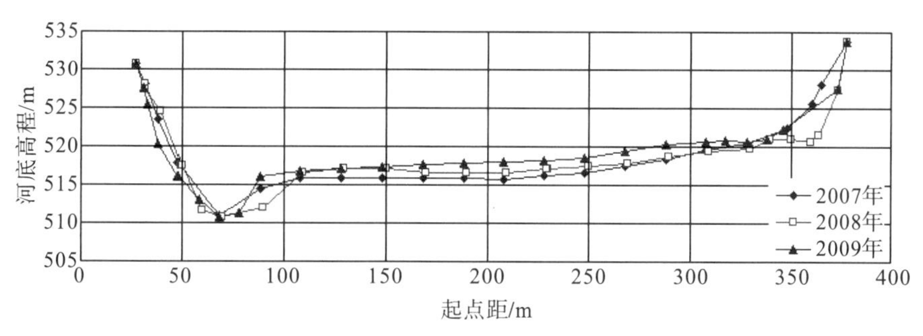

图 18-9　C 水库 GKZ1#横断面图

5）淤积物组成

根据 2001～2009 年实测床沙成果资料分析：在同一淤积时段内淤积物 d_{50}（中数粒径）或 d_{max}（最大粒径）都是由坝前至库尾逐渐增大，表明 C 水库淤积物组成在沿程变化上自下而上逐渐变粗；在近坝段同一断面上的淤积物 d_{max} 呈交替变化，但随着淤积年限的增加，床沙级配总体上有逐渐变粗趋势。

C 水库淤积物粒径逐年沿程变化情况见表 18-8。

表 18-8　2001～2009 年 C 水库淤积物取样成果表　单位：mm

年份	项目	GK1	GK3	GK5	GK27	GK51	GK56	GK68	GK84
2001	d_{50}	0.329	0.343	0.217	0.345	6.93	0.288	48.8	9.73
	d_{max}	1.17	1.25	1.35	7.20	39.3	7.50	87.9	43.8
2002	d_{50}	0.259	0.233	—	0.107	6.89	0.383	0.465	21.9
	d_{max}	1.25	1.25	—	11.0	28.0	2.70	2.12	139.3
2003	d_{50}	0.289	0.251	0.302	0.463	0.508	0.304	0.386	0.152
	d_{max}	2.12	1.01	34.5	2.12	7.10	2.12	4.78	36.3
2004	d_{50}	0.287	0.235	—	0.342	0.572	0.431	0.345	0.345
	d_{max}	1.15	1.34	—	1.34	2.70	3.51	54.8	119.3
2005	d_{50}	0.254	0.387	0.427	0.275	0.32	0.241	4.297	51.18
	d_{max}	1.34	0.82	2.12	1.15	8.20	2.70	16.8	102.1
2006	d_{50}	0.145	0.152	0.15	0.343	0.377	0.361	0.423	0.559
	d_{max}	1.07	1.33	1.35	2.70	3.51	6.60	9.90	1.47

续表

年份	项目	GK1	GK3	GK5	GK27	GK51	GK56	GK68	GK84
2007	d_{50}	0.273	0.328	0.33	0.428	0.512	0.258	—	12.9
	d_{max}	0.904	0.955	1.01	6.88	2.12	2.7	15.4	29.3
2008	d_{50}	0.24	0.31	0.22	0.35	—	0.53	0.33	0.36
	d_{max}	1.35	0.31	2.7	1.72	—	6.88	50.9	93.4
2009	d_{50}	—	0.337	0.055	—	11.7	0.484	27.5	72.6
	d_{max}	—	1.72	0.904	—	16.9	7.8	0.919	0.97

6) 库容变化

水库库容变化是各年库床冲淤的综合表现，除 2004 年、2007 年、2009 年因年内冲刷库容略有回升外，2002～2009 年 C 水库库容总体表现为逐年减小，具体见表 18-9。

表 18-9　2002～2009 年 C 水库库容变化情况

高程/m	库容/万 m^3							
	2002 年	2003 年	2004 年	2005 年	2006 年	2007 年	2008 年	2009 年
506	0.08	1.2	0.49	0.14	—	—	0.02	0.06
508	1.9	3.8	2.22	1.9	—	0.04	0.57	1.02
510	10.41	10.96	8.63	9.15	0.62	2.26	3.08	5.56
512	40.96	36.49	34.18	32.35	13.07	15.37	13.85	19.64
514	124.1	105.4	99.56	104.7	59.1	59.29	47.21	59.45
516	331.5	306.3	256.6	277.9	176.4	169.2	47.3	171.2
518	830.7	775.4	738.4	705.9	526.2	532.6	472.5	507.3
520	1796	1658	1629	1481	1246	1289	1189	1202
522	3383	3160	3176	2848	2567	2711	2559	2569
524	5501	5180	5238	4718	4522	4705	4535	4552
526	7888	7524	7586	7003	6843	7046	6864	6897
528	10576	10184	10229	9626	9483	9693	9489	9519
530	13444	13038	13071	12458	12324	12534	12312	12353
520～528	8780	8526	8600	8145	8237	8404	8300	8317

2. F 水库淤积情况

1) 淤积数量

(1) 历年淤积量。截至 2009 年，F 水库历年泥沙淤积总量为 13 218 万 m^3，占相应原始库容(474m 以下)的 62.44%。在调节库容内泥沙淤积总量为 468.9 万 m^3，占相应原始调节库容的 8.96%。死库容内泥沙淤积总量为 12 749 万 m^3，占相应原始死库容的 79.98%。具体见表 18-10。

表 18-10　F 水库 2001～2009 年年内淤积量及历年总淤积量统计表

高程/m	原始库容/万 m^3	2001～2009 年年内淤积量/万 m^3									历年淤积总量	
		2001	2002	2003	2004	2005	2006	2007	2008	2009	数量/万 m^3	比例/%
469	15 940	247.9	13.89	37.98	172.9	79.6	109	322	−83.43	−149.7	12 749	79.98
474	21 170	313.5	42.35	16.07	291.8	15.04	172.8	387.2	−96.96	−168.3	13 218	62.44
469～474	5 232	65.6	28.46	−21.91	118.9	−64.56	63.4	65.2	−13.53	−18.6	468.9	8.96

(2) 2009 年冲淤量。2009 年 F 水库总体表现为冲刷，474m 高程以下冲刷了 168.3 万 m^3，469m 以下冲刷了 149.7 万 m^3，调节库容冲刷了 18.6 万 m^3，详见表 18-11。

表 18-11　2009 年 F 水库库容淤积量统计表

高程/m	原始库容/万 m^3	2009 年库容/万 m^3	2009 年淤积量/万 m^3	2009 年库容占相应原始库容百分比/%
469	15 940	3 191	−149.7	20.02
474	21 170	7 952	−168.3	37.56
469～474	5 230	4 763.1	−18.6	91.04

2) 淤积分布

(1) 沿高程分布。2001～2007 年 F 水库在不同高程均有淤积，2008 年、2009 年则主要表现为冲刷，具体情况为：2001 年泥沙主要淤积在调节库容内，淤积量为 65.60 万 m^3；2002 年泥沙主要淤积在调节库容内，淤积量为 28.46 万 m^3；2003 年调节库容内发生了冲刷，冲刷量为 21.92 万 m^3；2004 年以淤积为主，主要集中在 463～467m 及 470～474m 高程间，分别淤积了 122.9 万 m^3 和 145.3 万 m^3，在高程级为 449～457m 及 467～470m 略有冲刷；2005 年淤积主要集中在 447～463m 高程间，淤积量达 212.7 万 m^3，在高程级 463～474m 以冲刷为主，冲刷量为 224.2 万 m^3，调节库容 (469～474m) 内冲刷了 64.56 万 m^3；2006 年泥沙淤积主要集中在 465～474m 高程间，淤积量达 119.9 万 m^3，465m 高程以下有少量冲刷；2007 年 F 水库在沿高程分布上主要集中在 463～474m 高程间，淤积量达 336.36 万 m^3，其中有效库容 469～474m 高程间淤积了 65.2 万 m^3；2008 年高程 461m 以下主要表现为淤积，淤积量为 98.72 万 m^3，高程 461～471m 之间主要以冲刷为主，冲刷量为 194.7 万 m^3；2009 年 F 水库沿高程分布总体表现为冲刷，冲刷集中体现在高程 459～472m 之间，冲刷量达 186.33 万 m^3。

F 水库 2001～2009 年泥沙淤积沿高程分布情况详见表 18-12。

表 18-12　F 水库 2001～2009 年泥沙淤积沿高程分布统计表　单位：万 m^3

年份	高程/m							
	451	455	461	465	469	470	474	469～474
2001	33.35	48.9	80.61	151.7	247.9	264.3	313.5	65.6
2002	−15.83	9.32	54.3	76.78	13.89	21.38	42.35	28.46
2003	−7.26	22.57	−38.84	−31.29	37.98	48.42	16.07	−21.91

续表

年份	高程/m							
	451	455	461	465	469	470	474	469～474
2004	36.73	29.22	32.38	128	172.9	146.5	291.8	118.9
2005	74.85	134.6	229.4	214	79.6	79.96	15.04	-64.56
2006	-34.31	-42.05	-85.16	-26.96	108.5	136.3	172.9	64.4
2007	37.75	38.14	38.02	105.6	322	335.6	387.2	65.2
2008	5.56	29.71	98.72	-2.52	-83.43	-89.96	-96.96	-13.53
2009	0.98	8.19	2.41	-57.77	-149.7	-156.8	-168.3	-18.6
合计	131.82	278.6	411.84	557.54	749.64	785.7	973.6	223.96

(2)沿流程分布。2001～2005 年 F 水库泥沙淤积在沿流程分布上表现为：2001 年泥沙淤积主要集中在 TK6#～TK17#断面范围内，淤积量达 161.7 万 m^3，占全库段淤积量的 75.5%；2002 年主要淤积在坝前至 TK6#断面间 5.3km 范围内，淤积量为 94.9 万 m^3；2003 年表现为有冲有淤，淤积主要发生在 TK6#～TK17#和 TK20#～TK26#断面间，淤积量分别为 22.6 万 m^3 和 40.0 万 m^3，其他库段主要表现为冲刷，且冲淤量较少；2004 年主要以淤积为主，特别是 TK17#～TK26#断面淤积了 205.6 万 m^3，占总淤积量的 70.4%，其次是 TK6#～TK12#断面之间淤积了 52.5 万 m^3，占总淤积量的 18.0%；2005 年 F 水库在沿流程分布上泥沙淤积主要集中在坝前至 TK6#断面间，淤积量达 200 万 m^3，其次是 TK20#～TK26#断面之间淤积了 17 万 m^3。具体情况见表 18-13。

表 18-13　F 水库 2001～2005 年泥沙淤积沿流程分布统计表　　单位：万 m^3

年份	断面号	0～6	6～12	12～17	17～20	20～26	26～尾水	总计
	库段间距/km	5.3	5.3	6.2	4.2	5.3	5.4	31.7
2001		11.05	89.4	72.3	-7.3	53.1	-4.5	214.05
2002		94.9	-4.5	-19.1	0.9	-37.2	7.35	42.35
2003		-12.1	17.3	5.3	-27.7	40	-6.73	16.07
2004		13.8	52.5	17.2	90.2	115.4	2.9	292
2005		200	-44.6	-113.3	-37	17	-7.06	15.04

2006～2008 年 F 水库泥沙淤积在沿流程分布上表现为：2006 年泥沙淤积主要集中在 TK6#～TK16#断面间 10.4km 范围内，淤积量达 222.9 万 m^3，其他库段内主要以冲刷为主，坝前～TK3#断面间全线冲刷，冲刷量达 105.3 万 m^3；2007 年泥沙淤积主要集中在坝前至 TK12#断面间 9.8km 范围内，淤积量为 295 万 m^3，TK25#～尾水库段表现为冲刷，冲刷量为 12.7 万 m^3；2008 年泥沙主要以冲刷为主，且主要发生在 TK3#～TK25#断面间 23.2km 范围内，冲刷量为 221.7 万 m^3，TK0#～TK3#（间距 1.7km）和 TK25#～库尾（间距 3.2km）断面间略有淤积，淤积量分别为 89.90 万 m^3 和 34.84 万 m^3。详见表 18-14。

表 18-14　F 水库 2006～2008 年泥沙淤积沿流程分布统计表　单位：万 m^3

年份	断面号	0～3	3～6	6～12	12～16	16～21	21～25	25～尾水	总计
	库段间距/km	1.7	2.8	5.3	5.1	6.8	3.2	6.1	31.0
2006		-105.3	36.7	97.2	125.7	27.3	-18.4	9.7	172.9
2007		116.1	103.1	75.8	27	45.9	32	-12.7	387.2
2008		89.9	-43.8	-24.7	-51.6	-93.9	-7.7	34.84	-96.96

2009 年 F 水库沿流程分布总体表现为冲刷，冲刷总量达到 238.5 万 m^3，发生在 TK0#～TK2#、TK6#～TK9#和 TK14#～TK30#河段范围内，其中 TK14#～TK30#河段冲刷量最大，为 173.4 万 m^3；其余各河段略有淤积，淤积总量 70.2 万 m^3。详见表 18-15。

表 18-15　F 水库 2009 年泥沙淤积沿流程分布统计表　单位：万 m^3

年份	断面号	0～2	2～6	6～9	9～14	14～30	30～尾水	总计
	库段间距/km	1.658	3.614	2.397	5.352	16.989	1.79	31.0
2009		-24.4	29.9	-40.7	35	-173.4	5.3	-168.3

3) 淤积物组成

根据 2004～2009 年实测床沙成果资料分析：在同一淤积时段内淤积物 d_{50} 或 d_{max} 在沿程变化上都是由坝前至库尾逐渐增大；在同一断面上淤积物的 d_{max} 呈交替变化，无明显变化趋势，见表 18-16、表 18-17。

表 18-16　2004～2007 年 F 水库淤积物取样成果表　单位：mm

年份	项目	TK1	TK12	TK21	TK23	TK26
2004	d_{50}	0.083	0.31	0.39	1.21	0.483
	d_{max}	0.948	2.12	5.3	13.4	2.12
2005	d_{50}	0.313	0.3	0.368	0.366	1.78
	d_{max}	1.34	2.12	2.7	7.8	4.78
2006	d_{50}	0.197	0.227	0.32	0.552	0.428
	d_{max}	0.89	1.259	3.2	1.975	4.78
2007	d_{50}	0.194	0.22	0.67	0.735	0.264
	d_{max}	0.987	0.92	3.11	4.05	1.766

表 18-17　2008～2009 年 F 水库淤积物取样成果表　单位：mm

年份	项目	TK1	TK3	TK5	TK8	TK10	TK12	TK13	TK15	TK16	TK18	TK20
2008	d_{50}	0.262	0.258	0.163	0.263	0.299	0.219	0.308	0.317	0.375	0.131	0.38
	d_{max}	0.919	1.47	0.919	0.97	0.97	1.35	0.97	51.4	6.43	1.03	2.7
2009	d_{50}	0.175	0.295	0.252	0.172	0.275	0.300	0.325	0.285	0.362	0.331	0.493
	d_{max}	0.752	0.824	0.824	0.961	0.961	0.961	1.2	0.961	4.78	4.8	6.88

4) 断面冲淤形态

根据 F 水库实测泥沙淤积横断面图分析，与 2007 年、2008 年相比，2009 年 F 水库横断面形态主要表现为河槽坦化、沿主河槽冲刷、沿全断面冲淤、河槽平移四种趋势。

(1) 河槽坦化，如 TK5#、TK9#，河槽断面变得平坦，见图 18-10、图 18-11。

(2) 沿主河槽冲刷，如 TK21#、TK26#主河槽发生不同程度的冲刷，见图 18-12、图 18-13。

(3) 沿河槽全断面冲淤，如 TK8#、TK17#和 TK23#，见图 18-14～图 18-16。

(4) 河槽平移，如 TK29#断面向左平移了约 50m，见图 18-17。

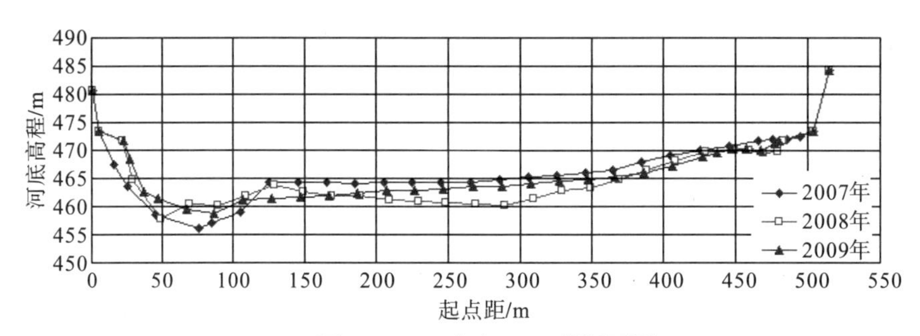

图 18-10　F 水库 TK5#横断面图

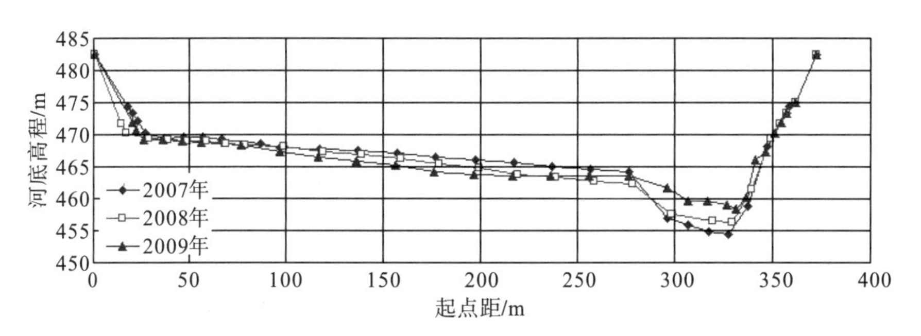

图 18-11　F 水库 TK9#横断面图

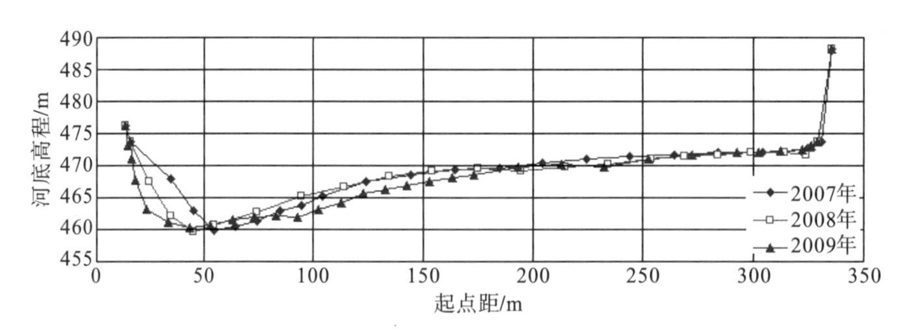

图 18-12　F 水库 TK21#横断面图

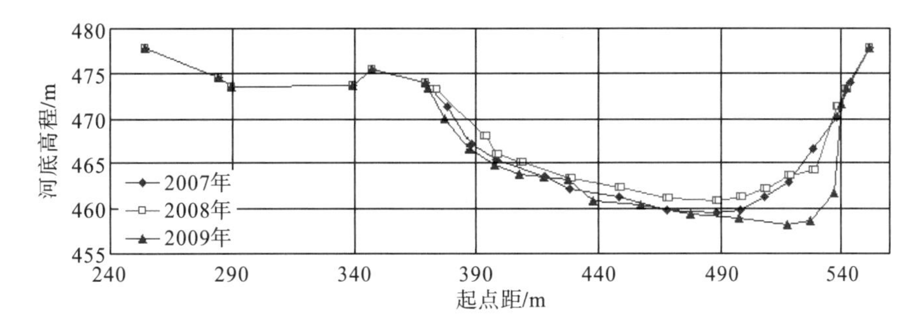

图 18-13　F 水库 TK26#横断面图

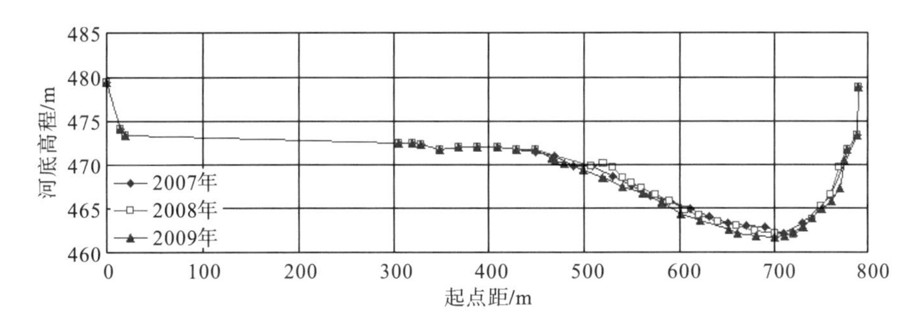

图 18-14　F 水库 TK8#横断面图

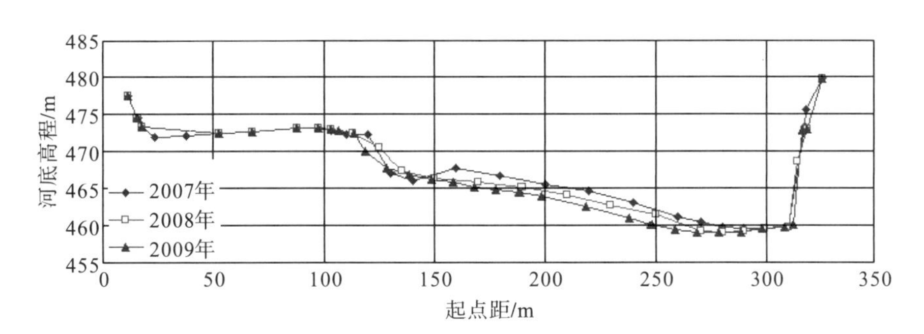

图 18-15　F 水库 TK17#横断面图

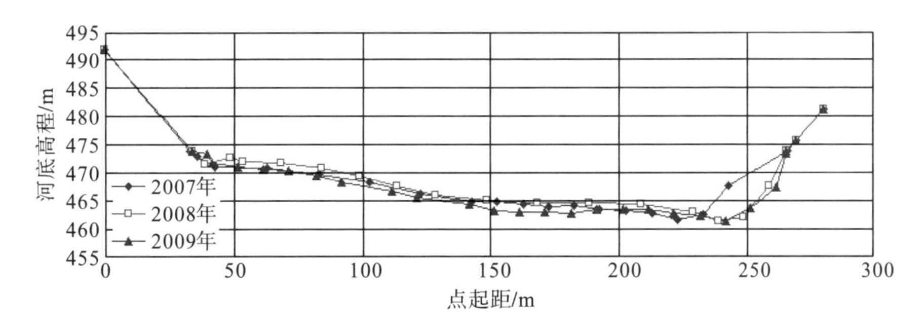

图 18-16　F 水库 TK23#横断面图

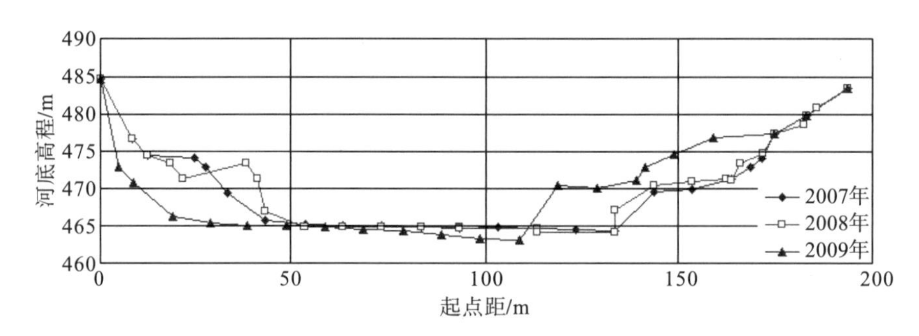

图 18-17 F 水库 TK29#横断面图

5) 库容变化

从 2003～2009 年 F 水库库容对比情况来看，2003～2007 年总库容逐年减小，2008 年、2009 年略有回升，详见表 18-18。

表 18-18 2003～2009 年 F 水库库容曲线表 单位：万 m^3

高程/m	年份						
	2003 年	2004 年	2005 年	2006 年	2007 年	2008 年	2009 年
449	91.84	50.6	2.83	32.01	1.1	—	—
451	121.6	84.83	9.98	44.29	6.54	0.98	—
453	157.8	125.7	21.28	59.87	19.64	4.77	0.46
455	202.2	173	38.53	80.58	42.44	12.73	4.54
457	257	229.4	65.76	117.4	79.35	28.92	16
459	333.3	304.7	110.6	176.5	138.8	62.23	47.3
461	448.4	416	186.7	271.9	233.8	135.1	132.7
463	665	610.5	371.3	451.4	400.6	322.1	332.5
465	1176	1047	833.4	860.4	754.8	757.4	815.1
467	2178	2001	1880	1826	1589	1660	1767
469	3640	3467	3388	3279	2957	3041	3190
470	4472	4326	4246	4109	3774	3864	4021
471	5391	5237	5176	5019	4667	4762	4931
472	6384	6188	6148	5988	5612	5707	5879
473	7453	7202	7180	7009	6621	6714	6882
474	8551	8260	8244	8072	7684	7781	7950
469～474	4911	4793	4856	4793	4727	4740	4760

18.1.2 水库淤积情况分析

通过对 2001～2009 年实测资料的分析可知：

C 水库虽在 2009 年总体表现为冲刷，但历年总淤积量仍有 25 018 万 m^3，占原始库容(530m 高程下)的 66.95%。其中，死库容内淤积 23 117 万 m^3，调节库容(520～528m)内淤积 1864 万 m^3。2001～2009 年，水库泥沙淤积在沿高程分布上主要集中在 528m 高程以下，淤积总量为 1133.45 万 m^3；在沿流程分布上表现为全线淤积，且淤积主要集中在距坝 28.4km 的 66#断面以下和支沟(1)内。纵断面形态变化以冲淤交替变换为主，但由于不同的来水、来沙、底孔运用及坝前水位控制等因素的影响，河床仍有缓慢抬高趋势。横断面形态主要是沿河床表面冲刷或淤积。淤积物组成在沿程变化上自下而上逐渐变粗；在年际变化上 d_{max} 呈交替发展，总体上有逐渐增大趋势。

截至 2009 年，F 水库历年泥沙淤积总量为 13 218 万 m^3，占相应原始库容(474m 高程下)的 62.44%。其中，调节库容内淤积 468.9 万 m^3，死库容内淤积 12 749 万 m^3。2001～2009 年水库泥沙在不同高程、不同断面内均有淤积。横断面冲淤形态表现为有冲有淤。淤积物组成在沿程变化上由坝前至库尾逐渐增粗；在同一断面上 d_{max} 在年际间呈交替发展。

18.2　上游水库入库沙量分析

18.2.1　支流入库悬移质输沙量及含沙量

河流(1)河口位于上游水库 B 坝址上游约 26km，其入库悬移质含沙量、输沙量的推求，用水文站 L 1956～1968 年、1976～1999 年共 37 年月、年平均输沙率，按流域面积比法计算至河流(1)河口。

经统计，河流(1)河口多年平均悬移质年输沙量 145 万 t，多年平均含沙量 2050g/m^3，实测最大含沙量 878kg/m^3(1995 年 5 月 14 日)。输沙量年内分配极不均匀，主要集中在汛期(6～9 月)，汛期输沙量占全年输沙量的 94.5%。

河流(1)河口多年平均逐月含沙量见表 18-19，多年平均输沙量年内分配见表 18-20，历年流量、含沙量、输沙量特征值见表 18-21。

表 18-19　河流(1)河口多年平均逐月含沙量表

月份	1 月	2 月	3 月	4 月	5 月	6 月	7 月	8 月	9 月	10 月	11 月	12 月	年平均
多年平均/(g·m^{-3})	69.0	89.1	139	332	1240	1480	4600	3940	740	132	108	65.2	2050

表 18-20　河流(1)河口多年平均逐月输沙量表

月份	1～4 月	5 月	6 月	7 月	8 月	9 月	10 月	11～12 月	年平均
多年平均/万 t	1.392	4.92	9.21	58.7	61.0	7.90	0.903	0.55	145
占全年百分数/%	0.96	3.40	6.37	40.6	42.2	5.46	0.63	0.38	100

表 18-21　河流(1)河口历年流量、含沙量、输沙量特征值表

年份	年统计				汛期(6～9 月)统计			
	平均流量/(m^3·s^{-1})	平均含沙量/(g·m^{-3})	输沙量/万 t	输沙模数/(t·km^{-2}·a^{-1})	平均流量/(m^3·s^{-1})	平均含沙量/(g·m^{-3})	输沙量/万 t	沙量占全年百分数/%
1956	24.7	118	92.2	788	52.0	1650	90.2	97.9

续表

年份	年统计				汛期(6～9月)统计			
	平均流量 /($m^3 \cdot s^{-1}$)	平均含沙量 /($g \cdot m^{-3}$)	输沙量 /万 t	输沙模数 /($t \cdot km^{-2} \cdot a^{-1}$)	平均流量 /($m^3 \cdot s^{-1}$)	平均含沙量 /($g \cdot m^{-3}$)	输沙量 /万 t	沙量占全年百分数/%
1957	18.0	559	31.7	271	30.7	938	30.2	95.7
1958	25.6	2920	237	2030	54.6	4100	236	99.5
1959	26.4	3750	313	2680	53.4	5410	304	97.0
1960	28.7	6670	607	5190	65.0	8820	604	99.5
1961	31.2	2850	281	2400	62.0	4260	278	99.0
1962	26.5	1390	116	995	48.6	2200	113	97.1
1963	20.0	453	24.3	207	32.4	611	20.9	86.1
1964	30.7	1580	153	1310	64.2	2180	148	96.5
1965	25.8	776	63.3	541	47.2	1210	60.4	95.4
1966	29.4	1930	178	1530	62.9	2670	177	99.2
1967	22.6	1350	96.3	823	41.4	2180	95.2	98.2
1968	24.8	1460	114	976	45.2	2350	111	97.2
1976	21.1	2240	150	1280	38.2	3610	146	97.2
1977	20.5	1510	96.9	829	38.7	2200	89.5	92.3
1978	22.5	1000	70.9	606	45.8	1310	63.5	89.5
1979	17.6	1850	103	881	32.6	2780	95.4	92.6
1980	20.9	1980	132	1130	36.0	3140	119	90.1
1981	24.4	5360	432	3690	51.8	7470	408	94.5
1982	17.5	883	48.7	417	30.4	1400	44.8	91.9
1983	19.7	923	57.2	489	33.3	1230	43.4	75.8
1984	24.9	2870	226	1930	50.6	4130	221	97.7
1985	23.5	1910	141	1210	44.8	2860	135	95.4
1986	19.8	1010	63.2	540	38.2	1500	60.5	95.7
1987	16.9	509	27.1	232	31.8	679	22.8	84.2
1988	24.5	2040	158	1350	52.6	2790	154	97.6
1989	25.8	4180	329	2810	50.2	6140	325	98.9
1990	27.3	1760	152	1300	57.0	2300	138	90.6
1991	17.8	1360	76.4	653	36.3	1930	73.7	96.5
1992	18.7	2650	157	1340	35.2	4090	152	97.0
1993	15.7	2130	105	900	29.3	3320	102	96.8
1994	12.3	929	36.1	309	21.1	1490	33.1	91.6
1995	19.0	3300	198	1690	39.5	1850	77.1	38.9
1996	15.9	733	36.8	314	30.0	1100	34.8	94.6
1997	15.4	2200	107	914	28.8	3470	105	98.2
1998	17.2	1000	54.3	464	32.8	1400	48.4	89.1
1999	20.6	1610	105	894	39.0	2470	101	96.6
多年平均	22.0	2050	145	1240	42.8	3040	137	94.5

18.2.2　上游水库坝址悬移质输沙量及含沙量

上游 B 水库末端设有水文站 C，但仅搜集有 16 年实测资料，系列较短，水文站下游约 1.33km 处，有已建多座梯级电站的河流(2)汇入，对河流的输沙产生了一定的影响，泥沙还原困难，且 1993 年以后河流(2)下游的水文站 G 泥沙测验停止，故此处未予采用。原设有的水文站 M 的资料测验精度较差，故也未采用。因此，C、F 水库上游 B 水库坝址悬移质输沙量依据水文站选为：流域(二)干流的水文站 T、水文站 S(2)、水文站 S(3)，以及支流的水文站 L 及水文站 Y。

B 水库坝址悬移质含沙量和输沙量的推求，分两步进行：首先，由水文站 T 1956～1966 年及水文站 S 1967～1991 年、1995～1999 年组成 1956～1999 年共 41 年水文站实测悬移质泥沙资料系列；其次，用水文站 S 月平均输沙率(G_S)按流域面积比法计算出 B 水库中坝址[河流(3)汇口的下游]月平均输沙率($G_{中坝址}$)，再减去相应河流(3)河口月平均输沙率(G_N)，从而得出 B 坝址月平均输沙率($G_{坝址}$)。推求计算公式如下：

$$G_{中坝址} = G_S \times (F_{中坝址} \div F_S) \tag{18-1}$$

$$G_{坝址} = G_{中坝址} - G_N \tag{18-2}$$

$$G_N = G_Y \times (F_N \div F_Y) \tag{18-3}$$

式中，F 为流域面积(km^2)；$F_{中坝址}$为 B 水库中坝址流域面积；F_S 为水文站 S 控制流域面积；F_N 为河流(3)河口控制流域面积；F_Y 为水文站 Y 控制流域面积。

坝址月平均含沙量为月平均输沙率除以月平均流量。

据统计，坝址多年平均悬移质年输沙量 3150 万 t，多年平均含沙量 832g/m^3，实测最大含沙量 31.4kg/m^3(水文站 S 1989 年 7 月 27 日)。输沙量年际变化不大，最大年输沙量 9060 万 t(1989 年)，是多年平均输沙量的 2.88 倍，是最小年输沙量 1160 万 t(1972 年)的 7.81 倍。输沙量年内分配极不均匀，主要集中在汛期(6～9 月)，占全年输沙量的 89.5%；其中 7 月份输沙量最大，占全年输沙量的 33.1%，河流沙峰随洪峰出现，输沙量主要集中在几次大的洪水过程，如水文站 S(3) 1989 年 7 月 23 日至 9 月 20 日两次洪水过程历时 60 天，输沙量达 5320 万 t，占全年输沙量的 52.2%。

坝址多年平均逐月含沙量见表 18-22，多年平均输沙量年内分配见表 18-23，坝址历年流量、含沙量、输沙量特征值见表 18-24。

表 18-22　坝址多年平均逐月含沙量表

月份	1月	2月	3月	4月	5月	6月	7月	8月	9月	10月	11月	12月	年平均
多年平均/(g·m^{-3})	30.4	21.0	35.4	167	389	950	1490	1290	1020	352	145	59.5	832

表 18-23　坝址多年平均逐月输沙量表

月份	1～4月	5月	6月	7月	8月	9月	10月	11～12月	年平均
多年平均/万 t	28.79	104	496	1040	708	583	146	39.19	3150
占全年百分数/%	0.914	3.30	15.8	33.0	22.5	18.5	4.64	1.24	100

表 18-24　坝址历年流量、含沙量、输沙量特征值表

年份	年统计				汛期(6～9月)统计			
	平均流量 /($m^3 \cdot s^{-1}$)	平均含沙量 /($g \cdot m^{-3}$)	输沙量 /万 t	输沙模数 /($t \cdot km^{-2} \cdot a^{-1}$)	平均流量 /($m^3 \cdot s^{-1}$)	平均含沙量 /($g \cdot m^{-3}$)	输沙量 /万 t	沙量占全年百分数/%
1956	1220	475	1830	267	2180	688	1580	86.3
1957	1220	498	1920	280	2200	686	1590	82.8
1958	1160	765	2800	408	2120	1170	2610	93.2
1959	1060	671	2250	328	2050	1000	2160	96.0
1960	1400	1070	4760	694	2890	1510	4590	96.4
1961	1210	1150	4360	636	2220	1740	4070	93.3
1962	1260	729	2900	423	2500	1030	2710	93.4
1963	1230	627	2440	356	2360	898	2240	91.8
1964	1240	672	2640	385	2290	1000	2420	91.7
1965	1430	693	3150	459	2840	972	2900	92.1
1966	1240	747	2920	426	2390	1090	2740	93.8
1967	1060	492	1650	241	1840	739	1430	86.7
1968	1290	409	1670	244	2390	577	1460	87.4
1969	1030	470	1530	223	1970	701	1450	94.8
1970	999	614	1930	282	1720	971	1760	91.2
1971	1090	536	1840	268	1790	827	1560	84.8
1972	966	377	1160	169	1700	575	1030	88.8
1973	947	509	1530	223	1690	793	1410	92.2
1974	1290	457	1860	271	2460	654	1700	91.4
1975	1170	603	2230	325	2060	801	1740	78.0
1976	1180	755	2820	411	2170	1060	2410	85.5
1977	1130	530	1880	274	1990	734	1540	81.9
1978	1160	830	3030	442	2130	1220	2740	90.4
1979	1210	851	3260	476	2220	1230	2870	88.0
1980	1240	815	3200	467	2320	1180	2870	89.7
1981	1330	1230	5120	747	2680	1710	4830	94.3
1982	1240	765	2980	435	2510	1060	2790	93.6
1983	1170	751	2770	404	2230	1060	2500	90.3
1984	1090	1090	3760	548	2170	1550	3550	94.4
1985	1370	891	3890	567	2610	1270	3490	89.7
1986	1050	813	2680	391	1830	1260	2430	90.7
1987	1190	1010	3810	556	2300	1440	3500	91.9
1988	1250	1420	5630	821	2280	2060	4940	87.7
1989	1440	1990	9060	1320	2560	2840	7660	84.5
1990	1350	1410	5990	874	2400	2160	5460	91.2
1991	1160	791	2910	424	2030	1180	2510	86.3
1995	1170	872	3190	465	2070	1270	2770	86.8
1996	1080	644	2210	322	1870	979	1930	87.3

续表

年份	年统计				汛期(6～9 月)统计			
	平均流量/($m^3 \cdot s^{-1}$)	平均含沙量/($g \cdot m^{-3}$)	输沙量/万 t	输沙模数/($t \cdot km^{-2} \cdot a^{-1}$)	平均流量/($m^3 \cdot s^{-1}$)	平均含沙量/($g \cdot m^{-3}$)	输沙量/万 t	沙量占全年百分数/%
1997	1090	982	3080	449	1940	1220	2490	80.8
1998	1320	1110	4670	681	2530	1580	4220	90.4
1999	1400	1290	5700	831	2680	1820	5160	90.5
多年平均	1200	832	3150	459	2220	1210	2820	89.5

18.2.3　推移质输沙量

B 水电站入库推移质输沙量，采用推移质输沙水槽试验的方法确定。干流采用水文站 S 河段水力因素及相应的床沙组成，支流河流(1)采用水文站 L 河段水力因素及相应的床沙组成，推算得干流多年平均推移质输沙量为 53 万 t，河流(1)年推移质输沙量为 8 万 t。

18.3　区间产沙量分析

1. 河流(3)产沙量分析

1)悬移质及推移质泥沙推求

距河流(3)河口 31km 处设有水文站 Y，其控制集水面积为 3302km²，占全流域集水面积的 80.5%。采用水文站 Y 1959～2003 年共 45 年悬移质泥沙资料统计分析，河流(3)水文站 Y 悬移质泥沙主要特征值见表 18-25。

表 18-25　水文站 Y 悬移质泥沙主要特征值表

特征值	含沙量/($kg \cdot m^{-3}$)	输沙量/万 t	输沙模数/($t \cdot km^{-2} \cdot a^{-1}$)	备注(发生年份)
多年平均	1.06	341	1030	
最大值	2.65	1082	3270	1968 年
最小值	0.32	78.4	237	1994 年

河流(3)全长 126km，全流域集水面积 4090km²。水文站 Y 面积比系数 K=1.239，按此移用计算得河流(3)河口处多年平均悬移质输沙量 422 万 t。河流(3)河口汛期多年平均输沙量、含沙量见表 18-26。

表 18-26　河流(3)河口汛期多年平均各月输沙量及含沙量表

月份	1～4 月	5 月	6 月	7 月	8 月	9 月	10 月	11～12 月	全年
输沙量/万 t	0.866	17.341	109.001	132.535	94.508	57.845	10.405	0.839	422
含沙量/($kg \cdot m^{-3}$)	0.02	0.71	1.94	1.85	1.51	0.90	0.23	0.02	1.06

河流(3)推移质输沙量采用推移质输沙公式计算，推算得水文站 Y 河段中水年推移质输沙量 15.6 万 t。按面积比推算至河流(3)河口，得中水年推移质输沙量 19.3 万 t。天然情况下多年平均推移质输沙量年内分配见表 18-27。

表 18-27　河流(3)河口多年平均推移质输沙量表(天然)

月份	1～4 月	5 月	6 月	7 月	8 月	9 月	10 月	11～12 月	全年
输沙量/万 t	0.040	0.795	4.983	6.037	4.315	2.639	0.476	0.039	19.3
占全年百分比/%	0.21	4.11	25.79	31.24	22.33	13.66	2.46	0.20	100

2) 泥沙特性分析

经统计，河流(3)河口多年平均含沙量 1.06kg/m³，多年平均悬移质输沙量 422 万 t。输沙量年际变化较大，最大年输沙量 1340 万 t(1968 年)，是多年平均输沙量的 3.17 倍，是最小年输沙量 97.1 万 t(1994 年)的 13.8 倍。输沙量年内分配也极不均匀，主要集中在汛期(6～9 月)，占全年输沙量的 93.1%，其中 7 月输沙量最大，占全年输沙量的 30%。且沙峰随洪峰出现，输沙量主要集中在几次大的洪水过程，如图 18-18、图 18-19 所示。

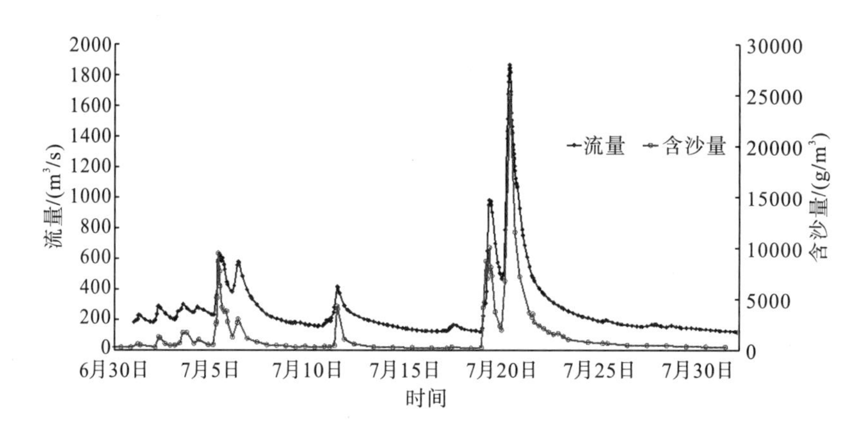

图 18-18　1987 年 7 月水文站 Y 水沙过程图

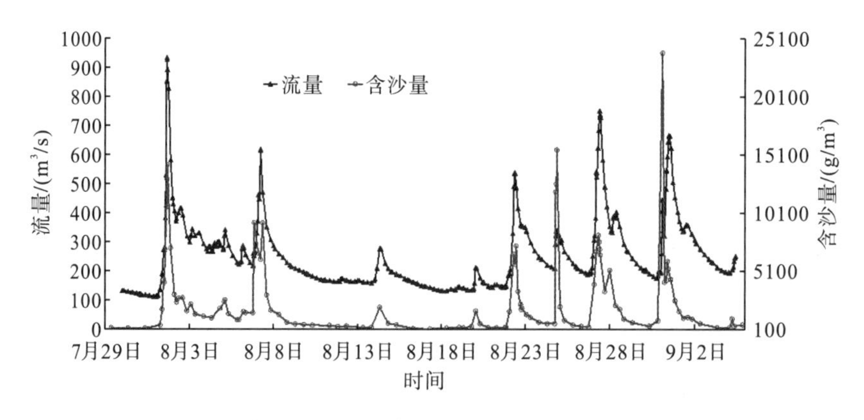

图 18-19　1987 年 8 月水文站 Y 水沙过程图

2. 河流(4)产沙量分析

1)悬移质及推移质泥沙推求

河流(4)系流域(二)中游右岸一级支流，流域(二)全长 88km，集水面积 1380km²。

水文站 H 为河流(4)控制站，位于下游河段，距河口约 10km，控制集水面积 1321km²，占全流域面积的 95.7%。该站 1958 年 3 月设立，1962 年 4 月改为水位站，至 1966 年恢复为水文站时基本断面上迁 50m，称为水文站 H(2)，观测至今。有 1966 年 5～12 月、1968～1976 年、1986～2001 年实测悬移质泥沙资料，历年均采用近似法整编。采用历年 1～4 月的月平均流量月平均含沙量相关，对缺测的 1966 年 1～4 月的含沙量进行插补，从而组成水文站 H(2)26 年完整的悬移质泥沙系列，见表 18-28。

表 18-28　河流(4)水文站 H(2)历年流量、含沙量、输沙量特征值表

年份	年统计				汛期(5～9 月)			
	平均流量/$(m^3 \cdot s^{-1})$	平均含沙量/$(g \cdot m^{-3})$	输沙量/万 t	输沙模数/$(t \cdot km^{-2} \cdot a^{-1})$	平均流量/$(m^3 \cdot s^{-1})$	平均含沙量/$(g \cdot m^{-3})$	输沙量/万 t	沙量占全年百分数/%
1966	14.9	384	18	453	23.9	534	16.9	93.9
1968	17.3	369	20.1	506	27.4	525	19	94.5
1969	12.5	187	7.36	185	18.8	273	6.79	92.3
1970	14.7	406	18.9	474	23.7	586	18.4	97.4
1971	15.8	445	22.2	557	24	667	21.2	95.5
1972	11.2	162	5.71	143	16	258	5.44	95.3
1973	14.3	291	13.1	330	23.6	412	12.9	98.5
1974	12.7	427	17	428	19.3	622	15.9	93.5
1975	14.3	520	23.5	590	21.5	806	22.9	97.4
1976	13.8	309	13.4	338	20.8	401	11	82.1
1986	13.9	503	22	554	22	752	21.9	99.5
1987	12.4	770	30.2	758	20.6	1090	29.6	98.0
1988	14.3	614	27.6	694	23.2	893	27.3	98.9
1989	16.2	1360	69.6	1750	25.9	2000	68.6	98.6
1990	15.8	831	41.3	1040	25.1	1200	39.9	96.6
1991	12.8	380	15.4	386	20.1	562	14.9	96.8
1992	13.8	297	12.9	325	19.3	402	10.3	79.8
1993	10.9	163	5.61	141	14.6	247	4.76	84.8
1994	11.8	365	13.6	342	17.6	562	13	95.6
1995	13.9	773	33.8	849	22.4	1130	33.3	98.5
1996	13.8	412	17.9	449	22.1	550	16.1	89.9
1997	12.2	669	25.8	647	17.9	1050	24.9	96.5
1998	11.7	520	19.1	480	18.9	740	18.5	96.9
1999	14	592	26.1	654	23	826	25.1	96.2
2000	14.5	700	32.1	806	21.7	1010	29.1	90.7
2001	16.7	778	40.9	1030	27.1	1050	37.5	91.7
多年平均	13.8	524	22.8	573	21.6	759	21.7	95.2

按面积比计算得河流(4)河口处多年平均悬移质输沙量为 23.8 万 t，多年平均含沙量为 547.4g/m^3。

河流(4)流域无推移质测验资料，但在该河流上游有 H 水电站，某市水电勘测设计院和某大学在对该电站进行设计时，曾在 H 电站闸址河段进行床沙取样，并用公式计算推移质输沙量得中水中沙年推移质年输沙量为 1.75 万 t。取其集水面积近似为水文站 H(2)集水面积，即为 572.2km²，按面积比推算至河流(4)河口得推移质年输沙量为 4.22 万 t。

2) 泥沙特性分析

河流(4)输沙量年际变化较大，水文站 H(2)最大年输沙量 69.6 万 t(1989 年)，是多年平均年输沙量的 3.1 倍，是最小年输沙量 5.61 万 t(1993 年)的 12.4 倍。输沙量年内分配很不均匀，汛期 5～9 月集中了全年输沙量的 95.2%，汛期(5～9 月)平均含沙量 759g/m^3。水文站 H(2)多年平均月、年输沙量、含沙量见表 18-29。

表 18-29　水文站 H(2)多年平均月、年输沙量、含沙量表

月份	1	2	3	4	5	6	7	8	9	10	11	12	多年平均
含沙量/(g·m^{-3})	10.05	14.1	32.1	196	270	609	1010	1180	423	78.3	16.2	9.2	524
输沙量/万 t	0.013	0.016	0.064	0.613	1.12	3.02	6.83	8.44	2.31	0.329	0.032	0.014	22.8
占全年百分比/%	0.06	0.07	0.28	2.69	4.91	13.25	29.96	37.02	10.13	1.44	0.14	0.06	100

18.4　上游水库蓄水后下游水库入库沙量分析

C、F 电站上游 B 电站水库正常蓄水位 850m，相应库容 50.1 亿 m³，水库具有季调节性能。水库建成后，其坝址以上入库的全部推移质及大部分的悬移质均被拦蓄在水库内。而 A 水库无调节能力，对悬移质泥沙的拦蓄作用非常小。因此，不考虑 A 水库的拦沙影响，只考虑 B 水库的拦沙作用，故 C 水库的入库泥沙主要由 B 水库下泄的悬移质泥沙及 B～C 水库的区间泥沙两部分组成。

B 水库库沙比达 191，水库泥沙淤积年限长，根据 SBED 扩展一维全沙水库冲淤数学模型模拟计算结果：水库运行 50 年，水库总淤积量 11.1 亿 m^3，其中调节库容内淤积 5.95 亿 m^3，剩余调节库容 32.4 亿 m^3，调节库容损失 14.3%，水库悬移质拦沙率 86.5%，出库年平均含沙量 112g/m^3；水库运行 100 年，水库总淤积量 18.6 亿 m^3，其中调节库容内淤积 9.6 亿 m^3，剩余调节库容 28.8 亿 m^3，调节库容损失 25.0%，水库悬移质拦沙率 85.9%，出库年平均含沙量 120g/m^3。B 水库泥沙冲淤计算成果见表 18-30。

表 18-30　B 水库泥沙冲淤计算成果表

运行年限/年	水库总淤积量/亿 m^3	调节库容淤积量/亿 m^3	调节库容损失率/%	悬移质拦沙率/%	出库含沙量/($g\cdot m^{-3}$)
20	4.32	2.54	5.28	86.8	110
50	11.1	5.95	14.3	86.5	112
100	18.6	9.60	25.0	85.9	120

B 水库运行 20～100 年，其悬移质年平均拦沙率为 86.8%～85.9%，变化甚小，悬移质出库最大出库粒径为 0.025mm。天然情况下 B 水电站及 C 水电站坝址处多年平均悬移质输沙量分别为 3170 万 t 及 3750 万 t，按水库运行 100 年后的拦沙率约 85%考虑，B 水库的年平均出库悬移质输沙量为 476 万 t，加上 B 水电站坝址～C 水电站坝址的区间输沙量 580 万 t，则 B 水库建成后，C 水库的入库悬移质年平均输沙量为 1060 万 t。

B 水库建成以后，尽管其坝址以上的全部推移质均被拦在库内，C 水库推移质泥沙主要由 C 坝址至 B 坝址区间产生，与悬移质输沙量相比，推移质输沙量所占比例较小，从安全角度考虑，B 水库建成后，C 水库的入库推移质输沙量仍按天然情况的 58 万 t 考虑。

第19章　梯级电站水库水沙联合调度方案研究

如前所述，为减少水库内的泥沙淤积，中国的水利工作者们经过长期的研究、实践及总结，提出了在实际工程中行之有效的各种水库排沙及减淤运用方式。

随着流域内梯级电站的逐渐建成，特别是一个流域内一些重要的控制性水库枢纽的建成，会在很大程度上改变这个流域天然的径流、洪水及泥沙运动的特性。如何发挥这些控制性水库枢纽的作用，合理调度梯级电站水沙，最大程度地发挥梯级电站的经济及社会效益，应是梯级电站研究的重要课题。

在梯级水库的联合调水调沙运用中，最有影响的莫过于近年来黄河万家寨、三门峡及小浪底水库的联合调水调沙运行。2002 年开始的以小浪底水库为核心的梯级联合调水调沙，一方面将淤积在三门峡及小浪底水库内的部分淤积泥沙排往下游，减少了水库内的泥沙淤积量，延长了水库使用寿命；另一方面排出水库的泥沙未在黄河下游形成淤积，被长距离输送入海，下泄的含沙水流对黄河下游主河槽形成了不同程度的冲刷，大幅度提高了黄河下游河道的平滩流量，提高了黄河下游沿河两岸城乡的防洪能力，初步实现了小浪底水库设计之初所提出的防洪(防凌)减淤的首要开发任务，达到了较好的调水调沙效果。

C、F 水库自建成运行以来，水库泥沙淤积已基本达到冲淤平衡状态，两电站的死库容已基本淤满，电站在日常运行中面临过机泥沙日益粗化的泥沙问题，逐渐影响到了电站的正常运行。位于 C、F 两水库上游的 B 水库已于 2009 年底开始蓄水，由于 B 水库所具有的调蓄能力及拦沙作用，C 及 F 水库的入库输沙量及含沙量大幅度减少，为适度抬高两电站的运行调度水位提供了可能。若 B～C～F 的联合调度方式适当，一方面可减少或避免因 C 及 F 水库水位抬高带来的水库淤积；另一方面，还可对 C、F 水库进行冲刷，恢复两水库的部分库容，以部分缓解 C 及 F 两水库目前所面临的泥沙问题，基于这种考虑，遂提出了进行 B 以下梯级电站水库水沙联合调度的初步设想。

19.1　水库调度方式

在进行 B 水电站以下梯级电站水库水沙联合调度的研究以前，有必要了解一下目前各电站设计及实施的水库运行调度方式。

1. B 水库

根据初步设计阶段成果，B 水库的调度规则为：

(1) 5 月为平水期，按天然来水发电，水库水位维持在死水位 790m。

(2) 从 6 月初开始电站按保证出力发电，余水存入水库，直至水库水位蓄至防洪限制水位 841m，维持该水位按天然来水发电至 9 月 15 日。9 月 15 日至 10 月 1 日期间，由流域审批机构批准具体的蓄水开始时间，并于 10 月底之前蓄至正常蓄水位 850m。

(3) 11 月平水期，水库水位维持在正常蓄水位 850m，按天然来水发电。

(4) 12 月～次年 4 月为供水期，水库水位逐渐从 850m 消落至死水位 790m。

(5) 洪水调度原则为：各频率洪水的起调水位均为 841m，当入库流量大于 3000m^3/s，超出部分蓄一半拦一半；当库水位超过 848.41m，且入库流量小于 100 年一遇洪水 8230m^3/s 及水位小于 850m 时，水库按 5810m^3/s 控泄；当库水位超过 848.41m 且入库流量大于 8230m^3/s 时，水库敞泄；当水库水位大于 850m 时，水库按敞泄方式运行以尽快降低水位确保大坝安全，退水时，当入库流量小于 20 年一遇洪水流量 6960m^3/s，下泄流量按不超过 4980m^3/s 控制，直至将水位降至 841m。

2. C、F 水库

C 水库及 F 水库目前实施的水库运行调度方式如表 19-1 所示。

表 19-1　C 及 F 水库目前实施的水库运行调度方式

时　段	入库流量 $Q_入$ /(m^3/s)	C 水库水位/m	F 水库水位/m
枯水期 (11 月～次年 4 月)	$Q_入$	525.0～528.0	472.0～474.0
平水期 (5 月、10 月)	$Q_入$ ≤1200	525.0～527.0	471.5～473.5
	1200< $Q_入$ <3000	524.0～526.0	
	$Q_入$ ≥3000	523.0～525.0	471.0～473.0
汛期 (6～9 月)	$Q_入$ ≤2000	522.0～525.0	469.0～472.0
	2000< $Q_入$ <3000	522.0～524.0	
	$Q_入$ ≥3000	520.0～523.0	469.0～472.0
	预报 $Q_入$ ≥5000	降至 520.0 或敞泄	降至 469.0 或敞泄

注：入库流量大于 5000m^3/s 时以防洪、排沙为主。

19.2　联合调度的可能方式

从 C 水库及 F 水库目前实施的水库运行调度方式来看，两水库已完全按照水库的入库流量在进行联合调度调沙：平枯流量时，由于无多余流量开启排沙底孔，为避免淤积泥沙随发电引水进入水轮发电机，两水库同步壅水拦沙，让入库泥沙淤积在坝上游的库区中后部，大流量时两水库同步降低水位，将平枯流量淤积在水库中部的泥沙冲刷至坝前，同时开启排沙底孔及坝上溢流闸门，将冲刷至坝前的前期淤积泥沙排出水库。C 水库及 F 水库目前的水库运行调度方式在解决两电站所面临的粗沙过机及保持电站所需日调节库容方面，发挥着重要的作用。但由于 C 水库及 F 水库库容较小，汛期对入库流量过程基本无法进行调蓄，只能被动适应入库流量过程而相应调整其坝前运用水位，若想造成有利于两水库减淤冲刷效果的水沙过程，则必须依赖于其上游调节性能较好的 B 水库对天然流量过程进行人为的调蓄下泄。

B 水库的开发任务是以发电为主，兼顾防洪、拦沙。由于 B 水库库容较大，水库运行 100 年，正常蓄水位以下的库容及调节库容损失分别为 37.1%及 25.0%，泥沙淤积洲头距坝址尚有 12.1km，属于泥沙问题不严重的水库。从设计伊始，B 水库的泥沙问题便不是 B 水库设计考虑的重点，其开发任务中，也没有下游减淤这一条，因而从未开展过通过 B 水库的调水调沙对下游水库进行减淤这方面的研究及设计工作。从 B 水库最终制定的水库运行调度规则来看，也没有对下游梯级如何进行调水调沙的考虑，因而要利用 B 水库调水对下游水库进行冲刷，只能在其现有的水库运行调度规则中寻找可能的突破口。

一年中，平枯期所蓄的宝贵水量不可能用来进行下游水库冲刷调水，进行梯级水库联合调水调沙的最佳时机莫过于入库水沙最为集中的汛期。根据目前 B 水库制定的水库运行调度规则，水库在流域(二)的主汛期 6～9 月期间，由于下游防洪的需要，水库水位基本维持在汛限水位 841m 运行，除发生洪水时，水库基本不对径流进行任何调节。

如果 B 水库完全按照目前审定的调度规则运行，则 B 水库基本无水可调，若无水可调，则利用其调水作用达到下游水库冲刷的调沙设想便无法实现。但仔细研究，B 水库主汛期 6～9 月期间维持汛限水位 841m 运行，肯定会造成不同程度的弃水。根据流域水情预报系统的径流预报成果及电站发电用水情况，应该可以大致预估出一场流量过程可能的弃水量。若从 841m 向下预泄调水，再利用原本将弃掉的水量将水库回蓄至汛限水位 841m，B 水库汛限水位 841m～死水位 790m 间有近 31.7 亿 m^3 的库容，若能合理适度地有效利用，一方面既未造成电量损失，也不违背预留防洪库容的防洪原则，又可用预泄来调水造峰，增加下游 C、F 水库低水冲刷的时机，则应不失为一个尚属可行的梯级联合调水调沙方案。

19.3　联合调度方案水库减淤效果分析计算

19.3.1　计算模型

水库泥沙冲淤计算选用 SBED 扩展一维全沙水库冲淤计算数学模型，采用分时段、分河段、分粒径组计算。

1. 基本方程

模型基本假定条件是：

(1)非恒定流过程作为恒定流过程处理，即将入库水沙要素和坝前水位概化为梯级过程，假定时段内各要素为常值。

(2)假定河床发生冲淤过程中，在每一短时段内河床变形对水流条件影响不大，故可采用非耦合解进行计算。

按上述假定，模型基本方程如下：

水流连续方程：

$$Q = BHU \tag{19-1}$$

水流运动方程：

$$\frac{dZ}{dX}=\frac{Q^2}{\overline{K}^2}+\frac{U}{g}\frac{\partial U}{\partial X} \tag{19-2}$$

泥沙连续方程：

$$\frac{\partial(QS)}{\partial X}=-(g_x-g_s)B \tag{19-3}$$

河床变形方程：

$$\frac{\partial G}{\partial X}+\gamma_s'\frac{\partial F_A}{\partial t}=0 \tag{19-4}$$

式中，Q 为流量；B 为河宽；H 为平均水深；U 为平均流速；Z 为水位；$\overline{K}$ 为河段平均流量模数；S 为含沙量；G 为全沙输沙率；F_A 为断面冲淤面积；X 为距离；t 为时间；g_x 为单位时间沉降至单位面积上的沙量；g_s 为单位时间自单位面积上的上扬沙量；g 为重力加速度；γ_s' 为床沙干容量。

2. 基本方程求解

1) 水流运动方程求解

天然河流或水库形态极不规则，方程(19-2)一般采用其差分格式求解：

$$Z_i-Z_{i+1}=\frac{1}{2}(Qn)^2\left(\frac{B_i^{4/3}}{F_i^{10/3}}+\frac{B_{i+1}^{4/3}}{F_{i+1}^{10/3}}\right)\Delta x \tag{19-5}$$

式中，脚标 i 、$i+1$ 为河段上、下断面编号；F 为过水面积；Δx 为河段长；n 为河段糙率；其余符号同前。

糙率按下式计算：

$$n=\frac{1}{A}d_{50}^{1/6} \tag{19-6}$$

式中，A 值根据天然河流工程河段实测水面线资料求出糙率后，由床沙中数粒径反求。

山区河流可能出现急流、跌水等复杂流态，用式(19-5)无法进行计算。作为一种近似，在推算水面线时，先按下式确定各断面临界水位：

$$\frac{F^3}{B}-\frac{Q^2}{g}=0 \tag{19-7}$$

当计算河段为陡坡时，取上断面为临界流水位。

2) 泥沙连续方程求解

作为近似，式(19-3)可写成

$$q\frac{dS}{dX}=-(g_x-g_s) \tag{19-8}$$

式中，q 为单宽流量。经推导，式(19-8)可变为

$$\frac{dS}{dX}=-\frac{\alpha\omega}{q}\left(S-\frac{1-P}{P}S_*\right) \tag{19-9}$$

对式(19-9)积分，得不平衡输沙公式：

$$S_{i+1}=\frac{1-P_{i+1}}{P_{i+1}}S_{*i+1}+(S_i-\frac{1-P_i}{P_i}S_{*i})\mathrm{e}^{-\frac{\alpha\omega}{q}\Delta x_i} \tag{19-10}$$

式中，P 为沉降概率；S 为含沙量；S_* 为水流挟沙力；α 为单纯沉降的恢复饱和系数；ω 为泥沙颗粒沉速；其他符号意义同前。

根据沉沙池原型观测资料，单纯沉降恢复饱和系数 α 可写成：

$$\alpha=0.662\left(\frac{\omega}{u_*}\right)^{0.415} \tag{19-11}$$

悬移质分组水流挟沙力是基于悬移质与床沙存在交换，其交换速度受制于水流底部紊动猝发周期建立的公式进行计算：

$$S_*=\frac{S_{b*}}{6Z}(1-\mathrm{e}^{-6Z}) \tag{19-12}$$

$$S_{b*}=\frac{2}{3}\gamma_s m_0 d\Delta p/tP\omega \tag{19-13}$$

$$t=(32\sim40)\frac{\delta^*}{U_0} \tag{19-14}$$

式中，Z 为悬浮指标；γ_s 为泥沙干密度；m_0 为静密实系数；d 为粒径组平均粒径；Δp 为床沙粒配；t 为紊动猝发周期；δ^* 为排挤厚度；U_0 为势流区流速；P 为沉降概率；ω 为粒径组平均沉速。

对式(19-12)和式(19-13)用虎渡河、长江新厂、监利、洪山水位站和美国萨克拉门托河实测资料验证，资料范围：流速 0.41～1.79m/s，水深 3.34～18.6m，含沙量小于 2.72kg/m^3，粒径 0.01～1.0mm。计算与实测分粒径组挟沙力符合较好。

推移质输沙率用映秀湾水库实测资料对几个工程上常用的公式进行检验后，推荐使用修正系数后的窦国仁公式：

$$g_b=\frac{K_0}{C_0^2}\frac{\gamma\gamma_s}{\gamma-\gamma_s}(u-u_0)\frac{u^2}{g\omega} \tag{19-15}$$

式中，

$$C_0=2.5\ln\left(11\frac{H}{d_{50}}\right) \tag{19-16}$$

$$u_0=0.265\ln\left(11\frac{H}{d_{50}}\right)\sqrt{gd\frac{\gamma_s-\gamma}{\gamma}} \tag{19-17}$$

$$\omega=1.068\sqrt{gd\frac{\gamma_s-\gamma}{\gamma}} \tag{19-18}$$

按实测资料反算窦国仁公式中的系数，K_0=0.006～0.16。建立 K_0 与床沙可动百分数 P_m 的经验公式：

$$K_0=0.005+0.008115P_m+0.02392P_m^{\ 2}-0.06336P_m^{\ 3}+0.1263P_m^{\ 4} \tag{19-19}$$

采用式(19-15)计算推移质输沙率时，先计算推移质颗粒级配和推移质平均粒径，然后由输沙率和推移质颗粒级配计算分粒径组的推移质输沙率。

3) 河床变形方程求解

将方程(19-4)改写成差分形式：

$$F_{A,i+1} = \frac{1}{\gamma_s'} \frac{(G_{i+1} - G_i)\Delta t}{\Delta x_i} \tag{19-20}$$

式中，Δt 为时间步长，其余符号意义同前。

非耦合解的稳定性取决于时段内断面冲淤面积的幅度，为此，限定时段内各断面冲淤面积与过水面积之比不大于给定百分数 R_T，否则减小时间步长为

$$\Delta t = \Delta t' \frac{R_T \cdot F}{|F_A|} \tag{19-21}$$

重新计算各断面冲淤面积。

淤积物干密度为淤积物中数粒径的函数，根据水库实测资料建立经验关系使用。

模型中初始河床以下一定深度内的初始床沙及原始河床以上的淤积物级配均采用分层记忆的方式，以详细记录冲淤过程中的床沙级配变化。河床表面设置泥沙冲淤交换层，以模拟河道冲刷过程中的河床表面床沙粗化及淤积过程中的床沙细化过程。

3. 模型验证

SBED 数学模型已经利用龚嘴、岷江大海子、大洪河、映秀湾、下庄等水库泥沙冲淤实测资料进行过验证，符合较好。

为较好地反映两水库悬移质泥沙洲头出库以后，水库基本达到泥沙冲淤平衡状态后的库区泥沙冲淤过程，收集了 2002～2007 年 C 及 F 两水库的水库泥沙观测资料，对模型进行了进一步的验证，验证的重点是水库的累计冲淤量及水库的总体淤积形态。下面对两水库 2003～2007 年验证计算作一概要介绍。

1) C 水库泥沙冲淤过程验证

数学模型验证选用 2002 年 11 月 C 水库的实测淤积横断面作为初始条件，验证 2003～2007 年 5 年连续的水库冲淤变化过程。采用验证时段坝前逐日平均水位实测值作为下边界条件，水文站 S 2003～2007 年的逐日平均流量、含沙量作为上边界对水库冲淤计算程序进行验证。验证时段的 C 水库入库水沙特征值见表 19-2。

表 19-2　C 水库入库水沙特征值

年份	2003	2004	2005	2006	2007	多年平均
流量/($m^3 \cdot s^{-1}$)	1570	1560	1750	1200	1330	1440
悬移质输沙量/万 t	6390	4020	7650	2320	3050	3750
推移质输沙量/万 t	90.9	46.1	84.9	14.2	27.2	53.0

根据 C 水库近年来的库区淤积物取样分析成果，C 水库的推移质泥沙淤积已演进至距坝 27km 左右，距坝 27km 以上河段淤积物已有明显粗化的迹象。验证计算中使用的初始床沙沿程级配经综合分析近年来 C 水库的库区淤积物取样成果后进行选取，C 水库近年来

库区沿程淤积物中数粒径变化情况及验证计算沿程中数粒径的变化情况见图 19-1。

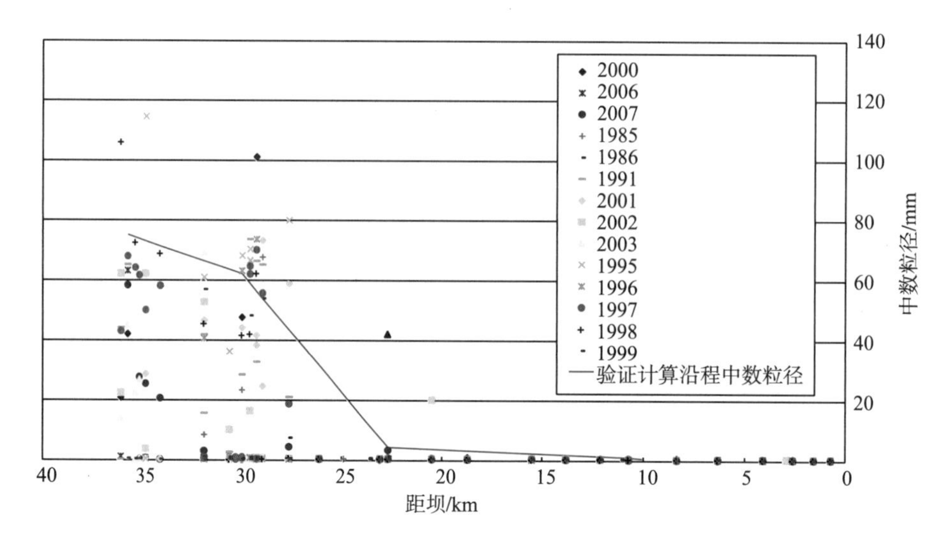

图 19-1　C 水库近年来库区沿程淤积物中数粒径变化及验证计算沿程中数粒径

统计 C 水库历年的累计淤积量的变化情况可知，C 水库自 1995 年以来，水库的悬移质泥沙淤积已基本处于冲淤交替的动态平衡状态，根据模型验证情况来看，验证计算的冲淤过程与实际的水库冲淤变化过程及趋势基本一致。C 水库 2003～2007 年实测与验证计算的剩余库容见图 19-2。

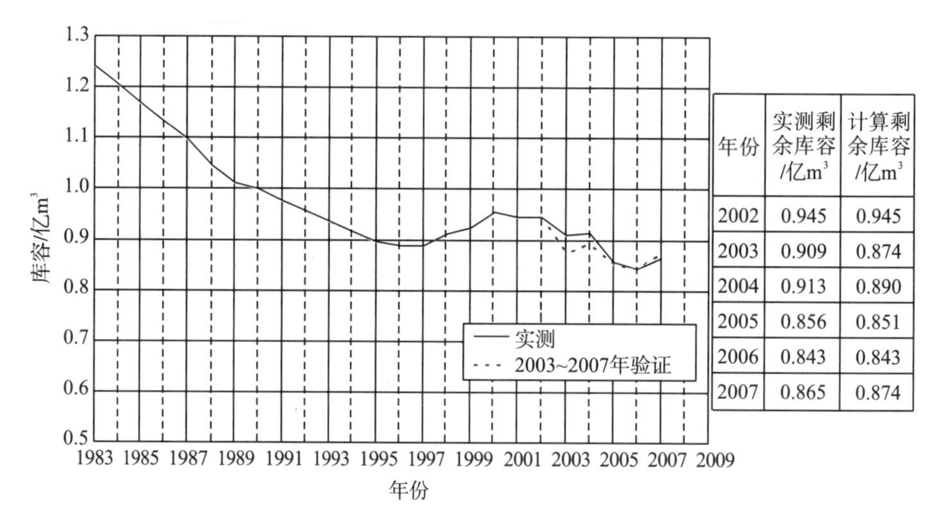

年份	实测剩余库容/亿m³	计算剩余库容/亿m³
2002	0.945	0.945
2003	0.909	0.874
2004	0.913	0.890
2005	0.856	0.851
2006	0.843	0.843
2007	0.865	0.874

图 19-2　C 水库 2003～2007 年实测与验证计算的剩余库容

C 水库 2007 年实测与验证计算的库区沿程冲淤情况见图 19-3。

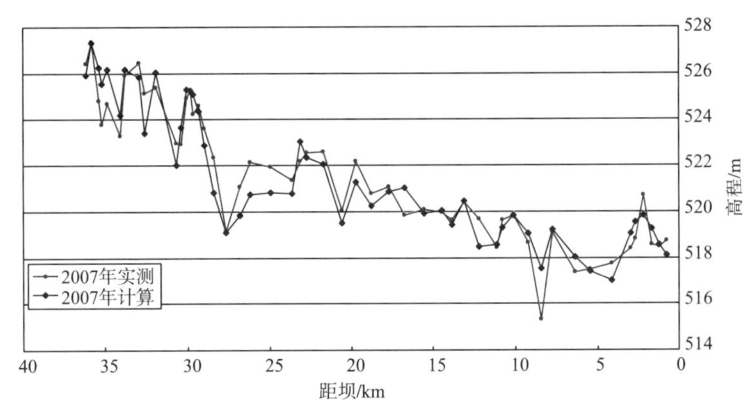

图19-3　C水库2007年实测与验证计算的库区纵断面比较(平淤)

2)F水库泥沙冲淤过程验证

数学模型验证选用2002年11月F水库的实测淤积横断面作为初始条件,验证2003~2007年5年连续的水库冲淤变化。采用验证时段坝前逐日平均水位实测值作为下边界条件,考虑到上游C水库已基本达到泥沙冲淤平衡状态,F水库直接使用上游水文站S 2003~2007年的逐日平均流量、含沙量作为上边界条件。此外,考虑到C水库的推移质尚未出库,F水库的入库推移质按"0"处理。验证时段F水库的入库水沙特征值见表19-3。

表19-3　F水库入库水沙特征值

年份	2003	2004	2005	2006	2007	多年平均
流量/($m^3 \cdot s^{-1}$)	1570	1560	1750	1200	1330	1440
悬移质输沙量/万t	6390	4020	7650	2320	3050	3750
推移质输沙量/万t	0	0	0	0	0	53

验证计算中使用的初始床沙沿程级配,系综合分析近年来F水库的库区淤积物取样成果及水库河道两岸组成情况后进行选取的。F水库近年来库区沿程淤积物中数粒径变化情况及验证计算沿程中数粒径的变化情况见图19-4。

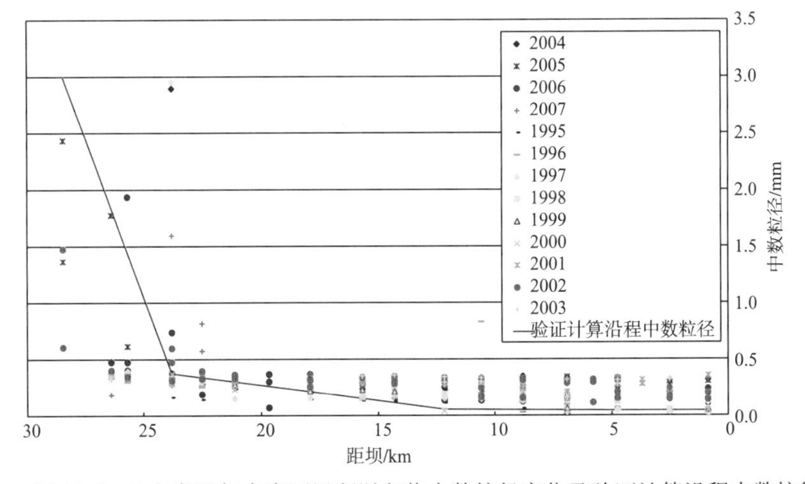

图19-4　F水库近年来库区沿程淤积物中数粒径变化及验证计算沿程中数粒径

F 水库的悬移质泥沙淤积洲头尽管已于 1999 年出库，但统计 F 水库历年累计淤积量的变化情况可知，截止到 2007 年，F 水库一直呈淤积状态，剩余库容仍在逐年减少。以 2002～2007 年近 5 年为例，水库累计淤积了约 800 万 m^3，水库每年的淤积量仍为 10 万～383 万 m^3，即 F 水库目前仍处于累计微淤的状态。根据模型验证情况来看，验证计算的冲淤过程与实际的水库冲淤变化过程及趋势基本一致。F 水库 2003～2007 年实测与验证计算的剩余库容见图 19-5。

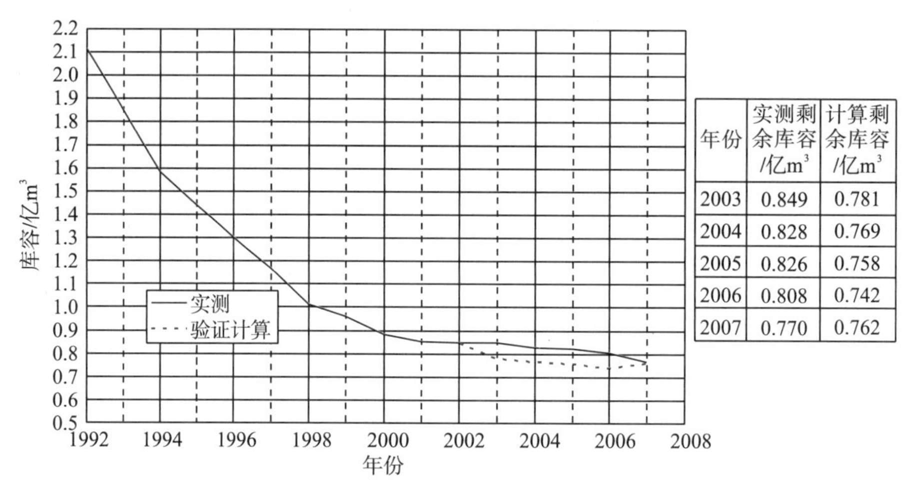

年份	实测剩余库容/亿m³	计算剩余库容/亿m³
2003	0.849	0.781
2004	0.828	0.769
2005	0.826	0.758
2006	0.808	0.742
2007	0.770	0.762

图 19-5　F 水库 2003～2007 年实测与验证计算的剩余库容

F 水库 2003～2007 年实测与验证计算的库区沿程冲淤情况见图 19-6。

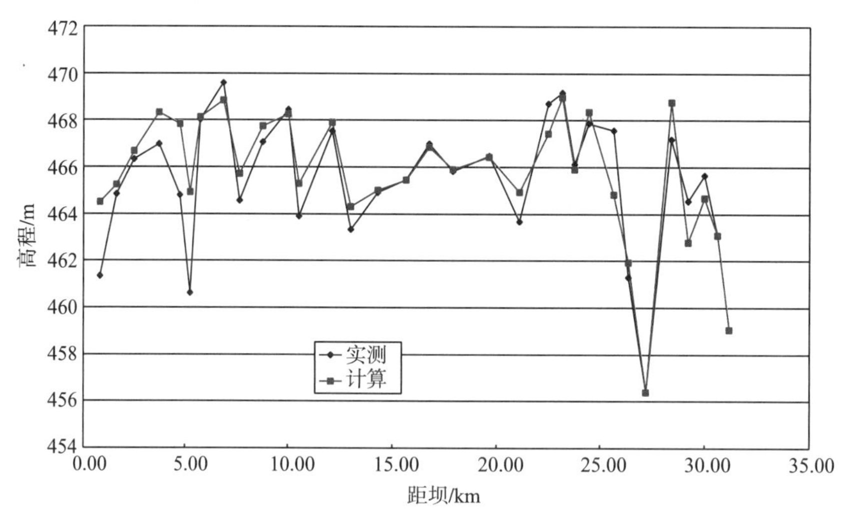

图 19-6　F 水库 2007 年实测与验证计算的库区纵断面比较(平淤)

由于泥沙实测资料及模型计算的问题，泥沙数学模型难以做到计算与实测资料的完全吻合，但根据模型验证情况来看，验证计算的冲淤过程基本反映了 C 及 F 两水库验证时段内冲淤过程，验证计算的水库淤积过程与趋势和实测情况基本一致，这表明模型中选用的计算公式及算法能基本反映实际水库的冲淤变化过程。

19.3.2　联合调水调沙方案拟定

1. 方案拟定前提

1) B 水库调水造峰的原则

由于 B 水库的开发任务是以发电为主，兼顾防洪，故 B 水库对下游的预泄调水造峰以不影响其发电及防洪为原则，只能根据预报的入库流量过程及系统的负荷发电用水情况计算出有多余弃水的前提下，利用多余弃水从汛限水位 841m 向下预泄调水造峰，然后再利用弃水将坝前水位回蓄至水库汛限水位 841m。

2) B 造峰的时间

由于 B 水库平、枯期所蓄水量极为宝贵，所蓄水量主要用于发电及下游供水，不可能用于下游梯级电站调水造峰冲沙，鉴于 B 水库有可能从 9 月 15 日开始蓄水，因而，B 水库预泄调水造峰的时间只能选择 B 水库不蓄水、B 水库入库水量相对较丰沛且 C、F 水库入库泥沙相对集中的 6～9 月上旬的主汛期。

3) B 水库运行期径流预报的预见期

B 水库要预泄造峰调水，对下游 C 及 F 水库进行冲刷，必须要有未来几天预报的流量过程，才可根据电站的负荷情况推算出水库可能的弃水量及造峰流量的大小。水库运行调度期流量预报的预见期越长，弃水造峰操作的灵活性越大。

2. B 水库调水造峰后 C 水库的入库流量大小

B 水库预泄造峰的主要目的是增加下游 C、F 水库冲刷的机会，以图恢复一部分水库库容，缓解两电站日益严重的粗沙过机问题。调蓄造峰造多大的流量，首先应了解天然情况下的水沙分布情况。

统计天然情况下代表年的入库水沙分布情况见表 19-4。

表 19-4　代表年汛期大于各级流量出现天数及沙量占全年沙量百分数

流量级/$(m^3 \cdot s^{-1})$	汛期(6～9 月)出现天数				占全年沙量百分数/%			
	丰水年	中水年	枯水年	平均	丰水年	中水年	枯水年	平均
2000	103	94	67	88	89.5	81	80.5	84.9
3000	66	32	10	36	76.4	39.9	25.5	54.4
3500	34	12	8	18	52.6	14.3	22.2	33.9
4000	16	6	6	9.3	33.8	8.49	17.7	22.2
4500	6	0	3	3	19.7	0	10.4	11.3
5000	3	0	0	1	11.8	0	0	5.6

由表 19-4 中统计数据可以看出，流量大于 $3000m^3/s$ 代表年平均出现 36 天，输沙量达到全年的 54.4%；流量大于 $4000m^3/s$ 平均出现约 9.3 天，输沙量达到全年的 22.2%。从目

前 C 及 F 水库运行调度方式来看，汛期流量小于 3000m^3/s 时，两水库均在不同程度地壅水拦沙运行，利用中小流量时，河流输沙量、含沙量小，造床弱，水库在高水位运行，使电站尽量多发电，以使入库的淤积粗沙远离电站的进水口；当入库流量大于 3000m^3/s，两水库才逐步将坝前水位降低至水库的有效冲沙水位 520m 及 469m 附近，使入库泥沙及前期高水位运行时的淤积粗沙排出库外。因此，从有利于两电站低水位冲刷及排沙的角度考虑，B 水库预泄调水造峰后 C 及 F 水库的入库流量至少应在 3000m^3/s 以上。

C 水库在坝前水位 520～522m 运行时，开启 2 孔及 3 孔排沙底孔的冲沙流量大致为 2000～2900m^3/s，按 7 台机组满发容量 77 万 kW 及额定水头 44m 计算（暂不考虑扩机容量），电站发电流量大致为 2100m^3/s。从同时方便电站运行及开启排沙底孔的角度考虑，B 水库预泄调水造峰后 C 及 F 水库的入库流量以在 4000m^3/s 左右为宜。

而当流量大于 5000m^3/s 时，C 及 F 水库已进入防洪状态，因而 B 水库调水造峰后 C 及 F 水库的入库流量不宜超过 5000m^3/s。

此外，造峰流量的大小在天然情况出现的天数应不宜太多，否则造峰流量的冲刷效果应不是太好。当流量大于 4000m^3/s 后，C 及 F 两水库的入库流量代表年平均不到 10 天。综上分析，B 水库调水造峰后 C、F 水库的入库流量初步考虑以在 4000～5000m^3/s 为宜。

需要特别强调的是，B、C 及 F 水库联合调度时，其调水造峰后 C、F 水库的入库流量为 4000～5000m^3/s，小于 C 水库常年一遇洪水（P=50%）流量 5910m^3/s，尚属于常年径流范围。

3. B 水库调水造峰流量的流量范围

B 水库调水造峰主要是利用主汛期 6～9 月电站的发电弃水。B 水库 6～9 月的多年平均流量为 2280m^3/s，汛限水位 841m 时，电站 5 台及 6 台机组满发时的发电流量大致分别为 1960m^3/s 及 2350m^3/s，平均为 2160m^3/s，初步估计 6～9 月 B 入库流量大于 2200m^3/s 时，电站即会产生弃水，即当 B 入库流量大于 2200m^3/s 时，即可根据预测的入库流量情况、B～C 水库的区间径流、电站的负荷等情况考虑从汛限水位 841m 向下进行水库预泄调水造峰，对下游电站进行冲刷减淤。

4. B 水库调水造峰的天数

小浪底等水库的联合调水调沙在设计之初就已纳入其首要的开发任务之中，尽管黄河中下游的水资源已比较稀缺，工农业及生活用水已十分紧张，但小浪底水库还是研究制定了专门用于冲刷调沙的用水量。2002～2009 年小浪底等水库历次的调水冲刷减淤的时间大致在 12～19 天，基本控制在半个月左右。

由于 B 水库的调度运行方式及库容分配设置中没有考虑对下游的调水调沙（对下游的冲刷），除非对 B 水库的开发任务及运用调度方式重新进行研究，因而，在现有条件下不可能进行如小浪底水库一样长达半月左右的专门的调水调沙运行，只能根据 B 水库汛期的弃水情况临时性调度进行下游的调水冲沙。

每次临时性的联合调水调沙，从水情分析、报送方案到实际的联合调度操作，是一整套并非简单的一蹴而就的系统工作。因而，从水库实际运行调度可操作性的角度考虑，若水情及负荷情况允许，汛期 6～9 月调水冲沙的次数以在 5 次左右为宜，即平均每月一次，每次历时约 12 小时。

5. 方案拟定

根据上述分析，初步考虑 B 水库加大流量预泄后 C、F 的入库流量按 4000m³/s 及 4500m³/s 两个方案拟定。根据代表年资料统计，6～9 月 B～C 的区间日平均流量一般每月至少有一天可达 600m³/s 以上，7、8 月份主汛期时，B～C 的区间日平均流量最大可达 1800m³/s。C、F 水库的入库流量分别为 4000m³/s 及 4500m³/s 时，按 B～C 的区间日平均流量 600m³/s 考虑，则 B 水库出库流量大致为 3400m³/s 及 3900m³/s；按 B 水库造峰启动流量 2200m³/s 考虑，相应需预泄水量约 0.518 亿 m³ 及 0.734 亿 m³，根据 B 水库的库容情况，其坝前水位大致会从 841m 下降到 840.3m 及 840.1m 左右，水库水位下降幅度在 1m 以内，满足 B 水库坝前水位安全调度规程的要求(坝前水位一般情况下每日降幅不超过 1m)。

实际调度中，可以根据实际情况，尽量选择区间径流洪水较大且 B 水库有弃水的时候进行调水造峰，以减少 B 水库造峰的耗水量。

B 水库的库容见表 19-5。

表 19-5　B 水库库容

水位/m	836	838	840	841	842
库容/亿 m³	38.99	40.51	42.05	42.84	43.62

一旦 B 水库启动调蓄造峰过程，C 及 F 水库则应逐渐将坝前水位降至两水库的死水位 520m 及 469m 运行，以配合水库进行冲沙。B、C 及 F 水库联合调度的条件及坝前控制运行水位见表 19-6。

表 19-6　B、C 及 F 水库联合调度条件及坝前控制水位

方案	B		C		F	
	入库流量 /(m³·s⁻¹)	坝前水位 /m	调峰入库流量 /(m³·s⁻¹)	坝前水位 /m	调峰入库流量 /(m³·s⁻¹)	坝前水位 /m
方案 1	≥2200	840.3～841	4000	520	4000	469
方案 2	≥2200	840.1～841	4500	520	4500	469

注：一年均按调峰 5 天考虑。

19.3.3　计算边界条件

1. B 水库未预泄造峰条件下的入库水沙

1) C 水库

(1) 代表年。由于 F 与水文站 S 的集水面积与 C 及 F 水电站坝址的集水面积相差百分数均小于 3%，根据泥沙设计规范，C 及 F 水库的悬移质入库输沙量、含沙量可直接采用水文站 S 的测验资料进行计算。

根据水文站 T 1956～1966 年、水文站 S 1967～1993 年和 1995～2007 年共 51 年实测系列资料统计，其长系列多年平均流量为 1440m^3/s，多年平均悬移质年输沙量为 3750 万 t，多年平均含沙量为 826g/m^3。

分析 51 年的水沙资料后，选择的水库泥沙冲淤计算代表年分别为：丰水多沙年（1998 年）、中水中沙年（1991 年）、枯水少沙年（1971 年），三个代表年的输沙量分别为 5270 万 t、3770 万 t 及 2120 万 t。此三年的平均流量及悬移质输沙量分别为 1440m^3/s 及 3720 万 t，与水文站 S 长系列水沙平均值比较，三个代表年的平均流量与长系列平均值相等，三个代表年的悬移质平均年输沙量与长系列相差 0.8%。水库泥沙冲淤模拟计算中，将上述丰、中、枯水年按丰、中、中、枯、中的顺序循环组合成 20 年作为 C 及 F 水库的入库水沙系列。

根据 B 水电站 2009 年最新的运行调度研究报告计算成果，B 电站坝址处的多年平均悬移质输沙量为 3170 万 t，B 水库运行 100 年，其悬移质年平均拦沙率为 86.9%～85.9%，最大出库粒径为 0.025mm。按平均拦沙率 85%计算，则 B 水库建成后，C 及 F 水库的入库悬移质年平均输沙量为 1060 万 t，为天然情况下入库悬移质年平均输沙量的 28.3%。

(2) 悬移质级配。①天然情况。计算所依据的水文站 S 具有建站以来较为完备的悬移质泥沙颗粒级配实测资料，统计水文站 S 1966～2007 年（缺 1992～1995 年）悬移质颗粒级配，其最大粒径约 3.5mm，中数粒径约 0.065mm。水文站 S 悬移质颗粒级配见表 19-7。②B 水库建成后。考虑 B 水库的拦沙作用后，按输沙量加权 B 水库出库级配及 B 水库～水文站 S 区间的天然级配，可推算得 B 水库建成后的水文站 S 的悬移质颗粒级配，其最大粒径约 3.5mm，中数粒径约 0.011mm。B 水库拦沙后水文站 S 悬移质颗粒级配成果见表 19-8。

表 19-7　水文站 S 悬移质颗粒级配成果表

粒径级/mm	0.007	0.01	0.025	0.05	0.10	0.25	0.50	1.0	2.0
小于某粒径沙重百分数/%	11.6	15.5	28.6	44.1	63.2	82.8	95.7	99.8	100.0

表 19-8　B 水库拦沙后水文站 S 悬移质颗粒级配成果表

粒径级/mm	0.007	0.01	0.025	0.05	0.10	0.25	0.50	1.0	2.0
小于某粒径沙重百分数/%	37.4	49.1	60.8	69.3	79.8	90.5	97.6	99.9	100.0

(3) 入库推移质。河流(5)河段的床沙最大粒径 320mm，中数粒径 66mm，根据河流(5)河段水槽输沙试验成果，推算得河流(5)河段多年平均推移质输沙量为 53 万 t。统计分析 C 水库 1975～1988 年实测库区淤积物情况，其大于 1mm 的淤积量平均值为 54.4 万 t，与水槽试验成果基本一致。

B 水库建成以前的入库推移质输沙率及颗粒级配采用推移质水槽试验的流量-推移质输沙率-推移质最大启动粒径关系线成果。根据水槽推移质输沙率试验成果，三个代表年的平均年推移质输沙量为 58 万 t，与多年平均值接近。

B 水库拦沙后，考虑到区间仍有较大的输沙量加入，C 水库的入库推移质输沙量仍按天然考虑。

2)F 水库

天然情况下，F 水库的入库水沙代表年与 C 水库相同。

B 水库建成拦沙后及梯级联合调度计算中，考虑到上游 C 水库的沿程清水冲刷作用，与水库基本冲淤平衡后的出库水沙完全不同，故只能将 C 水库计算的出库水沙资料作为 F 水库的入库水沙资料。

2. B 水库预泄造峰条件下的入库水沙

与 B 水库未预泄造峰条件下入库水沙相比，代表年入库悬移质年平均流量、输沙量、悬移质级配等均未发生变化，只是流量过程及含沙量过程因 B 水库预泄造峰而发生了变化。

3. 初始河床

C 及 F 水库联合调度水库泥沙冲淤计算采用的库区初始断面资料为两水库 2007 年的实测横断面成果。其中 C 水库在距坝 0.76～36.12km 的范围内，冲淤计算共采用实测横断面 52 条，断面间距为 200～1350m，平均间距为 707m；F 水库在距坝 0.85～31.2km 的范围内，冲淤计算共采用实测横断面 32 条，断面间距为 498～1740m，平均间距为 975m。

4. 非联合调度时段 C 及 F 水库运行方式

B、C 及 F 三个水库一年中除少数几天按前述方式联合调度进行调水调沙运行外，其余时间 C 及 F 两水库的运行方式初步按两种运行方式考虑：

(1) 维持不变方案。即除了 B、C 及 F 水库进行联合调度外，C 及 F 水库维持现行水库运行调度方式不变。

(2) 适当调整方案。除了 B、C 及 F 水库进行联合调度外，可根据维持不变方案的联合调度的分析计算成果，对 C 及 F 现行水库运行方式作适当调整。

19.3.4　联合调度方案计算成果

联合调度方案的实施是以 B 水库建成为前提。B 水库建成后，由于 B 水库的拦沙作用，其出库泥沙仅为天然状态下的约 15%。此外，其出库泥沙基本为粒径小于 0.025mm 的细沙，C 水库的入库悬移质泥沙的中数粒径由天然的 0.065mm 减小为 0.011mm。对于在现有水沙条件下已基本处于冲淤平衡状态的 C、F 水库而言，由于入库悬移质粗沙的大幅度减少，即便不实施联合调度方案，B 水库建成后，C 及 F 两个水库也会发生一定程度的“清水冲刷”现象，而冲刷出库的 C 水库泥沙是否会在 F 水库中重新淤积下来，产生淤积泥沙迁移淤积的现象，都应该是在进行联合调度方案分析前首先应进行的分析工作。在此工作基础上，再对比进行 B 水库建成后联合调度方案的计算，以对比分析出 B 水库调峰调度后对下游 C 及 F 水库的冲刷恢复程度。

联合调度方案的计算工作内容包括以下三个部分：

(1) 预测模拟的入库水沙合理性分析。

(2) C 及 F 水库现有水库运行方式下联合调度冲沙效果分析。

(3) C 及 F 水库适当调整水库运行方式下联合调度冲沙效果分析。

1. 所选入库水沙的合理性

为验证计算所选的入库水沙系列及所选参数条件的合理性，特别以 C 及 F 水库 2007 年的初始河床及前述的天然水沙系列，在两水库现有水库运行方式下进行水库运行 20 年的模拟试算。

两水库模拟计算的结果表明：

C 水库在试算的 20 年水库运行期内，水库年呈冲淤交替状态，基本维持了水库初始计算时的河床形态，没有发生累计性的淤积及冲刷，保持了水库泥沙冲淤的动态平衡。C 水库水沙系列验证计算库区累计淤积过程见图 19-7。

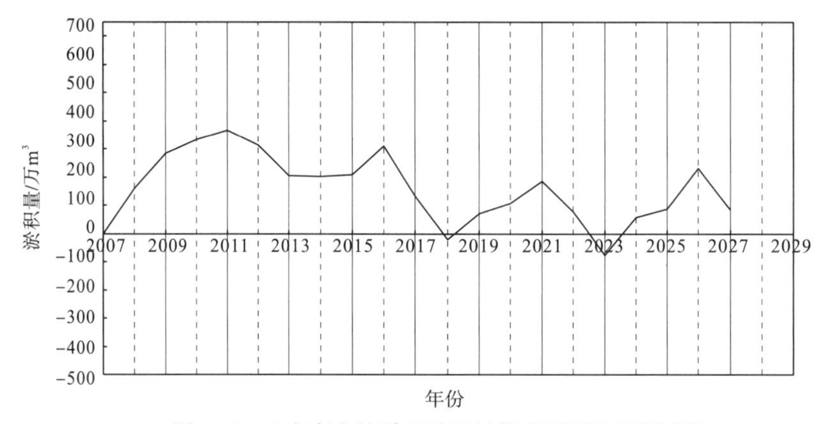

图 19-7　C 水库水沙系列验证计算库区累计淤积过程

F 水库在 2007 年基础上再淤积约 500 万 m^3 后，水库才可能基本达到冲淤交替的动态平衡状态。F 水库水沙系列验证计算库区累计淤积过程见图 19-8。上述验证计算的结果与 C 及 F 水库目前水库的淤积现状及水库冲淤特征基本吻合，这说明所选的代表年水沙系列组合基本可以用于水库的预测模拟计算。

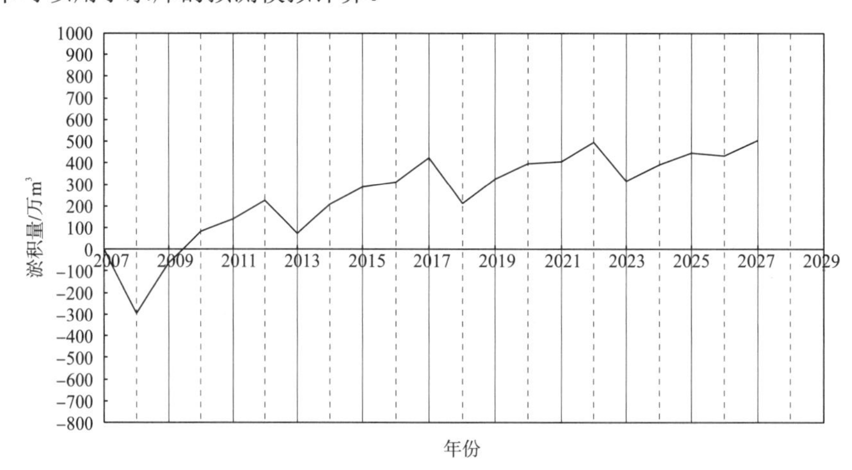

图 19-8　F 水库水沙系列验证计算库区累计淤积过程

2. C 及 F 水库现有水库运行方式下联合调度冲沙效果分析

首先进行 C 及 F 两个水库在现有水库运行方式下因 B 水库建成后的“清水冲刷”计算，在此基础上，分别进行 B 水库调蓄造峰 4000m^3/s 及 4500m^3/s 两个联合调度方案的分析计算工作。

1) C 水库两个造峰方案冲刷效果

C 水库按现行水库运行方式运行，B 水库建成后，其库区将发生持续性的累计冲刷，累计冲刷量大致为 1430 万 m^3 之后，C 水库便基本不再产生累计性的库区冲刷，冲刷的范围基本在距坝 25km 以下河段，距坝 25km 以上的推移质淤积河段基本未产生冲刷。计算中入库推移质输沙量尽管按天然状况加入，模拟计算的前几年库尾河段尚有少量淤积，但并未出现累计性的淤积形态，这与该库段已基本处于推移质冲淤平衡状态的特点基本相符。B 水库建成后 C 水库现行运行方式下的水库纵向冲刷示意图如图 19-9 所示。

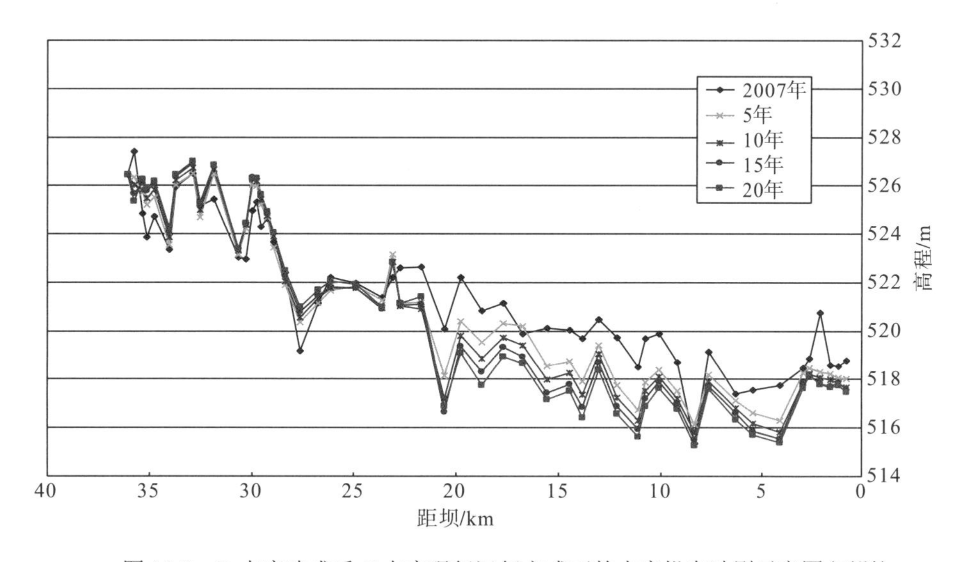

图 19-9　B 水库建成后 C 水库现行运行方式下的水库纵向冲刷示意图(平淤)

与 C 水库现行运行方式相比，C 水库与 B 水库联合调度后，B 水库调蓄造峰 4000m^3/s 及 4500m^3/s 两个联合调度方案的最大累计冲刷量，分别增大 106 万 m^3 及 247 万 m^3，增大的冲刷量比例分别为 7.4%及 17.2%。按现在的水沙系列模拟计算，C 水库无论现行水库运行方案还是 B 水库造峰 4000m^3/s 及 4500m^3/s 联合调度方案，B 水库建成后前 15 年，各方案均处于逐渐累计冲刷的状态，15 年后各方案便不再发生累计性冲刷。B 水库建成后 C 水库现行运行方式与两个联合调度方案的库区累计冲刷效果见图 19-10。

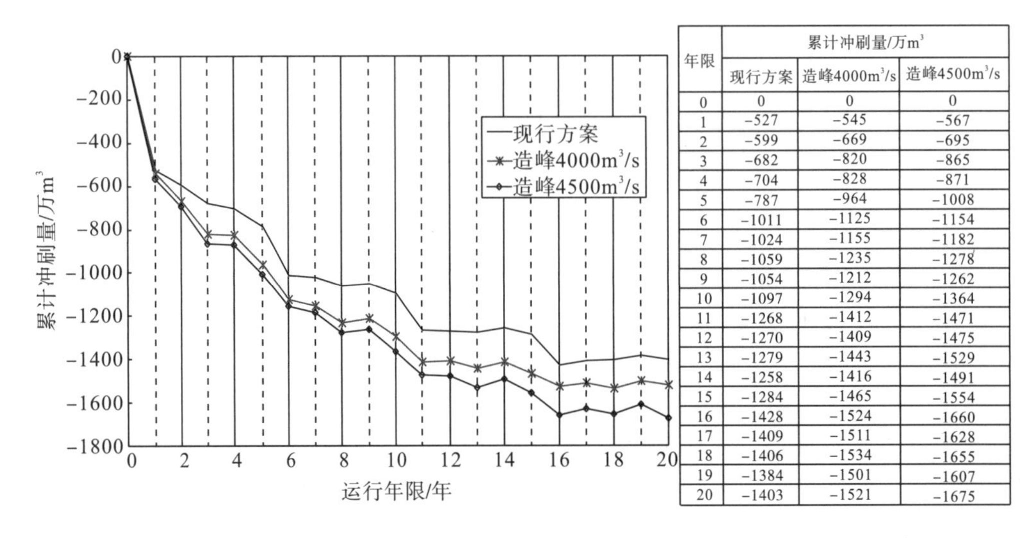

年限	累计冲刷量/万m³		
	现行方案	造峰4000m³/s	造峰4500m³/s
0	0	0	0
1	−527	−545	−567
2	−599	−669	−695
3	−682	−820	−865
4	−704	−828	−871
5	−787	−964	−1008
6	−1011	−1125	−1154
7	−1024	−1155	−1182
8	−1059	−1235	−1278
9	−1054	−1212	−1262
10	−1097	−1294	−1364
11	−1268	−1412	−1471
12	−1270	−1409	−1475
13	−1279	−1443	−1529
14	−1258	−1416	−1491
15	−1284	−1465	−1554
16	−1428	−1524	−1660
17	−1409	−1511	−1628
18	−1406	−1534	−1655
19	−1384	−1501	−1607
20	−1403	−1521	−1675

图 19-10　C 水库现行水库运行方式与两个联合调度方案的库区累计冲沙效果

2)F 水库两个造峰方案冲刷效果

F 水库按现行水库运行方式运行，其入库水沙为 C 水库相应现行运行方案 B 水库拦沙后的出库水沙过程。根据现在的入库水沙系列的模拟计算结果，由于 F 水库的库区淤积物粒径比 C 水库要细得多，F 水库在 B 水库建成后的前几年库区便迅速发生冲刷，库区的最大冲刷量达 1060 万 m^3，F 水库库区被冲刷出库的主要是粒径小于 0.1mm 的库区淤积物，粒径大于 0.25mm 的入库泥沙大部分仍淤积在水库中，经过两年的迅速冲刷调整，从第三年起，C 水库的出库粗泥逐渐在 F 水库中产生回流淤积，F 水库逐渐恢复缓慢淤积状态。与 C 水库相比，F 水库的库区淤积物粒径相对要小一些及“均匀”一些，因而 F 水库的库区冲刷长度相对要长一些，冲刷范围基本在距坝 26km 以下。B 水库建成后 F 水库现行运行方式的纵向冲刷示意图如图 19-11 所示。

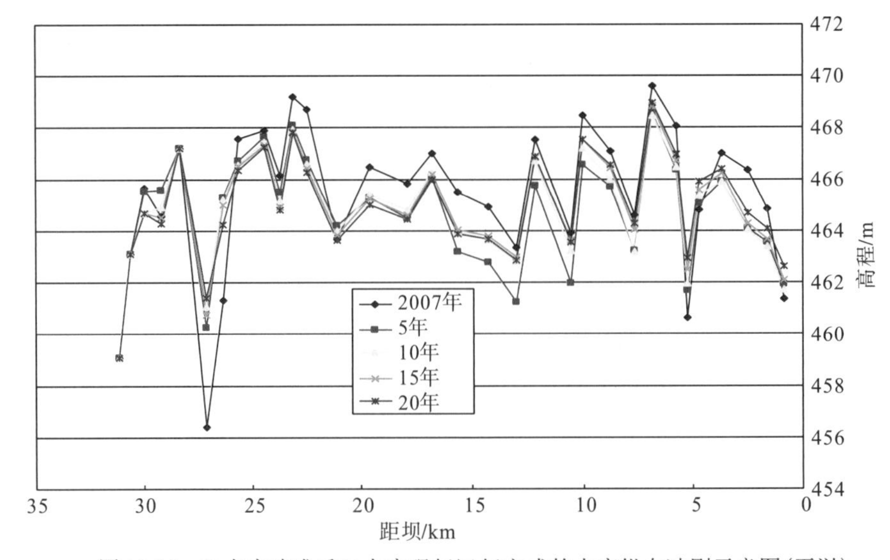

图 19-11　B 水库建成后 F 水库现行运行方式的水库纵向冲刷示意图(平淤)

与 F 水库现行运行方式相比，F 水库与 B 及 C 水库联合调度后，B 水库调蓄造峰 4000m^3/s 及 4500m^3/s 两个联合调度方案的最大累计冲沙量分别增大 51 万 m^3 及 103 万 m^3，增大的冲刷量比例分别为 4.8%及 9.7%。按现在的水沙系列模拟计算，随着水库运行年限的增加，F 水库现行运行方案的水库泥沙在逐渐淤积，B 水库造峰 4000m^3/s 及 4500m^3/s 两个联合调度方案的累计冲刷量在水库运行初期，因 C 水库相应联合调度方案的出库沙量的明显增加，其累计冲刷量略小于现行水库运行方案。随着运行年限的增加，两个联合调度方案的累计冲刷量与现行水库运行方式的累计冲刷量的差值有所加大，逐渐体现了联合调度方案对水库的冲刷作用。水库运行 12 年后，两个联合调度方案的累计冲刷量便基本维持稳定，水库不再产生回淤现象。模拟计算至第 20 年，F 水库两个联合调度方案与现行水库运行方案累计冲刷量的差值已达 332 万 m^3 及 372 万 m^3。B 水库建成后 F 水库现行运行方式与两个联合调度方案的库区累计冲刷效果见图 19-12。

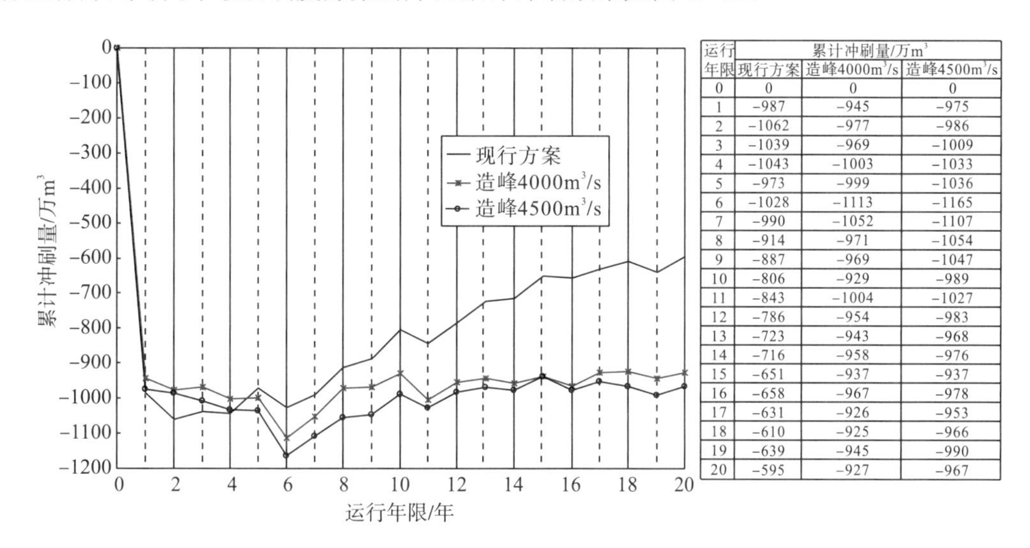

运行年限	累计冲刷量/万m^3		
	现行方案	造峰4000m^3/s	造峰4500m^3/s
0	0	0	0
1	−987	−945	−975
2	−1062	−977	−986
3	−1039	−969	−1009
4	−1043	−1003	−1033
5	−973	−999	−1036
6	−1028	−1113	−1165
7	−990	−1052	−1107
8	−914	−971	−1054
9	−887	−969	−1047
10	−806	−929	−989
11	−843	−1004	−1027
12	−786	−954	−983
13	−723	−943	−968
14	−716	−958	−976
15	−651	−937	−937
16	−658	−967	−978
17	−631	−926	−953
18	−610	−925	−966
19	−639	−945	−990
20	−595	−927	−967

图 19-12　F 水库现行运行方式与两个联合调度方案的库区累计冲沙效果

综上，从增加的库区冲刷量比例来看，B 水库造峰流量 4500m^3/s 的联合调度方案要优于造峰流量 4000m^3/s 的联合调度方案。另一方面，当 B 水库造峰入库流量达到 4500m^3/s 左右时，C 及 F 水库基本上有充足的流量可以完全打开坝前排沙底孔也不影响其发电运行，因而实施联合调度方案时 B 水库预泄造峰的流量以 4500m^3/s 为宜。

从模拟计算结果来看，维持 C 水库现有水库运行方式进行水库联合调度，C 水库调水冲沙的效果并不十分明显，分析其原因，主要是因为现行水库运行方式下，入库流量大于 3000m^3/s 时，水库已有超过 35 天的低水位冲刷时间，尽管造峰增加了 5 天低水位运行的时间，但可供其冲刷的库区淤积并不多，B 水库造峰冲刷后的效果有限，而 F 水库在现行水库运行方式下一旦产生水库回淤现象，其与 B 及 C 水库联合调度的冲刷效果便体现了出来。

3. C 及 F 水库适当调整水库运行方式下联合调度冲沙效果分析

从理论上讲，B 水库建成后，由于 B 水库所具有的较大拦沙作用，C 及 F 水库的入库泥沙大量减少，即使适当提高其现有的水库运行水位，所产生的泥沙淤积，与天然情况相比，也不会显著增加水库的泥沙淤积，库区甚至仍会产生轻微的冲刷。此外，即使产生一定的库区淤积，也可通过梯级联合调度调水造峰对水库进行冲刷恢复，这样对水库的运行方式进行调整，益处是显而易见的，一方面可增加水库的发电效益，另一方面也未产生明显的水库淤积及泥沙问题。

根据上述思路，初步提出将 C 及 F 两水库的坝前水位抬高运行，为研究方便，按统一抬高汛期 6～9 月的运行水位(入库流量大于 5000m^3/s 维持不变)，其余月份的水库运行水位暂时维持不变考虑，将来可结合实际调度，研究分时间、流量级及水库多种调度协调统一的运行方式。

现初拟抬高 C 及 F 水库汛期 6～9 月 1m、2m 及 3m 三个水库运行调整方案，以分析联合调度方案的冲沙效果。C 及 F 水库汛期 6～9 月水库运行水位调整方案见表 19-9。

表 19-9　C 及 F 水库汛期 6～9 月水库运行水位调整方案

方案	C 水库		F 水库	
	入库流量 <5000m^3/s	入库流量 >5000m^3/s	入库流量 <5000m^3/s	入库流量 >5000m^3/s
调整方案 1	抬高 1m	维持 520m	抬高 1m	维持 469m
调整方案 2	抬高 2m	维持 520m	抬高 2m	维持 469m
调整方案 3	抬高 3m	维持 520m	抬高 3m	维持 469m

B、C 及 F 三库联合调度方案按方案 2 考虑，即造峰 4500m^3/s，每年平均造峰天数为 5。

按目前 C 水库的运行调度规则，其入库流量大于 3000m^3/s、小于 5000m^3/s 时，其坝前水位在 521.5m 左右运行，按 C 水电站目前装机容量 77 万 kW 考虑，入库流量已大于满发流量 2130m^3/s，从发电角度考虑，似乎 C 水库没有必要抬高水位运行。但入库流量为 3000m^3/s 时，C 电站厂房水位大致为 477.88m，考虑水头损失 2.54m(C 电站扩机研究采用数据)，发电水头约为 41.1m，已小于机组额定水头 44m，机组出力已处于受阻区间(流量越大则受阻容量越大)。此外，从引水防沙的角度考虑，适当抬高运行水位，减少相应的发电流量，可增加开启排沙底孔的机会以减少水轮机过机泥沙的含量。因而，在可能的情况下，C 水库在一定流量范围内，适当抬高水位运行对电站的运行是有利的。

此外，当入库流量大于 5000m^3/s 时，上述联合运行的调整方案与 C、F 水库现行水库运行调度方式一致，并未额外增大水库防洪运行调度的风险。

1) C 及 F 水库各调整方案的冲沙效果分析

模拟计算结果表明，随着汛期 6～9 月水库运行水位的抬高，C 及 F 水库的库区冲刷能力逐渐减弱以至消失。B 水库建成后，C 水库调整方案 1 及调整方案 2 库区最大累计冲刷量分别为 894 万 m^3 及 404 万 m^3，水位的升高对减弱库区的冲刷较为明显；当调整方案 3 将汛期 6～9 月的坝前运行水位抬高 3m 后(入库流量大于 5000m^3/s 维持不变)，模拟计算表明，C 水库已不能产生库区“清水冲刷”，水库已经处于微淤状态，水库的最大淤积量约为 300 万 m^3。B 水库建成后 C 水库各调整方案的库区累计冲沙效果见图 19-13。

B 水库建成后，F 水库各调整方案均产生了不同程度的库区冲刷，库区最大冲刷为 650 万～819 万 m^3。三个调整方案的最大库区冲刷量相差不大，其中调整方案 3 因上游 C

水库相应调整方案的淤积，其最大冲刷量反而比调整方案 2 略有增加。所拟 F 水库各调整方案表现出与现行水库运行方案类似的库区泥沙冲淤特性，即 B 水库建成后前几年库区产生累计冲刷，其后便恢复缓慢淤积的特性，但各方案之间回淤的特点略有不同，调整方案 2 及调整方案 3 的水库回淤速度明显大于调整方案 1，模拟计算 20 年后，调整方案 2 及调整方案 3 的库区累计冲刷量分别减少至 188 万 m^3 及 110 万 m^3，已接近至 B 水库拦沙初期的淤积状态。B 水库建成后 F 水库各调整方案的库区累计冲沙效果见图 19-14。

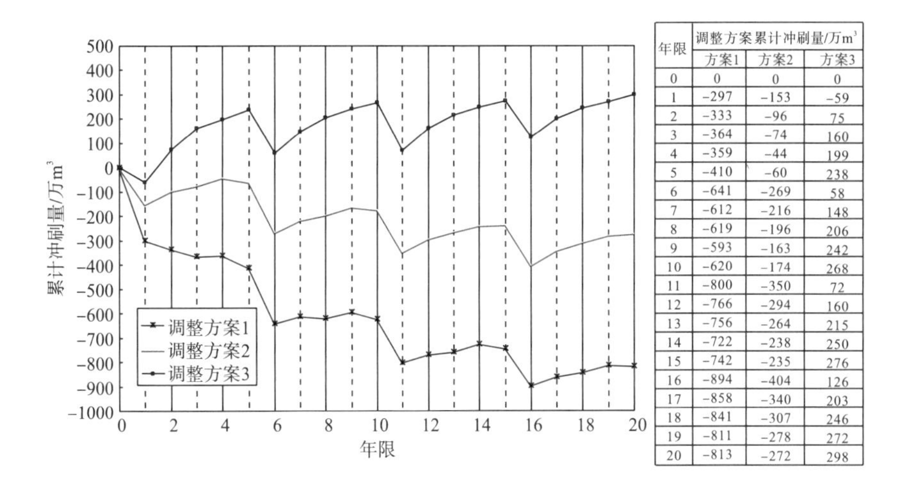

年限	调整方案累计冲刷量/万m³		
	方案1	方案2	方案3
0	0	0	0
1	-297	-153	-59
2	-333	-96	75
3	-364	-74	160
4	-359	-44	199
5	-410	-60	238
6	-641	-269	58
7	-612	-216	148
8	-619	-196	206
9	-593	-163	242
10	-620	-174	268
11	-800	-350	72
12	-766	-294	160
13	-756	-264	215
14	-722	-238	250
15	-742	-235	276
16	-894	-404	126
17	-858	-340	203
18	-841	-307	246
19	-811	-278	272
20	-813	-272	298

图 19-13　B 水库建成后 C 水库各调整方案的库区累计冲沙效果

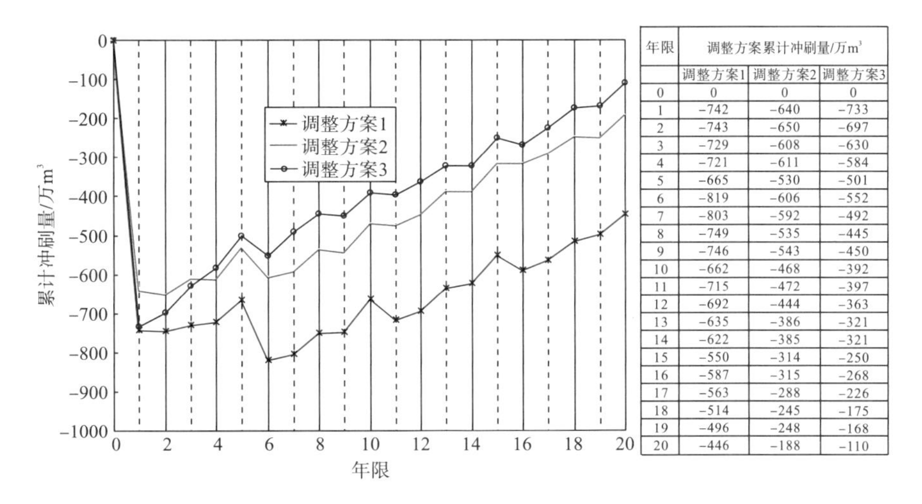

年限	调整方案累计冲刷量/万m³		
	调整方案1	调整方案2	调整方案3
0	0	0	0
1	-742	-640	-733
2	-743	-650	-697
3	-729	-608	-630
4	-721	-611	-584
5	-665	-530	-501
6	-819	-606	-552
7	-803	-592	-492
8	-749	-535	-445
9	-746	-543	-450
10	-662	-468	-392
11	-715	-472	-397
12	-692	-444	-363
13	-635	-386	-321
14	-622	-385	-321
15	-550	-314	-250
16	-587	-315	-268
17	-563	-288	-226
18	-514	-245	-175
19	-496	-248	-168
20	-446	-188	-110

图 19-14　B 水库建成后 F 水库各调整方案的库区累计冲沙效果

根据 C 及 F 水库各调整方案的模拟计算的分析成果，从增加发电而言，调整方案 1 似乎对水位的抬高值略显不足；从控制水库的淤积与冲刷来看，调整方案 3 的水位抬高值已经偏大，故 B 水库建成后，C 及 F 水库的水位抬高值以调整方案 2 为宜。

2)C 及 F 水库调整方案 2 的联合调度后冲沙效果分析

按 C 及 F 水库调整方案 2 及联合调度方案 2 进行两个水库的库区泥沙冲淤计算，如前所述，若 C 及 F 水库按调整方案 2 进行调度，与维持现有水库运行方式相比其水库的冲刷效果已大幅减少，但实施水库联合调度后，两个水库仍可达到较好的库区冲刷效果。

(1) C 水库。C 水库按调整方案 2 运行，其库区最大冲刷量为 404 万 m^3，C 水库调整方案 2 实施联合调度后，其库区最大冲刷量为 894 万 m^3，多冲刷 121%的库区泥沙，可达到较好的库区冲刷减淤效果。根据模拟的水沙系列计算，水库运行约 16 年便不再产生累计性的库区冲刷并达到新的水库泥沙冲淤平衡状态。实施联合调度方案后，库区冲刷范围与维持现有水库运行方案没有太大差异，基本维持在距坝 25km 以内，距坝 25km 以上的入库推移质泥沙不能冲刷出库，冲刷范围内的库区平均冲刷深度一般为 1～3m。C 水库冲刷出库的最大粒径为 20mm，被冲刷的库区淤积物粒径范围基本为 0.1～10mm，随着水库运行年限的增加，冲刷出库的泥沙逐渐细化。

C 水库调整方案 2 联合调度后冲沙效果见图 19-15。C 水库调整方案 2 联合调度后库区冲淤纵断面见图 19-16。C 水库调整方案 2 联合调度后水库运行 5 年、10 年、15 年及 20 年后冲刷出库的泥沙级配见表 19-10。C 水库调整方案 2 联合调度后水库运行 5～20 年冲刷出库的泥沙级配见图 19-17。

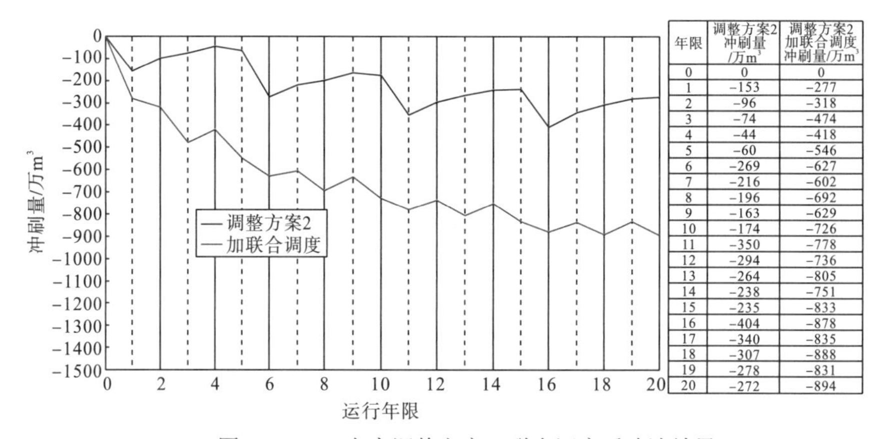

年限	调整方案2冲刷量/万m³	调整方案2加联合调度冲刷量/万m³
0	0	0
1	−153	−277
2	−96	−318
3	−74	−474
4	−44	−418
5	−60	−546
6	−269	−627
7	−216	−602
8	−196	−692
9	−163	−629
10	−174	−726
11	−350	−778
12	−294	−736
13	−264	−805
14	−238	−751
15	−235	−833
16	−404	−878
17	−340	−835
18	−307	−888
19	−278	−831
20	−272	−894

图 19-15　C 水库调整方案 2 联合调度后冲沙效果

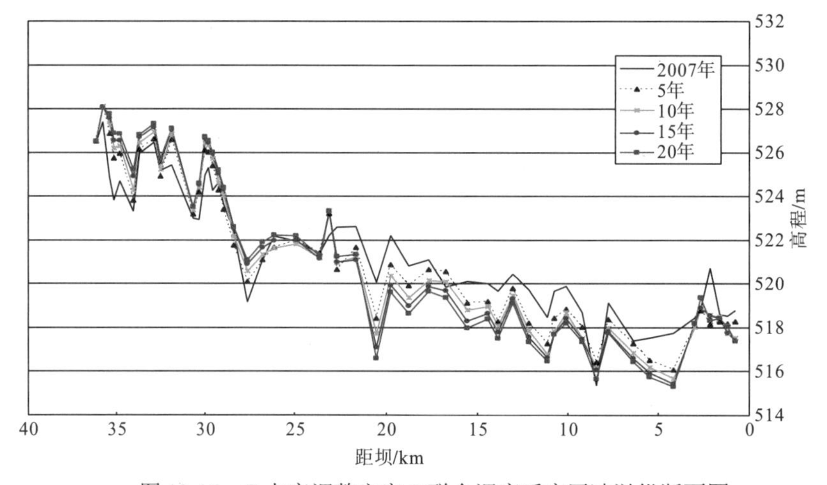

图 19-16　C 水库调整方案 2 联合调度后库区冲淤纵断面图

表 19-10　C 水库调整方案 2 联合调度后水库运行 5～20 年冲刷出库的泥沙级配

粒径/mm	0.007	0.01	0.025	0.05	0.1	0.25	0.5	1	2	5	10	20
第 5 年	30.2	39.6	49.0	55.9	65.0	73.1	82.6	90.9	93.6	97.3	99.9	100
第 10 年	31.1	40.8	50.5	57.6	67.6	78.3	86.8	92.9	95.0	97.9	99.9	100
第 15 年	31.9	41.8	51.8	59.1	69.3	79.6	87.8	93.4	95.5	98.1	99.9	100
第 20 年	32.7	42.9	53.2	60.7	71.3	81.9	89.9	94.2	96.1	98.4	99.9	100

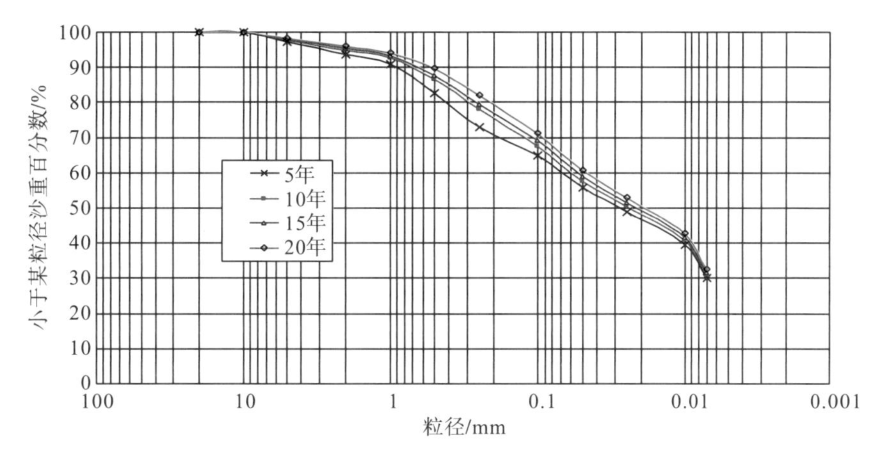

图 19-17　C 水库调整方案 2 联合调度水库运行 5～20 年冲刷出库泥沙级配

(2)F 水库。F 水库按调整方案 2 运行，其库区最大冲刷量为 650 万 m^3，F 水库调整方案 2 实施联合调度后，其库区最大冲刷量为 923 万 m^3，多冲刷 42%的库区泥沙，可达到较好的库区冲刷减淤效果，且库区回淤的速度明显减缓。根据模拟的水沙系列计算，水库运行 20 年后，联合调度的累计冲刷量为 622 万 m^3，比调整方案 2 相应时候的累计冲刷量 188 万 m^3 大 434 万 m^3。库区冲刷范围与维持现有水库运行方案没有太大差异，基本维持在距坝 26km 以内。C 水库冲刷出库的粗沙基本在 F 水库距坝 26km 以上库区河段淤积，冲刷范围内的库区最大平均冲刷深度一般在 1～3m。F 水库冲刷出库的最大粒径为 10mm，被冲刷出库的泥沙大部分为粒径小于 0.25mm 的库区淤积物，0.25mm 以上的入库泥沙大部分淤积在 F 水库中。模拟计算期间，F 水库的出库级配基本趋势是在逐渐细化，但随着水库的逐渐回淤，5 年以后的出库级配基本无变化。

F 水库调整方案 2 联合调度后的冲沙效果见图 19-18。F 水库调整方案 2 联合调度后的库区冲淤纵断面见图 19-19。F 水库调整方案 2 联合调度后水库运行 5 年、10 年、15 年及 20 年后冲刷出库的泥沙级配见表 19-11。F 水库调整方案 2 联合调度后水库运行 5～20 年冲刷出库的泥沙级配见图 19-20。

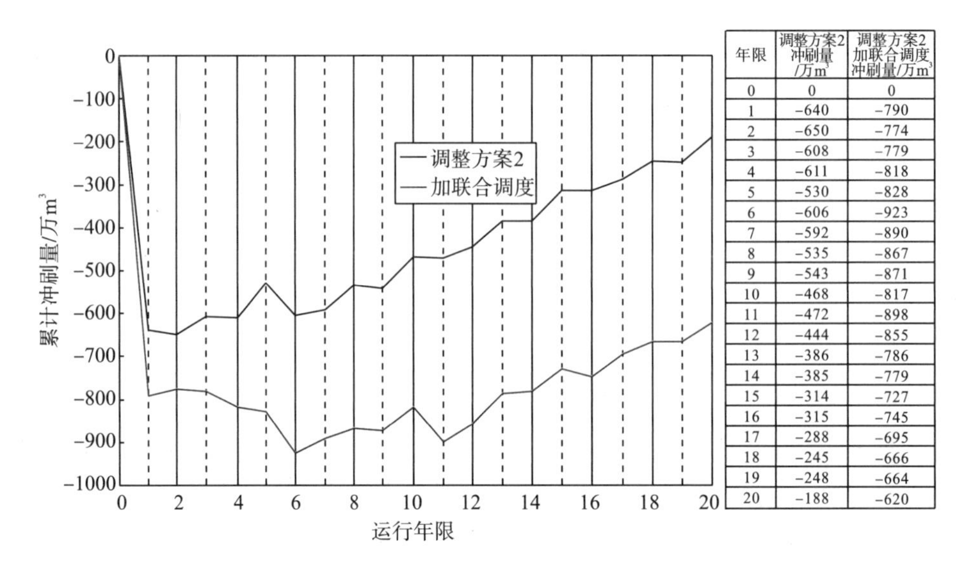

年限	调整方案2冲刷量/万m³	调整方案2加联合调度冲刷量/万m³
0	0	0
1	-640	-790
2	-650	-774
3	-608	-779
4	-611	-818
5	-530	-828
6	-606	-923
7	-592	-890
8	-535	-867
9	-543	-871
10	-468	-817
11	-472	-898
12	-444	-855
13	-386	-786
14	-385	-779
15	-314	-727
16	-315	-745
17	-288	-695
18	-245	-666
19	-248	-664
20	-188	-620

图 19-18　F 水库调整方案 2 联合调度后冲沙效果

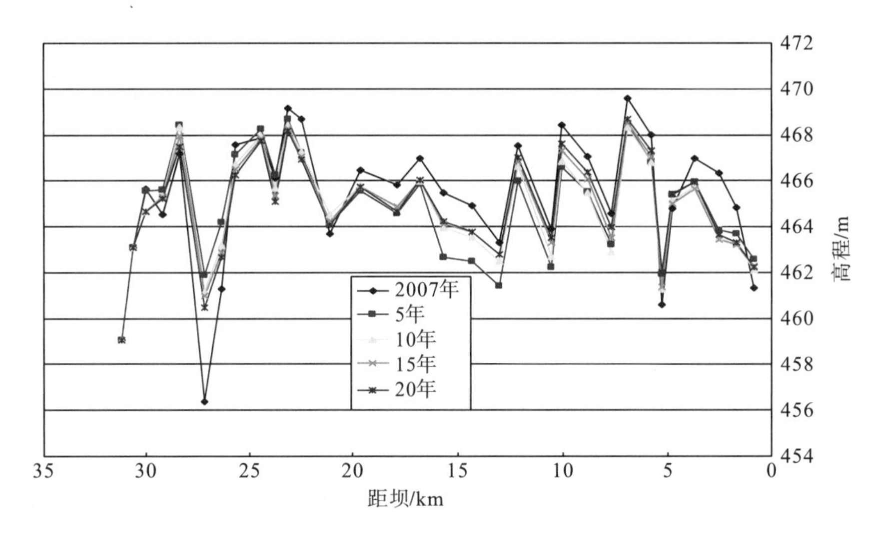

图 19-19　F 水库调整方案 2 联合调度后库区冲淤纵断面图

表 19-11　F 水库调整方案 2 联合调度后水库运行 5～20 年冲刷出库的泥沙级配

粒径/mm	0.007	0.01	0.025	0.05	0.1	0.25	0.5	1	2	5	10
第 5 年	33.6	45.2	56.6	64.6	77.6	89.0	99.8	99.8	99.9	99.97	100
第 10 年	36.1	48.4	60.1	68.6	80.7	90.2	99.6	99.8	99.9	99.97	100
第 15 年	36.9	48.7	60.3	69.0	80.6	91.3	99.4	99.8	99.9	99.97	100
第 20 年	36.5	48.1	59.6	68.2	79.6	90.2	98.9	99.8	99.9	99.97	100

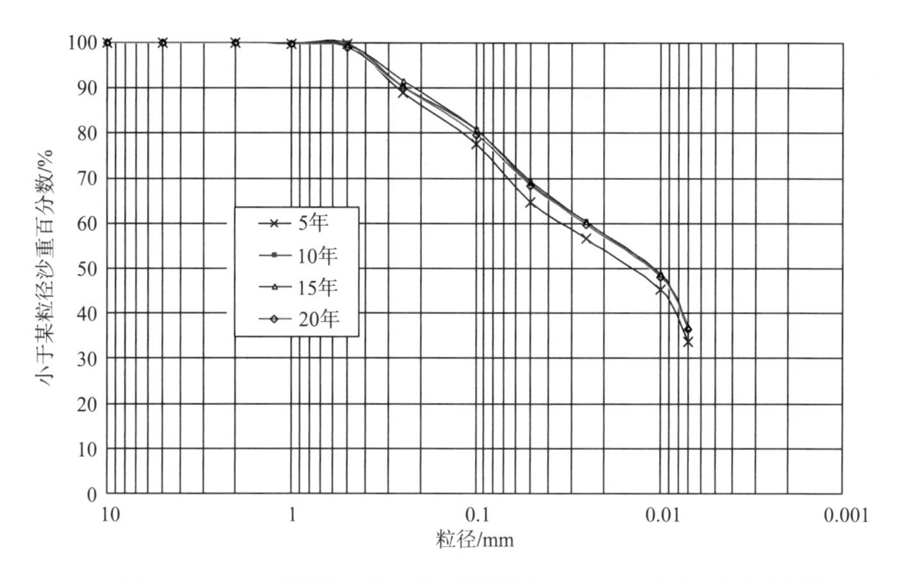

图 19-20　F 水库调整方案 2 联合调度运行 5～20 年冲刷出库泥沙级配

综上可知，从兼顾库区冲刷及适当增加 C 及 F 水库的发电来看，选择 C 及 F 水库调整方案 2 与 B 水库进行联合调度基本可行。

第 20 章 工程清淤措施及泥沙资源化利用途径研究

20.1 工程清淤措施简介

清除水库中淤积的泥沙，最简单的方法是采用泄空水库，利用泄空冲刷和横向冲蚀排沙。但对那些不允许泄空、没有泄空排沙底洞，或排沙泄流规模不足、底洞过高的水库，上述方法就受到一定限制或不能应用。对那些水源特别紧张，无水排沙的地区，上述方法也不宜采用，因此不得不使用机械清淤技术。近年来从国外引进，并因地制宜地发展起来的虹吸清淤（水力吸泥）、气力泵清淤和挖泥船清淤已成为清除水库局部淤积的有效措施。

20.1.1 虹吸清淤

早在多年前，水库虹吸清淤的设想被提出，但由于种种原因，未能实现。直到 1970 年，阿尔及利亚在色纳河上的旁杰伏尔(Bongival)水库首先进行了虹吸清淤试验。这种方法利用坝上、下游水位差，按虹吸原理将泥沙排往下游。输泥管悬挂在库中的浮筒上，其进口一端可以沿着淤积面移动，水位高时清除远处淤积；水位低时，则清除近处淤积。该坝前淤积 1m，上下游水位差为 3m。在一般情况下，沙重占水沙总重的比例为 15%(重量比)，在个别情况下，超过 50%。1975 年，我国山西省水利水电科学研究院在榆次市出家湾水库进行试验。接着在山西、陕西、甘肃、青海等地的红旗水库、游河水库、浠河水库、小华山水库、北岔集水库、新添水库与河群水库进行试验研究工作，都取得了较好的清淤效果。

在水库中，铺设一条管道，管道的进口装有带搅泥设备的吸头，以扰动固结的淤泥。管道进口与泥面相接，管道出口与放水建筑物连接，在连接处没有闸室和控制排沙的闸阀。管道的中部为了行移方便，必须离开泥面，使管道形成两端低、中间高的弯曲形状。管道最高部位的负压使管道进口产生吸力，从而，把泥水由管道进口送到管道中部最高位置。

依据山西、陕西、甘肃等省干旱、半干旱地区试点水库试验的成果，表明虹吸清淤使用的范围是非常广阔的。

采用虹吸清淤，不仅要符合虹吸清淤的原理，而且也要考虑虹吸清淤使用的条件。

1. 虹吸清淤使用的条件

采用虹吸清淤，是为了解决多沙河流水库的淤积和水沙充分利用问题。所以，当地必须有用水用沙的条件。虹吸清淤是按虹吸原理组装起来的清淤排沙设施，采用的水库又必须有一定的落差及虹吸出口，便于连接水工建筑物。

1) 水库进口多年平均来水来沙要求

在试点的多沙河流水库上，多年平均入库水量为 108.6 万～3360 万 m^3，多年平均来沙量为 5 万～66 万 t，入库多年平均含沙量为 19.3～150kg/m^3。通过现场试验，试点水库不同程度上都能达到水库长期使用和水沙充分利用的目的。甘肃省静宁县北岔集水库，进库多年平均来水量为 108.6 万 m^3，来沙量为 16.3 万 t，多年平均含沙量为 150kg/m^3。1984 年，在夏灌期间，结合夏灌用水，采用虹吸清淤，连续工作了 392.5h，平均每小时排沙量为 550t，排出浑水总量为 44.6 万 m^3，排沙总量为 21.6 万 t，平均出库含沙量为 484.25kg/m^3。不仅排走了当年来的沙量，还排出了原淤积物 5.3t。只需 296h，即可排完多年平均来沙量 16.3 万 t，耗水 33.65 万 m^3，其余的 75 万 m^3 水量，利用库容调蓄，可作其他使用。

2) 水位落差条件

根据虹吸清淤的原理，泥沙的输送全靠水库上下游水位落差的作用。在试点水库中，水位落差为 5.0～20.8m，通过生产实践，虹吸清淤都能使用。

3) 排沙的出路问题

排沙处理的恰当与否，也是利用虹吸清淤的条件之一。泥沙中含有大量的氮、磷、钾及有机质，是农作物生长的营养物质；中沙、粗沙可作建筑材料。但是，若没有排到有用的地方，如排到水库下游河道，将引起行水恶化，给河道两边的田园带来人为的灾害；单纯地引细沙入田，久而久之，会引起土壤板结，妨碍农作物的生长；单纯地将粗沙引入农田，也会恶化土壤结构。总之，对排出的泥沙，要充分发挥它的优点，克服它的缺点，在试点的水库中，多数是结合灌溉用水用沙。北岔集水库除了引浑淤灌外，尚利用排沙填沟淤地。

4) 泥沙颗粒大小的组成

试点水库排出的泥沙组成 d_{50} 为 0.00565～0.044mm，平均为 0.02mm 左右，基本接近大面积黄土的平均中值粒径。所以泥沙的来源是以黄土为主，皆可利用虹吸清淤处理水库泥沙和利用泥沙。

5) 虹吸清淤出口的连接

虹吸出口与现有泄水建筑物的连接，也是能否采取虹吸清淤的条件之一。依据虹吸清淤原理的分析及试点水库的实践经验，虹吸出口应与枢纽泄水建筑物相连。出口的平面位置要求不高，高程位置尽量与下游泄水渠水面一样或出口伸到下游泄水渠水面以下。涌河水库是卧管泄水，它的虹吸出口用埋线胶管沿淤泥面插出卧管，直通泄水涵洞；游河水库的虹吸出口直接与放水塔的泄水涵洞连接，北岔集水库的虹吸出口用钢管穿过坝身引到下游坝脚。

2. 不同类型水库使用虹吸清淤的条件

1) 发电运用水库

以发电为主的水库，主要是防止粗沙进入水轮机、磨损水轮机叶片。为了防止粗沙进入电站，在电站进水口前需要一个调沙坑。维持调沙坑的平衡，可以采用虹吸清淤的方法。排沙效果的估算，必须涉及用水量和发电之间的经济关系，可与底孔不定期冲沙进行对比。

2) 综合利用水库

具有防洪、发电、灌溉、养鱼等效益的综合利用水库，应当考虑综合排沙，可以利用虹吸清淤进行排沙。小华山水库是以防洪、发电、灌溉、养鱼为目的的综合运用水库。采用虹吸清淤也要配合其他排沙措施，才能满足水库综合利用的要求。因为虹吸清淤能降低坝前淤泥侵蚀面，有利于主槽的稳定和滩面不淤或少淤。若配合进行高渠拉沙和底孔排沙，不仅能保持水库长期使用，还能将淤废的水库库容复原。如 1984 年小华山水库进水量 628 万 m^3，来沙量 7.385 万 t，综合排沙 11.13 万 t，其中虹吸排沙 9.02 万 t。小华山水库利用综合排沙，不仅达到当年平衡，而且排出前期淤泥 3.75 万 t。

3) 虹吸清淤的优点及其使用范围

虹吸清淤不需泄空水库，不必专为清淤消耗水量，清淤不受来水季节限制，可以结合各季灌溉常年排沙。依据试点水库试验资料的分析研究，虹吸清淤是由输泥和搅泥两部分组成。所以，它的使用范围很广，不仅可以对目前泥沙淤积严重的水库进行泥沙处理，而且对新建的多沙河流水库泥沙处理也是适用的。

20.1.2 气力泵清淤

20 世纪 70 年代以来，意大利、日本等发达国家相继开展了气力泵清淤技术的研究。20 世纪 70 年代后期，国内航道、水利部门先后开展了这方面的试验研究。

1978 年，陕西省宝鸡峡引渭灌溉管理局试验成功 QB-90 型气力泵装置，并在国内首先用于水库清淤。通过试验研究，解决了气力泵装置改造及利用铰刀进行清淤的一系列技术问题，实现了结合抽浑灌溉平均排沙浓度 40%(重量比，每立方米浑水含沙量 534kg)，最高一组平均排沙浓度 58.7%(每立方米浑水含沙量 927kg)的良好成效。1984 年，这项试验研究成果通过省级技术鉴定。1980～1984 年，甘肃省电力局在盐锅峡水电站进行了 150/30 型气力泵的试验研究，在水深 26m 的坝前清淤，采用潜淹式电磁空气分配器，取得了较好成效，1985 年通过了西北电管局的技术鉴定。

1. 气力泵清淤的优点

1) 机械磨损小

除泵体内球阀运动频繁外，其他机械部件均不运动，故磨损很小。意大利生产的气力泵每天 24 小时工作连续多年，仍能保持开始使用时的生产效率。国内陕西省王家崖水库使用的 QB-90 型气力泵，除运用 50 小时后检修一次进泥阀门外，其他部件运用几年基本不损坏。

2) 排泥浓度高

一般吸扬式、耙吸式挖泥船的排泥浓度以 15%左右为多，最大不超过 30%，而气力泵由于进泥管口水压大、流速高，其清淤浓度一般可达 50%～80%(体积比)。国内王家崖水库的气力泵清淤平均浓度达 40%(重量比，含沙量为 534kg/m^3)，最高一组平均排泥浓度达 58.7%(含沙量为 927.0kg/m^3)。日本清除大阪市区沉积的污染物质，浓度更是高达 82%～95%。

3) 造价低运行费用小

由于结构简单，气力泵的造价比其他挖泥装置低。加之进排泥的部件磨损小，维修部件少，所以清淤费用低。王家崖水库气力泵清除每立方米淤积泥沙成本约 0.6 元(包括设备折旧费)。

4) 挖泥时的水深不受限制

深浅水下清淤均可使用。水深大于 5m 时效果较好，水深较小时增设真空泵仍然可进行清淤工作。意大利制造的气力泵工作水深一般可达 50m 以上。

2. 气力泵清淤的使用范围

一般挖泥设备均装在船上，船到挖泥区，才能进行清淤。气力泵可以装到船上工作，也可在清淤现场利用设置在岸上的起吊机械操作运行。泵体直径一般小于 5m，能到之处均可进行清淤。所以气力泵可用于航道、水库、港口、船闸、河口的清淤工程。

在水库清淤中，气力泵主要用于底孔、放水闸、电站进水口附近狭窄水域的深水处清淤，防止闸前泥沙淤堵。对于大型水库支流的拦门坎，气力泵可以开挖壑口，保证水流畅通。对渠库结合工程清淤可结合抽灌将泥浆从库底输入渠道中，既不因清淤消耗水量，又不受来水来沙限制，四季都可工作。对于采用异重流排沙、泄洪排沙、高渠拉沙等措施的水库，可用气力泵清除闸前淤积，保持冲刷漏斗，以提高排沙效果。

20.1.3　挖泥船清淤

近年来，在水库中采用挖泥船清淤的方法逐渐受到重视。其好处是清淤排沙基本上不影响水库正常运行，挖泥船能机动灵活地清除水库内任何部位的淤沙。从清淤耗水量方面看，挖泥船清淤的耗水量远低于其他清淤方法，这对于干旱缺水地区的水库清淤更有积极意义。当前，在国内外已有不少水库采用挖泥船清淤。例如日本的天龙川，其上游的美和水库淤积 9000 万 m^3，几乎占去总库容的一半。设计人员已决定采用挖泥船清淤，并将清出的泥沙用于制造混凝土。天龙川中游的佐久间(Sukuma)水库是以发电为主的水利枢纽，因为泥沙淤积已影响到发电，利用挖泥船在水库的尾部进行清淤，清出的泥沙用汽车送到混凝土加工厂，清淤量每年可达 100 万 m^3。我国云南以礼河发电厂梯级电站的第二级水库水槽子水库淤积的泥沙已占总库存的 85%以上，大量泥沙过机，加剧了过流部件的气蚀和磨损，作为应急措施，电厂决定采用挖泥船清淤。云南的宣威火电厂使用挖泥船保持其冷却水库的库容。在滇西的西洱河水电站，清淤也是依赖于挖泥船。总之，挖泥船作为一种水库清淤措施，其前景广阔。但是，任何一种清淤措施都有一定的适用条件，当水库内淤积沙量太大，像黄河干流上的一些水库，淤积量以亿立方米计，现有挖泥船的清淤能力难以适应。另外，水库的水深通常较大，也会妨碍清淤机具的使用或者为使用清淤机具增加困难。

挖泥船一般具备破土、挖掘、提升、输送等功能，是集土方挖掘施工各个工艺环节于一身的土方施工机械。在水环境中使用挖泥船通常比使用其他挖泥机械有更高的效率。挖泥船作为挖泥机械在土方施工中应用历史久远，由于挖掘对象、施工方法和用途的不同，挖泥船从原理和形式上也发展出多种船型。根据挖泥船的工作原理和输送方式，可将挖泥船分为机械式(泥斗式)和水力式(吸扬式)两大类。此外，挖泥船还可以根据移动方式分为自航式和非自航式。

1. 机械式挖泥船

机械式挖泥船又可分为链斗式、抓斗式、铲斗式、斗轮式等，其特点是利用泥斗在水下直接挖泥、提升，完成水下挖泥工艺过程。这一类挖泥船有时还配备钻爆船，预先进行水下爆破施工，提高挖泥效率。

1) 链斗式挖泥船

链斗式挖泥船可以称为挖泥船的先驱。早在 1770 年，荷兰鹿特丹港首先使用这种疏浚机械，以后不断发展、完善。现代的链斗挖泥船，其规模可观，单船生产能力已可达 750m^3/h。长江葛洲坝水利工程用的链斗式挖泥船每月挖掘沙石料 78 万 m^3，可以满足工程混凝土所需用的全部沙石骨料。链斗式挖泥船的典型结构是有一条由泥斗和链节织成的斗链，斗链缠绕在斗桥的上下导轮之间，上导轮与驱动系统的动力齿轮相连，下导轮用设在船尾的绞车通过钢丝索悬吊，使下导轮可绕导轮架在船尾的支点转动以控制挖泥深度。挖泥时，斗链在上导轮的动力驱动下，从水下连续地完成切土、装泥、提升工艺。泥斗在经过斗桥上导轮转而向下时，其中的泥沙便因自重而卸入斗桥上导轮下方的皮带机上。通过皮带机将泥沙送入泥驳中或者直接抛到岸上的堆沙地点。链斗式挖泥船的挖掘对象比较广泛，几乎可以挖掘任何性质的土料，尤其在挖掘黏性小的沙土时，效果更好。链斗式挖泥船的挖深范围也较广，现在有的链斗式挖泥船已可挖深到水面以下 20m。链斗式挖泥船虽然是靠斗链上的每个泥斗依次挖泥，但链斗转动已可使泥斗的挖泥接近连续作业，效率较高，挖泥的耗水量也很小。链斗式挖泥船在挖泥作业时要求水面没有波浪，因为水面波动将造成船体上下颠簸，使链斗接触泥面时的作用力不均匀，易造成泥斗损坏，同时又使斗链下导轮的悬吊钢索忽紧忽松，钢索因其应力不均匀和疲劳而加速损坏甚至发生断裂。

2) 抓斗式挖泥船

抓斗式挖泥船由具有一定浮力的船体和设在船上的起重机械所构成。有的抓斗式挖泥船具有自航能力，也有的抓斗式挖泥船不具备自航系统，其移动依靠拖动或锚索牵引。现代大型抓斗式挖泥船的功效很高，单斗最大起重量可达 150t。有的大型抓斗式挖泥船是一船配有多个吊机和抓斗，但是，目前仍是一船一机型的抓斗式挖泥船较多。抓斗式挖泥船的挖泥作业过程是由抓斗司机将抓斗吊臂转动到预定挖掘地点，将抓斗放到接近水面时，松开绞车鼓轮，使已张开的抓斗靠其自重作用，在水中垂直下落，抓斗到达泥面，斗齿破土并插入泥沙中。此时绞紧闭斗缆索，抓斗边抓泥边闭合，在抓斗完全闭合后起吊抓斗，抓斗吊离水面后旋转吊臂到预定卸泥地点卸泥(或接运驳船、卡车等)。抓斗式挖泥船在挖泥过程中基本上不消耗水量，若采用干式输送泥沙(如皮带机或自卸卡车等)也无须耗水，在干旱缺水地区的水库和渠道清淤，采用干式输沙有特殊意义。当选用泥驳在水上接运抓斗卸出的泥沙时，需用吹泥船卸泥，需要消耗一定的水量。抓斗式挖泥船的挖深，从理论上讲是没有限制的，在实际应用中抓斗式挖泥船的挖深通常不小于20m，有的已达到80m。现在使用的大型抓斗起重机的提升速度较高，通常在40～60m/min，有的甚至达到70m/min以上。较大的挖深和快速提升，对于清除水库深处的淤积物比较有利。但是，随着水深加大，清淤效率也随之降低，且水下提升速度过快，会造成淤积物重新扩散，这对于清除含有污染物质的底泥和水电站进水口附近的淤积泥沙会有不利影响。

3) 铲斗式挖泥船

铲斗式挖泥船是在船体端部安装一台铲斗机，可以使用索式铲，也可以使用硬臂的正向铲或反向铲。铲斗式挖泥船的挖泥原理与陆上同类的土方挖掘机械相同。铲斗式挖泥船可以连续完成挖泥、提升工序，但是没有输送能力，清淤施工时，必须配备输泥机具。目前国内使用的索铲式挖泥船其斗容已达4m^3，挖掘深度也很大。硬臂的正向铲和反向铲挖泥船，由于受到臂长限制，其挖深和清淤范围都不大。现在用于清除水塘和渠道的一种反向铲挖掘机，其清淤范围可达18m。铲斗式挖泥船的挖掘对象广泛，能适应挖掘较硬的淤积物。

4) 斗轮式挖泥船

斗轮式挖泥船的特点是挖泥船首部装一具可活动的长臂，在臂端装有旋转斗轮，随着斗轮旋转，斗轮外缘的斗刀便完成切土、提升工序，当斗刀转到最高点再向下转时，斗刀内的泥沙由于自重而自由落下。在斗轮转轴附近设有吸泥管，可顺利地吸走这些泥沙，这样便可在斗轮上完成切土、提升、输移的工序。因此，斗轮式挖泥船实际上应视为机械式挖泥船和水力式挖泥船的巧妙结合。它利用了机械斗刀进行破土、切削和提升，利用泥浆泵吸管将挖出来的泥沙吸走，完成泥浆的输送工序。斗轮式挖泥船博采了两类挖泥船的优点，因而这种挖泥船有更高的效率。原水电部长春机械研究所根据斗轮挖泥船的原理，设计制造出一种小型斗轮式挖泥船，装有一个十字形斗轮，旋转切土，操作灵活简便，很适于小型水库和渠道的清淤作业。

2. 水力式挖泥船

水力式挖泥船的特点是依靠水力完成挖泥和输送泥沙。这一类挖泥船的基本形式是吸扬式挖泥船和在此基础上发展出来的绞吸式、耙吸式、喷吸式、喷射式、吸盘式挖泥船。

1) 吸扬式挖泥船

吸扬式挖泥船是利用装在船上的泥浆泵在水下吸泥管端部造成负压，将吸进的泥浆经过泵体和排泥管再输送出去。吸扬式挖泥船的挖泥过程是首先将吸泥管端部保持在库底淤泥面上，开动泥浆泵且移动挖泥船，吸管端部随船移动而在淤泥面上滑移，以连续地吸入淤积面表层的泥沙。有的自航吸扬式挖泥船配备有储泥舱，在储泥舱装满后停止吸泥作业，将泥沙运到卸泥区卸出；有的吸扬式挖泥船不具备储泥舱，需配备泥驳随行，接运吸上来的泥沙。也有的吸扬式挖泥船采用将泥沙直接抛在岸上的卸泥方式，即边吸边抛卸泥。当卸泥区较远时，也可以在泥浆泵出口接以输泥管，利用水上浮管或岸上固定管将清淤出来的泥沙送往卸泥区。吸扬式挖泥船的吸管端部常装有简单的拦污格栅，防止朽木草根等杂物被吸入并造成堵管。吸扬式挖泥船工作时，对吸头距离泥面的高度控制要求较严。当吸头距泥面太高时，吸入水流在淤泥面附近形成的临底流速不足以使泥沙起动，只能吸入大量清水，降低了挖泥效率。反之，若吸头距泥面太近，虽然对吸入泥沙有利，但也容易因吸入浓度过高的泥浆，导致堵管，也有可能因吸泥口贴紧淤泥面，发生“闷死”现象，最终破坏了吸泥工作状态。吸扬式挖泥船的吸管多采用柔性软管，挖深一般可达 10m 以上，在疏浚内河水道和小型水库清淤施工中比较适用。

吸扬式挖泥船为了疏松已固结的淤泥，使淤积泥沙容易与进入吸口的水流掺混，形成高浓度泥浆，在吸管端部做些改进，于是发展出来了绞吸式挖泥船和耙吸式挖泥船。

2) 绞吸式挖泥船

绞吸式挖泥船的吸泥管头部配有铰刀松土器，在专门的动力系统驱动下，铰刀在水下转动，对淤积物进行切削、破碎、搅拌，最终在吸泥管的吸口附近制造出高浓度泥浆，这时开动泥浆泵就可以吸入较多泥沙。绞吸式挖泥船适用于挖掘比较坚硬的淤积物，甚至比较破碎的岩石。绞吸式挖泥船的挖深受到泥浆泵特性和铰刀臂长度的限制，为了增大挖深，新型绞吸式挖泥船将泥浆泵安装高程尽量放低，甚至在吸头处设置辅助泵，但是随着挖深增加，铰刀臂也要加长，为保持船体的稳定和平衡，挖泥船尺寸也需随铰刀臂加长而增加。当铰刀臂的长度超过某个限度后，船体尺寸和吨位的增长将使挖泥船的造价迅速上升，以致挖泥成本过高。因此，在确定挖深时，必须在泥浆泵特性及安装高程，铰刀臂结构以及由此而引起的船体变化方面予以全面考虑，以取得经济合理的挖深，避免单纯追求较大挖深而忽略经济性。

绞吸式挖泥船在内河航道、港湾的疏浚以及水下开挖基坑的施工中都得到广泛应用。在水库清淤中，绞吸式挖泥船用在水深不太大的水库、贮水池、沉沙池或者大、中型水库的尾部段，水深较浅部位挖泥，都能取得较好效果。现代绞吸式挖泥船的最大挖深已超过 30m。但是，常见的绞吸式挖泥船的挖深一般在 12m 上下。由于水库淤积首先发生在其尾部库段，然后再逐渐向坝前和水库上游延伸，因此，在水库清淤中，在这一库段内只要水深适中，采用绞吸式挖泥船清除当年入库沙量，便可阻止淤积向水库下游的发展，达到保持库容的目的。另外，在水库尾部段找不到合适堆沙地点时，可以采用输沙管或明渠方式将由水库中清出的泥沙送往相邻流域或者输往大坝下游。当输沙管道过长，超出挖泥船泥浆泵的排送距离时，可以在输沙管的合适部位设置增压中继站，以增加输沙管道的排送距离。绞吸式挖泥船与增压中继站配合的挖泥方案在实用中是可行的，有成功先例。在水库中使用的绞吸式挖泥船常需制成拼装式，由船厂经铁路、公路运送到清淤的水库。在设计和制造拼装式挖泥船时，确定船体分块的最大尺寸前必须调查清楚运送挖泥船沿途的道路情况，以减少运输中的困难。

3) 耙吸式挖泥船

在吸扬式挖泥船的吸管端部配以特殊的装置耙头，便可构成一具最简单的耙吸式挖泥船。耙吸式挖泥船的耙头具有较大的接触淤泥面吸口，耙头随挖泥船移动而在淤泥面上拖动滑行，启动船上泥浆泵后，在耙头的腔内形成低压区，耙腔内外的水压差使水流沿吸缝以高速进入耙腔内，在吸缝附近的泥沙，由于较高临底流速的作用而起动并与水流掺混，最终在耙腔内形成一定浓度的泥浆，泥浆被吸入吸管，再经过泥浆泵被送入储泥舱。根据挖掘对象的不同，还可以在耙头上设置齿形松土器或者用高压喷水枪进行松土，以提高挖泥效率。耙吸式挖泥船一般都有自航能力，有自备储泥舱。也有的大型耙吸式挖泥船，采用边抛方式卸泥，例如中交上海航道局有限公司在长江口的航道疏浚中使用的大型耙吸式挖泥船，采用边抛方式清淤有较高的效率。耙吸式挖泥船由于具有自航能力，航速也较快，又有自备储泥舱，无须像绞吸式挖泥船那样用输泥管排送泥浆，因而，耙吸式挖泥船具有活动范围大、挖深大的特点。一般的耙吸式挖泥船挖深很容易达到 10～20m，对无黏性的淤积物有着较高的挖掘效率，因而，耙吸式挖泥船被广泛用于疏浚海湾、航道，以保持这些地方的水道有足够的深度。在水库清淤中使用耙吸式挖泥船时，可以选择在水库深度适中的范围内，使挖泥船沿着一条弧线往返运行挖泥，清淤出来的泥沙用输沙管道排送到水库下游或相邻流域。由于耙吸式挖泥船对于清除淤泥表层泥沙有着较高的效率，而水库清淤中，首先要消除的是当年或近期进入水库落淤的泥沙，这种泥沙通常尚没有固结，用耙头清除比较容易。因此，可以预料，耙吸式挖泥船经过适当改造，会在水库清淤中发挥更好的作用。

4) 喷吸式挖泥船

喷吸式挖泥船是以喷射水力代替绞刀破土造浆，仍以沙或泥泵吸送泥沙。由于采用水力破土造浆代替绞刀破土造浆，取消了较为复杂和重量较大的绞刀机构，因此船的重量有所减轻，船的外形尺寸有所缩小。喷吸式挖泥船主要由吸泥系统、排泥系统、起吊系统、水力破土系统和移船系统构成。吸泥系统由主水泵、吸泥头、阀门、管路构成，其主要功能是将浆化后的淤积物吸入系统，然后输往船尾的排泥系统。喷吸式挖泥船生产率的高低，主要取决于吸泥系统的性能。排泥系统由浮筒及排泥管构成。来自吸泥系统的泥浆水经该系统排往预定区域，排泥管的长度可根据需要调整。调整后对生产率有一定影响，因此若调整范围太大，应考虑采取相应措施予以补偿。起吊系统由卷扬机、扒杆、滑轮、滑车、臂架构成，它的作用是起吊吸泥头、改变挖泥深度。为了易于制造及降低造价，可用部分管路兼作臂架。水力破土系统由高压水泵、管路和水枪构成。当淤积物板结时，采用该系统。该系统工作时，高压水经水枪高速射出，其强大的冲击力可将水底淤积物破碎、浆化，供吸泥系统吸入。移船系统的作用是改变船体在水中的平面位置，以适应挖泥的需要。当要求长距离输送泥沙时，采用喷吸式挖泥船比较适宜，但它的缺点是机件磨损严重、挖深有限，仅适用于吸送泥沙，成本较高。

5) 喷射式挖泥船

喷射式挖泥船是用高压喷射水力破土造浆，以水力射流泵吸送泥沙甚至卵砾石。这种喷射式挖泥船的主要优点是：①由于射流泵可潜入水下工作，仅由水泵供给工作水源

(或称驱动水源)，所以挖深不受泵的吸上扬程限制，吸口处的吸力也较大，可提高吸浆浓度和增大吸入物料的粒度。②射流泵无转动，机件免遭泥沙磨损。不仅适于吸送沙，还适于吸送卵砾石。运行中易遭磨损的射源喷嘴、喉管等部件结构简单，成本低(每件仅数十元)，易更换(仅 1～2 小时)。③射流泵结构简单，水力参数、主要部件几何尺寸等均可根据不同要求配制，以适应吸送各种物料、不同排距、不同挖深等要求，工作特性比较灵活。④射流泵结构简单，易制造，重量轻，造价低，设备维护简便。由上述可见，喷射式挖泥船是深水挖泥的良好设备，比较适于小水库、调节池、沉沙池的机械清淤。

6) 吸盘式挖泥船

吸盘式挖泥船属于自航吸扬式挖泥船。排泥管不长，一般仅 30.5～109.7m，扬程很小，采用低压离心式泥泵。这类挖泥船的形状特别，像一只吸尘器的头，其吸口截面的长宽比高达 40。吸口处有栅栏，栅栏由一排垂直的钢管组成，垂直管的上端与一根横跨吸管的管子相连接，管的上端还设有高压水喷嘴。吸盘式挖泥船的主要优点是：①挖宽大，一次挖宽最大可达 10m 左右，挖槽平整，大大减少了超挖深度。②泥浆浓度高，最初吸扬式挖泥船吸头的吸入截面是圆形的，后改为椭圆形，最后把吸口界面改成扁形，并由横移法改成纵移法，因此，大大增加了挖泥触面的宽度，加之有高压冲力的水力切割和扰动，使吸泥深度大大增加，吸泥浓度的峰值高达 45%。③系自航吸扬式挖泥船，所以调迁方便。④采用纵移法挖泥，没有横跨航道的缆索，所以作业不会阻塞航道。

20.2　目前国内泥沙资源化研究和利用现状

流域产沙是一个非常复杂的过程，主要取决于土壤土质特性、地形地貌、水文气象条件，而且还与人类活动(包括农业活动、大规模基本建设)有很大的关系。人类活动一方面使流域土壤松散、裸露于大气中，易于受到水流、风流的侵蚀；另一方面使流域土壤的植被受到破坏，大大降低了流域的覆盖率，使土壤抗蚀能力降低，流域内产生大量的泥沙。据不完全统计，我国江河多年平均输沙量约 27 亿 t，其中仅黄河、长江的年输沙量就高达 21.3 亿 t。长期以来，这些泥沙一方面塑造了美丽富饶的平原陆地，另一方面也给人民的生活带来了灾害。传统上将泥沙作为导致灾害的物质来考虑，其直接或间接造成的经济损失数以亿计。但是，随着人们对社会环境需求和水沙资源认识的不断提高，流域泥沙的资源化与水沙优化配置已逐渐被认识和接受，泥沙在国民经济建设中已开始发挥一定的作用(如造地、淤临淤背、建筑材料)。

资源的概念源于经济学，指在一定技术经济条件下，能为人类利用的一切物质、能量和信息，包括自然资源、经济资源和社会资源三大类。自然资源是在一定历史条件下能被人类开发利用以提高自己福利水平或生存能力的、具有某种稀缺性的、受社会约束的各种环境要素或事物的总称。有效性、可控性和稀缺性是自然资源的主要属性，其中有效性是指通过各种措施对社会经济发展和生态环境保护有效；可控性是指通过工程措施及人为因素来合理调度资源的去处，达到配置的目的；稀缺性是指该资源具有一定的数量限制，并非取之不尽，用之不竭。

20.2.1　流域泥沙资源化的作用

流域泥沙资源化是泥沙问题的治理途径。泥沙问题的解决有赖于危险部位淤积的减少，一是从源头上减少，即减少流域水土流失；二是通过如放淤、泥沙利用等措施直接减轻河段的沙量负担。以往对防止水土流失、截断沙源等防治泥沙灾害的措施研究及应用较多，而对中下游直接分沙，将泥沙作为资源利用的关注较少。河流演变历史表明，在中下游分淤、沉积泥沙是河流演变的自然规律，各种原因触发的淤积场所减小或改变是泥沙问题的根源。所以在减少上游来沙的同时，在中下游采取一定人为可控措施弥补河流的分淤作用，将泥沙转移，淤积在危险较小的部位或者直接开采利用，符合河流的自然发展规律。

在中下游的分沙、减沙措施同时也是一种防患于未然的策略。人们修筑堤防防御洪水，在泥沙累积淤积到一定程度之前，对洪水的影响不甚明显，堤防确实可以起到很好的效果，但河床累积抬高到了一定程度之后，可能投入极大的人力物力加高堤防也收效甚微。所以在险况出现之前就应力求减少淤积。

20.2.2　流域泥沙资源配置的原则和任务

1. 泥沙资源配置的基本原则

根据资源分配的经济学原理，流域泥沙配置应遵循有效性与公平性的原则：在流域泥沙资源利用的高级阶段，还应满足泥沙资源可持续利用与科学性的原则。即有效性、公平合理性、可持续性和科学性应是泥沙资源合理配置的基本原则，其隶属关系如图 20-1 所示。

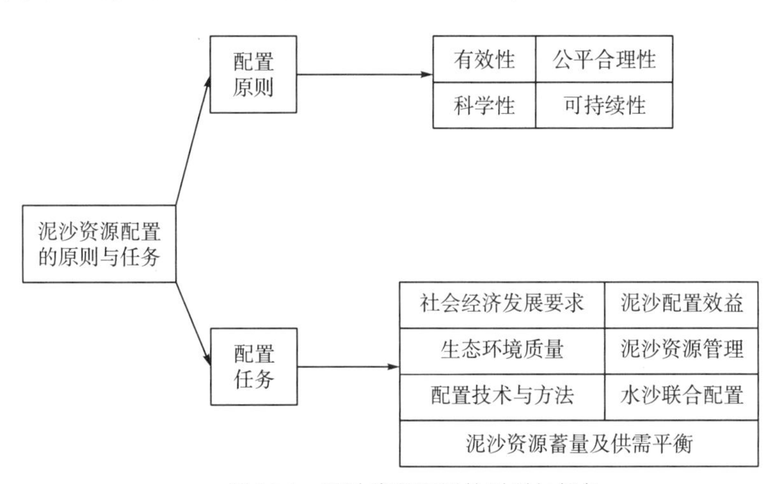

图 20-1　泥沙资源配置的原则与任务

(1) 有效性原则。有效性原则是基于资源作为社会经济行为中的商品属性确定的。泥沙作为一种特殊的资源，流域泥沙资源配置应以泥沙利用效益或者经济损失减少作为使用部门核算成本的直接指标，以社会效益和生态环境保护作为整个社会健康发展的间接指标，使泥沙资源利用达到物尽其用的目标。因此，这种有效性不能仅仅单纯地追求经济意义上的有效性，同时更重要的是追求环境效益和社会效益，追求经济、环境和社会协调发展的综合效益。在泥沙资源配置过程中，需要设置相应的经济目标，并考察目标之间的协调发展，满足真正意义上的有效性原则。

(2) 公平合理性原则。公平合理性原则以满足不同区域间和社会各配置单元间的利益合理分配为目标。它要求不同区域(上下游、左右岸)之间的协调分配、利用与发展，以及泥沙资源配置效益在同一区域内配置单元中的公平分配，或者对产生的泥沙灾害在流域内进行统筹治理，以免发生有益于这个区域或单元，而有害于另一区域或单元，即使泥沙灾害无法避免，合理统筹考虑各方利益的同时，以泥沙灾害损失最小为原则。

(3) 可持续性原则。可持续性原则可以理解为代际间的资源分配公平原则，它是以研究一定时期内全社会消耗的资源总量与后代能获得的资源量相比的合理性，反映泥沙资源利用在不同时期、不同阶段的有效性和公平合理性。可持续性原则要求近期与远期之间、当代与后代之间对泥沙资源利用上需要协调发展、公平利用，而不是无原则、无限制地利用与配置，否则严重威胁子孙后代的发展能力。流域泥沙资源的产生与配置具有可持续性，一方面，我国自然环境先天不足，山地、高原、丘陵面积占国土面积的69.27%，构成复杂地形和地质条件，在水力、风力、重力等外营力作用下极易造成水土流失及山地灾害(崩塌、滑坡、泥石流)；另一方面，水土流失、山地灾害等的治理是一项长期而又艰巨的工程，很难在短期内有十分显著的减沙效益。即使水土保持工作取得一定效果，对流域整体上的泥沙影响也不一定立即就十分显著。因此，流域泥沙不论现在还是将来都是可持续调控配置和利用的巨大资源。

(4) 科学性原则。流域泥沙资源配置不仅要遵循有效性、公平合理性和可持续性原则，而且还要遵循泥沙资源配置的规律。按照泥沙运动规律、分布特征等合理配置泥沙资源，以获得最大效益。

2. 泥沙资源配置的基本任务

在实施泥沙资源配置的过程中，涉及地理地貌、生态环境、泥沙运动力学、河床演变学与社会经济学等方面的内容，泥沙资源配置是一个复杂的系统工程，有很多任务需要完成。流域泥沙资源配置过程中需要完成的基本任务具体内容如下：

(1) 满足社会经济发展需要。探索适合本地区或流域现实可行的社会经济发展规模和发展方向，推广可行的引水用沙模式。

(2) 泥沙资源需求量与供需平衡。通过研究现状条件下的泥沙资源的利用形式、利用结构和利用效率，预测将来适应国民经济发展、生态环境保护等所需泥沙资源量。在水资源开发利用的过程中，研究流域内泥沙资源的供需特点，确定相应的可供沙量和需沙量，以及各用沙单元的需沙量。目前总的情况是泥沙资源供大于求，泥沙灾害占主导作用，比如泥沙淤积和土地沙漠化问题。

(3) 泥沙资源配置的效益。通过研究各种泥沙资源开发利用所需的投资运行费用及泥沙利用产生的直接和间接效益，进而分析泥沙资源配置所产生的经济、生态环境和社会效益等。泥沙作为一种特殊的资源形式，社会效益和生态环境效益具有更重要的价值。

(4) 生态环境质量。流域泥沙资源配置主要目标之一就是改善生态环境，通过了解泥沙配置在生态环境中的作用、改善与缓解生态环境的途径、塑造湿地的作用等来评价泥沙资源对生态环境质量的影响。

(5) 泥沙资源管理。研究与泥沙资源配置相适应的科学管理体系，包括建立科学的管理机制和管理手段，制定有效的政策法规，确定泥沙资源利用的激励机制和生态赔偿机制，培养泥沙资源合理配置的管理人才。

(6) 配置技术与方法。提高泥沙资源利用效率的主要技术和措施，开展泥沙资源配置的理论体系及分析模型的开发研究，如评价模型、模拟模型、优化模型的建模机制及建模方法，决策支持系统、管理信息系统的开发，GIS 高新技术的应用。

(7) 水沙资源联合配置。泥沙资源与水资源之间具有紧密的关系，在泥沙配置过程中需要考虑水资源的配置，在水资源的配置过程中需要考虑泥沙资源的配置。因此，需要研究泥沙资源与水资源联合配置的机制、原理和手段，开发联合配置模型。

20.2.3　流域泥沙资源化的目标

流域泥沙资源化的目标是兼顾泥沙资源开发利用的当前和长远利益，兼顾不同地区与部门间的利益，兼顾泥沙资源开发利用的社会、经济和环境利益，以及兼顾效益在不同受益者之间的分配，使得流域泥沙资源化与配置的效益最大。流域泥沙资源化既包括流域泥沙资源化的理论与目标，又包括流域泥沙资源化的途径(如淤改、稻改、改良土壤、淤沙造地、建筑材料转化、堤防加固、湿地形成等)和配置单元(如水土保持拦沙、水库拦沙、河道滞沙、引沙用沙及河道排沙等)。泥沙资源化的目标如图 20-2 所示。

在流域内，通过一定的工程措施与非工程措施，把流域泥沙资源按一定的目标进行分配，使得全流域泥沙资源化与配置产生的生态、经济和社会效益最大，损失最小。当流域泥沙主要表现为资源性时，泥沙资源化的目标函数采用多目标效益函数进行度量，使泥沙资源化的效益达到最大值；当泥沙表现为灾害时，其目标函数采用泥沙灾害经济损失函数进行度量，使灾害经济损失最小。

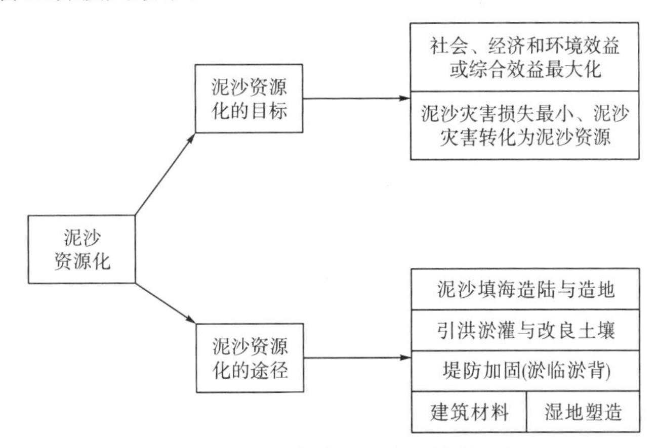

图 20-2　流域泥沙资源化的目标

20.2.4　目前国内泥沙资源化利用途径

流域泥沙资源化的形式主要包括引洪淤灌、淤临淤背、填海造陆与造地、塑造湿地、建筑材料及转化等。

(1) 引洪淤灌。河流泥沙与流域土壤在元素上存在同一性，流域泥沙特别是汛期泥沙极具肥效，可作为一种优良的土壤改良原料。引洪淤灌的主要形式包括淤改、稻改和浑水灌溉，其目的就是利用泥沙改良盐碱地与坑洼地。

(2) 河道淤临淤背。河道淤临淤背主要目的就是利用河道泥沙，提高河道防洪能力。在多沙河流上，单纯依靠水流动力冲刷难以达到河道疏通、清障的效果，利用疏浚或者放淤等手段进行堤防淤临淤背，既加固了堤防工程，又提高了河道泄洪能力，同时还达到了利用河流泥沙和疏浚泥沙的目的。

(3) 填海造陆及造地。填海造陆及造地是将泥沙大部分堆积在河口，使海岸不断向大海推进。

(4) 建筑材料及其转化。自古以来就有挖取河沙直接作为建筑材料或者烧制成建筑材料的做法。沙和砾石是绝大多数土木工程所大量需求的重要建材。随着社会经济发展，工程建设突飞猛进，对沙石料的需求量越来越大。因此，可从河道中抽取或挖取沙石，经过处理后生产成多种建筑用砂石产品，供建筑使用。

20.3　泥沙资源化利用途径技术经济分析

20.3.1　泥沙资源化的可行性

流域泥沙既要满足自然资源的基本属性，还要具备一些泥沙资源化的基本条件才可以达到资源化的目的，流域泥沙资源化的过程如图 20-3 所示。从图中可以看出，流域泥沙满足资源性和资源化条件时，流域泥沙才可以资源化。从流域泥沙的基本属性和主要特征

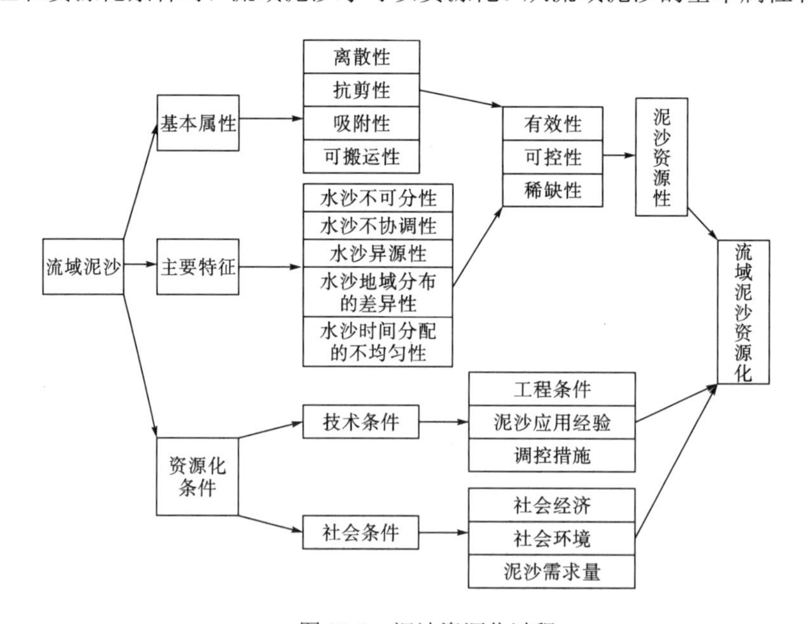

图 20-3　泥沙资源化过程

可以看出流域泥沙具有有效性、可控性和稀缺性等自然资源的属性，表明泥沙具有资源性；流域泥沙具有资源性，并不等于泥沙的资源化，仅当社会经济和泥沙技术发展到一定水平，流域泥沙才可以资源化。

1. 水库泥沙的资源性

一般说来，自然资源的基本属性包括有效性、可控性和稀缺性。若水库泥沙能满足自然资源的基本属性，泥沙也可以作为一种资源进行利用和配置。以下结合泥沙的基本特性和实际情况，就河段水库泥沙的有效性、可控性和稀缺性分述如下。

(1) 水库泥沙的有效性。在社会发展的实际过程中，结合泥沙的离散性、可塑性、可搬运性、吸附性、抗剪性等，流域泥沙已经为社会经济发展和生态环境发挥重要的作用，体现了流域泥沙的有效性和资源性，主要表现为填海造地、淤临淤背、放淤改土和建筑材料等。也就是说流域泥沙并非都会带来泥沙灾害，而且在一定范围或一定条件下，流域泥沙可以为社会发展与人类生活服务，创造巨大的经济效益。

(2) 水库泥沙的可控性。流域泥沙的离散性、可搬运性等决定了泥沙的可控性。实际上，在流域泥沙的产生、搬运、输移和分配过程中，为更有效地治理和利用泥沙，利用工程与非工程的措施控制泥沙输移、搬运与配置，尽可能减少泥沙的灾害性。工程措施包括水库拦沙、机械疏浚与挖沙等，非工程措施有调水调沙等。

(3) 水库泥沙的稀缺性。河流产沙量并不是无限的，而是受到流域土壤土质特性、地形地貌、水文气象条件、人类活动(包括农业活动、大规模基本建设)等因素的控制。随着社会经济的不断发展，当流域生态环境和水土保持完好时，流域产沙、河流输沙量将会减少，此时河流泥沙将属于稀缺物质。国民经济的快速发展导致我国工程建设大量增加，河道沙石料供不应求，此时泥沙表现为一种稀缺物质；在一些土地资源比较紧缺的地区，泥沙造地就显得特别重要，泥沙属于一种紧缺资源。

2. 流域泥沙资源化的基本条件

水库泥沙具有有效性、可控性和稀缺性等自然资源的属性，表明其具有资源性，是一种特殊的资源，为水库泥沙资源化创造了前提条件。要达到水库泥沙资源化的目标，还需要以下几个方面的条件。

(1) 社会经济水平。随着工农业的迅速发展，国民生产总值有了大幅度的提高。从 20 世纪 80 年代到目前为止，我国国民经济高速发展，社会经济实力有了较大的增长，创造了较为丰富的物质条件，人民生活水平迅速提高，为流域泥沙资源化和水沙配置创造了物质条件。

(2) 社会环境。社会环境主要包括流域环境和社会环境需求等方面的内容。一方面，流域植被、流域地形和地质、土壤特性等因子直接影响流域产沙的能力与生态环境的变化；另一方面，随着社会经济与生活水平的不断发展与提高，人类对社会生态环境与泥沙资源化的需求也越来越高。因此，社会环境是流域泥沙资源化的重要条件。

(3) 泥沙利用的经验。过去的几十年里，在泥沙利用方面取得了很多成功的经验。流域泥沙利用可以追溯到很久以前，我国自古就有挖取河沙直接作为或者烧制成建筑材料的实例，秦砖汉瓦就是其佐证。经过多年的发展与总结，流域泥沙的主要利用形式包括填海造陆、改良土壤和引洪淤灌、淤临淤背、建筑材料等。在这些泥沙利用过程中，不仅掌握了一些泥沙利用的关键技术，而且也取得了丰富的实际经验，为进一步开展泥沙资源化工作奠定了基础。

(4) 工程建设。流域工程直接参与了泥沙资源的调配，工程措施主要包括：流域淤地坝、河流水库、引水分沙工程等。水库对泥沙资源化将发挥重要的作用。

(5) 调控技术。流域泥沙资源化是一项技术性非常强的工作，既涉及河道水沙运动规律，又包括工程的运行技术，如工程规划、设计与运行调度等。目前这方面的技术条件日趋成熟，主要包括水力调度技术、机械调控措施等，为泥沙资源化创造了条件。

(6) 要符合相关的法律法规。泥沙的资源化利用所涉及的法律法规主要有：《中华人民共和国水法》、《中华人民共和国防洪法》、《中华人民共和国环境保护法》、《中华人民共和国水污染防治法》、《中华人民共和国野生动物保护法》、《中华人民共和国河道管理条例》、《中华人民共和国航道管理条例》、《中华人民共和国水土保持法》、《中华人民共和国渔业法》、《四川省<中华人民共和国水法>实施办法》(2005 年 7 月 1 日实施)、《四川省河道管理实施办法》、《四川省河道采沙规划报告编制导则》、《四川省<中华人民共和国渔业法>实施办法》等。应在符合上述法律法规，保证河势稳定、防洪安全、沿岸生产生活设施正常运用和满足生态环境保护要求的前提下，合理利用流域的泥沙资源。

20.3.2 河段泥沙资源化利用的途径

如前所述，填海造陆及造地是将泥沙大部分堆积在河口，使海岸不断向大海推进。以前述 C、F 水库为例进行分析，两水库位处西部内陆地区，没有填海造陆所必需的地理条件。进行造地，需要广阔河口进行泥沙堆积，同样没有合适的地理条件。如果采用远距离搬运泥沙进行造地，需要耗费大量的物力以及财力，经济性较差。

C、F 水库泥沙作为当地建筑材料不失为一条有效途径。根据粒径和沉降速度之间的关系，可将水库中的沙砾按其大小进行分类。利用适当的技术控制从水库中取沙，将便于采集大量的沙砾石，而且可以选择所需沙砾石粒径的大小。流域(二)中抽取出来的沙石经过处理后作为建筑材料，该地区有多家沙场，从河道中采集泥沙，生产成为多种建筑用砂产品，产品质量符合 GB/T14684—2001 国家标准。另外，河沙也作为生产水泥熟料的硅质原料。因此，建筑材料及其转化是 C、F 水库泥沙资源化利用的一种合理利用途径。

20.3.3 采沙方案

根据各采沙点的分布、料场储量大小、物理力学性质、沙石的可选性等方面的特点，目前有以下两种采沙方案。

1. 抽沙方案

抽沙根据作业方式不同分固定式抽沙泵抽沙和抽沙船抽沙两种。固定式抽沙主要分布在 C 电站、F 电站库区，抽沙泵固定在河岸，抽沙在滤沙池中堆放，再转运外售。抽沙船抽沙分布在沙湾，开采方法选用小型抽沙船抽取纯沙运至河岸码头，由汽车运至料场堆放。

2. 机械开采（旱采）方案

机械开采（旱采）即以挖掘机开挖沙石料，汽车运输至河堤外筛分场筛分，筛分后的弃料立即进行回填。开采方法采用分幅式开采，即从采区临水侧开始，以 50～80m 宽为一幅，纵向开采，开采后需要回填的马上进行弃料回填，回填完毕后再进行下一幅开采。机械开采的优点是开采、筛分异地进行，工效高，运输方便，且不会形成大规模的尾堆，可以及时进行回填。

20.3.4　采沙对河势、河道行洪及输水的影响分析

1. 对河势的影响

采沙区采沙边界一般均距河岸或防洪堤 30～50m，采沙底线高于低水位，洪水时的岸边也基本保持原有状态，采沙对河堤或河岸不致带来损害。采沙河段采沙后洪水位略有降低，使采沙河段与上、下游河道洪水位衔接处比降有所改变，采沙河段上游比降比采沙前增大，相反下游比降比采沙前降低，洪水流速及水流流态相应有所变化，但变化均不是太大。采沙后虽然扩大了洪水过水断面（在低水位和洪水位之间），也只是局部略微改变河势，对河势总体改变不大。在洪水造床作用下，河流会有一个自然调整演变过程，经过一定时期后，将会达到新的稳定平衡状态。

2. 对河道行洪及输水的影响

各河采沙河段采沙区采沙底部高程一般都在河流低水位（历年最小日平均流量相应水位）以上，采沙后又有些弃渣块石回填，回填后均又略高于设计采沙底线，采沙对低水河床断面基本没有影响。采沙河段增大了中、高水洪水过水断面，使洪水位比采沙前有不同程度降低。因此，采沙改善了河道输水通道及行洪能力。采沙河段河道宽阔，采沙增大的过水断面均在 10%以下，洪水位降低不大，一般在 0.3m 左右，改善行洪能力还不太大。

第 21 章　梯级水库排沙清淤效益分析

21.1　排沙清淤对发电效益的影响

B 水库建成后，适当抬高 C 及 F 水库的运行水位并同时与 B 水库进行联合调度，一方面也可利用 B 水库的弃水进行造峰冲刷，达到较好的库区冲刷效果；另一方面可适当增加两水库的发电量。初步研究，B 水库建成后，汛期 6～9 月 C 及 F 水库可抬高运行水位约 2m（入库流量大于 5000m^3/s 时维持现行水库运行水位不变）。按此水沙调度方案，计算排沙清淤对 C 及 F 水库发电效益的影响。

21.1.1　数学模型

1. 目标函数

梯级电站年发电量最大：

$$\max E = \max \sum_{i=1}^{N}\sum_{t=1}^{T}(A_i \cdot Q_{i,t} \cdot H_{i,t} \cdot M_t) \tag{21-1}$$

式中，E 为梯级电站年发电量（kW·h）；A_i 为第 i 个电站出力系数；$Q_{i,t}$ 为第 i 个电站在第 t 时段发电流量（m^3/s）；$H_{i,t}$ 为第 i 个电站在第 t 时段平均发电净水头（m）；T 为年内计算总时段数（计算时段为月，T=12）；N 为梯级电站总数；M_t 为第 t 时段小时数。

2. 约束条件

(1) 水量平衡约束：

$$V_{i,t+1} = V_{i,t} + (q_{i,t} - Q_{i,t} - S_{i,t})\Delta t \qquad \forall t \in T \tag{21-2}$$

式中，$V_{i,t+1}$ 为第 i 个电站第 t 时段末水库蓄水量（m^3）；$V_{i,t}$ 为第 i 个电站第 t 时段初水库蓄水量（m^3）；$q_{i,t}$ 为第 i 个电站第 t 时段入库流量（m^3/s）；$S_{i,t}$ 为第 i 个电站第 t 时段弃水流量（m^3/s）；Δt 为计算时段长度（s）。

(2) 水库蓄水量约束：

$$V_{i,t,\min} \leqslant V_{i,t} \leqslant V_{i,t,\max} \qquad \forall t \in T \tag{21-3}$$

式中，$V_{i,t,\min}$ 为第 i 个电站第 t 时段应保证的水库最小蓄水量（m^3）；$V_{i,t}$ 为第 i 个电站第 t 时段的水库蓄水量（m^3）；$V_{i,t,\max}$ 为第 i 个电站第 t 时段允许的水库最大蓄水量（m^3，通常是基于水库安全方面考虑的，如汛期防洪限制等）。

(3) 水库下泄流量约束：

$$Q_{i,t,\min} \leqslant Q_{i,t} \leqslant Q_{i,t,\max} \qquad \forall t \in T \tag{21-4}$$

$$S_{i,t} \geqslant 0 \qquad \forall t \in T \tag{21-5}$$

式中，$Q_{i,t,\min}$ 为第 i 个电站第 t 时段应保证的最小下泄流量(m³/s)；$Q_{i,t,\max}$ 为第 i 个电站第 t 时段最大允许下泄流量(m³/s)。

(4)电站出力约束：

$$N_{i,\min} \leqslant A_i \cdot Q_{i,t} \cdot H_{i,t} \leqslant N_{i,\max} \quad \forall t \in T \tag{21-6}$$

式中，$N_{i,\min}$ 为第 i 个电站允许的最小出力(MW，取决于水轮机的种类与特性)；$N_{i,\max}$ 为第 i 个电站的装机容量(MW)。

(5)非负条件约束：

上述所有变量均为非负变量(≥0)。

21.1.2 数学模型的求解

目前，用于求解梯级水电站优化问题的方法主要有 POA 逐步优化算法、遗传算法和动态规划法，动态规划法已在我国的许多水电站优化调度中得到了成功的应用。鉴于流域(二)干流 B 电站以下梯级水库电站中，仅 B 电站具有季调节性能，其他各级 C、F 电站调节能力较差，因此，采用动态规划法求解。

1. 动态规划方法原理

动态规划法是一种研究多阶段决策过程的数学规划方法。所谓多阶段决策过程，是指可将过程根据时间和空间特性分成若干互相联系的阶段，每个阶段都做出决策，从而使全过程最优。这个最优化原理是贝尔曼于 1957 年提出的，即“作为全过程的最优策略具有这样的性质：无论过去的状态和决策如何，对前面的一个决策所形成的状态并作为初始状态的过程而言，余下的诸决策必须构成最优策略。”换句话说，只要以面临时段的状态出发就可以做出决策，与以前如何达到面临时段的状态无关，必须使面临时段和余留时期的效益之和的目标函数值达到最优。

一个多阶段决策过程是一个未知变量不少于阶段数的最优化问题。对于一个每阶段有 M 状态变量可供选择的 N 阶段过程，求其最优策略就是解 $M \times N$ 维函数方程取极值的问题。如 $M \times N$ 很大时求解就很困难。动态规划法可使一个多维(如 $M \times N$ 维)的极值问题转化为多个(如 N 个)求 M 维极值的问题。

2. 动态规划模型结构

动态规划的模型结构如下：

(1)阶段。根据时间或空间的特性，恰当地把所要求解问题的过程分为若干个相互联系的部分，每个部分就称为一个阶段。在多阶段决策过程中，每一个阶段都是一个组成部分，整个系统则是按一定顺序联系起来的统一整体。过程由开始或最后一个阶段出发，由前向后或由后向前一个阶段一个阶段地递推，直到最后一个阶段结束。

(2)状态。是指某阶段过程演变时可能的初始位置。它既是本阶段的起始位置，又是前一阶段的终了位置。通常，一个阶段包含有若干个状态。描述状态的变量称为状态变量。

(3)决策。指当某个阶段状态给定以后，从该状态转移到下一个阶段某状态的选择。

如前所述，每一个阶段都有若干个状态，给定状态变量某一个值，就有系统的某一个状态与之对应，由这一状态出发，决策者可以做出不同的决策，而使系统沿着不同的方向演变，结果达到下一阶段的某一个状态。描述采取不同决策的变量称为决策变量。它的取值决定着系统下一阶段处于哪个状态。

(4) 状态转移方程。若在某个阶段给定状态变量如阶段的决策一经确定，则下一阶段的状态变量也就完全确定。这个关系表示由某个阶段到下一个阶段的状态转移规律。

(5) 约束条件。问题为达到目标而应受到的各种限制条件。

(6) 阶段收益。是指系统过程的某一阶段收益。在水电站水库优化调度过程中，阶段收益一般为水电站的出力或发电量。它是一个阶段对于目标函数的一种“贡献”。

(7) 目标函数。用来衡量所实现过程的优劣程度的一种数量指标。

(8) 递推方程。实现目标函数最优的计算方程。

21.1.3　计算结果及分析

1. 梯级电站基本参数

流域(二)干流 B 电站以下梯级电站综合参数见表 21-1。

表 21-1　梯级电站综合参数

项目	B	C	F
完成阶段	已建成	已建成	已建成
控制流域面积/km^2	68 512	76 130	76 383
多年平均流量/(m^3/s)	1236	1470	1470
正常蓄水位/m	850	528	474
正常蓄水位以下库容/亿 m^3	50.63	3.1	2.02
调节库容/亿 m^3	38.8	0.96	0.55
调节性能	季	周	日
开发方式	坝式	坝式	坝式
装机容量/万 kW	360	70	60

2. 优化调度计算结果

分析水文站 S 51 年的水沙资料后，选择的发电效益计算代表年分别为：丰水多沙年(1998 年)、中水中沙年(1991 年)、枯水少沙年(1971 年)。此三年的平均流量及悬移质输沙量分别为 1440m^3/s 及 3720 万 t，与水文站 S 长系列水沙平均值比较，三个代表年的平均流量与长系列平均值相等，三个代表年的悬移质平均年输沙量与长系列相差 0.8%。

水库发电量模拟计算中，将上述丰、中、枯水年分别按照原水库调度方式和排沙清淤后的新水库调度方式分别计算，统计两个调度方式各代表年发电量见表 21-2～表 21-4。

表 21-2　C、F 水电站丰水多沙年电量统计表

水电站电量	梯级	C	F
原调度方式电量/(亿 kW·h)	73.76	41.11	32.65
排沙后新调度方式电量/(亿 kW·h)	75.5	41.96	33.54
增发电量/(亿 kW·h)	1.74	0.85	0.89
提高比例/%	2.36	2.07	2.73

表 21-3　C、F 水电站平水中沙年电量统计表

水电站电量	梯级	C	F
原调度方式电量/(亿 kW·h)	74.63	41.03	33.60
排沙后新调度方式电量/(亿 kW·h)	76.22	41.89	34.33
增发电量/(亿 kW·h)	1.59	0.86	0.73
提高比例/%	2.13	2.10	2.17

表 21-4　C、F 水电站枯水少沙年电量统计表

水电站电量	梯级	C	F
原调度方式电量/(亿 kW·h)	74.42	40.90	33.52
排沙后新调度方式电量/(亿 kW·h)	76.15	41.76	34.39
增发电量/(亿 kW·h)	1.73	0.86	0.87
提高比例/%	2.32	2.10	2.60

通过对丰水多沙年水库按排沙后推荐调度方式运行，计算得 C、F 电站电量分别为 41.96 亿 kW·h、33.54 亿 kW·h，较原调度方式增发电量 0.85 亿 kW·h、0.89 亿 kW·h；平水中沙年水库按推荐调度方式进行，计算得 C、F 电站电量分别为 41.89 亿 kW·h、34.33 亿 kW·h，增发电量 0.86 亿 kW·h、0.73 亿 kW·h；枯水少沙年水库按推荐调度方式进行，计算得 C、F 电站电量分别为 41.76 亿 kW·h、34.39 亿 kW·h，增发电量为 0.86 亿 kW·h、0.87 亿 kW·h。计算结果表明，排沙清淤后，按照推荐方式进行水库调度运行，在保证安全的前提下，适当抬高 C、F 水库运行水位，能在一定程度上提高发电量，增加发电效益。C、F 电站两电站能增发电量 2%左右，约 1.7 亿 kW·h。C、F 电站国家批复电价为 0.218 元/kW·h，按该地区丰枯电价政策，排沙清淤后按推荐方式运行，约增加发电效益 2800 万元，效益明显。

21.2　排沙清淤社会效益分析

21.2.1　防洪效益

C 水电站由于水库泥沙淤积日趋严重，调节库容逐渐缩小，已严重影响 C 水电站正常发挥效益，更由于出库泥沙粒径加大，导致水轮机过流部件严重磨损，已影响到电站的安

全运行。泥沙淤积还使 C 水库库尾水位不断抬高，已对某铁路路段汛期安全运行构成越来越大的威胁。按现有 C 水库淤积情况计算，上游水电站某硐处百年一遇洪水位加浪高将达 537.860m 高程，已接近该处高程为 538.034m 的铁路轨面。兴建 B 水电站后，有效拦沙，辅以梯级水库水沙联合调度，对 C 水库进行排沙清淤，这些问题都将获得较好的解决，有利于保证国家交通干线运行安全，其作用是其他任何方法都不能替代的。

21.2.2 环境效益

通过对 C、F 水库排沙清淤，恢复调节库容，提高两水库的调节能力，抬高水头，经计算，每年可多发水电 1.7 亿 kW·h，一年可节约 6.3 万 t 标煤。由于减少了发电燃煤，相应减少了污染物排放，节约 6.3 万 t 标煤，相当于减少 9.1 万 t 原煤的采掘、运输、燃放和排放，可以减排 16.15 万 t 二氧化碳，减少排放 0.09 万 t 二氧化硫，减少烟尘排放 500t，减少了采煤环节瓦斯排放 131.91 万 m^3，减少废水排放 37.68 万 t，减少煤渣 2.21 万 t。同时因少用煤而大量减少煤炭开采地、煤渣堆放地和火电厂用地。

21.2.3 其他社会效益

从技术角度看，水电站具有很高的动态效益，水轮发电机组运行灵活，启动迅速，出力调整快，运行操作方便，是电力系统中最好的调峰、调频和事故备用电源。对于改善包括火电、核电在内的电力系统运行，提高供电质量，防止突发性事故，增强系统运行可靠性和效率具有显著的作用。

通过对 C、F 水库排沙清淤，恢复库容，提高两水库的调节能力，提高两电站的保证出力，增加调峰电量，使这两级水电站更好地承担系统备用和系统调峰调频任务，能提高系统的电能质量，同时也可增加公司的辅助服务收益。

第6篇

界河水电站“一厂两调”协调调度研究

第22章　调峰弃水损失电量分析及调峰协调方法

X水电站是流域(三)下游干流上的一座巨型水电站，该电站以发电为主，兼有防洪、拦沙和改善下游航运条件等综合效益，是实现“西电东送”的首批骨干电站，在系统中担负基荷、腰荷及部分峰荷。X水电站装机容量1260万kW，多年平均年发电量572亿kW·h，水库正常蓄水位600m，总库容126.7亿m^3，正常蓄水位以下库容115.7亿m^3，调节库容64.6亿m^3，具有不完全年调节能力。X水电站水库特征水位见表22-1。

表22-1　X水电站水库特征水位

名称	水位/m	相应库容/亿m^3
正常蓄水位	600.00	115.7
死水位	540.00	51.1
汛期限制水位	560.00	69.2
设计洪水位(P=0.1%)	600.63	116.6
校核洪水位(P=0.01%)	608.90	128.0

注：调节库容64.6亿m^3，防洪库容46.5亿m^3，总库容128.0亿m^3。

X水库水位在死水位540m～正常蓄水位600m之间运行；汛期7～9月上旬，发电服从防洪，水库水位按防洪调度方式运行；9月中旬开始蓄水，至9月下旬蓄至正常蓄水位600m；水库已蓄至正常蓄水位600m时，则按来水流量发电；供水期末水位应不低于死水位，同时宜在6月底前控制水位不高于汛期限制水位560m。

X电站水轮发电机组均匀布置在左右两岸，各9台机组，每台水轮发电机组额定容量为77万kW(855MVA)，因此左右岸的总装机容量均为693万kW。根据不同水平年上游水库的开发时序分析，近期情况下X水电站的保证出力为3850MW，多年平均年发电量为572.4亿kW·h；远期情况下X水电站的保证出力为5300MW，多年平均年发电量为618.4亿kW·h。根据目前输电系统规划和设计方案，左岸电站接入国家电网，主要向华东、华中地区及四川省送电；右岸电站接入南方电网，主要向广东省和云南省送电。此类巨型电站所发电量供给两个不同的电网(国家电网和南方电网)，形成“一厂两调”的局面，影响因素众多，调度关系复杂，将给X电站的运行带来诸多不利影响。

22.1　调峰弃水损失电量计算办法

调峰弃水损失电量是指水电站由于参加电网的调峰任务造成弃水而损失的电量。计算方法参考《水电厂调峰弃水损失电量计算办法》(试行)。根据以上方法规定提出X电站“一厂两调”调峰弃水损失电量计算方法。

通常情况下水电站调峰弃水损失电量计算方法参考《水电厂调峰弃水损失电量计算办法》中规定进行计算，见式(22-1)～式(22-3)：

$$E_{qt} = \min\{E_{qt1}, E_{qt2}\} \tag{22-1}$$

$$E_{qt1} = N_{\max sj} \times 24 - E \tag{22-2}$$

$$E_{qt2} = W_q \div \varepsilon \tag{22-3}$$

式中，E_{qt} 为调峰弃水损失电量；E_{qt1} 为按最大出力计算的损失电量；E_{qt2} 为按实际弃水量计算的损失电量；E 为当日电量；$N_{\max sj}$ 为实际最大出力；W_q 为当日弃水水量；ε 为当时平均耗水率。

X 电站左右岸机组分别向国网、南网供电，执行两条发电负荷曲线，在电力调度过程中相对独立，承担不同的调峰任务，因此其调峰弃水电量计算方法需在《水电厂调峰弃水损失电量计算办法》基础上进行修改。修改后的调峰弃水损失电量计算公式见式(22-4)～式(22-6)：

$$E_{qt} = \min\{E_{qt1}, E_{qt2}\} \tag{22-4}$$

$$E_{qt1} = N_{\max sj左} \times 24 + N_{\max sj右} \times 24 - \left(E_{左} + E_{右}\right) \tag{22-5}$$

$$E_{qt2} = W_q \div \varepsilon \tag{22-6}$$

式中，E_{qt} 为调峰弃水损失电量；E_{qt1} 为按左右岸机组最大出力计算的损失电量；E_{qt2} 为按实际弃水量计算的损失电量；$E_{左}$ 为 X 水电站左岸当日实际发电量；$E_{右}$ 为 X 水电站右岸当日实际发电量；$N_{\max sj左}$ 为左岸实际最大出力；$N_{\max sj右}$ 为右岸实际最大出力；W_q 为当日弃水水量；ε 为当时平均耗水率。

22.2 电站左右岸调峰弃水损失电量划分

X 电站左右岸调峰弃水损失电量的划分有两种方案。方案一为按比例划分，根据左右岸当日的调峰幅度按比例划分；方案二为追踪弃水损失电量的产生原因，按照“谁产生谁负责”的宗旨，将电站的弃水调峰损失电量具体分至左、右岸。

1. 方案一：按比例划分

根据 X 电站左右岸调峰的幅度按比例划分调峰弃水损失电量，调峰幅度通过按左右岸最大出力计算的损失电量确定。该损失电量的实质为电站由于参与电网的调峰而理论上少发的电量，该损失电量越大，说明调峰幅度越大。

左右岸调峰弃水损失电量的计算公式见式(22-7)～式(22-10)：

$$E_{左减} = N_{\max sj左} \times 24 - E_{左} \tag{22-7}$$

$$E_{右减} = N_{\max sj右} \times 24 - E_{右} \tag{22-8}$$

$$E_{qt左} = \frac{E_{左减}}{E_{左减} + E_{右减}} \times E_{qt} \tag{22-9}$$

$$E_{qt右}=\frac{E_{右减}}{E_{左减}+E_{右减}}\times E_{qt} \tag{22-10}$$

其中，$E_{左减}$ 为左岸调峰理论损失电量；$E_{右减}$ 为右岸调峰理论损失电量；E_{qt} 为调峰弃水损失电量；$N_{\max sj左}$ 为左岸实际最大出力；$N_{\max sj右}$ 为右岸实际最大出力；$E_{qt左}$ 为左岸调峰弃水损失电量；$E_{qt右}$ 为右岸调峰弃水损失电量。

2. 方案二：按原因划分

在 X 电站产生调峰弃水损失电量时，若电站左右岸调峰幅度不同，一侧较高、一侧较低，则调峰幅度偏高一侧高出的调峰幅度是调峰弃水产生的首要原因，除此之外的调峰弃水损失电量左右岸应平均承担。具体计算公式见式(22-11)、式(22-12)：

$$E_{左减}=N_{\max sj左}\times 24-E_{左} \tag{22-11}$$

$$E_{右减}=N_{\max sj右}\times 24-E_{右} \tag{22-12}$$

1) 左侧调峰幅度大于右侧调峰幅度

当 $E_{左减}>E_{右减}$

$$\Delta E_{减}=E_{左减}-E_{右减} \tag{22-13}$$

当 $\Delta E_{减}>E_{qt}$

$$\begin{cases}E_{qt左}=E_{qt}\\E_{qt右}=0\end{cases} \tag{22-14}$$

当 $\Delta E_{减}<E_{qt}$

$$\begin{cases}E_{qt左}=\Delta E_{减}+\left(E_{qt}-\Delta E_{减}\right)/2\\E_{qt右}=\left(E_{qt}-\Delta E_{减}\right)/2\end{cases} \tag{22-15}$$

2) 左侧调峰幅度小于右侧调峰幅度

当 $E_{左减}<E_{右减}$

$$\Delta E_{减}=E_{右减}-E_{左减} \tag{22-16}$$

当 $\Delta E_{减}\geqslant E_{qt}$

$$\begin{cases}E_{qt右}=E_{qt}\\E_{qt左}=0\end{cases} \tag{22-17}$$

当 $\Delta E_{减}<E_{qt}$

$$\begin{cases}E_{qt右}=\Delta E_{减}+\left(E_{qt}-\Delta E_{减}\right)/2\\E_{qt右}=\left(E_{qt}-\Delta E_{减}\right)/2\end{cases} \tag{22-18}$$

3) 左侧调峰幅度等于右侧调峰幅度

当 $E_{左减}=E_{右减}$

$$\begin{cases} E_{qt左}=E_{qt}/2 \\ E_{qt右}=E_{qt}/2 \end{cases} \tag{22-19}$$

22.3 电站调峰弃水损失电量分析

X 水库库容为 126.7 亿 m^3，具有不完全年调节能力，调蓄性能好，一般情况下只有在水库水位运行在临界水位时，才有可能发生弃水。临界水位有两种情形，一为汛期(6～10月)水位在汛限水位或临近汛限水位，二为水库蓄满后(一般为 10～12 月)水位在正常蓄水位或临近正常蓄水位，在以上两种情景下水库的调节库容几乎为零。水库运行在临界水位时产生弃水的原因有两个方面：一为来水超出了水电站机组的最大引用流量，该部分弃水一般情况下是无法控制，难以避免的；二为电站承担了电网的调峰任务，在电网负荷需求的谷段，电站出力小，部分下泄的水量本可以引用发电，但由于电网出力限制，未能利用，由于该部分弃水而损失的电量即为调峰弃水损失电量。

以 X 电站来水、时段初水位、两网负荷需求曲线为因子，假定不同情景组合，在不同情景下计算 X 电站弃水调峰损失电量。根据对 X 电站中长期模拟计算结果分析，X 电站可能产生弃水的时段为 6～9 月下旬以及水库蓄满的 10～12 月，对以上两种情况假定情景。水库蓄满的 10～12 月期间，水库临界水位自正常蓄水位 600m 向下依次递减 0.2m，至 599m，根据多年来水分析，该时段来水分别假定具有代表性的 3000m^3/s、5000m^3/s、7000m^3/s、9000m^3/s，左右岸出力曲线暂设三种；汛期 6～10 月，水库临界水位自汛限水位 560m 向下依次递减 0.2m，至 559m，根据多年来水分析，该时段来水分别假定具有代表性的 5000m^3/s、7000m^3/s、9000m^3/s、11 000m^3/s，左右岸出力曲线暂分别设三种。具体情景划分见表 22-2。

表 22-2　X 电站调峰弃水损失电量分析情景表

	时段初水位/m	来水/($m^3 \cdot s^{-1}$)	左岸出力曲线(早高峰：平段：晚高峰：谷段的出力比)	右岸出力曲线(早高峰：平段：晚高峰：谷段的出力比)
10～12 月	600.0	3000	2：1：2：1	2：1：2：1
	599.8	5000	3：1：3：1	3：1：3：1
	599.6	7000	3：2：3：2	3：2：3：2
	599.4	9000		
	599.2			
	599.0			
6～9 月下旬	560.0	5000	2：1：2：1	2：1：2：1
	559.8	7000	3：1：3：1	3：1：3：1
	559.6	9000	3：2：3：2	3：2：3：2
	559.4	11 000		
	559.2			
	559.0			

利用编制的 X 电站调峰弃水损失分析计算软件，对各情景下的 X 电站调峰弃水损失电量进行计算。将同一起始水位各情景下的调峰弃水损失电量进行整合，绘制该情景下的 X 电站日调峰弃水损失电量分析图，见图 22-1～图 22-12。通过对以上各情景组合的分析，初步得到以下结论：

(1) X 电站调峰能力受当日入库流量、水库起始水位影响，日入库流量越小、起始水位越低，调峰能力越强，越不易产生调峰弃水损失电量。

(2) 日初水位、日入库流量决定了 X 电站当日的调峰能力，低于此调峰幅度情况下不产生调峰损失电量，高于此调峰幅度将产生调峰弃水损失电量，且调峰幅度越大，弃水损失电量越大。

(3) 当来水量较大，水库水位较高(接近或等于临界水位)时，可能会导致 X 电站无调峰能力，参与调峰便要产生调峰弃水损失电量，且参与调峰幅度越大，弃水损失电量越多。

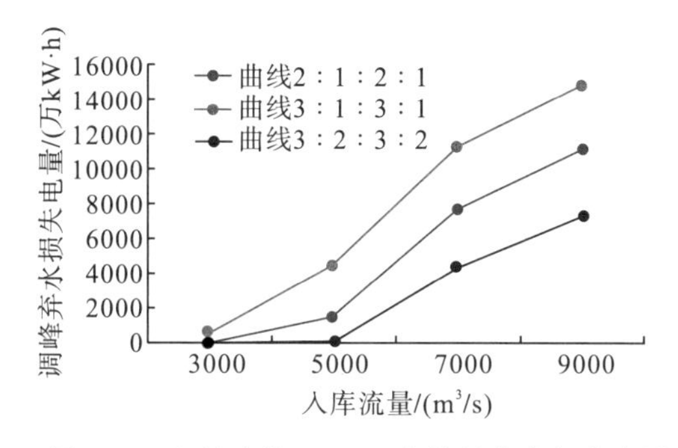

图 22-1　起始水位 600.0m 各情景弃水损失电量

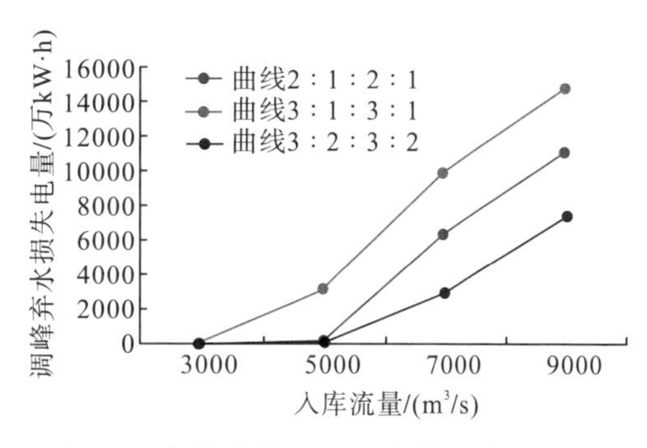

图 22-2　起始水位 599.8m 各情景弃水损失电量

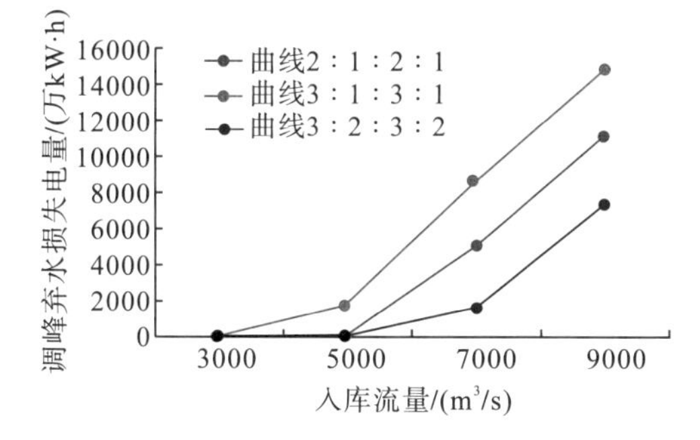

图 22-3　起始水位 599.6m 各情景弃水损失电量

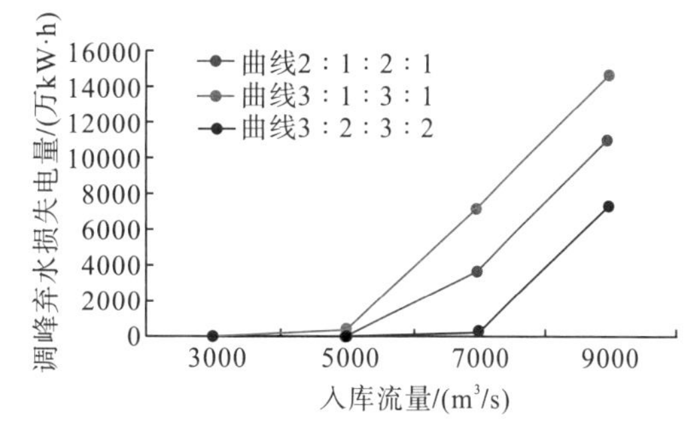

图 22-4　起始水位 599.4m 各情景弃水损失电量

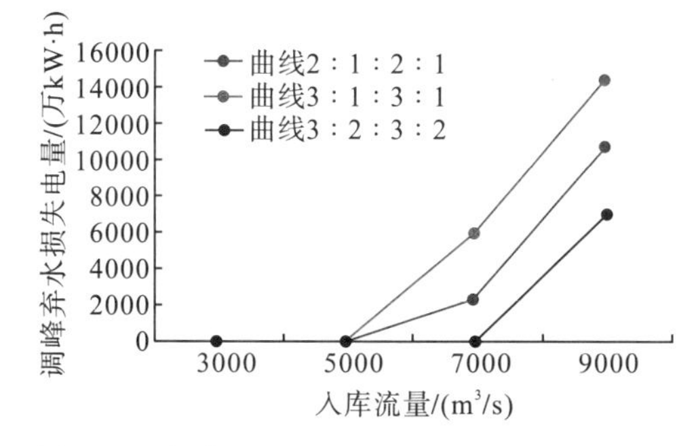

图 22-5　起始水位 599.2m 各情景弃水损失电量

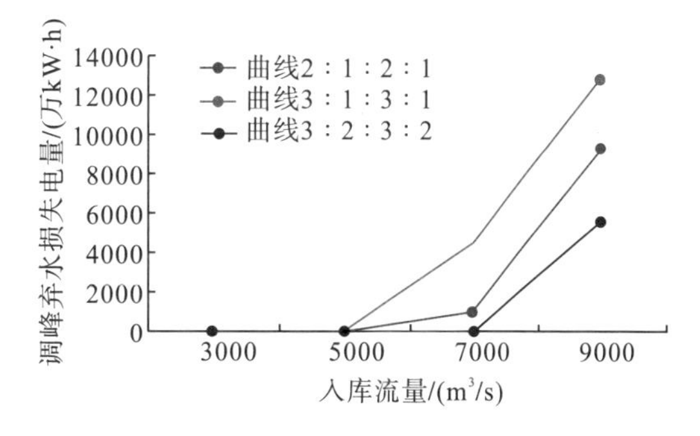

图 22-6　起始水位 599.0m 各情景弃水损失电量

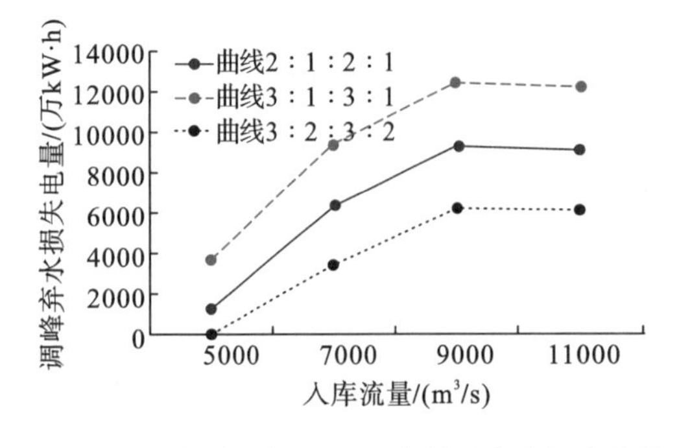

图 22-7　起始水位 560.0m 各情景弃水损失电量

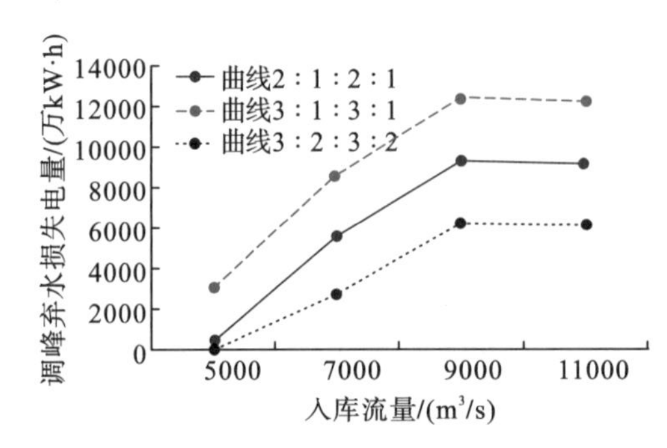

图 22-8　起始水位 559.8m 各情景弃水损失电量

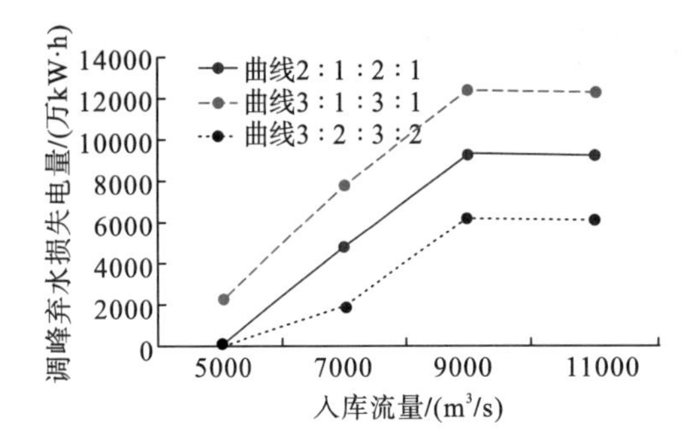

图 22-9　起始水位 559.6m 各情景弃水损失电量

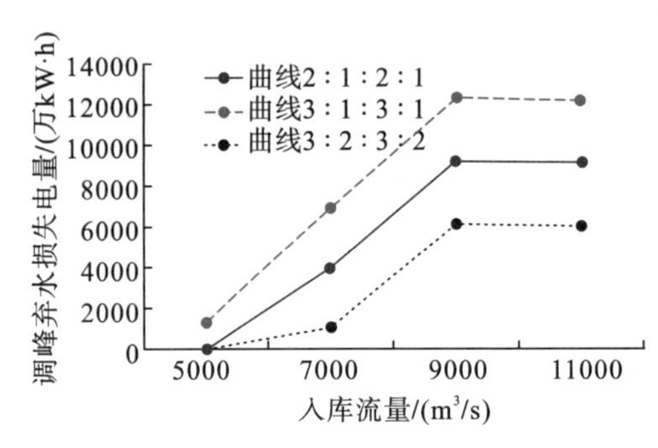

图 22-10　起始水位 559.4m 各情景弃水损失电量

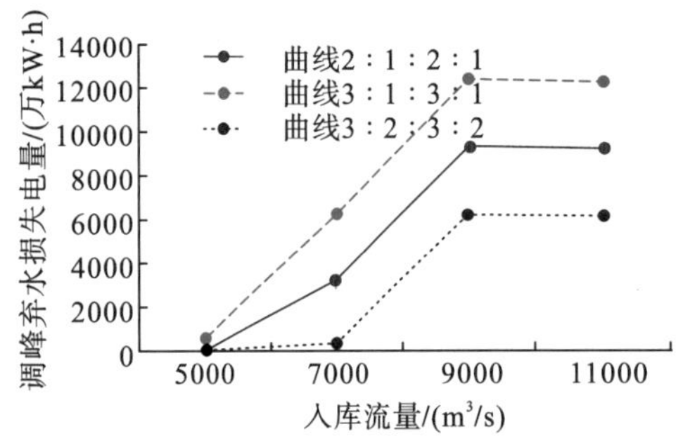

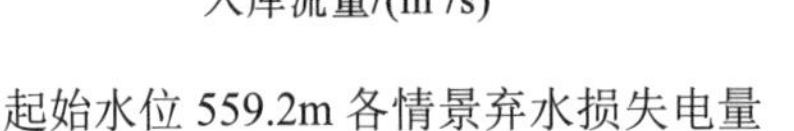

图 22-11　起始水位 559.2m 各情景弃水损失电量

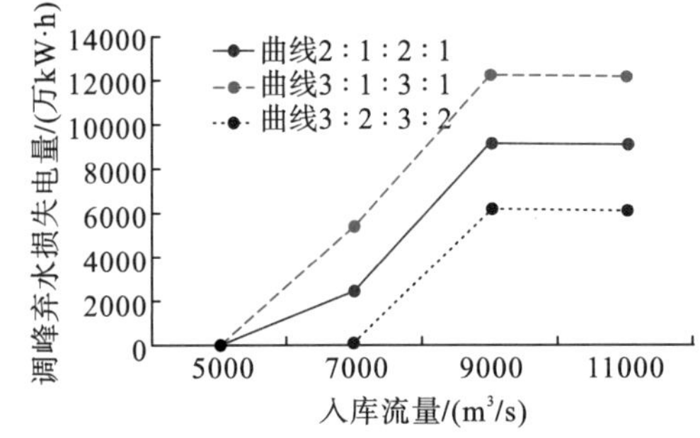

图 22-12　起始水位 559.0m 各情景弃水损失电量

22.4　电站调峰能力计算

X 电站具有不完全年调节能力，有较大调节库容，在条件允许情况下可承担电网的一部分调峰任务。在蓄水期以及水库消落期水库处于非临界水位，该阶段电站可承担一定调峰任务，不会面临弃水风险；但在汛期（水库水位在 560m 附近）或平水期（水库水位在 600m 附近），水库自身调蓄能力极小，容易产生弃水，该阶段从经济运行的角度出发，水库不宜承担调峰任务或者应有限度地承担调峰任务。

根据对 X 电站日运行的情景模拟，若将一天运行划分为早高峰（7:00～11:00）、平段（11:00～19:00）、晚高峰（19:00～23:00）、低谷（23:00～7:00），X 电站在汛期或平水期，水位在临界水位时，电站的调峰幅度存在一个阈值(最大峰谷比)，当超过该阈值时，电站将会面临弃水风险。该阈值由水库的日初水位、日入库流量决定。

通过 X 电站日运行模拟，可得到 X 电站不同水库日初水位、日来水流量对应的调峰极限(最大峰谷比)。若设该最大峰谷比为 N_{max}，则该日的最大调峰幅度内的出力过程为早高峰∶平段∶晚高峰∶低谷=N_{max}∶1∶N_{max}∶1。X 电站各情景下的调峰极限见表 22-3、表 22-4。注：此处假定最大峰谷比为 5，超出值均按 5 统计。

表 22-3　X 电站平水期不同情境下调峰极限

水位/m	流量/($m^3 \cdot s^{-1}$)						
	3000	4000	5000	6000	7000	8000	9000
600.0	2.53	1.91	1.53	1.28	1.1	1	1
599.5	5	4.51	2.56	1.8	1.4	1.12	1
599.0	5	5	4.52	2.57	1.82	1.35	1.08
598.5	5	5	5	4.52	2.57	1.71	1.29

表 22-4　X 电站汛期不同情境下调峰极限

水位/m	流量/($m^3 \cdot s^{-1}$)						
	5000	6000	7000	8000	9000	10000	11000
560.0	1.54	1.29	1.12	1	1	1	1
559.5	2.28	1.67	1.33	1.09	1	1	1
559.0	3.14	2.07	1.56	1.23	1	1	1
558.5	5	2.74	1.91	1.41	1.12	1	1
558.0	5	4.08	2.43	1.67	1.27	1.03	1

根据表 22-3、表 22-4 绘制 X 电站调峰极限图，见图 22-13、图 22-14。通过调峰极限图可以查看不同水位、来水流量下 X 电站可承担的调峰极限，指导电站的经济运行。在日运行计划制定中，调峰幅度一般不要超过此调峰极限，否则将会出现因参与电网调峰而发生的弃水，即弃水调峰损失电量。

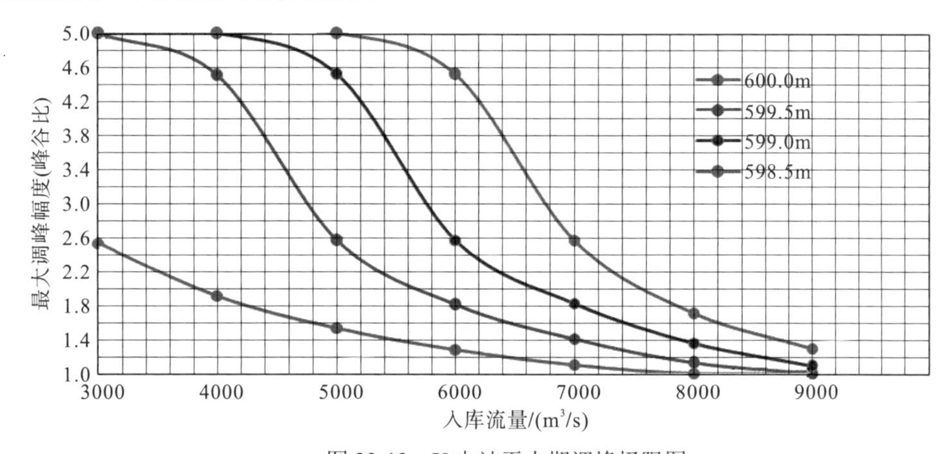

图 22-13　X 电站平水期调峰极限图

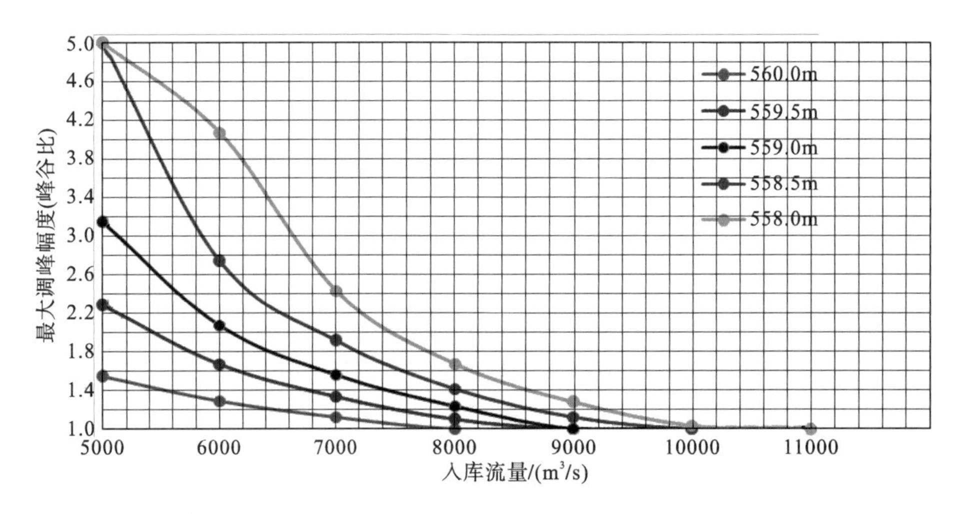

图 22-14　X 电站汛期调峰极限图

图 22-13、图 22-14 所列调峰极限为理论调峰极限，是不产生调峰弃水情况下的 X 电站最大调峰幅度。

22.5　电站“一厂两调”调峰协调平衡方法

经分析 X 电站在一定的初始水位与日来水流量的情况下，电站的日调峰能力存在一个限度，超出此限度的调峰会导致电站调峰弃水的产生，出现不经济运行。X 电站“一厂两调”，左、右岸机组分别向国网、南网供电，因此左、右岸机组的调峰也存在一个限度，故提出了基于负荷模数的左右岸调峰平衡方法。

设 X 电站的日负荷曲线为 $f(t)(0<t<24)$，设该日负荷模数为 f_m，则

$$N_{\max}=\max f(t) \tag{22-20}$$

$$f_m=\frac{1}{24}\int_0^{24}\frac{f(t)}{N_{\max}}\mathrm{d}t \tag{22-21}$$

若 X 电站日运行按 96 点负荷曲线出力，日 96 点负荷分别为：$N(1), N(2), N(3), \cdots, N(96)$，设该日负荷模数为 f_m，则

$$N_{\max}=\max\{N(1), N(2), N(3), \cdots, N(96)\} \tag{22-22}$$

$$f_m=\frac{1}{96}\sum_0^{96}\frac{N(i)}{N_{\max}}\times 1 \tag{22-23}$$

日负荷模式 f_m 的取值范围为(0，1)，若 f_m=1 说明该日电站按恒定出力运行，不参与电网调峰；若 f_m 接近 0，说明该日电站极大地参与了电网的调峰；f_m 在 0 到 1 之间时，值越大则调峰幅度越小；反过来值越小则调峰幅度越大，因此可用出力模数 f_m 来衡量电站的调峰幅度。

针对 X 电站“一厂两调”面向两网供电局面，可分别计算左右岸负荷模数，设为 $f_{m左}$、

$f_{m右}$。电站存在一个不弃水调峰的调峰极限 $f_{m\min}$，在日计划制定过程中若两网平均分电，不希望该日产生弃水调峰损失电量则需满足条件：

$$\begin{cases} f_{m左} \geqslant f_{m\min} \\ f_{m右} \geqslant f_{m\min} \end{cases} \tag{22-24}$$

若电站左、右两岸为非平均分电，假定左岸发电量占总发电量的 α，右岸分电量占总电量的 β，则可得到：

$$\begin{cases} W = W_{左} + W_{右} \\ W_{左} = \alpha W \\ W_{右} = \beta W \\ W_{左} = f_{m左} \times N_{\max左} \times \omega \\ W_{右} = f_{m右} \times N_{\max右} \times \omega \\ W \geqslant f_{m\min} \times N_{\max} \times \omega \end{cases} \tag{22-25}$$

经推导可得到：

$$\begin{cases} f_{m左} \geqslant \dfrac{\alpha N_{\max}}{N_{\max左}} f_{m\min} \\ f_{m右} \geqslant \dfrac{\beta N_{\max}}{N_{\max右}} f_{m\min} \end{cases} \tag{22-26}$$

以上式子中，W 为电站日总电量；$W_{左}$ 为电站左岸电量；$W_{右}$ 为电站右岸电量；α 为左岸电量占总电量比例；β 为右岸电量占总电量比例；$f_{m左}$ 为电站左岸出力过程的负荷模数；$f_{m右}$ 为电站右岸出力过程的负荷模数；$f_{m\min}$ 为电站的极限出力过程的负荷模数；$N_{\max左}$ 为电站左岸出力过程的最大出力；$N_{\max右}$ 为电站右岸出力过程的最大出力；$N_{\max}$ 为电站最大预想出力；ω 为常数系数。

X 电站在制定日计划时，左、右岸按出力曲线可以公式(22-26)为约束制定出力曲线，避免电站出现不必要的弃水，保障电站的经济运行。

第 23 章　不同出力曲线下协调发电研究

X 电站面向两网的出力曲线可有多种形式，不同形式的出力曲线对 X 电站发电量、耗水率等发电特性都有影响。本章假定电站运行过程中可能出现的各种情景，分析 X 电站面向两网不同出力曲线形式下电站发电特性，总结规律，指导 X 电站日运行计划出力曲线的制定。

情景组合中将水库的各个运行分为四个阶段：汛期、蓄水期、平水期、消落期。根据 X 水库年运行计划选取各个时段的代表性水位；根据各个时段的历史来水资料，选取各阶段水库代表性入库流量；出力曲线分为：按来水定出力曲线(来多少水发多少电)、不同峰谷比的出力曲线、电网下达负荷曲线等。详见表 23-1。

表 23-1　X 电站不同出力曲线发电特性分析情景组合表

	初始水位/m	来水流量/($m^3 \cdot s^{-1}$)	左岸负荷曲线	右岸负荷曲线
汛期	560.0	5 000	按来水定出力曲线	按来水定出力曲线
	559.5	7 000	1∶1∶1∶1	1∶1∶1∶1
	559.0	9 000	1.2∶1∶1.2∶1	1.2∶1∶1.2∶1
蓄水期	570.0	8 000	1.4∶1∶1.4∶1	1.4∶1∶1.4∶1
	580.0	10 000	1.5∶1∶1.5∶1	1.5∶1∶1.5∶1
	590.0	12 000	1.6∶1∶1.6∶1	1.6∶1∶1.6∶1
平水期	600.0	2 000	1.8∶1∶1.8∶1	1.8∶1∶1.8∶1
	599.5	3 000	2∶1∶2∶1	2∶1∶2∶1
	599.0	4 000	2.5∶1∶2.5∶1	2.5∶1∶2.5∶1
消落期	590.0	2 000	3∶1∶3∶1	3∶1∶3∶1
	580.0	3 000		
	570.0	4 000		

23.1　汛期发电特性分析

X 电站自 7 月 1 日进入汛期，正常情况下水位控制在汛限水位 560m 以下，该阶段来水为全年最大，而水库水位一般维持在 560m(或接近 560m)，水库可调节能力小，面临弃水风险，若电站此时参与电网的调峰任务则还要面临调峰弃水风险，产生调峰弃水损失电量，运行较复杂。

本节研究首先假定完全按照电网负荷需求曲线，进行 X 电站日运行模拟，选取临界水位 559.5m 为日初水位；来水流量分别假定为 5000m^3/s、7000m^3/s、9000m^3/s，出力曲线分为①1∶1∶1∶1、②1.5∶1∶1.5∶1、③2∶1∶2∶1、④2.5∶1∶2.5∶1、⑤3∶1∶3∶1、⑥按来水定出力曲线(来多少水，发多少电)。得到的计算结果见表 23-2～表 23-4。

表 23-2　X 电站汛期情景 1——按参考负荷比运行结果

初始水位/m	入库流量/($m^3 \cdot s^{-1}$)	两岸出力曲线	调峰弃水电量/(万 kW·h)	弃水量/万 m^3	发电量/(万 kW·h)	耗水率/[$m^3 \cdot (kW \cdot h)^{-1}$]	最大出力/MW	末水位/m
559.5	5 000	按来水定出力	0	0	18 068	2.390 0	7 528	559.50
		1∶1∶1∶1	0	0	16 156	2.375 5	6 741	559.98
		1.5∶1∶1.5∶1	0	0	16 134	2.378 3	8 687	559.99
		2∶1∶2∶1	0	0	16 097	2.384 7	10 090	559.98
		2.5∶1∶2.5∶1	0	0	16 047	2.393 5	11 209	559.98
		3∶1∶3∶1	1 776	4 275	15 472	2.407 6	11 659	559.67

表 23-3　X 电站汛期情景 2——按参考负荷比运行结果

初始水位/m	入库流量/($m^3 \cdot s^{-1}$)	两岸出力曲线	调峰弃水电量/(万 kW·h)	弃水量/万 m^3	发电量/(万 kW·h)	耗水率/[$m^3 \cdot (kW \cdot h)^{-1}$]	最大出力/MW	末水位/m
559.5	7 000	按来水定出力	0	0	24 851	2.430 0	10 354	559.50
		1∶1∶1∶1	0	0	23 017	2.418 9	9 632	559.98
		1.5∶1∶1.5∶1	1 434	3 472	21 760	2.421 9	11 660	559.93
		2∶1∶2∶1	4 356	10 557	18 621	2.423 4	11 660	559.98
		2.5∶1∶2.5∶1	6 152	14 920	16 734	2.425 3	11 660	560.00
		3∶1∶3∶1	7 375	17 901	15 492	2.427 3	11 660	560.00

表 23-4　X 电站汛期情景 3——按参考出力过程运行结果

初始水位/m	入库流量/($m^3 \cdot s^{-1}$)	两岸出力曲线	调峰弃水电量/(万 kW·h)	弃水量/万 m^3	发电量/(万 kW·h)	耗水率/[$m^3 \cdot (kW \cdot h)^{-1}$]	最大出力/MW	末水位/m
559.5	9 000	按来水定出力	0	4 340	27 861	2.460 0	11 659	560.00
		1∶1∶1∶1	0	4 527	27 786	2.456 6	11 602	560.00
		1.5∶1∶1.5∶1	6 169	19 752	21 597	2.455 6	11 569	560.00
		2∶1∶2∶1	9 254	27 312	18 512	2.456 5	11 569	560.00
		2.5∶1∶2.5∶1	11 123	31 891	16 643	2.457 2	11 569	560.00
		3∶1∶3∶1	12 342	34 875	15 424	2.457 9	11 569	560.00

通过表 23-2～表 23-4 的 X 电站模拟运行结果可得到如下结论：X 电站在汛期临界水位时，若严格按照相关的参考负荷比出力，参与电网的调峰任务，则容易产生弃水，且导致调峰弃水损失电量的产生，造成电站的不经济运行；仅在来水流量小，且调峰幅度小的情况下，才有可能不产生弃水与调峰损失电量。

鉴于此种情况，本研究提出了在汛期的一种运行方案，该方案可实现在满足电站不产生调峰弃水损失电量的基础上，尽最大可能参与电网的调峰，较好地协调基荷和调峰之间的关系，该方法称为“基荷调峰协调反推”(下同)。“基荷调峰协调反推”即：X 电站汛期水位在汛限水位 560m 附近，水库可调库容小，面临弃水调峰风险，在日运行计划制定过程中以临界水位 560m 为次日末水位，来水除用于蓄水外其余全部用于发电，按出力比 1∶1∶1∶1 确定电站次日的基础出力过程，以此为基础按分电比例确定向国网、南网的基础出力过程，作为两网的基荷，基荷部分为次日必须保障的出力。在此基础上由于 X 库容较大可以在电网的用电高峰时段加大出力，承担一部分调峰任务。此时调峰能力=最大预想出力-基荷出力，若次日来水极大有可能导致基荷等于预想出力，则电站调峰能力为零，按满发出力，不承担电网调峰任务。表 23-5～表 23-7 为汛期情景 1、2、3 按照“基荷调峰协调反推”方法运行的结果(模拟过程中假定左右岸参考出力过程相同)。

表 23-5　X 电站汛期情景 1——按“基荷调峰协调反推”运行结果

初始水位/m	入库流量/($m^3 \cdot s^{-1}$)	两岸出力曲线	调峰弃水电量/(万 kW·h)	弃水量/万 m^3	发电量/(万 kW·h)	耗水率/[$m^3 \cdot (kW \cdot h)^{-1}$]	最大出力/MW	末水位/m
559.5	5 000	1∶1∶1∶1	0	0	16 156	2.375 5	6 741	559.98
		1.5∶1∶1.5∶1	0	0	18 861	2.401 3	10 142	559.29
		2∶1∶2∶1	0	0	20 046	2.415 2	11 635	558.98
		2.5∶1∶2.5∶1	0	0	20 046	2.415 2	11 635	558.98
		3∶1∶3∶1	0	0	20 046	2.415 2	11 635	558.98

表 23-6　X 电站汛期情景 2——按“基荷调峰协调反推”运行结果

初始水位/m	入库流量/($m^3 \cdot s^{-1}$)	两岸出力曲线	调峰弃水电量/(万 kW·h)	弃水量/万 m^3	发电量/(万 kW·h)	耗水率/[$m^3 \cdot (kW \cdot h)^{-1}$]	最大出力/MW	末水位/m
559.5	7 000	1∶1∶1∶1	0	0	23 017	2.418 9	9 632	559.98
		1.5∶1∶1.5∶1	0	0	24 720	2.433 3	11 636	559.53
		2∶1∶2∶1	0	0	24 720	2.433 3	11 636	559.53
		2.5∶1∶2.5∶1	0	0	24 720	2.433 3	11 636	559.53
		3∶1∶3∶1	0	0	24 720	2.433 3	11 636	559.53

表 23-7　X 电站汛期情景 3——按“基荷调峰协调反推”运行结果

初始水位/m	入库流量/($m^3 \cdot s^{-1}$)	两岸出力曲线	调峰弃水电量/(万 kW·h)	弃水量/万 m^3	发电量/(万 kW·h)	耗水率/[$m^3 \cdot (kW \cdot h)^{-1}$]	最大出力/MW	末水位/m
559.5	9 000	1∶1∶1∶1	0	4 527	27 786	2.456 6	11 602	560.00
		1.5∶1∶1.5∶1	0	4 527	27 786	2.456 6	11 602	560.00
		2∶1∶2∶1	0	4 527	27 786	2.456 6	11 602	560.00
		2.5∶1∶2.5∶1	0	4 527	27 786	2.456 6	11 602	560.00
		3∶1∶3∶1	0	4 527	27 786	2.456 6	11 602	560.00

由表 23-5 和表 23-6 可知，在同样的日初水位、入库流量情景下，采用“基荷调峰协调反推”方法运行，可以避免调峰弃水损失电量的产生；在此种情况下仅在入库流量极大，水库已经蓄满，所有机组均满发仍然不能消耗全部入库流量时，产生弃水。

23.2　平水期发电特性分析

按照 X 电站蓄水计划，10 月 1 日水库将蓄至正常蓄水位 600m，将维持 600m 水位至 1 月份，该阶段水库水位基本保持在 600m 附近，水库可调节能力小，同样存在弃水的可能。若电站此时参与电网的调峰任务则还要面临调峰弃水风险，产生调峰弃水损失电量，但本阶段汛期已过，进入平水期、枯水期，水库的入库流量大大减小，因此产生弃水的概率相对汛期大大减小。

假定完全按照电网负荷需求曲线，进行 X 电站日运行模拟，选取临界水位 599.5m 为日初水位；来水流量分别假定为 3000m^3/s、4000m^3/s、5000m^3/s，出力曲线分为①1∶1∶1∶1、②1.5∶1∶1.5∶1、③2∶1∶2∶1、④2.5∶1∶2.5∶1、⑤3∶1∶3∶1、⑥按来水定出力曲线(来多少水，发多少电)。得到的计算结果见表 23-8～表 23-10。

表 23-8　X 电站平水期情景 1——按参考出力过程运行结果

初始水位/m	入库流量/(m^3·s^{-1})	两岸出力曲线	调峰弃水电量/(万 kW·h)	弃水量/万 m^3	发电量/(万 kW·h)	耗水率/[m^3·(kW·h)$^{-1}$]	最大出力/MW	末水位/m
599.5	3 000	按来水定出力	0	0	13 115	1.976 3	5 465	599.50
		1∶1∶1∶1	4	2	9 661	1.969 3	4 030	600.00
		1.5∶1∶1.5∶1	0	0	9 796	1.970 0	5 263	599.98
		2∶1∶2∶1	0	0	9 790	1.971 3	6 131	599.98
		2.5∶1∶2.5∶1	0	0	9 986	1.973 0	6 925	599.95
		3∶1∶3∶1	0	0	10 268	1.975 5	7 713	599.91

表 23-9　X 电站平水期情景 2——按参考出力过程运行结果

初始水位/m	入库流量/(m^3·s^{-1})	两岸出力曲线	调峰弃水电量/(万 kW·h)	弃水量/万 m^3	发电量/(万 kW·h)	耗水率/[m^3·(kW·h)$^{-1}$]	最大出力/MW	末水位/m
599.5	4 000	按来水定出力	0	0	17 434	1.982 4	7 264	599.50
		1∶1∶1∶1	0	0	14 092	1.975 5	5 908	599.98
		1.5∶1∶1.5∶1	0	0	14 117	1.976 0	7 570	599.93
		2∶1∶2∶1	0	0	14 447	1.979 2	9 066	599.85
		2.5∶1∶2.5∶1	0	0	14 969	1.983 4	10 410	599.80
		3∶1∶3∶1	0	0	15 317	1.987 6	11 585	599.98

表 23-10　X 电站平水期情景 3——按参考出力过程运行结果

初始水位/m	入库流量/(m^3·s^{-1})	两岸出力曲线	调峰弃水电量/(万 kW·h)	弃水量/万 m^3	发电量/(万 kW·h)	耗水率/[m^3·(kW·h)$^{-1}$]	最大出力/MW	末水位/m
599.5	5 000	按来水定出力	0	0	21701	1.9907	9042	599.50
		1∶1∶1∶1	0	0	18392	1.9819	7703	599.99
		1.5∶1∶1.5∶1	0	0	18419	1.9836	9916	599.98

续表

初始水位 /m	入库流量 /(m³·s⁻¹)	两岸出力曲线	调峰弃水电量 /(万 kW·h)	弃水量 /万 m³	发电量 /(万 kW·h)	耗水率 /[m³·(kW·h)⁻¹]	最大出力 /MW	末水位 /m
		2∶1∶2∶1	0	0	19 134	1.989 0	12 006	599.87
		2.5∶1∶2.5∶1	0	0	19 781	1.995 6	13 811	599.77
		3∶1∶3∶1	1128	2282	18 449	2.024 0	13 860	599.76

由表 23-8～表 23-10 可知，X 电站在平水期虽然处在临界水位，面临弃水风险及调峰弃水损失电量风险，但该阶段入库流量较小，一般情况下，若水库留有较小的调节库容，可满足日内的调节，不会产生弃水与调峰弃水损失电量。但在入库流量较大时，若参与电网调峰的幅度较大则有可能产生弃水，导致调峰弃水损失电量的产生。

因此对于该阶段也可借鉴汛期“基荷调峰协调反推”方法，进行日计划的制定。实现在满足电站经济运行的基础上，尽可能地满足电网的调峰需求。表 23-11～表 23-13 为 X 电站在平水期情景 1、2、3 下按“基荷调峰协调反推”方法的运行结果。

表 23-11　X 电站平水期情景 1——按“基荷调峰协调反推”运行结果

初始水位 /m	入库流量 /(m³·s⁻¹)	两岸出力曲线	调峰弃水电量 /(万 kW·h)	弃水量 /万 m³	发电量 /(万 kW·h)	耗水率 /[m³·(kW·h)⁻¹]	最大出力 /MW	末水位 /m
599.5	3 000	1∶1∶1∶1	0	0	9 661	1.969 3	4 030	600.00
		1.5∶1∶1.5∶1	0	0	11 278	1.972 9	6 053	599.77
		2∶1∶2∶1	0	0	12 879	1.978 1	8 058	599.53
		2.5∶1∶2.5∶1	0	0	14 498	1.985 2	10 105	599.29
		3∶1∶3∶1	0	0	16 109	1.993 6	12 126	599.05

表 23-12　X 电站平水期情景 2——按“基荷调峰协调反推”运行结果

初始水位 /m	入库流量 /(m³·s⁻¹)	两岸出力曲线	调峰弃水电量 /(万 kW·h)	弃水量 /万 m³	发电量 /(万 kW·h)	耗水率 /[m³·(kW·h)⁻¹]	最大出力 /MW	末水位 /m
599.5	4 000	1∶1∶1∶1	0	0	14 092	1.975 5	5 908	599.99
		1.5∶1∶1.5∶1	0	0	16 517	1.981 9	8 841	599.63
		2∶1∶2∶1	0	0	18 893	1.991 5	11 851	599.28
		2.5∶1∶2.5∶1	0	0	20 526	2.021 4	13 860	599.00
		3∶1∶3∶1	0	0	20 526	2.021 4	13 860	599.00

表 23-13　X 电站平水期情景 3——按“基荷调峰协调反推”运行结果

初始水位 /m	入库流量 /(m³·s⁻¹)	两岸出力曲线	调峰弃水电量 /(万 kW·h)	弃水量 /万 m³	发电量 /(万 kW·h)	耗水率 /[m³·(kW·h)⁻¹]	最大出力 /MW	末水位 /m
599.5	5 000	1∶1∶1∶1	0	0	14 092	1.975 5	5 908	599.99
		1.5∶1∶1.5∶1	0	0	16 517	1.981 9	8 841	599.63
		2∶1∶2∶1	0	0	18 893	1.991 5	11 851	599.28
		2.5∶1∶2.5∶1	0	0	20 526	2.021 4	13 860	599.00
		3∶1∶3∶1	0	0	20 526	2.021 4	13 860	599.00

由表 23-11～表 23-13 可知，同汛期类似，采用“基荷调峰协调反推”方法运行，可以避免调峰弃水损失电量的产生；且由于在平水期来水流量一般较小，按照“基荷调峰协调反推”方法运行，也可以避免一般弃水的产生。

23.3　蓄水期发电特性分析

根据 X 电站蓄水计划，自 9 月中旬开始蓄水，至 9 月下旬结束蓄至正常蓄水位 600m，此阶段为蓄水期。蓄水期大部分时间水库水位处于水库的中间位置，具有较大的调节库容，一般情况下不会产生弃水。

本节对蓄水期 X 电站的日运行过程进行模拟，按照蓄水计划 9 月中旬、下旬 20 天时间，水库水位将由 560m 蓄至 600m，水库水位上升 40m，平均每日上升 2m。为便于比较分析模拟过程中增加每日水位上升 3m 情景，该阶段水库的入库流量选取具有代表性的 8 000m^3/s、10 000m^3/s、12 000m^3/s，参考出力过程选取①1∶1∶1∶1、②1.2∶1∶1.2∶1、③1.4∶1∶1.4∶1、④1.6∶1∶1.6∶1、⑤1.8∶1∶1.8∶1、⑥2∶1∶2∶1、⑦2.5∶1∶2.5∶1、⑧3∶1∶3∶1。由于一般不产生弃水，采取按照参考出力过程进行日运行模拟。模拟结果见表 23-14、表 23-15。

表 23-14　X 电站蓄水期情景 1——按“日蓄 2m”运行结果

初始水位/m	入库流量/($m^3 \cdot s^{-1}$)	两岸出力曲线	弃水量/万 m^3	发电量/(万 kW·h)	耗水率/[$m^3 \cdot (kW \cdot h)^{-1}$]	最大出力/MW	末水位/m	水位控制
570	8 000	1∶1∶1∶1	0	21 022	2.272 4	8 787	571.98	达标
		1.2∶1∶1.2∶1	0	21 025	2.272 5	9 884	571.98	达标
		1.4∶1∶1.4∶1	0	20 999	2.273 6	10 845	571.99	达标
		1.6∶1∶1.6∶1	0	21 008	2.275 9	11 685	571.98	达标
		1.8∶1∶1.8∶1	0	20 802	2.277 4	12 340	572.02	未达标
		2∶1∶2∶1	0	19 718	2.273 8	12 354	572.25	未达标
		2.5∶1∶2.5∶1	0	17 767	2.269 3	12 379	572.65	未达标
		3∶1∶3∶1	0	16 435	2.267 3	12 359	572.93	未达标

表 23-15　X 电站蓄水期情景 1——按“日蓄 3m”运行结果

初始水位/m	入库流量/($m^3 \cdot s^{-1}$)	两岸出力曲线	弃水量/万 m^3	发电量/(万 kW·h)	耗水率/[$m^3 \cdot (kW \cdot h)^{-1}$]	最大出力/MW	末水位/m	水位控制
570	8 000	1∶1∶1∶1	0	16 319	2.245 2	6 831	572.98	达标
		1.2∶1∶1.2∶1	0	16 321	2.245 2	7 663	572.98	达标
		1.4∶1∶1.4∶1	0	16 315	2.246 4	8 403	572.98	达标
		1.6∶1∶1.6∶1	0	16 303	2.248 3	9 079	572.98	达标
		1.8∶1∶1.8∶1	0	16 281	2.250 5	9 683	572.98	达标
		2∶1∶2∶1	0	16 248	2.252 6	10 209	572.99	达标
		2.5∶1∶2.5∶1	0	16 225	2.259 1	11 320	572.98	达标
		3∶1∶3∶1	0	16 158	2.265 3	12 162	572.99	达标

由表 23-14 可知，X 电站在日初水位 570m，日入库流量 8000m^3/s，日蓄 2m 时，若调峰幅度在 1.6∶1∶1.6∶1 之内，通过改变日最大出力，均可保证日末水位达到日蓄 2m 的需求，但若调峰幅度超过此值，则日末水位将超出日蓄 2m 的计划；在满足日蓄 2m 的参考出力曲线运行过程中的耗水率最大为 2.2759，最小为 2.2724，相差 0.15%，反映规律为调峰幅度越大，耗水率越大。

由表 23-15 可知，同样情景下若 X 电站日蓄 3m，则调峰幅度在 3∶1∶3∶1 之内，通过改变日最大出力，均可保证日末水位达到日蓄 3m 的需求；在满足日蓄 3m 的参考出力曲线运行过程中的耗水率最大为 2.2653，最小为 2.2452，相差 0.89%，反映规律为调峰幅度越大，耗水率越大。

通过表 23-14、表 23-15 对比可知，同等情况下日蓄水幅度越大（水库水位上升越多），则电站能承受的调峰幅度越大。

表 23-16　X 电站蓄水期情景 2——按“日蓄 2m”运行结果

初始水位/m	入库流量/(m^3·s^{-1})	两岸出力曲线	弃水量/万 m^3	发电量/(万 kW·h)	耗水率/[m^3·(kW·h)$^{-1}$]	最大出力/MW	末水位/m	水位控制
570	10 000	1∶1∶1∶1	0	28 239	2.305 0	11 796	571.98	达标
		1.2∶1∶1.2∶1	0	26 285	2.293 5	12 352	572.41	未达标
		1.4∶1∶1.4∶1	0	23 958	2.281 1	12 360	572.92	未达标
		1.6∶1∶1.6∶1	0	22 216	2.272 8	12 371	573.29	未达标
		1.8∶1∶1.8∶1	0	20 860	2.267 3	12 380	573.58	未达标
		2∶1∶2∶1	0	19 772	2.263 6	12 394	573.80	未达标
		2.5∶1∶2.5∶1	0	17 810	2.258 9	12 413	574.21	未达标
		3∶1∶3∶1	0	16 493	2.256 9	12 421	574.48	未达标

表 23-17　X 电站蓄水期情景 2——按“日蓄 3m”运行结果

初始水位/m	入库流量/(m^3·s^{-1})	两岸出力曲线	弃水量/万 m^3	发电量/(万 kW·h)	耗水率/[m^3·(kW·h)$^{-1}$]	最大出力/MW	末水位/m	水位控制
570	10 000	1∶1∶1∶1	0	23 668	2.278 0	9 891	572.98	达标
		1.2∶1∶1.2∶1	0	23 655	2.277 9	11 118	572.99	达标
		1.4∶1∶1.4∶1	0	23 655	2.279 3	12 213	572.98	达标
		1.6∶1∶1.6∶1	0	22 216	2.272 8	12 371	573.29	未达标
		1.8∶1∶1.8∶1	0	20 860	2.267 3	12 380	573.58	未达标
		2∶1∶2∶1	0	19 772	2.263 6	12 394	573.8	未达标
		2.5∶1∶2.5∶1	0	17 810	2.258 9	12 413	574.21	未达标
		3∶1∶3∶1	0	16 493	2.256 9	12 421	574.48	未达标

由表 23-16 可知，X 电站在日初水位 570m，日入库流量 10 000m^3/s，日蓄 2m 时，仅在出力比为 1∶1∶1∶1 时，能够满足日蓄 2m，其他参考出力曲线下均出现超蓄现象，最高日蓄 4.48m。

由表 23-17 可知，同样情景下，若 X 电站采取日蓄 3m 方案，则参考出力曲线在 1.4∶1∶1.4∶1 之内均能满足日蓄 3m 的计划，超出此调峰幅度，同样出现超蓄现象，最高日蓄 4.48m。能够满足日蓄 3m 计划的参考出力曲线对应的日运行耗水率最大为 2.2793，最小为 2.2780，相差 0.06%。

表 23-18　X 电站蓄水期情景 3——按“日蓄 2m”运行结果

初始水位/m	入库流量/($m^3 \cdot s^{-1}$)	两岸出力曲线	弃水量/万 m^3	发电量/(万 kW·h)	耗水率/[$m^3 \cdot (kW \cdot h)^{-1}$]	最大出力/MW	末水位/m	水位控制
570	12 000	1∶1∶1∶1	0	29 473	2.302 1	12 308	573.28	未达标
		1.2∶1∶1.2∶1	0	26 348	2.283 5	12 383	573.97	未达标
		1.4∶1∶1.4∶1	0	24 016	2.271 1	12 399	574.48	未达标
		1.6∶1∶1.6∶1	0	22 271	2.262 8	12 412	574.85	未达标
		1.8∶1∶1.8∶1	0	20 915	2.257 2	12 423	575.13	未达标
		2∶1∶2∶1	0	19 824	2.253 5	12 430	575.36	未达标
		2.5∶1∶2.5∶1	0	17 853	2.248 6	12 444	575.77	未达标
		3∶1∶3∶1	0	16 534	2.246 5	12 452	576.03	未达标

表 23-19　X 电站蓄水期情景 3——按“日蓄 3m”运行结果

初始水位/m	入库流量/($m^3 \cdot s^{-1}$)	两岸出力曲线	弃水量/万 m^3	发电量/(万 kW·h)	耗水率/[$m^3 \cdot (kW \cdot h)^{-1}$]	最大出力/MW	末水位/m	水位控制
570	12 000	1∶1∶1∶1	0	29 473	2.302 1	12 308	573.28	未达标
		1.2∶1∶1.2∶1	0	26 348	2.283 5	12 383	573.97	未达标
		1.4∶1∶1.4∶1	0	24 016	2.271 1	12 399	574.48	未达标
		1.6∶1∶1.6∶1	0	22 271	2.262 8	12 412	574.85	未达标
		1.8∶1∶1.8∶1	0	20 915	2.257 2	12 423	575.13	未达标
		2∶1∶2∶1	0	19 824	2.253 5	12 430	575.36	未达标
		2.5∶1∶2.5∶1	0	17 853	2.248 6	12 444	575.77	未达标
		3∶1∶3∶1	0	16 534	2.246 5	12 452	576.03	未达标

由表 23-18、表 23-19 可知，X 电站在日初水位 570m，日入库流量 12 000m^3/s 时，由于此时水库入库流量较大，无论是日蓄 2m 还是日蓄 3m，均会出现超蓄现象；若电站不参与电网调峰，按满发出力则日蓄水 3.28m；若按 3∶1∶3∶1 运行，水库日蓄 6.03m。

综合以上分析可得到如下结论：

(1) X 电站在一定的初始水位、入库流量及日蓄水计划下，其调峰幅度存在一个限度，在此限度以内，电站可通过调整日最大出力，保证日末水位达到蓄水计划要求。在此限度内，不同的调峰幅度对电站效益的影响主要反映在耗水率，调峰幅度越大，耗水率越大，但耗水率相差一般在 1% 之内；同等情况下日蓄水幅度越大(水库水位上升越多)，则其对应的调峰幅度限度越大。

(2) 按照参考出力曲线运行，若当日来水较大，且调峰幅度大，可能导致日末水位高于日蓄水计划水位，出现超蓄现象，且调峰幅度越大，超蓄越明显。

(3) 在日入库水量极大的情况下，可能出现即使电站不参与调峰，满发出力，日末水位仍然会高于蓄水计划，出现超蓄现象，此时若电站参与电网调峰，则超蓄现象将更加明显。

23.4 消落期发电特性分析

根据 X 电站年运行计划，自 1 月份开始由正常蓄水位 600m 开始消落，至 5 月底逐步消落至死水位 540m，此阶段为消落期。消落期大部分时间水库水位处于水库的中间位置，具有较大的调节库容，一般情况下不会产生弃水。

本节对蓄水期 X 电站的日运行过程进行模拟，按照蓄水计划自 1 月开始水库水位将由 600m 下落至 540m，水库水位下降 60m，此处分别按照日消落 0.35m 与 0.5m 两种消落方案进行模拟。该阶段水库的入库流量选取具有代表性的 3000m^3/s、4000m^3/s、5000m^3/s，参考出力过程选取①1∶1∶1∶1、②1.2∶1∶1.2∶1、③1.4∶1∶1.4∶1、④1.6∶1∶1.6∶1、⑤1.8∶1∶1.8∶1、⑥2∶1∶2∶1、⑦2.5∶1∶2.5:1、⑧3∶1∶3∶1。由于一般不产生弃水，采取按照参考出力过程进行日运行模拟。模拟结果见表 23-20、表 23-21。

表 23-20　X 电站消落期情景 1——按“日消落 0.35m”运行结果

初始水位/m	入库流量/(m^3·s^{-1})	两岸出力曲线	弃水量/万 m^3	发电量/(万 kW·h)	耗水率/[m^3·(kW·h)$^{-1}$]	最大出力/MW	末水位/m	水位控制
590	3 000	1∶1∶1∶1	0	14 854	2.037 5	6 223	589.64	达标
		1.2∶1∶1.2∶1	0	14 892	2.037 8	7 046	589.63	达标
		1.4∶1∶1.4∶1	0	14 886	2.038 8	7 732	589.63	达标
		1.6∶1∶1.6∶1	0	14 866	2.040 2	8 288	589.63	达标
		1.8∶1∶1.8∶1	0	14 834	2.041 7	8 824	589.64	达标
		2∶1∶2∶1	0	14 860	2.043 7	9 363	589.63	达标
		2.5∶1∶2.5∶1	0	14 828	2.048 3	10 317	589.63	达标
		3∶1∶3∶1	0	14 790	2.052 9	11 122	589.63	达标

表 23-21　X 电站消落期情景 1——按“日消落 0.5m”运行结果

初始水位/m	入库流量/(m^3·s^{-1})	两岸出力曲线	弃水量/万 m^3	发电量/(万 kW·h)	耗水率/[m^3·(kW·h)$^{-1}$]	最大出力/MW	末水位/m	水位控制
590	3 000	1∶1∶1∶1	0	15 757	2.040 8	6 574	589.48	达标
		1.2∶1∶1.2∶1	0	15 755	2.041 2	7 396	589.48	达标
		1.4∶1∶1.4∶1	0	15 707	2.042 1	8 133	589.49	达标
		1.6∶1∶1.6∶1	0	15 735	2.043 7	8 761	589.48	达标
		1.8∶1∶1.8∶1	0	15 722	2.045 4	9 303	589.48	达标
		2∶1∶2∶1	0	15 710	2.047 4	9 884	589.48	达标
		2.5∶1∶2.5∶1	0	15 680	2.052 5	10 958	589.48	达标
		3∶1∶3∶1	0	15 626	2.057 3	11 769	589.48	达标

由表 23-20 可知，X 电站在日初水位 590m，日入库流量 3000m^3/s，日消落计划为 0.35m 时，若调峰幅度在 3∶1∶3∶1 之内，通过改变日最大出力，均可保证日末水位达到日消落 0.35m 的要求；模拟的所有参考出力曲线对应的日耗水率最大为 2.0529，最小为 2.0375，相差 0.8%，反映规律为调峰幅度越大，耗水率越大。

由表 23-21 可知，同样情景下若 X 电站日消落 0.5m，则调峰幅度在 3∶1∶3∶1 之内，通过改变日最大出力，也均可保证日末水位达到日消落 0.5m 的要求；模拟的所有参考出力曲线对应的日耗水率最大为 2.0573，最小为 2.0408，相差 0.75%，反映规律为调峰幅度越大，耗水率越大。

表 23-22　X 电站消落期情景 2——按“日消落 0.35m”运行结果

初始水位/m	入库流量/(m^3·s^{-1})	两岸出力曲线	弃水量/万 m^3	发电量/(万 kW·h)	耗水率/[m^3·(kW·h)$^{-1}$]	最大出力/MW	末水位/m	水位控制
590	4 000	1∶1∶1∶1	0	18 923	2.049 9	7 936	589.65	达标
		1.2∶1∶1.2∶1	0	18 949	2.050 3	8 896	589.64	达标
		1.4∶1∶1.4∶1	0	18 987	2.051 6	9 774	589.64	达标
		1.6∶1∶1.6∶1	0	18 976	2.053 6	10 581	589.63	达标
		1.8∶1∶1.8∶1	0	18 962	2.055 7	11 297	589.63	达标
		2∶1∶2∶1	0	18 944	2.057 9	11 896	589.63	达标
		2.5∶1∶2.5∶1	0	18 900	2.063 8	13 152	589.63	达标
		3∶1∶3∶1	0	18 073	2.066 2	13 637	589.77	未达标

表 23-23　X 电站消落期情景 2——按“日消落 0.5m”运行结果

初始水位/m	入库流量/(m^3·s^{-1})	两岸出力曲线	弃水量/万 m^3	发电量/(万 kW·h)	耗水率/[m^3·(kW·h)$^{-1}$]	最大出力/MW	末水位/m	水位控制
590	4 000	1∶1∶1∶1	0	19 864	2.053 9	8 287	589.48	达标
		1.2∶1∶1.2∶1	0	19 856	2.054 2	9 355	589.48	达标
		1.4∶1∶1.4∶1	0	19 856	2.055 4	10 242	589.48	达标
		1.6∶1∶1.6∶1	0	19 840	2.057 1	11 046	589.48	达标
		1.8∶1∶1.8∶1	0	19 818	2.059 4	11 779	589.48	达标
		2∶1∶2∶1	0	19 787	2.061 8	12 437	589.48	达标
		2.5∶1∶2.5∶1	0	19 508	2.067 2	13 624	589.52	达标
		3∶1∶3∶1	0	18 073	2.066 2	13 637	589.77	未达标

由表 23-22 可知，X 电站在日初水位 590m，日入库流量 4000m^3/s，日消落计划为 0.35m 时，若调峰幅度在 2.5∶1∶2.5∶1 之内，通过改变日最大出力，均可保证日末水位达到日消落 0.35m 的要求；达到日消落水位的不同出力曲线对应的日耗水率最大为 2.0662，最小为 2.0499，相差 0.58%，反映规律为调峰幅度越大，耗水率越大；调峰幅度超过参考出力曲线 3∶1∶3∶1 后电站无法消落至计划消落水位。

由表 23-23 可知，同样情景下若 X 电站日消落 0.5m，则调峰幅度在 2.5∶1∶2.5∶1

之内，通过改变日最大出力，也均可保证日末水位达到日消落 0.5m 的要求；达到日消落水位的不同出力曲线对应的日耗水率最大为 2.0662，最小为 2.0542，相差 0.79%，反映规律为调峰幅度越大，耗水率越大；调峰幅度超过参考出力曲线 3∶1∶3∶1 后电站无法消落至计划消落水位。

表 23-24　X 电站消落期情景 3——按“日消落 0.35m”运行结果

初始水位/m	入库流量/$(m^3 \cdot s^{-1})$	两岸出力曲线	弃水量/万 m^3	发电量/(万 kW·h)	耗水率/$[m^3 \cdot (kW \cdot h)^{-1}]$	最大出力/MW	末水位/m	水位控制
590	5 000	1∶1∶1∶1	0	22 998	2.063 6	9 628	589.65	达标
		1.2∶1∶1.2∶1	0	23 061	2.064 2	10 838	589.63	达标
		1.4∶1∶1.4∶1	0	23 063	2.065 4	11 896	589.63	达标
		1.6∶1∶1.6∶1	0	22 994	2.067 1	12 819	589.64	达标
		1.8∶1∶1.8∶1	0	22 867	2.068 9	13 562	589.66	达标
		2∶1∶2∶1	0	21 748	2.066 6	13 633	589.86	未达标
		2.5∶1∶2.5∶1	0	19 560	2.063 3	13 652	590.24	未达标
		3∶1∶3∶1	0	18 116	2.062 2	13 667	590.48	未达标

表 23-25　X 电站消落期情景 3——按“日消落 0.5m”运行结果

初始水位/m	入库流量/$(m^3 \cdot s^{-1})$	两岸出力曲线	弃水量/万 m^3	发电量/(万 kW·h)	耗水率/$[m^3 \cdot (kW \cdot h)^{-1}]$	最大出力/MW	末水位/m	水位控制
590	5 000	1∶1∶1∶1	0	23 923	2.067 6	10 019	589.48	达标
		1.2∶1∶1.2∶1	0	23 910	2.067 8	11 239	589.48	达标
		1.4∶1∶1.4∶1	0	23 847	2.068 9	12 305	589.49	达标
		1.6∶1∶1.6∶1	0	23 882	2.071 1	13 330	589.48	达标
		1.8∶1∶1.8∶1	0	22 944	2.0694	13 637	589.64	未达标
		2∶1∶2∶1	0	21 748	2.066 6	13 633	589.86	未达标
		2.5∶1∶2.5∶1	0	19 560	2.063 3	13 652	590.24	未达标
		3∶1∶3∶1	0	18 116	2.062 2	13 667	590.48	未达标

由表 23-24 可知，X 电站在日初水位 590m，日入库流量 5000m^3/s，日消落计划为 0.35m 时，若调峰幅度在 1.8∶1∶1.8∶1 之内，通过改变日最大出力，均可保证日末水位达到日消落 0.35m 的要求；达到日消落水位的不同出力曲线对应的日耗水率最大为 2.0689，最小为 2.0636，相差 0.26%，反映规律为调峰幅度越大，耗水率越大；调峰幅度超过参考出力曲线 2∶1∶2∶1 后电站无法消落至计划消落水位，甚至可能出现水位不降反升现象。

由表 23-25 可知，X 电站在日初水位 590m，日入库流量 5000m^3/s，日消落计划为 0.5m 时，若调峰幅度在 1.6∶1∶1.6∶1 之内，通过改变日最大出力，均可保证日末水位达到日消落 0.5m 的要求；达到日消落水位的不同出力曲线对应的日耗水率最大为 2.0711，最小为 2.0676，相差 0.17%；调峰幅度超过参考出力曲线 1.8∶1∶1.8∶1 后电站无法消落至计划消落水位，甚至可能出现水位不降反升现象。

对比表 23-24、表 23-25，同等情况下消落水位越小，则电站能够承担的调峰任务越大。

综合以上分析可得到如下结论：

(1) X 电站在一定的初始水位、入库流量及日消落计划下，其调峰幅度存在一个限度，在此限度以内，电站可通过调整日最大出力，保证日末水位达到日消落水位要求。在此限度内，不同的调峰幅度对电站效益的影响主要反映在耗水率，调峰幅度越大，耗水率越大，但耗水率相差一般在 1% 之内；同等情况下日消落水位越小，电站调峰幅度对应的限度越大。

(2) 按照参考出力曲线运行，若当日来水较大，且调峰幅度大，可能导致日末水位高于日消落计划水位，出现不能按计划下降水位，且调峰幅度越大，问题越明显，甚至出现水位不降反升现象。

23.5　“基荷调峰协调反推”运行模拟

选取 2000 年 7 月 24 日～8 月 10 日时间段，利用“基荷调峰协调反推”的方法模拟 X 电站的运行过程，得到的运行结果见表 23-26，X 电站入库流量、出力过程见图 23-1，X 电站水位、发电量过程见图 23-2。

表 23-26　X 电站汛期按“基荷调峰协调反推”运行模拟结果

时间	入库流量 /($m^3 \cdot s^{-1}$)	左岸基荷	右岸基荷	总基荷	调峰损失电量 /(万 kW·h)	弃水 /万 m^3	电量 /(万 kW·h)	末水位 /m	最大出力 /MW	负荷率 /%	调峰幅度
7-24	—	—	—	—	—	—	—	559.80	—	—	—
7-25	8 460	5 824	5 824	11 648	69	2 659	27 914	560.00	11 660	100	无调峰
7-26	8 200	5 818	5 818	11 636	0	2 402	27 925	560.00	11 635	100	无调峰
7-27	7 920	5 801	5 801	11 602	87	213	27 890	560.00	11 660	100	无调峰
7-28	7 800	5 747	5 747	11 494	0	0	27 718	559.96	11 660	99	部分调峰
7-29	7 750	5 692	5 692	11 384	0	0	27 536	559.93	11 658	98	部分调峰
7-30	7 250	5 305	5 305	10 610	0	0	26 286	559.79	11 656	91	部分调峰
7-31	6 530	4 712	4 712	9 424	0	0	24 379	559.51	11 649	81	部分调峰
8-1	6 340	4 346	4 346	8 692	0	0	23 117	559.36	11 635	75	部分调峰
8-2	6 180	4 106	4 106	8 212	0	0	22 436	559.26	11 628	71	部分调峰
8-3	6 160	3 996	3 996	7 992	0	0	22 064	559.24	11 624	69	部分调峰
8-4	6 570	4 278	4 728	9 006	0	0	22 977	559.34	11 626	77	部分调峰
8-5	6 640	4 399	4 399	8 798	0	0	23 349	559.41	11 630	76	部分调峰
8-6	6 940	4 676	4 676	9 352	0	0	24 262	559.51	11 634	80	部分调峰
8-7	7 820	5 377	5 377	10 754	0	0	26 521	559.79	11 645	92	部分调峰
8-8	10 200	5 746	5 746	11 492	47	17 697	27 537	560.00	11 493	100	无调峰
8-9	10 400	5 729	5 729	11 458	0	21 410	27 500	560.00	11 458	100	无调峰
8-10	10 500	5 626	5 626	11 252	0	22 274	27 483	560.00	11 451	98	无调峰

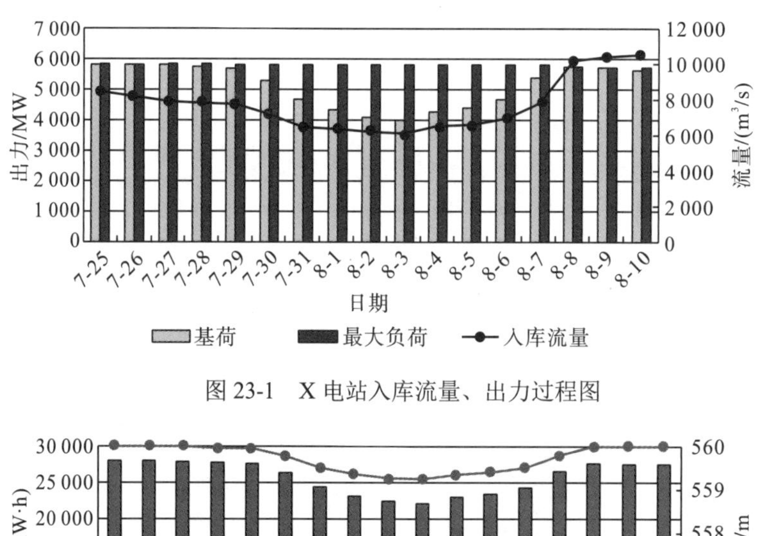

图 23-1　X 电站入库流量、出力过程图

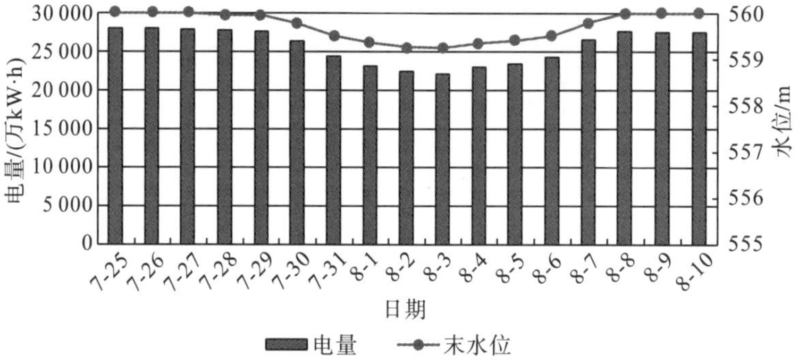

图 23-2　X 电站水位、发电量过程图

根据 X 电站该时间段按“基荷调峰协调反推”方法运行的结果分析，在 X 电站入库流量较大，基本超过了最大引用流量时，电站很少参与电网调峰，主要是满发出力；在水库入库流量较小时，水库承担有一定的调峰任务。在整个模拟阶段内，虽然有弃水产生(该部分弃水为来水过大，超出了水库的最大引用流量，水库已蓄至临界水位而难以避免的弃水)，但很少有调峰弃水产生，可以有效避免调峰弃水损失电量，实现在满足电站合理运行的情况下，尽可能地承担电网的调峰任务，较好地协调了基荷和调峰的关系，证明该方法切实可行，具有一定的合理性。

第24章　“一厂两调”调度协调机制研究

24.1　协　调　原　则

24.1.1　“安全第一”原则

X电站作为流域(三)水电基地最大的巨型电站，以发电为主，同时具有防洪、拦沙、改善通航条件等综合利用效益。X水库调节库容64.6亿m^3、防洪库容46.5亿m^3，对径流和洪水的调节能力强。电站左右岸分别安装9台77万kW机组，供电范围包括国家电网和南方电网。X电站具有装机容量大、水库调节性能好、供电范围广、调度关系复杂等特点。作为一项庞大的系统工程，安全保障是电站运营和电网调度的前提和关键。安全保障主要可以分为电站和电网两个方面。电站方面主要包括枢纽建筑、防洪、发电以及电站运行等；电网方面主要有电站调频、调压、机组计划编制与修改、事故处理等。

1. 电站方面

X电站在具有发电、防洪、拦沙、改善环境和社会经济等巨大综合效益的同时也给电站安全带来了很大的挑战。首先，对于发电，X电站作为不完全年调节电站，多年平均年发电量约640亿kW·h，通过梯级电站联合调度可加大下游电站I、电站K的保证出力，增发枯季电量。X电站作为西电东送的骨干电源，将大量优质的电能送往华中、华东等地，支持当地经济社会快速发展的同时也大大减少了燃煤消耗和污染物排放，具有巨大的环境效益和社会效益。但是在给这些地区供给强大电力的同时也对X电站发供电安全提出了更高的要求，一旦X电站发电出现故障，带来的社会经济损失也将十分惨重。其次，对于防洪效益，X电站工程构成长江防洪体系的重要环节，可大大提高沿岸重要城市的防洪标准，但同时也使大坝等枢纽建筑物承担了更重的安全责任。K电站在我国能源战略中的重要地位，X电站作为K电站上游第一个有调节性能的高坝大库，通过X水库合理调度以及汛期调洪蓄洪的作用，不仅可使K电站入库含沙量比天然状态减少，而且可以增大枯季流量，直接改善下游航运条件，这对K电站的防洪、库区环境以及河道通航安全有着重要作用，但同时也对X电站安全提出了更高的要求。X电站安全是沿岸各大城市以及下游K电站防洪度汛的前提。

2. 电网方面

X电站投产运营可以在很大程度上改善电网结构，优化电力资源配置，增加电网经济效益，但与此同时在我国西电东送和全国联网的战略背景下，一方面随着全国联网进程的进一步加快，电网的安全稳定运行面临更大的责任；另一方面X电站这类大容量、大电量以及长距离、高电压送电电站入网也对电网安全提出了挑战，特别是X电站两岸机组各送南网、国网两个不同的电网，影响范围也绝非一般电站所能及。电站输变电工程投运，使得电网输电半径及穿越功率进一步加大，电网运行方式更加复杂，电网安全责任也就更重。X 电站新厂新机并网发电必然对电网安全稳定带来一定的冲击，电网和电站间必须在诸多问题上通过相互理解、长期的协调和不断的磨合才能最大限度地避免机组跳闸、直流闭锁等电网安全问题。只有电网安全稳定地运行才能保证电力源源不断地送往四面八方，才能实现真正的效益。

总而言之，X 电站自身安全以及发供电安全关系着人民生命财产安全以及国民经济发展的命脉。因此在电站调度运营过程中必须高度重视安全保障问题，秉承“安全第一”的原则开展电站运行以及电网调度工作。电网和电站的相关工作人员应采取积极主动的态度及时发现和反馈各种影响电站及电网安全的因素，做到未雨绸缪，只有积极主动地探索规律才能以最快的速度、最高的效率完成各方面的密切配合。

24.1.2 水资源综合利用效益最大化原则

水电站的规划建设一方面可以合理开发利用可再生资源，满足国民经济发展对电力的需求，同时也可以利用水库调蓄洪水的作用，达到兴利除害的目的。每一项水利工程的建设，都希望它可以发挥其最大的功效，充分利用水资源为人民生产生活服务。因此，水资源综合利用效益最大化是水利工程建设运营的最终目标。

首先，水资源的高效利用是实现水资源可持续利用的重要途径。合理开发利用水资源，实现水资源优化配置，提高水资源利用效率，少弃水少浪费水，才能实现水资源的可持续利用。目前中国水资源利用的效率和效益在世界上仍然处于较低水平，提高水资源利用效率和效益仍有很多需要改进的地方。只有将水资源综合利用效益最大化作为 X 电站的调度工作的指导性原则，才能在电网及电站安全运行的前提下，充分发挥 X 枢纽综合效益，实现梯级枢纽水能利用率的提高，避免无益弃水。

其次，从环境保护的角度考虑，水电是清洁、低碳、经济性好、可再生的绿色能源，在我国能源结构中占有重要地位。坚定不移地优先发展绿色水电能源是我国能源中长期发展战略，只有这样才能保证我国的能源安全。X 电站大量优质电能可以替代相当一部分火电电能，支持东部地区社会经济快速发展的同时减少化石能源的消耗和污染物的排放。在某种程度上，X 电站每多发一度水电，便会减少一度火电的消耗，水资源综合利用效率越高，获得的环境效益也就越大。因此，在 X 电站调度运行工作中，必须遵从水资源综合利用效益最大化原则，提高水能利用率。

最后，考虑企业的效益。水电站的建设作为一种企业行为，在平等竞争条件下，企业取得合理利润，增加资本积累，实现滚动开发，这是企业维持电站以及企业正常运营的唯一途径。对于水电站，电力销售是电站收入的主要来源，只有充分利用水资源，合理开展水库优化调度，提高水能利用率，才能获取相应的利润。X 电站具有发电、防洪、拦沙以及环境保护等综合效益，维持这样一个大型枢纽工程正常运转必然需要大量的人力物力。因此，X 电站在调度运行过程中，应该充分发挥 X 电站的综合效益，力争水资源综合利用效益最大化。

以上从资源利用效率、环境保护以及企业效益的角度分别分析了水资源综合利用效益最大化原则的重要性，不难看出将其作为电站调度工作的基本原则是非常必要的。在保证水资源综合利用效益最大化的背景下，有利于资源利用效率的提高，有利于环境保护和维持企业合理利润。另外，下游 M 电站为 X 电站的反调节电站，而且 X 电站左岸与下游 M 电站同属国网直调，因此，在电站调度过程中应协调好左、右岸电站发电与水库运行的关系，充分发挥流域梯级电站联合优化调度的优势，提高梯级水能利用率，努力做到经济、优质运行，提高电站总体的电量及电力效益。

24.1.3 "三公"原则

通常所说的"三公"调度是指调度机构对调度对象实行公平、公正、公开(简称"三公")调度。"三公"原则是贯彻国家能源政策和产业政策、实施资源优化配置和合理利用能源的有效保障，在电量计划、调度实施、信息公开等方面采用公平、规范、透明的办法对所有并网机组实施调度，并接受监督。由于 X 电站的实际情况十分复杂，电站左右岸供电对象不同，调度关系复杂，涉及购售电三个利益相关方，因此需要高度重视调度工作的"公平、公正、公开"原则。此处的"三公"调度并不局限于调度机构与调度对象两者之间，还包括两个电网间以及左右岸电站之间相关调度工作的公平、公正、公开。

首先，对于电站，左右岸电站发电、检修、调峰的机会应该均等。X 电站相关工作人员面向国网和南网制定发电预计划以及检修预计划等必须坚持公平公正的原则，根据左右岸电站实际情况以及两网需求开展相关工作，严禁左右岸区别对待。电站若涉及向两网上报一些共享的信息资料必须达到两网一致。另外，对于电网，除了在本电网内做到 X 电站的"三公"调度以外，还应结合 X 电站的实际情况，在信息共享、电量平衡等方面加强两网间的沟通协调。由于两网共调一个电站，两网间的相互影响不可避免，只有两网本着公平、公正、公开的原则才能平衡两网的关系，达到互利共赢。总之，在电站调度运行过程中，若需要涉及三方信息共享、程序公开的相关事宜，三方应该全力配合支持。"三公"原则是维护购售电三方利益的基础，也是保障电站电网安全高效运行的前提。

24.2 购售电方的协商机制

为了确保 X 电站以及国网、南网的安全高效运行，针对 X 电站"一厂两调"的实际情况，必须建立完善的购售电方协商机制，才能从整体上统筹和指导 X 电站的调度协调工作。X 作为巨型电站，在我国电力行业以及国民经济发展中有着举足轻重的作用，其影响范围也非一般电站能及。X 电站"一厂两调"的实际情况决定了 X 电站调度协调机制必将涉及方方面面，大到特殊问题的迅速决策，小到日常生产运行中的诸多技术问题。当然，不同性质和影响级别的问题需要的协调机构也有不同。从国家层面到领导层面再到技术层面，逐级向下，相关机构各司其职，才能有效地促进电站和电网以及电网与电网间的有效协作。此处关于购售电方协商机制的研究主要针对技术层面的相关问题进行探讨，领导层面及国家层面的相关问题此处不作具体分析。就技术层面而言，本研究主要从协调机构、例会制度、协调内容以及协商流程等方面着手构建 X 电站的调度协调机制。

24.2.1 协调机构

购售电方协商机制主要解决三方技术层面上的相关问题。由于电站日常生产及调度业务比较繁重，涉及的协调事宜以及争议性问题也比较烦琐，因此必须建立一个三方共同参与的协调机构来开展相关协调工作，才能有效地组织三方相关人员协作解决相关问题。本研究决定组建三方调度协调小组(以下简称协调小组)来组织和协调三方的相关工作。协调小组的主要职能在于就各方争议性问题进行协调处理、制定紧急情况应对策略，为 X 电站运营调度工作服务。相关资料表明，结构合理的协调机构有助于清楚地界定三方以及各成员的权责角色，在此基础上，进行恰当的协调控制有助于提高三方的工作效率。相反，若协调机构结构设计不当也会导致一系列问题，包括决策延误、发生冲突、工作效率低下等。因此协调小组结构设计必须符合其职能需要同时适应三方参与的特性。以下将对协调小组的结构设计及人员配备作详细分析以期建立完善的三方协作系统。

根据 X 电站“一厂两调”的实际，结合常见的组织结构形式，提出以下两类三种结构模式以供分析比选。从类别角度可将协调机构分为直线制结构和职能制结构两种。直线制机构的主要特点是层次分明，命令传达和信息沟通只有一条渠道，完全符合命令的统一原则，是一种集权式的组织结构模式。其形式如图 24-1 和图 24-2 所示。

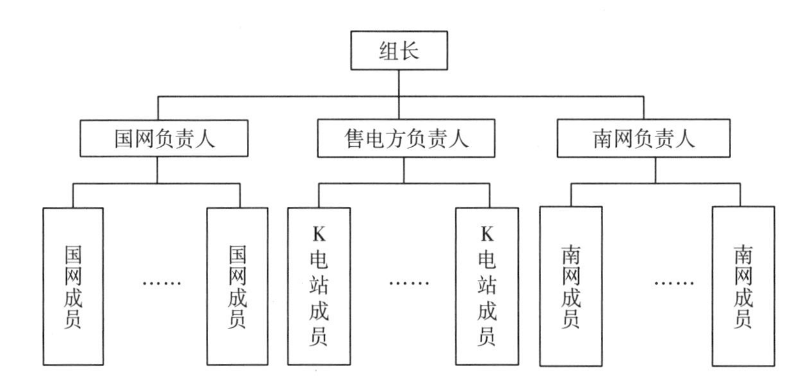

图 24-1　协调小组模式一机构设置

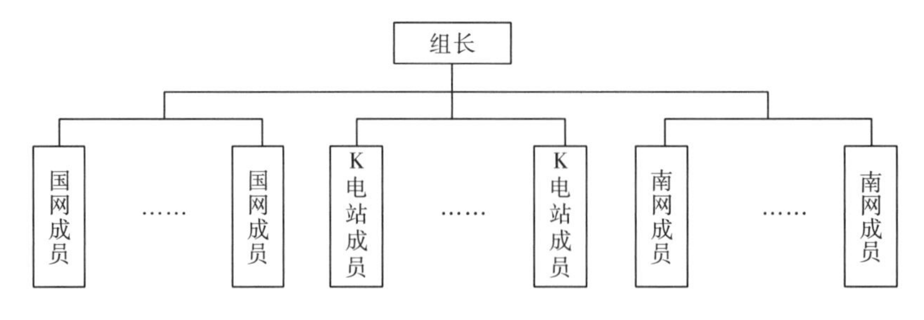

图 24-2　协调小组模式二机构设置

从图 24-1 和图 24-2 可以看出，两种模式结构清晰，层次分明。两种模式不同之处在于模式一较模式二多设置一层三方的联系负责人。三方分别设置负责人的目的在于方便三方联系沟通，便于协调工作的开展。但另一方面也会在一定程度上造成层级较多、信息传达失真、人员庞杂、程序烦琐等不利因素的产生。结合 X 电站一厂两调的实际情况，虽然电网与电站间的通信设施比较完备，人员沟通也比较方便快捷，但是两电网之间并无专门的通信设施，也没有专设相关人员进行沟通，如果采用模式二的结构形式，可能会出现信息上传下达不畅。因此，为了方便电网间有效沟通，避免信息受阻，三方分别设置专门的联系人还是十分必要的。

职能制结构是按专业分工设置相应的职能部门，各职能部门再由三方派遣相关人员参与，做到分工明确。其形式如图 24-3 所示。

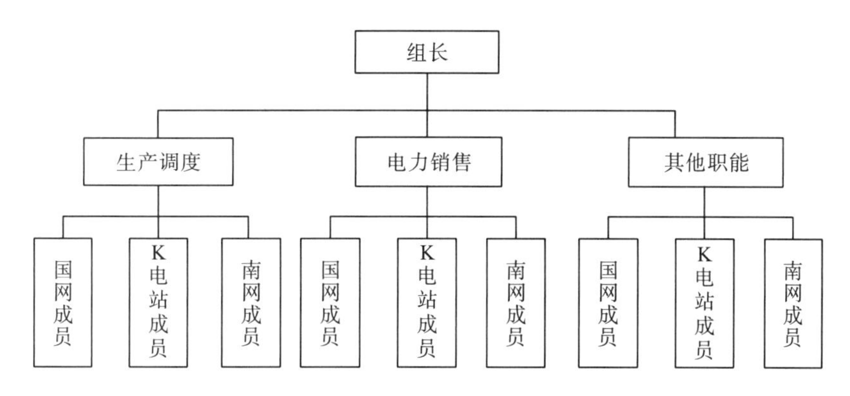

图 24-3 协调小组模式三机构设置

从图 24-3 可以看出，该种模式是将协调小组的职能进行细分，细化到生产部门、电力销售部门及其他一些职能部门，各个职能部门再分别由三方相关人员参与。该模式组织结构清晰，层次分明，但这种职能制组织结构要求分工明细化，考虑协调小组的实际情况，要将各种事务进行明确界定职能部门具有一定的难度。另外这种结构还可能妨碍统一指挥，形成多头领导，导致各职能部门之间缺乏交流合作，矛盾冲突增多等。

综上所述，通过详细设计和分析比选，建议采用模式一的组织结构作为协调小组的机构设置。以下将针对模式一进行简要的职位描述。

组长：协调小组组长必须起到统筹全局的作用，决策处理必须做到公平公正。主要负责接收各方负责人上报的相关争议性问题，并向其他各方负责人传达相关信息，组织召开相关会议，必要时作出相关决策。

各方负责人：各方负责人主要起上传下达的作用，一方面将各方遇到的问题上报组长，另一方面将组长传达的其他方相关信息下达到该方相关人员处。另外各方负责人还应对该方相关工作进行监督和总结，及时与协调小组组长联络沟通，积极配合组长做好协调工作。

各方成员：各方成员的主要职责是积极配合各方落实协调小组的相关决策，总结实际工作中的相关问题，及时与该方负责人沟通，积极参加三方相关协调会议，以自己的实践工作经验为基础建言献策。

协调小组人员初步安排如下：

小组组长：一名，实行轮班制，任期为一年，由三方分别负责人或者另外委派相关人员担任。

各方负责人：三方各一名，由三方分别委派相关人员担任，任期不限。

购电方成员：主要涉及电网水调、电调以及相关领导人员，两网分别设置五人。

售电方成员：主要包括电厂运行人员、梯调中心技术部相关人员以及相关领导人员，共约五人。

上述协调小组主要从工作层面上入手开展三方的相关协调问题，简称“协调工作小组”。在实际工作中遇到的问题复杂多变，牵扯多个利益相关方，可能会有遇到某些问题协调工作小组无法协商一致，因而无法得到有效的解决方法。此时就需要一个宏观把握事态并具有一定决策权的机构来组织协调工作。因此本研究决定建立一个由三方相关领导组成的“协调领导小组”。该小组主要负责“协调工作小组”无法协商解决的问题。领导小组可由三方分别委派一至两名领导参与。小组运作主要通过三方领导协商的方式，最终得出一致意见，下达至协调工作小组执行。

24.2.2　例会制度

协调小组实质是一个服务三方的组合机构，其人员是由三方相关工作人员和领导人员组成。这些小组成员本身是各方的相关任职人员，因而各小组成员间特别是三方成员间沟通了解的机会很少。为了实现协调工作的有效开展，促进三方的沟通与合作，从而提高开展协调工作的效率，便于各方集思广益提出改进性的工作方案，为协调小组建立完善的例会制度是十分必要的。

建立完善的例会制度是为了更好地促进三方交流协作，总结经验指导 X 电站调度协调工作。例会制度主要分为：年度、汛(枯)期、月度三类定期会晤制度和平时一些不定期的协调工作会议以及特殊情况下一些临时电视电话会议。以下将针对每种例会的相关内容做简要分析。

1. 年度总结会

(1) 会议组织：协调小组组长所在方。

(2) 会议主持人：协调小组组长。

(3) 会议参加人：协调小组成员，各方相关领导人员。

(4) 会议内容：年度总结会的目的在于总结和展望，因此围绕会议的目的，本研究初步拟定以下会议内容。首先听取各方对本年度调度协调工作的总结汇报，收集汇总各方本年度相关协调事宜的执行情况以及意见信息。然后广泛征求各方对新年度调度协调工作的相关建议，以指导新年度协调小组的协调工作。另外，由于协调小组组长实行轮班制，任期为一年，因此，年度总结会还应完成组长交接仪式，并由新任组长部署新一年的小组工作。

(5) 会议时间：初步拟定在十二月下旬。

(6) 会议记录：由会议主持方负责对会议进行记录，形成会议纪要。

2. 分期联络会

汛期来水较大，防洪是水库的首要任务。电网对电站的依赖程度较小，应在做好防洪工作的同时保证电站效益。枯期来水较小，电力供应紧张，电网对电站依赖程度较大，应在保障两网电力供应的同时使水资源利用效率最大化。这些都需要在实际工作中认真落实和解决。因此在汛(枯)期召开三方联络会对协调小组相关工作进行部署也是十分必要的。

(1)会议组织：协调小组组长所在方。

(2)会议主持人：协调小组组长。

(3)会议参加人：协调小组成员，各方相关领导人员。

(4)会议内容：汛(枯)期联络会主要是结合各年度实际情况，针对汛(枯)期两网和电站的具体要求分析制定电站具体的运行方案，本研究初步拟定会议内容如下。听取两电网在汛(枯)期对电站的具体要求以及电站方的实际情况汇报。各方成员就汛(枯)期电站运行方式发表个人意见，三方讨论并总结形成汛(枯)期电站初步运行方案。

(5)会议时间：汛(枯)期前一周内。

(6)会议记录：由会议主持方负责对会议进行记录，形成会议纪要。

3. 月度总结会

(1)会议组织：协调小组组长所在方。

(2)会议主持人：协调小组组长。

(3)会议参加人：协调小组成员。

(4)会议内容：月度总结会内容主要包括对本月调度协调工作的总结和对下月协调工作的展望，本研究初步拟定以下会议内容。听取各方对本月度调度协调工作的总结汇报，针对本月内遇到的主要问题进行经验总结。各成员针对本月度未能有效解决的问题，提出实施性意见，各方进行讨论决策。

(5)会议时间：每月末一周内。

(6)会议记录：由会议主持方负责对会议进行记录，形成会议纪要。

4. 协调会议

(1)会议组织：协调小组组长所在方。

(2)会议主持人：协调小组组长。

(3)会议参加人：协调小组成员，各方相关领导人员。

(4)会议内容：协调会议是具体针对某项分歧事件而召开的三方会议。会议的目的是通过三方讨论，找到最好的解决分歧的方法，使三方达成一致，为电站及电网安全高效运行扫除障碍。因此，会议主要听取各方针对分歧事件的相关意见以及对相应解决办法的建议，各方讨论，寻求最终的解决办法。

(5)会议时间：当发生三方(或双方)分歧时，由小组长拟定会议时间。

(6)会议记录：由会议主持方负责对会议进行记录，形成会议纪要。

5. 特殊情况协调会(临时会议)

(1)会议组织：协调小组组长所在方。

(2)会议主持人：协调小组组长。

(3)会议参加人：协调小组成员，各方相关领导人员。

(4)会议内容：特殊情况下临时会议主要是针对突发事件制定紧急处理方案，各方以大局为重、快速反应为原则，以减小突发事件对电站和电网的影响。为保证应急需要会议形式可采取电视(电话)会议。

(5)会议时间：突发事件或特殊情况发生时(不定期)。

(6)会议记录：由会议主持方负责对会议进行记录，形成会议纪要。

以上分别阐述了五种例会制度的会议目的、会议内容和其他一些相关内容，例会制度的整体框架可以通过图 24-4 表示。

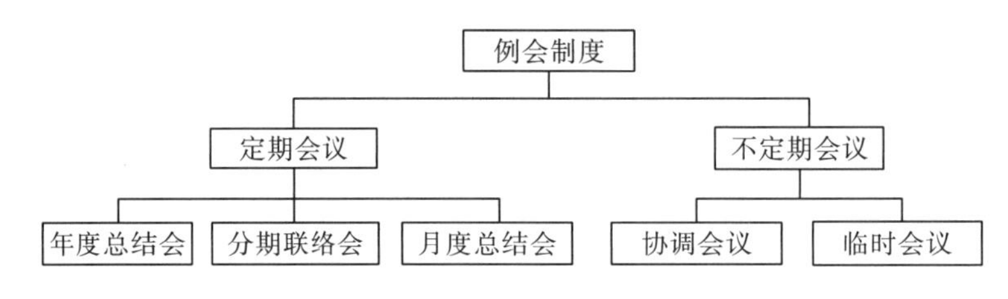

图 24-4　协调小组例会制度框架图

由图 24-4 可以看出，时间尺度上从年度到月度，从定期到不定期的例会制度构筑成一个制度体系，同时也形成了协调小组内部联系沟通的纽带。因此，三方应该充分利用例会加强各方联系沟通，共同推进 X 电站调度协调工作的开展。这里还有一点需要说明的是，上述各种例会仅作为本研究的理论研究成果，在实际工作中，可根据实际情况进行相应调整，以尽量避免形式化，发挥例会制度本身的积极作用。另外，各种例会中，长时间尺度的例会可以替代短时段的例会，比如年度总结会可以替代十二月份的月度总结会，汛(枯)期联络会根据实际情况也可以替代相应的月度总结会。

24.2.3　协调内容

考虑到 X 电站一厂两调的复杂性和特殊性，根据不同事宜(争议性问题)的影响级别不同可以将其分为国家层面、领导层面以及工作层面三个层级。自下而上不同层级的相关事宜与之对应的协调机构也有不同的级别，首先从工作层面上而言有调度协调小组，领导层面上有三方领导层，国家层面上有国家发改委、能源局。本研究仅针对工作层面探讨协调小组的相关协调内容。由于实际生产过程中涉及方方面面的问题具有不可预见性，本研究要将其一一列举具有很大的难度。并且有分歧才有协调，协调内容就是围绕分歧的产生而出现的，分歧的产生在某种程度上是一种动态变化的过程，事先对协调内容进行限制界定也不符合实际情况。协调内容必须与实际接轨，是一个动态的、可变的、具有高度适应性的系统。因此，本研究仅从发电计划调整、电力电量平衡、调峰时段安排几个方面对协调内容进行初步探讨，分析可能产生的分歧和可能需要协调的内容。

1. 发电计划调整

发电计划的调整是购电方(或售电方)根据自身生产实际的需要对既定的发电计划做出相应调整的作业。对于一般电站，若是售电方，发电计划调整仅对电站所在网(单网)内其他电站产生一定的影响。同时，若是电网方，计划调整也仅对被调整电站本身产生一定的影响。但由于 X 电站供电于两网，不同于一般单网供电电站的计划调整，某一方电网提出的计划调整除了对电站本身产生影响外还可能对另外一个电网的电力供应产生影响。若电站方由于自身原因对两网的发电计划均提出一定的调整，那么造成的影响也远远大于单网运行的电站，另外即使电站方仅对一方提出计划调整也应考虑由于水库水头变化对另外一方的影响。因此，发电计划调整必须权衡多方利弊，尽量减小发电计划调整对各方的影响。根据 X 电站发电计划调整的各种可能，将相关协调内容列于表 24-1。

表 24-1　X 电站发电计划调整情景分析

情景	具体调整形式	各方意见反馈	是否需要协调
情景一	售电方仅对国网计划提出调整	三方意见一致	不需协调
		双方或三方产生分歧	需协调
情景二	售电方仅对南网计划提出调整	三方意见一致	不需协调
		双方或三方产生分歧	需协调
情景三	售电方对国网南网计划均提出调整	三方意见一致	不需协调
		双方或三方产生分歧	需协调
情景四	国网对售电方计划提出调整	三方意见一致	不需协调
		双方或三方产生分歧	需协调
情景五	南网对售电方计划提出调整	三方意见一致	不需协调
		双方或三方产生分歧	需协调
情景六	国网南网均对售电方计划提出调整	三方意见一致	不需协调
		双方或三方产生分歧	需协调

表 24-1 中共假定六种发电计划调整的假设情景，各情景是否需要协调关键在于是否有各方分歧的产生。

2. 电力电量平衡

之所以要进行两网的电力电量平衡工作是为了维护各方的利益，使两网电量分配尽量满足约定的分电比例。但在实际执行过程中由于诸多的不定因素影响，使得实际情况无法完全采用既定的方案进行处理。电量平衡可以分为电量差的确定、电量平衡以及补偿三个环节。以下仍然围绕分歧的产生分别从这三个环节分析和挖掘需要协调的地方。首先，电量差的确定主要分为电量差计算和分类两个步骤。这两个步骤是电量平衡的前提，是整个电量平衡工作的关键所在。电量差的确定和分类工作均是在两网的监督下由售电方负责的，若由于某些因素造成国网或南网对电量差额度或者电量差分类结果不满，则可能需要进行相关协调工作。其次，当电量差额确被认为需要平衡的电量差后就进入平衡实施环节。电量平衡实施一般是售电方通过计划来进行平衡的，但可能会出现某个电网由于特殊需要与平衡后的计划不符，这就需要结合实际开展相关协调工作。若到年底结算时，两网仍存在电量差就需要进行补偿，即两网约定将本年度的电量差额到次年同期电量进行补偿，但有可能出现某电网遇特殊情况(恶劣天气或自然灾害)无法补偿对方电网的情况，这也需要结合实际开展相关协调工作。当然实际过程中遇到的情况将十分复杂多变，此处仅列举上述几种情况作简要说明。

3. 调峰时段安排

调峰是为了维持有功功率平衡，保持系统频率的稳定，而进行的发电出力调整，一般由调节性能较好的电站承担。X 电站是一座具有季调节性能的巨型电站，因此，不排除在两网承担调峰任务的可能。对于有调节性能电站来讲，电网调峰时可以将来水蓄在水库里，待调峰结束之后再继续发电，但是如若遇到汛期来水较大，在防洪限制水位的控制下就会导致弃水产生，造成水资源的浪费。另外，在枯季用电高峰时段，电网势必加大电站出力，以满足用户用电负荷的需要，但由于枯季来水较小，可能会导致水库水位消落过快，不利于水资源的优化利用和电力的后续保障。结合 X 电站一厂两调的实际情况，电站在两电网均有可能会承担调峰任务。为了充分利用水资源，避免资源浪费，并且使其发挥最大的效益，在汛期就需要三方协调，充分考虑汛限水位的情况下尽量避免弃水损失的产生。同时，在枯季来水较小时也应该通过三方协调避免由于两网抢电造成库水位非正常消落，给水库带来不利影响。总之，两网调峰的时段安排应在三方协调下，结合实际情况尽量错开，否则会造成水资源的浪费，同时也给电站带来很大的不利。

当然，三方协调小组的协调内容不仅仅局限于上述涉及内容。此处也难以详细并且准确地去界定协调小组的相关协调内容。分歧是在运行过程中产生的，固然协调也是在运行过程中出现。协调小组的协调内容是一个随时间不断完善和壮大的体系。

24.2.4　协商流程

协调小组是一个系统，购售电三方是这个系统的三个部分，流程就相当于这个系统的脉络。合理清晰的流程加上各个部分的紧密联系才能使整个系统充满活力，否则就会导致协调小组工作效率不高、协调不畅等不利局面的出现。在前述内容的基础上为协调小组制定基本的协商流程，是为了明确在需要进行协调时相关部门将如何快速有序地开展协调工作，尽快排除不利因素，以确保电站及电网安全运行。

协商流程与协调机构是相匹配的。协调机构组织结构和人员配置不同，也应该有与其相符的协商流程。根据前述相关研究分析，本研究推荐采用的协调小组组织结构是一个直线制结构，纵向可分为三部分也就是购售电三方，横向可分为三层。针对这样一个组织机构本研究初步制作一个基本的协商流程图，如图 24-5 所示。协调流程总体上可分为四个阶段。第一阶段：由三方成员收集总结相关信息并上报本方负责人。第二阶段：由负责人上报小组组长，小组组长负责通知其他各方负责人，三方负责人进行协调沟通，若能形成一致意见则将其下达至各方，各方积极配合执行。反之进入下一阶段。第三阶段：若第二阶段未能达成一致意见则由小组组长组织召开三方协调会议，在协调会议召开之前组长应事先通过各方负责人下达召开协调会议的信息并约定会议时间(一般在两到三天后，根据会议形式而定)，各方成员积极准备会议相关材料，按时参加三方协调会议并积极主动建言献策。若会议形成三方一致意见则将其下达至各方，各方积极配合执行。反之进入下一阶段。第四阶段：若上一阶段未能形成一致意见则上报上级相关部门领导决策，或者直接由组长决策，并将最终决策下达至各方，各方积极配合执行。

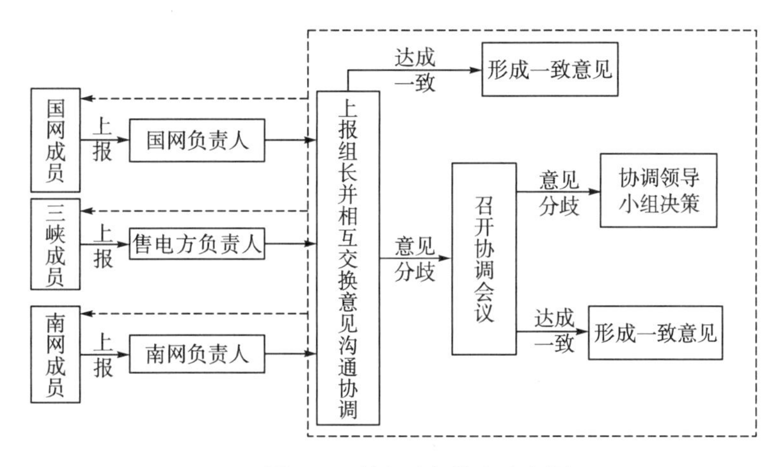

图 24-5 协调小组协商流程图

由图 24-5 可以清晰地看出，协商流程作为整个协调小组的脉络将纵向的购售电三方以及横向的上下三层紧密有序地联系在一起。从左至右，三方的小组成员作为调度相关工作的一线工作人员，对现场情况十分熟悉，在实际工作中总结各种有利和不利的因素以及其他一些需要多方协调的问题并及时向各方负责人汇报。而各方负责人起到了上传下达的作用，一方面可以将本方遇到的问题上报给小组组长，另一方面又将协调结果下达至本方成员，监督和指导调度工作的开展。小组组长作为一个统筹三方的角色，负责组织各方协调沟通以及协调会议的召开。人员组织，自上而下分工明确，环环相扣。因此，解决问题分三步，第一步是各方负责人以及小组组长进行协商沟通，第二步是召开三方协调会议进行协商沟通，第三步是上报协调领导小组。通过这三个步骤层层把关最终解决分歧问题。

24.3 信息共享内容及方式

24.3.1 信息共享内容

对两电网而言，两者属于同等性质和同等级别的兄弟电网，在某种程度上属于竞争关系。因此，很多信息对于双方是属于商业秘密或者其他一些重要的信息而无法进行公开。而 X 电站将两个电网联系起来，两网共用一库水、共调一个电站，相互影响，相互约束。如何在约定两网分电比例的前提下，有效开展两网电量平衡以及调度协调相关工作显得尤其重要。而信息共享是电量平衡以及调度协调工作的基础，如果两网间以及电站与电网间信息不存在共享，无法保障两网的电量平衡，两网所约定的分电比例也就毫无意义。同时若不存在信息的共享，开展两网的调度协调也将遇到各种无法逾越的障碍，最终导致两网以及电站间沟通不畅，不利于电网以及电站的安全高效运行。因此，有必要在电站正式并网发电之前，三方约定需要共享的信息内容，以便后续工作的开展。此处将结合电量平衡以及调度协调相关问题分析三方需要共享的信息内容。另外，由于信息的性质、敏感程度等因素的差异，部分共享信息可能不适宜三方共享，只能是单方电网与电站间的共享。因此，信息共享的内容也应该分为两方共享信息和三方共享信息。

1. 三方共享信息

1) 两网上网电量

X 电站左右岸电厂分电比例是衡量两网是否满足电量平衡的标尺，也是电量平衡工作所关注的重点。分电比例是在电站投产发电前约定的，在实际工作中的落实就要与电量平衡相结合实时关注两网的上网电量。对于两网，各自电厂的上网电量是明确的，但对对方电网的上网电量并不清楚，这样就容易由于信息不明而影响其他一些相关工作的开展。例如，这样的情况，假设国网截至某日的累计发电量与南网截至某日的发电量已不满足分电比例，国网的上网电量远高于南网的上网电量，而在不知情的情况下，国网若再次加大 X 电站的发电出力将会使得两网的差距越来越大。相反，南网若再次减小 X 电站的出力也会带来同样的后果。另外，电站方主要通过发电计划来进行电量平衡工作，但若两网并不清楚对方上网电量的情况，就可能会对电站上报的发电计划产生质疑。考虑电量平衡的监督执行方面，两网共享上网电量信息也是很有必要的，可以进一步促进电量平衡工作的开展，公平公正地保证两网的电力供应。

2) 两网电量差记录情况

根据前述电量平衡的研究，两网电量差的记录工作是由供电方负责的。按照“日日清算”的原则其记录情况主要包括当日两网电量差额、产生差额的原因、累计需要平衡的电量差额度。这样一个记录表可以将电量平衡信息明细化，便于更好地指导电量平衡工作的开展。当然作为购电方，两网有权了解电量差的相关情况，这样一方面可以促进对供电方电量平衡工作监督和执行；另一方面，也便于电网方对整个电站的供电能力有一个整体把握，对电网的安全高效运行以及用户电力供应的保障有着很重要的作用。

3) 两网调峰情况

调峰分为汛期和枯期两种。汛期两网电力较为富余的情况下，两网的调峰在相互间可能不会造成较大的影响，只有电站在防洪限制水位的控制下，可能会有弃水损失的产生。但在枯季电力紧张的时期，两网共用一库水可能会导致抢电的局面，电站在用电高峰时段参与调峰固然会对另一电网造成影响。因此，有必要将两网的调峰情况明细化、公开化，以便两网监督和协调工作的开展。若两网间不进行调峰情况共享，可能会造成电网抢电或电站窝电的现象，给电站带来不利的影响，同时也给错时段调峰的协调带来困难。

2. 两方共享信息

随着我国水电流域梯级开发模式的形成，上下游水力联系紧密的梯级电站相互影响的情况不可避免。特别是上游有调节性能电站的运行方式将直接关系到下游电站的蓄水发电。X 电站关系到国网、南网两大电网，影响范围极大。若能结合上游电站进行来水预报，从而制定相对准确的发电计划，对电网和电站的安全高效运行有着很重要的作用。因此，可以借助电网的优势对上游电站的运行方式有一个总体的把握，以便指导电站的运行发电。X 电站作为流域(三)下游界河电站，其上游大型电站的运行方式对 X 电站有着很大的影响。自 X 电站以上流域(三)上主要有 10 级电站，流域(一)上主要有 5 级电站。这些电站中 W 电站、N 电站属于公司所有的电站。流域(三)上的 O 电站属于界河电站，O 电站以上七级电站属于南网，流域(一)上的电站属于国网。因此，电网有条件向 X 电站提供上游电站的相关信息，特别是有调节性能电站的运行方式。当然上游电站大部分处于在建或规划阶段，只有少数几个电站建成投产，因此，现阶段要求两电网提供已投电站的相关信息，有新建电站投产则及时向 X 电站提供新建电站的相关信息，以便电站及时做出调整。

24.3.2 共享方式

在确定了三方信息共享内容的基础上如何进行有效的实施信息共享，确保各种信息可以及时准确地到达三方，为电站及电网安全高效运行服务，就需要建立完善的信息共享渠道或方式。根据两网和 X 电站的实际情况，本研究提出两种信息共享的方式供参考选择。

首先，由于电站与电网之间设有专门的通信设备并且配备专门的通信人员，可见电网与电站间联系密切。因此，可以利用电站与电网间的通信条件，将 X 电站作为信息汇总的平台，即两网分别将各自需要共享的信息传达至电站集控中心，由电站集控中心负责汇总各类三方的共享信息，进行整合后上报至两网。该模式的详细过程如图 24-6 所示(模式一)。其次，处在信息网络高度发达的时代，可以利用网络的快速便捷建立一个三方信息共享的平台，三方各自将需要共享的相关信息上传到网络平台上，同时也可以根据各自的需要在信息平台上获取自己需要的信息。该模式的详细过程如图 24-7 所示(模式二)。

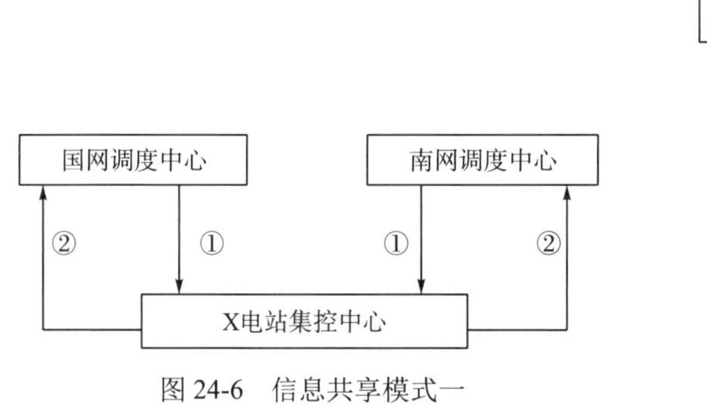

图 24-6 信息共享模式一

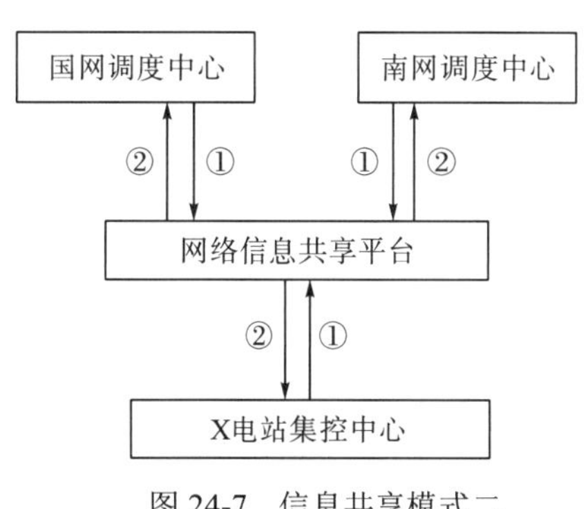

图 24-7 信息共享模式二

上述两种模式，各有优势和不足。模式一是将 X 电站集控中心作为三方联系的纽带，可以充分利用现有资源，进行三方信息的交流和共享，但在一定程度上增加了电站方工作量，并且由于信息首先要通过 X 电站集控中心整合后再送达电网方，因此，可能会影响信息的时效性。模式二可以实现信息的快速便捷交互，但需要建立专门的网络平台，硬件以及网络维护上需要更大的投入。另外，针对不同性质的信息，在信息共享的时候也应该区别对待。对于模式一，X 电站集控中心整合信息必须具备选择性和高度保密性，仅将三方共享信息上传至各方。对于模式二，由于部分信息不属于三方共享，有必要在信息共享的平台上设置两种不同的入口，各方拥有相应的信息共享口令供下载或上传各自需要的信息。

选择何种模式作为信息共享的方式，是关系信息共享的效率高低以及整个调度协调机制能否成功实现的关键。若不能实现某些关键信息的共享，三方也就失去了基本的信任基础，很多方面的工作开展将会遇到阻碍，也给电站和电网的安全高效运行带来障碍。因此结合三方实际，在电站正式投产运营之前，三方应就信息共享的方式达成一致意见，并积极配合实施。

第 25 章　“一厂两调”水电站电量协调平衡方式研究

X 电站供电国网、南网，电量平衡主要涉及两网之间电量的分配问题，协调并保障两网尽量满足分电比例。本研究的电量平衡主要由电站主导，电网配合执行。本章对电量平衡方式以及应对电量平衡的各种方法做深入研究和分析。

25.1　电量协调平衡原则

25.1.1　电量协调平衡总体原则

X 电站具有“一厂两调”的特殊性，由于国网、南网的负荷特性、左右岸电站的机组特性及运行工况不同必然导致实际运行过程中两网的上网电量的分配不能满足事先约定的分配比例。电量平衡工作将成为电站及电网工作人员的日常工作中必不可少的一部分。制定 X 电站电量平衡的总体原则一方面可以使日常的电量平衡工作有章可循，另一方面也便于指导和开展两网间的电量平衡工作。本研究结合 X 电站“一厂两调”的实际，根据电站及电网运行的相关规定，现初步拟定以下一些电量平衡的总体原则：

(1) 两网电量平衡为先，厂网电力平衡为辅。X 电站左右岸分别由国网和南网直调，电站电力将送往华中电网、华东电网及广东电网消纳，关系到两大电网的安全运行以及华中、华东以及广东等多个地区的电力供应保障。“共调一库水”的实际使得日常调度工作中两网间相互影响在所难免，因此，两网在调度过程中应充分考虑 X 电站的特殊性，在保障电站安全运行的前提下，尽量减少对兄弟电网的影响。电网需求主要分为两个方面，即电量和容量。从电量来讲，X 电站正式并网发电之前两网所约定的分电消纳比例是指导电站运行和保障两网电力供应的重要标尺。满足两网电量比例平衡是电站后续有序生产的前提，只有保证两网间的电量平衡，实现两网相互影响最小化才具有可能性。对于容量，容量需求即电力需求，一方面由于两网负荷特性不同，对 X 电站的电力需求也不尽相同，两网的电力平衡是无法实现的，同时也是没有必要实现的。另一方面，电网的电力需求如调峰弃水等，往往影响电站的效益及兄弟电网的电力电量需求。因此，电力平衡实际上是厂网间的电力需求的满足问题。在实际运行过程中若电网对电站有电力方面的特殊要求时，在保障电站和电网安全的前提下，电站可以尽量满足电网的电力需求。若电力需求满足与两网电量平衡有冲突时，应尽量满足电量平衡的需求，以两网间的电量平衡为主，网间电力需求满足为辅。

(2) 电量平衡尽量保证左右岸电站出力变化趋势稳定。在电量平衡的过程中，为了使不平衡电量差重新回到平衡点，达到两网所约定的电量分配比例，必然会对两方的发电负荷进行调整，使得电站出力发生变化。然而对于电站，出力变化频繁会对电站安全运行以及发电机组的工况和寿命产生很大的影响。一般情况下电站在日常的调度运行过程中都尽量地避免频繁调整负荷。因此，考虑 X 电站“一厂两调”的实际情况，电量平衡应尽量保证左右岸电站出力变化趋势稳定，避免陡涨陡落、频繁调整状况的发生。

(3) 尽量避免弃水损失，确保水能利用最优。有调节性能电站的最大优势在于可以通过水库调蓄作用确保水资源利用效率最大化。而对于电站，如何优化运行才能在保障电站安全的前提下使水库发挥最大的作用从而创造最大的效益，是电站运行和管理人员的一项重要工作。若出现弃水损失一方面不利于水资源的最优化利用，造成资源的浪费，另一方面也会给电站的发电效益带来影响。因此，在电量平衡过程中要尽量避免弃水损失的产生，按照水能利用最优的原则逐步实施电量平衡，避免发生短期内较大幅度降低水位的现象。若某种平衡方案会导致弃水损失的产生，就应该即刻寻找替代方案进行平衡或者顺延到下一期进行平衡。另外，如果汛期电站来水较大，在防洪要求的限制下，电站机组一般均处于满发状态，也应该考虑到资源优化利用的原则，选择合适的时机进行电量平衡，避免本末倒置的现象出现。

(4) 以计划平衡为准则，有特殊要求可实时调整。电力商品的特殊性所决定的电力市场严格计划性保障了电网运行的安全性以及用户电力供应的可靠性。依据国家相关调度规范，电站需要向电网提前上报年、月以及日发电计划，电网再根据电站上报的发电计划安排电站的生产。整个过程都具有严格的计划性，正是由于这种严格的计划性使得电站发电以及电网运行秩序井然。X 电站的电量平衡工作其实质上是左右岸电站发电负荷的调整问题。为了不影响正常的生产秩序，通过计划滚动进行电量平衡是最好的选择。当然，如果在实际工作遇到特殊情况发生，经三方协调一致的情况下可以在实时调度中调整执行。

(5) 先补后分，额度上限。电量平衡主要以计划平衡为主，而电量平衡工作与日常的生产运行是同步的，电量差在被平衡的同时又有新的电量差产生。电量平衡必须做到在不影响电站和电网正常运营的前提下平衡前期的电量差。因此，制定“先补后分，额度上限”的原则，无论是月计划还是日计划的编制都先进行补差，然后将补差后的电量按比例分配。当然，为了不影响电网运行，每月或者每日所平衡的电量必须有一个上限，以便保证电网的电力供应，否则可能会导致一方电网电量过少而另一方过剩的局面。

25.1.2　电量协调平衡辅助性原则

1. 电量差确定及分类

两网按分电比例进行年、月、日发电量分配，左右岸电站实际上网电量与实际电量中应分配电量的差值即为电量差。电量差的确定及分类是电量平衡的基础，电量差的确定是解决平衡的量的问题，电量差额的分类是解决是否需要平衡的问题。电量差的确定有两个前提，第一：以两网分电比例为标尺进行计算，并不是两网上网电量的绝对差额；第二：坚持每日清算，由于引起电量差的因素有很多，为了便于电量差的分类，电量差清算的时间尺度越小越好，因此，以日为结算周期进行核算，每日清算当日产生的电量差。

下面对日电量差的计算方法进行简要介绍。首先假定某日送往国网的上网电量为W_G，送往南网的上网电量为W_N，电站送出总的上网电量为W，该日需要进行平衡的存量电量差为W_C。国网、南网的分电比例分别为α、β，则该日国网、南网的电量差w'_g、w'_n分别计算如下：

$$\alpha + \beta = 1 \tag{25-1}$$

$$W_G + W_N = W \tag{25-2}$$

$$w'_g = (W_G + W_N - W_C) \times \alpha - (W_G - W_C) \tag{25-3}$$

$$w'_n = (W_G + W_N - W_C) \times \beta - W_N \tag{25-4}$$

式(25-3)和式(25-4)计算结果为正表示超发电量，为负表示欠发电量。则需要平衡(补偿)的电量差为W_B：

$$W_B = |w'_g| = |w'_n| \tag{25-5}$$

电站每日通过上述计算方法计算每日的电量差额并做好详细记录。电量差额的记录主要包括两网当日实际上网电量、两网电量差额、电量差产生的原因等。本研究初步设计了一个电量差额记录表，如表 25-1 所示。

表 25-1　两网电量差记录样表

时间	存量电量差	国网			南网			产生电量差原因	是否需要平衡
		当日上网电量	平衡存量电量差	电量差额	当日上网电量	平衡存量电量差	电量差额		
×月××日									
×月××日									
×月××日									
×月××日									
×月××日									
×月××日									

通过这样一个电量差记录情况表，可以将每日两网的电量分配以及电量平衡情况进行详细记录。一方面可以指导售电方的电量平衡工作，便于相关工作人员查阅并针对实际情况做出应对策略。另一方面也给购售电三方提供了电量平衡的明细情况，促进电站与电网间以及三方间的协调沟通。售电方指派相关工作人员负责记录工作，当然这项工作也需要两网相关工作人员的积极配合。

引起两网电量差的因素有很多，为了维护三方的利益以及公平公正的原则，有必要对电量差进行详细分类。分类的主要目的是为了区分和明确何种情况下产生的电量差需要平衡，即电量差的分类确定是电量平衡的前提，也是制定有效电量平衡方法的基础。当遇到两网产生电量差时首先判别电量差是否需要进行平衡，然后根据实际情况做出相应的处理。电量差的计量方法以及记录方式确定之后，就需要根据产生电量差的原因对电量差进行分类，为执行细化电量平衡方式服务。电量差分类主要考虑电量差产生的时段(汛期或非汛期)、电量差产生的原因(购电方或售电方，正常情况下产生或特殊情况下产生)、对各方造成的影响(产生弃水电量损失，购电方相互产生影响)等因素。考虑上述因素的情况下主要将电量差分为平衡与不平衡两类，为后续的电量平衡工作做好铺垫。由于实际运行过程中引起电量差的因素很多并且难以预知，因此本研究尽量挖掘各种可能产生电量差的因素，假定各种情形初步对电量差进行分类。

根据前述相关研究内容，可知两网电量差的确定和记录都是以日为计算时段，电量差的产生也是在短期日发电过程中。那么在电量差分类时就必须考虑短期日发电过程的各种要素，挖掘各种可能引起两网电量差的因素。在确定电量差分类方法之前，首先明确两网电量平衡的前提是电站向两网报送的发电预计划原则上是平衡的。电站在制作预计划的时候必须以电量平衡为原则，按比例向两网分配电量。理想状态下，电网如果按照预计划下达发电计划，两网就不会产生电量差。由于电站在生产过程中是完全接受电网调令并执行的，那么电量差的产生就跟计划调整有直接关系。因此，不妨从计划调整的各种可能性来分析电量差的产生情况。电站在生产过程中引起计划调整的因素有很多，主要有购电方、售电方以及其他一些特殊因素。电力调度中“电网主导、电站服从”的事实决定了电站所执行的发电计划均是在电网参考电站上报的预计划之后下达到电站的。即使电站上报的预计划是根据电量平衡原则上报的，但电网根据其实际的情况调整后发电计划并没有保障两网的电量平衡，这样就会出现两网电量的偏差。并且在实际操作中电网或电站遇到紧急情况及时调整了发电计划，也会出现两网电量的偏差。可见，计划调整是造成两网电量差的驱动性因素。

电量平衡的目的在于维持各方利益的均衡，其实质是对少发方进行补偿，也就是维护调减方的利益。但根据水电的特点，在汛期或者供电盈余的状态下大幅调减，就会造成水资源的浪费，应鼓励电网多购电，尽量避免调减。相反，在枯季或者供电紧张的状态下大幅调增也会给电站带来不利，应尽量避免调增。根据这样的思路，汛期或者电站供电盈余的情况下鼓励电网多购电时，尽量维护调增方的利益，从而避免电网调减，仅在调增方对另一电网造成影响时进行平衡。当电站供电紧张时，应尽量避免电网调增，维护调减方的利益，仅当调减方造成弃水损失时不进行平衡。售电方提出计划调整一般是由于来水或者厂站原因造成，且售电方计划调整都必须经电网审核同意。为了公平起见，售电方对两网的调整应做到一致，并且公开化。无论是在汛期还是非汛期，电站在征求电网同意的情况下提出调增，为了维护多购方的利益，若调增后仍然有弃水产生则不进行平衡。当来水或机组原因造成有双方或者单方电网调减，为了维护少发方的利益，应进行平衡处理。计划调整是电网或者电站根据其实际情况做的调整，在条件允许的情况下所做的调整也在一定程度上提高电站和电网的运行效率。因此，可以允许各方在条件允许的情况下对计划进行适当调整，电站通过后续电量平衡工作协调平衡。上述分类方法主要从水资源利用效率最大化的角度分析是否应该采用电量平衡的手段来维护少发方的利益，各种分类情况必须是在电站及电网正常运行时的可控情况下产生。当电站或电网由于自然因素或者其他一些不可抗力造成运行障碍时，不再考虑该分类方法。具体情况如何处理应视当时的实际情况各方协商解决。

根据上述相关分析，本研究决定以分析计划调整情况、计划调整后的执行结果以及电站的供电状况三方面情况作为电量差分类的评判要素。为了便于表述，将电站的供电状态分为“紧张”“盈余”两种状态。“紧张”状态多出现在枯季，电站期望电网尽量少调增计划，鼓励电网适当少购电。“盈余”状态多出现在汛期，电站期望电网尽量少调减计划，鼓励电网适当多购电。本研究之所以采用电站供电状态(“紧张”“盈余”)而不是汛枯期时段划分作为评判要素，原因在于电量差是以日为计算时段的，汛枯期时段划分是以月为计量单位，时间上不匹配。而且在实际运行过程中也有可能在汛期出现来水较小，供电紧张的状况，而在枯季出现供电盈余的状况。可见，以电站每日的实际供电状况作为评判电量差的要素更灵活并且更能结合实际。详细的分类结果见表 25-2。

表 25-2 电量差详细分类结果

调整情况		执行结果	电站供电状况	电量差类型
购电方	一方调增，另一方调减	—	“盈余”	不平衡
	两方调减	—	“盈余”	不平衡
	一方调减，另一方不变	—	“盈余”	不平衡
	两方调增	降水位满足	“盈余”	平衡
	两方调增	不需降水位满足	“盈余”	不平衡
	一方调增，另一方不变	降水位满足	“盈余”	平衡
	一方调增，另一方不变	不需降水位满足	“盈余”	不平衡
	一方调增，另一方调减	产生弃水电量损失	“紧张”	不平衡
	一方调增，另一方调减	不产生弃水电量损失	“紧张”	平衡
	两方调减	产生弃水电量损失	“紧张”	不平衡
	两方调减	不产生弃水电量损失	“紧张”	平衡
	两方调增	—	“紧张”	平衡
	一方调增，另一方不变	—	“紧张”	平衡
	一方调减，另一方不变	产生弃水电量损失	“紧张”	不平衡
	一方调减，另一方不变	不产生弃水电量损失	“紧张”	平衡
售电方	两方调增	仍然有弃水电量损失	“盈余”	不平衡
	两方调增	无弃水电量损失	“盈余”	平衡
	一方调增，一方不变	仍然有弃水电量损失	“盈余”	不平衡
	一方调增，一方不变	无弃水电量损失	“盈余”	平衡
	两方调减	—	“盈余”	平衡
	一方调减，一方不变	—	“盈余”	平衡
	一方调增，一方调减	—	“盈余”	平衡
	两方调增	仍然有弃水电量损失	“紧张”	不平衡
	两方调增	无弃水电量损失	“紧张”	平衡
	一方调增，一方不变	仍然有弃水电量损失	“紧张”	不平衡
	一方调增，一方不变	无弃水电量损失	“紧张”	平衡
	两方调减	—	“紧张”	平衡
	一方调减，一方不变	—	“紧张”	平衡
	一方调增，一方调减	—	“紧张”	平衡
特殊紧急情况(不可抗力)		—	—	各方协商解决

注：表中“—”表示无论出现何种结果。

在实际运行过程中每日结算记录电量差之后，再根据表 25-2 的分类情况确定该电量差是否应该进行平衡，并在记录表中注明。不需要进行平衡的电量差就此忽略不计；需要平衡的电量差累计进入平衡阶段进行处理。

2. 电量平衡分期

由于受来水影响，丰枯期电力稀缺程度有很大差别。因此，丰枯期电力的实际价值也是不对等的，即丰枯期等量电力并不等值。考虑到这种丰枯期差别存在，在电量平衡过程中将平衡时段划分为汛期(6～10 月)、枯水期(11～次年 4 月)两个时期，无论采用何种平衡方法，平衡只能在相同时段内执行，即汛期产生的电量差只能在汛期内进行平衡，枯水期产生的电量差只能在枯水期进行平衡。各期不能平衡的电量差额进行累计结算并补偿。鉴于电站及电网企业一贯采取年度结算的方式，上述的分期中枯水期为 11 月至次年 4 月，在实际结算时可能会导致跨年平衡的现象，与年度结算的运行方式不匹配。因此，将枯水期分为两段，1 月至 4 月为一段，11 月至 12 月为一段。

时段划分对于电网，增加了两网电量平衡以及比例分配的合理性和公平性。一方面避免了丰水期电量差额在枯水期电力较为紧张的时段平衡对丰水期购电较多的电网方造成不利局面，影响其正常供电。另一方面也避免了枯水期电量差额在丰水期电力富余时平衡对枯水期购电较少的电网方带来不公平的一面。另外，对电站来讲，虽然时段划分会增加电站电量平衡工作的工作量，但在保障两网分电公平性的前提下也有利于电站电量平衡工作的顺利开展。

25.2　电量协调平衡方法

在明确电量平衡的总体原则的基础上，本节主要研究电量平衡的基本方法，深入理论分析以指导电量平衡方案的设计和实施。电量平衡方法主要分为月平衡方法、旬平衡方法、日平衡方法和累计上限平衡方法四类。各种方法都有其优势和不足，以下将详细介绍各种方法的具体实施步骤并比较其优缺点，分析各种方法的可实施性。在分析各种平衡方法之前，此处先对电站发电运行的一些限制情况作简要说明。首先电站的发电能力是一定的，根据来水以及水库运用的实际情况，可以初步预测一天的发电量，因此，电量平衡必须考虑电站的发电能力。其次，X 电站左右岸分别装机 9 台 77 万 kW，考虑到频繁开停机对机组寿命及工况的不良影响，因此，若由于电量平衡缘故需要加开一台机组时，应考虑机组运行时间不得低于两小时。最后，电量平衡过程还应考虑到电网的消纳能力，若电网根本无法消纳由于平衡增加的额外电量，则暂时不进行平衡，维持原有比例分配电量。

25.2.1　月协调平衡方法

月平衡方法可分为月内平衡及逐月平衡两种。月内平衡是指某月内产生的电量差在该月内进行平衡，月末进行结算。逐月平衡是指本月产生的电量差仅进行结算和记录，在下月进行平衡，如此滚动平衡至平衡期末进行结算。

1. 月内平衡

月内平衡是将平衡时段设定在每个月的下旬，每月的前两旬只进行电量差的确定和记录工作，不开展平衡工作。在中旬末汇总计算本月前两旬产生的电量差总额，在下旬的十天内平衡。月末再次进行汇总计算，得到本月最终的电量差额，并做好记录工作，进入补偿阶段。月内平衡的具体实施步骤可以分为以下几步：

第一步：汇总计算电量差。在每月 20 日，查阅汇总本月 1 日到 20 日每天的电量差记录表。此处假定每天的电量差额为c_i，C 表示前 20 天总的电量差额，则$C=\sum_{i=1}^{20}c_i$。

第二步：提前沟通，开展平衡工作。假定电站的每日发电能力为Q_i $(i=21,22,23,\cdots,30/31)$，通过电站与电网沟通，当日需要平衡的电量差额为$c_i'$ $(i=21,22,23,\cdots,30/31)$，保证两电网安全正常运行所需电量的下限分别为$Q_{g,i}^{\min}$、$Q_{n,i}^{\min}$ $(i=21,22,23,\cdots,30/31)$，两网每日的消纳能力分别为$Q_{g,i}^{\max}$、$Q_{n,i}^{\max}$，国网、南网的分电比例分别为$\alpha$、$\beta$。考虑各种约束，根据先补后分的原则，两网的发电量分别为q_g、q_n。此处假定国网为前期少发方，则

$$q_g=\alpha\left(Q_i-c_i'\right)+c_i' \tag{25-6}$$

$$q_n=\beta\left(Q_i-c_i'\right) \tag{25-7}$$

约束：

$$Q_{g,i}^{\max}\geqslant q_g\geqslant Q_{g,i}^{\min} \tag{25-8}$$

$$Q_{n,i}^{\max}\geqslant q_n\geqslant Q_{n,i}^{\min} \tag{25-9}$$

电量平衡不能影响电网的正常运行，所以必须满足式(25-8)和式(25-9)的约束条件，若约束无法满足，则重新协商设定平衡电量c_i'。c_i'的确定必须要结合电站及电网的实际情况，不能单纯从理论的角度采取平分的方式将电量差总额C平分到平衡时段内的各天。考虑上述约束，将式(25-6)和式(25-7)代入式(25-8)和式(25-9)可得

$$\left(Q_{g,i}^{\max}-\alpha Q_i\right)/\beta\geqslant c_i'\geqslant\left(Q_{g,i}^{\min}-\alpha Q_i\right)/\beta \tag{25-10}$$

$$Q_i-Q_{n,i}^{\min}/\beta\geqslant c_i'\geqslant Q_i-Q_{n,i}^{\max}/\beta \tag{25-11}$$

设：

$$a=\min\left\{\left(Q_{g,i}^{\max}-\alpha Q_i\right)/\beta,Q_i-Q_{n,i}^{\min}/\beta\right\} \tag{25-12}$$

$$b=\min\left\{\left(Q_{g,i}^{\min}-\alpha Q_i\right)/\beta,Q_i-Q_{n,i}^{\max}/\beta\right\} \tag{25-13}$$

可得：$a\geqslant c_i'\geqslant b$（若 a、b 小于 0，则取 0）。

则c_i'可以用下式表示：

$$c_i'=\left[b,a\right] \tag{25-14}$$

或利用平均的概念得

$$c_i' = \begin{cases} b & \left(\dfrac{C}{10} \leqslant b\right) \\ \dfrac{C}{10} & \left(b < \dfrac{C}{10} < a\right) \\ a & \left(\dfrac{C}{10} \geqslant a\right) \end{cases} \tag{25-15}$$

式中，$\dfrac{C}{10}$表示将总电量差平分至该月的后 10 天，该月至 30 日止。若该月的平衡时段至 31 日止，则用$\dfrac{C}{11}$表示。

式(25-14)和式(25-15)均可以作为确定平衡电量c_i'的有效方法。进行比较，式(25-15)中平衡电量的多少需要各方协商决定，一定程度上增加了平衡工作的工作量，但当电量差额 C 较小时，没有必要分至整个平衡时段，采取各方协商的方式比较符合实际。式(25-15)主要体现在平衡时段内平均分摊电量差额的理念，可以在一定程度上缓解前期多发方在平衡时段供电紧张的问题。因此在实际运用时，建议结合实际情况，选择最适合的方法确定平衡电量。

第三步：再次汇总计算存量电量差(并未平衡完的电量差额)以及平衡时段内新产生的电量差。

$$D_k = \sum_{i=21}^{30} c_i + \left(C - \sum_{i=21}^{30} c_i'\right) \tag{25-16}$$

式中，D_k表示第 k 月末两网所剩的电量差额。

第四步：至平衡期末计算本期各月的电量差余额总和，进行补偿处理。

$$D = \sum_{k=1}^{n} D_k \tag{25-17}$$

式中，k 表示该平衡期内的第 k 月；n 表示该平衡期共有 n 个月；D 表示需要进行补偿的电量差额。

2. 逐月平衡

逐月平衡即逐月滚动平衡，平衡期开始的第一个月只对电量差进行结算和记录工作。平衡期第二个月平衡第一个月产生的电量差，依次滚动至平衡期末结算未平衡的电量差，进入补偿阶段。其具体实施步骤如下：

第一步：汇总计算电量差。在平衡期开始第一个月 30 日或 31 日，查阅汇总本月的电量差记录表，此处假定每天的电量差额为a_i，A 表示前一月(30 日)总的电量差额，则$A = \sum_{i=1}^{30} a_i$。

第二步：协调上报电网，开展平衡工作。同月内平衡一样，电量平衡工作必须考虑电站的发电能力、电网的消纳能力以及保障电网安全有效运行的最低出力限制。此处假定电站每日的发电能力为$Q_i\ (i = 1,2,3,\cdots,30/31)$，通过电站与电网沟通，当日需要平衡的电量差额为$a_i'(i = 1,2,3,\cdots,30/31)$，保证两电网安全正常运行所需电量的下限分别为$Q_{\mathrm{g},i}^{\min}$、$Q_{\mathrm{n},i}^{\min}$

$(i=1,2,3,\cdots,30/31)$，两网每日的消纳能力分别为$Q_{g,i}^{max}$、$Q_{n,i}^{max}$，国网、南网的分电比例分别为α、β。考虑各种约束，根据先补后分的原则，两网的发电量分别为q_g、q_n。假定国网为前期少发方，则

$$q_g=\alpha\left(Q_i-a_i'\right)+a_i' \tag{25-18}$$

$$q_n=\beta\left(Q_i-a_i'\right) \tag{25-19}$$

约束：

$$Q_{g,i}^{max}\geqslant q_g\geqslant Q_{g,i}^{min} \tag{25-20}$$

$$Q_{n,i}^{max}\geqslant q_n\geqslant Q_{n,i}^{min} \tag{25-21}$$

同理采取反推的方法得到a_i'的约束：

$$\left(Q_{g,i}^{max}-\alpha Q_i\right)/\beta\geqslant a_i'\geqslant\left(Q_{g,i}^{min}-\alpha Q_i\right)/\beta \tag{25-22}$$

$$Q_i-Q_{n,i}^{min}/\beta\geqslant a_i'\geqslant Q_i-Q_{n,i}^{max}/\beta \tag{25-23}$$

设：

$$e=\min\left\{\left(Q_{g,i}^{max}-\alpha Q_i\right)/\beta,Q_i-Q_{n,i}^{min}/\beta\right\} \tag{25-24}$$

$$f=\min\left\{\left(Q_{g,i}^{min}-\alpha Q_i\right)/\beta,Q_i-Q_{n,i}^{max}/\beta\right\} \tag{25-25}$$

可得：$e\geqslant a_i'\geqslant f$（若$e$、$f$小于 0，则取 0）。

则a_i'可以用下式表示：

$$a_i'=\left[f,e\right] \tag{25-26}$$

或利用平均的概念得

$$a_i'=\begin{cases}f & \left(\dfrac{A}{30}\leqslant f\right)\\ \dfrac{A}{30} & \left(f<\dfrac{A}{30}<e\right)\\ e & \left(\dfrac{A}{30}\geqslant e\right)\end{cases} \tag{25-27}$$

式中，$\dfrac{A}{30}$表示将总电量差平分至该月的 30 天，该月至 30 日止。若该月的平衡时段至 31 日止，则用$\dfrac{A}{31}$表示。

式(25-26)给出的是a_i'的有效取值范围，需要由电站与各方协调确定平衡电量的值。式(25-27)是根据条件设定一个定值作为平衡电量。两种方法各有优势和不足，在实际运用时，建议结合实际情况选择最适合的方法确定平衡电量。

第三步：在月末再次汇总计算电量差总额A_k，包括新生的电量差和存量电量差额。

$$A_k=\sum_{i=1}^{30}a_i+\left(A-\sum_{i=1}^{30}a_i'\right) \tag{25-28}$$

将此电量差总额A_k作为下月的平衡总电量，回到第二步继续进行下一次平衡。如此

滚动至整个平衡期末，余下未被平衡的电量差进行补偿。

上述两种月平衡方法的主要不同在于时段的划分，对于电量平衡具体操作上没有实质的不同。前者以月为结算期，不再进行滚动，后者逐月滚动至整个平衡期末进行结算。实际运用中两网电量差不大的情况比较适合月内平衡，这样就不会有过多的电量差留存下来给补偿带来压力。相反，电量差较大时，仅仅用 10 天时间开展电量平衡可能会有一定的难度，也会在每月末结算时留下较多的未平衡电量。后者平衡时段较长且利用逐月滚动，可以应对较大电量差的情况。对于电量差较小的情况也可以通过各方协商的方式在月初进行平衡。通过比较，逐月平衡的方式适用范围较广。

25.2.2　旬协调平衡方法

旬平衡方法与月平衡方法类似，只是将旬作为平衡时段，从理论上讲也可以分为逐旬平衡和旬内平衡两种。但由于一旬仅 10 天，因此不再推荐旬内平衡的方式，此处只对逐旬平衡作简要说明。平衡期开始的第一个月上旬只对电量差进行结算和记录工作，中旬开始对上旬产生的电量差进行平衡，如此逐旬滚动至平衡期末，进入补偿阶段。其具体实施步骤如下：

第一步：汇总计算电量差。在平衡期开始的第一个月上旬末(即 10 日)，汇总计算本月上旬产生的总电量差(用 X 表示)：

$$X = \sum_{i=1}^{10} x_i \tag{25-29}$$

第二步：各方沟通，开展平衡工作。由于电量平衡工作不能影响电站和电网的正常运行，因此本研究仍然在各种约束条件满足的情况下反推电站平衡电量必须满足的条件。假定电站每日的发电能力为 Q_i $(i=1,2,3,\cdots,30/31)$，通过电站与电网沟通，当日需要平衡的电量差额为 x_i' $(i=1,2,3,\cdots,30/31)$，保证两电网安全正常运行所需电量的下限分别为 $Q_{\mathrm{g},i}^{\min}$、$Q_{\mathrm{n},i}^{\min}$ $(i=1,2,3,\cdots,30/31)$，两网每日的消纳能力分别为 $Q_{\mathrm{g},i}^{\max}$、$Q_{\mathrm{n},i}^{\max}$，国网、南网的分电比例分别为 α、β。考虑各种约束，根据先补后分的原则，两网的发电量分别为 q_{g}、q_{n}。假定国网为前期少发方，可得每日的平衡电量必须满足以下两式：

$$\left(Q_{\mathrm{g},i}^{\max} - \alpha Q_i\right)/\beta \geqslant x_i' \geqslant \left(Q_{\mathrm{g},i}^{\min} - \alpha Q_i\right)/\beta \tag{25-30}$$

$$Q_i - Q_{\mathrm{n},i}^{\min}/\beta \geqslant x_i' \geqslant Q_i - Q_{\mathrm{n},i}^{\max}/\beta \tag{25-31}$$

设：

$$g = \min\left\{\left(Q_{\mathrm{g},i}^{\max} - \alpha Q_i\right)/\beta, Q_i - Q_{\mathrm{n},i}^{\min}/\beta\right\} \tag{25-32}$$

$$h = \min\left\{\left(Q_{\mathrm{g},i}^{\min} - \alpha Q_i\right)/\beta, Q_i - Q_{\mathrm{n},i}^{\max}/\beta\right\} \tag{25-33}$$

可得：$h \leqslant x_i' \leqslant g$ (若 h、g 小于 0，则取 0)。

则 x_i' 可以用下式表示：

$$x_i' = [h, g] \tag{25-34}$$

或利用平均的概念得

$$x_i'=\begin{cases} h & \left(\dfrac{X}{10}\leqslant h\right) \\ \dfrac{X}{10} & \left(h<\dfrac{X}{10}<g\right) \\ g & \left(\dfrac{X}{10}\geqslant g\right) \end{cases} \tag{25-35}$$

式中，$\dfrac{X}{10}$表示将前期汇总的电量差平分至平衡时段的 10 天(一个旬段)，若下旬为平衡时段时，则为$\dfrac{X}{11}$。

式(25-34)与式(25-35)各自的优缺点在前节月平衡中已有探讨，此处不再赘述。在实际运用时可以结合实际情况选择有效的处理方法。

第三步：旬末再次汇总计算新产生的电量差和未平衡的存量电量差 X_m。

$$X_m=\sum_{i=11}^{20}x_i+\left(X-\sum_{i=11}^{20}x_i'\right) \tag{25-36}$$

回到第二步，开展下一次平衡工作，如此滚动至平衡期末进行结算，剩余电量差进入补偿阶段。

25.2.3　逐日协调平衡方法

逐日平衡即逐日滚动平衡，后一天平衡前一天产生的电量差。电站每天都会对两网的电量差情况作详细记录。根据先补后分的原则，电站将第二天电站总的发电量扣除前一天产生的电量差之后，按比例分配给两网。假定两网某日的电量差为r_i，次日电站的日发电能力为Q_i，国网为当日欠发方，则次日国网、南网的发电量$q_{g,i+1}$、$q_{n,i+1}$分别为

$$q_{g,i+1}=\alpha\left(Q_i-r_i\right)+r_i \tag{25-37}$$

$$q_{n,i+1}=\beta\left(Q_i-r_i\right) \tag{25-38}$$

逐日滚动至整个平衡期末，剩余电量差进入补偿阶段。由于电站每天的发电能力有限，所以正常情况下，一天内两网产生的电量差不会太大，更不会对第二天两电网的正常供电造成影响。但每日进行一次电量平衡必然会在一定程度上增加电站相关工作人员的工作量，特别是当两网电量差本身较小的时候，电量平衡工作也将失去其意义。

25.2.4　累计上限协调平衡方法

累计上限平衡法是指给电量差累计总额设定一个上限值，根据每日的电量差记录表，逐日累计电量差，达到上限值进行一次平衡。这里上限值的确定就成为该方法的关键所在。本研究电量平衡的目的是为了维持两网电量分配均衡(按比例分配)，开展电量平衡工作必然会对一方或者两方电网供电造成一定的影响，因此，电量平衡的时段不宜过长。若累积了大量的电量差要在短时间内平衡完毕无疑会对电站平衡工作带来压力，并且会使前期多

发方电网长时间处于紧张供电状态。当然上限值也不宜设置过小，这样可能会过于频繁地开展平衡工作且平衡的意义并不大。

考虑各种因素影响，本研究决定将累计上限平衡的平衡时段定为一日。即逐日累计两网电量差，当电量差总额达到预先设定的上限值，则在次日进行一次平衡。在此之后继续进行电量差的累计，直到下一次平衡。在平衡期末结算本期还未平衡的电量进入补偿阶段。既然平衡时段定为一天，那么一天内电站可以平衡的最大电量差就可以作为电量差累计的上限值。根据前述电量平衡不能影响电站和电网的正常运营，平衡电量差必须满足电站发电能力、电网消纳能力以及维持电网安全运行的下限等约束限制。平衡电量差限制范围的计算方法已在月平衡和旬平衡中详细介绍过，此处不再赘述其详细过程，直接给出计算结果如式(25-39)和式(25-40)：

$$P_{g,k}^{\max} = \min\left\{\left(Q_{g,k}^{\max} - \alpha Q_k\right)/\beta, Q_k - Q_{n,k}^{\min}/\beta\right\} \tag{25-39}$$

$$P_{n,k}^{\max} = \min\left\{\left(Q_{n,k}^{\max} - \alpha Q_k\right)/\beta, Q_k - Q_{g,k}^{\min}/\beta\right\} \tag{25-40}$$

式中，$P_{g,k}^{\max}$ 表示 k 时段国网累计上限平衡的上限值(国网为前期欠发方)；Q_k 表示 k 时段电站的日发电能力；$Q_{g,k}^{\max}$ 表示 k 时段国网每日的消纳上限值；$Q_{n,k}^{\min}$ 表示 k 时段能保证南网安全运行的电量下限值；α 、β 为两网分电比例；$P_{n,k}^{\max}$ 表示 k 时段南网累计上限平衡的上限值(南网为前期欠发方)。这里之所以设置国网、南网两个上限值，是由于两网特性不一，上限值的设定也需要根据实际情况，前期欠发方不同，上限值也就不同。

累计上限平衡打破了前面几种按平衡时段长短划分来设置平衡方法的模式。与前面几种方法相比，累计上限平衡方法比较灵活，具有较强的适应性，何时进行平衡处理是根据实际情况而定的，不会受到时间刻度的限制。

从理论上讲，上述几种平衡方法均具备一定的可实施性。不过根据“以计划平衡为主，特殊情况可实时调整”的平衡原则，电量平衡的实施应该与发电计划相结合，在电站制作相关发电计划时应该反映电量平衡以及平衡电量差的情况。由于时间上的不匹配，部分电量平衡方法可能会作相应调整。电站发电计划的制作分年计划、月计划和日计划。本研究电量平衡仅限于年内，因此只涉及月计划和日计划。根据发电计划上报的一般规律，月计划是售电人根据来水预测和机组安排，结合年合同电量分月计划，在每月的 15 日前将次月发电建议计划上报电网。日计划在每日 09:30 前，售电人根据月度交易计划、来水预测以及机组运行状况，向电网报送次日发电上网建议预计划，并作相应说明。10:30 前，售电人向电网再次报送次日发电上网正式建议计划。

首先研究月计划的编制如何体现和结合各种平衡方法。本研究将月平衡方法分为逐月平衡和月内平衡两类，通过分析，逐月平衡较月内平衡适用范围更广。但由于逐月平衡的电量差汇总计算是在月底进行，月内平衡的电量差汇总计算是在中旬末(20 日)进行，无论是逐月平衡还是月内平衡均无法在报送建议计划时结合整个一月或者前两旬的电量差情况来制作建议计划。以逐月平衡为例本研究给出两种解决此类问题的方法。第一，每月 15 日前报送次月发电建议计划时除了考虑来水预测、机组情况等，还要分析此前产生电量差的情况和规律对电量差情况作相应预测，并在建议计划中作相应说明。第二，打破常规时段划分，将平衡时段划分与发电计划上报时间相结合，将每月 15 日到下月 15 日作为平衡时段，这样就可以结合每个时段的电量差情况，上报发电计划。从实际可操作性的角度考虑，本研究建议采用第一种方法处理相关问题。因为时段的推移会造成汛枯期划分与平衡时段不能衔接，而且平衡期初和期末均有一段时间无法包含在一个平衡时段内(一个月)。由于三方信息共享内容包括有电量差的明细情况，两电网对两网电量差情况有明确认识，所以在下达发电计划的时候即便是电站建议计划对电量差预测出现误差，电网也会根据实际电量差情况做出合理调整。旬平衡和日平衡的平衡时段均小于一个月，因此，月计划的编制无法反映这两种平衡方法的相关内容。至于累计上限平衡方法，其是通过电量差上限控制的，时间不定，因此无法通过计划反映，需要及时进行各方沟通。

无论采用哪种平衡方法，最终还是会落实到每天的生产发电上。如何在日计划中反映电量平衡信息非常重要。对于月平衡和旬平衡方法，在电量差结算后就会制作详细的平衡方案，将待平衡电量差进行分配，因而每日需要平衡的电量差事先是已知的。在制作次日的日发电建议计划时可以根据先补后分的原则将电量平衡与发电计划结合。由于日计划报送的时间是每天的 10:30 前，而一日的电量差额结算的时间节点是在 24:00，造成次日发电计划编制时当日的电量差额未知，无法在发电计划中体现。因此，在实际操作中只能是隔一日进行一次平衡，无法做到逐日进行平衡。累计上限平衡每日的平衡电量差也是定值且事先已知，因而可以通过日计划反映电量平衡的情况。

根据上述分析，综合考虑各种平衡方法的适用性和可操作性，本研究推荐采用逐月平衡、累计上限平衡两种方法应对平衡工作。如若实际运用中两网电量差距较大，可以考虑采用旬平衡方法。

25.3　电量不平衡补偿方式研究

无论采用哪种平衡方法，到平衡期末都会有部分电量差无法平衡，这些电量差会进入补偿阶段。补偿阶段是电量平衡工作的最后一道程序，电量平衡再加上补偿就可以将电站全年所有的电量差按比例分配给两网。本研究提出金融补偿和物理补偿两种方式进行分析比选。

1. 金融补偿

金融补偿是指在结算期末结合两网上网电价，将未平衡的电量差折算成货币，以货币的形式进行补偿。金融补偿可以分为电网与电网之间的补偿和电站与电网之间的补偿。电网与电网的补偿是由多发方补偿给欠发方。由于与上网电价相联系，如果两网电价水平和电价机制不一致，电量不平衡将会影响电站的效益，因此，电站与电网间的补偿分为两种情况，如果是电价高一方为欠发方，则由多发方补偿电站。以下将详细说明金融补偿的具体过程。

假定平衡期末未平衡电量差为D，国网、南网的上网电价分别为p_{g}、p_{n}，国网、南网水电替代电源(火电)的平均购电价分别为p_{g}^{h}、p_{n}^{h}。可以分以下三种情况分别说明补偿过程的不同情况。假定国网为少发方。

情景一：若$p_{\mathrm{g}}=p_{\mathrm{n}}$，即两网上网电价水平一致。该情况不涉及电网与电站间的补偿问题。

电网间补偿的准则是维持电网购电成本不变，由多发方补偿少发方，此处由南网补偿国网。

补偿方式及金额为：南网→国网　$D\cdot(p_{\mathrm{g}}^{h}-p_{\mathrm{g}})$。

情景二：若 $p_{\mathrm{g}}>p_{\mathrm{n}}$，即国网上网电价水平高于南网上网电价水平。此时电站效益的变化，涉及电站与电网间的补偿问题。电站与电网间补偿的准则是维持补偿后的电站效益与两网电量平衡情况下的电站效益一致，目的在于从公平公正的角度维护电站和电网的利益，此处由南网补偿电站。两网间的补偿准则依然是维持电网购电成本不变，由多发方补偿少发方，此处由南网补偿国网。

补偿方式及金额为：南网→电站　$D\cdot(p_{\mathrm{g}}-p_{\mathrm{n}})$；

南网→国网　$D\cdot(p_{\mathrm{g}}^{h}-p_{\mathrm{g}})$。

情景三：若 $p_{\mathrm{n}}>p_{\mathrm{g}}$，即南网上网电价水平高于国网上网电价水平。与情景二类似，涉及电站与电网间以及电网与电网间两类补偿问题，依照情景二的补偿准则，补偿方式及金额如下。

补偿方式及金额为：电站→南网　$D\cdot(p_{\mathrm{n}}-p_{\mathrm{g}})$；

南网→国网　$D\cdot(p_{\mathrm{g}}^{h}-p_{\mathrm{g}})$。

2. 物理补偿

物理补偿是在结算期末将未平衡电量移至次年同期进行平衡，仍然按照先补后分的原则进行补偿。但由于财务上实行年度结算的制度，如果采用这种补偿方式势必会影响财务结算。另外，执行物理补偿也会对次年的电量平衡工作带来压力。

上述两种补偿方法，金融补偿从公平公正的角度出发，维护电站和电网利益的同时也兼顾了各方财务年度结算的问题，给整个电量平衡工作画上完整的句号，但由于直接牵涉到各公司货币转账，实际操作上有一定的缺陷。而物理补偿实质是沿用电量平衡的概念用电量进行补偿，存在跨年平衡补偿的问题，但由于不存在直接货币转账，可操作性较强。

25.4　电量协调平衡可行性方案设计

前述内容已经对电量平衡方法和补偿方式做了详细论述，电量平衡分为平衡和补偿两个阶段。在实际运用时，需要从实际出发，在平衡总体原则的基础上，采用适宜的平衡方法和补偿方式将电站全年的电量按比例分配给两网。当然无论是电量平衡原则还是平衡方法以及补偿方式都必须得到三方的认可，这样 X 电站的电量平衡工作才可能得以实施。虽然 X 电站涉及两大电网的供电安全，但对于两个庞大的电网，X 电站只是其众多供电电源中的一个，因此，在一个电源点上花费大量的人力物力的可能性不大。所以在两网及电站认可的情况下，电量平衡过程中若能够简化操作便可以在很大程度上节约成本。因此，本研究决定制定两套平衡方案，一套是以简单易操作为原则，另一套以全面细化为原则。在电站投运初期可试运作第一套简化方案。如若运行效果不佳可采用第二套细化方案。

电量平衡方案设计是为了指导电站的实际运行，方案设计的思路是由简单到复杂制作近期和远期两套方案。但无论何种方案都必须满足电量平衡的五项总体原则。另外，电量平衡分期和分类作为辅助性原则是为了使电量平衡更具公平性而设置的。在简化方案中可以不考虑辅助性原则约束，即产生的电量差不进行分类，而且电量平衡过程也不再分丰枯期。但对于平衡和补偿的具体方法仅仅是一种实施电量平衡的手段，无法再度简化。平衡方案由辅助性原则、平衡方法和补偿方式三个方面组成。结合这三方面因素，本研究采用组合的方式进行方案设计。详细方案结果见表 25-3。

表 25-3 X 电站电量平衡可行性方案设计表

序号	方案	辅助性原则		平衡方法			补偿方式
		电量差分类	平衡分期	逐月平衡	逐旬平衡	累计上限平衡	经济补偿
1	简化方案	×	×	√			√
2		×	×		√		√
3		×	×			√	√
4		×	√	√			√
5		×	√		√		√
6		×	√			√	√
7		√	×	√			√
8		√	×		√		√
9		√	×			√	√
10	细化方案	√	√	√			√
11		√	√		√		√
12		√	√			√	√

表 25-3 共有十二个可行性方案，其中简化方案九个，细化方案三个。表中“√”表示考虑该项条件约束或者选择该种方法，“×”表示不考虑该项条件约束。从表中可以注意到方案组合中平衡方法只设置了逐月平衡、逐旬平衡和累计上限平衡三种，补偿方式也只设置了经济补偿这一种。这主要是从方案可行性角度出发，筛选了本研究所推荐的平衡方法和补偿方式进行组合。简化方案与细化方案的主要不同之处在于电量差分类和电量平衡分期这两个方面，简化方案不考虑或者不完全考虑电量平衡的辅助性原则，便于实际操作，适于电站初期运行阶段的平衡工作。而细化方案强调遵循各项平衡原则，操作较为复杂，但在很大程度上保证了电量平衡的公平公正。简化方案中不考虑电量差分类，即对于两网产生的电量差不区分其产生的原因，所有的电量差都需要进行平衡或补偿。不考虑平衡分期是指在电量平衡过程中不再进行丰枯时段的划分，整个年度为一个平衡时段，年末为平衡时段末。

25.5 产生电量富余情况下的电量协调平衡研究

近年来，随着我国发电企业的快速发展，特别是西部地区流域水电开发以及西电东送的逐步推进，为我国国民经济的发展做出了巨大的贡献。就目前的发展趋势而言，电力供应成为经济发展瓶颈的可能性不大。相反，据相关人士分析，未来可能会在部分地区出现电力富余(即“窝电”)现象，这主要是由于发电侧的快速发展使得供电电源迅速增多、部分地区输电线路建设滞后以及其他一些综合因素造成的。当然由于季节性差异，这种“窝电”现象对于大型水电企业，出现的时间也会呈现出季节性特点，一般汛期较为严重，枯期出现的可能性较小。“窝电”会给发电企业带来极大的损失，致使发电企业无法正常运营。对于 X 电站这类大型电站，若“窝电”出现的汛期来水较大时，电站在汛限水位的控制下将大量弃水。在枯期电力缺口较大，不易出现“窝电”现象。况且即便出现这种局面，由于枯期来水较小、水库调蓄能力较强也可以在很大程度上缓解电站压力。

本章在前面几个小节主要研究的是 X 电站在供电正常情况下两网的电量平衡问题，并未涉及电站“窝电”情况下的电量平衡问题。“窝电”现象的实质是电网购买力不足，电站的生产能力大于电网的消纳能力而出现的供大于求现象。电站电量平衡的目的在于确保两网电量按比例分配，但这必须在两网均具备电力需求的前提下。若出现一方电网或者两方电网的消纳能力减小，便有可能导致电站非正常弃水，造成资源浪费。若一方电网需求减小，而另一方电网有消纳更多电力的空间，这样就在一定程度上避免了资源浪费，同时也挽回了电站的损失。因此，供电两网可能会在一定程度上减小电站所承担的风险。因此在电量富余情况下，本研究从充分利用水资源的角度建议不再进行两网电量的平衡，两网电量不再遵循分电比例的限制，电站及电网三方应充分协调，尽量减少电站的损失，做到水资源利用效率最大化。

为了更清楚地说明电量富余情况下如何处理两网电量分配问题，本研究采用情景假设的方式说明应对策略。假定电站的正常供电能力为N，按照分电比例，国网、南网理论上应分得的电力分别为N_g、N_n（$N_g+N_n=N$），国网、南网在 X 电站的实际消纳能力分别为N'_g、N'_n（正常情况下$N'_g \geqslant N_g$、$N'_n \geqslant N_n$）。

情景一：$N'_g<N_g$，$N'_n \geqslant N_n$，即国网购电能力减小，南网具备电力消纳空间。电站此时应积极主动协调各方，得出切实可行的供电方案。本研究从理论上提出如下方案：对于国网，依据其实际消纳能力N'_g供电；对于南网，可以考虑将国网剩余部分电力转移至南网。电站可按式(25-41)所示的供电方式供电：

$$\begin{cases} N'_g & (\text{国网}) \\ \min\left[\left(N_g-N'_g\right)+N_n, N'_n\right] & (\text{南网}) \end{cases} \tag{25-41}$$

情景二：$N'_g \geqslant N_g$，$N'_n<N_n$，即南网购电能力减小，国网具备电力消纳空间。与情景一类似可以用式(25-42)所示的供电方式供电：

$$\begin{cases} \min\left[\left(N_n-N'_n\right)+N_g, N'_g\right] & (\text{国网}) \\ N'_n & (\text{南网}) \end{cases} \tag{25-42}$$

情景三：$N'_g<N_g$，$N'_n<N_n$，即两网的需求能力均减小。此时只能根据两网实际情况，按最大消纳能力供电。电站可按式(25-43)所示的供电方式供电：

$$\begin{cases} N'_g & (\text{国网}) \\ N'_n & (\text{南网}) \end{cases} \tag{25-43}$$

本章节将电量富余情况简单归纳为上述三种情景，但实际中可能会出现更多复杂的情况，电站应积极沟通协调各方，协商制定切实可行的应对方案。

参 考 文 献

阿里巴巴集团数据平台事业部商家数据业务部. 2014. Storm 实战：构建大数据实时计算[M]. 北京：电子工业出版社.

白涛，黄强. 2009. 蜂群遗传算法及在水库群优化调度中的应用[J]. 水电自动化与大坝监测, 33(01): 1-4.

柏毅. 2004. 川西地区天然气管网优化及仿真技术研究[D]. 南充：西南石油学院.

鲍秀伟. 1996. 城市煤气调度系统的现代化管理[J]. 煤气与热力, (3): 35-39.

鲍正风，徐杨，徐涛. 2014. 溪洛渡、向家坝与三峡梯级水库联合调度[J]. 水电厂自动化, 35(4): 56-58, 61.

蔡文. 1997. 可拓工程方法[M]. 北京：科学出版社.

曹如轩，雷福州，冯普林，等. 2001. 三门峡水库淤积上延机理的研究[J]. 泥沙研究, (02): 37-40.

曹少中，艾冬梅，杨国为，等. 2005. 多层多维物元系统可拓集及其性质[J]. 北京科技大学学报, 27(5): 638-640.

曹少中，涂序彦，杨国为. 2004. 绿色循环经济与绿色设计[J]. 机械设计, 21(4): 1-5.

曹少中，杨国为，涂序彦，等. 2006. 多层高维动态可拓集合及其性质[J]. 系统工程理论与实践, 26(5): 128-134.

曹少中，杨国为，涂序彦. 2004. 产品辅助创新设计的新原理[J]. 计算机工程, 30(24): 3.

曹少中，杨国为. 2006. 和谐智能 CACD 系统[M]. 北京：科学出版社.

曹少中. 2005. 支持产品创新概念设计的协同智能 CAD 系统[D]. 北京：北京理工大学.

曹叔尤. 1983. 细沙淤积的溯源冲刷试验研究[C]//中国水利水电科学研究院科学研究论文集. 北京：水利电力出版社: 168-183.

陈毕胜，李承军. 2004. 水库长期优化调度模型探讨[J]. 云南水力发电, 20(4): 19-21.

陈刚，刘四华. 2010. 大渡河流域水电开发环境保护研究与实践[J]. 水力发电, 36(6): 29-32.

陈建. 2007. 水库调度方式与水库泥沙淤积关系研究[D]. 武汉：武汉大学.

陈森林，万俊，刘子龙，等. 1999. 水电系统短期优化调度的一般性准则(1)——基本概念与数学模型[J]. 武汉水利电力大学学报, 32(3): 34-37.

陈守煜. 1988. 模糊水文学[J]. 大连理工大学学报, 28(1): 93-97.

陈文彪. 1984. 水库淤积上延问题的探讨[J]. 泥沙研究, (04): 80-86.

程春田，申建建，武新宇，等. 2012. 大规模水电站群短期优化调度方法Ⅳ：应用软件系统[J]. 水利学报, 43(2): 160-167.

程春田，王本德，陈守煜，等. 1997. 长江上中游防洪系统模糊优化调度模型研究[J]. 水利学报, 2(2): 58-62.

程春田，武新宇，申建建，等. 2011. 大规模水电站群短期优化调度方法Ⅰ：总体概述[J]. 水利学报, 42(9): 1017-1024.

程淑，李承军. 2004. 梯级水电站 AGC 的实现方法研究[J]. 中国农村水利水电, (9): 106-108.

邓良斌. 2003. 采用地面分类计算法计算平原区地表水资源量[J]. 人民珠江, 24(6): 68-69.

丁海军，李峰磊. 2008. 蜂群算法在 TSP 问题上的应用及参数改进[J]. 中国科技信息, 27(03): 241-243.

丁毅，傅巧萍. 2013. 长江上游梯级水库群蓄水方式初步研究[J]. 人民长江, 44(10): 72-75.

董新亮，马光文，黎凯，等. 2008. 基于 SAPSO 的梯级水电站中长期优化调度[J]. 中国农村水利水电, (7): 103-105.

董延军，李杰，石赟赟，等. 2009. 流域管理中电调与水调关系问题探讨[J]. 广东水利水电, (8): 1-3.

董哲仁，孙东亚，赵进勇. 2007. 水库多目标生态调度[J]. 水利水电技术, (01): 28-32.

董子敖，闫建生. 1986. 径流时空相关时梯级水库群补偿调节和调度的多目标多层次优化法[J]. 水力发电学报, (2): 1-15.

段金长. 2009. 梯级水电站优化调度的改进粒子群算法[J]. 水电自动化与大坝监测, 33(05): 8-11.

段敬望, 王海军, 李星瑾. 2004. 三门峡水库“蓄清排浑”运行探索与实践[J]. 华中电力, (04): 34-37.

樊尔兰, 李怀恩. 1995. PAPOA 法在黑河综合利用水库优化调度中的应用[J]. 西北水资源与水工程, 6(3): 7-11.

范家骅. 1959. 异重流运动的实验研究[J]. 水利学报, (5): 32-50.

范家骅. 2011. 浑水异重流水量掺混系数的研究[J]. 水利学报, 42(1): 19-26.

冯贵良. 2016. 数据结构与算法[M]. 北京: 清华大学出版社.

冯迅, 龚传利, 史邦文, 等. 2007. 黄河上游梯级水电站调度自动化系统 AGC 优化策略[J]. 水电自动化与大坝监测, 31(5): 10-13.

冯迅, 彭放, 汤琦, 等. 2012. 瀑布沟水电站特大型机组 AGC 安全技术[J]. 水科学与工程技术, (6): 57-59.

冯仲恺, 廖胜利, 牛文静, 等. 2015. 梯级水电站群中长期优化调度的正交离散微分动态规划方法[J]. 中国电机工程学报, 35(18): 4635-4644.

付强, 戴长雷, 王斌, 等. 2012. 水资源系统分析[M]. 北京: 中国水利水电出版社.

傅湘, 纪昌明. 2000. 三峡电站日调节非恒定流对航运的影响分析[J]. 武汉水利电力大学学报, 33(6): 6-10.

高宏, 王浣尘, 刘可新, 等. 1999. 基于人工神经网络的水电补偿调节研究[J]. 系统工程学报, 14(3): 205-210.

高仕春, 万飚, 梅亚东, 等. 2006. 三峡梯级和清江梯级水电站群联合调度研究[J]. 水利学报, 37(4): 504-507, 510.

葛慧, 黄振平, 王银堂, 等. 2011. 基于模糊识别理论的典型洪水选择[J]. 水电能源科学, 29(3): 54-56.

耿旭, 毛继新, 陈绪坚. 2017. 三峡水库下游河道冲刷粗化研究[J]. 泥沙研究, 42(05): 19-24.

龚传利, 黄家志, 潘苗苗. 2008. 三峡右岸电站 AGC 功能设计及实现方法[J]. 水电站机电技术, 31(3): 26-28, 35, 120.

龚传利, 黄家志, 姚志凌. 2008. 三峡右岸电站 AGC 安全性策略[J]. 水电自动化与大坝监测, 32(1): 34-36, 46.

郭富强, 郭生练, 刘攀, 等. 2011. 清江梯级水电站实时负荷分配模型研究[J]. 水力发电学报, 30(1): 5-11.

郭生练, 陈炯宏, 刘攀, 等. 2010. 水库群联合优化调度研究进展与展望[J]. 水科学进展, 21(4): 496-503.

郭壮志, 吴杰康, 杨俊华. 2013. 基于混沌类电磁机制的梯级水电站短期优化调度[J]. 电力学报, 28(4): 271-275, 301.

国家能源局. 2016. 风电发展“十三五”规划[R]. 北京.

国家能源局. 2016. 太阳能发展“十三五”规划[R]. 北京.

过夏明, 陈建春, 马光文. 2004. 分时电价下多年调节水库年末消落水位研究[J]. 水力发电学报, 23(03): 27-30.

韩力群, 涂序彦. 2009. 多中枢自协调拟人脑研究及应用[M]. 北京: 科学出版社.

韩其为, 何明民. 1988. 泥沙数学模型中冲淤计算的几个问题[J]. 水利学报, (5): 18-27.

韩其为, 何明民. 1993. 论长期使用水库的造床过程——兼论三峡水库长期使用的有关参数[J]. 泥沙研究, (3): 229-236.

韩其为, 李淑霞. 2009. 小浪底水库的拦粗排细及异重流排沙——“黄河调水调沙的根据、效益和巨大潜力”之七[J]. 人民黄河, 31(05): 1-5,12.

韩其为, 向熙珑, 王玉成. 1983. 床沙粗化[C]//第二次河流泥沙国际学术讨论会论文集. 北京: 水利电力出版社.

韩其为. 1971. 水库淤积与观测(一)[R]. 武汉: 长江流域规划办公室.

韩其为. 1978. 长期使用水库的平衡形态及冲淤变形研究[J]. 人民长江, (2): 18-36.

韩其为. 1979. 非均匀悬移质不平衡输沙的研究[J]. 科学通报, 24(17): 804-808.

何川, 孟庆华, 李渡, 等. 2006. 川西天然气集输管网系统最优化规划研究[J]. 天然气工业, 26(7): 107-109.

何光宏. 2014. 乌江流域梯级自动发电控制研究与应用[J]. 水电与新能源, (7): 1-4, 17.

何国春, 刘广宇. 2008. 集中控制下的梯级 AGC 运行浅析[J]. 水电厂自动化, 29(4): 58-59, 70.

何华灿. 2001. 逻辑学原理[M]. 北京: 科学出版社.

何金池. 2016. 大数据处理之道[M]. 北京: 电子工业出版社.

何丽莉, 白洪涛. 2016. 折半查找算法实例教学及问题分析[J]. 教育现代化, (16): 68-70.

何玲丽, 周建中, 卢有麟, 等. 2009. 基于文化粒子群算法的梯级水电站优化调度研究[J]. 水电能源科学, 27(01): 164-168.

何生厚, 毛峰. 2001. 数字油田的理论、设计与实践[M]. 北京: 科学出版社.

胡飞, 张德虎, 杨晓春, 等. 2012. 基于蚁群算法的水电站 AGC 机组组合与负荷分配优化[J]. 水电能源科学, 30(12): 123-126.

胡国强, 贺仁睦. 2006. 基于协调粒子群算法的水电站水库优化调度[J]. 华北电力大学学报, 33(5): 15-18.

胡旺, 李志蜀. 2007. 一种更简化而高效的粒子群优化算法[J]. 软件学报, 18(04): 861-868.

胡中华, 赵敏. 2009. 一种求解机器人作业调度的智能优化算法[J]. 电焊机, 39(11): 45-48.

黄家志, 谢秋华. 2006. 三峡左岸电站 AGC/AVC 功能设计与运行经验[J]. 水电自动化与大坝监测, 30(5): 8-12.

黄仁勇, 王敏, 张细兵, 等. 2018. 三峡水库汛期“蓄清排浑”动态运用方式初探[J]. 长江科学院院报, 35(07): 9-13.

黄志中, 周之豪. 1994. 防洪系统实时优化调度的多目标决策模型[J]. 河海大学学报(自然科学版), 22(6): 16-21.

纪昌明, 蒋志强, 孙平, 等. 2014. 基于判别式法及逐步优化算法的梯级蓄能调度图研究[J]. 水力发电学报, 33(3): 118-125.

纪昌明, 谢维, 朱新良, 等. 2012. 基于病毒进化粒子群算法的梯级电站厂间负荷优化分配[J]. 水力发电学报, 31(2): 38-43.

纪剑雄, 郑骏. 2007. 一种异构计算系统动态任务分配模型[J]. 南通大学学报(自然科学版), 6(3): 83-86.

贾本有, 钟平安, 陈娟, 等. 2015. 复杂防洪系统联合优化调度模型[J]. 水科学进展, 26(4): 560-571.

江樱, 王志强, 戴波. 2015. 基于大数据的居民用电消费习惯研究与分析[J]. 电力信息与通信技术, 13(11): 7-11.

姜乃迁, 张翠萍, 侯素珍, 等. 2004. 潼关高程及三门峡水库运用方式问题探讨[J]. 泥沙研究, (01): 23-28.

姜乃森, 张启舜, 刘玉忠. 1990. 红山水库泥沙淤积问题的分析[J]. 泥沙研究, (04): 18-27.

姜乃森. 1985. 官厅水库淤积上延问题的初步分析[J]. 泥沙研究, (01): 61-69.

蒋建文, 江红军, 牟奎. 2007. 紫坪铺水电站 AGC 的设计与实现[J]. 水力发电, 33(2): 73-74, 80.

蒋秀洁, 熊信艮, 吴耀武. 2005. 基于改进 PSO 算法的短期发电计划研究[J]. 电力自动化设备, 25(3): 34-37, 40.

金宝琛, 王立强, 刘宇聪. 1999. 大凌河白石水库淤积分析[J]. 泥沙研究,(05): 50-57.

金澈清, 钱卫宁, 周傲英. 2004. 流数据分析与管理综述[J]. 软件学报, 15(8): 1172-1181.

康飞, 李俊杰, 许青, 等. 2009. 改进人工蜂群算法及其在反演分析中的应用[J]. 水电能源科学, 27(01): 126-129.

孔英会. 2009. 数据流技术及其在电力信息处理中的应用研究[D]. 保定: 华北电力大学.

莱斯科夫, 拉贾拉曼, 厄尔曼. 2015. 大数据: 互联网大规模数据挖掘与分布式处理(第二版)[M]. 北京: 人民邮电出版社.

赖晓文, 钟海旺, 杨军峰, 等. 2015. 全网统筹电力电量平衡协调优化方法[J]. 电力系统自动化, 39(7): 97-104.

黎育红, 程心环, 周建中, 等. 2011. 混沌粒子群微分进化算法及其在水库发电优化调度中的应用[J]. 中国农村水利水电, (12): 167-171.

李安强, 王丽萍, 李崇浩, 等. 2007. 基于免疫粒子群优化算法的梯级水电厂间负荷优化分配[J]. 水力发电学报, 26(5): 15-20.

李安强, 王丽萍, 蔺伟民, 等. 2008. 免疫粒子群算法在梯级电站短期优化调度中的应用[J]. 水利学报, 39(04): 426-432.

李兵, 蒋慰孙. 1997. 混沌优化方法及其应用[J]. 控制理论与应用, (04): 613-615.

李成武. 2016. 基于 K-D 树数据结构的平面插值算法的优化[J]. 价值工程, 35(11): 199-200.

李崇明. 1994. 三峡电站日调节对葛洲坝以上河道航运的影响[J]. 四川水利, 5(1): 14-18.

李贵生, 胡建成. 2001. 刘家峡水电站坝前和洮河库区泥沙淤积状况及应采取的对策[J]. 人民黄河, (07): 27-28, 34-46.

李辉, 丁伦军, 崔敏, 等. 2013. 溪洛渡水电站 AGC 的功能实现解析[J]. 水力发电, 39(8): 87-89.

李基栋, 黄炜斌, 马光文, 等. 2014. 雅砻江下游梯级水库隐随机联合优化调度函数研究[J]. 水电能源科学, 32(12): 49-53.

李基栋, 黄炜斌, 湛洋, 等. 2016. 南水北调西线一期工程对四川水电产业的影响[J]. 南水北调与水利科技, 14(01): 196-200.

李亮, 周云, 黄强. 2009. 梯级水电站短期周优化调度规律探讨[J]. 水力发电学报, 28(4): 38-42, 70.

李蓬路. 2016. 经济调度控制(EDC)在四川黑水河集控的运用[J]. 水电厂自动化, 37(1): 17-18, 30.

李树山, 廖胜利, 申建建, 等. 2014. 厂网协调模式下梯级 AGC 控制策略[J]. 中国电机工程学报, 34(7): 1113-1123.
李顺新, 杜辉. 2010. 动态规划-粒子群算法在水库优化调度中的应用[J]. 计算机应用, 30(6): 1550-1551, 1580.
李天全. 1998. 青铜峡水库泥沙淤积[J]. 大坝与安全, (04): 21-27.
李亚楼, 周孝信, 林集明, 等. 2008. 2008 年 IEEEPES 学术会议新能源发电部分综述[J]. 电网技术, 32(20): 1-7.
李义天, 孙昭华, 邓金运, 等. 2004. 泥沙输移变化与长江中游水患[J]. 泥沙研究, (02): 33-39.
李元诚, 方廷健, 于尔铿. 2003. 短期负荷预测的支持向量机方法研究[J]. 中国电机工程学报, 23(6): 55-59.
林一山. 1978. 水库长期使用问题[J]. 人民长江, (02): 1-8.
林子雨. 2015. 大数据技术原理与应用——概念、存储、处理、分析与应用[M]. 北京: 人民邮电出版社.
刘宝起, 王长山, 李瑞. 2009. NoC 中的基于蜂群算法的 QoS 路由[J]. 中国集成电路, (01): 44-48.
刘本希, 武新宇, 程春田, 等. 2015. 大小水电可消纳电量期望值最大短期协调优化调度模型[J]. 水利学报, 46(12): 1497-1505.
刘波. 2010. 粒子群优化算法及其工程应用[M]. 北京: 电子工业出版社.
刘洪波, 王秀坤, 谭国真. 2006. 粒子群优化算法的收敛性分析及其混沌改进算法[J]. 控制与决策, 21(06): 636-641.
刘晋, 黄春华, 范群芳, 等. 2016. 多年调节水库年末消落水位两种确定方法的对比研究[J]. 人民珠江, 37(9): 5-8.
刘民, 吴澄. 2008. 制造过程智能化优化调度算法及其应用[M]. 北京: 国防工业出版社.
刘攀, 郭生练, 李玮, 等. 2006. 遗传算法在水库调度中的应用综述[J]. 水利水电科技进展, 26(4): 78-83.
刘攀, 郭生练, 雒征, 等. 2007. 求解水库优化调度问题的动态规划-遗传算法[J]. 武汉大学学报(工学版), 40(5): 1-6.
刘启钊. 1998. 水电站[M]. 北京: 中国水利水电出版社.
刘茜, 王延贵. 2015. 江河水沙变化突变性与周期性分析方法及比较[J]. 水利水电科技进展, 35(2): 17-23.
刘书榜, 冯东玲. 2002. 鱼岭水库泥沙淤积成因分析及排沙减淤措施[J]. 西北水资源与水工程, (02): 46-48, 51.
刘双全. 2009. 梯级水电系统发电优化调度研究及应用[D]. 武汉: 华中科技大学.
刘心愿, 张龙, 唐峰. 2014. 考虑泄洪设施运用要求的水库洪水优化调度[J]. 科学技术与工程, (5): 282-285.
刘旭晖. 2012. 论文阅读笔记-Pregel[EB/OL]. http: //blog. csdn. net/colorant/article/details/8256204, 2012-12-4.
刘涌, 侯志俭, 等. 2006. 求解机组组合问题的改进离散粒子群算法[J]. 电力系统自动化, 30(4): 35-39.
刘治理, 马光文, 戴露. 2006. 基于三层 B/S 结构的梯级水电厂中长期优化调度[J]. 计算机工程, 32(6): 240-242.
刘治理, 马光文, 姚若军, 等. 2009. 基于群决策的综合利用水库运行方式研究[J]. 四川大学学报(工程科学版), 41(2): 77-80.
刘治理, 马光文, 岳耀峰. 2006. 电力市场下的梯级水电厂短期预发电计划研究[J]. 继电器, 34(4): 46-48, 65.
卢侃, 等. 1990. 混沌动力学[M]. 上海: 上海翻译出版社.
卢鹏, 周建中, 莫莉, 等. 2014. 梯级水电站发电计划编制与厂内经济运行一体化调度模式[J]. 电网技术, 38(7): 1914-1922.
卢有麟, 周建中, 王浩, 等. 2011. 三峡梯级枢纽多目标生态优化调度模型及其求解方法[J]. 水科学进展, 22(6): 780-788.
卢誉声. 2016. 分布式实时处理系统: 原理、架构与实现[M]. 北京: 机械工业出版社.
陆承璇, 方诗圣. 2016. 基于遗传算法的水库防洪优化调度研究[J]. 中国水运, 16(8): 110-111.
陆宁, 周建中, 何耀耀. 2010. 粒子群优化的神经网络模型在短期负荷预测中的应用[J]. 电力系统保护与控制, 38(12): 65-68.
吕秀贞. 1984. 异重流的孔口排沙问题[J]. 泥沙研究, (1): 14-23.
吕振肃, 侯志荣. 2004. 自适应变异的粒子群优化算法[J]. 电子学报, 32(3): 416-420.
马超. 2008. 梯级水利枢纽多尺度多目标联合优化调度研究[D]. 天津: 天津大学.
马光文, 刘金焕, 李菊根. 2008. 流域梯级水电站群联合优化运行[M]. 北京: 中国电力出版社.
马光文, 王黎. 1997. 遗传算法在水电站优化调度中的应用[J]. 水科学进展, 8(3): 275-280.
马立亚, 雷晓辉, 蒋云钟, 等. 2012. 基于 DPSA 的梯级水库群优化调度[J]. 中国水利水电科学研究院学报, 10(2): 140-145.

马志鹏. 2008. 灰理论在水库优化调度中的应用研究[D]. 南京：河海大学.

梅亚东. 1999. 梯级水库防洪优化调度的动态规划模型及解法[J]. 武汉水利电力大学学报, 32(5): 10-12.

门宝辉，梁川. 2002. 水资源开发利用程度综合评价的可拓方法[J]. 水电能源科学, (04): 66-69.

孟小峰，慈祥. 2013. 大数据管理：概念、技术与挑战[J]. 计算机研究与发展, 50(1): 146-169.

闵宇翔. 2005. 三峡电站日调节对航运的影响[J]. 水运工程, 29(5): 28-31.

莫林利，赵秀绍，郑伟，等. 2015. 二维表查找和双线性插值算法的设计与应用[J]. 华东交通大学学报, (5): 93-98.

潘峰，薛小静. 2015. 溪洛渡-向家坝梯级 AGC 的工程实现[J]. 水电自动化与大坝监测, 39(1): 65-69.

潘理中，芮孝芳. 1999. 水电站水库优化调度研究的若干进展[J]. 水文, (6): 37-40.

庞峰. 2005. 乌江梯级水电站在贵州西电东送中的作用[J]. 水利水电技术, 36(9): 11-13.

裴哲义，伍永刚，纪昌明，等. 2010. 跨区域水电站群优化调度初步研究[J]. 电力系统自动化, 34(24): 23-26, 50.

彭润泽，常德礼，白荣隆，等. 1981. 推移质三角洲溯源冲刷计算公式[J]. 泥沙研究, (01): 14-29.

彭润泽，刘善钧，王世江，等. 1985. 东方红电站 1984 年冬季泄空冲刷分析[J]. 泥沙研究, (04): 30-40.

彭少明，王煜，张永永，等. 2016. 多年调节水库旱限水位优化控制研究[J]. 水利学报, 47(4): 552-559.

彭小圣，邓迪元，程时杰，等. 2015. 面向智能电网应用的电力大数据关键技术[J]. 中国电机工程学报, 35(3): 503-511.

彭杨，纪昌明，刘方. 2013. 梯级水库水沙联合优化调度多目标决策模型及应用[J]. 水利学报, 44(11): 1272-1277.

蒲天骄，陈乃仕，葛贤军，等. 2015. 电力电量平衡评价指标体系及其综合评估方法研究[J]. 电网技术, 39(1): 250-256.

钱镜林，张松达，夏梦河. 2014. 逐次优化算法在梯级水库防洪优化调度中的应用[J]. 中国农村水利水电, (8): 22-25.

钱宁，麦乔威. 1963. 多沙河流上修建水库后下游来沙量的估计[J]. 水利学报, (3): 11-23.

钱宁，张仁，周志德. 1987. 河床演变学[M]. 北京：科学出版社.

乔睿至. 2012. 基于知识推理(CBR)技术的梯级水电站中长期智能化协同控制调度方案研究[D]. 成都：四川大学.

屈晓，石毅贤，黄金达，等. 2016. 战棋类游戏的算法设计与实现[J]. 电脑知识与技术, 12(8): 83-84.

覃晖，周建中，王光谦，等. 2009. 基于多目标差分进化算法的水库多目标防洪调度研究[J]. 水利学报, 40(5): 513-519.

芮钧，陈守伦. 2009. MATLAB 粒子群算法工具箱求解水电站优化调度问题[J]. 中国农村水利水电, (1): 114-116.

芮钧，陈守伦. 2009. 水电站发电优化调度初始粒子群生成方法研究[J]. 中国农村水利水电, (2): 137-139.

芮钧，黄春雷，唐海华，等. 2012. 新形势下流域水电联合优化调度的机遇与挑战[J]. 水电厂自动化, 33(4): 41-44.

邵琳，王丽萍，黄海涛，等. 2011. 梯级水电站调度图优化的混合模拟退火遗传算法[J]. 人民长江, 41(3): 34-37.

申海，解建仓，罗军刚，等. 2012. 直觉模糊集的水库洪水调度多属性组合决策方法及应用[J]. 西安理工大学学报, 28(1): 56-61.

舒荣龙，陈桂馥，杜宗伟. 2005. 提高三峡-葛洲坝两坝间通航能力试验研究[J]. 人民长江, 36(7): 31-33.

舒卫民，马光文，杨道辉，等. 2010. 基于改进人工神经网络的梯级水电站群调度规则研究[J]. 水力发电, 36(10): 69-72.

宋洋，钟登华，钟炜，等. 2007. 面向电力市场的梯级水电站联合优化调度研究[J]. 水力发电学报, 26(3): 22-28, 21.

孙波. 2008. 从珠江“压咸补淡”到“水量统一调度”的变化与思考[J]. 人民珠江, (05): 5-7.

孙尔雨，朱庆福. 1999. 三峡电站调峰对两坝间通航的影响和改善措施[J]. 人民长江, 30(12): 8-10.

汤成友，官学文，张世明. 2008. 现代中长期水文预报方法及其应用[M]. 北京：中国水利水电出版社.

唐桂花，王加庆. 2007. 基于遗传算法的水电厂自动发电控制[J]. 电机技术, (6): 47-49.

唐日长. 1964. 水库淤积调查报告[J]. 人民长江, (3): 8-14.

唐新华，周建军. 2013. 梯级水电群联合调峰调能数学模型[J]. 水力发电学报, 32(4): 38-45.

唐新华，周建军. 2013. 梯级水电群联合调峰调能研究[J]. 水力发电学报, 32(4): 260-266.

陶春华, 杨忠伟, 贺玉彬, 等. 2012. 梯级水电站短期预发电计划编制研究[J]. 水电厂自动化, 33(3): 41-43, 52.

田力. 2007. 昭平台-白龟山梯级水库联合防洪优化调度研究[D]. 大连: 大连理工大学.

童思陈, 周建军. 2006. "蓄清排浑"水库运用方式与淤积过程关系探讨[J]. 水力发电学报, (02): 27-30, 37.

涂奉生, 涂序彦. 1984. 线性最经济控制问题的一种解法[J]. 自动化学报, 10(4): 345-349.

涂序彦, 等. 1980. 生物控制论[M]. 北京: 科学出版社.

涂序彦, 李秀山, 陈凯. 1995. 智能管理[M]. 北京: 清华大学出版社, 南宁: 广西科学技术出版社.

涂序彦, 王枞, 郭燕慧. 2005. 大系统控制论(修订版)[M]. 北京: 北京邮电大学出版社.

涂序彦, 尹怡欣, 唐涛. 2002. 智能自律分散系统[J]. 测控技术, 21(zl): 23-26, 32.

涂序彦. 1963. 多变量协调控制问题[C]//第一届国际自动化学术会议选集. 上海: 上海科学技术出版社: 1-16.

涂序彦. 1977. 大系统理论及其应用[J]. 自动化学报, 1(1): 12-44.

涂序彦. 1979. 关于大系统理论的几个问题[J]. 自动化学报, (3): 232-244.

涂序彦. 1981. 可控性、可观性的实用价值与最经济结构综合[J]//全国控制理论及其应用学术交流会论文集. 北京: 科学出版社: 56-61.

涂序彦. 1981. 协调论[J]. 科学学与科学技术管理, 5: 19-22.

涂序彦. 1982. 最经济控制系统结构综合[J]. 自动化学报, 8(2): 103-111.

涂序彦. 1986. 大系统控制论探讨[J]. 系统工程理论与实践, 6(1): 2-6.

涂序彦. 1988. 人工智能及其应用[M]. 北京: 电子工业出版社.

涂序彦. 1992. 新型计算机管理系统——智能管理系统[J]. 北京科技大学学报, (2): 256-262.

涂序彦. 1994. 大系统控制论[M]. 北京: 国防工业出版社.

涂序彦. 1996. 智能系统工程[J]. 军事系统工程, 1: 36-39.

涂序彦. 2006. 广义智能系统的概念、模型和类谱[J]. 智能系统学报, 1(2): 1-4.

涂序彦. 2006. 人工智能: 回顾与展望[M]. 北京: 科学出版社.

万星, 丁晶, 张少文, 等. 2005. 基于灰色动态规划的梯级电站防洪发电优化调度研究[J]. 水电能源科学, (03): 17-21.

汪寿阳. 1986. 多目标最优化中的罚函数定理[J]. 中国科学院研究生院学报, 3(2): 1-6.

王本德, 张力. 1993. 综合利用水库洪水模糊优化调度[J]. 水利学报, (01): 35-41.

王枞, 成可, 涂序彦. 2001. 基于智能信息推拉技术的客户关系管理系统[J]. 计算机工程与应用, 37(20): 10-12.

王德文, 杨力平. 2016. 智能电网大数据流式处理方法与状态监测异常检测[J]. 电力系统自动化, 40(14): 122-128.

王德智, 董增川, 丁胜祥. 2006. 基于连续蚁群算法的供水水库优化调度[J]. 水电能源科学, 24(02): 77-80.

王冬, 李义天, 邓金运, 等. 2014. 长江上游梯级水库蓄水优化初步研究[J]. 泥沙研究, (2): 62-67.

王桂平. 2011. 萨扬水电站 817 事故及对我国水电站机电设备安全运行的警示[J]. 水电站机电技术, 34(3): 5-8.

王浩, 汤再江, 范锐. 2010. 蜂群算法在装备维修任务调度中的应用[J]. 计算机工程, 36(7): 242-245.

王浩, 汪林. 2004. 水资源配置理论与方法探讨[J]. 水利规划与设计, (S): 50-56.

王洪伯, 曾广平, 涂序彦. 2006. "网络虚拟机器人"系统研究及其应用[J]. 智能系统学报, 1(1): 24-28.

王洪泊, 涂序彦. 2011. 协调智能调度[M]. 北京: 国防工业出版社.

王辉, 陈凌, 张立娟. 2000. 信息推拉技术[J]. 情报科学, 22(12): 1440-1443.

王嘉阳, 程春田, 廖胜利, 等. 2015. 复杂约束限制下的梯级水电站群实时优化调度方法及调整策略[J]. 中国电机工程学报, 35(17): 4326-4334.

王金龙, 黄炜斌, 马光文, 等. 2015. 多年调节水库年末控制水位多目标预测模型研究[J]. 水力发电学报, 34(6): 28-34.

王金龙, 马光文, 黄炜斌, 等. 2012. BP 人工神经网络模型在溪洛渡、向家坝两库联合优化调度规则中的应用[J]. 水电能源科学, 30(12): 48-51.

王金龙. 2016. 梯级 AGC 网源协调调控研究[D]. 成都: 四川大学.

王靖, 鄢尚, 陈仕军, 等. 2014. 考虑闸门实际运行的雅砻江下游梯级水库联合防洪优化调度[J]. 四川大学学报(工程科学版), 46(4): 20-25.

王军. 2008. 南水北调后汉江中上游水电站联合优化调度研究[J]. 水利水电快报, 29(8): 33-38.

王群, 余宁, 潘亮. 2010. 紫坪铺电厂自动发电控制功能与实现[J]. 水电自动化与大坝监测, 34(4): 9-11.

王若晨, 欧阳硕. 2016. 调水背景下丹江口水库优化调度与效益分析[J]. 长江科学院院报, 33(12): 18-21.

王森, 武新宇, 程春田, 等. 2012. 自适应混合粒子群算法在梯级水电站群优化调度中的应用.[J]. 水力发电学报, 31(1): 38-44.

王少波, 解建仓, 汪妮. 2008. 基于改进粒子群算法的水电站水库优化调度研究[J]. 水力发电学报, 27(3): 12-15, 21.

王天宇, 董增川, 付晓花, 等. 2016. 黄河上游梯级水库防洪联合调度研究[J]. 人民黄河, 38(2): 40-44.

王文圣, 丁晶, 金菊良. 2008. 随机水文学[M]. 北京: 中国水利水电出版社.

王西训, 原文林. 2011. 基于分时电价的多年调节水库年末消落水位研究[J]. 水电能源科学, 29(10): 25-28, 70.

王先甲. 2001. 水资源持续利用的多目标分析方法[J]. 系统工程理论与实践, (03): 128-135.

王新军. 2003. 夏寨水库泥沙淤积分析及合理运用方式研究[D]. 西安: 西安理工大学.

王兴伟, 邹荣珠, 黄敏. 2009. 一种基于蜂群算法的 ABC 支持型 QoS 组播路由机制[J]. 计算机科学, 36(06): 47-52.

王学敏. 2015. 面向生态和航运的梯级水电站多目标发电优化调度研究[D]. 武汉: 华中科技大学.

王亚军, 房大中. 2007. 基于粒子群优化算法的 AGC 机组调配研究[J]. 继电器, 35(17): 58-64.

王义民, 畅建霞, 黄强, 等. 2005. 基于 BP 神经网络的龙羊峡水库年末消落水位控制研究[J]. 西北农林科技大学学报(自然科学版), 33(7): 68-72.

王永强, 周建中, 莫莉, 等. 2012. 基于机组综合状态评价策略的大型水电站精细化日发电计划编制方法[J]. 电网技术, 36(7): 94-99.

王永强, 周建中, 肖文, 等. 2011. 多种群蚁群优化算法在大型水电站自动发电控制机组优化组合中的应用[J]. 电网技术, 35(9): 66-70.

王永强. 2012. 厂网协调模式下流域梯级电站群短期联合优化调度研究[D]. 武汉: 华中科技大学.

王竹. 2002. 水电站自动发电控制(AGC)技术功能及调试分析[J]. 四川水力发电, 21(2): 55-58, 62.

韦柳涛, 梁年生, 虞锦江. 1992. 神经网络理论在梯级水电厂短期优化调度中的应用[J]. 水电能源科学, (03): 145-151.

维克托·迈尔-舍恩伯格, 肯尼思·库克耶. 2013. 大数据时代[M]. 杭州: 浙江人民出版社.

吴斌, 涂序彦, 吴坚. 1999. 最经济控制研究[J]. 控制理论与应用, 16(5): 625-629.

吴成国, 王义民, 黄强, 等. 2011. 基于加速遗传算法的梯级水电站联合优化调度研究[J]. 水力发电学报, 30(6): 171-177.

吴澄. 2004. 用信息技术提高企业的竞争力[J]. 自动化信息, (3): 17-20.

吴建斌, 王洪英. 2010. 田湾河流域梯级水电站 EDC 系统分析与调试[J]. 水电站机电技术, 33(4): 57-60, 64.

吴晶晶. 2007. 基于蜂群算法的作业车间调度优化[J]. 郑州轻工业学院学报(自然科学版), (6): 17-21.

吴世勇, 申满斌. 2007. 雅砻江流域水电开发中的关键技术问题及研究进展[J]. 水利学报, (10): 15-19.

吴万禄, 韦钢, 谢丽蓉, 等. 2014. 风光水互补发电系统的优化配置[J]. 电力与能源, 35(1): 88-92.

吴晓黎, 李承军, 张勇传, 等. 2003. 三峡电站调峰流量对航运的影响分析[J]. 水利水电科技进展, 23(6): 7-9.

吴毅杰, 张志明. 2003. C/S 与 B/S 的比较及其数据库访问技术[J]. 舰船电子工程, (2): 32-35.

吴正义, 门春华, 张启明, 等. 2002. 清江梯级水电站的研究及其工程实现[J]. 水电厂自动化, (3): 70-75.

吴中如. 1997. 大坝安全综合评价专家系统[M]. 北京: 北京科学技术出版社.
伍永刚, 何莉, 余波. 2007. 大型水电厂 AGC 调节策略研究[J]. 水电能源科学, 25(4): 109-112.
伍永刚, 王定一, 魏守平. 2000. 水电站 AGC 中负荷调节策略的研究[J]. 华中理工大学学报, 28(2): 56-57, 60.
伍永刚, 王定一. 2000. 基于遗传算法的梯级水电厂自动发电控制算法研究[J]. 电网技术, 24(3): 35-38.
伍悦滨, 田海, 王芳. 2006. 基于信息熵的燃气输配管网系统可靠性分析[J]. 天然气工业, 26(1): 126-128.
解建仓, 田峰巍. 1993. 梯级水电站群优化调度研究[J]. 系统工程理论与实践, 13(5): 52-58.
夏迈定. 2002. 台湾石门水库泥沙处理的启示——略论陕西省石门水库泥沙防治对策[J]. 西北水资源与水工程, 13(1): 14-17.
肖琳. 2008. 水库群防洪优化调度模型及算法研究[D]. 郑州: 华北水利水电学院.
谢开贵, 李春燕, 俞集辉. 2001. 基于遗传算法的短期负荷组合预测模型[J]. 电网技术, 25(8): 20-23.
谢开贵, 李春燕, 周家启. 2002. 基于神经网络的负荷组合预测模型研究[J]. 中国电机工程学报, 22(7): 85-89.
谢新民, 陈守煜, 王本德, 等. 1995. 水电站水库群模糊优化调度模型与目标协调－模糊规划法[J]. 水科学进展, 6(3): 189-195.
徐刚, 马光文, 梁武湖, 等. 2005. 蚁群算法在水库优化调度中的应用[J]. 水科学进展, (03): 397-400.
徐刚, 马光文, 涂扬举. 2005. 蚁群算法求解梯级水电厂日竞价优化调度问题[J]. 水利学报, 36(8): 978-981, 987.
徐刚. 2012. 梯级电站厂间负荷分配算法研究[J]. 水力发电学报, 31(3): 49-52, 58.
徐刚. 2013. 新一代流域梯级电站优化调度决策支持系统研究[J]. 水利水电技术, 44(10): 117-120.
徐俊刚, 戴国忠, 王宏安. 2004. 生产调度理论和方法研究综述[J]. 计算机研究与发展, 41(2): 257-267.
许自达, 袁汝华. 1977. 优化技术在水利水电中的应用[M]. 南京: 河海大学出版社.
薛鹏. 2008. 基于运行区划分的水电站厂内经济运行研究[D]. 北京: 清华大学.
颜开. 2012. GoogleDremel 原理-如何能 3 秒分析 1PB[EB/OL]. http: //www. yankay. com/google-dremel-rationale/, 2012-8-23.
杨晨光, 陈杰, 涂序彦. 2008. 基于方向概率和改进蜂群算法的地面防空武器组网系统优化布阵[J]. 兵工学报, 29(02): 221-226.
杨道辉, 马光文, 吴世勇. 2006. 基于粒子群算法的发电商非合作博弈行为分析[J]. 四川大学学报(工程科学版), 38(6): 51-56.
杨方社, 王新宏, 张强, 等. 2003. 新桥水库工程泥沙设计中的几个问题[J]. 西北水力发电, (04): 12-14.
杨非, 李东风. 2010. 梯级电站集控中心监控系统设计方案[J]. 水电厂自动化, 31(3): 1-9.
杨国为, 王先梅, 涂序彦. 2003. 面向计算机的产品创新设计的新模型与新原理[J]. 计算机工程与应用, 39(32): 7.
杨建东, 赵琨, 李玲, 等. 2011. 浅析俄罗斯萨扬-舒申斯克水电站 7 号和 9 号机组事故原因[J]. 水力发电学报, 30(4): 226-234.
杨侃, 郑姣, 郝永怀, 等. 2012. 三峡梯级和清江梯级水电站短期联合优化调度方法研究[J]. 水力发电学报, 31(4): 12-15.
杨维, 李歧强. 2004. 粒子群优化算法综述[J]. 中国工程科学, 6(5): 87.
杨晓萍, 王文坚, 薛斌, 等. 2013. 风、火、水电短期联合优化调度研究[J]. 水力发电学报, 32(4): 199-203.
杨毅, 李长俊, 尚蜀娅. 2006. 天然气管网输配气量规划研究[J]. 天然气工业, 26(01): 123-125.
杨昭, 张甫仁, 朱强, 等. 2006. 燃气管网动态仿真的研究及应用[J]. 天然气工业, 26(4): 105-108.
叶秉如. 2001. 水资源系统优化规划和调度[M]. 北京: 中国水利水电出版社.
佚名. 大数据究竟是什么？一篇文章让你认识并读懂大数据[EB/OL]. http: //www. thebigdata. cn/YeJieDongTai/7180. html, 2013-11-4.
余炳辉, 王金文, 权先璋, 等. 2005. 求解水火电力系统短期发电计划的粒子群优化算法研究[J]. 水电能源科学, 23(6): 84-88.
袁晓辉, 袁艳斌, 权先璋, 等. 2001. 基于混沌进化算法的梯级水电系统短期发电计划[J]. 电力系统自动化, 16): 34-38.
袁雅鸣, 陈新国. 2013. 雅砻江流域降雨天气特征及致洪暴雨预报[J]. 人民长江, 44(3): 1-5.
袁峥. 2005. 三门峡水库蓄清排浑运行以来汛期运行水位对潼关高程的影响[J]. 水利与建筑工程学报, 9(3): 58-60.

原文林, 万芳, 吴泽宁, 等. 2012. 梯级水库发电优化调度的改进粒子群算法应用研究[J]. 水力发电学报, 31(2): 33-37, 164.

原文林, 王福岭. 2012. 电力市场环境下多年调节水库年末消落水位研究[J]. 水力发电学报, 31(4): 94-98.

原文林, 吴泽宇, 黄强, 等. 2012. 梯级水库短期发电优化调度的协进化粒子群算法应用研究[J]. 系统工程理论与实践, 32(05): 1136-1142.

曾广平, 涂序彦. 2003. "软件人"[C]. 中国人工智能学会全国学术年会.

曾勇红, 姜铁兵, 张勇传. 2004. 三峡梯级水电站蓄能最大长期优化调度模型及分解算法[J]. 电网技术, 28(10): 5-8.

詹道江, 徐向阳, 陈元芳. 2010. 工程水文学[M]. 北京: 中国水利水电出版社.

张翠萍, 李文学. 2004. 对三门峡水库运用方式和指标的思考[J]. 水力发电, 3(3): 55-59.

张高峰, 权先璋, 陈建国. 2002. 三峡梯级水电站自动发电控制[J]. 水电自动化与大坝监测, 26(2): 1-4, 33.

张高峰. 2004. 梯级水电系统短期优化调度与自动发电控制研究[D]. 武汉: 华中科技大学.

张婧馨. 2016. 斐波那契数列在优化计算中的应用[J]. 黑龙江科学, (23): 20-22.

张俊, 程春田, 廖胜利, 等. 2009. 改进粒子群优化算法在水电站群优化调度中的应用研究[J]. 水利学报, 40(4): 435-441.

张丽娜. 2007. 水电站优化调度模型及其应用研究[D]. 大连: 大连理工大学.

张庆超, 宋文南. 2005. 水电站群中长期调度优化[J]. 中国农村水利水电, (10): 32-34.

张秋菊, 王黎, 马光文, 等. 2010. 基于 WEB 的电网节能发电调度系统[J]. 水力发电, 36(10): 76-79.

张睿, 周建中, 袁柳, 等. 2013. 金沙江梯级水库消落运用方式研究[J]. 水利学报, 44(12): 1399-1408.

张睿. 2014. 流域大规模梯级电站群协同发电优化调度研究[D]. 武汉: 华中科技大学.

张少文, 张学成, 王玲, 等. 2005. 黄河上游年降雨-径流预测研究[J]. 中国农村水利水电, (1): 41-44.

张双虎, 黄强, 孙廷容. 2004. 基于并行组合模拟退火算法的水电站优化调度研究[J]. 水力发电学报, 23(4): 16-19.

张双虎, 黄强, 吴洪寿, 等. 2007. 水电站水库优化调度的改进粒子群算法[J]. 水力发电学报, 26(1): 1-5.

张双虎, 张忠波, 徐卫红, 等. 2012. 基于决策树技术的多年调节水库年末消落水位研究[J]. 水力发电学报, 31(6): 44-48, 69.

张彤, 王宏伟, 王子才. 1999. 变尺度混沌优化方法及其应用[J]. 控制与决策, (03): 285-288.

张威. 1964. 水库三角洲淤积及其近似计算[J]. 人民长江, (2): 39- 45.

张雯怡, 黄强, 陈晓楠. 2006. 基于 SRA-GP 的水库年末水位预测模型[J]. 水力发电, 32(1): 16-18, 22.

张毅. 1999. 盐锅峡水库泥沙淤积测验基本情况分析[J]. 大坝与安全, 1: 14-21.

张勇传, 邴凤山, 熊斯毅. 1984. 模糊集理论与水库优化问题[J]. 水电能源科学, 2(1): 27-37.

张勇传, 等. 1998. 水电站经济运行原理(第二版)[M]. 北京: 中国水利水电出版社.

张友强, 寇凌峰, 盛万兴, 等. 2016. 配电变压器运行状态评估的大数据分析方法[J]. 电网技术, 40(3): 768-773.

张玉山, 李继清, 纪昌明, 等. 2004. 市场环境下水电系统短期预发电计划问题研究[J]. 水电与抽水蓄能, 28(5): 1-3, 42.

张振秋, 杜国翰. 1984. 以礼河水槽子水库的空库冲刷[J]. 泥沙研究, (04): 13-24

张智晟, 龚文杰, 段晓燕, 等. 2011. 类电磁机制算法在水电站厂内经济运行中的应用研究[J]. 电工电能新技术, 30(4): 17-20, 45.

张忠波, 吴学春, 张双虎, 等. 2014. 并行动态规划和改进遗传算法在水库调度中的应用[J]. 水力发电学报, 33(4): 21-27.

赵宝信. 1980. 红山水库淤积上延初步分析[J]. 泥沙研究, (2): 53-61

赵铜铁钢, 雷晓辉, 蒋云钟, 等. 2012. 水库调度决策单调性与动态规划算法改进[J]. 水利学报, 43(4): 414-421.

赵新华, 窦秋萍. 2002. 燃气管网系统运行工况的宏观模型[J]. 煤气与热能, 22(6): 487-489.

赵业安. 1991. 三门峡水库运用方式探讨[J]. 人民黄河, (1): 25-29.

郑慧涛, 梅亚东, 胡挺, 等. 2013. 双层交互混合差分进化算法在水库群优化调度中的应用[J]. 水力发电学报, 32(1): 54-62.

郑姣, 杨侃, 倪福全, 等. 2013. 水库群发电优化调度遗传算法整体改进策略研究[J]. 水利学报, 44(2): 205-211.

中国产业信息. 2016. 2016年中国火电、水电装机容量及利用小时数分析[EB/OL]. http://www.chyxx.com/industry/201611/465172.html, 2016-11-8.

中国电机工程学会信息化专业委员会. 2013. 中国电力大数据发展白皮书[M]. 北京: 中国电力出版社.

中国人才网. 2016. 2015 新一轮电力体制改革最新解读[EB/OL]. http://www.cnrencai.com/zhichangzixun/282433.html, 2016-7-14.

中国人工智能学会. 1989. 第 6 届全国人工智能学术年会论文集[C]. 武汉: 武汉大学出版社.

中国人工智能学会. 1989. 第 7 届全国人工智能学术年会论文集[C]. 西安: 西北工业大学出版社.

中国人工智能学会. 1989. 第 8 届全国人工智能学术年会论文集[C]. 杭州: 浙江大学出版社.

中国水利学会泥沙专业委员会. 1989. 泥沙手册[M]. 北京: 中国环境科学出版社.

钟平安. 1995. 水库防洪优化调度目标函数分析[J]. 水利经济, (1): 38-44.

钟平安. 2006. 流域实时防洪调度关键技术研究与应用[D]. 南京: 河海大学.

钟义信. 2002. 信息科学原理[M]. 北京: 北京邮电大学出版社.

周超, 王红卫, 江兴稳. 2014. 流域水系突发事件演化分析及水库应急调度响应[J]. 水电能源科学, (10): 43-47.

周惠成, 陈守煜. 1992. 具有模糊约束的多阶段多目标系统模糊优化理论与模型[J]. 水利学报, 2(2): 28-37.

周佳, 马光文, 张志刚. 2010. 基于改进 POA 算法的雅砻江梯级水电站群中长期优化调度研究[J]. 水力发电学报, 29(3): 18-22.

周建军, 林秉南, 张仁. 2000. 三峡水库减淤增容调度方式研究——双汛限水位调度方案[J]. 水利学报, 10: 1-11.

周建军, 林秉南, 张仁. 2002. 三峡水库减淤增容调度方式研究——多汛限水位调度方案[J]. 水利学报, 3: 12-19.

周研来, 郭生练, 刘德地, 等. 2013. 三峡梯级与清江梯级水库群中小洪水实时动态调度[J]. 水力发电学报, 32(3): 20-26, 46.

朱勇, 罗敏, 刘巍. 2004. DSS 技术在天然气应急调度管理中的应用[J]. 天然气工业, 24(11): 131-136.

朱志夏, 韩其为, 丁平兴. 2002. 海岸悬沙运移数学模型[J]. 海洋学报(中文版), 24(1): 101-107.

邹建国, 芮钧, 吴正义. 2007. 梯级水电站群优化调度控制研究及解决方案[J]. 电力自动化设备, 27(10): 107-111.

邹进, 何士华. 2006. 多年调节水库年末消落水位的多目标决策模型[J]. 水力发电, 32(5): 12-13, 57.

邹进, 何士华. 2006. 多年调节水库年末消落水位的确定[J]. 中国农村水利水电, (10): 31-33.

邹进. 2013. 自适应逐次逼近遗传算法及其在水库群长期调度中的应用[J]. 系统工程理论与实践, 33(1): 267-272.

邹强, 王学敏, 李安强, 等. 2016. 基于并行混沌量子粒子群算法的梯级水库群防洪优化调度研究[J]. 水利学报, 47(8): 967-976.

邹先霞. 2012. 事务数据流处理的若干关键技术问题研究[D]. 长沙: 中南大学.

邹云阳, 杨莉. 2015. 基于经典场景集的风光水虚拟电厂协同调度模型[J]. 电网技术, 39(7): 1855-1859.

左幸, 马光文, 过夏明. 2006. 三角旋回算法求解梯级电站群短期优化调度[J]. 电力系统自动化, 30(13): 28-32.

左幸, 马光文, 徐刚, 等. 2007. 人工免疫系统在梯级水库群短期优化调度中的应用[J]. 水科学进展, 18(2): 277-281.

Ahuja R K, Magnanti T L, Orlin J B. 1994. Network Flows: Theory, Algorithms and Applications[M]. Prentice-Hall, Englewood Cliffs, New Jersey.

Babu B V, Angira R, Pallavi G. 2003. Optimal design of gas transmission network using differential evolution[J]. Proceeding of the 2nd International Conference on Computational Intelligence, Robotics and Autonomous Systems (CIRAS 2003), Singapore.

Cao S Z, Yang G W, Xu-Yan T U. 2005. Multilayer multidimensional extension set theory[J]. Journal of Beijing Institute of Technology, 42(5): 56-66.

Cao S Z, Yang G W, Xu-Yan T U. 2005. Study on multilayer multidimensional extension set[J]. Advances in Modelling and Analysis A, 42(5): 1-22.

Chen J, Guo S, Li Y, et al. 2013. Joint operation and dynamic control of flood limiting water levels for cascade reservoirs[J]. Water

Resources Management, 27(3): 749-763.

Chen S J, Huang W B, Ma G W, et al. 2017. Multi-objective optimization of cascaded hydropower station groups based on bat algorithm[J]. Taiwan Water Conservancy, 65(1): 12-25.

Chen S J, Yan S, Huang W B, et al. 2017. A method for optimal floodgate operation in cascade reservoirs[J]. Proceedings of the Institution of Civil Engineers-Water Management, 170(2): 81-92.

Cheng C, Shen J, Wu X, et al. 2012. Short-term hydroscheduling with discrepant objectives using multi-step progressive optimality algorithm[J]. Journal of the American Water Resources Association, 48(3): 464-479.

Cieniawski S E, Eheart J W, Ranjithan S. 1995. Using genetic algorithms to solve a multiobjective groundwater monitoring problem[J]. Water Resources Research, 31(2): 399-409.

Clerc M, Kennedy J. 2002. The particle swarm: explosion, stability and convergence in a multi-dimensional complex space[J]. IEEE Transactions on Evolutionary Computation, 6(1): 58-73.

Coxhead R E. 1994. Integrated planning and scheduling systems for the refining industry[M]. Optimization in industry 2. John Wiley & Sons, Inc.

Croley T E. 1974. Sequential deterministic optimization in reservoir operation[J]. Journal of the Hydraulics Division, 100(3): 443-459.

Eberchart R C, Kennedy J. 1995. Particle swarm optimization[C]. IEEE International Conference on Neural Networks, Perth, Australia.

Flanigan O. 1975. Constrained derivatives in natural gas pipeline system optimization[J]. Journal of Petroleum Technology, (5): 549-556.

Guo S, Chen J, Li Y, et al. 2011. Joint operation of the multi-reservoir system of the three gorges and the qingjiang cascade reservoirs[J]. Energies, 4(7): 1036-1050.

Howson H R, Sancho N G F. 1975. A new algorithm for the solution of multi-state dynamic programming problems[J]. Mathematical Programming, 8(1): 104-116.

Jia B, Simonovic S P, Zhong P, et al. 2016. A Multi-objective best compromise decision model for real-time flood mitigation operations of multi-reservoir system[J]. Water Resources Management, 30(10): 3363-3387.

Karaboga D, Akay B. 2009. A comparative study of artificial bee col-ony algorithm[J]. Applied Mathematics and Computation, 214(1): 108-132.

Karaboga D, Basturk B. 2007. Artificial bee colony(ABC) optimi-zation algorithm for solving constrained optimization problems[C]. Proc. of Advances in Soft Computing: Foundations of Fuzzy Logic and Soft Computing. Berlin: Springer-Verlag: 789-798.

Karaboga D. 2005. A idea based on bee swarm for numerical optimization[R]. Technical report-TR06, Erciyes University, Engineering Faculty, Computer Engineering Department.

Labadie J W. 2004. Optimal operation of multireservoir systems: state-of-the-art review[J]. Journal of Water Resources Planning and Management, 130(2): 93-111.

Lakshminarasimman L, Subramanian S. 2008. A modified hybrid differential evolution for short-term scheduling of hydrothermal power systems with cascaded reservoirs[J]. Energy Conversion and Mangement, 49(10): 2512-2513.

Larson R E, Wong P J. 1968. Optimization of natural gas via dynamic programming[J]. Industrial and Engineering Chemistry, AC, 12(5): 475-481.

Li F F, Qiu J. 2015. Multi-objective reservoir optimization balancing energy generation and firm power[J]. Energies, 8(7):

6962-6976.

Li J Q, Mari O M A, Ji C M, et al. 2009. Mathematical models of inter-plant economical operation of a cascade hydropower system in electricity market[J]. Water Resources Management, 23 (10): 2003-2013.

Liang R H, Hsu Y Y. 1995. A hybrid artificial neural network-differential dynamic programming approach for short-term hydro scheduling[J]. Electric Power Systems Res., 33: 77-86.

Little J D C. 1955. The use of storage water in a hydroelectric system[J]. Journal of the Operations Research Society of America, 3 (2): 187-197.

Liu P, Li L, Guo S, et al. 2015. Optimal design of seasonal flood limited water levels and its application for the Three Gorges Reservoir[J]. Journal of Hydrology, 527: 1045-1053.

Lu B, Shahidehpour M. 2005. Unit commitment with flexible generating units[J]. IEEE Transaction on Power System, 20 (2): 1022-1034.

Luongo C A, Gilmour B J, Schroeder D W. 1989. Optimization in natural gas transmission networks: a tool to improve operational efficiency[C]. Presented at the third SIAM conference on optimization, Boston.

Ma Z G, Ye B, Ban X J, et al. 2005. The study on model and architecture of softman group based on autonomous decentralized systems[J]. Proceedings of 3rd IEEE International Workshop on Autonomous Decentralized Systems (IWADS2005), April 5, Chengdu, China.

Malewicz G, Austern M H, Bik A J C, et al. 2009. Pregel: a system for large-scale graph processing[C]. Proceedings of the 28th ACM Symposium on Principles of Distributed Computing Calgary, AB, Canada.

Mantawy A H, Soliman S A, EI-Hawary M E. 2003. An innovative simulated annealing approach to the long-term hydroscheduling problem[J]. Electrical Power & Energy Systems, 25 (1): 41-46.

Mantawy A H. 2004. A genetic algorithm solution to a newfuzzyunit commitment model[J]. Electric Power Systems Research, 72: 171-178.

Mota-Palomino R, Quintana V H. 1984. A penalty function linear programming method for solving power system constrained economic operation problems[J]. IEEE Transactions on Power Apparatus and Systems, 103 (6): 1414-1442.

Naresh R, Sharma J. 2000. Hydro system scheduling using ANN approach[J]. IEEE Transactions on Power Systems, 15 (1): 388-395.

Olorunniwo F O. 1981. A Methodology for Optimal Design and Capacity Expansion Planning of Natural Gas Transmission Networks[D]. Austin: The University of Texas at Austin.

Orero S O, Irving M R. 1996. Economic dispatch of generators with prohibited operating zones: a genetic algorithm approach[J]. IEE Proceedings-Generation, Transmission and Distribution, 143 (6): 529-534.

Pang J, Zhang W, Zhang F S, et al. 2005. Multi-bases coordination technology based on IADS and “softman” in DSS[J]. Proceedings of 3rd IEEE International Workshop on Autonomous Decentralized Systems (IWADS2005), April 5, Chengdu, China.

Park J H, Kim Y S, Eom I K, et al. 1993. Economic load dispatch for piecewise quadratic cost function using Hopfield neural network[J]. IEEE Trans. Power Syst., (8): 1030-1038.

Reddy M J, Kumar D N. 2006. Optimal reservoir operation using multi-objective evolutionary algorithm[J]. Water Resources Management, 20 (6): 861-878.

Ríos-Mercado R Z, Kim S, Boyd E A. 2006. Efficient operation of naturaldgasdtransmissiondsystems: a network-based heuristic for cyclic structures[J]. Computers and Operations Research, 33 (8): 2323-2351.

Schaffer J D. 1985. Some experiments in machine learning using vector evaluated genetic algorithms[D]. Vanderbilt Univ. , Nashville,

TN (USA).

Schutte J F, Groenwold A A. 2005. A study of global optimization using particle swarms[J]. Journal of Global Optimization, 31(1): 66-71.

Song Y H, Chou C S, Stonham T J. 1999. Combined heat and power economic dispatch by improved ant colony search algorithm[J]. Electric Power Systems Research, 52(2): 115-121.

Teodorovic D, Dell'Orco M. 2005. Bee colony optimization-acooperativelearning approach to complex transportation problems[A]. Praceedings of the10th EWGT Meeting and 16th Mini EUROConference.

Tu X Y, Cai L H. 1989. Large systems cybemetics-a new methodology for modelling and control[J]. Proc. of IFAC-Symposium on Dynamic Modelling and Control: 117-120.

Tu X Y, Guetzkow H. 1988. Global/world modelling and large systems cybernetics[J]. Systems Science and Engineering: 550-557.

Tu X Y. 1960. Theroy of a harmonically acting control system with a larger number of controlled variables[A]. Proceedings of the First International Congress of IFAC, London, Butterworths Scientific Publication.

Tu X Y. 1983. A new approach to flexible automation of large scale systems[J]. Proc. of IFAC-Symposium on Systems Approach. Vienna: OPW2: 119-124.

Tu X Y. 1986. Intelligent control and intelligent management for large scale systems[J]. Artificial Intelligence in Economics and Management. Amsterdam: North-Holland: 87-91.

Tu X Y. 1993. Modelling and Control of national economies. Part3: Intelligent Management System[C]. IFAC-Symposia Series, Pergamon Press.

Tu X Y. 1997. Designer-computer harmonica CAD system with integrated intelligence[J]. Proceedings of CSCW'97.

Turgeon A. 1981. Optimal short-term hydro scheduling from the principle of progressive optimality[J]. Water Resources Research, 17(3): 481-486.

Uraikul V, Chan C W, Tontiwachwuthikul P. 2003. MILP model for compressor selection in natural gas pipeline operations[J]. Environmental Informatic Archives, 1: 138-145.

van den Bergh F. 2002. An Analysis of Particle Swarm Optimizers[M]. Pretoria: University of Pretoria.

Wang A H, Tu X Y. 2005. Intelligent autonomous decentralized enterprise rseourec planning (IADERP) [J]. Proceedings of 3rd IEEE International Workshop on Autonomous Decentralized Systems (IWADS2005), April 5, Chengdu, China.

Wang C, Guo Y H, Liu J Y. 2005. IIPP and CIT based inetlligent autonomous QA system[J]. Proceedings of 3rd IEEE International Wordshop on Autonomous Decentralized Systems (IWADS2005), April 5, Chengdu, China.

Wang J L, Huang W B, Ma G W, et al. 2015. An improved partheno genetic algorithm for multi-objective economic dispatch in cascaded hydropower systems[J]. International Journal of Electrical Power & Energy Systems, 67: 591-597.

Wong S W Y. 1998. An enhanced simulated annealing approach to unit commitment[J]. International Journal of Electrical Power & Energy Systems, 20(5): 359-368.

Wu Y G, Ho C Y, Wang D Y. 2000. A diploid genetic approach to short-term scheduling of hydro-thermal system[J]. IEEE Transactions on Power Systems, 15(4): 1268-1274.

Xu B, Zhong P A, Stanko Z, et al. 2015. A multiobjective short-term optimal operation model for a cascade system of reservoirs considering the impact on long-term energy production[J]. Water Resources Research, 51(5): 3353-3369.

Xue M W, Zhou J, Ouyang S, et al. 2014. Research on joint impoundment dispatching model for cascade reservoir[J]. Water Resources Management, 28(15): 5527-5542.

Yang X S, He X. 2013. Bat algorithm: literature review and applications[J]. International Journal of Bio-Inspired Computation, 5(3): 141-149.

Yang X S. 2010. A new metaheuristic bat-inspired algorithm[J]. Nature Inspired Cooperative Strategies for Optimization (NICSO 2010): 65-74.

Yeh W W. 1985. Reservoir management and operations models: a state-of-the-art review[J]. Water Resources Research, 21(12): 1797-1818.

Yokota T, Gen M. 1995. Optimal design of system reliability by an approved genetic algorithm[J]. Transactions of Institute of Electronics' Information and Communication Engineers, 78(6): 702-709.

Yuan X, Zhang Y C, Wang L, et al. 2008. An enhanced differential evolution algorithm for daily optimal hydro generation scheduling[J]. Computers and Mathematics with Applications, 55: 2458-2468.

Zhang Z, Zhang S, Geng S, et al. 2015. Application of decision trees to the determination of the year-end level of a carryover storage reservoir based on the iterative dichotomizer 3[J]. Electrical Power and Energy Systems, 64: 375-383.

Zhou Y, Guo S, Liu P, et al. 2014. Joint operation and dynamic control of flood limiting water levels for mixed cascade reservoir systems[J]. Journal of Hydrology, 519: 248-257.